普通高等教育土木工程系列教材

地基处理

王清标　代国忠　吴晓枫　编
李术才　主审

U0792938

机械工业出版社

本书以 GB 50112—2013《膨胀土地区建筑技术规范》、JGJ 79—2012《建筑地基处理技术规范》、GB 50007—2011《建筑地基基础设计规范》、GB 50021—2001《岩土工程勘察规范（2009 年版）》等为主线，深入浅出地阐述了各种地基处理方法的加固理论，且强调适用性和可操作性，以达到解决工程实际问题的目的。

全书分 4 部分，第 1 部分为地基工程事故；第 2 部分为均质人工地基处理方法，包括换填垫层法、强夯法和强夯置换法、排水固结法；第 3 部分为复合地基处理方法；第 4 部分为其他地基处理方法，包括灌浆法、加筋法、土工合成材料、特殊土地基处理，最后介绍了既有建筑地基基础加固。各章重点叙述了常见地基处理方法的概述、加固机理、适用范围、设计计算、施工技术和质量检验等。

本书配套了丰富的电子资源，其中多媒体课件获得第十三届全国多媒体课件大赛二等奖。选用本书作教材的老师可通过机械工业出版社教材服务网(www.cmpedu.com)注册后免费下载。

本书可作为土木工程专业地基处理课程的教材，也可作为土木工程设计、施工和管理工作者的学习参考书。

图书在版编目（CIP）数据

地基处理/王清标，代国忠，吴晓枫编. —北京：机械工业出版社，2013.12（2022.8 重印）

普通高等教育土木工程系列教材

ISBN 978-7-111-44931-7

Ⅰ.①地…　Ⅱ.①王…②代…③吴…　Ⅲ.①地基处理-高等学校-教材　Ⅳ.①TU472

中国版本图书馆 CIP 数据核字（2013）第 283067 号

机械工业出版社（北京市百万庄大街 22 号　邮政编码 100037）
策划编辑：马军平　责任编辑：马军平　版式设计：霍永明
责任校对：刘怡丹　封面设计：张　静　责任印制：郜　敏
北京盛通商印快线网络科技有限公司印刷
2022 年 8 月第 1 版第 6 次印刷
184mm×260mm · 23 印张 · 629 千字
标准书号：ISBN 978-7-111-44931-7
定价：59.80 元

电话服务　　　　　　　　　　网络服务
客服电话：010-88361066　　机　工　官　网：www.cmpbook.com
　　　　　010-88379833　　机　工　官　博：weibo.com/cmp1952
　　　　　010-68326294　　金　书　网：www.golden-book.com
封底无防伪标均为盗版　　机工教育服务网：www.cmpedu.com

序

随着国民经济的迅速发展，我国的 GDP 已跃居全球第二。而建筑业是国民经济的支柱产业，国家对土木建筑工程和专业人才的需求越来越多，特别是随着我国城镇化建设的迅速发展，地基处理技术日益显得重要，已经成为土木工程建设的重要环节。

基于此背景，作者在继承借鉴前人成果的基础上，撰写了本书，这是一本集国家现行最新规范于一体的实用参考书。对于更好地指导在校学生学好土木木工专业课，提高专业水平具有重要作用。

该书根据最新的地基处理规范编写，包括 GB 50112—2013《膨胀土地区建筑技术规范》、JGJ 79—2012《建筑地基处理技术规范》和 GB 50007—2011《建筑地基基础设计规范》等，体现了与时俱进、紧随发展的要求；配套资源丰富，包含教学计划、电子教案、多媒体课件、试题库、习题库、工程案例、视频材料等，其中多媒体课件获得教育部多媒体课件大赛二等奖；密切结合《高等学校土木工程本科指导性专业规范》和教育部“卓越工程师教育培养计划”，突出工程应用性，重视案例教学；编写体系合理，按照发展概况、基本概念、加固机理、设计计算、施工技术、质量检验、工程实例的教学顺序安排，突出了实践特色；适用性广泛，既可以作为土木工程专业本科生、研究生教材使用，也可以供土木工程技术人员使用。其中，第 2 章和第 15 章是本书的亮点和创新点。目前，国内出版的有关地基处理的图书中，涉及土木工程新型材料的内容非常少，可以说该书拓展了我国地基处理图书的编写思路。该书参考国内出版的图书，吸取百家之长，相信会对我国地基处理从业人员和广大师生有一定的帮助。

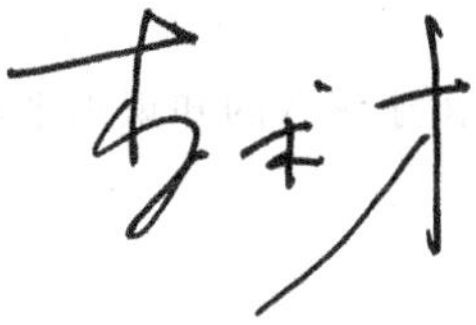

前　言

目前，国内外处理地基的方法众多，但每一种地基处理方法都有其适用性和局限性，理论和实践应用水平仍处在不断发展和完善之中。进行地基处理研究的目的是提高软弱地基的强度、保证地基的稳定；降低软弱地基的压缩性、减少地基的沉降（包括不均匀沉降）；防止地震时地基土的振动液化；消除特殊土的湿陷性、胀缩性和冻胀性。因此，在选用地基处理方法时，要根据地基土性质、工程要求、施工工期、施工造价、材料来源、施工机械设备条件等因素综合分析后确定。

本书以 GB 50112—2013《膨胀土地区建筑技术规范》、JGJ 79—2012《建筑地基处理技术规范》、GB 50007—2011《建筑地基基础设计规范》、GB 50021—2001《岩土工程勘察规范（2009年版）》等为主线，深入浅出地阐述了常见地基处理方法的加固机理、适用范围、设计计算、施工技术和质量检验等，且强调适用性和可操作性，以达到解决工程实际问题的目的。

全书分 4 部分，第 1 部分为地基工程事故；第 2 部分为均质人工地基处理方法，包括换填垫层法、强夯法和强夯置换法、排水固结法；第 3 部分为复合地基处理方法，包括复合地基理论、挤密桩法、水泥粉煤灰碎石桩法、夯实水泥土桩法、柱锤冲扩桩法、水泥土搅拌法、高压喷射注浆法；第 4 部分为其他地基处理方法，包括灌浆法、加筋法、土工合成材料、特殊土地基处理，最后介绍了既有建筑地基基础加固。

第 2 章和第 15 章是本书的亮点和创新点。第 2 章对地基工程事故的原因作了具体分析，并对地基工程事故进行了分类，介绍了处理方法；第 15 章介绍了土工合成材料，并结合其具体特征阐述了土工合成材料的工程应用。

本书在编写的过程中得到了机械工业出版社高等教育分社的大力支持，在此表示衷心的感谢。

由于编者的知识水平和实践能力有限，书中疏漏之处在所难免，恳请广大读者和同行批评指正。

编　者

目　录

第1章 绪 论

【本章导读】 本章主要介绍地基处理的概念、目的、对象及其特征、方法分类和适用范围、检测与质量检验以及地基处理技术的发展概况。了解地基处理课程的性质、任务和学习要求；理解地基处理的概念和目的、对象及特征；掌握地基处理的分类方法、适用范围和质量检验。

1.1 地基处理的概念和目的

1.1.1 地基处理的概念

正确理解地基处理的概念，首先要明确场地、地基和基础的概念以及它们之间的关系。

场地是指工程建设所直接占有并直接使用的有限面积的土地。场地范围内及其邻近的地质环境都会直接影响场地的稳定性。场地的概念是宏观的，它不仅代表着所划定的土地范围，还涉及某种地质现象和工程地质问题所概括的地区。

地基是指承托建筑物基础的这一部分范围很小的场地。地基与建筑物的关系极为密切，而地基问题常常是造成工程事故的主要原因。

基础是指建筑物向地基传递荷载的下部结构，它具有承上启下的作用。一方面，它处于上部结构荷载及地基反力的共同作用下，承受由此产生的内力；另一方面，基础底面的反力反过来又作为地基土的荷载，使地基产生应力和变形。地基设计时，除了需保证基础结构本身具有足够的刚度和强度外，同时还需选择合理的基础尺寸和布置方案，使地基的强度和沉降保持在规范允许的范围内。因此，基础设计常被称为地基基础设计。

建筑物的所有荷载最终将传递到地基上由地基来承担，如果建筑物荷载很大，上部材料强度很高，那么相应地就要求地基强度高，压缩性小。我国地域广大，自然地理环境差异较大，土质与岩土条件呈区域性，且赋存规律复杂，由此形成的地基情形差异较大。在工程建设中，有时会不可避免地遇到地质条件不良或软弱地基，越来越多的建筑物修建在地质和岩土条件较差的地方；随着科学技术的发展，建（构）筑物形式日新月异，建筑物的高度不断增高，结构物的荷载日益增大，对变形要求也越来越严，因而即使原来一般被评价为良好的地基，也可能在特定条件下不得不进行地基处理。这些需经人工加固后才可在其上修筑建筑物的地基称为人工地基。对地质条件良好的地基，可直接在其上修筑建筑物而无需事先对其进行加固处理，此种地基称为天然地基。

地基处理是指为提高地基承载力，改变其变形性质或渗透性质而采取的人工处理地基的方法，也称之为地基加固。主要分为基础工程措施和岩土加固措施。当地基中设置了散体材料（如碎石、砂等）桩或柔性材料（如水泥土、石灰等）桩后，这些桩体将与天然地基一起，共同承受上部荷载，抵抗变形，形成复合地基。软弱地基和特殊土是地基处理的对象。

1.1.2 建筑物地基面临的问题

（1）地基承载力及稳定性问题 当地基的抗剪强度不足以支承上部结构的自重以及外荷载时，地基就会产生局部或者整体剪切破坏，导致地基失稳，这会影响到建（构）筑物的正常使用，甚至会引起开裂或破坏。

（2）沉降变形问题　高压缩性地基可能导致建筑物发生过大的沉降量，使其失去使用效能；地基不均匀或荷载不均匀导致地基沉降不均匀，使建筑物倾斜、开裂、局部破坏，失去使用效能甚至发生整体破坏。湿陷性黄土遇水而发生剧烈的变形和膨胀土的胀缩等特殊土的变形问题也包括在这类问题当中。

（3）地基渗透破坏问题　土具有渗透性，当地基中出现渗流时，将可能导致流土（流沙）和管涌（潜蚀）现象，严重时能使地基失稳、崩溃。

（4）动荷载下的地基液化、失稳和震陷问题　饱和无黏性土地基具有振动液化的特性。在地震、机器振动、爆炸冲击、波浪作用等动荷载作用下，地基可能产生液化、震陷而失稳破坏；软黏土在振动作用下，产生震陷破坏。

（5）改善特殊土的不良地质特性问题　主要是消除或减少特殊土地基的一些不良工程性质，如黄土的湿陷性、膨胀土的膨胀性和冻土的冻胀融沉性等。

根据调查统计，世界各国的土木、水利、交通等各类工程中地基问题常常是引起各类工程事故的主要原因。

针对上述所发生的地基问题，必须采取一定的措施使地基满足设计要求和使用要求，如调整基础设计方案、调整上部结构设计方案等；其中对地基进行处理加固，形成人工地基，是最为常见的处理方法。

1.1.3　地基处理的目的

地基处理的目的就是通过采用换填、夯实、挤密、排水、胶结、加筋和热学等地基处理方法，改善地基土的工程性质，以期满足工程设计的要求。

（1）提高地基土的抗剪强度　地基承载力、土压力及人工和自然边坡的稳定性，主要取决于土的抗剪强度。因此，为了防止土体剪切破坏，就需要采取一定措施，提高和增加地基土的抗剪强度。

（2）改善地基土的压缩性　建筑物超过允许值的倾斜、差异沉降将影响建筑物的正常使用甚至危及建筑物的安全性。地基土的压缩模量等指标是反映其压缩性的重要指标，通过地基处理，可改善地基土压缩性指标，减少建筑物沉降和不均匀沉降。另外，防止土体侧向流动（塑性流动）产生的剪切变形，也是地基处理的目的之一。

（3）改善地基土的渗透特性　地下水在地基土中运动时，将引起堤坝等地基的渗漏现象；基坑开挖过程中，因土层夹有薄层粉砂或粉土而产生流沙和管涌。这些都会造成地基承载力下降、沉降加大和边坡失稳，而渗漏、流沙和管涌等现象均与土的渗透特性密切相关。为此，必须采取某种（些）地基处理措施：一是增加地基土的透水性，加快固结，二是降低透水性或减少其水压力（基坑抗渗透）。

（4）改善地基土的动力特性　在地震、交通荷载以及打桩和机器振动等动荷载的作用下，将会使饱和松散的砂土和粉土产生液化，或使邻近地基产生振动下沉，造成地基土承载力丧失，或影响邻近建筑物的正常使用甚至破坏。因此，工程中有时需采取一定的措施，防止地基土液化，并改善其动力特性，提高地基的抗震（振）性能；改善软黏土物理力学性能，提高其抗震陷破坏能力。

（5）改善特殊土地基的不良特性　特殊土地基有些不良特性，如黄土的湿陷性、膨胀土的胀缩性和冻土的冻胀性等。因此，在这些特殊土地基上修筑建筑物时，需要采取一定的措施，以减小不良特性对工程的影响。

1.2　地基处理的对象及其特征

1.2.1　软弱地基

我国地域广阔，地区差异性较大，地基土的类型多种多样，存在许多软弱地基和特殊土地基。GB 50007—2011《建筑地基基础设计规范》规定：“当地基压缩层主要由淤泥、淤泥质土、冲填土、杂填土和其他高压缩性土层构成时应按软弱地基进行设计。在建筑地基的局部范围内有高压缩性土层时，应按局部软弱土层处理”。

（1）软黏土　软黏土也称软土，是软弱黏性土的简称。淤泥和淤泥质土也称为软黏土，一般形成于第四纪晚期，属于海相、泻湖相、河谷相、湖沼相、三角洲相等的黏性土沉积物或河流冲积物。软黏土地基分布广泛，主要分布在沿海、内地河流中下游或湖泊附近地区。如上海、广州等地为三角洲相沉积；温州、宁波地区为滨海相沉积；闽江口平原为溺谷相沉积等，也有的软黏土属新近沉积物。常见的软弱黏土是淤泥质土。软土的物理力学性质如下：

1）物理性质。塑性指数 I_P 大于 10，且粒径大于 0.075mm 的颗粒含量不超过总质量 50% 的土称为黏性土。软黏土多呈深灰、暗绿色，有臭味，含有机质，含水量较高、一般大于 40%，而淤泥也有大于 80% 的情况，孔隙比一般为 1.0 ~ 2.0，孔隙比为 1.0 ~ 1.5 时称为淤泥质黏土，孔隙比大于 1.5 时称为淤泥。由于其高黏粒含量、高含水量、大孔隙比，因而其力学性质也就呈现与之对应的特点——低强度、高压缩性、高灵敏度。

2）力学性质。软黏土的强度极低，不排水强度通常仅为 5 ~ 30kPa，表现为地基承载力特征值很低，一般不超过 70kPa。软黏土尤其是淤泥灵敏度较高，这也是区别于一般黏土的重要指标。软黏土的压缩性很大。压缩系数大于 $0.5MPa^{-1}$，最大可达 $4.5MPa^{-1}$，压缩指数约为 0.35 ~ 0.75。通常情况下，软黏土层属于正常固结土或微超固结土，但有些土层特别是新近沉积的土层有可能属于欠固结土。渗透系数很小是软黏土的又一重要特点，一般为 10^{-5} ~ 10^{-8}cm/s，渗透系数小则固结速率很小，有效应力增长缓慢，从而沉降稳定慢，地基强度增长也十分缓慢。

3）工程特性。软黏土地基承载力低，强度增长缓慢；加荷后易变形且不均匀；变形速率大且稳定时间长；具有渗透性小、触变性及流变性大的特点。

对于软黏土，常用的地基处理方法有预压法、置换法、搅拌法等。

软弱地基经过处理，不能再建造深基础或设置桩基，防止了各类倒塌、下沉、倾斜等恶性事故的发生，确保了上部基础和建筑结构的使用安全和耐久性，具有巨大的技术和经济意义。

（2）杂填土　杂填土主要出现在一些老的居民区和工矿区内，是人们的生活和生产活动所遗留或堆放的垃圾土。这些垃圾土一般分为建筑垃圾土、生活垃圾土和工业生产垃圾土三类。一般情况下，垃圾土很难用统一的强度指标、压缩指标、渗透性指标加以描述。

杂填土主要特点是无规划堆积、成分复杂、性质各异、厚薄不均、规律性差，一般还具有浸水湿陷性。因而同一场地表现为压缩性和强度的明显差异，极易造成不均匀沉降，通常都需要进行地基处理。对有机质含量较多的生活垃圾和对基础有侵蚀性的工业废料，未经处理不应作为持力层。

（3）冲填土　冲填土是指整治和疏浚江河航道时，用挖泥船通过泥浆泵将泥沙夹大量水分泵到江河两岸而形成的沉积土，南方地区称为吹积土。近年来多用于沿海滩涂开发及河漫滩造地。西北地区常见的水坠坝（也称为冲填坝）即是冲填土堆筑的坝。冲填土形成的地基可视为天然地基的一种。冲填土地基一般具有如下特点：

1）颗粒沉积分选性明显，在入泥口附近，粗颗粒较先沉积，远离入泥口处，所沉积的颗粒变细；同时在深度方向上存在明显的层理。

2）冲填土的含水量较高，一般大于液限，呈流动状态。停止冲填后，表面自然蒸发后常呈龟裂状，含水量明显降低，但下部冲填土当排水条件较差时仍呈流动状态，冲填土颗粒越细，这种现象越明显。

3）冲填土地基早期强度很低，压缩性较高，这是因冲填土处于欠固结状态。冲填土地基随静置时间的增长逐渐达到正常固结状态。其工程性质取决于颗粒组成、均匀性、排水固结条件以及冲填后静置时间。

4）冲填土处理：冲填土是否需要处理和采用何种处理方法，取决于冲填土的工程性质中颗粒组成、土层厚度、均匀性和排水固结条件。

（4）饱和松散砂土　处于饱和状态的细砂土、粉砂土和砂质粉土在静荷载作用下具有较高的强度。但是当动荷载（地震、机械振动等）作用时，饱和松散砂土地基则有可能产生液化或大量震陷变形，甚至丧失承载力。这是因为土颗粒松散排列并在外部动力作用下产生错位，瞬间产生较高的超静孔隙水压力，有效应力迅速降低。对该类地基进行处理的目的就是使它变得较为密实，消除在动荷载作用下产生液化的可能性。常用处理方法有挤密法、振冲法等。

（5）有机质土和泥炭土　当黏土中有机质含量超过5%以及砂土中有机质含量超过3%时，则称为含有有机质的土。若有机质含量超过10%，则称为泥炭质土，超过60%称为泥炭，它是在潮湿和缺氧环境中由未充分分解的植物遗体堆积而成的一种土。有机质土呈深褐色或黑色，含水量高，压缩性很大且不均匀，一般黏性土层中当土中含有不同的有机质时，将形成不同的有机质土，在有机质含量超过一定含量时就形成泥炭土，它具有不同的工程特性，有机质的含量较高，对土质的影响较大，主要表现为强度低、压缩性大，并且对不同工程材料的掺入有不同影响等，对工程建设或地基处理构成不利的影响。

（6）山区地基土　山区地基土的地质条件较为复杂，主要表现在地基的不均匀性和场地稳定性两个方面。由于自然环境和地基土的生成条件影响，场地中有可能存在大孤石，场地环境也可能存在滑坡、泥石流、边坡崩塌等不良地质现象。它们会给建筑物造成直接的或潜在的威胁，必要时需对地基进行处理。

1.2.2　特殊土地基

特殊土地基带有地区性特点，它包括湿陷性黄土、膨胀土、红黏土、盐渍土和冻土等构成的地基。

（1）湿陷性黄土　在上覆土层自重应力作用下，或者在自重应力和附加应力共同作用下，因浸水后土的结构破坏而发生显著附加变形的土称为湿陷性黄土，属于特殊土。有些杂填土也具有湿陷性。广泛分布于我国东北、西北、华中和华东部分地区的黄土多具湿陷性。湿陷性黄土又分为自重湿陷性和非自重湿陷性黄土。在湿陷性黄土地基上进行工程建设时，必须考虑因地基湿陷引起附加沉降对工程可能造成的危害，应选择适宜的地基处理方法。

（2）膨胀土　膨胀土的矿物成分主要是蒙脱石，它具有很强的亲水性，吸水时体积膨胀，失水时体积收缩。这种胀缩变形往往很大，极易对建筑物造成损坏。膨胀土在我国的分布范围很广，如广西、云南、河南、湖北、四川、陕西、河北、安徽、江苏等地。膨胀土常用的地基处理方法有换土、土性改良、预浸水，以及防止地基土含水量变化等工程措施。

（3）多年冻土　多年冻土是指温度持续2年或2年以上保持在0℃或0℃以下，并含有冰的土层。多年冻土的强度和变形有其特殊性。如冻土中因有冰和冰水存在，在长期荷载作用下将发生强烈的流变性。多年冻土在人类活动影响下，可能产生融化。因此，多年冻土作为建筑物地基时需慎重考虑，需要采取一些处理措施方可使用。

(4) 盐渍土　通常将易溶盐含量超过0.3%的土称为盐渍土。盐渍土中的盐遇水溶解后可能会发生地基溶陷，使地基强度降低。某些盐渍土（如含 Na_2SO_4 的土）在环境温度和湿度变化时，可能产生体积膨胀。此外，盐渍土中的盐溶液还会导致地下设施的建筑物材料腐蚀，造成建筑物破坏。我国盐渍土主要分布在新疆、青海、甘肃、宁夏和内蒙古等地。

(5) 垃圾填埋土地基　垃圾填埋土地基其性质取决于填埋的垃圾类别和性质。垃圾填埋土地基处理目的，一是防止其对周围环境的影响，特别是对地下水的污染；二是垃圾填埋土地基自身的利用。

(6) 岩溶、土洞和山区地基　岩溶又称“喀斯特”，它是石灰岩、白云岩、泥灰岩、大理石、岩盐、石膏等可溶性岩层受水的化学作用和机械作用而形成的溶洞、溶沟、裂隙，以及因溶洞的顶板塌落使地表产生陷穴、洼地等现象和作用的总称。土洞是岩溶地区上覆土层被地下水冲蚀或被地下水潜蚀所形成的洞穴。岩溶和土洞对建筑物影响很大，可能造成地面变形、地基陷落、渗漏和涌水现象，需引起足够的重视。

除了在上述各种软弱和不良地基上建造建筑物时需要考虑地基处理外，当旧房改造、增高加层、动力设备更新和道路加宽等造成荷载增大，原有地基不能满足荷载增大的要求，或对原有地基提出更高要求时，或者在开挖基坑及建造地下工程中遇到土体稳定、变形和渗流问题时，也需要进行地基处理。地基处理也常用于减少或消除施工扰动对周围环境的影响。此外，在既有建筑物的地基基础加固和倾斜建筑物纠偏工程中也要用到地基处理的方法。

1.3 地基处理方法分类及适用范围

1.3.1 地基处理方法分类

根据的不同的分类标准，地基处理就会有不同的分类方法。但是分类标准并不一定非常合理，同一种处理方法有可能同时归属到不同的分类中。

根据处理时间，可分为临时处理和永久处理；根据处理深度，可分为浅层处理和深层处理；根据被处理土的特性，可分为砂性土处理和黏性土处理、饱和土处理和非饱和土处理；根据地基处理的作用机理可分为物理处理和化学处理。常用地基处理方法的分类、原理、适用范围见表1.1。

1.3.2 按作用机理分类的地基处理方法

1. 置换法

置换是指利用物理力学性质较好的岩土材料置换天然地基中部分或全部软弱土体，以形成双层地基或复合地基，实现提高地基承载力，减少沉降的目的。

属于置换的地基处理方法有换土垫层法、挤淤置换法、褥垫法、砂石桩置换法、强夯置换法、石灰桩法等。另外，气泡混合轻质料填土法和EPS超轻质料填土法一般不适用于置换，主要用于填方，采用轻质填料代替比较重的填料。为了叙述方便，也可将气泡混合轻质料填土法和

EPS 超轻质料填土法归为置换法。

表 1.1 常用地基处理方法的分类、原理、适用范围

分类	处理方法	原理及作用	适用范围
换土垫层法	机械碾压法	挖除浅层软弱土或不良土，分层碾压或夯实土，按回填的材料可分为砂(石)垫层、碎石垫层、粉煤灰垫层、干渣垫层、土(灰土、二灰)垫层等。它可提高持力层的承载力，减小沉降量，消除或部分消除土的湿陷性和胀缩性，防止土的冻胀，改善土的抗液化性	常用于基坑面积宽大、开挖土方量较大的回填土方工程，适用于处理浅层非饱和软弱地基、湿陷性黄土地基、膨胀土地基、季节性冻土地基、素填土和杂填土地基
	重锤夯实法		适用于地下水位以上稍湿的黏性土、砂土、湿陷性黄土、杂填土以及分层填土地基
	平板振动法		适用于处理非饱和无黏性土或黏粒含量少和透水性好的杂填土地基
	强夯挤淤法	采用边强夯、边填碎石、边挤淤的方法，在地基中形成碎石墩体。它可提高地基承载力和减小沉降	适用于厚度较小的淤泥和淤泥质土地基。应通过现场试验才能确定其适用性
	爆破法	由于振动而使土体产生液化和变形，从而达到较大密实度，用以提高地基承载力和减小沉降	适用于饱和洁净砂，非饱和但经常灌水饱和的砂、粉土和湿陷性黄土
深层密实法	强夯法	利用强大的夯击能，迫使深层土液化和动力固结，使土体密实，用以提高地基承载力，减小沉降，消除土的湿陷性、胀缩性和液化性。强夯置换是指将厚度小于8m的软弱土层，边夯边填碎石，形成深度为3～6m，直径为2m左右的碎石柱体，与周围土体形成复合基础	适用于碎石土、砂土、素填土、杂填土、低饱和度的粉土、黏性土和湿陷性黄土，对淤泥质土经试验证明施工有效时方可使用
	挤密法(碎石、砂石桩挤密法，土、灰土、二灰桩挤密法，石灰桩挤密法)	利用挤密或振动使深层土密实，并在振动或挤密过程中，回填砂、砾石、碎石、土、灰土、二灰或石灰等，形成砂桩、碎石桩、土桩、灰土桩、二灰桩或石灰桩，与桩间土一起组成复合基础，从而提高地基承载力，减小沉降，消除或部分消除土的湿陷性或液化性	砂(砂石)桩挤密法、振动水冲法、干振碎石桩法一般适用于杂填土和松散砂土，对于软土地基经试验证明加固有效时方可使用。土桩、灰土桩、二灰桩挤密法一般适用于地下水位以上深度为5～10m的湿陷性黄土和人工填土。石灰桩挤密法适用于软弱黏性土和杂填土
排水固结法	堆载预压法真空预压法降水预压法电渗排水法	通过布置垂直排水井，改善地基的排水条件，采取加压、抽气、抽水和电渗等措施，加速地基土的固结和强度增长，提高地基土的稳定性，并使沉降提前完成	适用于处理厚度较大的饱和软土和冲积土地基，但需要有预压的荷载和时间的条件。对于厚的泥炭层要慎重采用
加筋法	加筋土、土锚、土钉、锚定板	在人工填土的路堤或挡墙内铺设土工合成材料、钢带、钢条、尼龙绳或玻璃纤维作为拉筋，或在软弱土层上设置树根桩或碎石桩等，使这种人工复合土体可承受抗拉、抗压、抗剪和抗弯作用，用以提高地基承载力，减小沉降和增加地基稳定性	加筋土适用于人工填土的路堤和挡墙结构。土锚、土钉、锚定板适用于土坡稳定
	土工合成材料		适用于砂土、黏性土和软土
	树根桩		适用于各类土，可用于稳定土坡支挡结构，或用于经试验证明施工有效时
	砂桩、砂石桩、碎石桩		适用于黏性土、疏松砂性土、人工填土。对于软土，经试验证明施工有效时方可采用

（续）

分类	处理方法	原理及作用	适用范围
热学法	热加固法	热加固法是通过渗入压缩的热空气和燃烧物，并依靠热传导，将细颗粒土加热到适当温度（在100℃以上），则土的强度就会增加，压缩性随之降低	适用于非饱和黏性土、粉土和湿陷性黄土
	冻结法	采用液态氮或二氧化碳膨胀的方法，或采用普通的机械制冷设备与一个封闭式液压系统相连接，使冷却液在内流动，从而使软而湿的土冻结，以提高土的强度和降低土的压缩性	适用于各类土，特别是软土，开挖深度大于7m，以及低于地下水位的情况下是一种普遍而有效的施工措施
化学加固法	注浆法（或灌浆法）	通过注入水泥浆液或化学浆液使土粒胶结，用以提高地基承载力，减小沉降，增加稳定性，防止渗漏	适用于处理岩基、砂土、粉土、淤泥质黏土、粉质黏土、黏土和一般人工填土层，也可加固暗浜和使用在托换工程中
	高压喷射注浆法	将带有特殊喷嘴的注浆管，通过钻孔置入到处理土层的预定深度，然后将浆液（常用水泥浆）以高压冲切土体。在喷射浆液的同时，以一定的速度旋转提升，即形成水泥土圆柱体；若喷嘴提升而不旋转，则形成墙状固结体。加固后可提高地基承载力，减小沉降，防止砂土液化、管涌和基坑隆起，建成防渗帷幕	适用于处理淤泥、淤泥质黏土、黏性土、粉土、黄土、砂土、人工填土等地基。当土中含有较多的大粒径块石、坚硬黏性土、大量植物根系或有过多的有机质时，应根据现场试验结果确定其适用程度
	水泥土搅拌法	施工时分湿法（也称为深层搅拌法）和干法（也称为粉体喷射搅拌法）两种。湿法是利用深层搅拌机，将水泥浆和地基土在原位拌和；干法是利用喷粉机，将水泥粉或石灰粉与地基土在原位拌和。搅拌后形成柱状水泥土体，可提高地基承载力，减少沉降，增加稳定性和防止渗漏，建成防水帷幕	适用于处理淤泥、淤泥质黏土、粉土和含水量较高且承载力标准值不大于120kPa的黏性土地基。当用于处理泥炭土或地下水具有侵蚀性时，宜通过试验确定其适用性

2. 排水固结法

排水固结基本原理是软黏土地基在附加荷载的作用下，逐渐排出孔隙水，使孔隙比减小，产生固结变形，在这个过程中，随着土体超静孔隙水压力的逐渐消散，土的有效应力增加，地基抗剪强度相应增加，并使沉降提前完成或提高沉降速率。按预压加载方法，排水固结法可分为堆载预压法、超载预压法、真空预压法、真空预压与堆载预压联合作用法、电渗法，以及降低地下水位法等。

按设在地基中的竖向排水系统可分为普通砂井法、袋装砂井法和塑料排水带法等。

3. 压实和夯实法

压实法是利用机械自重或辅以振动产生的能量对地基土进行压实。夯实法是利用机械落锤产生的能量对地基进行夯击使其密实，提高土的强度和减小压缩量。压实法包括碾压和振动碾压。夯实法包括重锤夯实和强夯。

4. 振密、挤密法

振密、挤密法是指采用振动或挤密的方法，使地基土体孔隙比减小，土体密实，以实现提高地基承载力和减少沉降的目的。属于振密、挤密的地基处理方法有表层原位压实法、强夯法、振冲碎石桩法、挤密砂石桩法、爆破挤密法、土桩和灰土桩法、夯实水泥土桩法、柱锤冲扩桩法、孔内夯扩法和石灰桩法等。

5. 灌入固化物法

灌入固化物法也称为胶结法，是指向土体内灌入或拌入水泥、水泥砂浆以及石灰等化学固化浆材，在地基中形成加固体或增强体，以达到地基处理的目的。

灌入固化物法主要有深层搅拌法、高压喷射注浆法、灌浆法等。灌浆法根据灌浆压力及工艺又可分为渗入性灌浆、劈裂灌浆、挤密灌浆和电化学灌浆等方法。

6. 加筋法

加筋是在地基中设置强度高、弹性模量大的筋材，如土工格栅、土工织物等。加筋法主要有加筋土垫层法、加筋土挡墙法、锚定板挡土结构、土钉法等。

7. 热学处理法

热学处理法通过冻结地基土体，或焙烧、加热地基土体以改变土体物理力学性质达到地基处理的目的。如通过人工冷却软黏土（或饱和的砂土），使地基温度低到孔隙水的冰点以下，使之冷却，从而具有理想的截水性能和较高的承载力。

8. 托换法

托换是指对既有建筑物地基和基础进行处理和加固。常用的托换技术有基础加宽与加深技术、锚杆静压桩技术、树根桩技术、桩式托换技术、灌浆地基加固技术等。

9. 纠倾和迁移法

纠倾是指对因沉降不均匀造成倾斜的建筑物进行矫正。如加载纠倾、掏土纠倾、顶升纠倾和综合纠倾等。迁移是将既有建筑物从原来的位置移到新的位置，即进行整体迁移。

1.4 地基处理方案的选择

地基处理方法众多，每种处理方法的适用条件、局限性和优缺点各异，作用通常具有多重性，加之地基土成因复杂，性质差异性大，不同工程对地基的要求不尽相同，施工机械、技术力量、施工条件和环境等千差万别，这要求在选择地基处理方案时，应从实际出发，对具体的地基条件、处理要求（包括处理后地基应达到的各项指标、处理范围、工程进度等）、工程费用以及施工机械、技术力量和材料等因素进行技术经济效益分析比较，优化、比选处理方案。在选择处理方案时还应提高环保意识，注意节约能源和保护环境，尽量避免对地面和地下水产生污染，减少振动和噪声，避免对周围环境造成不良影响。

选择地基处理方案前，应进行深入的调查，充分收集资料。在调查、收集资料时，应考虑以下五个方面的内容：

1）上部结构和基础设计情况。

2）建筑场地的工程地质条件。

3）施工用地、施工工期、工程用料来源等。

4）施工时对周围环境的影响。

5）施工单位技术力量、机具设备、施工管理水平及施工经验等。

在充分调查研究、收集资料的基础上，确定地基处理方案。方案确定的步骤如下：

1）搜集详细的工程地质、水文地质及地基基础的设计资料。

2）根据结构类型、荷载大小及使用要求，结合地形地貌、地层结构、工程地质及水文地质条件、环境情况和对相邻建筑的影响等因素，初步选定几种处理方案。

3）对初步选定的各种地基处理方案，分别从加固机理、适用范围、预期效果、材料来源及消耗、机具条件、工期要求、施工队伍素质和对环境的影响等方面进行技术经济分析和对比，确定最优处理方案。

4）对已选定的地基处理方案，根据建筑物的安全等级、施工场地的复杂程度，可在有代表性的场地上进行相应的现场试验，以验证各项设计参数，选择合理的施工方法（其目的是调试机具设备，确定施工工艺、用料及配比等各项施工参数）和确定处理效果。

5）进行地基处理方案设计时，还应充分考虑环保问题，减小或避免对周围空气、地面和地下水的污染以及对周围的振动、噪声等影响。表1.2所列为各种地基处理方法的土质适用情况、加固效果和最大有效处理深度。

表1.2 各种地基处理方法的土质适用情况、加固效果和最大有效处理深度

按处理深浅分类	序号	处理方法	土质适用情况						加固效果				最大有效处理深度/m
			淤泥质土	人工填土	黏性土		无黏性土	湿陷性黄土	降低压缩性	提高抗剪性	形成不透水性	改善动力特性	
					饱和	非饱和							
浅层加固	1	换土垫层法	*	*	*	*		*	*	*		*	3
	2	机械碾压法		*		*	*	*	*	*			3
	3	平板振动法		*		*	*	*	*	*			1.5
	4	重锤夯实法		*		*	*	*	*	*			1.5
	5	土工合成材料法	*		*	*			*	*			—
深层加固	6	强夯法		*		*	*	*	*	*		*	30
	7	砂(砂石)桩挤密法	慎重	*	*	*	*		*	*		*	20
	8	振动水冲法	慎重	*	*	*	*		*	*		*	18
	9	干振碎石桩法		*		*	*		*	*		*	6
	10	土(灰土、二灰)桩挤密法		*		*		*	*	*		*	20
	11	石灰桩挤密法	*		*	*			*	*			20
	12	砂井(袋装砂井、塑料排水带)堆载预压法	*		*				*	*			15
	13	真空预压法	*		*				*	*			15
	14	降水预压法	*		*				*	*			30
	15	电渗排水法	*		*				*	*			20
	16	注浆法	*	*	*	*	*	*	*	*	*	*	20
	17	高压喷射注浆法	*	*	*	*	*		*	*	*		20
	18	深层搅拌法	*		*	*			*	*	*		18
	19	粉体喷射搅拌法	*		*	*			*	*	*		12
	20	热加固法				*		*	*	*			15
	21	冻结法	*	*	*	*	*	*		*	*		—

注：表中“*”表示适用或具有该种加固效果。

1.5 地基处理检测与质量检验

1. 检测与质量检验的目的

1）为工程设计提供依据。

2）作为大面积施工的指导和控制标准。

3）检验设计参数和处理效果，为地基处理工程验收提供依据。

4）为采取补救措施或修改地基加固设计方案提供依据。

5）为理论研究提供试验数据。

2. 检测内容与质量检验方法

1）地基与桩体强度，包括单桩和复合地基静荷载试验、标准贯入试验、静力触探试验、动力触探试验、桩身高应变检测法和钻芯法等。

2）地基变形，包括地基沉降与水平位移测试。

3）应力检测，包括土压力和孔隙水压力测试。

4）桩身完整性，采用桩身低应变检测和波速法测试。

5）动力特性，采用波速法测试、地基刚度测试等。

由于地基加固具有时效性，复合地基的强度和弹性模量的提高需要有一定的时间，故地基处理的效果检验应在地基处理施工结束后，经过一定时间休止恢复后进行。同一地基处理工程往往需要采用多种测试手段加以检验，以综合评价地基处理效果。常用的现场测试方法的适用范围见表 1.3，可作参考。

表 1.3 常用的现场测试方法的适用范围

地基处理方法	现场测试方法												
	平板荷载试验	沉降观测	水平位移观测	十字板剪切试验	静力触探	动力触探	标准贯入试验	孔隙水压力测试	桩荷载试验	旁压试验	桩基动力测试	波速法	螺旋压板试验
换填	○	○	×	×	○	○	○	×	×	△	×	○	△
振冲碎石桩	○	○	×	×	○	△	○	○	△	△	×	○	×
强夯置换	○	○	△	×	×	○	○	△	×	×	×	×	×
砂石桩(置换)	○	○	×	△	○	△	△	○	×	△	×	○	×
石灰桩	○	○	△	△	○	△	△	×	△	△	×	○	△
加载预压	○	○	△	△	○	△	○	△	×	△	×	○	○
超载预压	○	○	△	△	○	△	○	△	×	△	×	○	○
真空预压	○	○	△	○	○	△	○	○	×	○	×	○	○
水泥土搅拌桩	○	○	×	○	×	×	×	×	△	△	△	○	△
高压喷射注浆	○	○	×	×	×	×	×	×	×	△	△	△	×
灌浆	○	○	×	×	×	×	×	×	×	△	×	△	×
强夯	○	○	○	×	○	△	○	○	×	○	×	○	△
表面夯实	○	○	△	×	○	△	○	×	×	×	×	○	○
振冲密实	○	○	△	×	○	△	○	○	△	△	×	○	×
挤密砂石桩	○	○	△	△	○	△	○	○	△	△	×	○	×
土桩、灰土桩	○	○	△	×	△	△	△	×	×	△	×	×	×
加筋土	○	○	○	△	△	×	△	×	×	△	×	△	△

注：“○”为一般适用；“△”为有时适用；“×”为不适用。

3. 地基处理现场检测与质量检验应注意的问题

1）前后两次测试应尽可能使用同一仪器，且操作规程及标准应相同。

2）注意各种仪器及测试方法适用范围，并应结合现场条件及测试项目选择测试方法。

3）一般采用两种以上测试方法，对地基处理效果进行综合评价。

4）测点位置应选择有代表性部位，并按有关规范、规程、标准进行测试操作。

5）现场测试应与室内试验相结合，以增强测试结果的互补性。

1.6 地基处理技术发展概况

1.6.1 地基处理技术的发展历史

地基处理技术在我国的应用可以追溯到古代，我国古代劳动人民在处理地基方面有着丰富的经验。根据历史记载，2000多年以前就已经采用在软土中夯入碎石等压密土层的夯实法以及采用灰土和三合土的换土垫层法等。

近30年以来，我国土木工程建设飞速发展，地基处理技术相应也快速发展。一些传统的地基处理方法得到改进，新的地基处理方法不断涌现。我国在改革开放以后，先后从国外引进了高压喷射注浆法、振冲法、强夯法、深层搅拌法、土工合成材料法等地基处理方法，并在实践中得到了发展。许多已经在我国得到应用的地基处理技术，如排水固结法、土桩和灰土桩法、砂桩法、换填法等也得到很大的改进。近年来，我国在工程实践中发展了许多新的地基处理技术，如真空-堆载预压法、水泥粉煤灰碎石桩（Cement-Flyash-Gravel pile，简称CFG桩）复合地基法、夯实水泥土桩法、泡沫苯乙烯（Expanded Polystyrene，简称EPS）超轻质填料法、强夯置换法、锚杆静压桩法、孔内夯扩碎石桩法等。

1.6.2 地基处理技术的发展展望

地基处理技术的发展，推动了施工机械、工程材料、设计计算理论、施工工艺、检测技术等方面的不断提高；同时，施工机械等各方面水平的提高又促进了地基处理技术的发展。

近些年来，地基处理施工机械发展很快。如强夯机械向系列化和标准化方向发展；深层搅拌机产品型号不断更新，从单轴搅拌机、固定双轴搅拌机发展到可变距双轴深层搅拌机、三轴深层搅拌机、四轴深层搅拌机以及浆液和粉体同时喷射深层搅拌机，搅拌深度已从14m提高到30m，成桩直径（或单次成墙宽度）不断扩大；成功研制了许多新型高压喷射注浆设备，继单管法、双管法、三管法及多管法之后，又研制出了新型双管法，并由液压传动代替机械传动，改进了气、水、浆液的输送装置，提高了喷射压力和冲切搅拌能力；应用于排水固结法的塑料排水带插带机的出现使工作效率大幅提高，深度超过了30m；振冲法施工机械发展迅速，振冲器最大功率已达135kW，振密砂层达26m深；干法振动成孔器的研制成功，使干法振动碎石技术得以应用，解决了振动水冲法施工中排放泥浆污染现场的问题，扩大了振冲法的适用范围。

地基处理新材料的应用与发展，提高了地基处理效能，产生了许多新的地基处理方法。如土工合成材料的应用促进了加筋土法的发展；轻质土工合成材料EPS作为填土材料，使EPS超轻质填土法在高速公路路堤中得到应用；对于灌浆材料，如超细水泥、粉煤灰水泥浆材、硅粉水泥浆材及化学浆材的发展，扩大了灌浆法的应用范围。地基处理技术与工业废料的利用相结合也是一种发展趋势，如粉煤灰垫层、石灰粉煤灰桩复合地基、钢渣桩复合地基、渣土桩复合地基等的应用，既能保护环境，又能取得良好的社会效益和经济效益。

复合地基理论随着地基处理技术的发展而发展，所形成的复合地基承载力和沉降计算理论日趋成熟，按复合地基理论进行地基加固设计可大幅度降低经济成本。此外，强夯法加固地基机理与加固深度计算、砂井法非理想井计算理论、真空预压法计算理论等方面都取得了很多先进的理论研究成果。

各类地基处理方法所采用的施工工艺近年来也得到了较大发展，如真空预压法施工工艺的改进使该项技术得以推广应用，石灰桩施工工艺的改进使石灰桩法应用范围扩大，长螺旋钻孔工艺的发展使 CFG 桩法更加成熟，高压喷射注浆法施工工艺的完善使之用于第四纪覆盖层的防渗工程成为可能，边填碎石（块石或其他材料）边强夯工艺的发展扩大了强夯法的应用范围。目前，每项地基处理方法的施工工艺都在不断改进与完善。

地基处理的检测日益得到重视，一般在地基处理施工过程中和施工之后应分别进行检测，以指导工程施工、检验处理效果、校验设计参数。检测手段越来越多，检测精度不断提高。地基处理信息化施工和管理水平不断提高，有效地确保了施工质量。

地基处理技术的发展还表现在多种地基处理方法综合应用水平的提高。如将真空预压法和加载预压法结合在一起使用，可克服真空预压法预压荷载小于 80kPa 的缺点，扩大了该方法的应用范围；长短桩非线性组合多元复合地基的应用也取得了较快发展，如石灰桩与深层搅拌水泥土桩多元复合地基、CFG 桩与深层搅拌水泥土桩多元复合地基等都已得到推广应用；在我国澳门机场人工岛建设中，综合应用了挖淤置换、冲填、塑料排水带、加载预压、振冲密实、振动碾压等方法，取得了很好的技术与经济效果。因此，重视多种地基处理方法的综合应用，可获得更好的经济效益。

目前，地基处理已成为土力学与岩土工程的主要分支学科，国际土力学与岩土工程协会下设专门的地基处理学术委员会。中国土力学与岩土工程学会于 1984 年成立了地基处理学术委员会，并将于 2014 年召开第 11 届全国地基处理学术讨论会（平均每 3 年召开一次）。1988 年编著出版了《地基处理手册》，2000 年再版修订了该手册。1990 年，《地基处理》杂志创刊，为岩土工程技术人员提供了地基处理学术研讨与交流的平台。

有关地基处理设计与施工的规范及规程制定工作也得到了较快发展。现行国家规范有 GB 50112—2013《膨胀土地区建筑技术规范》、JGJ 79—2012《建筑地基处理技术规范》、GB 50007—2011《建筑地基基础设计规范》、JTS 147-1—2010《港口工程地基规范》、DL/T 5395—2007《碾压式土石坝设计规范》、JTG D63—2007《公路桥涵地基与基础设计规范》、GB 50025—2004《湿陷性黄土地区建筑规范》、TB 10035—2006《铁路特殊路基设计规范》等。此外，天津、上海、河北、北京等地制定了地区性地基处理技术规程。这些规范规程的制定和有效实施促进了地基处理技术健康地发展。

思 考 题

1.1 软黏土有哪些主要特点？

1.2 常用地基处理方法的原理、适用的土质条件和作用是什么？

1.3 试述地基处理的分类。

1.4 选用地基处理方法时应考虑哪些因素？

1.5 地基处理技术未来的发展前景怎样？

第1部分　地基工程事故

第2章　地基工程事故分析与处理

【本章导读】 本章主要介绍了地基与基础的关系，地基与基础工程事故的特点和质量控制，地基工程事故的分析与处理。了解地基工程事故的特征；掌握地基事故的分类和处理的防治措施；对于工程中常见的地基事故，能作出准确的判断和合理的分析与防治。

2.1　概述

地基是建筑结构最重要的组成部分之一。建筑物事故的发生，不少与地基问题有关。而地基工程事故主要是由于勘察、设计、施工不当或环境和使用情况改变而引起的。其最终反映是产生过量的变形或不均匀变形，从而使上部结构出现裂缝、倾斜，削弱和破坏了结构的整体性，并影响到建筑物的正常使用。严重者，地基失稳，导致建筑物倒塌。

1. 地基与基础

地基和基础是建筑物的重要组成部分，任何建筑都必须有可靠的地基和基础。基础是与地基紧密联系、互相依存的工程结构。基础的设计、施工必须依据地质情况，采用适宜的基础形式、材料、埋深与施工方法，以有效地承受上部结构的荷载。不合理或错误的基础设计与施工质量问题都会导致基础工程质量缺陷与事故。

当地基的整体稳定性和承载力不能满足要求时，在荷载作用下，地基将会产生局部或整体剪切破坏。天然地基承载力的高低主要与土的抗剪强度有关，也与基础形式、基础底面积大小和埋深有关。在建筑物荷载（包括静荷载、动荷载的各种组合）的作用下，地基将产生沉降、水平位移以及不均匀沉降，若地基的变形超过允许值，将会影响建（构）筑物的安全与正常使用，严重的将造成建筑物破坏甚至倒塌。其中不均匀沉降超过允许值而造成的工程事故比例最高，尤其是在深厚的软黏土地区。

2. 地基与基础工程事故的特点

地基和基础都属于地下隐蔽工程，建筑工程竣工后难以检查，使用期间出现缺陷，事故前期也不易察觉。一旦发生事故，难以补救，甚至造成灾难性的后果。因此，建设工程中的地基基础工程的缺陷和事故，具有普遍性、地方性、隐蔽性和严重性的特点。

3. 地基与基础工程质量控制的重要性

地基与基础工程是建筑施工技术复杂、难度很大的分部工程之一，主要包括无支护土方、有支护土方、地基处理、桩基、地下防水等。地基与基础施工质量合格与否，直接影响到建筑物的结构安全。随着国家经济的发展和施工技术的进步，单体工程的建筑规模越来越大，综合使用功能越来越多，故地基与基础的施工质量控制日益重要。

2.2 地基工程事故分析及处理

2.2.1 建（构）筑物对地基的要求

（1）地基承载力或稳定性问题　地基承载力或稳定性问题是指地基在建（构）筑物荷载（包括静荷载、动荷载的各种组合）作用下的稳定性问题。若地基承载力不能满足要求，在建（构）筑物荷载作用下，地基将会产生局部或整体剪切破坏，影响建（构）筑物的安全与正常使用，甚至造成建（构）筑物的破坏。天然地基承载力的高低主要与土的抗剪强度有关，也与基础形式、大小和埋深有关。边坡稳定也属于这类问题。

（2）沉降、水平位移及不均匀沉降问题　在建（构）筑物的荷载（包括静荷载、动荷载的各种组合）作用下，地基将产生沉降、水平位移以及不均匀沉降。若地基变形（沉降、水平位移、不均匀沉降）超过允许值，将会影响建（构）筑物的安全与正常使用，严重的将造成建（构）筑物破坏。

（3）渗透问题　渗透问题主要分两类：一类是堤坝蓄水构筑物地基渗流量超过其允许值，其后果是造成较大水量损失，甚至蓄水失败；另一类是地基中水力比降超过其允许值，地基土会因潜蚀和管涌产生破坏，严重的将导致建（构）筑物破坏。天然地基渗透问题主要与地基中水力比降和土的渗透性有关。

（4）液化问题　地震、机器及车辆的振动、波浪作用和爆破等动荷载作用，会引起饱和松散粉细砂（包括部分粉土）产生液化，使土体类似于液体而失去抗剪强度，从而造成地基失稳和震陷。

2.2.2 地基工程事故的类别及特征

地基事故可分为天然地基上的事故和人工地基上的事故两大类。

无论是天然地基上的事故还是人工地基上的事故，按其性质都可概括为地基强度和地基变形两大问题。地基强度问题引起的地基事故主要表现在地基承载力不足或地基丧失稳定性或斜坡丧失稳定性。地基变形问题引起的地基事故常发生在软土、湿陷性黄土、膨胀土、季节性冻土等地区。

1. 地基失稳事故

对于一般地基，在局部荷载作用下，地基的失稳过程，可以用荷载试验的 *F-s* 曲线来描述。图 2.1 表示由静荷载试验得到的两种类型的荷载-沉降的关系曲线。当荷载大于某一数值时，曲线Ⅰ有比较明显的转折点，基础急剧地下沉。同时，在基础周围的地面有明显的隆起现象，基础倾斜，甚至倒塌，地基发生整体剪切破坏。

曲线Ⅱ没有明显的转折点，地基发生局部剪切破坏。软黏土的松砂地基属于这一类型，如图 2.2 所示，它类似于整体剪切破坏。滑动面从基础的一边开始，终止于地基中的某点。只有当基础发生相当大的竖向位移时，滑动面才发展到地面。破坏时，基础周围的地面也有隆起现象，但是基础不会明显倾斜或倒塌。

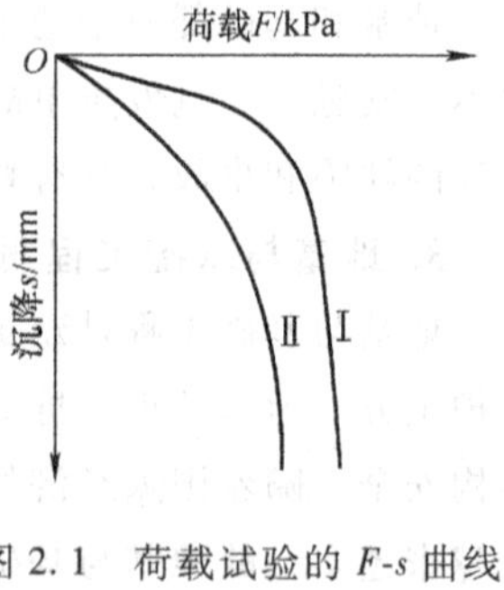

图 2.1　荷载试验的 *F-s* 曲线

对于压缩比较大的软黏土和松砂，其 *F-s* 曲线也没有明显的转折点，但地基破坏是由于基础下面软弱层的变形使基础连续下沉，产生了过大的不能容许的沉降，基础就像“切入”土中一样，故称为冲切剪切破坏，如图2.3所示。

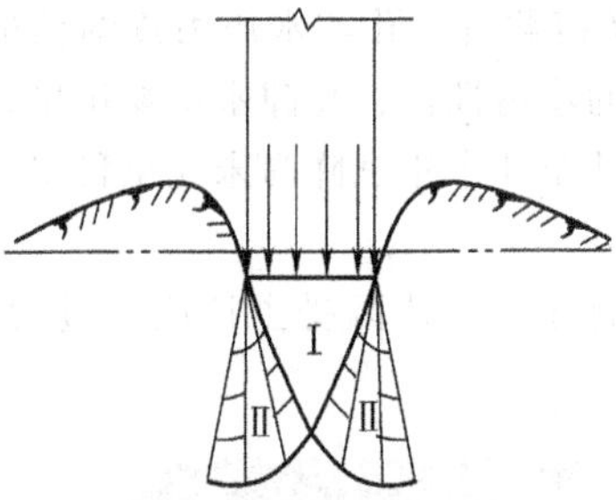

图2.2　地基局部剪切破坏

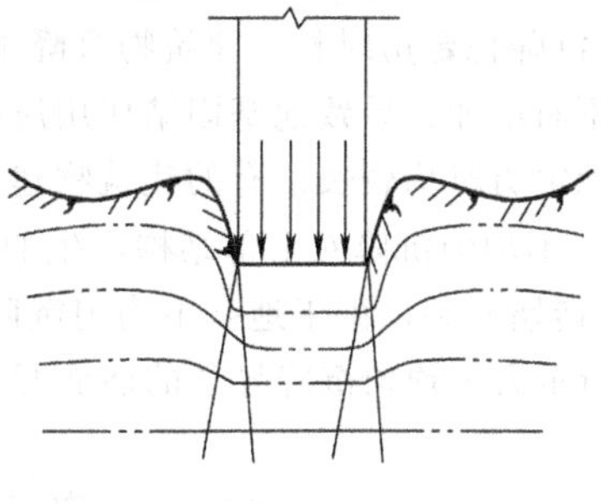

图2.3　地基冲切剪切破坏

地基究竟发生哪一种形式的破坏，除了与土的种类有关以外，还与基础的埋深、加荷速率等因素有关。当基础埋深较浅，荷载为缓慢施加的恒载时，将趋向于形成整体剪切破坏；若基础埋深较大，荷载是快速施加的，或是冲击荷载，则趋向于形成冲切或局部剪切破坏。在建筑工程中，地基失稳的后果常很严重，有时甚至是灾难性的破坏。如1996年9月，海口市经受12级飓风袭击，伴有400mm以上的大暴雨，在滨海大道旁的某商住小区内，一座停工中的体积达30000m^3的巨型地下室突然窜出地面5～6m，整体倾斜，犹如平地出现一艘水泥船，停泊在两幢高楼的中间。虽然经过降水、牵引、归位等工程措施处理，但因地下室两端高差仍有900mm无法扶正，且顶板和外墙均已开裂，不能继续利用而报废。

2. 地基变形事故

(1) 软弱地基变形特征

1) 沉降大而不均匀。软土地区大量沉降观测资料统计表明：砖墙承重的混合结构建筑，如以层数表示地基受荷大小，则三层房屋的沉降量为15～20cm，四层一般为20～50cm，五层至六层则多超过70cm；有起重机的一般单层工业厂房沉降量为20～40cm；而大型构筑物，如水塔、油罐、料仓、储气柜等，其沉降量一般都大于50cm，有的甚至超过100cm。过大的沉降造成室内地坪标高低于室外地坪，引起雨水倒灌、管道断裂、污水不易排出等问题。

软土地基的不均匀沉降，是造成建筑物裂缝损坏或倾斜事故的主要原因。影响不均匀沉降的因素很多，如土质的不均匀性、上部结构的荷载差异、建筑物体形复杂、建筑物间相邻影响、地下水位变化及建筑物周围开挖基坑等。即使在同一荷载及简单平面形式下，其差异沉降也有可能相差很大。

2) 沉降速率大。建筑物的沉降速率是衡量地基变形发展程度与状况的一个重要标志。软土地基的沉降速率是较大的，一般在加荷终止时沉降速率最大，如图2.4所示。沉降速率也随基础面积和荷载性质的变化而有所不同。一般民用或工业建筑活荷载较小时，其竣工时沉降速率大约为0.5～1.5mm/d；活荷载较大的工业建筑物和构筑物，其最大沉降速率可达45.3mm/d。

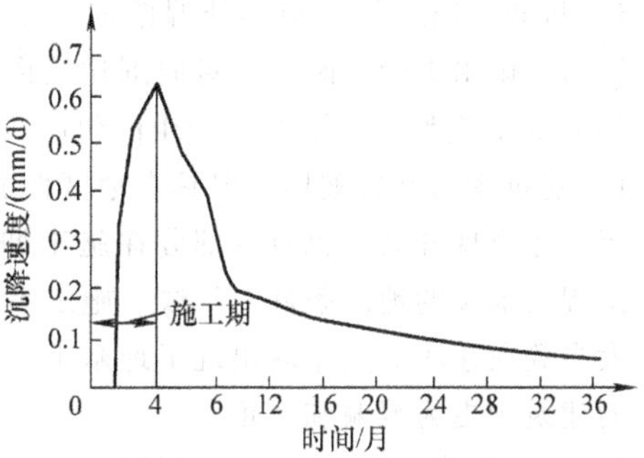

图2.4　某建筑物的沉降速率

随着时间的发展，沉降速率逐渐衰减，但在施工期半年至一年的时间内，是建筑物差异沉降发展最为迅速的时期，也是建筑物最容易出现裂缝的时期。在正常情况下，如沉降速率衰减到

0.05mm/d 以下时，差异沉降一般不再增加。如果作用在地基上的荷载过大，则可能出现等速下沉，长期的等速沉降就有导致地基丧失稳定的危险。

3）沉降稳定历时长。建筑物沉降主要是由于地基土受荷载后，孔隙水压力逐渐消散，而有效应力不断增加，导致地基固结作用所引起的。因为软土的渗透性低，孔隙水不易排出，故建筑物沉降稳定历时均较长。有的建筑物建成后几年、十几年甚至几十年沉降尚未完全稳定。

（2）不均匀沉降对上部结构产生的效应

1）砖墙开裂。由于地基不均匀沉降使砖砌体受弯曲而导致砌体因受主拉应力过大而开裂。图 2.5 所示为不均匀沉降导致的墙面开裂。

图 2.5　不均匀沉降导致的墙面开裂

2）砖柱断裂。砖柱裂缝有水平缝及垂直缝两种类型。前者是由于基础不均匀沉降使中心受压砖柱产生纵向弯曲而拉裂。此种裂缝都出现在砌体下部，沿水平灰缝发展，使砌体受压面积减少，严重时将造成局部压碎而失稳。垂直裂缝一般出现在砖柱上部。

3）钢筋混凝土柱倾斜或断裂。单层钢筋混凝土柱的排架结构，常因地面上大面积堆料造成柱基倾斜。由于刚性屋盖系统的支撑作用，在柱头产生较大的附加水平力，使柱身弯矩增大而开裂，裂缝多为水平缝，且集中在柱身变截面处及地面附近。露天跨柱的倾斜虽不会造成柱身裂损，但会影响起重机的正常运行，引起滑车或卡轨现象。

4）高耸构筑物的倾斜。建到软土地基上的烟囱、水塔、筒仓、立窑、油罐和储气柜等高耸构筑物，采用天然地基时，产生倾斜的可能性较大。

（3）湿陷变形对上部结构产生的效应

1）基础及上部结构开裂。黄土地基湿陷性引起房屋下沉量大，墙体裂缝大，并发展迅速。

2）倾斜。湿陷变形只出现在受水浸湿部位，未浸水部位则基本不会产生，从而形成沉降差，因而整体刚度较大的房屋和构筑物，如烟囱、水塔等易发生倾斜。

3）折断。当地基遇到多处湿陷时，基础往往产生较大弯曲变形，引起房屋基础和管道折断。当给水排水干管折断时，对周围建筑物还会构成更大的危害。

（4）胀缩变形对上部结构产生的效应

1）建筑物的开裂破坏一般具有地区性成群出现的特性。大部分是在建成后三五年，甚至一二十年后才出现开裂，也有少部分在施工期就开裂的。主要是受地基含水量、场地的地形、地貌、工程与水文的地质条件、气候、施工等综合因素的影响。如四川成都龙潭区三级阶地上的房屋，大多数在建成五六年后出现了地基干、湿变化，造成建筑物开裂、变形，尤其以平房和三层以下的建筑物更为普遍和严重。

2）遇水膨胀、失水收缩引起墙体开裂。墙体裂缝有正、倒八字形，X 形，还有水平裂缝及局部斜裂缝（图 2.6）。随着胀缩反复交替出现，墙体可能发生挤碎或错位。

3）在地质条件相同情况下的房屋开裂破坏，以单层、二层房屋较多，三层房屋较少、较轻。单层房屋尤其单层民用房屋的开裂最为普遍，其破坏率占单层建筑物总数的85%；二层房屋破坏率为25%～30%；三层房屋一般略有轻微的变形开裂破坏，其破坏率约为5%～10%。由于基础形式的不同，房屋开裂也不同，条形基础的破坏较单独基础破坏更为普遍。排架、框架结构房屋，其变形开裂破坏的程度和破坏率均低于砖混结构。体形复杂的房屋由于失水和得水的临空面大，受大气的影响也大，故变形开裂破坏较体形简单的严重。地裂通过处的房屋必定开裂。

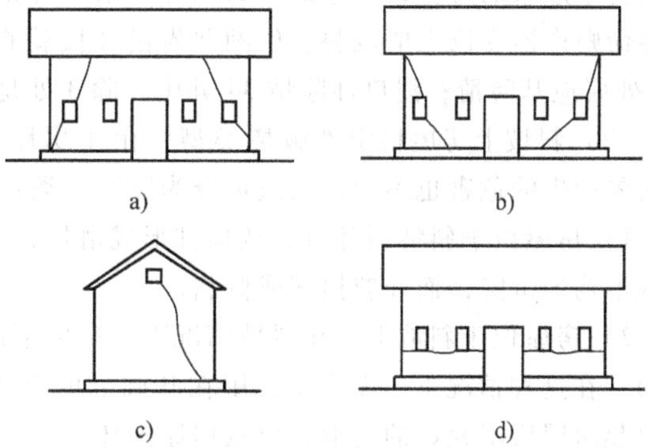

图2.6　墙体裂缝示意

a）正八字形　b）倒八字形　c）局部斜裂缝　d）水平裂缝

4）外墙与内墙交接处的破坏。

5）室内地坪开裂，特别是空旷的房屋或外廊式房屋的地坪易出现纵向裂缝。

（5）冻胀、融陷变形对上部结构的效应　当基础埋深浅于冻结深度时，在基础侧面作用着切向冻胀力，在基底作用着法向冻胀力。如果基础上荷载和自重不足以平衡法向和切向冻胀力，基础就被抬起来。融化时，冻胀力消失，冰变成水，土的强度降低，基础产生融陷。不论上抬还是融陷，一般都是不均匀的，其结果必然是造成建筑的开裂破坏。如河北崇礼县一住宅楼，上冻前地下室施工完毕，只进行了外侧回填，地下室内没有采取任何保温措施，第二年开春发现大部分有门洞口的圈梁出现裂缝，最宽达8mm，最后不得不加固补强。

建筑物因地基冻融产生的破坏现象，可概括如下：

1）墙体裂缝。一、二层轻型房屋的墙体裂缝很普通。从裂缝形状上看，有斜裂缝、水平裂缝、垂直裂缝三种。这些裂缝与膨胀土地基上房屋开裂情况是十分相似的。垂直裂缝多出现在内外墙交接处或是外门斗与主体结构连接的地方。

2）基础拉断。这种情况经常发生在不采暖的轻型结构砖砌基础中，主要因侧向冻切力作用所致。电杆、塔架、桥墩、管架等一般轻型构筑物基础，在侧向冻切力的作用下，有逐年上拔的现象。

3）外墙因冻胀抬起，内墙不动，顶棚与内墙分离。这种情况常发生在采暖房屋里，因内墙与外墙不连，顶棚支承在外墙上，当外墙因冻胀抬起时，顶棚便与内墙分离，最大可达20mm。

4）台阶隆起，门窗歪斜。据哈尔滨市调查，部分居民住宅每到冬天由于台阶隆起导致外门不易推开，来年开冻以后台阶又回落。经多年起落，变形不断增加，出现不同程度沉落和倾斜。因为台阶埋深小，与房屋基础埋深相差很多，冻结融化都较敏感，而在构造上它又与房屋不相连接，故台阶变形较为显著且极为普遍，在冻胀性地区到处可见。另外，由于纵墙变形不均匀或内外墙变形不一致，常使门窗变形，压碎玻璃。故当地居民在入冬与春融前后都需修整一次门窗。

3. 斜坡失稳引起地基事故

（1）斜坡失稳的特征

1）斜坡失稳常以滑坡形式出现，滑坡规模差异很大，滑坡体积从数百立方米到数百万立方米，对工程危害极大。

2）滑坡可以是缓慢的、长期的，也可以是突然发生的，以每秒几米甚至几十米的速度下滑。古滑坡可以因外界条件变化而激发新滑坡。如1998年长江全流域特大洪水时，万里长江堤防经受了严峻的考验，一些地方的大堤垮塌，大堤地基发生严重管涌，洪水淹没了大片土地，人民生命财产遭受巨大的威胁。仅湖北省沿江段就查出4974处险情，其中重点险情540处中，有320处属地基险情；溃口性险情34处中，除3处是涵闸险情外，其余都是地基和堤身的险情。

（2）斜坡上房屋稳定性破坏类型　由于房屋位于斜坡上的位置不同，因此斜坡出现滑动，对房屋产生的危害也不同，大致可分为以下三类：

1）房屋位于斜坡顶部时，从顶部形成滑坡，土从房屋下挤出，地基土松动（图2.7）。房屋出现不均匀沉降，而开裂损坏或倾斜。

2）房屋位于斜坡上，在滑坡情况下，房屋下的土发生移动，部分土绕过房屋基础移动（图2.8）。在这种情况下，无论是作用在基础上的土压力，还是单独基础在平面上的不同位移都可能引起房屋所不允许的变形，导致房屋破坏。

3）房屋位于斜坡下部，房屋要经受滑动土体的侧压力（图2.9）。对房屋造成的危害程度与滑坡规模、体积有关，常常是灾难性的。

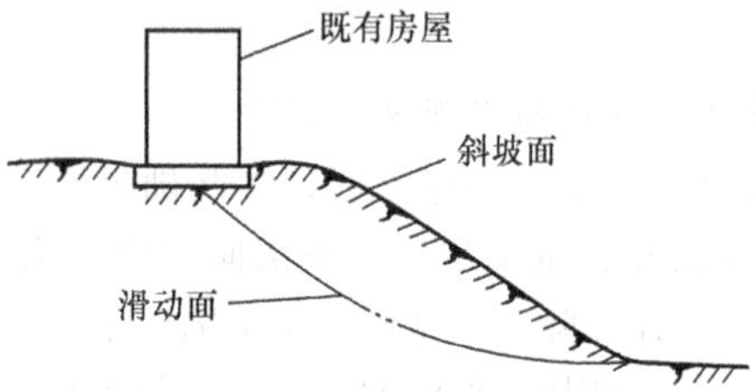

图2.7　房屋下地基松动

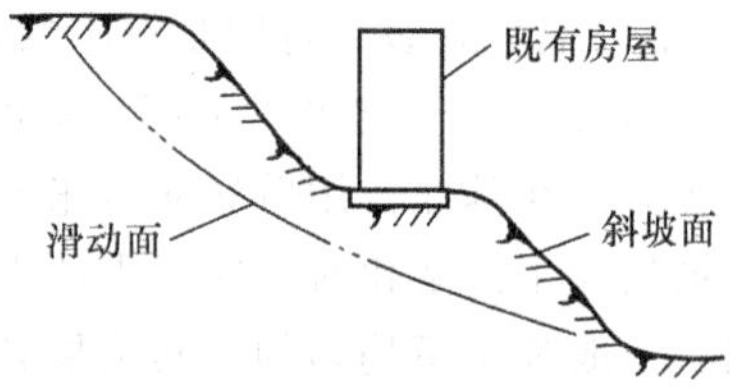

图2.8　房屋下土移动

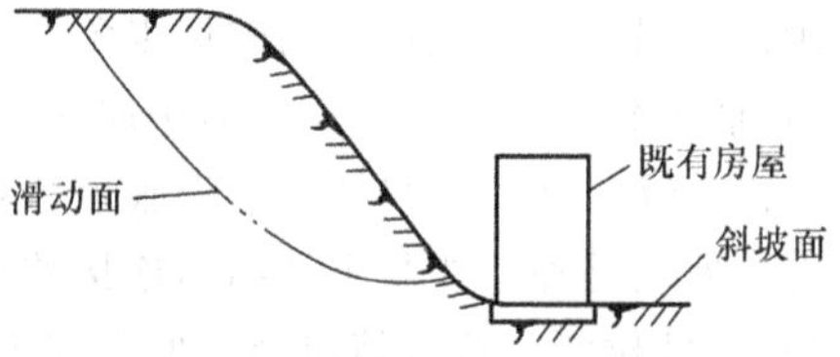

图2.9　滑动土体压在房屋上

（3）基坑工程质量事故　基坑有两类：一类是放坡基坑，当基坑较深时，边坡的宽度较宽，很占场地；另一类是支护结构式不放坡基坑（又有重力式和桩墙式两种），在高层建筑施工中经常被采用。基坑工程具有三个特点：①基坑支护体系具有临时性，地下工程完工后即失去作用，因而它设计时的安全储备较小；②基坑工程具有较大的综合性，从土力学看它涉及土的稳定、变形和渗流三方面问题；从支护结构看它涉及结构、力学和材料三方面知识；③基坑工程具有很强的地区性，在不同工程地质、不同的建筑要求下，它的差异很大。

桩墙式支护结构按支撑系统的不同可分为：悬臂式、内撑式和锚拉式三种。悬臂式一般在竖向悬臂桩墙顶布置一道圈梁。内撑式有斜撑、单层或多层水平内撑。锚拉式有水平拉锚和斜拉锚。支护墙多用钢筋混凝土（深层搅拌）桩、钢筋混凝土连续墙、钢板桩等。支撑材料多用钢筋混凝土、型钢或混凝土—钢组合。常用桩墙式支护结构如图2.10所示。

基坑的桩墙式支护结构的失效形式有结构构件承载力失效和土体失效两方面。

1）结构构件失效。①内撑压屈或锚拉杆断裂（图2.11a）。主要原因是地面荷载增大或土压力计算有误，也可能是内部支撑断面过小导致受压失稳，或者锚拉杆断面不足、长度不足以及锚固部分失效。为此要正确设计内撑和锚拉杆，留有足够的安全储备。

②支护墙平面变形过大或弯曲破坏（图2.11b）。由于支护墙过薄、土压力计算不准、地面增加堆载或基坑挖土超深等原因都可能产生这种现象。为此要正确地设计墙体，严格控制挖土

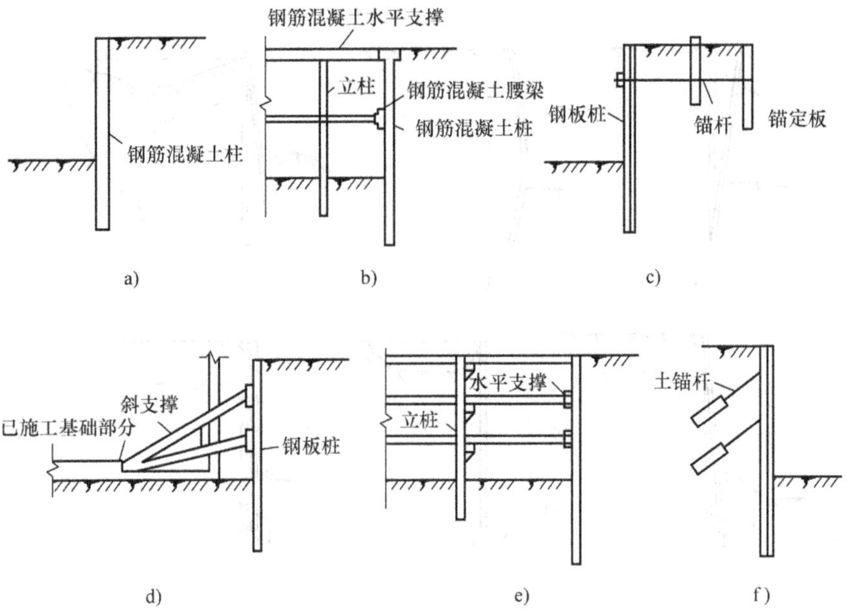

图 2.10　常用桩墙式支护结构

a）钢筋混凝土悬臂支护　b）钢筋混凝土内撑支护　c）钢板桩水平锚拉支护
d）钢板桩坑内斜撑支护　e）钢板桩多层水平内撑支护　f）钢板桩多层锚拉支护

深度。

2）土体失效。

① 基坑外侧土体失稳，滑动面在支护墙下通过（图 2.11c）。主要原因往往是支护墙底部入土深度不足或撑锚系统失效、地面荷载过大所造成的基坑边坡整体滑动破坏，也称整体失稳破坏。

② 支护墙底部走动（图 2.11d）。主要原因是基坑底部土质太差，能承受的被动土压力很小，或支护墙埋深过浅使得墙底部被动土压力过大，它们都可能使墙底踢脚的土体失稳破坏。

③ 基坑底部土体隆起（图 2.11e）。在软土地基中当基坑内土体不断挖去时，坑内外土体高差使支护墙外侧土体向坑内方向挤压，就会造成基坑内土体隆起，基坑外地面下陷，坑内侧被动土压力减小，甚至可使支护墙失稳破坏。

④ 基坑内管涌（图 2.11f）。当基坑外侧地下水位过高，基底土质较差时，可能发生管涌现象，使被动土压力减小或丧失，造成支护体系失效。

（4）滑坡治理　滑坡治理前，首先应深入了解形成滑坡的内、外部条件以及这些条件的变化。对诱发滑坡的各种因素，应分清主次，采取相应的措施使滑坡最终趋于稳定。一般情况下，滑坡发生总有个过程。因此，在其活动初期，如能立即整治，就比较容易，收效也较快。所以治理滑坡务须及时，而且要根本解决，以防后患。滑坡主要用排水、支挡、减重和护坡等措施综合治理。个别情况下，也有采用通风疏干、电渗排水、爆破灌浆、化学加固、浇水冻结等方法来改善滑动带岩土的性质，以稳定边坡的。

4. 人工地基事故

（1）砂石垫层的质量事故原因

1）砂垫层与砂石垫层不密实引起质量事故。

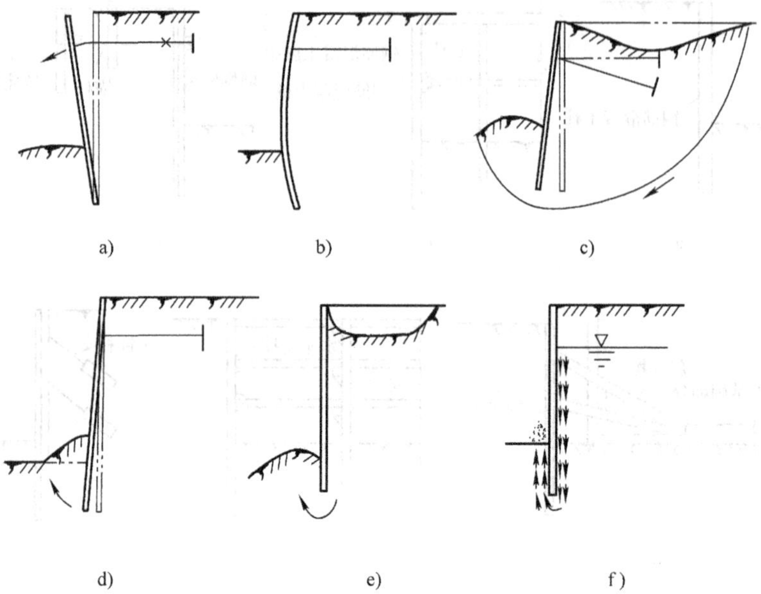

图 2.11 锚桩式支护结构的破坏形式

a）锚拉破坏或支撑压屈 b）平面变形过大或弯曲破坏

c）墙后土体整体滑动失稳 d）底部走动 e）坑底隆起 f）管涌

2）寒冷地区冬期砂石垫层施工，因砂石被冰所包裹，造成砂石垫层不密实，到春天砂石垫层中冰融化，造成垫层迅速下沉。

3）砂石垫层属于浅层加固方法。对位于深厚软土层上，且有荷载差异的建筑来说，使用该法并不能消除不均匀沉降，反而会适得其反。由于砂石垫层的存在使得软土的变形速率加大，而且差异沉降发展也较快，对上部结构危害甚至比天然地基还大。

（2）灰土桩的质量事故原因

1）桩内只有松散灰土或上部为松散灰土，下部才见灰土层。

2）桩标高不符合设计要求。

3）放线有遗漏，使得桩数不够。

（3）生石灰桩质量事故原因

1）生石灰质量、每根桩生石灰用量、桩长等不符合设计要求。

2）每根生石灰桩施工结束，未及时封顶或过早开挖基坑，使得生石灰桩径向约束减小，挤密效果降低，从而引起建筑物的不均匀沉降，造成建筑物开裂损坏。

2.2.3 地基工程事故原因分析

（1）地质勘察问题

1）地质勘察工作欠认真，所提供的土性指标及地基承载力不确切。如湖北省武汉市武昌区某办公楼，设计之前仅作简易触探，而设计者又按勘察报告提出的偏高土力学指标进行设计。结果造成该楼尚未竣工即出现很大沉降和相对沉降差，倾斜约 40cm，并引起邻近已有房屋严重开裂。

2）地质勘察时，钻孔间距太大，不能全面准确地反映地基的实际情况。在丘陵、山坡地区的建筑中，由于这个原因造成的事故实例比平原地区多。如河北省张家口市宝善街住宅小区，其地基中的砂卵起伏变化较大（水平方向达0.2m/m）。地质勘察资料没有提供这些数据。设计时，将基础按地质勘察深度选择桩基础，由于地表下土层的厚度变化甚大，而造成某些楼的桩基础不得不变为桩墩，修改基础设计，并且给施工带来极大难度。

3）地质勘察时，钻孔深度不够。有的工程在没有查清较深范围内地基中有无软弱层、暗浜、墓穴、孔洞等情况下，仅根据勘察资料提供的地表面或基础底面以下深度不大范围内的地基情况进行地基基础设计，因而造成明显的不均匀沉降，导致建筑物裂缝，有的甚至不能使用。如南京市一工厂家属宿舍楼为五层砖混结构，采用不埋板式基础。当施工到五层时，发现基础断裂。后经补充勘探，发现宿舍西部地表杂填土1.4m以下，有一层淤泥及稻壳灰，厚2m多，高压缩性，建筑物坐落在这样软硬悬殊的地基上，势必造成基础不均匀沉降而断裂。这类事故屡见不鲜，尤应引起足够重视。

4）地质勘察报告不详明、不准确。造成地基基础设计方案的错误。如四川省眉山市一建筑工程，根据建筑物两端钻孔提供的岩石埋藏深度在基础底面以下5m的资料，采用了5m的爆扩桩基础。建成后，在建筑物中部产生较大沉降，墙体开裂。经补充勘察，发现建筑物中部基岩面深达15~17m，爆扩桩悬浮在软土中，最后造成该建筑物不均匀沉降。

（2）设计方案及计算问题

1）原设计方案不尽合理。有些工程的地质条件差、变化复杂，由于设计方案选择不合理，不能满足上部结构与荷载的要求，因而引起建筑物开裂或倾斜。

2）盲目套图设计，不因地制宜。当建筑场地选定后，设计者没有选择的余地，往往只能按具体情况采用天然地基或进行地基处理。由于各地的工程地质条件千差万别，错综复杂，即使同一地点也不尽相同，再加上建筑物的结构形式、平面布置及使用条件也截然不同，所以很难找到一个完全相同的例子，也无法作出一套包罗万象的标准图。因此，在考虑地基基础问题时，必须在对具体问题充分分析的基础上，正确地灵活运用土力学、地基基础与工程地质知识，以获得经济合理的方案。如果盲目地进行地基基础设计，或者死搬硬套所谓的“标准图”，将是贻害无穷的。

3）设计计算错误，荷载不准确。这类事故多数因设计者不具备相应的设计水平，未取得可靠的地质资料，就盲目进行设计，设计又没有经过相应的复核审查，使错误设计计算得不到及时纠正而酿成。有时小的设计计算疏忽，也能造成墙体开裂，尤其是软土地区更应慎重。如蚌埠铁路局水电车间，采用砖混结构，钢筋混凝土屋面梁、板、砖壁柱，毛石条形基础。该建筑位于水塘边，由于疏忽了屋面梁传给砖壁柱的集中荷载，而没有将砖壁柱附近基础加宽，只采用与窗间墙基础同宽，造成纵墙下基础底面压力分布不均匀，最后导致纵墙开裂、基础顶面的钢筋混凝土圈梁及毛石条形基础出现裂缝，影响使用。

（3）施工问题　地基基础工程施工质量的优劣，直接影响建筑物的安全和使用。地基基础属地下隐蔽工程，更应加倍重视不留隐患。归纳起来施工方面存在的问题有：

1）未按图施工或不按技术操作规程要求施工。

2）工程管理不善，未按建设要求与设计施工程序办事；管理混乱，缺乏细致认真的技术交底和质量检查；施工严重违反操作规程等。

（4）环境及使用问题

1）基础施工的环境效应。打桩、钻孔灌注及深基坑开挖对周围环境所引起的不良影响，是当前城市建设中反映特别突出的问题，主要是对周围既有建筑物的危害。

2）地下水位变化。由于地质、气候、水文、人类的生产活动等因素的作用，地下水位经常会有很大的变化。这种变化对既有建筑物可能引起各种不良的后果。特别是当地下水位在基础底面以下变化时，后果更为严重。当地下水位在基础底面以下压缩层范围内上升时，水能浸湿和软化岩土，从而使地基的强度降低，压缩性增大，建筑物就会产生过大沉降或不均匀沉降，最终导致其倾斜或开裂。对于结构不稳定的土，如湿陷性黄土、膨胀土等影响尤为严重。若地下水位在基础底面以下压缩层范围内下降时，水的渗流方向与土的重力方向一致，地基中的有效应力增加，基础就会产生附加沉降。如果地基土质不均匀，或者地下水位不是缓慢而均匀地下降，基础就会产生不均匀沉降，造成建筑物倾斜，甚至开裂和破坏。

在建筑地区，地下水位变化常与抽水、排水有关。因为局部的抽水或排水，能使基础底面以下地下水位突然下降，从而引起建筑物地基变形。

3）使用条件变化所引起的地基土应力分布变化。

① 加层改造。房屋加层之前，缺乏认真鉴定和可行性研究，草率上马，盲目行事。有的加层改造未处理好地基和上部结构问题，被迫拆除。

② 增荷堆载。大面积地面堆载引起邻近浅基础的不均匀沉降，此类事故多发生于工业仓库和工业厂房。厂房与仓库的地面堆载范围和数量经常变化，而且堆载很不均匀。因此，容易造成基础向内倾斜，给建筑结构和使用功能带来不良后果。主要表现有柱、墙开裂，桥式起重机产生滑车和卡轨现象，地坪及地下管道损坏等。

③ 渗水影响。上下水管漏水长期未进行修理，引起地基湿陷事故，在湿陷性黄土地区此类事故较为多见。

2.2.4 地基工程事故处理

地基事故发生后，首先应进行认真细致的调查研究，然后根据事故发生原因和类型，因地制宜地选择相应地基础托换方法。根据其原理不同可概括为下列5类：

1）基础扩大托换——减少基础底面压力。

2）基础加深托换——对原地基持力层卸荷，将基础上荷载传递到较好的新持力层上。

如坑式托换和桩式托换。

3）灌浆托换——对地基加固提高地基承载力。

4）纠偏托换——调整地基沉降，如迫降纠偏托换和顶升纠偏托换。

5）排水、支挡、减重和护坡等措施综合治理。

如果建筑物基础需要进行托换，在施工开始前，首先要对该建筑物被托换的安全性予以论证；其次，在建筑物基础托换过程中，还要借助于检测手段，来保证建筑物的各部位之间不致产生过大的沉降差；第三要保证其邻近建筑物的安全性。

2.3 案例分析

案例1 浙江萧甬铁路发生地基整体下沉事故

1. 事故概述

2005年5月9日上午7时10分，浙江萧甬铁路（萧山—宁波）牟山段突然发生坍塌，近150m长的路轨悬空，路基塌陷10m多。在铁轨南面，15m高的路堤整体下沉，沿路的绿化带和路堤下的马路往南位移了至少5m。马路约200m左右路段下沉超过1m，缝隙超过0.5m，如图2.12所示。

2. 原因分析

从塌陷的情况可以看出，附在软土表层的道砟路基就像鸡蛋壳，而下面的软土就像蛋黄，只要路基出现缺口，里面的软土就会流出，引发塌陷。

铁路线南侧一砖瓦厂取土后，挖成的深坑有大半个足球场大，短时间内根本难以填平。而上次塌陷处流出的软土，形成一片边缘弧线长达200m左右的“滑舌”——扇形软土坡，并且坡前形成了二三米宽、数十米长的水洼。据施工人员介绍，经过1d的时间，铁路线北侧的鱼塘水面下降了1m左右，原因可能是鱼塘里的水渗到了南侧低洼地带里。

3. 采取措施

在软土地基上修建和维护铁路是世界性的难题，原铁道部赶赴现场的专家组曾考虑过改线，但经商议后发觉，架桥时间太长，改线施工量太大，经过实际测量计算，专家组决定采用“反压法”制服软土滑移。形象地说，就是在线路两侧先筑两道防线。北侧的鱼塘边，用500根长12.5m的钢板桩钉牢路基塌方，长度为159m，这些钢板桩环环相扣，形成170m的铜墙铁壁，牢牢架起铁路路基。

南侧在滑移的软土外围修筑反压护道，对软土滑舌进行拦截。南北两翼基础稳固之后，在路基部分填充石方和道砟，最后铺设铁轨。同时，上海铁路局调配了400多名工程技术及施工人员和50余台设备到现场进行抢修。

案例2　上海莲花河畔景苑在建住宅倒塌事故

1. 事故概述

2009年6月27日清晨5时30分左右，上海闵行区莲花南路、罗阳路口西侧莲花河畔景苑小区内一栋在建的13层住宅楼全部倒塌，如图2.13所示。由于倒塌的高楼尚未竣工交付使用，所以事故并没有酿成特大居民伤亡事故。但是造成一名施工人员死亡。

图2.12　浙江萧甬铁路地基下沉事故

图2.13　上海莲花河畔景苑在建住宅倒塌事故

2. 原因分析

事发楼房附近有过两次堆土施工：第一次堆土施工发生在半年前，堆土距离楼房约20m，离防汛墙10m，高3~4m；第二次堆土施工发生在2009年6月下旬。2009年6月20日，施工方在事发楼盘前方开挖基坑，土方紧贴建筑物堆积在楼房北侧，堆土在6d内即高达10m。

专家组成员、上海岩土工程勘察设计研究院技术总监顾国荣说，第二次堆土是造成楼房倒覆的主要原因。土方在短时间内快速堆积，产生了30000kN左右的侧向力，加之楼房前方由于开挖基坑出现临空面，导致楼房产生10cm左右的位移，对预应力高强混凝土桩产生很大的偏心弯矩，最终破坏桩基，引起楼房整体倒覆。

据有关质检和调查部门初定：上海楼盘倒覆事故诱因之一是工地过高堆积建筑土方。在大楼倒覆的前一天，由于工地施工造成大量堆土，附近的防汛墙曾出现了70m多塌方险情，有关方面连夜组织抢险工作。发生事故后，现场依然可以看到防汛墙边的堆土高达一层楼，部分防汛墙断裂，向河边移出数十厘米。堆土过高压迫地基，导致地下土层移位、沉降，楼房地桩承受不了而断裂。

失当堆放的土方在高楼北侧对地基形成了高加载；地下车库深度4.6m的大开挖取土在高楼南侧形成了对地基的大减载；地基的土体在高楼南、北两侧形成了高差较大的临空面。于是“大楼两侧的压力差使土体产生水平位移”，该水平位移使高差较大的临空面处的地基发生滑动变形而导致地基失稳。最终，地基的失稳导致了高楼的整体倾斜倒塌。

瞬间，建筑物对桩基础的设计轴力（垂直荷载）转化为对桩基础向上的拔力和水平力，从而导致了预应力钢筋混凝土管桩顶部与房屋底板在连接处被整齐切开的灾难性破坏。

案例3 南京内燃机实验室地基不均匀沉降事故

1. 事故概述

南京内燃机实验室位于江苏工学院院内，建筑面积1140m^2。建筑物长53m，宽1m，局部高达8.9m。自土建主体基本完成，施工过程中就出现了不均匀沉降，造成了墙体裂缝。通过现场观察知道，排架部分基本没有问题。而砖混部分纵横墙上都有裂缝出现，其中纵墙上裂缝较为发育，且裂缝呈一定的规律性，越靠近大功率房间其裂缝既宽且长，并向东渐弱，裂缝都从窗角开始向两侧延伸。最长的裂缝有1.5m以上，缝宽达17mm。另外，还出现2m左右的水平裂缝。同时发现，靠西端部分下沉极小，但是从中间部分向东下沉则基本一致，沉降量为190mm左右；而从西端到中间部分，下沉量基本上是逐渐加大的。在外墙的裂缝口上，上口凸出下口墙面6～8mm，有部分裂缝错位较大，都出现在纵墙上。

2. 原因分析

由现有资料及地层岩性和物理力学测量报告可知，该建筑物所在地基地层较为复杂，局部场地为泥炭和淤泥质亚黏土层，层厚较大，土质较弱，均属高压缩性土层。土质结构松散，含有氧化铁、腐殖物、有机物，更增加了土层的压缩性。由于软土层较浅，施工时还可能使软土表面受到搅动。后经静力触探，结果是基础下20cm即为淤泥层，探至11m尚未穿透，西端软土层厚13m，东端软土层厚20m多，地基承载力仅有20～60kPa。

桩基础与带基础之间的连接部分没有截然断开，沉降缝两侧的墙直接砌在桩基础承台上，并且带基也与承台连在一起。由以上分析可知，由于地基为岩性较差的多层软基，使建筑物产生了严重下沉，而桩基础部分处理得当，下沉较小。由于带基础与桩基础连接在一起，桩基又阻碍带基础的下沉，造成建筑物带基础部分西端下沉小，东端下沉大的不均匀沉降，致使墙体开裂变形。

3. 处理措施

采用静力向基础内压入预制短桩，对带基础进行了加固处理。共布置桩孔200个，总桩长296.3m，加固深度为10～17m。具体施工步骤为：

（1）基础拓宽 将基础边缘土方挖开，开凿原有的混凝土保护层，焊接压桩承台钢筋，浇捣承台混凝土。

（2）短桩制作 预制长2m、截面200mm×200mm的短桩。插筋长度要留准，准端面要平整。

（3）压桩 从西端依次向东进行，注意保持两侧压桩平衡对称前进，防止建筑物两侧不平衡。保证压桩连续进行，不可间断。同时要注意仪表指示的反力应大于桩所承受的垂直压力的1.5倍。

（4）封桩处理 凿去桩头，清理干净，浇筑C30混凝土50～80mm厚。

（5）沉降观测和试桩 经两根桩试压，压桩力分别为244kN和314kN，可满足压桩施工要求。

案例4　湖北省武汉市桥苑新村住宅楼桩基整体失稳爆破拆除案例

1. 工程概述

该楼为一幢18层钢筋混凝土剪力墙结构住宅楼，建筑面积为1.46万m^2，总高度56.5m。1995年1月开始施工，1995年9月中旬主体结构封顶，1995年11月底完成室外装修和室内部分装饰及地面工程。1995年12月3日发现该工程向东北方向倾斜，顶端水平位移470mm。为了控制因不均匀沉降导致的倾斜，采取了在倾斜一侧减载与在对应一侧加载，以及注浆、高压粉喷、增加锚杆静压桩等抢救措施，曾一度使倾斜得到控制。但从1995年12月21日起，该楼又突然转向西北方向倾斜，虽采取纠偏措施，但无济于事，倾斜速度加快，1995年12月25日顶端水平位移达2884mm，整幢楼的重心偏移了1442mm。为了确保相邻建筑及住户的安全，建设单位立即提请武汉市政府同意，采取上层结构6～18层定向爆破拆除的措施，消除濒临倒塌的危险。爆破的时间是1995年12月26日，这次重大事故造成的直接经济损失达711万元。

2. 原因分析

这次事故发生的原因是大量工程桩偏斜，造成桩基整体失稳。

1）桩基选型不当。该楼的地基是经过工程勘察的，在勘察报告中建议选用大口径钻孔灌注桩，桩尖持力层可选用埋深40m的砂卵石层。但为了节约投资，又改选用容易产生偏位的夯扩桩。

2）基坑支护方案不合理。为了节约投资，建设单位自行决定在基坑南侧和东南段打5排粉喷桩，在基坑西端打2排粉喷桩，其余坑边采用放坡处理，致使基坑未形成完全封闭。这样基坑开挖后，边坡发生滑移，出现险情；专家们分析认为该支护方案存在严重缺陷，导致大量工程桩倾斜，这是桩基整体失稳的重要原因。

3）将地下室底板抬高2m，致使建筑物埋深达不到规范的规定，削弱了建筑物的整体稳定性。该工程原设计桩顶标高为-5.500m，当336根夯扩桩已施工完190根时，设计人员竟然同意建设单位将地下室底板标高提高2m。按规范规定，高层建筑物最小埋置深度不应小于其高度的1/15。使已完成的190根桩都要接长2m，接桩处成了桩体最薄弱处，有的桩成为折线形，在水平推力作用下，接桩处往往首先破坏。

案例5　回顾经典——加拿大特朗斯康谷仓倾斜事故

1. 事故概述

加拿大特朗斯康谷仓，平面呈矩形，长度59.44m，宽度23.47m，高度31.00m，容积36368m^3，谷仓为圆筒仓，每排13个仓，共5排，总计由65个圆筒仓组成。谷仓的基础为钢筋混凝土筏形基础，基础厚度61cm，基础埋深3.66m。

谷仓自重200MN，相当于装满谷物后总重量的42.5%，1913年9月起往此谷仓装谷物，仔细装载均匀分布。1913年10月当谷仓装了31822m^3谷物时，发现谷仓下沉，每小时沉降达30.5cm。结构物向西倾斜，并在24h内，整座谷仓倾倒，倾斜角度达26°53′，如图2.14所示。谷仓西端下沉7.32m，东端上抬1.52m。1913年10月18日检查倾倒后谷仓上部钢筋混凝土筒仓，坚如磐石，仅有极少的表面裂缝。

2. 原因分析

经检查，谷仓工程未进行勘察。设计依据为邻近工程基槽开挖试验结果，计算地基承载力为352kPa。谷仓场地位于冰川湖的盆地中。地基表层为近代沉积层，厚3m；表层下面为冰川沉积黏土层，厚达12.2m；黏土层下面为冰川下冰碛层，固结良好，厚为3m。

在离谷仓18.3m处打了一些钻孔，从黏土原状试样测得：黏土层的平均含水量随深度而增加，从40%到60%；无侧限抗压强度q_u从118.4kPa减小到70.0kPa；平均液限$\omega_L=105\%$，塑

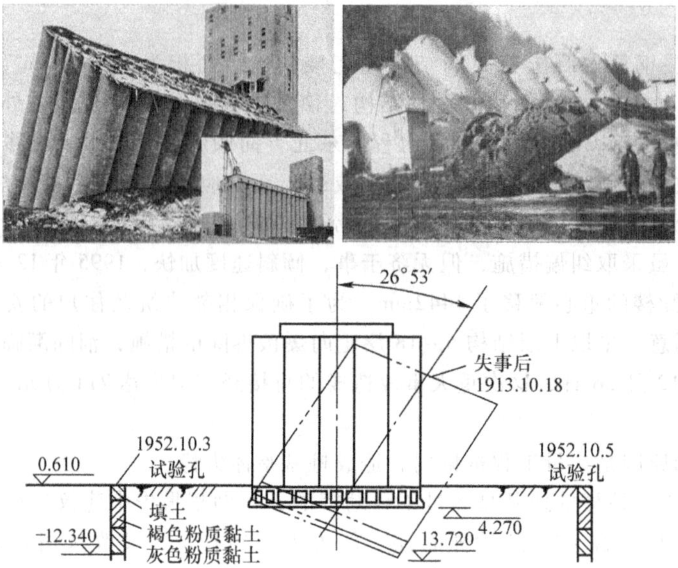

图 2.14 加拿大特朗斯康谷仓

限 $\omega_P = 35\%$，塑性指数 I_P 高达 70。由试验可知这层黏土是高胶体、高塑性的。

按太沙基公式计算地基承载力 f，如采用黏土层无侧限抗压强度平均值 100kPa，则 f 为 276.6kPa，小于谷仓地基破坏时的基础底面压力 329.4kPa。若用 $q_{umin} = 70.0\text{kPa}$ 计算，则 $f = 193.8\text{kPa}$，更远小于谷仓地基滑动时的实际基底压力。

卡拉费斯计算指出：加荷速率对地基事故起作用，因为荷载突然施加的地基承载力小于加荷固结逐渐进行的承载力，这对黏土尤为重要，因黏土需很长时间才能完全固结。据裴克教授资料计算，抗剪强度增长所需时间约为 1 年，而谷物荷载施加仅 45d，几乎相当于突然加荷。

综上所述，加拿大特朗斯康谷仓破坏的主要原因为：谷仓事先未进行勘察，设计盲目进行，设计荷载远超过地基土的承载力值，导致谷仓发生地基整体滑动破坏。

3. 事故处理方法

在谷仓基础下，新做 70 多个混凝土墩，支承在岩石地基上，用 388 个的 50t 级千斤顶逐渐将倾斜的基础顶起来。新做混凝土墩基深度达 10.36m。经过上述纠倾处理后，谷仓恢复使用，但处理的费用是昂贵的。

思 考 题

2.1 地基与基础工程的建筑要求是什么？

2.2 地基与基础工程质量控制的意义是什么？

2.3 建筑工程地基事故类别及特征是什么？

2.4 试简述地基失稳事故的破坏类别及特点。

2.5 斜坡失稳地基事故的特征及类型是什么？

2.6 地基工程事故原因及处理措施是什么？

第2部分　均质人工地基处理方法

第3章　换填垫层法

【本章导读】 本章主要介绍换填垫层法的概念、分类及适用范围、作用机理、设计计算、施工技术和质量检验。熟练掌握垫层设计计算方法；掌握机械碾压法、重锤夯实法和振动压实法施工原理与操作要点；熟悉砂石垫层、土垫层和粉煤灰垫层的施工工艺及质量检测方法。

3.1　概述

3.1.1　换填垫层法概念

换填垫层法也称为换填法，是当软弱土地基的承载力和变形满足不了建（构）筑物的要求，而软土层的厚度又不是很大时，将基础底面下处理范围内的软弱土层全部或部分挖除，然后分层回填强度较大的砂（碎石、素土、灰土、粉煤灰、高炉干渣）或其他性能稳定、无侵蚀性的材料，并夯实（或振实）至要求的密实度，成为良好的人工地基。换填法也包括低洼地域筑高（平整场地）或堆填筑高（道路路基）。

换填垫层法的优点是：可就地取材、施工简便、机械设备简单、工期短、造价低。换土垫层与原土相比，具有承载力高、刚度大、变形小等优点。

3.1.2　换填垫层法分类

换填垫层按回填材料可分为：砂垫层、砂石垫层、碎石垫层、素土垫层、灰土垫层、二灰垫层、干渣垫层和粉煤灰垫层等。

换填垫层法按施工机械可分为：重锤夯实法，机械碾压法和振动压实法。

3.1.3　换填垫层法适用范围

JGJ 79—2012《建筑地基处理技术规范》中规定：换填垫层适用于浅层软弱土层或不均匀土层的地基处理。工程实践表明，换填垫层法主要用于浅层软弱地基处理，包括淤泥、淤泥质土、素填土、杂填土和吹填土等地基及暗沟、暗塘等，还有低洼区域的填筑；还适用于一些特殊土的处理，如湿陷性黄土、膨胀土、季节性冻土的处理。实践还表明，换土垫层还可以有效地处理某些荷载不大的建筑物地基问题，如一般三层或四层的楼房、路堤、油罐和水闸等的地基。

浅层处理和深层处理很难明确划分界限，一般可认为地基浅层处理的范围大致在地面以下5m以内。浅层人工地基的采用不仅取决于建筑物荷载的大小，而且在很大程度上与地基土的物理力学性质有关。与深层处理相比，地基浅层处理一般使用比较简单的工艺技术和施工设备，耗费较少量的材料。

换土垫层法的处理深度常控制在3~5m范围以内。若换土垫层太薄，则其作用不甚明显，因此处理深度不应小于0.5m。换填法各种垫层的适用范围见表3.1。

表3.1 换填法各种垫层的适用范围

垫层种类	适用范围
砂垫层(碎石、砂砾)	中、小型建筑工程的浜、塘、沟等局部处理;软弱土和水下黄土处理(不适用于湿陷性黄土);也可有条件用于膨胀土地基
素土垫层	中小型工程,大面积回填,湿陷性黄土
灰土垫层	中小型工程,膨胀土,尤其是湿陷性黄土
粉煤灰垫层	厂房、机场、港区路域和堆场等大、中、小型工程的大面积填筑
干渣垫层	中小型建筑工程。尤其适用于地坪、堆场等大面积地基处理和场地平整、铁路等路基处理
土工合成材料加筋垫层	适用于护坡、堤坝、道路、堆场、高填方及建(构)筑物垫层等

虽然不同材料的垫层，其应力分布稍有差异，但从试验结果分析其极限承载力还是比较接近的。通过沉降观测资料发现，不同材料垫层的特点基本相似，故可将各种材料的垫层设计都近似地按砂垫层的计算方法进行计算。但对湿陷性黄土、膨胀土、季节性冻土等某些特殊土采用换土垫层处理时，因其主要处理目的是消除地基土的湿陷性、膨胀性和冻胀性，所以在设计时需考虑解决问题的关键也应有所不同。

3.2 垫层加固机理

3.2.1 垫层的作用

垫层的作用主要体现在以下几个方面：

(1) 提高浅层地基承载力　浅基础的地基承载力与持力层的抗剪强度有关。一般来说，地基中的剪切破坏是从基础底面开始的，并随着应力的增大逐渐向纵深发展。如果以抗剪强度较高的砂或其他填筑材料代替软弱的土，可提高地基的承载力，并将建筑物基础压力扩散到垫层以下的软弱地基，避免地基破坏。

(2) 减少地基的变形量　一般地基浅层部分沉降量在总沉降量中所占的比例是比较大的。以条形基础为例，在相当于基础宽度的深度范围内的沉降量约占总沉降量50%。如以密实砂或其他填筑材料代替上部软弱土层，就可以减少这部分的沉降量。由于砂垫层或其他垫层对应力的扩散作用，使作用在下卧层土上的压力较小，会相应减少下卧层土的沉降量。

(3) 加速软土层的排水固结　在荷载的作用下，建筑物的不透水基础直接与软弱土层相接触时，软弱土层地基中的水被迫绕基础两侧排出，使基底下的软弱土不易固结，形成较大的孔隙水压力，还可能产生塑性破坏。砂垫层和砂石垫层等垫层材料透水性大，软弱土层受压后，垫层可作为良好的排水面，迅速消散基础下面的孔隙水压力，加速垫层下软弱土层的固结并提高其强度，避免地基土塑性破坏。用透水材料作垫层相当于增设了一层水平排水通道，即垫层起排水作用。在建筑物施工过程中，孔隙水压力消散加快，有效应力增加也加快，有利于提高地基承载力，增加地基的稳定性，加速施工进度，减小工后沉降。

(4) 防止土的冻胀　粗颗粒的垫层材料孔隙大，不易产生毛细管现象，可以防止寒冷地区土中结冰所造成的冻胀。这时，砂垫层的底面应满足当地冻结深度的要求。

(5) 消除膨胀土的胀缩作用　在膨胀土地基上采用换土垫层法时，一般可选用砂、碎石、块石、煤渣或灰土等作为垫层，但是垫层的厚度应根据变形计算确定，一般不小于300mm，且垫层的宽度应大于基础的宽度，而基础两侧宜用与垫层相同的材料回填。

(6) 消除湿陷性黄土的湿陷作用 在黄土地区，常采用素土、灰土或二灰土垫层处理湿陷性黄土，用于消除1~3m厚黄土层的湿陷性。

(7) 局部换填处理暗浜和暗沟 在城市建筑场地，有时会遇到暗浜和暗沟。此类地基具有土质松软、均匀性差、有机质含量较高等特点，其承载力一般满足不了建筑物的要求。一般处理的方法有基础加深、短柱支承和换填垫层，而换填垫层法适用于处理深度不大、处理范围较大、土质较差、无法直接作为基础持力层的情况。

提高浅层地基承载力、减少地基的变形量和加速软土层的排水固结，这是换填垫层法在处理一般软弱地基时的主要作用，但在某些工程中也可能几种作用同时发挥。

3.2.2 土的压实机理

土的压实是指土体在压实能量作用下，土颗粒克服粒间阻力，产生位移，使土中空隙减小，密度增加。土的压实性是指土在压实能量作用下能被压密的特性。影响土的压实性的因素很多，主要有含水量、击实功及土的级配等。

1. 土的压实机理——普洛特（Proctor）假说

当黏性土的含水量较小时，土粒表面的结合水膜很薄（主要是强结合水），颗粒间很大的分子力阻碍着土的压实，这时压实效果就比较差；当含水量增大时，结合水膜逐渐增厚，粒间联结力减弱，水起着润滑的作用，使土粒在相同压实能量作用下易于移动而挤密，这时压实效果较好；但当土样含水量增大到一定程度后，孔隙中出现自由水，压实时孔隙水不易排出，形成较大的孔隙水压力，阻止土粒的靠拢，所以压实效果又趋下降，这就是土的压实机理。

2. 最优含水率

工程实践表明，要使土的压实效果最好，其含水量一定要适当。在高含水量时，土中多余水分在夯击时很难快速排出而在土孔隙中形成水团，削弱了土颗粒间的黏结，使土粒润滑而变得易于移动，夯击或碾压时会出现类似弹性变形的“橡皮土”现象；在低含水量时，水被土颗粒吸附在土粒表面，土颗粒因无毛细管作用而互相联结很弱，土粒在受到夯击等冲击作用下容易分散而难于获得较高的密实度。因此，填土的压实存在最优含水量的问题。

工程上，对垫层碾压质量的检验，要求能获得填土的最大干密度ρ_{dmax}，一般可通过室内击实试验确定ρ_{dmax}。

在标准击实方法条件下，对于不同含水量的土样，可得到不同的干密度（ρ_d），可绘制出土的干密度（ρ_d）和制备土样含水量（w）之间的关系曲线，在该曲线上干密度ρ_d的峰值为最大干密度ρ_{dmax}，与之对应的制备土样含水量为最优含水量w_{op}，如图3.1所示。从图中曲线看出，饱和土（$S_r=100\%$）的理论曲线高于制备土样的试验曲线，这是因为理论曲线假定土中孔隙完全被水充满，而无空气存在，但实际土样中的空气不可能被完全排出，故实际土样的干密度小于理论值。

不同土样，其击实试验效果是不同的，黏粒含量多的土，因土粒间的引力较大，只有在较大含水量时，才可达到最大干密度的压实状态，如黏土的w_{op}大于粗砂的w_{op}。

如果改变压实功，曲线的基本形态基本不变，但曲线位置会发生移动，如图3.2所示。一般在加大压实功时，最大干密度ρ_{dmax}将增大，最优含水量w_{op}却减少。这说明压实功越大，越容易克服土颗粒之间的引力，使之在较低含水量时达到更大的密实程度。

由于现场施工的土料土块大小不均，含水量和铺填厚度又很难控制均匀，其压实效果要比室内击实试验差。因此，对于现场土的压实，以压实系数λ_c（土的控制干密度ρ_d与最大干密度ρ_{dmax}之比）和施工含水量$w=w_{op}\pm(2\%\sim3\%)$来控制填土的工程质量。

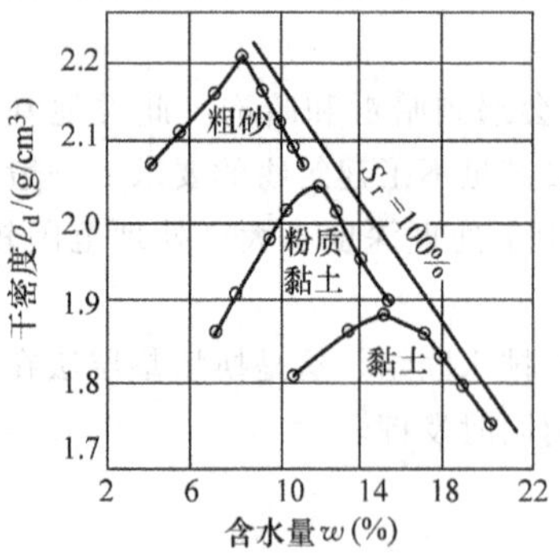

图 3.1 砂土和黏土的压实曲线

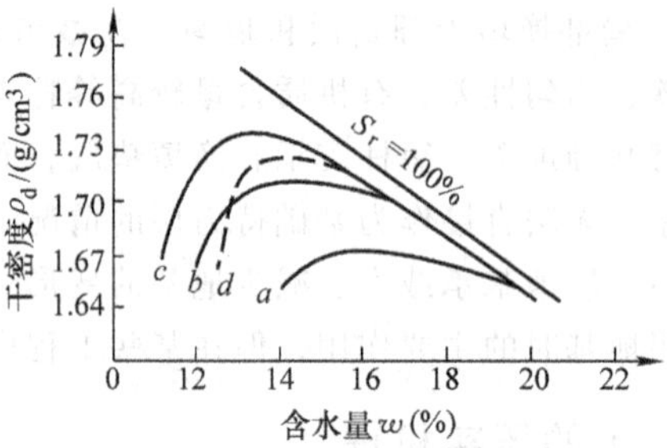

图 3.2 现场碾压与室内击实试验的比较

a—碾压 6 遍 b—碾压 12 遍 c—碾压 24 遍 d—室内击实试验

压实系数计算公式为

$$\lambda_c = \rho_d / \rho_{dmax} \tag{3.1}$$

$$\rho_{dmax} = \frac{\rho_w d_s}{1 + 0.01 w_{op} d_s} \tag{3.2}$$

式中 ρ_d——现场土的实际控制干密度（g/cm³）；

ρ_{dmax}——土的最大干密度（g/cm³）；

ρ_w——水的密度，可取 $\rho_w = 1.0\text{g/cm}^3$；

d_s——土粒相对密度；

w_{op}——土的最优含水量。

3. 击实功

击实功是用击数来反映的，如用同一种土料，在同一含水量下分别用不同击数进行击实试验，就能得到一组随击数不同的含水量与干密度关系曲线，从而得出以下结论。

1）对于同一种土，最优含水量和最大干密度随击实功而变化；击实功越大，得到的最优含水量越小，相应的最大干密度越高。但干密度增大不与击实功增大成正比，故试图单纯地用增大击实功来提高干密度是不可行的，有时还会引起填土面出现所谓的“光面”。

2）含水量超过最优含水量后，击实功的影响随含水量的增加而逐渐减小。

3）压实曲线和饱和曲线（土在饱和状态时的含水量与干密度的关系曲线）不相交，且压实曲线永远在饱和曲线的下方。这是因为在任何含水量下，土都不会被压实至完全饱和状态，即击实后土内总留存一定量的封闭气体，故土是非饱和的，相应于最大干密度的饱和度在 80% 左右。

4. 土的级配

级配良好的土压实性较好，这是因为不均匀土内粗颗粒形成的孔隙有足够的细土粒填充，因而能获得较高的干密度；均匀级配的土压实性较差，因为均匀土内粗颗粒形成的孔隙很少有细土粒填充。此压实特性可由室内击实试验中得到。

但工程实践表明，垫层填土、路堤施工填筑的情况与室内击实试验的条件是有差别的。室内击实试验是用锤击的方法使土体密度增加。实际上击实试验是土样在有侧限的击实筒内进行，不可能发生侧向位移，力作用在有侧限的土体上，则夯实会均匀，且能在最优含水量状态下获得最大干密度，而现场施工的土料土块大小不一，含水量和铺填厚度很难控制均匀，实际压实土的均匀性较差。因此，施工现场所能达到的干密度一般都低于击实试验所获得的最大干密度。对现场土的压实，应以压实系数与施工含水量来进行控制。

3.3　垫层设计计算

垫层的设计内容主要包括垫层厚度和宽度两方面，要求有足够的厚度以置换可能被剪切破坏的软弱土层，有足够的宽度防止砂垫层向两侧挤出。

一般情况下，砂（石）垫层厚度要求不小于 30cm，并须在基底下形成一个排水面，以保证地基土排水路径的畅通，促进软弱土层的固结，提高地基强度。

3.3.1　砂垫层的设计

1. 垫层的厚度确定

如图 3.3 所示，垫层厚度 z 应根据垫层底部下卧土层的承载力确定，并符合下式要求。

$$p_z + p_{cz} \leqslant f_{az} \tag{3.3}$$

式中　p_z——相应于荷载效应标准组合时，垫层底面处的附加压力值（kPa）；

p_{cz}——垫层底面处土自重压力值（kPa）；

f_{az}——垫层底面处经深度修正后的地基承载力特征值（kPa）。

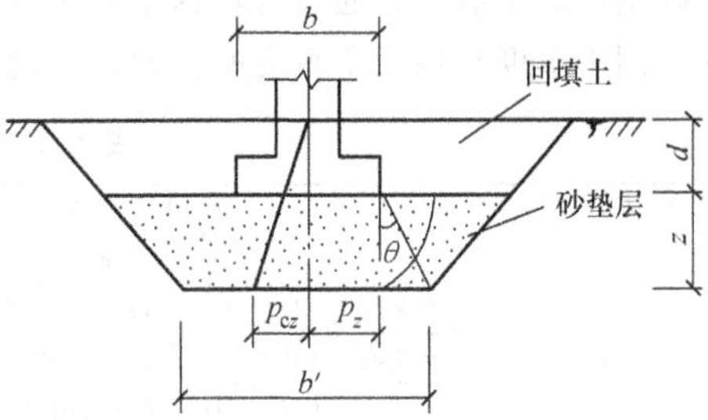

图 3.3　砂垫层剖面图

垫层底面处的附加压力设计值 p_z 可按压力扩散角 θ 进行简化计算，即

条形基础
$$p_z = \frac{b(p_k - p_c)}{b + 2z\tan\theta} \tag{3.4}$$

矩形基础
$$p_z = \frac{bl(p_k - p_c)}{(b + 2z\tan\theta)(l + 2z\tan\theta)} \tag{3.5}$$

式中　b——矩形基础或条形基础底面的宽度（m）；

l——矩形基础底面的长度（m）；

p_k——相应于荷载效应标准组合时，基础底面处的平均压力值（kPa）；

p_c——基础底面处土的自重压力值（kPa）；

z——基础底面下垫层厚度（m）；

θ——垫层的压力扩散角（°），宜通过试验确定，当无试验资料时，可按表 3.2 选用。

表 3.2　压力扩散角 θ　（单位：°）

换填材料 / z/b	中砂、粗砂、砾砂、圆砾、角砾、石屑、卵石、碎石、矿渣	粉质黏土、粉煤灰	灰土
0.25	20	6	28
≥0.50	30	23	

注：1. 当 $z/b<0.25$ 时，除灰土取 $\theta=28°$外，其余材料均取 $\theta=0°$，必要时，宜由试验确定。

2. 当 $0.25<z/b<0.5$ 时，θ 值可内插求得。

JGJ 79—2012《建筑地基处理技术规范》规定，换填垫层的厚度应根据置换软弱土的深度以及下卧土层的承载力确定，厚度不宜小于 0.5m，也不宜大于 3m。

2. 垫层的宽度确定

砂垫层的宽度一方面要满足应力扩散的要求，另一方面要防止垫层向两边挤动。常用的经验方法是扩散角法，设垫层厚度为 z，垫层底宽按基础底面每边向外扩出考虑，那么条形基础下砂

垫层底宽应不小于 $z\tan\theta$，即

$$b' \geqslant b + 2z\tan\theta \tag{3.6}$$

式中 b'——垫层底面宽度（m）；

θ——压力扩散角（°），可按表 3.2 采用，当 $z/b<0.25$ 时，仍按 $z/b=0.25$ 取值。

垫层顶面每边宜比基础底面大 0.3m，或从垫层底面两侧向上按当地开挖基坑经验的要求放坡，整片垫层的宽度可根据施工的要求适当加宽。

3. 垫层承载力的确定

经换填处理后的地基，由于理论计算方法尚不完善，垫层的承载力宜通过现场荷载试验确定，如对于一般工程可直接用标准贯入试验、静力触探和取土分析法等。

砂垫层的承载力宜通过现场荷载试验确定，当无试验资料时，可根据垫层的压实系数（为土的控制干重度与最大干重度的比值，土的最大干重度可采用击实试验确定）按表 3.3 选用。

表 3.3 各种垫层的承载力

施工方法	换填材料类别	压实系数 λ_c	承载力特征值 f_{ak}/kPa
碾压、振密或夯实	碎石、卵石	≥0.97	200~300
	砂夹石（其中碎石、卵石占全重的 30%~50%）		200~250
	土夹石（其中碎石、卵石占全重的 30%~50%）		150~200
	中砂、粗砂、砾砂、角砾、圆砾		150~200
	粉质黏土		130~180
	灰土	≥0.95	200~250
	粉煤灰	≥0.95	120~150
	石屑	≥0.97	120~150
	矿渣	—	200~300

注：1. 压实系数小的垫层，承载力标准值取低值，反之取高值；原状矿渣垫层取低值，分级矿渣或混合矿渣垫层取高值。

2. 表中压实系数是使用轻型击实试验测定土的最大干密度 ρ_{dmax} 时给出的压实控制值，采用重型击实试验时，对粉质黏土、灰土、粉煤灰及其他材料，压实标准应力压实系数 $\lambda_c \geqslant 0.94$。

3. 矿渣垫层的压实系数可根据满足承载力设计要求的试验结果，按最后两遍压实的压陷差确定。

4. 压实系数 λ_c 为土控制干密度 ρ_d 与最大干密度 ρ_{dmax} 的比值，土的最大干密度宜采用击实试验确定，碎石或卵石的最大干密度可取（2.1~2.2）$\times 10^3$kg/m^3。

4. 沉降计算

对于垫层下存在软弱下卧层的建筑，在进行地基变形计算时应考虑邻近基础对软弱下卧层顶面应力叠加的影响。当超出原地面标高的垫层或换填材料的重度高于天然土层重度时，宜早换填，并应考虑其附加的荷载对建筑及邻近建筑的影响。

垫层地基的变形由垫层自身变形和下卧层变形组成。粗粒换填材料的垫层在满足垫层的厚度、宽度及承载力的前提下，在施工期间垫层的自身变形已基本完成，其值很小。因而对于碎石、卵石、砂夹石、砂和矿渣垫层，在地基变形计算中，可以忽略垫层自身部分的变形值，仅考虑其下卧层的变形；但对于细粒材料的尤其是厚度较大的换填垫层，应计入垫层自身的变形；对沉降要求严的或垫层厚的建筑，应计算垫层自身的变形。有关垫层的模量应根据试验或当地经验确定，无试验资料或经验时，可参照表 3.4 选用。

垫层下卧层的变形量可按 GB 50007—2011《建筑地基基础设计规范》的有关规定计算。下卧层顶面承受换填材料本身的压力超过原天然土层压力较多的工程，地基下卧层将产生较大的变形。因此，在工程条件许可时，宜尽早换填，以使大部分地基变形在其上部结构施工之前完成。如考虑下卧层的瞬时沉降，则软弱下卧层的总沉降量 s 计算公式如下：

表 3.4　各种垫层的模量　（单位：MPa）

垫层材料＼模量	压缩模量 E_s	变形模量 E_0
粉煤灰	8~20	—
砂	20~30	—
碎石、卵石	30~50	—
矿渣	—	35~70

注：压实矿渣的 E_s/E_0 比值可按 1.5~3 取用。

$$s = s_d + s_e \leqslant [s] \tag{3.7}$$

$$s_d = \sum \frac{1.5}{E_{si}}(\sigma_z - \sigma_m h_i) \tag{3.8}$$

$$s_e = \sum \frac{e_1 - e_2}{1 + e_1} h_i \tag{3.9}$$

$$\sigma_m = \frac{1}{3}(\sigma_x + \sigma_y + \sigma_z) \tag{3.10}$$

式中　$[s]$——建筑物的允许沉降量；

s_d——地基瞬时沉降，软土在加荷瞬时，水还来不及排出，因侧向变形产生的沉降；

s_e——地基主固结沉降；

h_i——各分层土的厚度；

e_1——自重作用下土的孔隙比；

e_2——加上部荷载作用后土的孔隙比；

E_{si}——土层的压缩模量；

σ_m——土层的平均三向附加应力；

σ_z——土层竖向附加应力；

σ_x、σ_y——土层横向附加应力。

5. 垫层材料的选用

（1）砂石　砂石垫层材料宜选用碎石、卵石、角砾、圆砾、砾砂、粗砂、中砂或石屑（粒径小于 2mm 的部分不应超过总重的 45%），级配良好且不含植物残体、垃圾等杂质，其含泥量不应超过 5%；当使用粉细砂或石粉（粒径小于 0.075mm 的部分不超过总重的 9%）时，应掺入不少于总重 30% 的碎石或卵石；砂石的最大粒径不宜大于 50mm，对湿陷性黄土地基，不得选用砂石等透水材料。

（2）粉质黏土　粉质黏土中有机质含量不得超过 5%，不得含有冻土或膨胀土；当含有碎石时，其粒径不宜大于 50mm；对湿陷性黄土或膨胀土地基的粉质黏土垫层，土料中不得夹有砖、瓦和石块。

（3）灰土　灰土体积配合比宜为 2∶8 或 3∶7。土料宜用粉质黏土，不得含有松软杂质，并应过筛，其颗粒不得大于 15mm，不宜使用块状黏土和砂质粉土。石灰宜用新鲜的消石灰，其颗粒不得大于 5mm。

（4）粉煤灰　粉煤灰可用于道路、堆场和小型建（构）筑物等的换填垫层，垫层上宜覆土 0.3~0.5m。粉煤灰垫层中采用掺加剂时，应通过试验确定其性能及适用条件；垫层中的金属构件、管网宜采取适当防腐措施；作为建筑物垫层的粉煤灰还应符合有关放射性安全标准的要求；大量填筑粉煤灰时应考虑对地下水和土壤的环境影响。

（5）矿渣　垫层矿渣是指高炉重矿渣，可分为分级矿渣、混合矿渣及原状矿渣。矿渣垫层主要用于堆场、道路和地坪，也可用于小型建（构）筑物地基。矿渣的松散重度不小于11kN/m³，有机质及含泥总量不超过5%。设计、施工前必须对选用的矿渣进行试验，在确认其性能稳定并符合安全规定后方可使用。作为建筑物垫层的矿渣应符合对放射性安全标准的要求。易受酸、碱影响的基础或地下管网不得采用矿渣垫层。填筑矿渣时，应考虑对地下水和土壤的环境影响。

（6）其他工业废渣　工业废渣的粒径、级配和施工工艺等应通过试验确定。在有可靠试验结果或成功工程经验时，质地坚硬、性能稳定、无腐蚀性和放射性危害的工业废渣等均可用于填筑换填垫层。

（7）土工合成材料　由分层铺设的土工合成材料与地基土构成加筋垫层。土工合成材料的品种、性能及填料的土类应根据工程特性和地基土条件，按照GB 50290—1998《土工合成材料应用技术规范》的要求，通过设计并进行现场试验后确定。作为加筋的土工合成材料应采用抗拉强度较高、受力时伸长率不大于4%~5%、耐久性好、抗腐蚀的土工格栅、土工格室、土工垫或土工织物等土工合成材料；垫层填料宜用碎石、角砾、砾砂、粗砂、中砂或粉质黏土等材料。当工程要求垫层具有排水功能时，垫层材料应具有良好的透水性。在软土地基上使用加筋垫层时，应保证建筑稳定并满足允许变形的要求。

3.3.2 素土（或灰土、二灰）垫层设计

土料采用黏性土和塑性指数大于4的粉土，有机质含量小于5%，粒径小于15mm且过筛。石灰应用Ⅲ级以上新鲜的块灰，使用前1~2d消解并过筛。素土和灰土垫层的铺填厚度，应按夯实机具种类选择；素土和灰土垫层底层的铺填厚度，既能满足该层的压密条件，又能防止破坏及扰动下卧湿陷性黄土的结构；素土和灰土垫层材料最优含水量宜控制在$\omega_{op}\pm2\%$范围内。

在用素土和灰土垫层处理湿陷性黄土地基的施工过程中，要合理安排施工程序，保证工程质量和施工进度。在垫层处理前，必须将坑穴探查清楚，并处理妥善；建筑场地的防洪工程应提前施工，并应在汛期前完成；当基坑或基槽挖至设计深度或标高时，应进行验槽；深基坑的开挖与支护，必须进行勘察与设计；当发现地基浸水湿陷和建筑物产生裂缝时，应暂时停止施工，切断有关水源，查明浸水的原因和范围，对建筑物的沉降和裂缝加强观测，经处理后方可继续施工；管道和水池等施工完毕，必须进行水压试验。

素土和灰土垫层处理湿陷性黄土地基的应用已有重大突破，即施工设备已采用了挖掘机、装载机和大吨位的振动压路机，素土和灰土铺垫采用了旋耕机，使工程质量显著提高。

根据地基检测的结果，目前素土垫层的地基承载力特征值普遍达到180kPa以上，灰土垫层的地基承载力特征值普遍达到250kPa以上，且有良好的均匀性。

机械化程度的提高，使得灰土垫层法施工速度加快，成本降低，素土和灰土垫层法应用范围进一步扩大。

3.3.3 粉煤灰垫层设计

作为燃煤电厂废弃物的粉煤灰也是一种良好的地基处理材料，由于该材料的物理、力学性能可满足地基处理工程设计的技术要求，使得利用粉煤灰作为地基处理材料已成为岩土工程领域的一项新技术。

粉煤灰类似于砂质粉土，粉煤灰垫层的应力扩散角$\theta=21.7°$。粉煤灰垫层的最大干密度和最优含水量在设计和施工前，应按照土工试验方法标准中的击实试验法测定。

粉煤灰的内摩擦角、黏聚力、压缩模量和渗透系数，随粉煤灰的材料性质和压实度而变化，应该通过室内土工试验确定。

3.3.4　矿渣垫层设计

干渣（简称矿渣）又称高炉重矿渣，是高炉熔渣经空气自然冷却或经热泼淋水处理后得到的渣，可以作为一种换土垫层的填料。

素土垫层或灰土垫层、粉煤灰垫层和干渣垫层的设计可以根据砂垫层的设计原则，再结合各自的垫层特点和场地条件与施工机械条件，确定合理的施工方法和选择各种设计计算参数，并可参照有关的技术和文献资料。

3.4　施工技术

3.4.1　按密实方法和施工机械分类

根据密实方法和施工机械，换填垫层法可分为机械碾压法、重锤夯实法和振动压实法。垫层施工应根据不同的换填材料选择施工机械。

1. 机械碾压法

机械碾压法是采用各种压实机械来压实地基土。此法常用于基坑底面积宽大且开挖土方量较大的工程。

机械碾压法的施工设备有平碾、振动碾、羊足碾、振动压实机、蛙式夯、插入式振动器和平板振动器等。一般粉质黏土、灰土宜采用平碾、振动碾或羊足碾；中小型工程也可采用蛙式夯、柴油夯，砂石等宜用振动碾；粉煤灰宜采用平碾、振动碾、平板振动器、蛙式夯；矿渣宜采用平板振动器或平碾，也可采用振动碾。

工程实践中，对垫层碾压质量的检验，要求获得填土最大干密度。其关键在于施工时控制每层的铺设厚度和最优含水量，并宜采用击实试验确定。所有施工参数（如施工机械、铺填厚度、碾压遍数与填筑含水量等）都必须由工地试验确定。在施工现场相应的压实功能下，由于现场条件终究与室内试验不同，因而对现场应以压实系数 λ_c 与施工含水量进行控制。不具备试验条件的场合，可按表 3.5 选用垫层的每层铺填厚度及压实遍数。

表 3.5　垫层的每层铺填厚度及压实遍数

施工设备	每层铺填厚度/mm	压实遍数
平碾(8～12t)	200～300	6～8
羊足碾(5～16t)	200～350	8～16
蛙式夯(200kg)	200～250	3～4
振动碾(8～15t)	600～1300	6～8
振动压实机(2t,振动力 98kN)	1200～1500	10
插入式振动器	200～500	—
平板振动器	150～250	—

为获得最佳夯压效果，宜采用垫层材料的最优含水量 w_{op} 作为施工控制含水量。对于粉质黏土和灰土，现场可控制在最优含水量 w_{op} ±2% 的范围内；当使用振动碾压时，可适当放宽下限范围值，即控制在最优含水量 w_{op} 的 −6% ～ +2% 范围内。

最优含水量可按 GB/T 50123—1999《土工试验方法标准（2007 年版）》中轻型击实试验的要求求得。在缺乏试验资料时，也可近似取 0.6 倍液限含水量值，或按照经验采用塑限含水量 w_P ±2% 的范围值作为施工含水量的控制值。粉煤灰垫层不应采用浸水饱和施工法，其施工含水量应控制在最优含水量 w_{op} ±4% 的范围内。若土料湿度过大或过小，应分别予以晾晒、翻松、掺入吸水材料或洒水湿润以调整土料的含水量。

为了保证有效压实深度，机械碾压速度控制范围为：平碾 2km/h；羊足碾 3km/h；振动碾 2km/h；振动压实机 0.5km/h。

2. 重锤夯实法

重锤夯实法是用起重机将夯锤提升到某一高度，然后自由落锤，不断重复夯击以加固地基。重锤夯实法一般适用于地下水位距地表 0.8m 以上稍湿的黏性土、砂土、湿陷性黄土、杂填土和分层填土。重锤夯实法的主要设备为起重机械、夯锤、钢丝绳和吊钩等。当直接用钢丝绳悬吊夯锤时，起重机的起重能力一般应大于锤重的三倍。采用脱钩夯锤时，起重能力应大于夯锤重量的 1.5 倍。

夯锤宜采用圆台形，如图 3.4 所示。锤重宜大于 2t，锤底面单位静压力宜为 15～20kPa；夯锤落距宜大于 4m。垫层施工中，增大夯击功或夯击遍数可提高夯击效果，但当土被夯实到某一密度时，再增加夯击功或夯击遍数，土的密度不再增大，有时反而降低。因此，应进行现场试验，确定符合夯击密实度要求的最少夯击遍数、最后下沉量（最后两击的平均下沉量）、总下沉量及有效夯实深度等。黏性土、粉土及湿陷性黄土最后下沉量不超过 10mm、砂土不超过 5mm 时应停止夯击。施工时夯击遍数应比试夯时确定的最少夯击遍数增加 1～2 遍，由实践经验知，夯实的有效影响深度约为锤底直径的 1 倍。

重锤夯实法施工要点如下：

1）重锤夯实施工前应在现场试夯，试夯面积不小于 10m×10m，试夯层数不少于 2 层。

2）夯击前应检查坑（槽）中土的含水量，如含水量偏高，可采用翻松、晾晒、均匀掺入吸水材料（干土、生石灰）等措施；如含水量偏低，可预先洒水湿润并待渗透均匀后再夯击。

3）施工时夯打方法。在条基或大面积基坑内夯击时，第一遍宜一夯挨一夯进行，第二遍应在第一遍的间隙点夯击；如此反复，最后两遍应一夯压半夯；在独立柱基基坑内，宜采用先外后里或先周围后中间的顺序进行夯打；当基坑底面标高不同时，应先深后浅逐层夯实。

4）注意边坡稳定及夯击对邻近建筑物的影响，必要时应采取有效措施。

3. 平板振动法

平板振动法是使用振动压实机来处理无黏性土或黏粒含量少、透水性较好的松散杂填土地基的一种方法。如图 3.5 所示，振动压实机的工作原理是由电动机带动两个偏心块以相同速度反向转动，由此产生较大的垂直振动力。这种振动机的频率为 1160～1180r/min，振幅为 3.5mm，激振力可达 50～100kN。

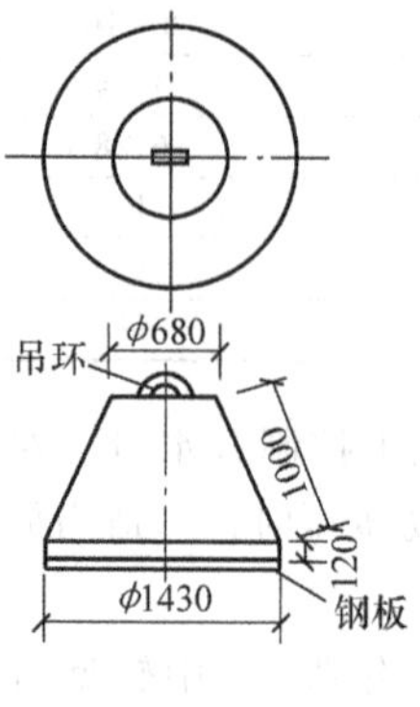

图 3.4 夯锤

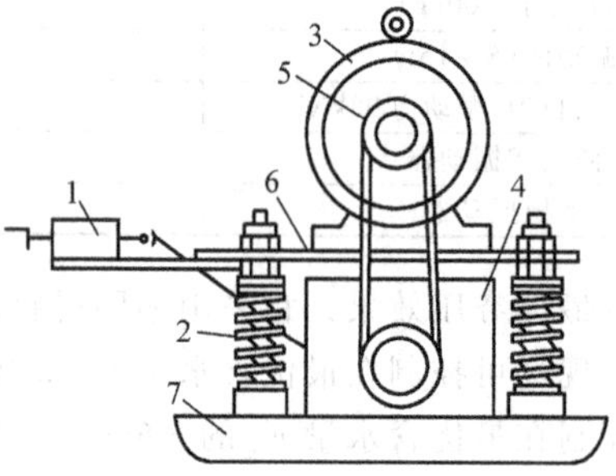

图 3.5 动压实机示意图

1—操纵机构 2—弹簧减振器 3—电动机 4—振动器 5—振动机槽轮 6—减振架 7—振动夯板

该振动压实机可通过操纵机构使之前后移动或转弯。振动压实的效果与填土成分、振动时间等因素有关，一般振动时间越长，效果越好，但振动时间超过某一值后，振动引起的下沉基本稳定，再继续振动就不能起到进一步压实的作用。为此，需要施工前进行试振，得出稳定下沉量和时间的关系。对主要由炉渣、碎砖、瓦块组成的建筑垃圾，振动时间约在 1mim 以上；对含炉灰等的细粒填土，振动时间为 3 ~ 5mim，有效振实深度为 1.2 ~ 1.5m。施工时若地下水位太高，将影响振实效果。

振实范围应从基础边缘放出 0.6m 左右，先振基槽两边，后振中间，其振动的标准是以振动机原地振实不再继续下沉为合格，并辅以轻便触探试验检验其均匀性及影响深度。振实后地基承载力宜通过现场荷载试验确定。一般经振实的杂填土地基承载力可达 100 ~ 120kPa。

3.4.2　按垫层材料分类

1. 砂石垫层施工

1）砂石垫层施工宜采用振动碾和振动压实机等机具，其压实效果、分层铺填厚度、压实遍数、最优含水量等，应根据具体施工方法及施工机具等通过现场试验确定。

2）对于砂石料则可根据施工方法不同按经验控制适宜的施工含水量，即当用平板式振动器时可取 15% ~ 20%；当用平碾或蛙式夯时可取 8% ~ 12%；当用插入式振动器时，宜为饱和的碎石、卵石。因此，对于碎石及卵石应充分浇水湿透后夯压。

3）垫层底部存在古井、古墓、洞穴、旧基础、暗塘等软硬不均的部位时，应先予清理，再用砂石或好土逐层回填夯实，经检查合格后，再铺填垫层。

4）严禁扰动垫层下卧的淤泥和淤泥质土层，防止践踏、受冻、浸泡或暴晒过久。在卵石或碎石垫层的底部宜设置 150 ~ 300mm 厚的砂层，以防止下卧淤泥和淤泥质土层表面的局部破坏。如淤泥和淤泥质土层厚度过小，在碾压荷载下抛石能挤入该土层底面时，可先在软弱土层面上堆填块石、片石等，然后将其压入以置换或挤出软弱土。

5）砂石垫层的底面宜铺设在同一标高上。如果深度不同，基底土层面应挖成阶梯或斜坡搭接，并按先浅后深的顺序施工，搭接处应夯压密实。垫层竣工后，应及时施工基础、回填基坑。

6）地下水高于基坑底面时，宜采取排降水措施，注意边坡稳定，以防止坍土混入砂石垫层中。

砂石垫层施工中的关键是将砂加密到设计要求的密实度。干密度为砂石层施工质量控制的技术标准。设计要求的干密度可由击实试验给出的最大干密度乘以设计要求压实系数求得。在无击实试验材料时，可把中密状态的干密度作为设计要求干密度：中砂为 1.6t/m^3；粗砂为 1.7t/m^3；碎石和卵石为 2.0 ~ 2.2t/m^3。

垫层的施工参数应根据垫层材料、施工机械及设计要求通过现场试验确定，以求获得最大压实效果，或参照表 3.6 选用。

表 3.6　垫层的每层铺筑厚度及压实遍数

施工设备	每层铺筑厚度/m	每层压实遍数
平碾(8 ~ 12t)	0.2 ~ 0.3	6 ~ 8(矿渣 10 ~ 12)
羊足碾(5 ~ 16t)	0.2 ~ 0.35	8 ~ 16
蛙式夯(200kg)	0.2 ~ 0.25	3 ~ 4
振动碾(8 ~ 15t)	0.6 ~ 1.3	6 ~ 8
插入式振动器	0.2 ~ 0.5	—
平板式振动器	0.15 ~ 0.25	—

2. 土垫层施工

1）素土及灰土料垫层的施工，其施工含水量应控制在 $w_{op}\pm2\%$ 的范围内。w_{op} 可通过室内击实试验确定，或根据当地经验取用。

2）土垫层施工时，不得在柱基、墙角及承重窗间墙下接缝，上下两层的缝距不得小于 0.5m，接缝处应夯压密实，灰土、二灰土应拌和均匀并应当日铺填压实，灰土压实后 3d 内不得受水浸泡，冬季应防冻。

3）其他要求参见砂垫层的施工要点。

3. 粉煤灰垫层施工

（1）粉煤灰材料　粉煤灰是燃煤电厂中磨细煤粉在锅炉中燃烧后从烟道排出并被收尘器收集的物质，其主要成分是 SiO_2、Al_2O_3 和 Fe_2O_3 等。粉煤灰通常为球状颗粒、不规则多孔玻璃颗粒、微细颗粒、钝角颗粒和含碳颗粒等。粉煤灰颗粒尺寸变化范围大，从几百微米到几微米，比表面积一般为 2500 ~ 7000cm^2/g，相对密度为 2.01 ~ 2.22。我国根据粉煤灰的细度和烧失量将其分为三个等级：Ⅰ级粉煤灰，0.045mm 方孔筛筛余量小于 12%，烧失量小于 5%；Ⅱ级粉煤灰，0.045mm 方孔筛筛余量小于 20%，烧失量小于 8%；Ⅲ级粉煤灰，0.045mm 方孔筛筛余量小于 45%，烧失量小于 15%。

电厂排放的粉煤灰是由大量的球状玻璃珠和少量的莫来石、石英等结晶物质组成的。根据粉煤灰的矿物组成和特性，将其分为高钙粉煤灰和低钙粉煤灰两大类。按 DG/TJ 08-230—2006《粉煤灰混凝土应用技术规程》的规定，如果粉煤灰的氧化钙含量大于 8% 或游离氧化钙含量大于 1% 时，视为高钙粉煤灰。我国绝大多数电厂排放的粉煤灰都是低钙的，低钙粉煤灰简称为粉煤灰。

粉煤灰的化学成分是由原煤的成分和燃烧条件决定的。根据我国 40 个大型电厂的资料，粉煤灰的化学成分的变化范围见表 3.7。

表 3.7　我国粉煤灰的化学成分（质量分数）

化学成分	SiO_2	Al_2O_3	Fe_2O_3	CaO	MgO	SO_3	烧失量
变化范围(%)	20 ~ 62	10 ~ 40	3 ~ 9	1 ~ 45	0.2 ~ 5	0.02 ~ 4	0.6 ~ 51

燃煤电厂排出的湿排粉煤灰、调渣灰及干排粉煤灰均适用于作粉煤灰垫层的填筑材料，但不应混入植物、生活垃圾和有机质等杂物。装运时粉煤灰含水量以 15% ~ 25% 为宜。

（2）施工要点

1）粉煤灰的最大干密度和最优含水量与粉煤灰颗粒粗细、形态结构和压实能量有关，应由室内击实试验确定。施工时分层摊铺，逐层振密或压实。

2）粉煤灰垫层在地下水位以下施工时，应采取排（降）水措施，严禁在饱和和浸水状态下施工，更不宜采用水沉法施工。

3）在软土地基上填筑粉煤灰垫层时，应先铺填 20cm 左右厚的粗砂或高炉干渣，以免表层土体扰动，同时有利于下卧土层的排水固结，并切断毛细水上升。

4）每一层粉煤灰垫层验收合格后，应及时铺筑上层或采用封层，以防干燥松散起尘污染环境，并禁止车辆在其上行驶。

4. 干渣垫层施工

用于垫层的干渣应符合下列规定：稳定性合格；松散密度不小于 1.1t/m^3；泥土与有机质含量不大于 5%。对于一般的场地平整，干渣质量可不受上述指标限制。

平渣垫层施工采用分层压实法。压实可用平板振动法和机械碾压法。小面积施工宜采用平板振动器振实。电动机功率大于1.5kW，每层虚铺厚度200～250mm，振捣遍数由试验确定，以达到设计密实度为准。大面积施工宜采用8～12t压路机，每层虚铺厚度不大于300mm；也可采用振动压路机碾压，碾压遍数均由现场试验确定。根据冶金部门对矿渣垫层的研究，无论是采用碾压施工还是采用振动法施工，当满足压实条件时，均可获得很高的变形模量而能满足工程要求。

5. 土工合成材料垫层施工

土工合成材料上的第一层填土摊铺宜采用轻型推土机或前置式装载机。一切车辆、施工机械只允许沿路堤的轴线方向行驶。

回填填料时，应采用后卸式货车沿加筋材料两侧边缘倾卸填料，以形成运土的交通便道，并将土工合成材料张紧。填料不允许直接卸在土工合成材料上面，必须卸在已摊铺完毕的土面上；卸土高度以不大于1m为宜，以免造成局部承载力不足。卸土后应立即摊铺，以免出现局部下陷。

第一层填料宜采用推土机或其他轻型压实机具进行压实，只有当已填筑压实的垫层厚度大于60cm后，才能采用重型机械压实。

6. 聚苯乙烯板块垫层施工

聚苯乙烯板块施工时，宜按施工放样的标志沿中线向两边采用人工或轻型机具把EPS准确就位，不许重型机械或拖拉机在EPS块体上行驶。EPS块体和块体之间应分别采用连接件单面爪（底部或顶部）、双面爪（块体之间）和“L形”金属销钉连接紧密。

3.5 质量检验

垫层的施工质量检验分为施工质量检验和竣工验收。可利用贯入仪、轻型动力触探或标准贯入试验检验。

1. 检验方法选用原则

对粉质黏土、灰土、粉煤灰和砂石垫层，施工质量可用环刀法、贯入仪、静力触探、轻型动力触探或标准贯入试验检验，对砂石、矿渣垫层可用重型动力触探检验，并均应通过现场试验以设计压实系数所对应的贯入度为标准检验垫层的施工质量。压实系数也可采用环刀法、灌砂法、灌水法或其他方法检验。

垫层施工质量检验必须分层进行，应在每层的压实系数符合设计要求后铺填上层土。

竣工验收宜采用载荷试验检验垫层质量，为保证载荷试验的有效影响深度不小于换填垫层处理的厚度，载荷试验压板的边长或直径不应小于垫层厚度的1/3。

GB 50202—2002《建筑地基基础工程施工质量验收规范》规定对灰土、砂、砂石地基质量检验的标准见表3.8。

表3.8 灰土、砂、砂石地基质量检验标准

项目	序号	检查项目	允许偏差或允许值	检查方法
主控项目	1	地基承载力	设计要求	按规定方法，检查检测报告
	2	配合比	设计要求	按拌和时体积比
	3	压实系数	设计要求	现场实测
一般项目	1	石灰粒径	≤5mm	筛分法
	2	土(砂石)中有机质含量	≤5%	试验室焙烧法
	3	砂石料含泥量	≤5%	水洗法
	4	土颗粒粒径	≤15mm	筛分法
	5	含水量(最优含水量)	±2%	烘干法
	6	分层厚度偏差(与设计要求比较)	±50mm	水准仪

2. 检验点数量

条形基础下垫层每10～20m不应少于1个检验点；独立桩基、单独基础下垫层不应少于1个检验点；其他基础下垫层每50～100m^{2}不应少于1个检验点。采用贯入仪或动力触探检验垫层的施工质量时，每分层检验点的间距应小于4m。

竣工验收采用载荷试验检验垫层承载力时，每个单体工程不宜少于3个检验点；对于大型工程则应按单体工程的数量或工程的面积确定检验点数。

3. 常用检测方法

（1）环刀法　用容积不小于200cm^{3}的环刀压入每层2/3的深度处取样，取样前测点表面应刮去30～50mm厚的松砂，环刀内砂样不应包含尺寸大于10mm的泥团和石子。测定的干密度应不小于该砂石料在中密状态下的干密度值（中砂为1.55～1.6t/m^3，粗砂为1.7t/m^3，砾石、卵石为2.0～2.2t/m^3）。

（2）贯入测定法　先将砂垫层表面3cm左右厚的砂刮去，然后用贯入仪、钢叉或钢筋以贯入度的大小来定性地检查砂垫层质量。在检验前应先根据砂石垫层的控制干密度进行相关性试验，以确定贯入度值。

1）钢筋贯入法。用直径为20mm、长度为1250mm的平头钢筋，自700mm高处自由落下，插入深度以不大于根据该砂的控制干密度测定的深度为合格。

2）钢叉贯入法。用水撼法使用的钢叉，自500mm高处自由落下，其插入深度以不大于根据该砂控制干密度测定的深度为合格。

3.6 工程应用实例

某基础底面积和埋深如图3.6所示。$b \times l = 4\text{m} \times 5\text{m}$，埋深$d = 3\text{m}$，作用于基础顶面的竖向荷载$F = 10000\text{kN}$，土层0～8m皆为细砂，6个细砂试样的内摩擦角平均值为21.7°，变异系数为0.1，重度为17kN/m^3。是否要进行地基处理？若采用换填垫层法进行地基处理，填料为碎石，重度为19.5kN/m^3，换填垫层厚度为2m，分层压实，使土的内摩擦角达到36°。下卧层承载力是否满足要求？若换填的碎石的最大干密度为1.60t/m^3，分层压实的每层控制干密度不应小于多少？

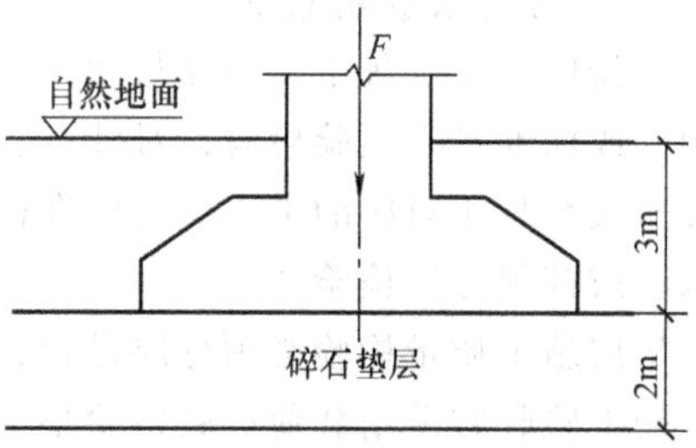

图3.6　基础及垫层情况

1. 是否要进行地基处理（地基承载力验算）

（1）垫层底面处的附加压力值

$$p_k = \frac{F+G}{A} = \frac{1000 + 4 \times 5 \times 3 \times 20}{4 \times 5}\text{kPa} = 560\text{kPa}$$

（2）由砂土抗剪强度确定地基承载力特征值

$$\varphi_m = 21.7°, \delta_\varphi = 0.1, n = 6$$

统计修正系数为

$$\phi_\varphi = 1 - \left(\frac{1.704}{\sqrt{n}} + \frac{4.678}{n^2}\right)\delta_\varphi = 1 - \left(\frac{1.704}{\sqrt{6}} + \frac{4.678}{6^2}\right) \times 0.1 = 0.917$$

则细砂土的内摩擦角标准值为

$$\varphi_k = \varphi_m \phi_\varphi = 21.7° \times 0.917 = 20°$$

查 GB 50007—2011《建筑地基基础设计规范》表 5.2.5，得承载力系数 $M_b=0.51$，$M_d=3.06$，则由砂土抗剪强度确定的地基承载力特征值为

$$f_a=M_b\gamma b+M_d\gamma_m d=(0.51\times17\times4+3.06\times17\times3)\text{kPa}=190.8\text{kPa}$$

由于 $p_k=560\text{kPa}>f_a=190.8\text{kPa}$，天然地基承载力不满足要求，需要进行地基处理。

2. 下卧层承载力验算

1）由碎石垫层 $\varphi_k=36°$，查 GB 50007—2011《建筑地基基础设计规范》表 5.2.5，得承载力系数 $M_b=4.2$、$M_d=8.25$，则有

$$\begin{aligned}f_a&=M_b\gamma b+M_d\gamma_m d\\&=(4.2\times19.5\times4+8.25\times17\times3)\text{kPa}=748.4\text{kPa}>p_k=560\text{kPa}\end{aligned}$$

2）下卧层承载力验算。查表压力扩散角 $\theta=30°$，有

$$p_{cz}=(17\times3+19.5\times2)\text{kPa}=90\text{kPa}$$

$$p_z=\frac{bl(p_k-p_c)}{(b+2z\tan\theta)(l+2z\tan\theta)}=\frac{4\times5\times(560-51)}{(4+2\times2\times\tan30°)(5+2\times2\times\tan30°)}\text{kPa}=220.8\text{kPa}$$

由于 $\eta_b=2$，$\eta_b=3$，$\gamma_m=[(17\times3+19.5\times2)/5]\text{kN/m}^3=18\text{kN/m}^3$，则

$$\begin{aligned}f_{az}&=f_{ak}+\eta_b\gamma(b-3)+\eta_d\gamma_m(d-0.5)\\&=190.8\text{kPa}+2\times17\times(4-3)\text{kPa}+3\times18\times(5-0.5)\text{kPa}=467.8\text{kPa}\end{aligned}$$

$p_z+p_{cz}=(220.8+90)\text{kPa}=310.8\text{kPa}<f_{az}=467.8\text{kPa}$，则下卧层承载力满足要求。

3. 分层压实的每层控制干密度确定

各层压实系数 $\lambda_c=\dfrac{\rho_d}{\rho_{dmax}}=0.94\sim0.97$，则每层控制干密度为 $\rho_d=\lambda_c\rho_{dmax}=1.50\sim1.55\text{t/m}^3$。

思 考 题

3.1　简述换填垫层法的定义和优点。

3.2　换填垫层法处理地基的作用体现在哪几方面？

3.3　如何确定垫层的承载力？

3.4　垫层材料都有哪些？各有什么特点？

3.5　换填垫层法的施工方法有哪些？各自的过程如何？

3.6　换填垫层法常用的检测方法有哪些？

第 4 章　强夯法和强夯置换法

【本章导读】 本章主要介绍强夯法的概念、应用及适用范围，强夯法加固机理、设计计算、施工技术和质量检验。理解强夯置换法的作用机理，掌握强夯法与强夯置换法的设计计算方法，熟悉强夯法与强夯置换法的施工工艺、施工检测及质量检测方法。

4.1　概述

4.1.1　强夯法的概念

强夯法又名动力固结法或动力压实法。它通过一般重达 8 ~ 30t 的重锤（最大可达 200t）和 8 ~ 20m 的落距（最高可达 40m），反复对地基土施加很大的冲击能，一般能量为 1000 ~ 8000 kN · m。在地基土中所产生的冲击波和高应力，可提高地基土的强度、降低土的压缩性、改善砂土的抗液化条件、消除湿陷性黄土的湿陷性等。同时，夯击还可提高土层的均匀程度，减少将来可能出现的差异沉降。强夯法加固地基施工如图 4.1 所示。

强夯置换法是在夯坑内回填块石、碎石等粗颗粒材料，用夯锤夯击形成连续的强夯置换墩，具有加固效果显著、施工工期短和施工费用低等优点。

法国 Menard 技术公司于 1969 年首次应用强夯法对法国的 Riviera 滨海填土进行夯实。该场地地质条件为新近填筑的、厚约 9m 的碎石填土，其下是厚 12m 疏松的砂质粉土，场地上要求建造 20 幢 8 层的住宅。由于碎石填土完全是新近填筑的，需要对地基进行加固处理。如图 4.2 所示，经 3 个月预压（荷载 100kPa），沉降值达 200mm，后又重新综合分析，认为该地基土质较差，最终决定采用强夯法处理。选用重 100kN 的夯锤，落距 13m，对地基进行夯击后，量测整个场地的平均沉降量约为 500mm，对夯后的土层勘探取样并做土工试验，结果表明土的各项物理、力学性质指标得到了较大的改善，基底压力 300kPa 是有保证的。建造的 8 层住宅竣工后，其平均沉降量仅为 13mm，而差异沉降则可忽略不计。

图 4.1　强夯法加固地基施工

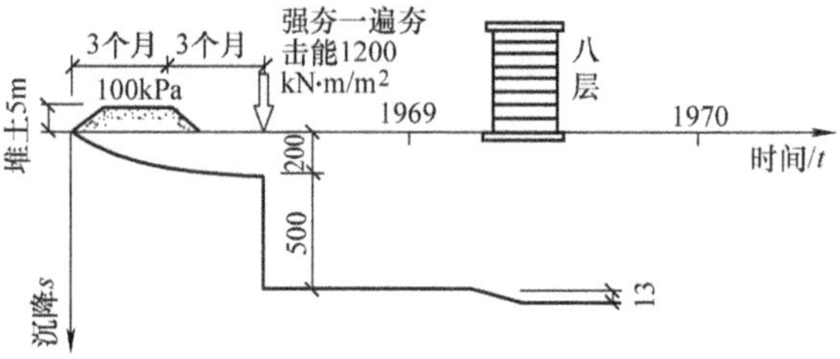

图 4.2　堆载预压与强夯的对比

4.1.2 强夯法在我国的发展

随着Menard技术公司强夯法用于地基处理获得成功，强夯法作为处理填土、饱和砂土、冲积土以及大量软土地基的一种方法，相继在法国、英国、德国、瑞典等二十几个国家三百多个工程中得到了推广。现在全世界许多国家都普遍推广使用。

我国于1978年11月至1979年年初首次由交通部一航局科研所及其协作单位在天津新港三号公路进行了强夯法试验研究；于1979年8月至9月，在河北秦皇岛码头堆煤场细砂地基进行了强夯法试验，因试验效果显著，该码头堆煤场的地基正式采用了强夯法加固，共节省了150余万元。中国建筑科学研究院及其协作单位于1979年4月在河北廊坊该院机械化研究所宿舍工程中进行强夯法处理可液化砂土和粉质黏土地基的野外试验研究，取得了较好的加固效果，于1979年6月正式用于工程施工。

强夯法经过40余年的发展，已广泛应用于一般工业与民用建筑、仓库、油罐、公路、铁路、飞机场跑道及码头的地基处理中，主要适用于加固砂土和碎石土、低饱和度粉土与黏性土、湿陷性黄土、杂填土和素填土等地基。

工程实践表明，强夯法具有施工简单、加固效果好、使用经济等优点，因而被世界各国工程界所重视。对各类土强夯处理都取得了良好的技术经济效果。但对饱和软土的加固效果，必须给予排水的出路。为此，强夯法加袋装砂井（或塑料排水带）是一个在软黏土地基上进行综合处理的加固途径。

为使强夯法应用于高饱和度粉土地基处理，又发展了强夯置换法。强夯置换法是在夯坑内回填块石、碎石等粗颗粒材料，用夯锤夯击形成连续的强夯置换墩，最终形成砂石桩与软土构成的复合地基，提高地基的承载力并减少地基沉降。

强夯的三个研究方向：

1）以处理饱和软土为目的低能级强夯技术。

2）处理高填土和深厚湿陷性黄土，以消除湿陷为目的的高能级强夯技术。

3）强夯与其他地基处理技术优势互补，发展成为组合式地基处理技术。

4.1.3 强夯法的适用范围

JGJ 79—2012《建筑地基处理技术规范》规定：强夯法用于处理碎石土、砂土、低饱和度的粉土与黏性土、湿陷性黄土、素填土和杂填土等地基。

强夯置换法适用于高饱和度的粉土与软塑/流塑的黏性土等地基上对变形控制要求不严的工程。个别工程因设计、施工不当，采用强夯置换法加固后出现了下沉较大或墩体与墩间土下沉不等的情况。为此，《建筑地基处理技术规范》规定：采用强夯置换法前，必须通过现场试验确定其适用性和处理效果。

强夯法具有加固效果显著、适用范围广、设备简单、操作方便、施工期短、节省劳力和费用等优点，在某种程度上比机械的、化学的和其他力学的加固方法应用更为广泛和有效，应用领域涉及民用建筑、仓库、油罐、公路和铁路路基、飞机场跑道及码头等。

《建筑地基处理技术规范》规定：在强夯和强夯置换施工前，应在施工现场有代表性的场地上选取一个或几个试验区，进行试夯或试验性施工，试验区数量应根据建筑场地复杂程度、建筑规模及建筑类型确定。

4.2 加固机理

强夯法对地基的大面积加固，深度可达30m。到目前为止，关于强夯法加固地基的机理，国内外学者已从不同角度进行了大量的研究，但由于土的类型多样、性质复杂，至今尚未形成一套成熟完善的理论。尽管强夯法已经得到了普遍推广和应用，但对其机理尚在探索之中。

强夯法是利用强大的夯击能给地基一冲击力，并在地基中产生冲击波，在冲击力作用下，夯锤对上部土体进行冲切，土体结构破坏，形成夯坑，并对周围土进行动力挤压。目前，强夯法加固地基有三种不同的加固机理：动力密实、动力固结和动力置换，它取决于地基土的类别和强夯施工工艺。

4.2.1 动力密实（非饱和土）

强夯法加固处理多孔隙、粗颗粒、非饱和土体，其机理实质是动力密实。通过强夯法，给土体施加冲击型动力荷载，夯击能使土的骨架变形，土体中的孔隙减小变得密实，非饱和土的夯实过程，就是土中的空气被挤出的过程，如图 4.3 所示。动力密实提高了土的密实度和抗剪强度。

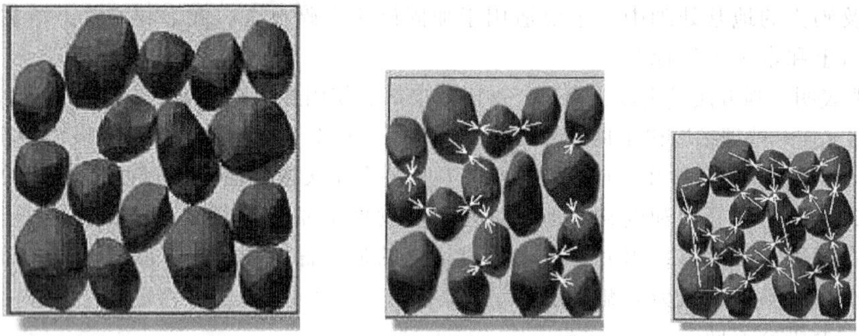

图 4.3 土体中的孔隙减小变得密实

工程实践表明，在冲击动能作用下，地面会立即产生沉降，一般夯击一遍后，其夯坑深度可达 0.6 ~ 1.0m，夯坑底部形成一层超压密硬壳层，承载力可比夯前提高 2 ~ 3 倍。非饱和土在中等夯击能量 1000 ~ 2000kN · m 的作用下，主要产生冲切变形，在加固深度范围内气相体积大大减少，最大可减少 60%。

在夯击动应力 p_d 的作用下，不同位置的土体处于不同的状态，大致分为如图 4.4 所示的四个区域：

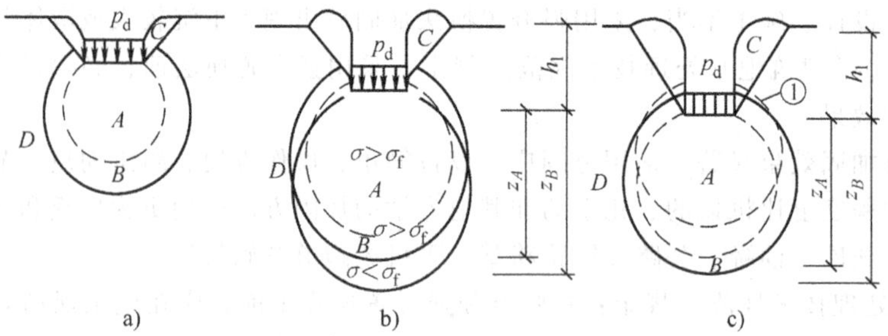

图 4.4 动力密实原理

a）前数击加固区正扩大 b）加固区形成 c）加固区形成后，等速下降，加固区下移

A 区为主压实区，动应力 σ 超过土的强度 σ_f，土体结构被破坏后压实，并产生较大的侧向挤压力，该区加固效果明显。

B 区为次压实区（消弱区），土中的应力 σ 小于土的强度 σ_f，但大于土的弹性极限强度 σ_i。

C 区为隆起区。

D 区为未加固区，土中的应力 σ 小于土的弹性极限强度 σ_i。

因此，动力密实的影响深度除了与动力大小有关外，还与地基土的结构强度有关。土的结构强度越大，影响深度越小。

4.2.2　动力固结（饱和土）

用强夯法处理细颗粒饱和土时，则是借助于动力固结的理论，即巨大的冲击能量在土中产生很大的应力波，破坏了土体原有的结构，使土体局部发生液化并产生许多裂隙，增加了排水通道，使孔隙水顺利逸出，待超孔隙水压力消散后，土体固结。

解释强夯效应的理论很多，Menard 教授根据强夯法的实践提出的动力固结理论有一定的代表性，他认为动力固结过程可概括为：①饱和土的压缩性；②局部液化；③渗透性变化；④触变恢复（时间效应）与土强度的增长。

（1）饱和土的压缩性　Menard 认为，由于土中含气量在 1% ~4%，进行强夯时，气体体积压缩，孔隙水压力增大，随后气体有所膨胀，孔隙水排出的同时，孔隙水压力就减小。这样每夯击一遍，液相体积和气相体积都有所减少。根据试验，每夯击一遍，气体体积可减少 40%。

（2）产生液化　在重复夯击作用下，施加于土体的夯击能量，使气体逐渐受到压缩。因此，土体的沉降量与夯击能成正比。当气体按体积分数接近零时，土体便变成不可压缩的。相应于孔隙水压力上升到与覆盖压力相等时的能量级，土体即产生液化。夯击一遍时，地基承载力（即土的强度增长）、液化度、夯击能及压缩变形（即体积变化）随时间的变化情况如图 4.5 所示。液化度为孔隙水压力与液化压力之比，而液化压力即为覆盖压力。当液化度为 100% 时，即为土体产生液化的临界状态，该能量级称为“饱和能”。此时，吸附水变成自由水，土的强度下降到最小值。一旦达到“饱和能”，继续施加能量就没有必要了。

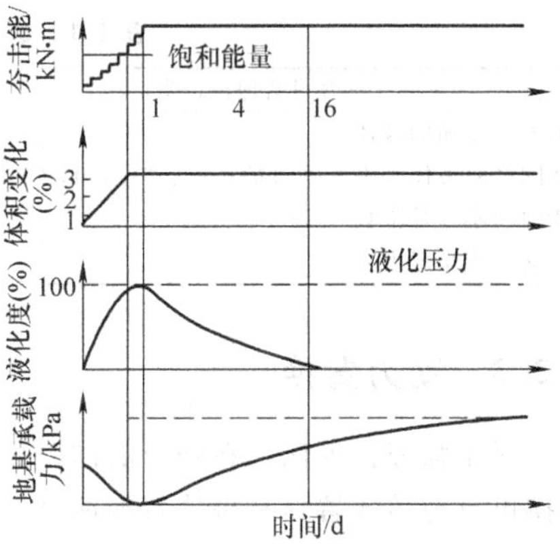

图 4.5　夯击一遍的情况

（3）渗透性变化　在很大夯击能作用下，地基土体中出现冲击波和动应力。当所出现的超孔隙水压力大于颗粒间的侧向压力时，致使土颗粒间出现裂隙，形成排水通道。此时，土的渗透系数骤增，孔隙水得以顺利排出。在有规则网格布置夯击点的现场，通过积聚的夯击能量，在夯坑四周会形成有规则的垂直裂缝，夯坑附近出现涌水现象。当孔隙水压力消散到小于颗粒间的侧向压力时，裂隙即自行闭合，土中水的运动重新恢复常态。国外文献资料指出，夯击时出现的冲击波，将土颗粒间吸附水转化成为自由水，因而促进了毛细管通道横断面的增大。

（4）触变恢复　在重复夯击作用下，土体的强度逐渐降低，当土体出现液化或接近液化时，土的强度达到最低值。此时土体产生裂隙，而土中吸附水部分变成自由水，随着孔隙水压力的消散，土的抗剪强度和变形模量都有了大幅度的增长。这时自由水重新被土颗粒所吸附而变成了吸附水，这也是具有触变性土的特性。

夯击三遍的情况如图 4.6 所示。由图可见，每夯击一遍时，体积变化有所减少，而地基承载力有所增长，但体积和承载力并不是遵照夯击能的算术级数规律变化的。

鉴于以上强夯法加固的机理，Menard 对强夯中出现的现象，提出了一个新的弹簧活塞模型，对动力固结的机理作了解释，如图 4.7 所示。

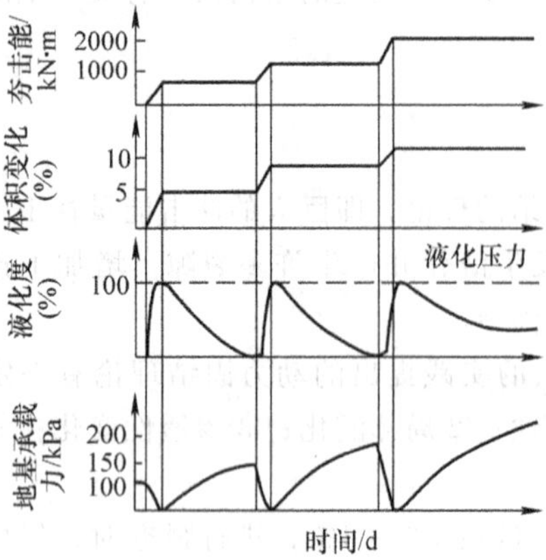

图 4.6 夯击三遍的情况

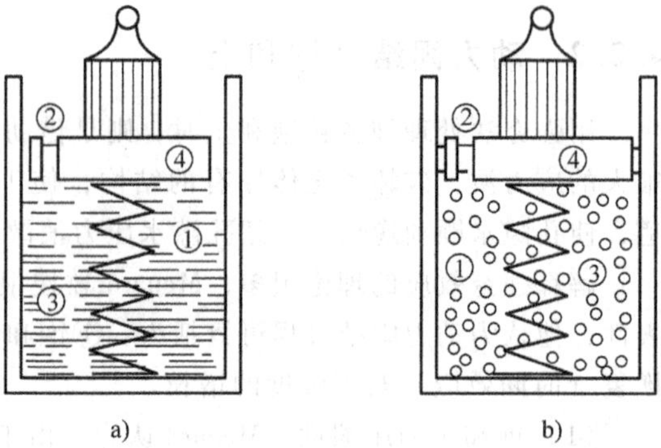

图 4.7 静力固结理论与动力固结理论的模型比较
a）静力固结理论模型（太沙基模型）
b）动力固结理论模型（Menard 模型）

静力固结理论与动力固结理论对比，见表 4.1。

表 4.1 静力固结理论和动力固结理论对比

静力固结理论(图 4.7a)	动力固结理论(图 4.7b)
①不可压缩的液体	①含有少量气泡的可压缩液体
②固结时液体排出所通过的小孔，其孔径是不变的	②固结时液体排出所通过的小孔，其孔径是变化的
③弹簧刚度是常数	③弹簧刚度为变数
④活塞无摩阻力	④活塞有摩阻力

4.2.3 动力置换

对于强夯置换法，在强夯的同时，夯坑中可置入碎石，强行挤走软土。如图 4.8 所示，强夯置换可分为整式置换和桩式置换两类。

图 4.8 动力置换类型
a）整式置换 b）桩式置换

整式置换是采用强夯将碎石整体挤入淤泥中，其作用机理类似于换填垫层。

桩式置换是通过强夯将碎石夯入土体中，部分碎石桩（或墩）间隔地夯入软土中，形成桩式（或墩式）的碎石墩（或桩）。其作用机理类似于振冲法等形成的碎石桩，它主要是靠碎石内摩擦角和墩间土的侧限来维持桩体的平衡，形成的碎石桩（墩）与桩（墩）间土一起构成复合地基，共同承受外荷载，抵抗变形。

实际工程中，对于不同土类的强夯的作用不同：①软土地基，提高地基承载力和减少沉降量；②饱和砂土和粉土，消除液化趋势；③黄土和新近堆积黄土，消除湿陷性、提高承载力。为此，应针对不同工程情况，进行强夯法的设计计算。

4.3　设计计算

强夯法加固地基的设计方法和步骤，主要有以下四点：

1）查明场地地质情况（用钻探或原位测试法）和环境影响、工程规模及重要性。

2）根据已查明的资料，分析确定加固目的。根据这些要求初步设计计算夯实能量，确定加固深度，然后选择必需的锤重。

3）根据已确定的施工参数，制订施工计划和进行强夯布点设计及施工要求的说明。

4）强夯施工前应进行试夯，并要进行加固效果的检验测试（旁压仪、静力触探、标准贯入、十字板剪切、波速等原位测试），通过对加固效果测试资料的分析，确定是否需要修改原强夯设计方案。

4.3.1　强夯法设计计算

1. 有效加固深度

有效加固深度既是选择地基处理方法的重要依据，又是反映处理效果的重要参数。可采用经修正的梅那（Menard）公式来估算强夯法加固地基影响深度 H。

$$H = \alpha\sqrt{\frac{Mh}{10}}$$

式中　H——有效加固深度（m）；

M——夯锤重（kN）；

h——落距（m）；

α——修正系数，一般取 $\alpha = 0.34 \sim 0.8$，α 值与地基土性质有关，软土可取 0.5，黄土可取 0.34 ~ 0.5。

实际上影响有效加固深度的因素很多，除了锤重和落距外，还有地基土的性质、不同土层的厚度和埋藏顺序、地下水位以及其他强夯的设计参数等。因此，对于同一类土，采用不同夯击能量夯击时，其修正系数并不相同。单击夯击能越大时，修正系数越小。

鉴于有效加固深度目前尚无适用的计算公式，JGJ 79—2012《建筑地基处理技术规范》规定：有效加固深度应根据现场试夯或当地经验确定。在缺少试验资料或经验时，可按表 4.2 预估。

表 4.2　强夯的有效加固深度　（单位：m）

单击夯击能/kN·m	碎石土、砂土等粗颗粒土	粉土、黏性土、湿陷性黄土等细颗粒土
1000	4.0 ~ 5.0	3.0 ~ 4.0
2000	5.0 ~ 6.0	4.0 ~ 5.0
3000	6.0 ~ 7.0	5.0 ~ 6.0
4000	7.0 ~ 8.0	6.0 ~ 7.0
5000	8.0 ~ 8.5	7.0 ~ 7.5
6000	8.0 ~ 9.0	7.5 ~ 8.0
8000	9.0 ~ 9.5	8.0 ~ 8.5
10000	9.5 ~ 10.0	8.5 ~ 9.0
12000	10.0 ~ 11.0	9.0 ~ 10.0

注：强夯的有效加固深度应从最初起夯面算起；单击夯击能大于 12000kN·m 时，强夯的有效加固深度应通过试验确定。

2. 夯锤和落距

在强夯法设计中，应首先根据需要加固的深度初步确定单击夯击能，然后再根据机具条件因地制宜地确定锤重和落距。

（1）单击夯击能　单击夯击能为夯锤重 M 与落距 h 的乘积。一般来说，夯击时锤重和落距大，则单击能量大，夯击击数少，夯击遍数也相应减少，加固效果和技术经济好。

（2）单位夯击能　整个加固场地的总夯击能量（即锤重×落距×总夯击数）除以加固面积称为单位夯击能。强夯的单位夯击能应根据地基土类别、结构类型、荷载大小和要求处理的深度等综合考虑，并可通过试验确定。在一般情况下，对粗颗粒土可取 1000～3000kN·m/m^2，对细颗粒土可取 1500～4000kN·m/m^2。对于饱和黏性土，所需的能量不能一次施加，否则土体会产生侧向挤出，强度反而有所降低，且难于恢复。根据需要可分几遍施加，两遍间可间歇一段时间，这样可逐步增加土的强度，改善土的压缩性。

（3）夯锤选择　夯锤质量宜为 10～60t。夯锤材质最好用铸钢，也可用钢板为外壳内灌混凝土的锤。夯锤的形状如图 4.9 所示，夯锤平面一般为圆形或方形，夯锤的底可为平底、锥底或球形等。一般锥底锤、球底锤的加固效果较好，适用于加固较深层土体；平底锤适用于浅层及表层地基加固。夯锤中设置若干个上下贯通的气孔，孔径可取 250～300mm，它可减小起吊夯锤时的吸力（夯锤的吸力可达三倍锤重），又可减小夯锤着地前的瞬时气垫的上托力。

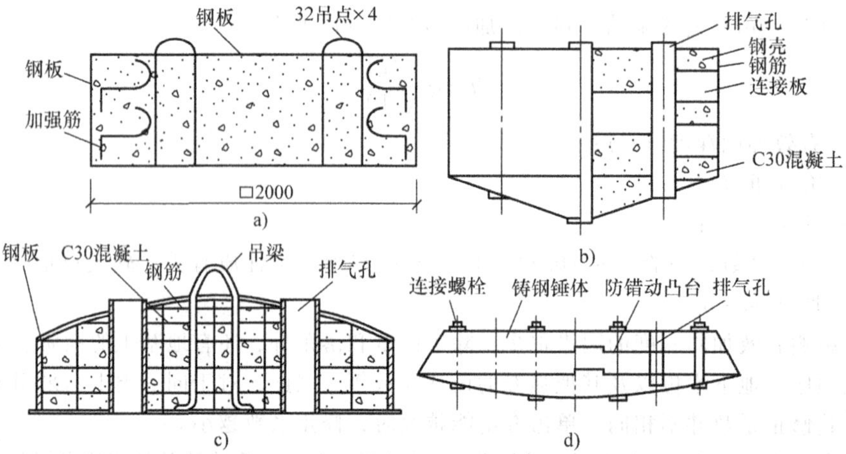

图 4.9　夯锤的形状

a）平底方形锤　b）锥底圆柱形锤　c）平底圆柱形锤　d）球底圆台形锤

夯锤的底面积对加固效果的影响很大。当锤底面积过小时，静压力就大，夯锤对地基土的作用以冲切力为主；过大时，静压力太小，达不到加固效果。为此，夯锤底面积宜按土的性质确定，锤底静接地压力值宜为 25～80kPa，对砂性土和碎石填土，一般锤底面积为 2～4m^2；对一般第四纪黏性土建议用 3～4m^2；对于淤泥质土建议采用 4～6m^2；对于黄土建议采用4.5～5.5m^2。同时应控制夯锤的高宽比，以防止产生偏锤现象，如黄土，高宽比可采用 1:2.5～1:2.8。

（4）落距选择　夯锤确定后，根据要求的单点夯击能量，就能确定夯锤的落距。国内通常采用的落距是 8～25m。对相同的夯击能量，常选用大落距的施工方案，这是因为增大落距可获得较大的接地速度，能将大部分能量有效地传到地下深处，增加深层夯实效果，减少消耗在地表土层塑性变形的能量。

3. 夯击点布置及间距

（1）夯击点布置　夯击点布置是否合理与夯实效果有直接的关系。夯击点位置可根据基底平面形状，采用等边三角形、等腰三角形或正方形布置。图 4.10 所示为正方形夯击点布置。对于某些基础面积较大的建筑物或构筑物，为便于施工，可按等边三角形或正方形布置夯击点；对于办公楼、住宅建筑等，可根据承重墙位置布置夯击点，一般可采用等腰三角形布点，这样可以保证横向承重墙以及纵墙和横墙交接处墙基下均有夯击点；对于工业厂房来说也可按柱网来设置夯击点。

图 4.10　正方形夯击点布置

强夯处理范围应大于建筑物基础范围，具体的放大范围，可根据建筑物类型和重要性等考虑决定。对一般建筑物，每边超出基础外缘的宽度宜为设计处理深度的 1/2 ~ 2/3，且不宜小于 3m；对于可液化地基，基础边缘的处理宽度不应小于 5m。

（2）夯击点间距　一般情况下，根据地基土的性质和要求处理的深度确定夯击点间距。对于细颗粒土，为便于超静孔隙水压力的消散，夯击点间距不宜过小；当要求处理深度较大时，第一遍的夯击点间距更不宜过小，以免夯击时在浅层形成密实层而影响夯击能往深层传递。若各夯击点之间的距离太小，在夯击时上部土体易向侧向已夯成的夯坑中挤出，从而造成坑壁坍塌，夯锤歪斜或倾倒，影响夯实效果。

一般来说，第一遍夯击点间距通常为 5 ~ 15m（或取夯锤直径的 2.5 ~ 3.5 倍），以保证夯击能量传递到深处，保护夯坑周围所产生的辐射向裂隙；第二遍夯击点位于第一遍夯击点之间，以后各遍夯击点间距可适当减小。对于处理深度较深或单击夯击能较大的工程，第一遍夯击点间距应适当增大。

图 4.11a、b 分别表示两种夯击点布置形式及夯击次序。在图 4.11a 中，该地基处理工程夯完一遍共需夯 13 个夯击点，分三次完成。第一次夯 5 点，夯击点采用 4.2m × 4.2m 正方形布置；第二次夯 4 点，夯击点亦采用 4.2m × 4.2m 正方形布置；第三次夯 4 点，夯击点采用 3m × 3m 正方形布置。分三次夯完一遍后，13 个夯击点为 2.1m × 2.1m 的正方形布置。

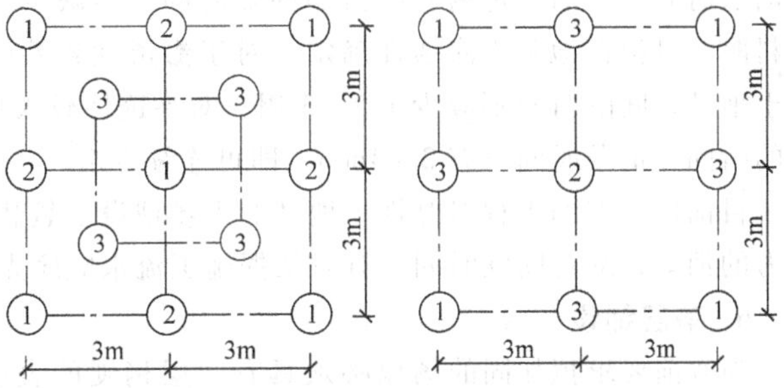

a)　b)

图 4.11　夯击点布置形式及夯击次序

a）13 个夯击点夯一遍分三次完成

b）9 个夯击点夯一遍分三次完成

在图 4.11b 中，该地基处理工程夯完一遍共需夯 9 个夯击点，也分三次完成。第一次夯 4 点，夯击点采用 6m × 6m 正方形布置；第二次夯 1 点，夯击点亦采用 6m × 6m 正方形布置；第三次夯 4 点，夯击点采用 4.2m × 4.2m 正方形布置。分三次夯完一遍后，9 个夯击点为 3m × 3m 的正方形布置。

4. 夯击击数与遍数

单点夯击击数指单个夯击点一次连续夯击的次数。夯击遍数是指将整个强夯场地中同一编号的夯击点夯完算作一遍。

(1) 夯击击数确定　每遍每夯击点的夯击击数应按现场试夯得到的夯击击数和夯沉量关系曲线确定，且应同时满足下列条件：

1) 最后两击的夯沉量不宜大于下列数值：当单击夯击能小于4000kN·m时为50mm；当单击夯击能为4000~6000kN·m时为100mm；当单击夯击能为6000~8000kN·m时为150mm；当单击夯击能为8000~12000kN·m时为200mm，当单击夯击能大于12000kN·m时，应通过试验确定。

2) 夯坑周围地面不应发生过大隆起。

3) 不因夯坑过深而使起锤困难。

确定夯击点的夯击击数时，应以使土体竖向压缩量最大，侧向位移最小为原则，一般为3~10击比较合适。

(2) 夯击遍数确定　夯击遍数应根据地基土的性质和平均夯击能确定。根据国内外文献记述，一般为1~8遍，对于粗颗粒土夯击遍数可少些，而对于细颗粒黏土特别是淤泥质土，则夯击遍数要求多些。如法国戛纳附近采石场弃渣土填海造地只强夯1遍；瑞典维内乐软弱地基，最多夯击7遍。国内大多数工程夯2~3遍，最后以低能量"搭夯"，即"锤印"彼此搭接。对于渗透性弱的细颗粒土地基，必要时夯击遍数可适当增加。

由于表层土是基础的主要持力层，如处理不好，将会增加建筑物的沉降和不均匀沉降。因此，必须重视满夯的夯实效果，除了采用2遍满夯外，还可采用轻锤或低落距锤多次夯击，以及锤印搭接等措施。图4.12为强夯法地基处理工程的夯击遍数及夯点布置图，该工程夯击遍数为6遍。

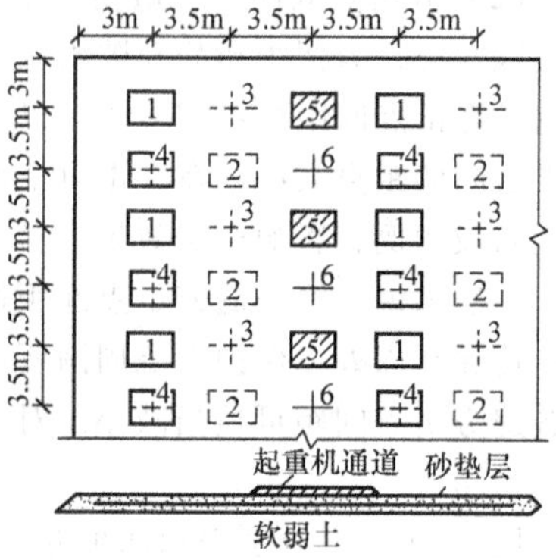

图4.12　夯击遍数及夯点布置图

5. 间歇时间

两遍夯击之间应有一定的时间间隔，间隔时间取决于土中超静孔隙水压力的消散时间。有条件时最好能在试夯前埋设孔隙水压力传感器，通过试夯确定超静孔隙水压力的消散时间，从而决定两遍夯击的间隔时间。当缺少实测资料时，可根据地基土渗透性确定，对于渗透性较差的黏性土地基，间隔时间不应少于2~3周；对渗透性较大的砂性土，孔隙水压力的峰值出现在夯完后的瞬间，消散时间只有2~4min，即可连续夯击。

目前国内有的工程对黏性土地基的现场埋设了袋装砂井（或塑料排水带），以便加速孔隙水压力的消散，缩短间歇时间。有时根据施工流水顺序先后，也能实现连续夯击。

6. 垫层铺设

强夯前要求拟加固的场地必须具有一层稍硬的表层，使其能支承起重设备，便于所施工的"夯击能"得到扩散，也可加大地下水位与地表的距离。对场地地下水位在-2m深度以下的砂砾石土层，可直接施行强夯，无需铺设垫层；对地下水位较高的饱和黏性土与易液化流动的饱和砂土，均需要铺设砂、砂砾或碎石垫层才能进行强夯，否则土体会发生流动。当场地土质条件好时，也可减小垫层厚度。垫层厚度一般为0.5~2.0m。

7. 现场测试设计

在大面积施工之前应选择面积不小于400m^{2}场地进行现场试验，以便取得设计数据。

(1) 地面及深层变形观测　地面变形研究的目的是：①了解地表隆起的影响范围及垫层的密实度变化；②研究夯击能与夯沉量的关系，用以确定单点最佳夯击能量；③确定场地平均沉降和搭夯的沉降量，用以研究强夯的加固效果。每当夯击一次应及时测量夯击坑及其周围的沉降量、隆起量和挤出量。

（2）孔隙水压力观测　可在试验现场沿夯击点等距离的不同深度以及等深度的不同距离，埋设双管封闭式孔隙水压力仪或钢弦式孔隙水压力仪，在夯击作用下，研究孔隙水压力沿深度和水平距离的增长和消散，确定夯距、夯击的影响范围、间歇时间以及饱和夯击能等参数。

（3）侧向挤压力观测　将带有钢弦式土压力盒的钢板桩埋入土中后，在强夯加固前，各土压力盒沿深度分布的土压力的规律，应与静止土压力相似。在夯击作用下，可测试每夯击一次的压力增量沿深度的分布规律。

（4）振动影响范围观测　通过测试地面振动加速度可以了解强夯振动的影响范围。通常将地表的最大振动加速度为 $0.98\mathrm{m/s^2}$ 处（即认为是相当于七度地震设计烈度）作为设计时振动影响安全距离。图 4.13 所示为振动加速度和水平距离的关系。但由于强夯振动的周期比地震短得多，强夯产生振动作用的范围也远小于地震的作用范围。为了减小强夯振动的影响，常在夯区周围设置隔振沟（深 3m 左右）。隔振沟靠近或围绕振源，被动隔振沟靠近减振对象。夯击时隔振沟对地面振动加速度的影响见表 4.3。

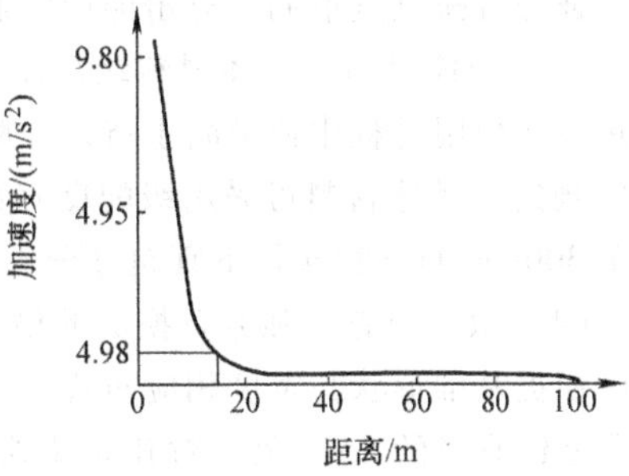

图 4.13　振动加速度和水平距离的关系
（距夯击点 16m 处加速度为 $0.1g$）

表 4.3　夯击时隔振沟对地面振动加速度的影响

隔振 \ 离夯坑中心距离	5m	15m	18.5m	31m
有	$0.65g$	$0.105g$	$0.05g$	$0.04g$
无	$0.7g$	$0.23g$	$0.11g$	$0.105g$

强夯地基承载力特征值应通过现场荷载试验确定，初步设计时也可根据夯后原位测试和土工试验指标按 GB 50007—2011《建筑地基基础设计规范》规定确定。

4.3.2　强夯置换法设计计算

强夯置换是强夯用于加固饱和软黏土地基的方法。强夯置换法的加固机制和强夯法的不同，它是利用重锤高落差产生的高冲击能将地基土挤密或排开，多次填入块石、碎石、砂砾或其他质地坚硬的散体材料并夯击，最终形成密实的柱状砂石墩。这种砂石墩与周围混有砂石的墩间土形成复合地基，以提高地基承载力，减小沉降。在强夯置换过程中，土体结构破坏，地基土体产生超孔隙水压力，但是随着时间的增加，土体结构强度会得到恢复。粒料墩一般都有较好的透水性，利于土体中超孔隙水压力消散而产生固结。

强夯置换法主要适于高压缩性软黏土地基的加固，在设计前必须通过现场试验确定其适用性和处理效果。对于饱和黏性土，强夯置换法的主要作用是置换作用，其次是排水和动力固结作用。

（1）处理深度　强夯置换墩的深度由土质条件决定，不宜超过 7m。除厚层饱和粉土外，应穿透软土层，到达较硬土层上。深度强夯置换锤底静接地压力值可取 100～200kPa。

（2）单击夯击能　强夯置换法的单击夯击能应根据现场试验确定，且应同时满足下列条件：①墩底穿透软弱土层，且达到设计墩长；②累计夯沉量为设计墩长的 1.5～2.0 倍；③最后两击的平均夯沉量应满足强夯法的规定。

强夯置换法单击夯击能在可行性研究或初步设计时也可按下列公式估计：

较适宜的夯击能
$$\overline{E}=940(H_1-2.1)\quad(\mathrm{kN\cdot m})\tag{4.2}$$

夯击能最低值 $$E_w = 940(H_1 - 3.3) \quad (kN \cdot m) \tag{4.3}$$

式中 H_1——置换墩深度（m）。

初选夯击能宜在$\overline{E}$与E_w之间选取，高于$\overline{E}$则可能浪费，低于E_w则可能达不到所需的置换深度。强夯置换宜选取同一夯击能中锤底静压力较高的锤施工。

（3）墩体材料　墩体材料级配不良或块石过多过大，均易在墩中留下大孔，在后续墩施工或建筑物使用过程中使墩间土挤入孔隙，下沉增加。因此，JGJ 79—2012《建筑地基处理技术规范》规定：墩体材料可采用级配良好的块石、碎石、矿渣、建筑垃圾等坚硬粗颗粒材料，粒径大于300mm的颗粒含量不宜超过全重的30%。

（4）墩位布置　强夯置换法的墩位布置宜采用等边三角形或正方形。对独立基础或条形基础可根据基础形状与宽度相应布置。墩间距应根据荷载大小和原土的承载力选定，当满堂布置时可取夯锤直径的2～3倍。对独立基础或条形基础可取夯锤直径的1.5～2.0倍。墩的计算直径可取夯锤直径的1.1～1.2倍。当墩间净距较大时，应适当提高上部结构和基础的刚度。强夯置换法处理范围与强夯法相同。墩顶应铺设一层厚度不小于500mm的压实垫层，垫层材料可与墩体相同，粒径不宜大于100mm。

（5）现场测试设计　强夯置换法除进行现场载荷试验检测承载力和变形模量外，尚应采用超重型或重型动力触探等方法，检查置换墩承载力与密度随深度的变化。当确定软黏性土中强夯置换墩地基承载力特征值时，可只考虑墩体，不考虑墩间土的作用，其承载力应通过现场单墩载荷试验确定；对饱和粉土地基可按复合地基考虑，其承载力可通过现场单墩复合地基载荷试验确定。

（6）垫层的设计　置换墩顶应铺设一层厚度不小于500mm的压实垫层，垫层材料可与墩体相同，粒径不宜大于100mm。

（7）地面抬高值的估算　强夯置换时地面抬高是不可避免的，特别是在饱和黏性土中，根据现有资料，隆起的体积可达填入体积的大半。因此，在强夯置换设计中，要预估地面抬高值。

（8）地基的变形计算　强夯置换地基的变形计算可参照振冲法地基处理变形计算。

4.4 强夯法和强夯置换法施工

4.4.1 强夯法施工技术

1. 施工机械

强夯施工机械宜采用带有自动脱钩装置的履带式起重机或其他专用设备。采用履带式起重机时，可在臂杆端部设置辅助门架，或采取其他安全措施，防止落锤时机架倾覆。

如果夯击工艺采用单缆锤击法，则100t的起重机最大只能起吊20t的夯锤。目前，强夯锤质量为10～40t，若起重机起吊能力不足，可通过设置滑轮组来提高卷扬机的起吊能力，利用自动脱钩装置使锤形成自由落体运动。

自动脱钩装置工作原理如图4.14所示，拉动脱钩器的钢丝绳，其一端拴在桩架的盘上，以钢丝绳的长短控制夯锤的落距，夯锤挂在脱钩器的钩上，当吊钩提升到要求的高度时，张紧的钢丝绳将脱钩器的伸臂拉转一个角度，致使夯锤突然下落。有时为防止起重臂在较大的仰角下突然释重而有可能发生后倾，可在履带式起重机的臂杆端部设置辅助门架，或采取其他安全措施，防止落锤时机架倾覆。自动脱钩装置应具有足够的强度，且施工时要求灵活。辅助机械包括推土机、压路机、蛙式打夯机等。

2. 施工步骤

1）清理并平整施工场地，放线、埋设水准点和各夯击点标桩。

2）铺设垫层，在地表形成硬层，用以支承起重设备，确保机械通行和施工。同时可加大地下水和表层的距离，防止降低夯击的效率。

3）标出第一遍夯击点的位置，并测量场地高程。

4）起重机就位，使夯锤对准夯击点位置。

5）测量夯前锤顶标高。

6）将夯锤起吊到预定高度，待夯锤脱钩自由下落后放下吊钩，测量锤顶高程；若发现因坑底倾斜而造成夯锤歪斜时，应及时将坑底整平。

7）重复步骤6），按设计规定的夯击次数及控制标准，完成一个夯击点的夯击。

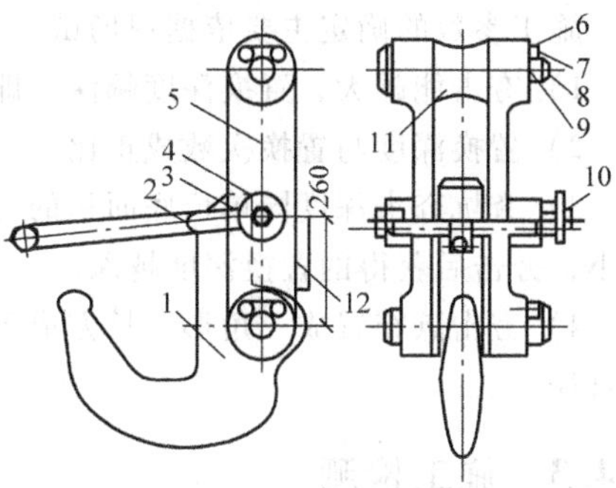

图4.14　强夯自动脱钩装置工作原理

1—吊钩　2—锁卡焊合件　3、6—螺栓　4—开口销　5—架板　7—垫圈　8—止动板　9—销轴　10—螺母　11—鼓形轮　12—护板

8）重复步骤4）~7），完成第一遍全部夯击点的夯击。

9）用推土机将夯坑填平，并测量场地高程。

10）在规定的间隔时间后，按上述步骤逐次完成全部夯击遍数，最后用低能量满夯，将场地表层土夯实，并测量夯后场地高程。

3. 施工注意事项

1）当场地表土软弱或地下水位较高，夯坑底积水影响施工时，宜人工降低地下水位或铺填一定厚度松散性材料，使地下水位低于坑底面以下2m。坑内或场地积水应及时排出。

2）施工前应查明场地范围内的地下构筑物和各种地下管线的位置及标高等，并采取必要的措施，以免因施工而造成损坏。

3）当强夯施工所产生的振动对邻近建筑物或设备会产生有害的影响时，应设置检测点，并采取挖隔振沟等隔振或防振措施。

4）按规定起锤高度、锤击数的控制指标施工，或按试夯后的沉降量控制施工。

5）注意含水量对强夯效果的影响；注意夯锤上部排气孔的畅通。

4.4.2　强夯置换法施工技术

1. 强夯置换施工步骤

1）清理并平整施工场地，当表土松软时可铺设一层厚度为1.0~2.0m的砂石施工垫层。

2）标出夯击点位置，并测量场地高程。

3）起重机就位，夯锤置于夯击点位置。

4）测量夯前锤顶高程。

5）夯击并逐击记录夯坑深度。当夯坑过深而发生起锤困难时停夯，向坑内填料直至与坑顶平，记录填料数量，如此重复直至满足规定的夯击次数及控制标准完成一个墩体的夯击。当夯点周围软土挤出影响施工时，可随时清理并在夯击点周围铺垫碎石，继续施工。

6）按由内而外，隔行跳打原则完成全部夯击点的施工。

7）推平场地，用低能量满夯，将场地表层松土夯实，并测量夯后场地高程。

8）铺设垫层，并分层碾压密实。

2. 施工参数

施工参数的确定主要依据现场试夯，并应考虑以下各方面因素：

1）夯击能越大，置换深度越深，即要获得较深的置换深度，应加大第一遍夯击的总能量。

2）置换深度与置换次数成正比，一般采用3~5遍的置换次数。

3）夯坑夯击深度同单位底面积的夯击能量与单位面积的锤底静压力密切相关，夯锤底面积越小，夯击后获得的置换深度越深。

4）夯击点布置成三角形、长方形等，主要依据试验资料确定，一般取1.5~3.0倍的夯锤底面直径。

4.4.3 施工检测

施工过程中应有专人负责下列检测工作：

1）开夯前应检查夯锤质量和落距，以确保单击夯击能量符合设计要求。

2）每一遍夯击前，应对夯击点进行复核，夯完后检查夯坑位置，发现偏差或漏夯及时纠正。

3）按设计要求检查每个夯击点的夯击次数和每击夯沉量。对强夯置换尚应检查置换深度。

4）施工过程中应对各项参数及情况进行详细记录。

4.5 现场观测和质量检验

4.5.1 检验方法

强夯处理后的地基竣工验收时，承载力检验应采用原位测试和室内土工试验。强夯置换后的地基竣工验收时，除应采用单墩载荷试验检验承载力外，还应采用动力触探等有效手段查明置换墩着底情况及承载力与密度随深度的变化情况，对饱和粉土地基允许采用单墩复合地基载荷试验代替单墩载荷试验。

室内试验主要通过夯击前后土的物理力学性质指标的变化来判断其加固效果。其项目包括：抗剪强度指标（c、φ值）、压缩模量（或压缩系数）、孔隙比、重度、含水量等。

原位测试方法及适用条件如下：

1）十字板剪切试验：适用于饱和软黏土。

2）轻型动力触探试验：适用于贯入深度小于4m的黏性土及素填土（由黏性土与粉土组成）。

3）重型动力触探试验：适用于砂土和碎石土。

4）超重型动力触探试验：适用于粒径较大或密实的碎石土。

5）标准贯入试验：适用于黏性土、粉土和砂土。

6）静力触探试验：适用于黏性土、粉土和砂土。

7）载荷试验：适用于砂土、碎石土、粉土、黏性土和人工填土；当用于检验强夯置换法处理地基时，宜用压板面积较大的复合地基载荷试验。

8）旁压试验：分预钻式旁压试验和自钻式旁压试验。预钻式旁压试验适用于坚硬、硬塑和可塑黏性土、粉土，密实和中密砂土、碎石土；自钻式旁压试验适用于黏性土、粉土、砂土和饱和软黏土。

9）波速试验：适用于各类土。

4.5.2 检验要求

1）强夯地基的质量检查，包括施工过程中的质量检测及夯后地基的质量检验，其中前者尤为重要。所以必须认真检查施工过程中的各项测试数据和施工记录，若不符合设计要求时，应补夯或采取其他有效补救措施。

2）经强夯处理的地基，其强度是随着时间增长而逐步恢复和提高的，因此，竣工验收质量检验应在施工结束间隔一定时间后才能进行。其间隔时间可根据土的性质而定。对于碎石土和砂土地基，其间隔时间可取 7 ~ 14d；粉土和黏性土地基可取 14 ~ 28d。强夯置换地基间隔时间可取 28d。

3）强夯法检测点位置可分别布置在夯坑内、夯坑外和夯击区边缘。其数量应根据场地复杂程度和建筑物的重要性确定。对简单场地上的一般建筑物，每个建筑物地基检验点不应少于 3 处；对复杂场地或重要建筑物地基应增加检验点数。检验深度应不小于设计处理的深度。

4）强夯置换施工中可采用超重型或重型圆锥动力触探检查置换墩着底情况。其地基载荷试验检验和置换墩着底情况检验数量均不应少于墩点数的 1%，且不应少于 3 点。

4.6 工程应用实例

【例 4.1】 某港口砂土地基上欲修建一堆料场，地基承载力不能满足设计要求。采用强夯法进行地基处理，已知夯锤的重量为 300kN，夯锤的落距为 15m，求强夯处理的有效加固深度，并确定单点夯击击数与夯击遍数。

【解】 取修正系数 $\alpha=0.5$，则有效深度 H 为

$$H \approx \alpha\sqrt{Mh/10}=0.5\times\sqrt{300\times15/10}\,\text{m}=10.6\text{m}$$

单点夯击击数应按现场试夯得到的夯击击数和夯沉量关系曲线确定，且应同时满足：①最后两击的平均夯沉量不大于 50mm，当单击夯击能量较大时，夯沉量不大于 100mm；②夯坑周围地面不应发生过大隆起；③不因夯坑过深而使起锤困难。

因为是砂性土，夯击遍数取 2 遍；每夯击点的夯击数为 6 击。最后再以较低能量（如前几遍能量的 1/4 ~ 1/5，击数为 2 ~ 3 击）满夯一遍，以加固前几遍之间的松土和被振松的表层土。

【例 4.2】 某新建工厂场区强夯地基处理工程

1. 工程概况

某新建工厂场区占地约 2ha。其东西两侧为岗丘地形，东侧岗丘主要分布黄褐色硬塑状粉质黏土，高程为 28 ~ 32m，西侧岗丘主要分布黄褐色硬塑状粉质黏土及志留系砂质、泥质页岩及砂岩，高程为 27 ~ 28m，中部为一冲沟地形，沟宽 60 ~ 80m，冲沟北高南低。高程在纺纱车间段由 26m 降至 24.3m，沟中有一小水塘，面积约 800m^2，沟谷中原种植水稻。

为建厂房而平整场地，建设方用东西两侧岗地上的黏土及志留系页岩、砂岩，填入中部冲沟内。该厂纺纱车间几乎全部坐落于冲沟填土上。纺纱车间南北长 112m，东西宽 66m，柱距 9m × 9.9m，柱荷 1650kN，主车间为单层，现浇屋面。抗震设防烈度为 7 度。

填土中黏土及页岩分布极不均匀，冲沟西半部填土为粉质黏土及砂页岩混合物，冲沟东半部以粉质黏土为主，未经辗压，不经处理无法满足设计要求。经多种方案对比，决定采用强夯法加固填土地基及其下伏部分天然地基。要求强夯后填土地基承载力 $f_k=200\text{kPa}$，其下伏土层强度满足下卧层验算。

2. 场地工程地质条件

场地土层自上而下为填土、耕土、粉质黏土、粉土、粉质黏土、碎石夹黏土及砂页岩等。填

土层结构疏松，块体间架空现象明显，为新近堆填、未经压实的填土，填土平均厚度为2.8m左右。原地形低于28m高程的均需堆填至28m。耕土为原始地表土层，以种植水稻为主，土质松软，含水量高，厚度为0.5m左右。勘察报告提供的土层工程地质参数（由新至老）见表4.4。

表4.4　该场地土层工程地质参数

序号	土性	层厚/m	w(%)	e	I_L	I_P	$a_{1\text{-}2}$/MPa	E_s/MPa	c/kPa	φ/(°)	标贯击数N
③	粉质黏土	2~4	23.27	0.67	0.47	11	0.214	7.72	41	19.25	8
④	粉土	6~8	24.4	0.68	0.68	7	0.225	7.45	29.2	13.91	5
⑤	粉质黏土	2~4	23.14	0.66	0.22	12	0.169	10.20	22.55	22.55	18

3. 有关强夯设计参数及局部软弱区的处理

锤重100kN，落距10m，为圆柱形锤，其底直径2m，锤底静压应力为31.8kPa。有效加固深度经计算为4.5m（$H=\alpha\sqrt{Wh}$，$\alpha=0.45$）。要求填土的地基承载力经强夯加固处理后$f_k=200$kPa。

强夯的有关参数，锤击数、夯击遍数、相邻两次夯击的间隔时间等要通过现场施工经验确定。根据场地回填土厚度划分三个试夯区：A试夯区，填土厚度不小于2.4m；B试夯区，填土厚度为0~2.4m；C试夯区为厂内池塘回填土区，该区要采用置换强夯法施工。每个试夯区布置9个夯击点，夯击点的夯击次数，应根据现场试夯得到的夯击次数和夯沉量关系曲线确定，且应同时满足下列条件：最后两击的平均夯沉量不大于50mm，中心夯击点平均夯沉量不大于30mm；夯坑周围地面不发生过大的隆起；不因夯坑过深而使起锤困难。

夯击点间距3m×3m，每夯击点夯击两遍，最后以低能量搭接满夯一遍，夯击点夯击采用间隔跳打进行，两遍夯击应有一定的时间间隔。

施工单位在场外A试夯区进行了试夯，每一遍夯6击，计两遍。经计算单位面积夯击能$W=\sum E/F=100\times10\times6\times2/(3\times3)\text{kN}\cdot\text{m/m}^2=1333\text{kN}\cdot\text{m/m}^2$。填土下部耕土为饱和状细颗粒土，规范要求细颗粒土$W$应取$1500\sim4000\text{kN}\cdot\text{m/m}^2$。可见夯6击达不到规范要求。

施工后7d，用N_{10}进行了加固土体检测，发现耕土N_{10}有所降低，后改为每夯击点夯两遍，每次每夯击点不小于10击，最后两击平均沉降不大于30mm，若10击不能满足沉降要求，还需增加夯击数。直至满足上述要求。夯击点夯击采用间隔跳打进行。这样，经计算单位面积夯击能$W=\sum E/F=2222\text{kN}\cdot\text{m/m}^2$，达到了要求。

在河塘区局部淤泥粉质黏土地区，用强夯置换法回填一定数量的粗颗粒土。

4. 质量检验与处理效果分析

夯点间距3m×3m，处理面积120m×71m，布置夯击点940点，每点夯击数20击，分两次进行，每次10击，间隔跳夯。强夯前后静力触探q_c、f_s变化见表4.5。

表4.5　强夯前后静力触探结果对比

土层号	土性	夯前指标			夯后指标			夯后增加幅度(%)	
		q_c/MPa	f_s/kPa	f_k/kPa	q_c/MPa	f_s/kPa	f_k/kPa	q_c(%)	f_s(%)
①	素填土	2.42	56.4	100	4.06	201.6	>200	67	257
②	耕土	0.77	61.2	110	1.06	81.9	180	37	33
②$_{-1}$	淤泥粉质黏土	0.52	21.6	80	0.90	69.3	160	73	220
③	粉质黏土	1.44	94.9	150	1.96	152.5	200	36	60
④	粉土	1.07	38.4	150	1.10	26.6	165	—	—

场地土层重型 $N_{63.5}$ 动力触探检测资料统计：为保证强夯效果，满足设计要求，采用标准贯入试验动力触探 $N_{63.5}$ 对全部柱基及边墙进行了加固效果检测。共检测 99 个点。对场地土层 $N_{63.5}$ 动探资料，用一次二阶矩概率法及保证界限法进行统计分析。夯前、夯后动检成果对比见表 4.6。试夯区夯前夯后 N_{10} 变化见表 4.7。

表 4.6　夯击前后标准贯入击数的变化

土层号	土性	夯前		夯后		$(N_{k后}-N_{k前})/N_{k前}$ (%)
		$\overline{N}_{63.5}$	N_k	$\overline{N}_{63.5}$	N_k	
①	素填土	3.02	2.51	5.19	4.65	85
①$_{-2}$	杂填土	—	—	14.86	13.46	—
②	耕土	1.77	1.3	3.36	3.06	135
③	粉质黏土	6.4	5.66	7.48	7.08	25
④	粉土	13.2	11.5	14.7	14.02	22

注：$\overline{N}_{63.5}$ 为重型触探击数平均值；N_k 为重型触探击数标准值。

表 4.7　试夯区夯前夯后 N_{10} 变化

土层号	土性	夯前		夯后		$(N_{k后}-N_{k前})/N_{k前}$ (%)
		$\overline{N}_{10}$	N_k	$\overline{N}_{10}$	N_k	
①	杂填土	43	32	103	86	168
②	耕土	33	28	27	22	-21
③	粉质黏土	61	48	68	61	27

注：$\overline{N}_{10}$ 为轻型动探击数平均值；N_k 为轻型动探击数标准值。

耕土强度减弱的原因，其一是经强夯土体结构强度破坏，由于检测间隔时间仅为 5d，强度尚未恢复；其二是试夯时单位面积夯击能 $W=1333\text{kN}\cdot\text{m/m}^2$，夯击能偏小。

通过试夯区夯前、夯后 N_{10} 的变化，得出对饱和耕土要提高强夯后的强度，需要提高单位面积夯击能；延长相邻两次夯击的间隔时间；延长检测的间隔时间，使土的强度得以恢复。

在三个试夯区各布置了一组静载荷试验（载荷板面积为 2500cm^2），试验的最大加载分别为 440kPa、480kPa、500kPa，试验表明，土体均未被破坏，三个试验点试验深度分别为 30cm、45cm、60cm。强夯加固后地基土承载力标准值分别为 220kPa、240kPa、225kPa，满足设计要求。取承压板的影响深度为 $2B$，三个静载试验区的 $\overline{N}_{63.5}$（0.5～1.5m）资料见表 4.8。

表 4.8　三个静载试验区的试验结果

试夯区	动探点	测点频数	$\overline{N}_{63.5}$	方差	变异系数 C_v (%)	压板埋深/m	f_k /kPa	填土性质
C	26	11	6.27	3.4	54.3	0.3	220	黏性土
A	38	11	11.09	3.39	30.6	0.6	240	碎石夹黏土
B	49	11	2.45	1.06	43.3	0.45	225	黏性土

由于填土随意倾填，架空现象明显，本工程强夯消除了块体架空现象，减小了孔隙比，并将填土夯入耕土内置换部分软土，在施工过程中夯坑边无隆起现象。

经计算，整个加固场地所有的夯坑体积之和为 4608m^3，将其除以该场地占地面积，则该场地平均下沉量为 0.545m。

土体的竖向变形主要发生在 1.6 倍夯锤直径的范围内，本工程则为 3.2m。强夯后单位厚度沉降量为 0.17m。若假设强夯前填土处于松散状态，孔隙比为 0.91，则强夯后夯实土的孔隙比为 0.586，说明夯实后的土可作为建筑物的良好地基。

本工程若用钻孔灌注桩处理，施工单位报价 120 万元，且填土中有大块石，施工难度较大。

强夯处理，造价40万元，且工期缩短了一半。因此，采用强夯法设计方案经济效益显著。

思考题

4.1 强夯法的适用范围是什么？

4.2 强夯法加固地基的加固机理是什么？

4.3 动力置换可分为哪几类？作用机理各是什么？

4.4 强夯法的夯击击数和夯击遍数如何确定？

4.5 何为单击夯击能和单位夯击能？

4.6 简述强夯法和强夯置换法的施工过程。

第5章 排水固结法

【本章导读】 本章主要介绍排水固结法的概念、应用及适用范围、作用机理、设计计算、施工和质量检验。了解排水固结法的加固原理和计算理论，掌握堆载预压法、砂井排水固结法和真空预压法的设计计算及其施工方法，熟悉排水固结法的现场检验与竣工质量检验的目的、方法、内容和操作要求。

5.1 概述

我国东南沿海和内陆地区广泛分布着海相、湖相以及河相沉积的软弱黏性土层。这种土的特点是含水量大、压缩性高、强度低、透水性差且大部分情况下埋藏深度较大。由于其压缩性高、透水性差，在建筑物荷载作用下会产生相当大的沉降和沉降差，而且沉降的延续时间很长，有可能影响建筑物的正常使用；另外，由于其强度低，地基承载力和稳定性往往不能满足工程要求。因此，这种地基通常需要采取处理措施。排水固结法就是处理软黏土地基的有效方法之一。

5.1.1 排水固结法概念与应用

1. 排水固结法的概念

排水固结法又称预压法。该方法是对天然地基或在地基中设置砂井（袋装砂井或塑料排水带）等竖向排水体，利用建筑物自重分级加载（或在建筑物建造前在场地上先行加载预压），使土体中的孔隙水排出，逐渐固结，地基发生沉降，同时土的抗剪强度逐步提高的一种加固方法。

排水固结法可使地基的沉降在加载预压期间基本完成或大部分完成，确保建筑物在使用期间不致产生过大的沉降和沉降差。同时，可增加地基土的抗剪强度，从而提高地基的承载力和稳定性。

排水固结法分为加载预压法和真空预压法两类。加载预压法就是在建筑物建造之前，在建筑场地进行加载预压，使地基的固结沉降基本完成，提高地基土强度。对于在持续荷载下体积发生较大压缩和强度增长的土，有足够时间进行压缩时，这种方法特别适用。为了加速压缩过程，可采用比建筑物自重大的荷载（即超载）进行预压。

真空预压法是在需要加固的软黏土地基内设置砂井或塑料排水带，然后在地面铺设砂垫层，再在其上覆盖一层不透气的密封膜使之与大气隔绝，通过埋设于砂垫层中的吸水管道，用真空泵抽气使膜内保持较高的真空度，在土的孔隙水中产生负的孔隙水压力，孔隙水逐渐被吸出从而达到预压效果。对于在加固范围内存在有足够水源补给的透水层，没有采取隔断水源补给措施时，不宜采用真空预压法。

对沉降要求较高的建筑物，如冷藏库、机场跑道等，常采用超载预压法处理地基。待预压期间的沉降达到设计要求后，移去预压荷载再建造建筑物；对于主要应用排水固结法来加速地基土强度的增长、缩短工期的路堤或土坝工程，则可利用其自重分级施加，使地基土强度的提高适应上部荷的增加，最后达到设计荷载。

2. 排水固结法的应用

排水固结法可与其他地基处理方法结合起来使用，以提高软土地基的加固效果。天津新港先进行真空预压（先使地基土抗剪强度得以提高），再施工碎石桩形成复合地基的试验，取得了成功；美国横跨金山湾南端的 Dumbarton 桥东侧引道路堤下淤泥的抗剪强度小于 5kPa，其预压固结需要 40 年左右，为了支承路堤及加速固结完成所预计的 2m 的沉降量，采用了以下设计方案：①采用土工聚合物以分布路堤荷载和减小不均匀沉降；②使用轻质填料以减小荷载（降低自重应力）；③采用竖向排水体使固结时间缩短到一年之内；④设置土工聚合物滤网以防排水层发生污染等。

5.1.2 排水固结法系统构成

排水固结法由排水系统和加压系统组成，如图 5.1 所示。排水系统由竖向排水体和水平向排水体构成，竖向排水体有普通砂井、袋装砂井和塑料排水板，水平向排水体为砂垫层。

排水系统主要在于改变地基原有的排水边界条件，增加孔隙水排出的途径，缩短排水距离。当软土层较薄或土的渗透性较好，而施工期允许较长时，可仅在地面铺设一定厚度的砂垫层，然后加载，土层中的水沿竖向流入砂垫层而排出。当工程上遇到透水性很差的深厚软土层时，可在地基中设置砂井等竖向排水体，地面连以排水砂垫层，构成排水系统。

- 排水固结
  - 排水系统
    - 竖向排水体
      - 普通砂井
      - 袋装砂井
      - 塑料排水板
    - 水平向排水体 —— 砂垫层
  - 加压系统
    - 堆载预压法
    - 真空预压法(或其他降低地下水位法)
    - 堆载、真空联合预压法

图 5.1 排水固结法的组成

加压系统主要作用是给地基土增加固结压力，是起固结作用的荷载。通常可利用建筑物（如房屋）或构筑物（如路堤、堤坝等）自重或专门堆筑固体材料（如砂和石料、钢材等）、充水（如油罐充水）及抽真空施加负压力荷载等方式加压。

如没有加压系统，孔隙中的水没有压力差就不会自然排出，地基也就得不到加固。如果只增加固结压力，不缩短土层的排水距离，则不能在预压期间尽快地完成设计所要求的沉降量，强度不能及时提高，加载也就不能顺利进行。所以上述两个系统，在设计时总是联系起来考虑的。

5.1.3 排水固结法适用范围

根据加压系统加压方式的不同，排水固结法可分为堆载预压法、真空预压法、降低地下水位预压法以及几种方法兼用的联合预压法。

排水固结法主要适用于加固公路铁路路堤、港口码头和堆场、机场跑道、围海造陆等工程中淤泥、淤泥质土、软黏土及其他软弱黏性土地基和冲填土等饱和黏性土地基。受污染软黏土和强结构性软黏土地基加固工程不宜采用该法。其中，堆载预压法和真空预压法得到了较为广泛的应用。堆载预压分塑料排水带、砂井地基堆载预压和天然地基堆载预压。通常，当软土层厚度小于 4m 时，可采用天然地基堆载预压法处理；当软土层厚度超过 4m 时，为加速预压过程，应采用塑料排水带、砂井等竖井排水预压法处理地基。对真空预压工程，必须在地基内设置排水竖井。

对超固结土，只有当土层的有效上覆压力与预压荷载所产生的应力水平明显大于土的先期固结压力时，土层才会发生明显的压缩。竖向排水预压法对处理泥炭土、有机质土和其他次固结变形占很大比例的土效果较差，只有当主固结变形与次固结变形相比所占比例较大时才有明显效果。

真空预压法适用于能在加固区形成（包括采取措施后形成）稳定负压边界条件的软土地基。

降低地下水位法、真空预压法和电渗法由于不增加剪应力，地基不会产生剪切破坏，所以它适用于很软弱的黏土地基，不适用于在加固范围内有足够的水源补给的透水土层。

排水固结法在软黏土地基处理中应用已有近60年的历史，通过工程实践和专门的试验研究，已发展了较为实用的竖向排水井地基设计计算理论，如瞬时加荷条件下的固结度计算，逐渐加荷条件下固结度的计算，预估地基土抗剪强度的增长，沉降计算等。

排水固结法的施工工艺和技术随着该法的广泛使用而得到了发展。其周密的设计计算和精心施工是必要的，但是另一方面，由于受到理论发展水平的限制，复杂的地质条件、施工以及自然界的变化因素的影响，计算结果和实际不一致的情况经常发生。因此，对于重要工程，应进行现场试验，埋设必要的观测设备，按照一定的指标来控制加荷速度，评价加固效果，对设计进行调整和修正，并指导施工，同时观测资料为理论分析提供重要的依据。

5.2 加固机理

5.2.1 饱和土的渗透固结理论

土力学中，土在某一压力作用下，自由水逐渐排出，土体随之压缩，密实度和强度随时间增长的过程称为土的固结过程。因此，固结过程就是超静水压力消散、有效应力增长和土体逐步压密的过程。

为了清楚地掌握饱和土体的压缩过程，首先需要研究饱和土的渗透固结过程，即土的骨架和孔隙水分担外力的情况和相互转移的过程。渗透固结是指饱和土体在荷载作用下，土孔隙中的水缓慢渗出，土的体积逐渐减小的过程。

饱和土体受荷压缩（固结）的过程包括：

1）土体孔隙中自由水逐渐排出。

2）土体孔隙体积逐渐减小。

3）孔隙水压力逐渐转移，由土骨架来承受，成为有效应力，土体逐渐被压密。

上述三个方面为饱和土体固结作用。它是排水、压缩和压力转移三者同时进行的一个过程。

5.2.2 堆载预压法的加固机理

预压法是在建筑物建造以前，在建筑场地进行加载预压，使地基的固结沉降基本完成并提高地基土强度的方法。

在饱和软土地基上施加荷载后，孔隙水被缓慢排出，孔隙体积随之逐渐减小，地基发生固结变形。同时随着超静水压力逐渐消散，有效应力逐渐提高，地基土强度逐渐增长。

在荷载作用下，土层的固结过程就是超静孔隙水压力（简称孔隙水压力）消散和有效应力增加的过程。如地基内某点的总应力增量为 $\Delta\sigma$，有效应力增量为 $\Delta\sigma'$，孔隙水压力增量为 Δu，则三者满足以下关系：$\Delta\sigma'=\Delta\sigma-\Delta u$。

用填土等外加荷载对地基进行预压，是通过增加总应力并使孔隙水压力消散而增加有效应力的方法。堆载预压是在地基中形成超静水压力的条件下排水固结，称为正压固结。

如图5.2所示，当土体的天然固结压力为 σ_0'时，其孔隙比为 e_0，在 e-σ_c'曲线上为相应的 A 点；当压力增加 $\Delta\sigma'$，达到固结终了的 C 点，孔隙比减小了 Δe，曲线 ABC 称为土的压缩曲线。与此同时，在 τ-σ_c'曲线上，土的抗剪强度由 A 点上升至 C 点。由此可见，土体在受固结压力时，因孔隙比的减小，其抗剪强度得到提高。

从 C 点开始卸荷至 F 点，卸下压力为 $\Delta\sigma'$，土体产生膨胀，见图中 CEF 卸荷膨胀曲线；如从 F 点再加压 $\Delta\sigma'$，使土体产生再压缩，沿虚线变化到 C'，从再压缩曲线 FGC' 可看出，固结压力又从 σ'_0 增加至 σ'_1，增幅为 $\Delta\sigma'$，相应的孔隙比减小值为 $\Delta e'$（比 Δe 小）。同样，在土体卸荷及再压缩过程中，其抗剪强度与孔隙比变化相似，也经历了下降与上升恢复。

根据排水固结法加固地基的原理，如果在建筑物场地预先加一个和上部建筑物相同的压力进行预压，使软土层固结，然后卸荷，再建造建筑物，这样可以大大减小由建筑物引起的沉降。如果预压荷载大于建筑物荷载，即称为超载预压，效果会更佳。经过超载预压，固结压力大于使用荷载下的固结压力，原来的正常固结黏性土将处于超固结状态，使软基在使用荷载下变形大为减小。但超载过快易发生地基失稳，工程施工中需逐步施加超载压力。

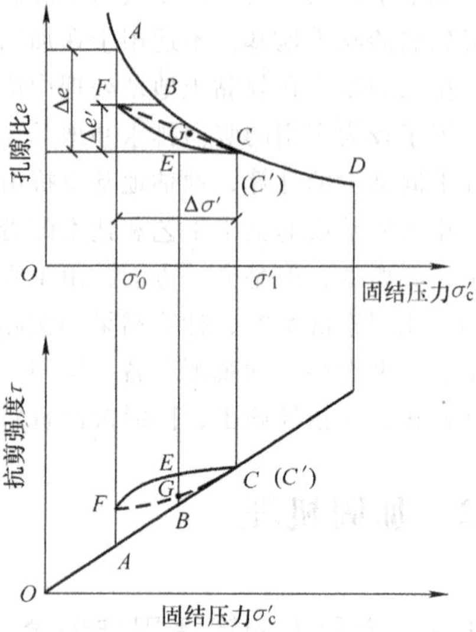

图 5.2 排水固结法加固地基的原理

土层的排水固结效果与其排水边界条件有关。对沉降有严格限制的建筑物，应采用超载预压法处理地基，缩短预压时间。如图 5.3a 所示，土层厚度相对作用荷载宽度（或直径）较小时，土层中的孔隙水将向上下面的透水层排出而使土层产生固结，此种固结称为竖向排水固结。由太沙基的饱和土渗透固结理论可知，土层固结所需时间与排水距离的平方成正比，也就是说，软黏土层越厚，一维固结所需的时间越长。若淤泥质土层厚度大于 10m，要达到较大固结度（大于 80%），所需的时间要几年至几十年之久。

加速土层固结的最为有效的方法是在天然土层中增加排水途径，缩短排水距离。在天然地基中设置砂井（袋装砂井或塑料排水带）等竖向排水体的作用就是增加排水条件。如图 5.3b 所示，砂井就是为此目的而设置的排水途径，它使大部分孔隙水改变流向，从水平向通过砂井排出，而只有小部分孔隙水从竖向排出，砂井缩短了排水距离，大大加快了孔隙水的排出速度，加大了固结速率（或沉降速率）。

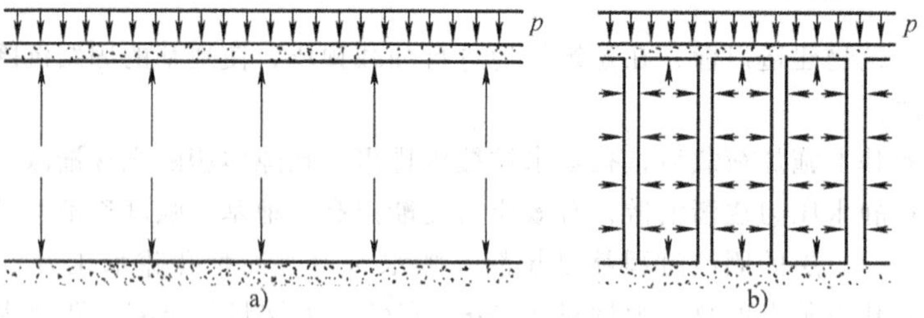

图 5.3 排水固结法的排水原理

a）天然地基竖向排水 b）砂井地基竖向排水

5.2.3 真空预压法的加固机理

真空预压法（Vacuum Preloading）不需要进行堆载和卸荷，是在需要加固的软土地基表面先铺设砂垫层，然后埋设垂直排水管道，再用不透气的封闭膜使其与大气隔绝，薄膜四周埋入土中，通过砂垫层内埋设的吸水管道，用真空装置进行抽气，使其形成真空，增加地基的有效应力，如图5.4所示。

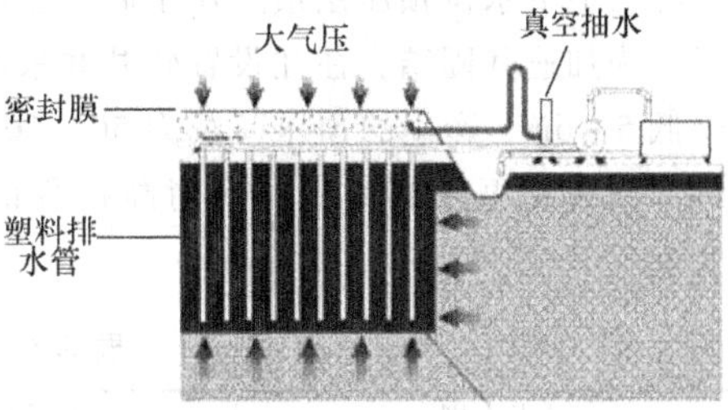

图5.4 真空预压原理

当抽真空时，先后在地表砂垫层及竖向排水通道内逐步形成负压，使土体内部与排水通道、垫层之间形成压差。在此压差作用下，土体中的孔隙水不断地由排水通道排出，使土体固结。真空预压法最早是由瑞典皇家地质学院教授于1952年提出的，随后有关国家相继进行了探索和研究，但因密封问题未能很好解决，又未研究出合适的真空装置，故不易获得和保持所需的真空度，未能很好地用于实际工程，同时在加固机理方面也进展甚小。我国于20世纪50年代末60年代初对该法进行过研究，也因同样的原因未能解决工程问题，所以就一直被搁置起来。由于港口发展，沿海的大量软基必须在近期内加固，因而在1980年起开展了真空预压法的研究，1985年通过国家鉴定，在真空度和大面积加固方面处于国际领先地位，已在240多万平方米工程中使用，并取得了满意的效果。

真空预压的原理主要反映在以下几个方面：

1）薄膜上面承受等于薄膜内外压差的荷载。在抽气前，薄膜内外都承受一个大气压；抽气后薄膜内气压逐渐下降。首先下降的是砂垫层中的气压，其次是砂井中的气压，使薄膜紧贴砂垫层。由于土体与砂垫层及砂井间的压差，发生渗流，使土中的孔隙水压力不断降低，有效应力不断增加，从而促使土体固结。土体和砂井间的压差随着抽气时间的增长，逐渐变小，最终趋向于零，此时渗流停止，土体固结完成。

2）地下水位降低，相应增加附加应力。

3）封闭气泡排出，土的渗透性加大。饱和土体中含有少量封闭气泡，在正压作用下，该气泡堵塞孔隙，使土的渗透性降低，固结过程减慢，但在真空吸力作用下，封闭气泡被吸出，从而使土体的渗透性提高，固结过程加速。

真空预压是在总应力不变的情况下，在负超静水压力下的排水固结，称为负压固结。

真空预压法一般适用于饱和软黏土地基，特别是超软地基的加固，但当遇到黏性土层与有充足水源补给的透水层相同的情况时，地下水大量涌入就不可能得到预期的负压，因此达不到预期的效果。砂井虽然能使负压迅速传递到土层下部，加速土层排水固结，但真空压力能达到多大的有效深度目前尚不清楚，因此砂井的深度应事先由现场试验确定。

5.2.4 堆载和真空联合预压法的加固机理

堆载法的最大优点是没有受到荷载的限制，因此可以进行超载预压，但缺点是堆载的工程量太大，所需投资高。真空法虽比较经济，但所形成的预压荷载不可能太大（真空预压法膜下真空度一般只可达到85kPa左右），技术要求也比较复杂。因此，当地基预压荷载也比较大时，在工程实践中，可采用堆载和真空联合预压法。联合法就是综合两者的优点，先进行抽真空，当真空压力达到设计要求并稳定后，再进行堆载，并继续抽气，两者的加固效果互相叠加，这样就可以取得更为理想的结果。

5.2.5 降低地下水位预压法的加固机理

降低地下水位预压法是指利用井点抽水降低地下水位以增加土的自重应力，达到预压加固的目的。降低地下水位能使土的性质得到改善，地基发生附加沉降。

降低地下水位预压法最适用于砂性土或在软黏土层中存在砂或粉土的情况。对于深处的软黏土层，为加速其固结，往往设置砂井并采用井点降低地下水。当应用真空装置降水时，地下水位可降低5~6m，产生的预压荷载为50~60kPa，相当于3m左右的砂石堆载，可见其效果是很可观的。当需要更深的降水时，用高扬程的井点法，效果则更加显著。各类井点的适用范围见表5.1。

表5.1 各类井点的适用范围

井点类别	土层渗透系数/(m/d)	井底地下水位深度/m
单层轻型井点	0.1~50	3~6
多层轻型井点	0.1~50	6~12
喷射井点	0.1~2	8~20
电渗井点	<0.1	根据选用的井点确定
管井井点	20~200	3~5
深井井点	10~250	>15

5.3 排水系统设计与计算

5.3.1 排水系统设计

1. 竖向排水体材料选择

竖向排水体（或称排水竖井）可采用普通砂井、袋装砂井和塑料排水带。若竖向排水体长度超过20m，建议采用普通砂井。当软土层厚度不大或软土层含较多薄粉砂夹层，且固结速率能满足工期要求时，可不设置排水竖井。

1）制作砂井的填料宜用中粗砂，以保证砂井具有良好的透水性。砂井粒度要不被黏土颗粒堵塞。砂应是洁净的，不应有草根等杂物，其黏粒含量不应大于3%。

2）袋装砂井通常在现场制备，袋子材料可采用聚丙烯编织布，袋内砂料宜用风干砂，含泥量应小于3%。

3）塑料排水带是由不同截面形状的连续塑料芯板，外面包裹非织造土工织物（滤膜）而成。芯板的原材料为聚丙烯、聚乙烯或聚氯乙烯。芯板截面有多种形式，常见的有口琴形、城墙形、圆孔形、双面形、双面交错凹凸乳头形等，如图5.5所示。芯板起骨架作用，截面形成的纵向沟槽供通水之用，滤膜多为涤纶无纺织物，作用是滤土、透水。塑料排水带的宽度一般为100mm，厚度为3.5~4mm，每卷长100~200m，每米质量约为0.125kg。我国目前排水带的宽度最大达230mm，国外已有2m以上的宽带产品。

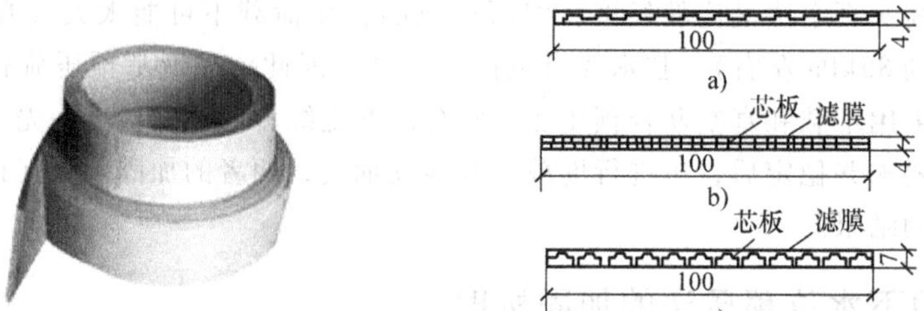

图5.5 塑料排水带结构形式

a）城墙形 b）口琴形 c）凹凸乳头形

塑料排水带主要质量指标是复合体的力学性能、纵向通水量、滤膜的渗透性和隔土性。塑料排水带的力学性能包括抗拉强度和延伸率、弯曲性能等。不同型号塑料排水带的厚度，见表5.2，塑料排水带的性能见表5.3。

表5.2 不同型号塑料排水带的厚度

型号	A	B	C	D
厚度/mm	>3.5	>4.0	>4.5	>6.0

表5.3 塑料排水带的性能

项目		单位	A型	B型	C型	条件
纵向通水量		cm^3/s	≥15	≥25	≥40	侧压力
滤膜渗透系数		cm/s	$\geq 5\times10^{-4}$			试件在水中浸泡24h
滤膜等效直径		μm	<75			以D_{98}计，D为孔径
复合体抗拉强度（干态）		kN/10cm	≥1.0	≥1.3	≥1.5	延伸率10%时
滤膜抗拉强度	干态	N/cm	≥15	≥25	≥30	延伸率10%时
	湿态		≥10	≥20	≥25	延伸率15%时，试件在水中浸泡24h
滤膜重度		N/m^3	—	0.8	—	—

注：A型排水带适用于插入深度小于15m；B型排水带适用于插入深度小于25m；C型排水带适用于插入深度小于35m。

2. 竖向排水体深度设计

竖向排水体深度主要根据土层的分布、地基中附加应力大小、施工期限和施工条件以及地基稳定性等因素确定。竖向排水体长度一般为10~25m。

1）当软土层不厚、底部有透水层时，排水体应尽可能穿透软土层。

2）当深厚的高压缩性土层间有砂层或砂透镜体时，排水体应尽可能打至砂层或砂透镜体。而采用真空预压时应尽量避免排水体与砂层相连接，以免影响真空效果。

3）对于无砂层的深厚地基则可根据其稳定性及建筑物在地基中造成的附加应力与自重应力之比值确定（一般为0.1~0.2）。

4）按稳定性控制的工程，如路堤、土坝、岸坡、堆料等，排水体深度应通过稳定性分析确定，排水体深度至少应超过最危险滑动面2m。

5）对以沉降控制的建筑物，如压缩土层厚度不大，排水体宜贯穿压缩土层；对深厚的压缩土层，排水体深度应根据在限定的预压时间内消除的变形量确定，若施工设备条件达不到设计深度要求，则可采用超载预压等方法来满足工程要求。

6）若砂层中有承压水，因承压水的长期作用，砂层上部的黏土层中就存在着超孔隙水压力，这对黏性土固结和强度增长都不利。为此，宜将砂井排水体打到砂层，利用砂井加速承压水的消散。

3. 竖向排水体平面布置设计

（1）竖向排水体直径 普通砂井直径一般为300~500mm；袋装砂井直径一般为70~120mm；塑料排水带尺寸一般为100mm×4mm。塑料排水带常用当量直径表示，换算直径可按下式计算

$$d_p=\frac{2(b+\delta)}{\pi}$$

式中 d_p——塑料排水带当量换算直径（mm）；

b——塑料排水带宽度（mm）；

δ——塑料排水带厚度（mm）。

竖向排水体截面大小只要能及时排水固结就行，由于软土的渗透性比砂性土小，所以排水体的理论直径可很小。但直径过小，施工困难；直径过大，固结速率增加并不显著。从原则上讲，为达到同样的固结度，缩短排水体间距比增加排水体直径效果要好，即井径和井间距关系是“细而密”比“粗而稀”佳。

（2）竖向排水体排列形式与间距　如图 5.6 所示，竖向排水体的平面布置可采用等边三角形（梅花形）或正方形排列。正三角形排列较为紧凑和有效。正方形排列的每个砂井，其影响范围为一个正方形，正三角形排列的每个砂井，其影响范围则为一个正六边形。

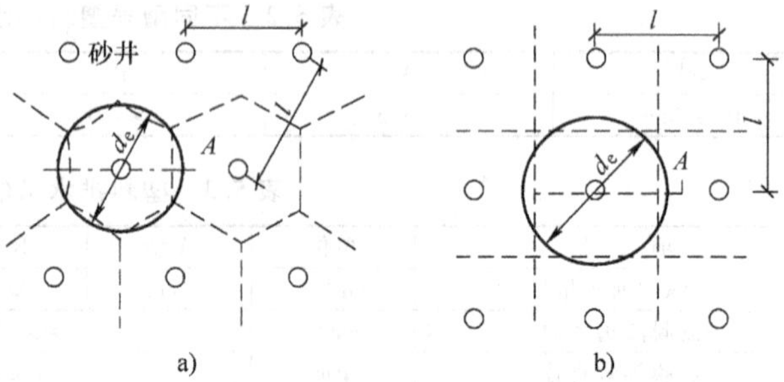

图 5.6　竖向排水体平面布置及影响范围
a）等边三角形排列　b）正方形排列

竖井的有效排水直径 d_e 与间距 l 的关系为

等边三角形排列 $d_e = l\sqrt{\dfrac{2\sqrt{3}}{\pi}} = 1.05l$，正方形排列 $d_e = l\sqrt{\dfrac{4}{\pi}} = 1.13l$

根据地基土的固结特性和预定时间内所要求达到的固结度确定砂井或塑料排水带的间距。通常砂井的间距可按井径比 n（$n = d_e/d_w$，d_e 为砂井的有效排水圆柱体直径，d_w 为砂井直径）确定。普通砂井的间距可按 $n = 6 \sim 8$ 选用；袋装砂井或塑料排水带的间距可按 $n = 15 \sim 30$ 选用。

（3）竖向排水体的布置范围　竖向排水体的布置范围一般以比建筑物基础范围稍大为好。扩大的范围可为由基础的轮廓线向外增大 2 ~ 4m。

（4）地表排水砂垫层设计

1）对于预压法处理地基，为了使砂井排水有良好的通道，必须在地表铺设与排水竖井相连的砂垫层，以连通各砂井将水排到工程场地以外，砂垫层厚度不应小于 500mm，水下施工时，一般为 1m。砂垫层砂料宜用中粗砂，黏粒含量不宜大于 3%，砂料中可混有少量粒径小于 50mm 的砾石。砂垫层的干密度应大于 1.5g/cm^3，其渗透系数宜大于 $1 \times 10^{-2}\text{cm/s}$。

2）砂垫层的宽度应大于堆载宽度或建筑物的底宽，并伸出砂井区外边线 2 倍砂井直径。在砂料贫乏地区，可采用连通砂井的纵横砂沟代替整片砂垫层。

3）在预压区边缘应设置排水沟，在预压区内宜设置与砂垫层相连的排水盲沟。

5.3.2　地基固结度计算

1. 瞬时加荷条件下固结度计算

在地面堆载作用下，随着地基土孔隙水排出，土体产生固结和强度增长。土层的固结过程就是超静孔隙水压力消散和有效应力增长的过程。在总应力 σ 不变的情况下，超静水压力 u 的减小，使有效应力 σ' 增大。为估算出固结产生的沉降占总沉降的百分比，需要计算地基固结度。一般以 K. 太沙基（Terzaghi，1925 年）提出的一维固结理论为基础计算固结度。

（1）固结度定义式

$$U = \frac{s_t}{s} = \frac{\sigma'}{\sigma} = \frac{\sigma - u}{\sigma} = 1 - \frac{u}{\sigma} \tag{5.1}$$

（2）竖向排水平均固结度计算

$$\overline{U}_z = 1 - \frac{8}{\pi^2} e^{-\frac{\pi^2 T_v}{4}} \tag{5.2}$$

$$T_v = c_v t / H^2, \quad c_v = \frac{k_v (1+e)}{\gamma_w a}$$

式中　T_v——竖向排水固结时间因子；

t——固结时间（s）；

H——土层竖向排水距离（cm），单面排水时为土层厚度，双面排水时为土层厚度的一半；

c_v——土的竖向固结系数（cm^2/s）；

k_v——土层竖向渗透系数（cm/s）；

e——渗流固结前土的孔隙比；

γ_w——水的重度（kN/cm^3）；

a——土的压缩系数（kPa^{-1}）。

（3）径向固结度计算

$$\overline{U}_r = 1 - e^{-\frac{8T_h}{F_n}} \tag{5.3}$$

$$T_h = c_h t / d_e^2, \quad c_h = \frac{k_h (1+e)}{\gamma_w a}, \quad F_n = \frac{n^2}{n^2 - 1} \ln n - \frac{3n^2 - 1}{4n^2}$$

式中　T_h——径向排水固结时间因子；

c_h——土的径向固结系数（cm^2/s）；

k_h——土层径向渗透系数（cm/s），各向同性土层，$k_h = k_v$；

n——井径比，$n = d_e / d_w$；

d_e——每个砂井有效影响范围的直径（cm）；

d_w——砂井直径（cm）。

（4）总平均固结度计算

$$\overline{U}_{rz} = 1 - (1 - \overline{U}_z)(1 - \overline{U}_r) \tag{5.4}$$

土层的平均固结度普遍表达式为

$$\overline{U} = 1 - \alpha e^{-\beta t} \tag{5.5}$$

表 5.4 列出了不同条件下 α、β 值及固结度的计算公式。

表 5.4　不同条件下 α、β 值及固结度的计算公式

序号	条　件	α	β	平均固结度计算
1	竖向排水固结（$\overline{U}_z > 30\%$）	$\frac{8}{\pi^2}$	$\frac{\pi^2 c_v}{4H^2}$	$\overline{U}_z = 1 - \frac{8}{\pi^2} e^{-\frac{\pi^2}{4} \cdot \frac{c_v}{H^2} t}$
2	向内径向排水固结	1	$\frac{8c_h}{F_n d_e^2}$	$\overline{U}_r = 1 - e^{-\frac{8}{F_n} \cdot \frac{c_h}{d_e^2} t}$
3	竖向和向内径向排水组合固结	$\frac{8}{\pi^2}$	$\frac{8c_h}{F_n d_e^2} + \frac{\pi^2 c_v}{4H^2}$	$\overline{U}_{rz} = 1 - \frac{8}{\pi^2} e^{-\left(\frac{8c_h}{F_n d_e^2} + \frac{\pi^2 c_v}{4H^2}\right) t}$
4	砂井未打穿软土层的总平均固结度	$\frac{8}{\pi^2}\lambda$	$\frac{8c_h}{F_n d_e^2}$	$\overline{U} = 1 - \frac{8\lambda}{\pi^2} e^{-\frac{8}{F_n} \cdot \frac{c_h}{d_e^2} t}$
5	向外径向排水固结（$\overline{U}_r > 60\%$）	0.692	$\frac{5.78c_h}{R^2}$	$\overline{U}_r = 1 - 0.692 e^{-\frac{5.78c_h}{R^2} t}$

注：$\lambda = \frac{H_1}{H_1 + H_2}$；$H_1$ 为砂井长度；H_2 为砂井以下压缩土层厚度；R 为土柱体半径。

2. 逐渐加荷条件下地基固结度的计算

以上计算固结度的理论公式都是假设荷载是一次瞬间加足的。实际工程中，荷载总是分级逐渐施加的。因此，根据上述理论方法求得固结-时间关系或沉降-时间关系都必须加以修正。修正的方法有改进的太沙基法和改进的高木俊介法。

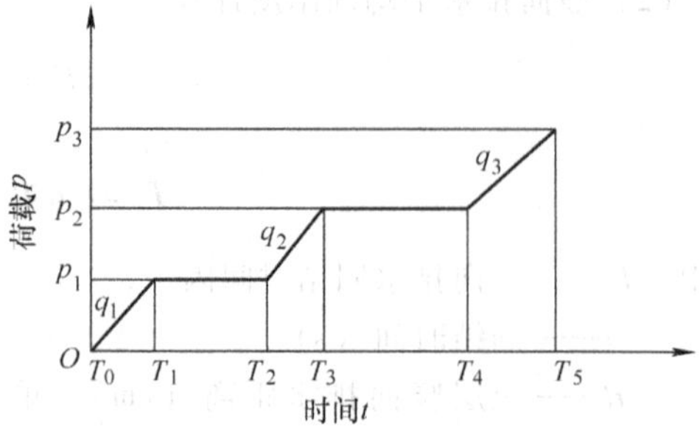

图 5.7 排水固结法多级等速加载图

如图 5.7 所示，在一级或多级等速加载条件下，当固结时间为 t 时，对应于累加荷载 $\sum \Delta p$（即总荷载）的地基平均固结度可按下式计算

$$\overline{U}_t = \sum_{i=1}^{n} \frac{\dot{q}_i}{\sum \Delta p}\left[(T_i - T_{i-1}) - \frac{\alpha}{\beta}e^{-\beta t}(e^{\beta T_i} - e^{\beta T_{i-1}})\right] \tag{5.6}$$

式中 $\overline{U}_t$——t 时间地基的平均固结度；

$\dot{q}_i$——第 i 级荷载的加载速率（kPa/d），$\dot{q}_i = \Delta p_i/(T_i - T_{i-1})$；

$\sum \Delta p$——与一级或多级等速加载历时 t 相对应的累加荷载（kPa）；

T_{i-1}、T_i——第 i 级荷载加载的起始和终止时间（从零点起算）（d），当计算第 i 级荷载加载过程中某实际 t 的平均固结度时，T_i 改为 t；

α、β——两个参数，根据地基土的排水条件确定，见表 5.4，对竖井地基，表中所列 β 为不考虑涂抹和井阻影响的参数值。

5.3.3 考虑井阻作用的固结度计算

涂抹影响是指当排水竖井采用挤土方式施工时，由于井壁涂抹及对周围土的扰动而使土的渗透系数降低，影响土层的固结速率。涂抹对土层固结速率的影响大小取决于涂抹区直径 d_s 和涂抹区土的水平向渗透系数 k_s 与天然土层水平渗透系数 k_h 的比值。当竖井纵向通水量 q_w 与天然土层水平向渗透系数 k_h 比值较小，且长度又较长时，尚应考虑井阻影响。

瞬时加载条件下，考虑涂抹和井阻影响时，竖井地基径向排水平均固结度可按下式计算

$$\overline{U}_r = 1 - e^{-\frac{8c_h}{Fd_e^2}t} \tag{5.7}$$

$$F = F_n + F_s + F_r \tag{5.8}$$

$$F_n = \ln n - \frac{3}{4} \quad (n \geqslant 15) \tag{5.9}$$

$$F_s = \left(\frac{k_h}{k_s} - 1\right)\ln s \tag{5.10}$$

$$F_r = \frac{\pi^2 L^2}{4} \cdot \frac{k_h}{q_w} \tag{5.11}$$

式中 $\overline{U}_r$——固结时间 t 时竖井地基径向排水平均固结度；

F_n——与 n 有关的系数，当井径比 $n < 15$ 时，按式（5.3）的规定计算；

F_s——考虑涂抹影响的参数；

k_h——天然土层水平向渗透系数（cm/s）；

k_s——涂抹区土的水平向渗透系数，可取 $k_s = (1/5 \sim 1/3)k_h$；

s——涂抹区直径 d_s 与竖井直径 d_w 的比值，可取 $s = 2.0 \sim 3.0$，对中等灵敏黏性土取低

值，对高灵敏黏性土取高值；

F_r——考虑井阻影响的参数；

L——竖井深度（cm）；

q_w——竖井纵向通水量，为单位水力梯度下单位时间的排水量（cm^3/s）。

在一级或多级等速加荷条件下，考虑涂抹和井阻影响时竖井穿透受压土层地基的平均固结度可按式（5.6）计算，其中 $\alpha=\frac{8}{\pi^2}$，$\beta=\frac{8c_h}{Fd_e^2}+\frac{\pi^2 c_v}{4H^2}$。

对砂井，其纵向通水量可按下式计算

$$q_w=k_w A_w=k_w \pi d_w^2/4 \tag{5.12}$$

式中 k_w——砂料渗透系数。

5.3.4 土体固结抗剪强度增减计算

饱和软黏土根据其天然固结状态可分成正常固结土、超固结土和欠固结土。显然，对不同固结状态的土，在预压荷载下其强度增长是不同的。为此，计算预压荷载下饱和黏性土地基中某点的抗剪强度时，应考虑土体原来的固结状态。

地基中某一时刻土的抗剪强度 τ_{ft} 表达式为

$$\tau_{ft}=\tau_{f0}+\Delta\tau_{fc}-\Delta\tau_{fs} \tag{5.13}$$

式中 τ_{f0}——地基中某点处初始抗剪强度；

$\Delta\tau_{fc}$——由于排水固结而产生的抗剪强度增量；

$\Delta\tau_{fs}$——由于土体蠕变引起的抗剪强度减小量。

目前常用的预估固结引起的土体抗剪强度增长的方法是有效应力法和固结压力法。

1. 有效应力法

考虑到因土体蠕变引起的抗剪强度减小的数量 $\Delta\tau_{fs}$ 难以计算，将式（5.13）改写为

$$\tau_{ft}=\eta(\tau_{f0}+\Delta\tau_{fc}) \tag{5.14}$$

式中 η——考虑土体蠕变及其他因素时抗剪强度的折减系数，软土地基 $\eta=0.75\sim0.90$。

对于正常固结饱和土，采用有效应力指标计算由于土体固结产生的有效应力增量 $\Delta\sigma_1'$ 所引起的抗剪强度增量 $\Delta\tau_{fc}$ 表达式为

$$\Delta\tau_{fc}=\Delta\sigma'\tan\varphi' \tag{5.15}$$

$$\Delta\sigma'=\frac{\cos^2\varphi'}{1+\sin\varphi'}\Delta\sigma_1' \tag{5.16}$$

$$\Delta\sigma_1'=\Delta\sigma_1-\Delta u=U\Delta\sigma_1 \tag{5.17}$$

结合以上各计算表达式得

$$\Delta\tau_{fc}=\frac{\sin\varphi'\cos\varphi'}{1+\sin\varphi'}U\Delta\sigma_1=kU\Delta\sigma_1 \tag{5.18}$$

$$\tau_{ft}=\eta(\tau_{f0}+\Delta\tau_{fc})=\eta(\tau_{f0}+kU\Delta\sigma_1) \tag{5.19}$$

式中 Δu——荷载引起的地基中某点土体中超孔隙水压力增量；

k——土体有效内摩擦角的函数，$k=\frac{\sin\varphi'\cos\varphi'}{1+\sin\varphi'}$；

U——地基中某点固结度，为简便计算，可用平均固结度代替，见式（5.6）；

$\Delta\sigma_1$——荷载引起的地基中某点最大主应力增量，可按弹性理论计算。

2. 固结压力法

固结压力法也称为总应力法，也是 JGJ 79—2012《建筑地基处理技术规范》建议的计算方

法。对于正常固结饱和软黏土，其强度变化为

$$\tau_f = \sigma_c' \tan\varphi_{cu} \tag{5.20}$$

式中 σ_c'——土体剪切前的有效固结压力，$\sigma_c' = \sigma_c U$，U 为固结度，σ_c 为总应力；

φ_{cu}——固结不排水剪切试验测定的土体内摩擦角，也可根据天然地基十字板剪切试验值与测点土自重应力的比值确定。

由此，因固结而增长的强度可按下式计算

$$\Delta\tau_{fc} = \Delta\sigma'_c \tan\varphi_{cu} = \Delta\sigma_z U_t \tan\varphi_{cu} \tag{5.21}$$

忽略土体蠕变及其他因素的影响，则地基土某点某一时间的抗剪强度可按下式计算

$$\tau_{ft} = \tau_{f0} + \Delta\sigma_z U_t \tan\varphi_{cu} \tag{5.22}$$

式中 τ_{ft}——t 时刻，该点土的抗剪强度（kPa）；

τ_{f0}——地基土的天然抗剪强度（kPa）；

$\Delta\sigma_z$——预压荷载引起的该点的附加竖向应力（kPa）；

U_t——该点土的固结度；

φ_{cu}——三轴固结不排水压缩试验求得的土的内摩擦角（°）。

由于超固结土和欠固结土强度增长缺乏实测资料，目前没有合适的计算方法。

5.4 堆载预压法设计计算

5.4.1 计算规定

（1）设计前应取得的资料

1）进行岩土工程勘察，查明场地的工程地质和水文地质条件。

2）室内土工试验，确定土的固结系数、孔隙比和固结压力关系、三轴试验强度等。

3）进行原位十字板剪切试验，确定各土层十字板抗剪强度。

（2）设计内容　堆载预压法设计包括加压系统和排水系统的设计。主要设计内容有：

1）确定预压荷载的大小、范围、速率和预压时间。

2）选择竖向排水体，确定其尺寸、间距、排列方式和深度。

3）计算地基的固结度、强度增长。

4）进行稳定性和变形计算。

5.4.2 加压系统设计

堆载预压法加压系统主要是指堆载预压计划以及堆载材料的选用等。

1. 堆载预压基本要求

（1）堆载预压分类　根据土质情况分为单级加荷和多级加荷；根据堆载材料分为自重预压、加荷预压和加水预压；根据是否超载分为正常加载预压和超载预压。

（2）荷载大小与加载范围规定　预压荷载大小应根据设计要求确定。对于沉降有严格限制的建筑，应采用超载预压法处理，超载量大小应根据预压时间内要求完成的变形量通过计算确定，并宜使预压荷载下受压土层各点的有效竖向应力大于建筑物荷载引起的相应点的附加应力。预压荷载顶面的范围应等于或大于建筑物基础外缘所包围的范围。

（3）加载速率控制　加载速率应根据地基土的强度确定。当天然地基土的强度满足预压荷载下地基的稳定性要求时，可一次性加载，否则应分级逐渐加载，待前期预压荷载下地基土的强

度增长满足下一级荷载下地基的稳定性要求时方可加载。由于软黏土地基抗剪强度低，无论直接建造建筑物还是进行堆载预压往往都不可能快速加载，必须分级逐渐加荷，待前期荷载下地基强度增长满足要求时，方可施加下一级荷载。

（4）堆载材料　对于房屋建筑、道路与机场跑道等工程，一般用填土、砂石等散粒材料进行堆载预压。油罐通常利用罐体充水对地基进行预压。对堤坝等土工建筑物，则以其自重分级逐渐加载，直至设计标高。

2. 预压荷载计算

一般预压荷载大小取建筑物的基底压力值；采用超载预压法时，其预压荷载大于基底压力值。

1）正常加载预压的计算。利用地基的天然地基土抗剪强度计算第一级允许施加的荷载 p_1。

① 用斯开普顿极限荷载半经验公式计算

$$p_1=\frac{5c_u}{K}\left(1+0.2\frac{B}{A}\right)\left(1+0.2\frac{D}{B}\right)+\gamma D \tag{5.23}$$

式中 K——安全系数，建议采用 1.1 ~ 1.5；

D——基础埋置深度（m）；

c_u——天然地基土的不排水抗剪强度（kPa），由无侧限、三轴不排水试验或原位十字板剪切试验测定；

A、B——基础的长边和短边的长度（m）；

γ——基底标高以上土的重度（kN/m^3）。

② 对于饱和软黏土可采用下式估算

$$p_1=\frac{5.14c_u}{K}+\gamma D \tag{5.24}$$

③ 对于长条形填土，可根据 Fellenius 公式估算

$$p_1=\frac{5.52c_u}{K} \tag{5.25}$$

2）计算第一级荷载下地基强度增长值　在 p_1 荷载作用下，经过一段时间预压地基强度会提高，提高以后的地基强度 c_{u1} 为

$$c_{u1}=\eta(c_u+\Delta c_u') \tag{5.26}$$

式中 $\Delta c_u'$——p_1 作用下地基因固结而增长的强度，它与土层的固结度有关，一般可先假定一固结度，通常可假定为 70%，然后求出强度增量 $\Delta c_u'$；

η——考虑剪切蠕动的强度折减系数，一般取 $\eta=0.75 \sim 0.9$。

3）计算 p_1 作用下达到所确定固结度需要的时间及 p_2 加载开始时间。

4）根据第二步所得到的地基强度 c_{u1} 计算第二级所施加的荷载 p_2

$$p_2=\frac{5.52c_{u1}}{K} \tag{5.27}$$

并求出 p_2 下地基固结度达 70% 时的强度及所需时间，然后依次计算各级荷载。

5）计算预压荷载下地基的最终沉降量和预压期间的沉降量　地基土总沉降量 s_f 一般由瞬时沉降 s_d、固结沉降 s_c 和次固结沉降 s_s 三部分组成，即

$$s_f=s_d+s_c+s_s \tag{5.28}$$

① 瞬时沉降是荷载施加后立即发生的沉降量，由剪切变形引起，s_d 可按下式估算

$$s_d=c_d pb\left(\frac{1-\mu^2}{E}\right) \tag{5.29}$$

式中 p——均匀荷载（kPa）；

b——荷载面积的直径或宽度（m）；

c_d——考虑荷载面积形状和沉降计算点位置的系数，见表5.5；

E、μ——地基土的弹性模量和泊松比，假定土体的体积不可压缩时，取 $\mu=0.5$。

表5.5 半无限弹性体表面各种均布荷载面积上各点的 c_d 值

形状		中心点	角点或边长	短边中点	长边中点	平均值
圆形		1.0	0.64	0.64	0.64	0.35
圆形(刚性)		0.79	0.79	0.79	0.79	0.79
方形		1.12	0.56	0.76	0.76	0.95
方形(刚性)		0.99	0.99	0.99	0.99	0.99
矩形（长宽比）	1.5	1.36	0.67	0.89	0.97	1.15
	2	1.52	0.76	0.98	1.12	1.30
	3	1.78	0.88	1.11	1.35	1.52
	5	2.10	1.05	1.27	1.68	1.83
	10	2.53	1.26	1.49	2.12	2.25
	100	4.00	2.00	2.20	3.60	3.70
	1000	5.47	2.75	2.94	5.03	5.15
	10000	6.90	3.50	3.70	6.50	6.60

② 固结沉降是地基排水固结引起的沉降，是地基沉降中最主要的部分，按下式计算

$$s_c = \sum_{i=1}^{n}\left(\frac{e_{0i}-e_{1i}}{1+e_{0i}}\right)h_i \tag{5.30}$$

式中 h_i——第 i 层土的计算厚度（m）；

e_{0i}——第 i 层中点土自重应力所对应的孔隙比；

e_{1i}——第 i 层中点土自重应力和附加应力之和所对应的孔隙比。

③ 次固结沉降是由土中骨架在持续荷载作用下，发生蠕变而引起的。一般泥炭土、有机质土或高塑性黏土层次固结沉降所占比例较大；而其他类土所占比例较小，可以忽略。

JGJ 79—2012《建筑地基处理技术规范》推荐的预压荷载下地基的最终竖向变形量计算公式为

$$s_f = \xi s_c = \xi\sum_{i=1}^{n}\left(\frac{e_{0i}-e_{1i}}{1+e_{0i}}\right)h_i \tag{5.31}$$

式中 s_f——最终竖向变形量（m）；

ξ——经验系数，对正常固结饱和黏性土地基可取 $\xi=1.1\sim1.4$，荷载较大、地基土较软弱时取较大值，否则取较小值。

其他参数意义与式（5.30）相同。进行变形计算时，可取附加应力与土自重应力的比值为0.1的深度作为受压层的计算深度。

考虑 t 时间平均固结度 $\overline{U}_t$ 之后，在荷载作用下地基的沉降随时间的变化计算式为

$$s_t = s_d + \overline{U}_t s_c \tag{5.32}$$

对于一次瞬间加荷或一次等速加荷结束之后，任意时间的地基沉降量计算式改写为

$$s_t = (\xi - 1 + \overline{U}_t)s_c \tag{5.33}$$

对于多级等速加荷情况，应对 s_d 作加荷修正，使其与按式（5.6）计算的修正后固结度 $\overline{U}_t$ 相一致，修正后的任一时刻地基沉降量计算式为

$$s_t = s_d + \overline{U}_t s_c = \left[(\xi-1)\frac{p_t}{\sum\Delta p} + \overline{U}_t\right]s_c \tag{5.34}$$

式中　$\overline{U}_t$——t 时间地基的平均固结度；

p_t——t 时间的累计荷载（kPa）；

$\sum \Delta p$——总的累计荷载（kPa）。

6）进行每一级荷载下地基的稳定性验算。稳定分析可以解决的问题：地基在天然状态下的最大堆载；在各级预压荷载作用下的稳定性；最大许可预压堆载；理想的堆载计划。稳定分析可采用瑞典条分法（费伦纽斯条分法）及毕肖普条分法计算，见土力学教材。

3. 超载预压的计算

对沉降有严格要求的建筑物，应采用超载预压法处理地基。经超载预压后，如受压土层各点的有效竖向应力大于建筑物荷载引起的相应点附加总应力时，则建筑物使用过程中地基土将不会再发生主固结变形，并减少次固结变形，推迟次固结变形的发生。超载预压还可以缩短预压时间。

如图 5.8 所示，在超载预压的过程中，任意时间地基的沉降量可表示为

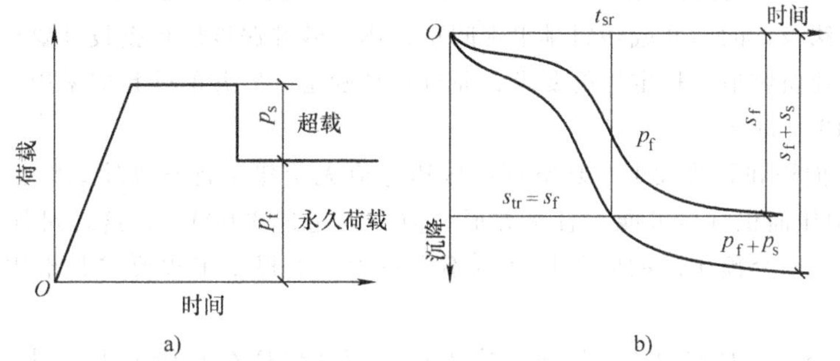

图 5.8　超载预压消除主固结沉降

a）荷载与时间关系　b）沉降与时间关系

$$s_t = s_d + \overline{U}_t s_c + s_s \tag{5.35}$$

式中　s_t——时间 t 时地基的沉降量（m）；

s_c——最终固结沉降（m）；

s_d——由于剪切变形而引起的瞬时沉降（m）；

s_s——次固结沉降（m）；

$\overline{U}_t$——t 时刻地基的平均固结度。

上式可用于：①确定所需的超载压力值 p_s，以保证使用（或永久）荷载 p_f 作用下预期的总沉降量在给定的时间内完成；②确定在超载下达到预定沉降量所需要的时间。

为了消除超载卸除后继续发生的主固结沉降，超载应维持到使土层中间部位的固结度达到下式计算要求：

$$U_{1/2} = \frac{p_f}{p_f + p_s} \tag{5.36}$$

式中　$U_{1/2}$——土层中间部位的固结度；

p_f——永久荷载，即为建筑物荷载；

p_s——超载压力值，即为预压荷载与建筑物荷载之差。

上式计算原则是将超载保持到在 p_f 作用下所有的点都完全固结为止，这时土层大部分将处于超固结状态。这是提高安全度的方法，它所预估的 p_s 值或超载时间都大于实际所需值。

对于有机质黏土、泥炭土等高塑性黏土层，因次固结沉降在总沉降中所占比例大，采用超载预压法对减少永久荷载作用下的次固结沉降效果会很好。对此类土质超载预压时，可将永久荷载p_f作用下的总沉降量看做主固结沉降和次固结沉降之和。

5.5 真空预压法设计计算

5.5.1 真空预压法计算内容

真空预压法处理地基必须设置排水竖井。设计内容包括：竖井断面尺寸、间距、排列方式和深度的选择；预压区面积和分块大小；真空预压工艺；要求达到的真空度和土层的固结度；真空预压和建筑物荷载下地基的变形计算；真空预压后地基土的强度增长计算等。

（1）竖向排水体尺寸　采用真空预压法处理地基必须设置砂井或塑料排水带。竖向排水体可采用直径为700mm的袋装砂井，也可采用普通砂井或塑料排水带。砂井或塑料排水带的间距可按照加载预压法设计的砂井或塑料排水带间距选用。砂井深度应根据设计要求在预压期间完成的沉降量和拟建建筑物地基稳定性的要求，通过计算确定。砂井的砂粒应采用中粗砂，其渗透系数k宜大于1×10^{-2}cm/s。

（2）预压区面积和分块大小　真空预压区边缘应大于建筑物基础轮廓线，每边增加量不得小于3m。单块预压面积宜尽可能大且呈方形，但不宜超过30000m^2，这样可加快工程进度和消除更多的沉降量。两个预压区的间隔尺寸也不宜过大，需根据工程要求和土质决定，一般应为2~6m。

（3）膜内真空度　真空预压的膜下真空度应稳定地保持在650mmHg以上，且应均匀分布，竖井深度范围内土层的平均固结度应大于90%。对于表层存在良好的透气层或在处理范围内存在有充足水源补给的透水层时，应采取有效措施隔断透气层或透水层。

（4）变形计算　先计算加固前建筑物荷载下天然地基的沉降量，再计算真空预压期间所完成的沉降量，两者之差即为预压后在建筑物使用荷载下可能发生的沉降。可根据设计所要求达到的固结度推算加固区所增加的平均有效应力，从固结度-有效应力曲线上查出相应的孔隙比，由此计算出预压期间的沉降。真空预压地基最终竖向变形可按式（5.31）计算，可取$\xi=0.8\sim0.9$。

（5）真空设备的数量确定　真空预压所需抽真空设备的数量，可按加固面积的大小和形状、土层结构特点，以一套设备可抽真空的面积为1000~1500m^2确定。

5.5.2 真空-堆载联合预压法设计

当建筑物的荷载超过真空压力（预压荷载大于80kPa），且建筑物对地基的承载力和变形有严格要求时，应采用真空-堆载联合预压法，其总压力宜超过建筑物的荷载。

工程实践证明，真空预压和堆载预压效果可能叠加，条件是两种预压必须同时进行，如某工程47m×54m面积真空和堆载联合预压试验，平均沉降见表5.6；预压前后十字板抗剪强度的变化见表5.7。

表5.6　实测沉降值

项　目	真空预压	加30kPa堆载	加50kPa堆载
沉降/cm	48	68	84

表5.7 预压前后十字板抗剪强度 (单位：kPa)

深度/m	土 名	预压前	真空预压	真空-堆载预压
2.0~5.8	淤泥夹淤泥质粉质黏土	12	28	40
5.8~10.0	淤泥质黏土夹粉质黏土	15	27	36
10.0~15.0	淤泥	23	28	33

真空-堆载联合预压法地基最终竖向变形仍可按式（5.31）计算，以真空预压为主时，可取经验系数$\xi=0.9$。

真空预压工程，在抽真空过程中将产生向内的侧向变形，这是因为抽真空时，孔隙水压力降低，水平方向增加了一个向负压源的压力$\Delta\sigma_3=-\Delta u$，真空-堆载联合预压的工程，如孔隙水压力小于初始值，土体仍然发生向内的侧向变形，因此，在按单向压缩分层总和法计算固结变形后乘上小于1的经验系数方能得到地基的最终竖向变形。

5.6 施工技术

应用排水固结法加固软黏土地基是一种比较成熟、应用广泛的方法。从施工角度分析，要保证排水固结法的加固效果，主要应做好以下三个环节：设置竖向排水体、铺设水平排水垫层和施加固结压力。每个环节都有其特殊的要求，关系到该法加固软土地基的成败。

5.6.1 竖向排水体施工

1. 砂井施工

砂井施工一般先在地基中成孔，再在孔内灌砂形成砂井。砂井的灌砂量，应按井孔的体积和砂在中密时的干密度计算，其实际灌砂量不得小于计算值的95%。

砂井成孔施工方法有套管法、射水法、螺旋钻成孔法和爆破法四种。

（1）套管法 该法是将带活瓣管尖（或混凝土端靴）的套管沉到预定深度，然后在管内灌砂、拔出套管形成砂井。根据沉管工艺的不同，可分为静压沉管法、锤击沉管法、振动沉管法、锤击静压联合沉管法等方法。其中，振动沉管法最常用。振动沉管法以振动锤为动力，将套管沉到预定深度，灌砂后振动、提管形成砂井。采用该法施工不仅避免了管内砂随管带上，保证砂井的连续性，同时砂被振密，砂井质量较好。

（2）射水法 该法是指利用高压水通过射水管形成的高速水流的冲击和环刀的机械切削，使土体破坏，并形成一定直径和深度的砂井孔，然后灌砂而成砂井。射水法较适用于土质较好且均匀的黏性土地基；但对土质很软的淤泥，因成孔和灌砂过程中容易缩孔，很难保证砂井的直径和连续性；对夹有粉砂薄层的软土地基，若压力控制不严，易在冲水成孔时出现串孔，对地基扰动较大。

（3）螺旋钻成孔法 该法是用动力螺旋钻钻孔，属于干钻法施工，提钻后孔内灌砂成形。此法适用于陆上工程和砂井长度在10m以内、土质较好且不会出现缩颈和塌孔现象的软弱地基。此法成孔比较规整，但灌砂质量较难掌握，对很软弱的地基也不太适用。

（4）爆破法 该法是先用直径73mm的螺纹钻钻成一个砂井所要求设计深度的孔，在孔中放置由传爆线和炸药组成的条形药包，爆破后将孔扩大，然后往孔内灌砂形成砂井。这种方法施工简易，不需要复杂的机具，适用于深度为6~7m的浅砂井。

2. 袋装砂井施工

袋装砂井是用具有一定伸缩性和抗拉强度的聚丙烯或聚乙烯编织袋装满砂子，它可解决大直径砂井中存在的问题，保证了砂井的连续性，比较适应在软弱地基上施工。用砂量大为减少，施工速度加快，工程造价降低，是一种比较理想的竖向排水体。

砂袋中的砂用洁净的中砂，砂袋的直径、长度和间距，应根据工程对固结时间的要求、工程地质情况等计算确定。袋装砂井常用的直径为70mm。

袋装砂井成孔方法有锤击打入法、水冲法、静力压入法、钻孔法和振动贯入法等。以锤击打入法为例，其施工过程为：①打入成孔套管；②套管到达规定标高；③在套管内放下砂袋；④拔套管，袋装砂井施工完毕。

3. 塑料排水带施工

（1）插带机械　用于插设塑料排水带的机械种类很多，有专门机械，也有用挖掘、预压法处理地基机，起重机，打桩机及袋装砂井打设机械改装的。插带机运移方式有轨道式、轮胎式、链条式、履带式和步履式等。

（2）塑料排水带导管靴与桩尖　一般打设塑料带的导管靴有圆形和矩形两种。由于导管靴断面不同，所用桩尖各异，桩尖一般都与导管分离。桩尖的主要作用是在打设塑料带过程中防止淤泥进入导管内，并且对塑料带起锚定作用，防止提管时将塑料带拔出。

1）圆形桩尖应配圆形导管靴，一般为混凝土制品，如图5.9a所示。

2）倒梯形绑扎连接桩尖，此桩尖配矩形导管靴，一般为塑料制品，薄金属板也可，如图5.9b所示。

3）倒梯形楔挤压连接桩尖。该桩尖固定塑料带比较简单，一般为塑料制品，也可用薄金属板，如图5.9c所示。

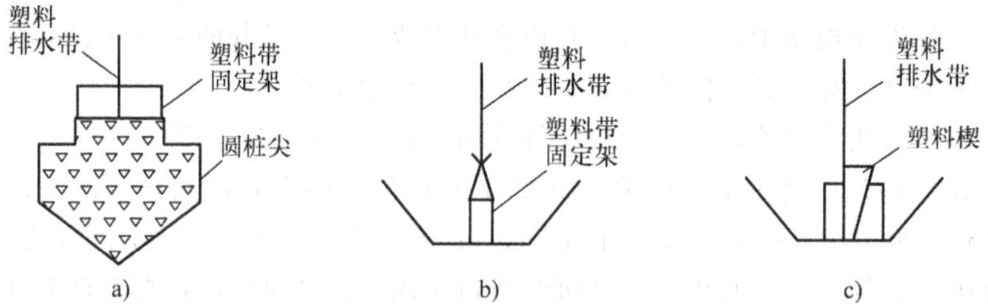

图5.9　塑料排水带导管靴与桩尖形式

a）混凝土圆形桩尖　b）倒梯形桩尖　c）楔挤压桩尖

（3）塑料排水带打设顺序　塑料排水带打设顺序包括定位、将塑料带通过导管从导管靴穿出、将塑料带与桩尖连接贴紧导管靴并对准桩位、插入塑料带、拔管剪断塑料带等，如图5.10所示。

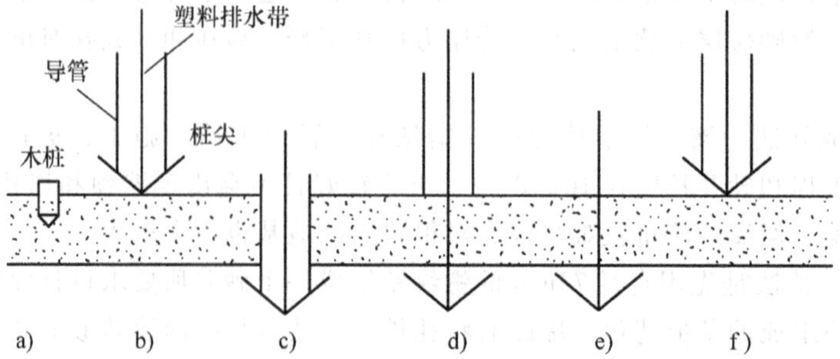

图5.10　塑料排水带打设顺序

a）定位并打入小木桩　b）将塑料带通过导管从导管靴穿出，对准桩位　c）插入塑料带至设计深度　d）拔出插管　e）剪断塑料带，地面以上预留20～30cm　f）移位，对桩位四周形成的空隙用砂回填，将预留的塑料带埋入砂垫层中

5.6.2 水平排水垫层的施工

排水垫层的作用是在预压过程中，使从土体进入垫层的渗流水迅速地排出，使土层的固结能正常进行，防止土颗粒堵塞排水系统。因而垫层的质量将直接关系到加固效果和预压时间的长短。

排水砂垫层目前有四种施工方法：

1）当地基表层有一定厚度的硬壳层，其承载力较高，能承载一般运输机械时，一般采用机械分堆摊铺法，即先堆成若干砂堆，然后用机械或人工摊平。

2）当硬壳层承载力不足时，一般采用顺序推进摊铺法。

3）当软土地基表面很软时，如新沉积或新吹填的超软地基，首先要改善地基表面的持力条件，使其能承载施工人员或轻型运输工具。如在软基表面铺荆笆；铺设塑料编织网或尼龙编织网，编织网上再做砂垫层；表面铺设土工聚合物，土工聚合物上再铺排水垫层。

4）尽管对超软地基表面采取了加强措施，但持力条件仍然很差，一般轻型机械上不去，在这种情况下，通常要用人工或轻便机械顺序推进铺设。如用人力手推车运砂铺设、用轻型小翻斗车铺垫、用轻型带式输送机推进铺设、用小型水力泵输砂铺垫。

不论采用何种施工方法，都应避免对软土表层的过大扰动，以免造成砂和淤泥混合，影响垫层的排水效果。另外，在铺设砂垫层前，应清除砂井顶面的淤泥或其他杂物，以利于砂井排水。

5.6.3 预压荷载施工

排水固结法加固软土地基是由在软土地基内设置竖向排水井，铺设水平排水垫层和对地基施加固结压力来实现的。产生固结压力的荷载一般有三大类，一是建筑物自重，二是外加实体预压荷载，三是利用地基土自重压力或大气压力。由于施加的预压荷载性质不同，其对软基的影响及在加固范围内加固效果各异。

1. 利用建筑物自重加压

利用建筑物自重对地基加压是一种经济而有效的方法，国内外都有广泛的应用。该法的特点是，利用建筑物自重分级施加使地基在前期荷载下固结，强度提高以满足下一级荷载的需要，最后加到使用荷载。同时，在施工过程中，地基逐渐沉降，在建筑物使用前，沉降已大部分完成。

此法一般应用于以地基的稳定性为控制条件、能适应较大变形的建筑物，如路堤、土坝、油罐等。缺点是，加压时间较长，工期紧迫时很难实施。对沉降差有严格要求的建筑物不适宜采用该方法。

对于油罐、水池等建筑物，在管道连接前通常先进行充水预压，这样一方面可检验罐体本身是否有渗漏现象，同时，更重要的是，这类建筑物使用荷载都比较大，天然地基承载力不足，必须通过分级逐渐充水预压，使地基土强度提高以满足稳定性要求。

对于路堤、土坝等建筑物，由于填土高、荷载大，地基的强度不能满足快速填筑的要求，工程上都采用严格控制加荷速率、逐层填筑的方法，使软基在填筑荷载作用下，固结度达一定程度，提高强度，以确保地基的稳定性。

2. 堆载预压法

堆载预压法，是在被加固软基面积范围内，预先堆筑等于或大于设计荷载的材料，使软基排水固结，消除沉降，提高强度，满足设计要求的预压排水固结法。

堆载预压的材料一般以散料为主，如石料、砂、砖等。大面积施工时通常采用自卸汽车与推土机联合作业。对超软地基的堆载预压，第一级荷载宜用轻型机械或人工作业。

不论利用建筑物荷载加压还是堆载预压，最危险的是急于求成，不尊重科学，不认真设计，忽视对加荷速率的控制，施加超过地基承载力的荷载。从沉降角度来分析，一定面积的地基沉降，是由固结沉降、次固结沉降及侧向变形引起的附加沉降组成的，特别是当预压荷载大时，如果不注意加荷速率的控制，地基内产生局部塑性区而使得侧向变形引起过大的附加沉降、增大了地基的总沉降，给软基加固效果分析带来困难。

3. 真空预压法

(1) 排水通道施工　首先在软基表面铺设砂垫层和在土体中埋设袋装砂井或塑料排水带，其施工工艺参见加载预压法施工。

(2) 膜下管道施工　真空管路的连接应严格密封，在真空管路中应设置止回阀和截门。滤水管应设在砂垫层中，其上覆盖厚度100~200mm的砂层，滤水管在预压过程中应能适应地基的变形。滤水管可采用钢管或塑料管，外包尼龙纱或土工织物等滤水材料。水平向分布滤水管可采用条状、梳齿状及羽毛状等排列形式，滤水管布置宜形成回路，如图5.11所示。

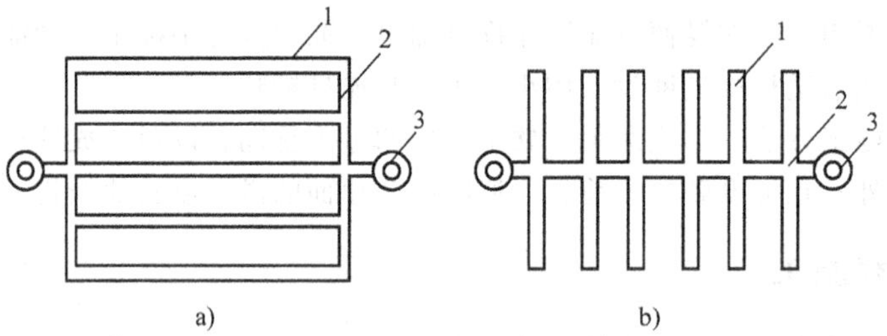

图5.11　真空滤管排列形式

a) 条状　b) 梳齿状

1—真空压力分布管　2—集水管　3—出膜口

(3) 密封膜施工

1) 密封膜材料。密封膜应采用抗老化性能好、韧性好、抗穿刺能力强的不透气材料，如线性聚乙烯等专用薄膜。

2) 密封膜热合。密封膜热合时宜采用两条热合缝的平搭接，搭接长度应大于15mm。在热合时，应根据密封膜材料、厚度，选择合适的热合温度、压力和热合时间，使热合缝黏结牢而不熔。

3) 密封膜铺设。为确保在真空预压全过程中的密封性，密封膜宜铺设3层，覆盖膜周边可采用挖沟折铺、平铺并用黏土覆盖压边、围埝沟内覆水以及膜上全面覆水等方法进行密封。密封膜铺3层的理由是，最下一层和砂垫层相接触，膜容易被刺破，最上一层膜易受环境影响，如老化、刺破等，而中间一层膜是最安全最起作用的一层膜。当处理区内存在有充足水流补给的透水层时，因在加固区内仍存在不密封因素，应采用封闭式板桩墙、封闭式板桩墙加沟内覆水或其他密封措施隔断透水层。

(4) 抽气设备选用　真空预压的抽气设备宜采用射流真空泵，空抽时真空吸力必须达到95kPa以上，真空泵的设置应根据预压面积大小和形状、真空泵效率和工程经验确定，但每块预压区至少应设置两台真空泵。

(5) 管路连接　真空管路的连接点应严格进行密封，以保证密封膜的气密性。由于射流真空泵的结构特点，射流真空泵经管路进入密封膜内，形成连接密封，但为敞开系统，真空泵工作时，膜内真空度很高，一旦由于某种原因，射流泵全部停止工作，膜内真空度随之全部卸除，这将直接影响地基加固效果，并延长预压时间。为避免膜内真空度在停泵后很快降低，在真空管路中应设置止回阀和截门。当预计停泵时间超过 24h 时，则应关闭截门。

天津港软基处理采用真空预压法施工现场如图 5.12 所示。

a)

b)

图 5.12　真空预压法施工现场

a）密封膜分层铺设　b）膜上全面覆水后真空泵抽气

4. 真空-堆载预压法施工

采用真空-堆载预压法，既能加固软土地基，又能较高地提高地基承载力，其工艺流程为：铺设砂层→打设竖向排水通道→铺膜→抽气→堆载→结束。

对于一般黏性土，当膜下真空度稳定地达到 80kPa 后，抽真空 10d 左右可进行上部堆载施工，即边抽真空，边连续施加堆载。对高含水量的淤泥类土，当膜下真空度稳定地达到 80kPa 后，一般抽真空 20～30d 可进行堆载施工；若荷载大时应分级施加。

在进行上部堆载之前，必须在密封膜上铺设防护层，以保护密封膜的气密性。防护层可采用土工编织布或无纺布等，其上铺设 100～300mm 厚的砂垫层，然后再进行堆载。堆载时宜采用轻型运输工具，以免损坏密封膜，并密切观察膜下真空度变化，发现漏气及时处理。

5.7 质量检验

5.7.1 施工观测

排水固结法的施工观测是保障安全施工和有效加固地基的重要手段，施工当中常进行的观测和检测项目包括孔隙水压力观测、沉降观测、边桩水平位移观测、地基土物理力学指标检测。

（1）孔隙水压力观测　利用孔隙水压力的现场观测资料可以优化加荷速率、推算不同时间的固结度和强度增长，对于分析地基的稳定性，避免加荷过快而造成地基破坏具有重要意义。

（2）加荷速率的控制与优化　利用孔隙水压力的现场观测资料还可以有效地控制加荷速率，避免加荷过快造成软土地基剪切破坏。

1）有效应力途径法。堆载预压过程就是孔隙水压力增加和消散的过程，随着地基中的孔隙水压力的变化，土中某点有效应力也发生变化。根据有效应力的变化途径，可判断地基的稳定性和决定加荷速率及间歇时间。

2）u/p 比值控制法。一些工程实践经验表明，堆载预压加压过程中，如果加压过快可导致地基失稳，必须控制地基中孔隙水压力 u 和荷载 p 之比小于某一定值，可避免造成地基失稳，一般控制二者比值 $u/p<0.6$。当孔隙水压力曲线出现陡变时，应立即停止加荷。

（3）沉降与边桩水平位移观测　饱和软土地基在预压加荷过程中，容易发生加荷过快引发地基剪切破坏，使地基土产生侧向挤出，引起地面显著沉降等现象。所以利用观测地基变形的办法可及时掌握和控制加荷速率，避免地基发生破坏。沉降观测包括地面沉降观测和深层沉降观测。地面观测可在预压场地内布置沉降标；深层沉降采用磁环或分层沉降仪观测。水平位移观测的主要方法是设置水平位移标，布置在预压场地的对称轴线上场地边线以外，对于深层水平位移可采用测斜仪测定。

（4）卸荷标准　预压到某一程度后可卸载，卸载标准为：

1）地面总沉降量大于预压荷载下最终计算沉降量的80%。

2）地基总固结度大于80%。

3）地面沉降速率小于1.0mm/d，沉降变化曲线趋于平缓。

5.7.2　施工过程质量检验

1）塑料排水带必须在现场随机抽样，然后送往实验室进行性能指标的测试。其性能指标包括纵向通水量、复合体抗拉强度、滤膜抗拉强度、滤膜渗透系数和等效孔径等。

2）对不同来源的砂井和砂垫层砂料，必须取样进行颗粒分析和渗透性试验。

3）对于以抗滑稳定性为控制要求的重要工程，应在预压区内预留孔位，在堆载不同阶段进行原位十字板剪切试验和取土进行室内土工试验，根据试验结果验算下一级荷载作用下地基的抗滑稳定性，同时也检验地基处理效果。

4）对预压工程，应进行地基竖向变形、侧向位移和孔隙水压力等项目的检测。

5）真空预压工程除应进行地基变形、孔隙水压力的检测外，尚应进行膜下真空度和地下水位的量测。

6）预压法竣工验收检验应符合下列规定：①排水竖井处理深度范围内和竖井底面以下受压土层，经预压所完成的竖向变形和平均固结度应满足设计要求；②应对预压的地基土进行原位十字板剪切试验和室内土工试验。必要时，尚应进行现场荷载试验，试验数量不应少于3点。

在预压期间应及时整理竖向变形与时间、孔隙水压力与时间等关系曲线，并推算地基的最终竖向变形、不同时间的固结度以分析地基处理效果，并为确定卸载时间提供依据。工程上可利用实测变形与时间关系曲线，按以下公式推算最终竖向变形量 s_f 和参数 β 值

$$s_f = \frac{s_3(s_2 - s_1) - s_2(s_3 - s_2)}{(s_2 - s_1) - (s_3 - s_2)} \tag{5.37}$$

$$\beta = \frac{1}{t_2 - t_1}\ln\frac{s_2 - s_1}{s_3 - s_2} \tag{5.38}$$

式中　s_1、s_2、s_3——加荷停止后时间 t_1、t_2、t_3 对应的竖向变形量，一般取 $t_2 - t_1 = t_3 - t_2$。

停荷后预压时间延续越长，推算的结果越可靠。有了 β 值即可计算出受压土层的平均固结系数和任意时间的固结度。

利用加载停歇时间的孔隙水压力 u 与时间 t 的关系曲线按下式可计算出参数 β

$$\frac{u_1}{u_2} = e^{\beta(t_2 - t_1)} \tag{5.39}$$

式中　u_1、u_2——相应于时间 t_1、t_2 的实测孔隙水压力值。

β 值反映了孔隙水压力测点附近土体的固结速率，而按式（5.38）计算的 β 值则反映了受压土层的平均固结速率。

5.8　工程应用实例

【例 5.1】　某高速公路路基为淤泥质黏土层，水平向渗透系数 $k_h = 1 \times 10^{-7}$ cm/s，$c_h = c_v = 1.8 \times 10^{-3}$ cm²/s，袋装砂井直径 d_w = 70mm，砂料渗透系数 $k_w = 2 \times 10^{-2}$ cm/s，涂抹区土渗透系数 $k_s = k_h/5 = 0.2 \times 10^{-7}$ cm/s。取 $s = 2$，袋装砂井等边三角形排列，间距 $l = 1.4$m，深度 $H = 20$m，砂井底部为不透水层，砂井打穿受压土层。预压总荷载 $p = 100$kPa，分两级等速加载，如图 5.13 所示。计算加载 120d 后受压土层平均固结度。

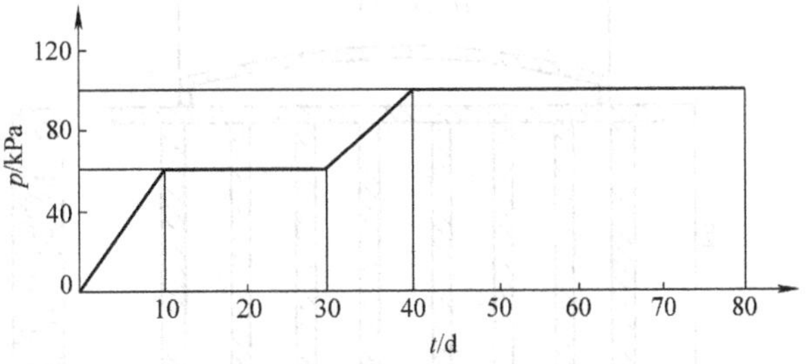

图 5.13　预压法加荷过程

【解】　袋装砂井纵向通水量 $q_w = k_w \pi d_w^2/4 = 2 \times 10^{-2} \times 3.14 \times 7^2/4\text{cm}^3/\text{s} = 0.769\text{cm}^3/\text{s}$

$$d_e = 1.05l = 1.05 \times 140\text{cm} = 147\text{cm}$$

$$F_n = \ln n - \frac{3}{4} = \ln 21 - \frac{3}{4} = 2.29$$

$$F_r = \frac{\pi^2 L^2}{4} \cdot \frac{k_h}{q_w} = \frac{3.14^2 \times 2000^2}{4} \times \frac{1 \times 10^{-7}}{0.769} = 1.28$$

$$F_s = \left(\frac{k_h}{k_s} - 1\right)\ln s = \left(\frac{1 \times 10^{-7}}{0.2 \times 10^{-7}} - 1\right)\ln 2 = 2.77$$

$$F = F_n + F_s + F_r = 2.29 + 2.77 + 1.28 = 6.34$$

$$\alpha = \frac{8}{\pi^2} = 0.81$$

$$\beta = \frac{8c_h}{F_n d_e^2} + \frac{\pi^2 c_v}{4H^2} = \frac{8 \times 1.8 \times 10^{-3}}{6.34 \times 147^2}\text{s}^{-1} + \frac{3.14^2 \times 1.8 \times 10^{-3}}{4 \times 2000^2}\text{s}^{-1} = 1.06 \times 10^{-7}\text{s}^{-1} = 0.0092\text{d}^{-1}$$

第一级加荷速率 $\dot{q}_1 = 60/10\text{kPa/d} = 6\text{kPa/d}$，第二级加荷速率 $\dot{q}_2 = 40/10\text{kPa/d} = 4\text{kPa/d}$。

$$\begin{aligned}\overline{U}_t &= \frac{\dot{q}_1}{\sum \Delta p}\left[(t_1 - t_0) - \frac{\alpha}{\beta}e^{-\beta t}(e^{\beta t_1} - e^{\beta t_0})\right] + \frac{\dot{q}_2}{\sum \Delta p}\left[(t_3 - t_2) - \frac{\alpha}{\beta}e^{-\beta t}(e^{\beta t_3} - e^{\beta t_2})\right] \\ &= \frac{6}{100} \times \left[(10 - 0) - \frac{0.81}{0.0092}e^{-0.0092 \times 120}(e^{0.0092 \times 10} - 0)\right] + \\ &\quad \frac{4}{100} \times \left[(40 - 30) - \frac{0.81}{0.0092}e^{-0.0092 \times 120}(e^{0.0092 \times 40} - e^{0.0092 \times 30})\right] = 0.68\end{aligned}$$

由计算结果分析可知，当考虑竖井井阻和涂抹影响时，120d 后土层平均固结度仅为 0.68，而不考虑井阻和涂抹作用时，相同的加荷过程其受压土层平均固结度可达 0.93。由计算可发现，影响因子 F_s 所占比例较大，因此在施工过程中尽量减少井壁扰动，以提高固结效果。

【例 5.2】　浙江炼油厂油罐地基充水预压处理工程

1. 工程概况

浙江炼油厂位于浙江省东部沿海的镇海县，整个厂区坐落在杭州湾南岸的海涂上，厂区大小油罐共 60 余个，其中 1 万 m² 的油罐 10 个，罐体采用钢制焊接固定拱顶的结构形式。1 万 m² 油罐直径 $D = 31.28$m，高 14.07m，采用钢筋混凝土环形基础，其高度取决于油罐沉降大小和使用要求，本设计环形基础高 $h = 2.30$m，其中填砂。罐区地基土属第四纪滨海相沉积的软黏土，土质十分软弱，而油罐基底压力达 $p=191.4\text{kN/m}^2$，所以油罐地基决定采用砂井并充水的预压处理，油罐砂井地基断面如图 5.14 所示。

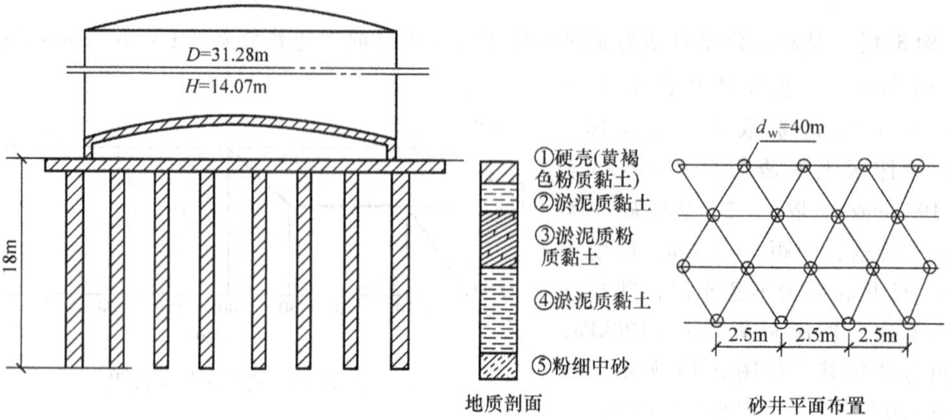

图 5.14　砂井地基设计剖面

2. 工程地质条件

场地地基土层从上而下分为以下几层：第①层为黄褐色粉质黏土硬壳层，为超固结土，厚度为 1m 左右；第②层为淤泥质黏土，厚度约为 3.2m；第③层为淤泥质粉质黏土，其中夹有薄层粉砂，平均厚度为 4.0m；第④层为淤泥质黏土，其中含有粉砂夹层，下部粉砂夹层逐渐增多而过渡到粉砂层，平均厚度为 9.3m；第⑤层为粉、细、中砂混合层，其中以细砂为主，并混有黏土，平均厚度为 8.0m；第⑤层以下为黏土、粉质黏土及淤泥质黏土层；距地面 50m 左右为厚砂层；基岩在 80m 以下。各土层的物理力学性质指标见表 5.8。从土工试验资料分析，主要持力层土含水量高（超过液限），压缩性高，抗剪强度低。第③、第④层由于含有薄粉砂夹层，其水平向渗透系数大于竖向渗透系数，这对加速土层的排水固结是有利的。

表 5.8　各层土的主要物理力学性质指标

层序	土层名称	含水量(%)	重度/(kN/m³)	孔隙比	液限(%)	塑限(%)	压缩系数/MPa⁻¹	固结系数/(10^{-3}cm^2/s)		三轴固结快剪		十字板抗剪强度/(kN/m²)
								竖向 c_v	径向 c_h	c'/(kN/m²)	φ'/(°)	
1	粉质黏土	31.3	19.1	0.87	34.7	19.3	0.36	1.57	1.82	—	—	—
2	淤泥质黏土	46.7	17.7	1.28	40.4	21.3	1.14	1.12	0.91	0	26.1	17.5
3	淤泥质粉质黏土	29.1	18.1	1.07	33.1	19.0	0.66	3.40	4.81	11.4	28.9	24.8
4	淤泥质黏土	50.2	17.1	1.40	41.4	21.3	1.02	0.81	3.15	0	25.7	41.0
5	细粉中砂	30.1	18.4	0.90	23.5	16.3	0.23	—	—	—	—	—
6a	粉质黏土	32.3	18.4	0.90	29.0	17.9	0.38	3.82	6.28	—	—	—
6b	淤泥质黏土	41.2	17.6	1.20	41.0	21.3	0.61	—	—	—	—	—
7	黏土	44.4	17.3	1.28	46.7	25.3	0.45	—	—	—	—	—
	粉质黏土	32.4	18.3	0.97	33.8	20.7	0.28	—	—	—	—	—

3. 设计计算

（1）砂井布置　砂井直径 40cm、间距 2.5m，等边三角形布置，井径比 $n=6.55$。考虑到地面下 17m 处有粉、细、中砂层，为便于排水，砂井长度定为 18m，砂井的范围一般应比构筑物基础稍大，本工程基础外设两排砂井，以利于基础外地基土强度的提高和减小侧向变形。砂井布置如图 5.15 所示。

(2) 制订充水预压计划　首先用简便的方法确定一个初步加荷计划，然后校核在此加荷计划下地基的稳定性，并进行沉降计算，所估算的加荷计划如图 5.15 所示，计算中假定地基固结度 $U=70\%$，土体蠕变等抗剪强度的折减系数 $\eta=0.9$，土体有效内摩擦角函数为

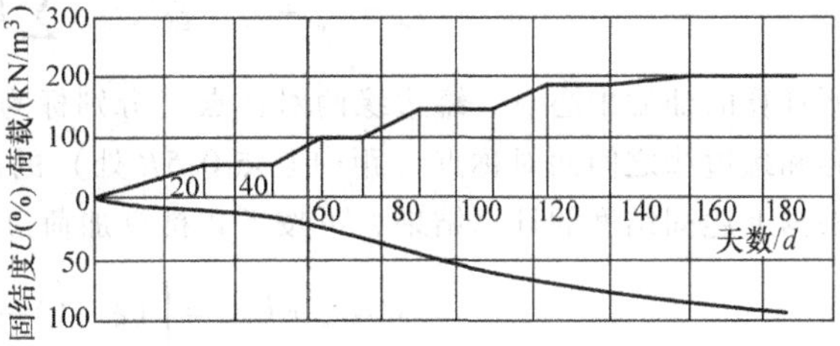

图 5.15　加荷过程及固结度变化

$$k=\frac{\sin\varphi'\cos\varphi'}{1+\sin\varphi'}=0.278$$

(3) 地基固结度的计算　在分级等速加荷条件下，本工程地基平均固结度按式 (5.40) 计算，也可按式 (5.6) 进行计算。

$$\overline{U'}_t=\sum_1^n\overline{U'}_{rz}\left(t-\frac{t_n+t_{n-1}}{2}\right)\frac{\Delta p_n}{\sum\Delta p} \tag{5.40}$$

式中　$\overline{U}'_{rz}$——一次瞬间加荷条件下地基的平均固结度，可按式 (5.5) 计算，它是 c_v、c_h、n、H 和时间 t 的函数。

计算采用的固结系数，根据表 5.8 的数值取砂井范围内的加权平均值。$\bar{c}_v=1.1\times10^{-3}\text{cm}^2/\text{s}$、$\bar{c}_h=3.22\times10^{-3}\text{cm}^2/\text{s}$，井径比 $n=6.55$，竖向排水距离 $H=9.0\text{m}$。按照图 5.15 的加荷计划计算任意时间地基的平均固结度见表 5.9。最终充水至 14.07m，时间为 160d 的固结度为 83.9%。其中第Ⅰ级荷载为砂垫层及罐自重，第Ⅱ至第Ⅴ级为充水荷载。

表 5.9　加荷过程及地基的平均固结度计算

项目 \ 加荷分级	Ⅰ	Ⅱ	Ⅲ	Ⅳ	Ⅴ	备注
各级加荷始终时间 $t_{n-1}\sim t_n$/d	0~30	50~64	74~90	110~124	140~160	$t=160$d
各级荷载增量 Δp_n/(kN/m²)	50.7	50	40	30	20.7	
$t-(t_n+t_{n-1})/2$/d	145	103	78	43	10	
各级荷载下的固结度 $\overline{U}'_{rz}$(%)	98	95	90	70	30	
$\Delta p_n/\sum\Delta p$	0.265	0.261	0.210	0.156	0.104	
修正后的固结度 $\overline{U}'_t$(%)	25.9	24.7	18.9	10.9	3.2	$\sum\overline{U}'=83.5$

(4) 地基强度增长的预估　计算地基强度增长的目的，主要在于验算地基在各级荷载下的稳定性。该地基中某一点的强度为 $\tau_{ft}=\eta(\tau_{f0}+\Delta\tau_{fc})$，式中，$\tau_{f0}$ 为天然地基抗剪强度，本工程采用十字板剪切试验强度；η 为强度折减系数，本工程取 $\eta=0.9$。将 7 个孔十字板试验强度按最小二乘法整理得 $\tau_{f0}=9.2+2.73z$，式中，z 为距地表的深度。因地基固结而增长的强度按式 (5.21) 计算。因油罐下地基中各点应力不同强度增长也不同，在进行稳定分析前，应根据强度变化适当分区。

(5) 沉降计算　沉降计算的内容包括：①罐中心和边缘的最终沉降，以便确定基础的预抬高和控制不均匀沉降；②计算加荷过程中的沉降量，以便估计砂井地基预压效果，并推算加荷结束后可能继续发生的沉降量，以确定所需的预压时间。最终沉降采用下式计算

$$s_{\infty}=s_{d}+s_{c}=\xi s_{c};s_{c}=\sum_{i=1}^{n}\left(\frac{e_{0i}-e_{1i}}{1+e_{0i}}\right)h_{i}$$

所计算的油罐中心点、罐边缘两对称点（分别标为边$_{38}$、边$_{43}$，数字38、43表示钻孔号）以及中心和罐边缘之间两对称点（距中心点0.5R处）的沉降，见表5.10。

根据上述固结度的计算结果，可按下式推算加荷过程中的不同时间的沉降

$$s_{t}=s_{d}+\overline{U}_{t}s_{c}=\left[(\xi-1)\frac{p_{t}}{\sum\Delta p}+\overline{U}_{t}\right]s_{c}$$

表5.10　罐中心和罐边缘沉降

计算项目 位置	距罐中心距离	s_c /cm	ξ	s_{∞} /cm	中~边沉降差 /cm	边~边沉差 /cm
中心	0	135.9	1.4	190.26	—	—
边$_{38}$	R	79.57	1.4	111.40	78.86	3.18
边$_{43}$	R	77.30	1.4	108.22	82.04	
中~边间1~38	0.5R	150.8	1.4	183.12	—	10.26
中~边间1~43	0.5R	123.4	1.4	172.76	—	

4. 效果评价

根据观测结果，在充水预压过程中，孔隙水压力和沉降速率均未超过控制标准，罐外地面无隆起现象，经过180d预压，罐边缘平均沉降约1.70m，罐中心沉降约1.80m。绝大部分沉降在预压期间已完成，油罐使用期间的沉降预计是很小的，在充水过程中地基是稳定的。当充水高度达罐顶后30d（即充水开始后110d）孔隙水压力已基本消散，地基固结效果显著。

思 考 题

5.1　简述排水固结法的概念。

5.2　排水固结法由哪些系统组成？

5.3　堆载预压法和真空预压法加固软黏土地基的机理有什么不同？

5.4　排水固结法设计之前应收集哪些资料？

5.5　选用砂井、袋装砂井和塑料排水带的区别是什么，优缺点分别是什么？

5.6　试述排水固结法的质量检验方法。

第3部分　复合地基处理方法

第6章　复合地基理论

【本章导读】 本章主要介绍复合地基的概念、分类及选用原则，复合地基的设计、承载力计算、变形和沉降计算以及多元复合地基法。了解多元复合地基设计思想、地基承载力计算和沉降计算方法等；掌握竖向增强体复合地基和水平向增强体复合地基的作用机理、破坏模式分析和承载力计算方法；熟悉复合地基沉降计算方法和选择原则。

6.1　概述

6.1.1　复合地基的概念

复合地基（composite foundation）是指天然地基在地基处理过程中部分土体得到增强，或被置换，或在天然地基中设置加筋材料，加固区由基体（天然地基土体）和增强体两部分组成的人工地基，如图6.1所示。在荷载作用下，基体和增强体共同承担荷载作用。工程实践中通过形成复合地基达到提高人工地基承载力和减小沉降的目的。复合地基与天然地基同属地基范畴。

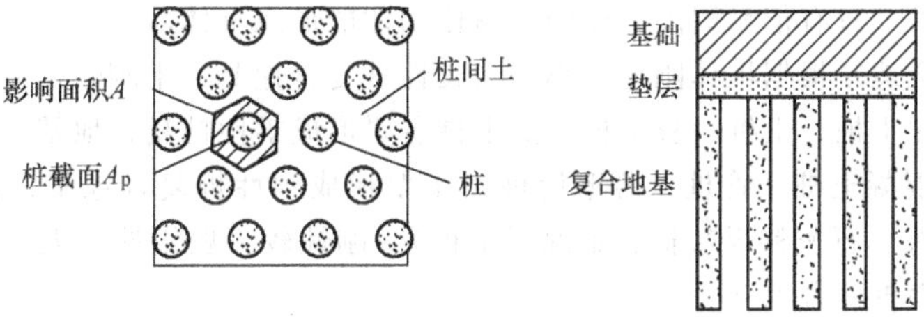

图6.1　复合地基示意图

6.1.2　复合地基的发展

复合地基的涵义随着其实践的发展而发展的。初期，复合地基主要是指在天然地基中设置碎石桩而形成的碎石桩复合地基，人们将注意力主要集中在碎石桩复合地基的应用和研究上。后来，随着深层搅拌法和高压喷射注浆法在地基处理中的推广应用，人们开始重视水泥土桩复合地基的研究。随着土工合成材料在工程建设中的广泛应用，又出现了水平向增强体复合地基的概念。目前，我国应用的复合地基类型主要有：由多种施工方法形成的各类砂石桩复合地基，水泥土桩复合地基，低强度桩复合地基，土桩、灰土桩复合地基，钢筋混凝土桩复合地基，薄壁筒桩复合地基，加筋土地基等。

1990年在河北承德，由中国建筑学会地基基础专业委员会黄熙龄院士主持召开了我国第一次以复合地基为专题的学术讨论会。

近年来，随着地基处理技术和复合地基理论的发展，复合地基技术在土木工程各个领域（如房屋建筑、高等级公路、铁路、堆场、机场、堤坝等）的工程建设中得到广泛应用，并取得了良好的社会效益和经济效益，复合地基在我国已经成为一种常用的地基处理形式。

6.1.3 复合地基的分类

1. 按增强体设置方向分类

复合地基分为竖向增强体复合地基和水平向增强体复合地基两大类，如图 6.2 所示。水平向增强体（horizontal reinforcement layer）材料多采用土工合成材料，如土工格栅、土工布等；竖向增强体（vertical reinforcement layer）材料可采用砂石桩、水泥土桩、土桩、灰土桩、渣土桩、低强度混凝土桩、钢筋混凝土桩、管桩、薄壁筒桩等。竖向增强体复合地基一般又称为桩体复合地基。

根据桩体材料性质，将桩体复合地基分为散体材料桩复合地基和黏结材料桩复合地基两大类。

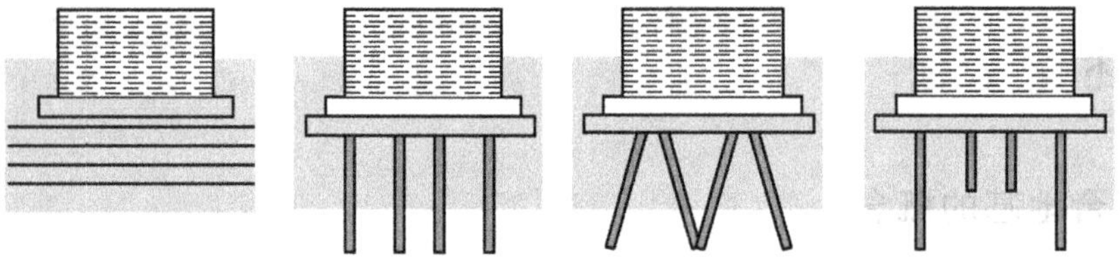

图 6.2 复合地基的类型

a）水平向增强复合地基 b）竖直向增强复合地基 c）斜向增强复合地基 d）长短桩复合地基

散体材料桩复合地基如碎石桩复合地基、砂桩复合地基等，其桩体由散体材料组成，没有黏聚力，单独不能成桩，只有依靠周围土体的围箍作用才能形成桩体。

黏结材料桩复合地基根据桩体刚度大小分为柔性桩复合地基、半刚性桩复合地基和刚性桩复合地基三类。如水泥土桩、土桩、灰土桩、渣土桩主要形成柔性桩复合地基；各类钢筋混凝土桩复合地基（如钢筋混凝土桩、管桩、薄壁筒桩）主要形成刚性桩复合地基；各类低强度桩复合地基（粉煤灰碎石桩、石灰粉煤灰桩、素混凝土桩），刚性较一般柔性桩大，但明显小于钢筋混凝土桩，称为半刚性桩复合地基。

2. 按增强体材料分类

按增强体材料，复合地基分为四大类：

1）土工合成材料，如土工格栅、土工布等。

2）砂石桩。

3）水泥土桩、土桩、灰土桩、渣土桩等。

4）各类低强度混凝土桩和钢筋混凝土桩等。

3. 按基础刚度和垫层设置分类

1）刚性基础，设垫层。

2）刚性基础，不设垫层。

3）柔性基础，设垫层。

4）柔性基础，不设垫层。

4. 按增强体长度分类

1）等长度。

2）不等长度（长短桩复合地基）。

在桩体复合地基中，桩的作用是主要的，而在地基处理中，桩的类型比较多，性能变化较大。因此，复合地基的类型按桩的类型进行划分比较合适。然而，桩又根据成桩所采用的材料以及成桩后桩体的强度或是刚度来进行分类。

6.1.4 复合地基的基本特点和形成条件

复合地基的两个基本特点：①加固区由增强体和其周围地基土两部分组成，是非均质和各向异性的；②增强体和其周围地基土体共同承担荷载并协调变形。前一特征使它区别于均质地基（包括天然的和人工均质地基），后一特征使它区别于桩基础。

复合地基的形成条件：在荷载作用下，增强体与天然地基土体通过变形协调共同承担荷载作用。如何设置增强体以保证增强体与天然地基土体能够共同承担上部结构荷载是有条件的，这也是在地基中设置增强体能否形成复合地基的条件。

6.1.5 复合地基与浅基础和桩基础的区别

对于浅基础，荷载直接传递给地基土体；对于桩基础，荷载通过桩体传递给地基土体；对于复合地基，荷载一部分通过桩体传递给地基土体，一部分直接传递给地基土体。图6.3所示为浅基础的受力特征图，图6.4所示为桩基础的受力特征图，图6.5所示为复合地基（不设垫层和设垫层的受力特征图。

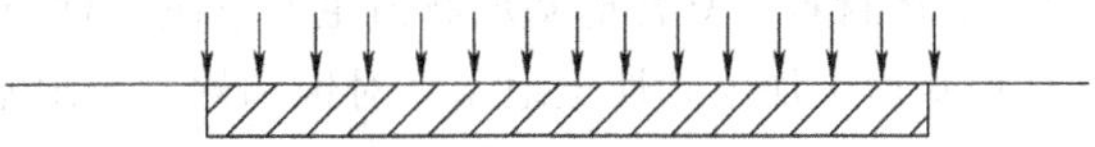

图6.3 浅基础的受力特征图

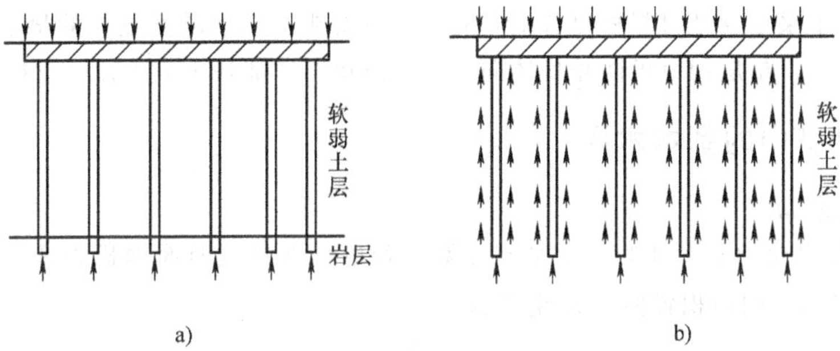

图6.4 桩基础的受力特征图

a）端承桩 b）摩擦桩

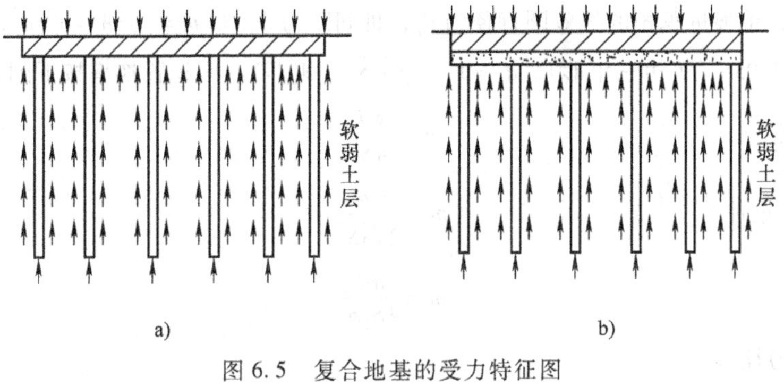

图6.5 复合地基的受力特征图

a）不设垫层 b）设垫层

如图 6.6 所示，三者之间并不存在严格的界限，是连续分布的。复合地基置换率等于零时就是浅基础，复合地基桩土应力比等于 1 时也是浅基础。不考虑桩间土的承载力，复合地基承载力计算则与桩基础相同。摩擦桩基中考虑桩间土直接承担荷载的作用，也可属于复合地基，或者说考虑桩土共同作用就要归属于复合地基。

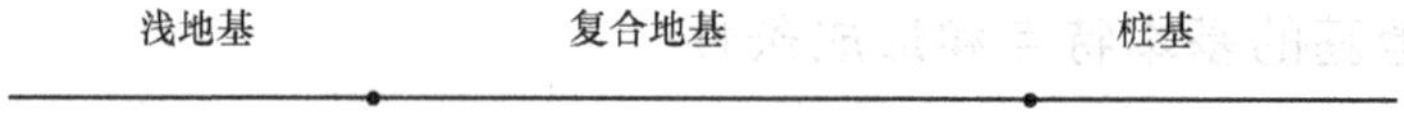

图 6.6　浅基础、复合地基和桩基础

6.1.6　复合地基合理选用原则

针对具体工程的特点，选用合理的复合地基形式，可获得较好的经济效益。复合地基的选用原则如下：

1）水平向增强体复合地基主要用于提高地基稳定性。在地基压缩土层不是很厚的情况下，采用水平向增强体复合地基可有效提高地基稳定性，减小地基沉降；对高压缩土层较厚的情况，采用水平向增强体复合地基对减小总沉降效果不明显。

2）散体材料桩复合地基承载力主要取决于桩周土体所能提供的最大侧限力。因此散体材料桩复合地基适于加固砂性土地基，对饱和软黏土地基应慎用。

3）对深厚软土地基，可采用刚度较大的复合地基。适当增加桩体长度以减小地基沉降，或采用长短桩复合地基的形式。

4）刚性基础下采用黏结材料桩复合地基时，若桩土相对刚度较大，且桩体强度较小时，桩头与基础间宜设置柔性垫层；若桩土相对刚度较小，或桩体强度足够时，也可不设柔性垫层。

5）填土路堤下采用黏结材料桩复合地基时，应在桩头上铺设刚度较好的垫层（如土工格栅砂垫层、灰土垫层），垫层铺设可防止桩体向上刺入路堤，增加桩土应力比，发挥桩体能力。

6.1.7　复合地基中的基本术语

1. 面积置换率 m

面积置换率是复合地基设计的一个基本参数。若单桩桩身横断面面积为 A_p，该桩体所承担的复合地基面积为 A，则面积置换率 m 定义为

$$m=\frac{A_p}{A} \tag{6.1}$$

桩位常见的平面布置形式有：正方形、等边三角形和矩形等，如图 6.7 所示。以圆形桩为例，若桩身直径为 d，单根桩承担的等效圆直径为 d_e，桩间距为 S，则 $m=A_p/A=d^2/d_e^2$，其中 $d_e=1.13S$（正方形），$d_e=1.05S$（等边三角形），$d_e=1.13\sqrt{S_1S_2}$（矩形）。面积置换率按下列各式计算：

正方形布桩
$$m=\frac{\pi d^2}{4S^2} \tag{6.2}$$

等边三角形布桩
$$m=\frac{\pi d^2}{2\sqrt{3}S^2} \tag{6.3}$$

矩形布桩
$$m=\frac{\pi d^2}{4S_1S_2} \tag{6.4}$$

2. 桩土应力比 n

复合地基中用桩土应力比 n 或荷载分担比 N 来定性地反映复合地基的工作状况。

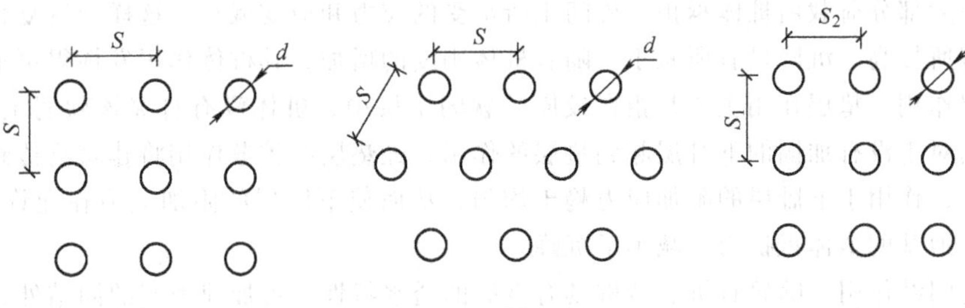

图 6.7　桩位平面布置形式

a）正方形布置　b）等边三角形布置　c）矩形布置

桩土受力示意如图 6.8 所示，在荷载作用下，复合地基桩体竖向应力 σ_p 和桩间土的竖向应力 σ_s 之比，称为桩土应力比，用 n 表示，即

$$n=\frac{\sigma_p}{\sigma_s} \tag{6.5}$$

桩体承担的荷载 P_p 与桩间土承担的荷载 P_s 之比称为桩土荷载分担比，用 N 表示，即

$$N=\frac{P_p}{P_s} \tag{6.6}$$

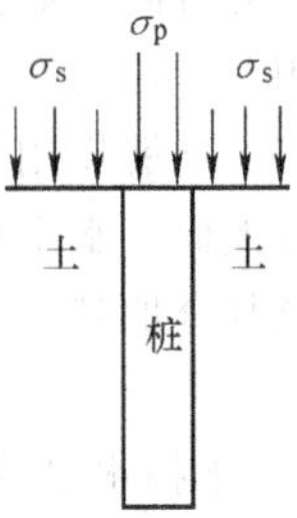

图 6.8　桩土受力示意

桩土荷载分担比和桩土应力比之间可通过下式换算

$$N=\frac{mm}{1-m} \tag{6.7}$$

各类桩的桩土应力比 n 见表 6.1（供设计参考）。

表 6.1　各类桩的桩土应力比

钢或钢筋混凝土桩	水泥粉煤灰碎石桩（CFG 桩）	水泥搅拌桩（含水泥 5% ~12%）	石灰桩	碎石桩
>50	20 ~ 50	3 ~ 12	2.5 ~ 5	1.3 ~ 4.4

3. 复合模量 E_{sp}

复合地基加固区由增强体和天然土体两部分组成，是非均质的。在复合地基计算时，为简化计算，将加固区视作一均质的复合土体，用假想的、等价的均质复合土体来代替真实的非均质复合土体，这种等价的均质复合土体的模量称为复合地基土体的复合模量。

复合模量 E_{sp} 计算公式应用材料力学方法，由桩土变形协调条件推演得到。

$$E_{sp}=mE_p+(1-m)E_s \tag{6.8}$$

式中　E_p——桩体压缩模量（MPa）；

　　　E_s——土体压缩模量（MPa）。

6.2　复合地基作用机理和破坏模式

6.2.1　复合地基的作用机理

复合地基的作用机理体现在以下几个方面。

（1）桩体作用　复合地基承载力和整体刚度高于原地基，沉降量有所减小。桩体上产生应力集中现象，大部分荷载由桩体承担，桩间土所承受的应力和应变减小，这样使得复合地基承载力较原地基有所提高，沉降量有所减小，随着桩体刚度的增加，其桩体作用发挥得更加明显。

（2）垫层作用　垫层作用主要是指在较厚的软弱土层中，桩体没有打穿该软弱土层，这样，整个复合地基对于没有加固的下卧层起到垫层的作用，经垫层的扩散作用将建筑物传到地基上的附加应力减小，作用于下卧层的附加应力趋于均匀，从而使下卧层的附加应力在允许范围之内，这样就提高了地基的整体抵抗力，减小了沉降。

（3）加速固结作用　除碎石桩、砂桩具有良好的透水特性，可加速地基的固结外，水泥土类和混凝土类桩在某种程度上也可加速地基固结。因为地基固结不仅与地基土的排水性能有关，而且还与地基土的变形特征有关。

（4）挤密作用　砂桩、土桩、石灰桩、碎石桩等在施工过程中，由于振动、挤压、排土等原因，可对桩间土起到一定的挤密作用。石灰桩具有吸水、发热和膨胀特性，对桩间土同样起到挤密作用。

（5）加筋作用　加筋作用主要是指厚度不大的软弱土层，桩体可穿过整个软弱土层达到其下的硬层上面。水平向增强体复合地基主要指在地基中铺设各种加筋材料，如土工织物、土工隔栅等形成复合地基，可用于加固软土路基、堤坝和油罐基础等。加筋作用主要体现在以下三个方面：

1）承担水平荷载，提高地基土承载力。路堤在竖向荷载作用下，同时受到水平推力作用，使得地基竖向承载力大幅度下降。在加筋路堤中，利用土工合成材料加筋体承担水平荷载，可显著提高地基承载力。加筋体受力如图 6.9 所示。

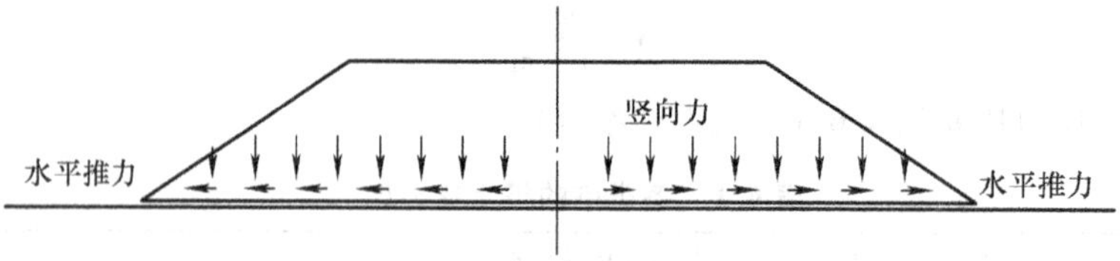

a)

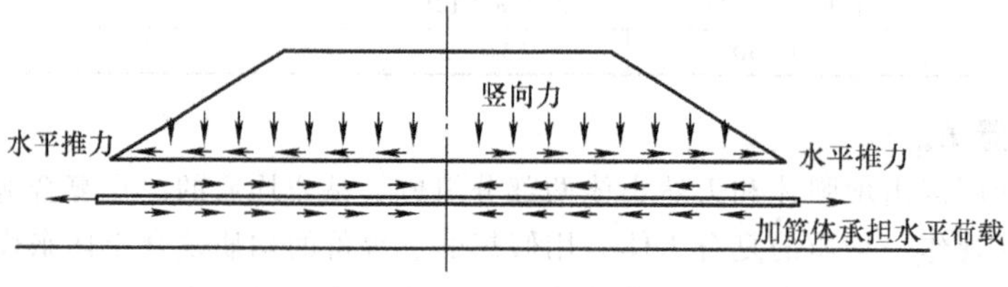

b)

图 6.9　加筋体受力示意图

a）未加筋堤　b）加筋堤

2）增强地基土的约束力，提高竖向承载力。当基底粗糙时，水平向加筋材料能有效约束地基土的侧向变形，从而提高地基土竖向承载力。

3）增强路堤填料土拱效应，调整不均匀沉降。在未加筋路堤中，在荷载作用下地基表层产生“锅底状”沉降变形；在加筋路堤中，由于加筋体是良好的受拉材料，使得土拱得到足够的拱脚水平力，形成有效的土拱效应。由于土拱效应，可将地基沉降调整成“平底碟状”，显著减小地基的最大沉降量，并使地基所受竖向压应力重新分布，增加路堤稳定性。

6.2.2 复合地基的破坏模式

复合地基破坏模式与复合地基的桩身材料、桩体强度、桩型、地质条件、荷载形式、上部结构形式等诸因素密切相关。竖向增强体复合地基和水平向增强体复合地基破坏模式不同，现分别加以讨论。

1. 竖向增强体复合地基的破坏模式

竖向增强体复合地基的破坏模式可以分为下述两种情况：一种是桩间土首先破坏进而发生复合地基全面破坏；另一种是桩体首先破坏进而发生复合地基全面破坏。在实际工程中，桩间土和桩体同时达到破坏是很难遇到的。大多数情况下，桩体复合地基都是桩体先破坏，继而引起复合地基全面破坏。

竖向增强体复合地基可能的破坏形式有以下四种：刺入破坏、鼓胀破坏、桩体剪切破坏和整体滑动破坏。

1）刺入破坏如图6.10a所示，桩体刚度较大，地基土强度较低的情况下较易发生桩体刺入破坏。桩体发生刺入破坏后，不能承担荷载，进而引起桩间土发生破坏，导致复合地基全面破坏。刺入破坏是高黏结强度桩复合地基破坏的主要形式。

2）桩体鼓胀破坏如图6.10b所示，在荷载作用下，桩间土不能提供足够的围压来阻止桩体发生过大的侧向变形，从而产生桩体鼓胀破坏，并引起复合地基全面破坏。散体材料桩复合地基往往发生鼓胀破坏，在一定的条件下，柔性桩复合地基也可能产生此类形式的破坏。

3）桩体剪切破坏如图6.10c所示，在荷载作用下，复合地基中桩体发生剪切破坏，进而引起复合地基全面破坏。低强度柔性桩较易产生桩体剪切破坏。

4）整体滑动破坏如图6.10d所示，在荷载作用下，复合地基沿某一滑动面产生滑动破坏，在滑动面上，桩与桩间土同时发生剪切破坏。各种复合地基均可能发生滑动破坏。

在荷载作用下，复合地基发生哪种模式破坏，其影响因素很多。此外，在复合地基设计中，还应重视沉降问题，尤其是刚性基础下复合地基设计，应控制最大沉降量和不均匀沉降。

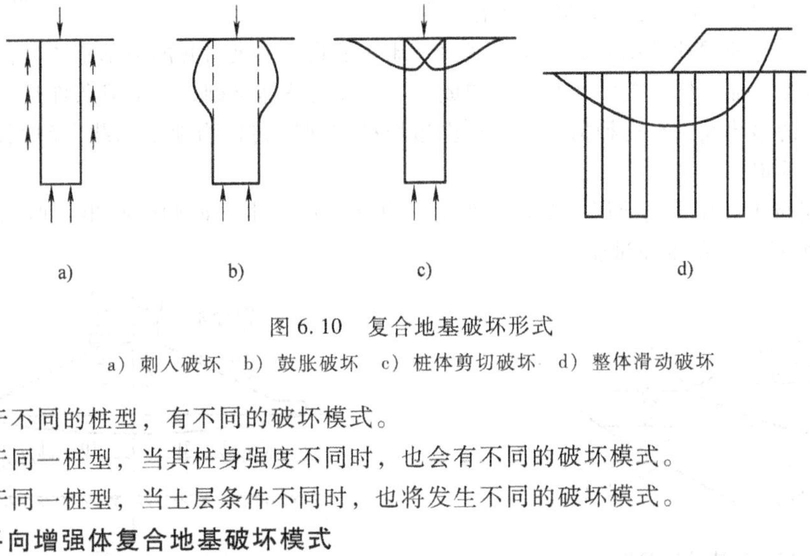

图6.10 复合地基破坏形式

a）刺入破坏 b）鼓胀破坏 c）桩体剪切破坏 d）整体滑动破坏

1）对于不同的桩型，有不同的破坏模式。

2）对于同一桩型，当其桩身强度不同时，也会有不同的破坏模式。

3）对于同一桩型，当土层条件不同时，也将发生不同的破坏模式。

2. 水平向增强体复合地基破坏模式

水平向增强体复合地基破坏形式可分为滑弧破坏、加筋体绷断、承载破坏和薄层挤出破坏四种类型。

（1）滑弧破坏　填土、地基和土工织物三者共同作用，当土工织物抗拉刚度小、延伸率较大时，沿滑动面剪切破坏。可采用圆弧滑动稳定分析法进行分析。图6.11为荷兰试验地基破坏情况和稳定分析计算简图。

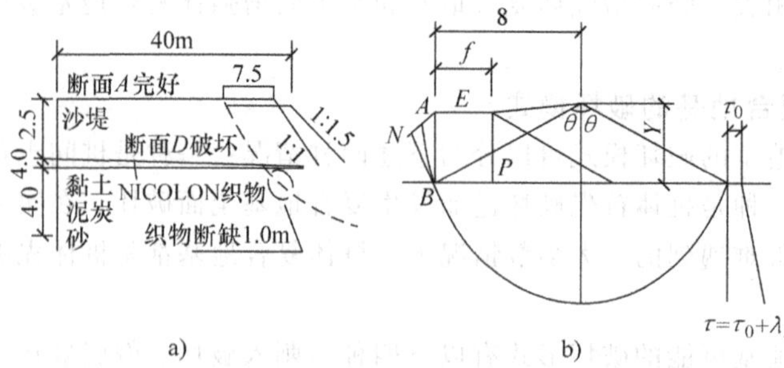

图 6.11 荷兰试验地基破坏情况和稳定分析计算简图

a) 破坏情况 b) 计算简图

这种破坏的特点是填土、地基和土工织物三者共同起作用，它们在滑弧面上产生的抗滑力矩可以叠加。对这种情况，可采用圆弧滑动稳定分析法进行分析。在分析中假定滑动面上各点，包括填土、地基土和土工织物，同时达到强度峰值，并认为土工织物加筋体的存在基本上不改变滑弧位置，加筋体拉力方向与滑弧相切。

（2）加筋体绷断 当路堤形成较大的弓形沉降时，加筋体抗拉承载力不足，产生绷断破坏。当加筋体刚度大、延伸率小而强度又不高时，易产生加筋体绷断破坏。图 6.12 所示为美国一桥头破坏情况。这类破坏的特点是与路堤底面弓形沉陷曲线的扩张程度有关，其生成条件是加筋体的刚度大、延伸率小而强度又不高。

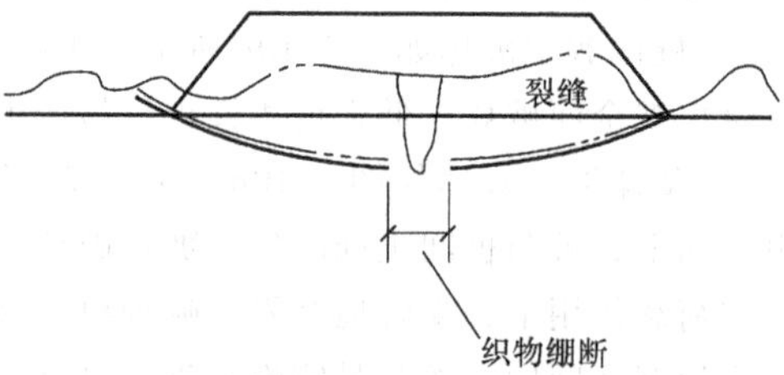

图 6.12 美国一桥头破坏情况

（3）承载破坏 当加筋土工织物与垫层构成一个整体性较好的柔性基础时，可能出现由于地基承载力不足引起的地基整体失稳破坏。这类破坏的主要特点是加筋体土工织物与垫层构成一个柔性的整体基础，其形成条件是土工织物垫层能够确保填土的整体性。在这种情况下，路堤边坡稳定问题转化为地基承载力问题，图 6.13 所示为黄埔港试验堤。

（4）薄层挤出破坏 当薄层土强度较低时，可使薄层土水平向塑性挤出，形成薄层挤出破坏。图 6.14 所示为三茂铁路试验堤。

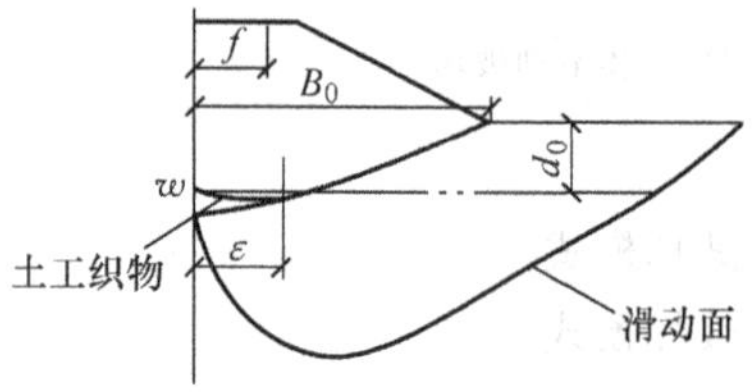

图 6.13 黄埔港试验堤

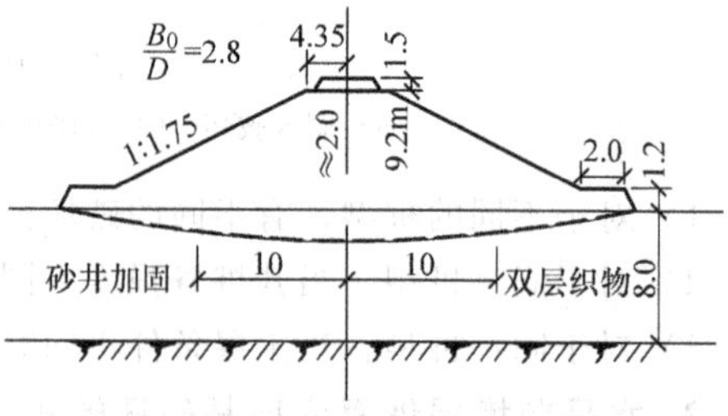

图 6.14 三茂铁路试验堤

由上述分析可以看到，在荷载作用下，水平向增强体复合地基的工作性状是很复杂的，加筋体的作用及工作机理也很复杂。复合地基的破坏形式很多，影响因素也较多。具体工程的主控破坏形式与材料性质、受力情况及边界条件有关，地基破坏形式由土的强度发挥程度和土工织物加筋体强度发挥程度的相互关系决定。

6.3　复合地基设计

6.3.1　复合地基的设计参数

复合地基的设计参数主要有处理范围、处理深度、桩体直径、间距、布置方式、增强体材料、面积置换率、配合比和桩土应力比等，其中面积置换率和桩土应力比是复合地基承载力确定和沉降计算的两个基本参数。

（1）处理范围　地基处理范围应根据建筑物的重要性、平面布置、地基土质条件和增强体的类型确定。一般应大于基础底面积，满足应力扩散的要求。对于刚性桩和部分半刚性桩，由于基础荷载主要由桩体承担，并通过桩体传到地基深处，桩可只布置在基础底面。

（2）处理深度　地基处理深度可根据地基处理目的、要求和地基土的性质确定。地基处理目的包括提高地基承载力、稳定性，降低地基压缩性，减小渗透性，特殊目的（全部或部分消除液化、湿陷性等）。柔性桩和半刚性桩易发生鼓胀破坏。就承载力而言存在着一个有效桩长，桩长大于有效桩长后，承载力不再随桩长增加或增加的幅度很小，从这一角度来说，桩长不宜过长。但增加桩长对减小基础沉降是有利的。原则上，当土层厚度不大时，一般应达到松软土层底面；当松软土层厚度较大时，对按稳定性控制的工程，应超过最危险滑动面以下2m；对按变形控制的工程，应满足处理后的地基变形量不超过建筑物的地基变形允许值并满足软弱下卧层承载力的要求；在可液化地基中，应按要求的抗震处理深度确定。

（3）桩体直径　桩体直径可根据地基土的性质，处理深度，桩的类别、作用，当地经验和选用的施工机械确定。桩径选择过小，施工质量不易控制；桩径选择过大，需增大褥垫层厚度，以保证桩土共同承担荷载。当地基处理深度大时，桩直径应大些，挤密桩直径应大些，以承载为主的桩直径应大些，兼有排水固结的桩直径宜小些。

（4）桩间距　桩距应根据设计要求的复合地基承载力、建筑物控制沉降量、土的性质、施工工艺等确定。一般取桩径的3~5倍。从施工考虑，尽量选择较大的桩距，以免新打桩对已打桩产生不良影响。按挤密性，土分为易挤密土（如松散的粉细砂、粉土、人工填土）、可挤密土（如不太密实的非饱和粉质黏土）和不可挤密土（如饱和软黏土或密实性很高的黏性土、砂土）。对于不可挤密土和挤土成桩工艺宜采用较大的桩间距。

（5）布置方式　常用布置方式有等边三角形、等腰三角形、正方形和矩形。

（6）增强体材料和配合比　增强体材料应根据当地材料供应，处理方案、目的和要求，本着就地取材，充分利用工业废料的原则，选择强度高、性能稳定、透水性好或具有胶结性的材料，如砂石、粉煤灰、矿渣、石灰、灰土、水泥等。对于湿陷性的黄土地基处理，应选择透水性低的灰土或素土，以防水渗入地基，引起附加的湿陷沉降。配合比一般应根据增强体的强度要求，由试验确定。

6.3.2　复合地基的设计原则

1）在桩体复合地基设计过程中，应保证复合地基中桩体和桩间土在荷载作用下能够共同直接承担荷载。

2）复合地基宜按沉降控制设计思路进行设计。

3）在设计过程中应重视基础刚度对复合地基性能的影响。

4）刚性基础下的复合地基宜设置柔性垫层，以改善地基和基础底板受力性能。

5）柔性基础下的复合地基应设置加筋碎石垫层等刚度加大的褥垫层，柔性基础下不宜采用不设褥垫层的桩体复合地基。

6.4 复合地基承载力计算

6.4.1 竖向增强体复合地基承载力计算

竖向增强体复合地基承载力的计算思路如下：先分别确定桩体和桩间土承载力，然后根据一定原则叠加两部分承载力得到复合地基承载力。

1. 竖向增强体复合地基极限承载力

竖向增强体复合地基极限承载力 p_{cf} 可用下式表示：

$$p_{cf} = k_1 \lambda_1 m p_{pf} + k_2 \lambda_2 (1 - m) p_{sf} \tag{6.9}$$

式中 p_{cf}——复合地基极限承载力（kPa）；

p_{pf}——单桩极限承载力（kPa）；

p_{sf}——天然地基极限承载力（kPa）；

m——复合地基面积置换率；

k_1——反映复合地基中桩体实际极限承载力与单桩极限承载力不同的修正系数；

k_2——反映复合地基中桩间土实际极限承载力与天然地基极限承载力不同的修正系数；

λ_1——反映复合地基破坏时，桩体发挥其极限强度的比例，称为桩体极限强度发挥度；

λ_2——反映复合地基破坏时，桩间土发挥其极限强度的比例，称为桩间土极限强度发挥度。

复合地基中桩体实际极限承载力与自由单桩载荷试验测得的极限承载力，主要由系数 k_1（一般大于1.0）反映其区别。由于上部结构荷载对桩间土的压力作用，使得桩间土对桩体的侧压力增加，复合地基中桩体实际极限承载力提高。对散体材料桩，其影响效果较大。

复合地基中桩间土实际极限承载力与天然地基极限承载力的区别，主要由系数 k_2 反映。桩体设置方法、桩体材料、土体性质等都对系数 k_2 产生影响。

若能有效地确定复合地基中桩体和桩间土的实际极限承载力，且破坏模式是桩体先破坏，进而引起复合地基全面破坏，则式（6.9）可改写为

$$p_{cf} = m p_{pf} + \lambda (1 - m) p_{sf} \tag{6.10}$$

式中 p_{pf}——桩体实际极限承载力（kPa）；

p_{sf}——桩间土实际极限承载力（kPa）；

λ——桩体破坏时，桩间土极限强度发挥度。

若取安全系数为 K，则复合地基允许承载力 p_{cc} 计算公式为

$$p_{cc} = \frac{p_{cf}}{K} \tag{6.11}$$

2. 竖向增强体复合地基承载力特征值

竖向增强体复合地基承载力可采用特征值形式表示，类似式（6.10），其表达式为

$$f_{spk} = m f_{pk} + \beta (1 - m) f_{sk} \tag{6.12}$$

或者

$$f_{spk} = m \frac{R_a}{A_p} + \beta (1 - m) f_{sk} \tag{6.13}$$

式中 f_{spk}——复合地基承载力特征值（kPa）；

f_{pk}——桩体的竖向承载力特征值（kPa）；

f_{sk}——桩间土加固后的地基承载力特征值（kPa）；

R_a——单桩竖向承载力特征值（kN）；

m——复合地基面积置换率，$m = A_p/A = d^2/d_e^2$；

β——桩间土承载力折减系数。

表 6.2 所列为桩间土承载力折减系数 β。

表 6.2　桩间土承载力折减系数 β

石灰桩	振冲桩碎石桩	水泥粉煤灰碎石桩	夯实水泥土桩	水泥土搅拌桩	高压喷射注浆法
1.05 ~ 1.2	1.0	0.75 ~ 0.95	0.9 ~ 1.0	0.1 ~ 0.4（桩端土好） 0.5 ~ 0.9（桩端土差）	0.5 ~ 0.9（摩擦桩） 0 ~ 0.5（端承桩）

3. 软弱下卧层验算

当复合地基加固区下卧层为软弱土层时，尚须验算下卧层承载力。要求作用在下卧层顶面处的基础附加应力 p_0 和自重应力 σ_{cz} 之和不超过下卧层的允许承载力，即

$$p = p_0 + \sigma_{cz} \leqslant f_{az} \tag{6.14}$$

式中　p_0——相应于荷载效应标准组合时，软弱下卧层顶面处的附加压力，可采用压力扩散法计算（kPa）；

σ_{cz}——软弱下卧层顶面处土的自重应力（kPa）；

f_{az}——软弱下卧层顶面处经深度修正后的地基承载力特征值（kPa）。

4. 复合地基承载力修正

处理后的地基，按照地基承载力确定基础底面积及埋深，需要对地基承载力特征值进行修正时，修正系数按下述要求取值：①基础宽度的地基承载力修正系数取零；②基础埋深的地基承载力修正系数取 1.0。

6.4.2　桩体承载力特征值的确定

对刚性桩复合地基和柔性桩复合地基，桩体承载力特征值 f_{pk} 可采用类似摩擦桩承载力特征值以及根据桩身材料强度分别计算，取小值。

$$f_{pk} = \frac{R_a}{A_p} = \frac{1}{A_p}(\mu_p \sum q_{si} l_i + \alpha q_p A_p) \tag{6.15}$$

$$f_{pk} = \frac{R_a}{A_p} = \frac{\eta f_{cu} A_p}{A_p} = \eta f_{cu} \tag{6.16}$$

式中　R_a——单桩竖向承载力特征值（kN）；

q_{si}——桩周摩阻力特征值（kPa）；

μ_p——桩身周边长度（m）；

q_p——桩端阻力特征值（kPa）；

α——桩端天然地基土的承载力折减系数，α 可取 0.4 ~ 0.6；

f_{cu}——桩体混合料试块标准养护 28d 立方体抗压强度平均值（kPa）；

η——桩身强度折减系数，η 可取 0.2 ~ 0.33；

A_p——桩身横断面面积（m^2）；

l_i——按土层划分的各段桩长，对柔性桩，桩长大于临界桩长时，计算桩长应取临界桩长值（m）。

对散体材料桩复合地基，桩体极限承载力主要取决于桩侧土体所能提供的最大侧限力。散体材料桩在荷载作用下桩体发生膨胀，桩周土进入塑性状态。

$$f_{pk} = \sigma_{ru} K_p \tag{6.17}$$

式中 K_p——桩体材料的被动土压力系数；

σ_{ru}——桩间土能提供的侧向极限应力。

6.4.3 水平向增强体复合地基承载力计算方法

水平向增强体复合地基承载力计算理论尚不成熟，下面仅介绍 Florkiewicz（1990）承载力计算公式。

图 6-15 所示为一水平向增强体复合地基上的条形基础。其中，刚性条形基础宽度为 B，加筋复合土层厚度为 z_0，黏聚力为 c_r、内摩擦角为 φ_0；天然土层黏聚力为 c，内摩擦角为 φ。

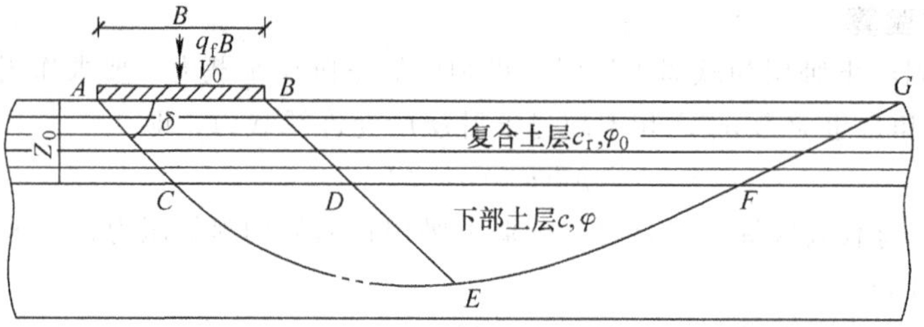

图 6.15 水平向增强体复合地基上的条形基础

Florkiewicz 认为基础的极限荷载 $q_f B$ 是无加筋体（$c_r=0$）的双层土体系的常规承载力 $q_0 B$ 和由加筋引起的承载力提高值 $\Delta q_f B$ 之和，即

$$q_f = q_0 + \Delta q_f \tag{6.18}$$

复合土层中各点的黏聚力 c_r 值取决于所考虑的方向，其表达式（Schlosser 和 Long）为

$$c_r = \sigma_0 \frac{\sin\delta\cos(\delta - \varphi_0)}{\cos\varphi_0} \tag{6.19}$$

式中 δ——所考虑的方向与加筋体方向的倾斜角；

σ_0——加筋体材料的纵向抗拉强度。

当加筋体复合土层中加筋体沿滑移面 AC 断裂时，地基破坏，此时刚性基础速度为 V_0，加筋体沿 AC 面断裂引起的能量消散率增量为 D，按下式计算

$$D = AC \cdot c_r V_0 \frac{\cos\varphi_0}{\sin(\delta - \varphi_0)} = \sigma_0 V_0 Z_0 \cot(\delta - \varphi_0) \tag{6.20}$$

上述分析忽略了 $ABCD$ 和 $BGFD$ 区中由于加筋体存在（$c_r \neq 0$）能量耗散率增量的增加。根据上限定理，可得承载力提高值为

$$\Delta q_f = \frac{D}{V_0 B} = \frac{Z_0}{B}\sigma_0 \cot(\delta - \varphi_0) \tag{6.21}$$

式中，δ 值根据 Praudtl 的破坏模式确定。

6.5 复合地基变形和沉降计算

在各类复合地基沉降实用计算方法中，通常把沉降量分为两部分，如图 6.16 所示。图中 h 为复合地基加固区厚度，加固区土体压缩量为 s_1。加固区下卧层土体压缩量为 s_2，则复合地基总

沉降 s 的表达式为

$$s = s_1 + s_2 \tag{6.22}$$

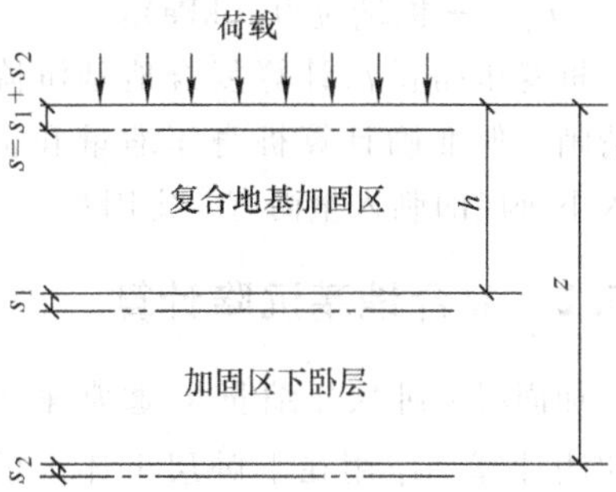

图 6.16　复合地基沉降示意图

6.5.1　复合地基变形计算

加固区土层压缩量 s_1 可采用复合模量法、应力修正法和桩身压缩量法计算。

1. 复合模量法

将复合地基加固区中增强体和地基土体视为一复合土体，采用复合压缩模量 E_{sp}评价复合土体的压缩性，并用分层总和法计算加固区沉降量。加固区土层压缩量 s_1 计算表达式为

$$s_1 = \sum_{i=1}^{n} \frac{\Delta p_i}{E_{spi}} h_i \tag{6.23}$$

式中　Δp_i——第 i 层复合土层上附加应力增量（kPa）；

h_i——第 i 层复合土层的厚度（m）；

E_{spi}——第 i 层复合土层的复合压缩模量（kPa）。

2. 应力修正法

根据复合地基桩间土分担的荷载，按照桩间土的压缩模量，采用分层总和法计算桩间土的压缩量，将计算得到的桩间土的压缩量视为加固区土层的压缩量。

具体计算方法如下：将未加固地基（天然地基）在荷载 p 作用下相应厚度内的压缩量 s_{1s}乘以应力修正系数 μ_s，得到复合地基沉降量。计算公式为

$$s_1 = \sum_{i=1}^{n} \frac{\Delta p_{si}}{E_{si}} h_i = \mu_s \sum_{i=1}^{n} \frac{\Delta p_i}{E_{si}} h_i = \mu_s s_{1s} \tag{6.24}$$

式中　E_{si}——未加固地基第 i 层土的压缩模量（kPa）；

Δp_{si}——复合地基在第 i 层桩间土上的附加应力增量（kPa）；

Δp_i——未加固地基在荷载 p 作用下第 i 层土上的附加应力增量（kPa）；

h_i——第 i 层土层厚度（m）；

μ_s——应力修正系数，$\mu_s = \dfrac{1}{1 + m(n-1)}$；

n、m——复合地基桩土应力比和复合地基面积置换率。

3. 桩身压缩量法

令荷载作用下的桩身压缩量为 s_p，桩底端下卧层土体刺入量为 Δ，如图 6.17 所示。加固区土层压缩量计算公式为

$$s_1 = s_p + \Delta \tag{6.25}$$

桩身压缩量 s_p 可按下式计算

$$s_p = \frac{(\mu_p p + p_{b0})}{2E_p} l \tag{6.26}$$

式中　μ_p——应力修正系数，$\mu_p = \dfrac{n}{1 + m\ (n-1)}$；

l——桩身长度，等于加固区厚度 h（m）；

E_p——桩身材料变形模量（kPa）；

p_{b0}——桩端应力（kPa）。

桩身压缩量法计算复合地基沉降量思路清晰，但准确计算桩身压缩量和桩底端刺入下卧层的刺入量尚有一定困难。

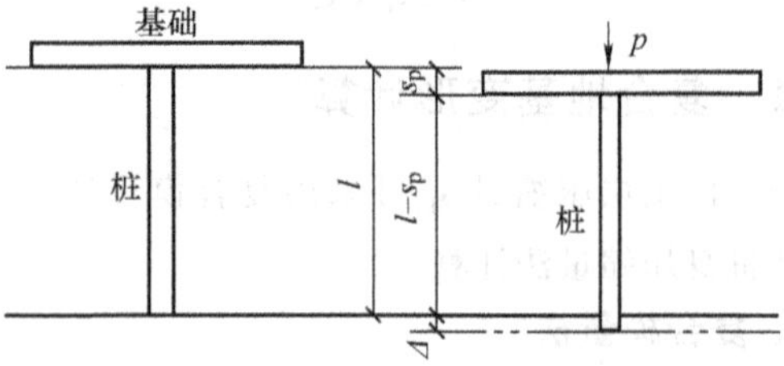

图 6.17　桩身压缩量法示意图

6.5.2　复合地基沉降计算

加固层下卧层压缩量 s_2 通常采用分层总和法计算。作用在下卧层土体上的附加应力计算方法有压力扩散法、等效实体法和改进的 Geddes 法。

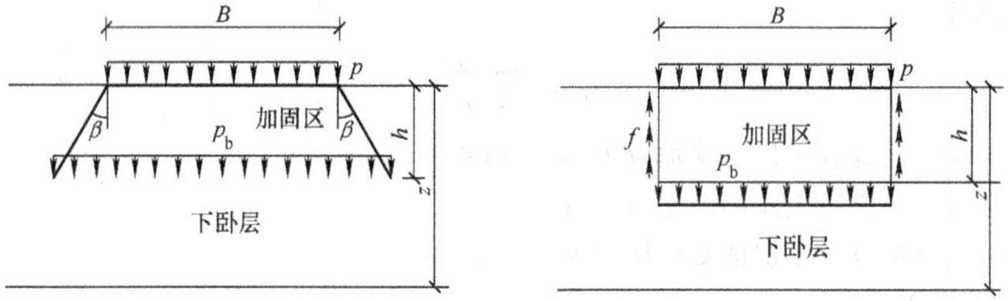

a)　　　　b)

图 6.18　压力扩散法和等效实体法

a）压力扩散法　b）等效实体法

（1）压力扩散法　压力扩散法计算加固区下卧层上附加应力如图 6.18a 所示，复合地基作用面长度为 L、宽度为 B，荷载密度为 p，加固区厚度为 h，复合地基压力扩散角为 β，则作用在下卧层上的荷载 p_b 为

$$p_b = \frac{BLp}{(B + 2h\tan\beta)(L + 2h\tan\beta)} \tag{6.27}$$

（2）等效实体法　等效实体法计算加固区下卧层上附加应力如图 6.18b 所示，复合地基作用面长度为 L、宽度为 B，荷载密度为 p，加固区厚度为 h，f 为等效实体侧平均摩阻力密度，则作用在下卧层上的荷载 p_b 为

$$p_b = \frac{BLp - (2B + 2L)hf}{BL} \tag{6.28}$$

（3）改进的 Geddes 法　设复合地基总荷载为 p，桩体承担荷载 p_p，桩间土承担荷载 $p_s = p - p_p$。黄绍铭等建议（1991 年），由桩体荷载 p_p 和桩间土承担的荷载 p_s 共同产生的地基中的竖向附加应力表达式为

$$\sigma_z = \sigma_{z,p_p} + \sigma_{z,p_s} \tag{6.29}$$

式中　σ_{z,p_s}——桩间土承担的荷载 p_s 在地基中产生的竖向应力；

σ_{z,p_p}——桩体承担的荷载 p_p 在地基中产生的竖向应力。

σ_{z,p_s}的计算方法和天然地基中的应力计算方法相同，$\sigma_{z,Q}$采用 Geddes 法计算。

S. D. Geddes（1966 年）将长度为 L 的单桩在荷载 Q 作用下对地基土产生的作用力视作桩端集中力 Q_p、桩侧均匀分布摩阻力 Q_r 和桩侧随深度线性增长的分布摩阻力 Q_t 三种形式荷载的组合，如图 6.19 所示。根据弹性理论半无限体中作用一集中力的 Mindilin 应力解积分，导出了单桩的上述三种形式荷载在地基中产生的应力计算公式。地基中的竖向应力 $\sigma_{z,Q}$ 可按下式计算：

$$\sigma_{z,Q}=\sigma_{z,Q_p}+\sigma_{z,Q_r}+\sigma_{z,Q_t}=\frac{Q_pK_p}{L^2}+\frac{Q_rK_r}{L^2}+\frac{Q_tK_t}{L^2} \tag{6.30}$$

式中 K_p、K_r、K_t——竖向应力系数。

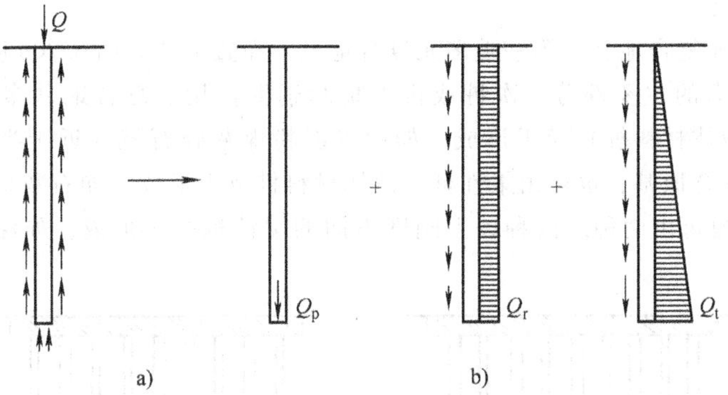

图 6.19 单桩荷载分解为三种形式荷载组合

a）桩受力示意图 b）桩作用于土上的力 Q_p、Q_r、Q_t

6.5.3 复合地基沉降计算方法选择

上述复合地基沉降计算的每一种方法都有一定的适用条件，设计中应根据复合地基桩体材料及地质条件的不同，分别选择最适合的计算方法。

1. 散体材料桩复合地基沉降计算方法选择

散体材料桩复合地基置换率较大，桩土应力比较小，因此加固区压缩量常采用复合模量法计算，下卧层压缩量可采用分层总和法计算，地基附加应力计算常采用压力扩散法。

2. 柔性桩复合地基沉降计算方法选择

与刚性桩复合地基相比，柔性桩复合地基置换率一般较高，桩土应力比较小，沉降计算方法与散体材料桩类似。加固区压缩量一般可用复合模量法计算，下卧层压缩量采用分层总和法计算，地基中附加应力采用压力扩散法或等效实体法计算。

3. 刚性桩复合地基沉降计算

刚性桩复合地基置换率较小、桩土应力比较高，在荷载作用下桩的承载力能得到充分发挥，达到极限工作状态。所以可按经验根据桩体达到极限状态时所需沉降来估算加固区沉降。当复合地基加固区下卧层有压缩性较大的土层时，复合地基沉降主要发生在下卧层中。

加固区压缩量一般采用桩身压缩量法计算，下卧层地基中附加应力可采用改进的 Geddes 法计算，也可采用压力扩散法或等效实体法计算。

6.6 多元复合地基法

6.6.1 多元复合地基设计思想

竖向增强体复合地基中的三种类型桩（散体材料桩、柔性桩和刚性桩）的承载力和变形特征各不相同，每种复合地基均有其适用范围和优缺点。在工程实践中，为获得良好的技术效果和经济效益，有关学者提出了多元复合地基的概念。

多元复合地基（multi -element composite foundation）技术是指将竖向增强体复合地基中的两种甚至三种类型桩综合应用于加固软土地基，多元复合地基可充分发挥各种桩型的优势，在大幅度提高地基承载力的同时有效减小地基沉降。

在多元复合地基中，将桩身强度较高的桩称为主桩，强度较低的桩称为次桩。一般将多元复合地基分为以下两类。

（1）第一类多元复合地基　第一类多元复合地基，布置形式如图 6. 20a 所示，主桩的置换作用是复合地基承载力的主要部分，次桩或再次桩起辅助作用。复合地基多由刚性桩（半刚性桩）、柔性桩（或散体材料桩）及土形成，如由水泥粉煤灰碎石桩（近于半刚性桩）和石灰桩（柔性桩）组成的复合地基；也可由柔性桩、散体材料桩及土形成，如石灰桩与碎石桩（散体材料桩）复合地基；也可由两种或两种以上刚度不同的柔性桩及土形成，如深层搅拌桩和石灰桩复合地基。

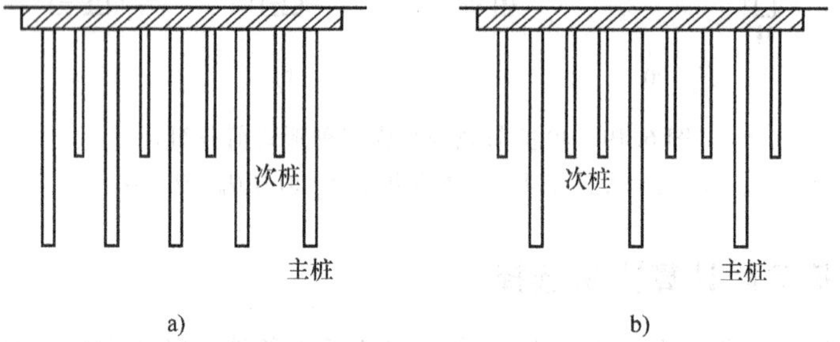

图 6. 20　多元复合地基布置形式

a）第一类多元复合地基　b）第二类多元复合地基

（2）第二类多元复合地基　第二类多元复合地基，布置形式如图 6. 20b 所示，主桩数量较少，主要布置在节点及荷载较大的承重墙下，以减小沉降为主要目的，地基承载力提高主要依靠次桩的置换作用。

6. 6. 2　多元复合地基承载力计算

多元复合地基承载力计算采用加权原理，根据多元复合地基种类不同，将承载力计算方法分为两类。

1. 第一类多元复合地基承载力特征值计算

假设加固单元面积为 A_c，在加固单元内主桩和次桩的总截面面积分别为 A'_{p1} 和 A'_{p2}，加固单元内桩间土面积为 A_s（$A_s = A_c - A'_{p1} - A'_{p2}$），复合地基承载力由三部分组成。

当主桩为刚性桩，次桩为强度较高的柔性桩（深层水泥土搅拌桩）时，采用下式计算复合地基承载力特征值

$$f_{spk} = m_1 \frac{R_{a1}}{A_{p1}} + \beta_2 m_2 \frac{R_{a2}}{A_{p2}} + \beta(1 - m_1 - m_2) f_{sk} \tag{6.31}$$

当主桩为刚性桩或强度较高的柔性桩，次桩为强度较低的柔性桩（石灰桩、灰土挤密桩等）时，采用下式计算复合地基承载力特征值

$$f_{spk} = m_1 \frac{R_{a1}}{A_{p1}} + \beta_2 m_2 f_{pk2} + \beta(1 - m_1 - m_2) f_{sk} \tag{6.32}$$

式中　m_1、m_2——主桩和次桩的面积置换率，$m_1 = \frac{A'_{p1}}{A_c}$，$m_2 = \frac{A'_{p2}}{A_c}$；

R_{a1}、R_{a2}——主桩和次桩的单桩竖向承载力特征值（kN）；

f_{spk}——复合地基承载力特征值（kPa）；

f_{pk2}——次桩的桩体强度（kPa）；

f_{sk}——桩间土承载力特征值（kPa）；

β、β_2——桩间土和次桩承载力发挥度系数，一般小于 1.0，与主桩、次桩类别、桩长及强度有关，也与桩间土及桩端土的类别及强度有关。

2. 第二类多元复合地基承载力计算

第二类多元复合地基承载力提高主要依靠次桩的置换作用，可按以下两种情况考虑：

1）考虑主桩分担一定的荷载，根据桩的类型及地质条件采用经验参数法计算主桩承载力，扣除主桩承受的荷载后，剩余荷载由次桩形成的复合地基承担。

2）将主桩的承载力作为安全储备，仅考虑次桩形成的复合地基承担上部结构荷载，此种情形即由三元复合地基蜕化为二元复合地基，复合地基承载力按通常的计算公式计算即可。

6.6.3　多元复合地基沉降计算

1. 第一类多元复合地基沉降计算方法

第一类多元复合地基中，沉降计算分为两种情形考虑：第一种情况，主桩与次桩桩长相等；第二种情况，主桩桩长大于次桩。

（1）第一种情况（主桩与次桩桩长相等）　由于主桩与次桩桩长相等，因此加固区土层厚度即等于桩长，复合地基总沉降 s 由加固区沉降 s_1 和下卧层沉降 s_2 组成，即 $s=s_1+s_2$。

加固区土层压缩量 s_1 可采用复合模量法计算。复合地基压缩模量 E_{sp} 值通过面积加权法计算，也可通过试验确定。

设主桩、次桩桩体变形模量分别为 E_{p1}、E_{p2}，土体压缩模量为 E_s，则加权平均计算复合地基压缩模量 E_{sp} 的表达式为

$$E_{sp}=m_1E_{p1}+m_2E_{p2}+(1-m_1-m_2)E_s \tag{6.33}$$

下卧层压缩量 s_2 采用分层总和法计算，可采用应力扩散法计算下卧层土体附加应力。

（2）第二种情况（主桩桩长大于次桩）　加固区土层压缩量 s_1 采用分层总和法计算，压缩量由两部分组成：

$$s_1=s'_1+s''_1=\sum_{i=1}^{n_1}\frac{\Delta p_i}{E_{spi}}h_i+\sum_{j=n_1+1}^{n_2}\frac{\Delta\sigma_{sj}}{E_{spj}}h_j \tag{6.34}$$

式中　s'_1——次桩桩长范围内加固区土层的压缩量（m）；

s''_1——次桩桩端至主桩桩端范围内加固土层的压缩量（m）；

n_1——次桩桩长范围内土的分层数；

n_2——整个加固区范围内土的分层数；

Δp_i——第 i 层复合土层上附加应力增量（kPa）；

$\Delta\sigma_{sj}$——扣除主桩承担荷载后次桩和桩间土应力 σ_s 在加固区第 j 层土产生的平均附加应力（kPa）；

h_i——加固区第 i 层土的分层厚度（m）；

h_j——加固区第 j 层土的分层厚度（m）；

E_{spi}——次桩桩长范围内第 i 层复合土层的压缩模量（MPa），采用式（6.33）计算；

E_{spj}——次桩桩端至主桩桩端范围内第 j 层复合土层压缩模量（MPa），采用下式计算：

$$E_{sp}=m_1E_{p1}+(1-m_1)E_s \tag{6.35}$$

下卧层压缩量 s_2 采用分层总和法计算，下卧层上附加应力采用实体深基础法计算。

2. 第二类多元复合地基沉降计算方法

由于第二类多元复合地基主桩置换率很小，绝大部分荷载由次桩和桩间土承担，所以沉降计算方法与第一类多元复合地基有较大区别。下面介绍两种计算方法：

（1）第一种计算方法　采用复合模量法计算加固区土层压缩量 s_1，采用改进的 Geddes 法计算下卧层土层的压缩量 s_2。

（2）第二种计算方法　在工程中可采用实用简化计算方法，即将总荷载扣除桩体承受的荷载后的剩余荷载作用在复合地基加固区上，其加固区土层和下卧层土层上的附加应力计算方法与天然地基中应力计算方法相同，复合地基加固区土层的复合压缩模量可应用式（6.33）计算，也可按下式计算

$$E_{sp} = m_2 E_{p2} + (1 - m_2) E_s \tag{6.36}$$

显然，采用式（6.33）比采用式（6.36）计算的沉降量偏小。

6.6.4 多元复合地基检测方法

1. 多元复合地基中的单桩检测

对于多元复合地基中的单桩桩身质量检测，可依据各类桩的检测法分别进行。刚性桩可采用低应变动力检测法检测桩身完整性，深层搅拌水泥土桩可采用轻便动力触探或抽芯检测，石灰桩可采用静力触探或轻便动力触探检测桩身强度和成桩质量，碎石桩可采用重型动力触探检测成桩质量。

2. 多元复合地基承载力检测

对复合地基加固效果宜采用复合地基静载荷试验检测，承压板可采用方形或矩形，承压板面积须与单桩或实际桩数所承担的处理面积相等。

在确定多元复合地基承载力基本值时，当 Q-s 曲线上有明显比例极限时，取该比例极限所对应的荷载；当按相对变形值确定时，若属第一类多元复合地基，则以主桩复合地基沉降比确定，若属第二类多元复合地基，宜以次桩复合地基的沉降比确定。

6.7 工程应用实例

黑龙江省某大厦地面以上 12 层，建筑占地面积为 40m×70m，总建筑面积为 32000m^2，基础采用筏形基础，筏板厚度 0.9m，筏板底面埋深 1.6m，基底荷载设计值为 300kPa，场地桩位布置如图 6.21 所示。

根据工程地质勘察报告，该建筑物地基土自上而下为：

① 杂填土：厚度 0～1.5m，为建筑垃圾及填土。

② 粉质黏土：厚 1.5～7m，可塑～硬塑状态，压缩系数 $a_{1-2}=0.26\text{MPa}^{-1}$，承载力特征值 $f_{sk}=140\text{kPa}$，压缩模量 $E_s=6.3\text{MPa}$。

③ 黏土：厚 7～14m，可塑，中压缩性土，$a_{1-2}=0.20\text{MPa}^{-1}$，$f_{sk}=200\text{kPa}$，$E_s=6.8\text{MPa}$。

④ 泥岩：埋深 14～20m，致密坚硬，上部有微风化，$f_{ak}=2000\text{kPa}$，$E_s=20\text{MPa}$。

场地地下水主要是赋存在第四系的上层滞水，水位 2.0～3.5m。

1. 地基处理设计方案选择

因与筏形基础接触的地基为粉质黏土，其天然地基承载力不足，需对该持力层进行加固处理。综合评价，该工程采用长短桩非线性组合的多元复合地基处理方案为最佳，其复合地基承载

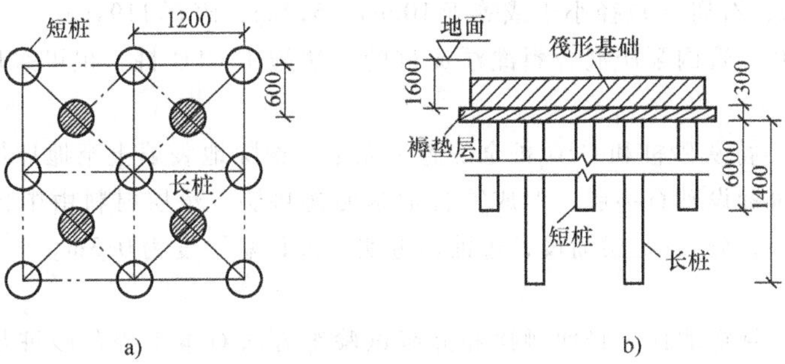

图 6.21　场地桩位布置

a）复合地基的桩位平面布置　b）复合地基的桩位剖面布置

力特征值为 $f_{spk}=300\text{kPa}$。

短桩采用灰砂桩，桩长 6m，孔径 $\phi400\text{mm}$，桩间距 1.2m，正方形布置，主要用于提高复合地基的承载力。长桩采用 CFG 桩，桩长 13m，孔径 $\phi400\text{mm}$，桩间距 1.2m，正方形布置，主要用于控制沉降。在复合地基和基底之间，铺设 0.3m 厚的砂石垫层。场地桩位布置如图 6.21 所示。

2. 复合地基设计计算

（1）单桩承载力特征值确定　现场静载试验测得短桩（灰砂桩）的单桩承载力特征值为 85kN；长桩（CFG 桩）的单桩承载力特征值为 230kN。对于灰砂桩，其单桩承载力特征值可取下列二式计算结果较小者。

$$R_{a2}=u\sum q_{si}l_i+\alpha q_p A_p$$

$$R_{a2}=\eta f_{cu}A_p$$

本工程，以上二式各参数取值为：$q_{si}=1.1\times26\text{kPa}=28.6\text{kPa}$；$l_i=6\text{m}$；$\alpha=0.6$；$q_p=200\text{kPa}$；$A_p=1.1\pi d^2/4=0.1382\text{m}^2$；$\eta=0.50$；$f_{cu}=1250\text{kPa}$。计算得：$R_{a2}=86.4\text{kN}$；实取 $R_{a2}=85\text{kN}$。

（2）复合地基承载力特征值确定　根据式（6.32）计算，各参数取值为：$m_1=m_2=0.4^2/(1.13\times1.2)^2=0.087$；$f_{sk}=1.1\times140\text{kPa}=154\text{kPa}$；$\beta_2=0.9$；$\beta=0.85$；$R_{a1}=230\text{kPa}$；$R_{a2}=85\text{kPa}$；$A_{p1}=\pi d^2/4=0.1256\text{m}^2$；$A_{p2}=1.1\pi d^2/4=0.1382\text{m}^2$。$f_{spk}=315.3\text{kPa}>300\text{kPa}$，满足地基强度的设计要求。

（3）复合地基沉降的计算与观测　静载试验测得长桩承载能力特征值为 230kN。当长桩达到承载力极限状态时，整个地基沉降量为 25mm 左右，这与按式（6.33）计算的结果比较接近；当长桩所受压应力达到其特征值 80%～90% 时，地基沉降值为 10～15mm，这与工程实际荷载情况相当。因此预估该场地复合地基沉降量可控制在 15mm 以内。

3. 施工技术

（1）灰砂桩施工　灰砂桩体积比为：石灰∶砂子∶水泥 =5∶4∶1。生石灰的粒径小于或等于 5cm，活性氧化钙含量大于 80%。砂子为中粗砂，过筛除去砂中的卵石、碎石、泥块等，含泥量应小于或等于 6%。本工程采用长螺旋回转钻机在土中成孔，成桩时分段夯实混合料，每段 1.0m，桩底投 20cm 厚中砂，顶部 0.5m 采用水泥黏土夯实封顶。控制投料量不少于桩孔体积的 1.4 倍（即充盈系数大于或等于 1.4），保证桩身填料的密实度，提高桩身强度，避免发生桩体"软心"现象。

（2）CFG 桩施工　CFG 桩的配合比，按配制 1m^3 桩身混合料计算，需加水 187kg，水泥

88kg，粉煤灰217kg，石屑（粒径小于或等于10mm）512kg，碎石1194kg。

采用长螺旋钻孔、管内泵压混合料灌注成桩的方法施工CFG桩，也可采取振动沉管法灌注成桩。

（3）垫层铺设　待灰砂桩和CFG桩全部施工完毕，挖除地表填土至地坪标高（-1.900m），夯实整平之后，方可铺设砂石垫层，形成复合地基的褥垫层。垫层材料由中粗砂与8~20mm碎石组成，级配应合理，分2~3层铺设，边铺边夯实，铺设总厚度为0.3m。

4. 处理效果

采用开挖检测、钻探取样、轻便触探和静载试验等方法对本工程灰砂桩与CFG桩组合处理地基效果进行了检测，检测结果均符合要求。静载测试复合地基承载力特征值达到了320kPa。这说明该工程施工质量良好，符合设计要求。

思考题

6.1　简述复合地基的概念。

6.2　简述复合地基的分类。

6.3　简述复合地基的破坏模式。

6.4　何谓面积置换率？如何确定？

6.5　何谓桩土应力比？主要影响因素有哪些？有何影响？

6.6　复合地基基础下设置褥垫层的作用有哪些？

6.7　如何确定地基处理面积？

6.8　如何确定地基处理深度？

第7章　挤密桩法

【本章导读】 本章主要介绍了挤密桩法、砂石和碎石桩法、石灰桩法和土或灰土桩法的概念、适用范围、作用机理、设计计算、施工技术和质量检验。了解挤密桩法的概念、工程分类；掌握碎石（砂）桩、石灰桩、土或灰土桩的特点与适用范围、加固机理、设计计算；熟悉碎石（砂）桩、石灰桩、土或灰土桩的施工技术和质量检测。

7.1　概述

7.1.1　挤密桩法的概念

挤密桩法是一种以振动、冲击或带套管等方法成孔，然后向孔中填入砂、碎石、土或灰土、石灰、渣土或其他材料，再加以振实成桩并且进一步挤密桩间土的软弱地基处理方法。按填入材料和施工工艺的不同，可分为砂桩、土（或灰土）桩、石灰桩、水泥粉煤灰碎石桩和夯实水泥土桩。

挤密桩法形成的碎石桩、砂桩、灰土桩等刚度相对较大的桩体，与桩周围因受挤压而变得密实的土体一起组成复合地基，从而达到提高复合地基承载力，减小最终沉降量的目的。

碎石桩、砂桩和砂石桩总称为砂石桩，是指采用振动、冲击或水冲等方式在软弱地基中成孔后，再将砂或碎石挤压入已成的孔中，形成大直径的砂石所构成的密实桩体。

挤密桩是一种柔性桩，它不同于钢筋混凝土桩及钢管桩等刚性桩，后者的承载力考虑桩本身的能力，一般不考虑桩间土对上部荷载的分担作用，而灰土（或土）桩本身承载能力较刚性桩要小得多，而其挤密后的地基（桩间土）与桩一起承担上部荷载，即灰土（或土）桩与柱间土一起形成复合地基。挤密桩受力与刚性桩不同，其工作状态类似于垫层，上部荷载通过它往下传递时应力扩散。且比天然地基扩散更快，在加固深度内附加应力将大大减小。在桩端也不需要坚实的持力层。刚性桩和柔性桩的区别见表7.1。

表7.1　刚性桩和柔性桩的区别

刚　性　桩	柔　性　桩
应力大部分从桩尖开始扩散	应力从地基开始扩散,组成桩与土的复合地基
应力传到下卧层时还是很大	应力传到下卧层时还是很小
如松软土层很厚时,若无较好的持力层,则沉降还可能会很大,沉降速度较慢	创造了排水条件,初期沉降快则大,而后期沉降小,并加快了沉降速度

对重要工程或是在缺乏经验的地区，施工前应按照设计要求，在现场进行试验，如土性基本相同，试验可在一处经行；如土性差异明显，应在不同地段分别进行试验。

7.1.2　挤密桩法的分类

1. 按桩体填充材料分类

一般情况下，凡具有挤密桩间土作用的竖向增强体地基处理方法均可以称为挤密桩法。按照挤密桩的桩体填充材料类别可以将挤密桩法分为土或灰土挤密桩法、石灰挤密桩法、碎石（砂）

挤密桩法、渣土挤密桩法等。

（1）碎石（砂）挤密桩法　采用振冲、沉管、锤击或其他技术方法，在软土中设置砂或碎石桩柱体，置换后形成复合地基，可提高地基承载力，降低地基沉降。同时，砂、石桩柱体在软黏土中形成排水通道，加速固结。

（2）石灰挤密桩法　在软弱土中成孔后，填入生石灰或其他混合料，形成竖向石灰桩柱体，通过生石灰的吸水膨胀、放热以及离子交换作用改善桩柱体周围土体的性质，形成石灰桩复合地基，以提高地基承载力，减小沉降量。

（3）土或灰土挤密桩法　采用沉管法或其他技术，在地基中成孔，回填土或灰土形成竖向加固体，通过排土和振动作用，挤密土体，形成复合地基，提高地基承载力，减小沉降量。

2. 按施工方法分类

挤密桩法的施工工艺多种多样，按施工方法可以将挤密桩法分为振冲挤密桩法（简称振冲法）、沉管挤密桩法和爆破挤密桩法等。

（1）振冲法　通过振动和高压水喷射的联合作用，在地基中形成很密实的桩体。

（2）沉管挤密桩法　包括振动挤密成桩法和冲击挤密成桩法。

1）振动挤密成桩法是在振动机的振动作用下，把带有底盖或活瓣的套管打入规定的设计深度，套管入土后，挤密了套管周围的土体，然后在土中投入填料，振动密实而成桩。

2）冲击挤密成桩（也称锤击挤密桩）法是在打桩机的锤击作用下，把带有底盖或活瓣的套管打入规定的设计深度，套管入土后，挤密了套管周围的土体，然后在土中投入填料，进一步冲击密实而成桩。

（3）爆破挤密桩法　将一定量的炸药埋入土中引爆后挤压成孔，它无需打桩机械，工艺简便，特别适用于缺乏施工机械的地区和新建的工程场地。

7.1.3 挤密桩法的作用机理

挤密桩法的作用有侧向挤密作用、振密作用、置换作用、排水固结作用、化学加固作用。

挤密桩的桩体材料具有一定的活性，在特定条件下发生复杂的胶凝反应、离子交换、碳酸化反应，提高土体的强度。

对于砂性土，侧向挤密（或振密）作用占主导地位；对于黏性土，以置换作用为主，桩体与桩间土形成复合地基。

7.1.4 挤密桩法的施工

成孔应按设计要求、成孔设备、现场土质和周围环境等情况，选用沉管（振动、锤击）或冲击等方法。

成孔时，地基土宜接近最优含水量，当土的含水量低于12%时，宜对拟处理范围的土层进行增湿。应于地基处理前4～6d，将增湿需要的水通过一定数量和一定深度的渗水孔，均匀地渗入拟处理范围内的土层中。

铺设灰土垫层前，应按设计要求将桩顶标高以上的预留松动土层挖除或夯密实。施工过程中，应有专人监理成孔及回填夯实的质量，并应做好施工记录。如发现地基土质与勘察资料不符，应立即停止施工，待查明情况或采取有效措施处理后，再进行施工。雨期或冬期施工，应采取防雨或防冻措施，防止灰土或土料受雨水淋湿或冻结。

7.1.5 挤密桩法的质量检验

成桩后，应及时抽查检验灰土挤密桩复合地基的质量。对一般工程，主要应检查施工记录、检测全部处理深度内桩体和桩间土的干密度，并将其分别换算为平均压实系数和平均挤密系数。检验的数量，对一般工程不应少于桩总数的1%，对重要工程不应少于桩总数的1.5%。

灰土或土挤密桩复合地基竣工验收时，承载力检验应采用复合地基载荷试验。检验数量不应少于桩总数的0.5%，且每项单体工程不应少于3点。

7.2 碎石桩和砂桩

7.2.1 概念及其发展

碎石桩是指用振动、冲击或水冲等方法在软弱地基中成孔后，再将碎石挤入土中形成大直径的由碎石所构成的密实桩体。按其制桩工艺分为振冲（湿法）碎石桩和干法碎石桩两大类。采用振动水冲法施工的碎石桩称为振冲碎石桩或湿法碎石桩。采用各种无水冲工艺（如干振、振挤、锤击等）施工的碎石桩称为干法碎石桩。各类碎石桩主要特性见表7.2。

表7.2 各类碎石桩主要特性

名称		设备与工艺	制桩功效	桩长/m	桩径/m	挤密能力	环境影响
振冲碎石桩		专用振冲器水平振动加水冲造孔，分层振密填料	较快	20～25	0.6～1.2	强	泥浆污染
干法碎石桩	干振碎石桩	专用振动成孔器水平振动造孔，分层振实填料	较快	≤6	0.4～0.7	强	无泥浆污染
	锤击碎石桩	重锤内击沉管，分层击实填料	中等	12～15	0.4～0.7	较强	
	振挤碎石桩	振动沉管法造孔，分层振实填料	较快	19～28	0.4～0.6	中等	

所谓散体桩是指无黏结强度的桩，在复合地基的各类桩体中，碎石桩与砂桩同属散体材料桩，加固机理相似，并随被加固土质不同而有差别。对砂土、粉土和碎石土具有置换和挤密作用；对黏性土和填土，以置换作用为主，兼有不同程度的挤密和促进排水固结的作用。目前，在国内外广泛应用的碎石桩、砂桩、渣土桩等复合地基都是散体桩复合地基。

碎石桩最早出现在1935年，直到1937年由德国Johann Kell（凯勒）公司设计制造出的具有现代振冲器雏形的机具，用于处理柏林一幢建筑物的7.5m深的松砂地基，结果将砂基的承载力提高了一倍，相对密度由原来的45%提高到80%，取得了显著的加固效果。随后，凯勒公司大力推广这一方法，在国内外进行了一大批砂基挤密工程，取得了丰硕的实践经验。

1957年，振冲法被引入英国。英国的工程师把电动振冲器改为水力驱动，并用它加固垃圾、碎砖瓦和粉煤灰。日本在20世纪50年代引进振冲法后用它加固油罐的松砂地基，目的在于提高砂基的抗液化能力。我国应用振冲法始于1977年，30多年来，在坝基、道路、桥梁、工业与民用建筑地基处理中，振冲法均已得到了广泛的应用。但因振冲碎石桩有泥水污染环境，在城市和既有建筑物地段的应用受到限制。

砂桩在19世纪30年代起源于欧洲，但是因当时缺少实用的设计计算方法，先进的施工工艺和施工设备，砂桩的应用和发展受到很大的限制，直到20世纪50年代，砂桩才得以迅速发展，施工工艺才逐步走向完善和成熟。在20世纪50年代末，日本成功研制了振动式和冲击式的砂桩施工工艺，并采用了自动记录装置，大大提高了施工质量和施工效率，处理深度也有较大幅度的增大，由原来的7m增加到30余米。

砂桩技术自20世纪50年代引进我国后，在工业及民用建筑、交通、水利等工程建设中均得到应用，有成功的经验，但也有达不到预期处理效果的情况。尤其是应用在软弱黏性土中还缺乏经验，因为软弱黏性土的渗透性较小，灵敏度高，成桩过程中产生的超孔隙水压力不能迅速消散，挤密效果较差，而且因扰动而破坏了土的天然结构，降低了土的抗剪强度。在软弱黏性土中形成砂石桩复合地基后，再对其进行加载预压，可以提高地基强度和整体稳定性，并减少施工后沉降。

7.2.2 适用范围

振冲碎石桩（振冲法）适用于处理砂土、粉土、粉质黏土、素填土和杂填土等地基。对于处理不排水抗剪强度不小于20kPa的饱和黏性土和饱和黄土地基，应在施工前通过现场试验确定其适用性。不加填料振冲加密适用于处理黏粒含量不大于10%的中砂、粗砂地基。

振冲法对不同性质的土层分别具有置换、挤密和振动密实等作用。对黏性土主要起到置换作用，对中细砂和粉土除置换作用外还有振实挤密作用。在以上各种土中施工都要在振冲孔内加填碎石（或卵石等）回填料，制成密实的振冲桩，而桩间土则受到不同程度的挤密和振密。桩和桩间土构成复合地基，使地基承载力提高，变形减小，并可消除土层的液化。在中、粗砂层中振冲，由于周围砂料能自行塌入孔内，也可以采用不加填料进行原地振冲加密的方法。这种方法适用于较纯净的中、粗砂层，施工简便，加密效果好。

砂石桩法适用于挤密松散砂土、粉土、黏性土、素填土、杂填土等地基。饱和黏土地基上，对变形控制要求不严的工程，也可采用砂石桩置换处理。砂石桩法还可用于处理可液化地基。

工程实践表明，砂石桩用于处理松散砂土和塑性指数不高的非饱和黏性土地基，其挤密（或振密）效果较好，不仅可以提高地基的承载力、减少地基的固结沉降，而且可以防止砂土由于振动或地震所产生的液化。

7.2.3 加固机理

1. 在松散砂土和粉土地基中的作用

（1）挤密作用　砂土和粉土属于单粒结构，其组成单元为散粒状体。单粒结构在松散状态时，颗粒的排列位置是很不稳定的，在动力和静力作用下会重新进行排列，趋于较稳定的状态。即使颗粒的排列接近较稳定的密实状态，在动力和静力作用下也将发生位移，改变其原来的排列位置。松散砂土在振动力作用下，其体积缩小可达20%。

无论采用锤击法还是振动法在砂土和粉土中沉入桩管时，对其周围土体都产生很大的横向挤压力，桩管将地基中等于桩管体积的砂挤向桩管周围的土层，使其孔隙比减小，密实度增加。此即碎石（砂）桩法的挤密作用。根据圆柱形孔扩张理论，在土中沉管时，桩管周围的土因受到挤压、扰动而发生变形和重塑，如图7.1所示。

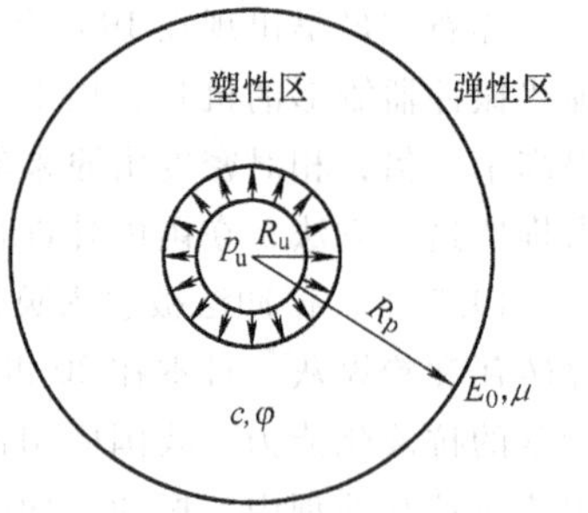

图7.1　桩孔周围应力分区

桩管周围塑性变形区半径 R_p 为

$$R_p = R_u\sqrt{\frac{G}{\tau\cos\varphi}} \tag{7.1}$$

式中　R_p——塑性塑性区最大半径；

R_u——桩孔半径；

τ——土的抗剪强度；

φ——土的内摩擦角；

G——土的剪切模量，$G=\dfrac{E_0}{2\ (1+\mu)}$；

E_0、μ——土的变形模量及泊松比。

从桩管表面到塑性变形区和弹性变形区在挤压应力作用下，土体受到不同程度的压密。受到严重扰动的塑性变形区土的强度会随休止期的增长而渐渐恢复，碎石（砂）桩成桩后，随着超孔隙水压力的消散，将加速其强度的恢复。

采用冲击法或振动法往砂土中下沉桩管和一次拔管成桩时，由于桩管下沉对周围砂土产生很大的横向挤压力，桩管将地基中同体积的砂挤向周围的砂层，使其孔隙比减小，密度增大，这就是挤密作用，有效挤密范围可达3~4倍桩直径，且地基承载力可提高2~5倍。这就是通常所谓的“挤密砂桩”。

（2）振密作用　沉管特别是采用垂直振动的激振力沉管时，桩管四周的土体受到挤压，同时，桩管的振动能量以波的形式在土体中传播，引起桩四周土体的振动，在挤压和振动作用下，土的结构逐渐破坏，孔隙水压力逐渐增大。由于土结构的破坏，土颗粒重新进行排列，向具有较低势能的位置移动，从而使土由较松散状态变为密实状态。随着孔隙水压力的进一步增大，达到等于或大于土中上覆土的自重应力时，土的有效应力将为零，土体开始液化成流体状态，流体状态的土变密实的可能性较小，如果有排水通道（砂石桩），土体中的水此时就沿着排水通道排出地面。随着孔隙水压力的消散，土粒重新排列、固结，形成新的结构，其密实度得到提高。在砂土和粉土中振密作用比挤密作用要显著，是碎石（砂）桩的主要加固作用之一。振动成桩过程中，一般形成以桩管为中心的“沉降漏斗”，直径达（7~9）d（d为桩直径），并形成多条环状裂隙。

振动作用的大小不仅与砂土的性质，如起始密实度、湿度、颗粒大小、应力状态有关，还与振动成桩机械的性能，如振动力、振动频率、振动持续时间等有关。

采用振动法往砂土中下沉桩管和逐步拔出桩管成桩时，下沉桩管对周围砂层产生挤密作用，拔起桩管对周围砂层产生振密作用，有效振密范围可达6倍桩直径左右。振密作用比挤密作用更显著，其主要特点是砂桩周围一定距离内地面发生较大的下沉。采用这种成桩方法的砂桩称为“振密砂桩”。

（3）抗液化作用　在地震作用或振动作用下，饱和砂土和粉土的结构受到破坏，土中的孔隙水压力升高，从而使土的抗剪强度降低。当土的抗剪强度完全丧失，或者土的抗剪强度降低，使土不再能抵抗它原来所能承受的剪应力时，土体就发生液化流动破坏。

碎石（砂）桩法形成的复合地基，其抗液化作用主要有两个方面：

1）桩间可液化土层受到挤密和振密作用。土层的密实度增加，结构强度提高，表现在土层标准贯入锤击数的增加，从而提高土层本身的抗液化能力。

2）碎石（砂）桩的排水通道作用。碎石（砂）桩为良好的排水通道，可以加速挤压和振动作用产生的超孔隙水压力的消散，降低孔隙水压力上升的幅度，因而提高桩间土的抗液化能力。预先受过适度水平的循环应力预振的砂土，将具有较大的抗液化强度。由于振动成桩过程中，桩间土受到了多次预振作用，因此使地基土的抗液化能力得到提高。

2. 在黏性土地基中的作用

黏性土结构为蜂窝状或絮状结构，颗粒之间的分子吸引力较强，渗透系数小。对于非饱和的黏性土，沉管时地基能产生一定的挤密作用。但对于饱和黏性土地基，由于沉管成桩过程中的挤压和振动等强烈的扰动，黏粒之间的结合力以及黏粒、离子、水分子所组成的平衡体系受到破坏，孔隙水压力急剧升高，土的强度降低，压缩性增大。碎石（砂）桩施工结束后，在上覆土体重力作用下，通过碎石（砂）桩良好的排水作用，桩间黏性土发生排水固结，同时由于黏粒、水分子、离子之间重新形成新的稳定平衡体系，使土的结构强度得以恢复。

（1）置换作用　碎石（砂）桩在软弱黏性土中成桩以后与桩间土共同组成复合地基。由密实的碎石（砂）桩桩体取代了与桩体体积相同的软弱土，因为碎石（砂）桩的强度和抗变形性能等均优于其周围的土，所以形成的复合地基的承载力、模量就比原来天然地基的承载力、模量大，从而提高了地基的整体稳定性，减小了地基的沉降量。

一般地，砂桩复合地基承受外荷载时，发生压力向砂桩集中的现象，使桩周围土层承受的压力减小，沉降也相应减小。砂桩复合地基与天然的软弱黏性土地基相比，承载力增大率和沉降减小率都与置换率成正比关系。根据载荷试验，在同等荷载作用下，其沉降可比天然地基减小20%～30%。

（2）排水固结作用　黏性土是一种颗粒细、渗透性低且结构性较强的土，在成桩的过程中，由于振动挤压等扰动作用，桩间土出现较大的超静孔隙水压力，从而导致原地基土的强度降低。有的工程实测资料表明，制桩后立即测试可知，桩间土含水量增加了10%，干密度下降了3%，十字板强度比原地基土降低了10%～40%，制桩结束后，一方面原地基土的结构强度逐渐恢复；另一方面，在软黏土中，所制的碎石（砂）桩是黏性土地基中一个良好的排水通道，碎石（砂）桩可以和砂井一样起排水作用，大大缩短了土体的横向排水距离，加快地基的固结速度，加速地基土的沉降稳定。加固结果使有效应力增加，强度恢复并提高，甚至超过原土强度。

在软弱黏性土地基中，砂桩可以像砂井一样起排水作用，从而加快地基的固结沉降速率。砂桩复合地基与天然地基载荷试验的对比表明，在荷载相同的条件下，前者的沉降稳定时间比后者短得多。以上海宝山钢铁总厂的对比试验为例，在承压板面积影响范围内存在饱和的粉质黏土和淤泥质粉质黏土，在荷载约为160kPa时，砂桩复合地基沉降稳定时间为69～70h，而天然地基为190h，说明砂桩对促进地基固结沉降有十分显著的作用。

（3）加筋作用　由于碎石（砂）桩的刚度比桩周黏性土的刚度大，而地基中应力按材料变形模量进行重新分配，因此，大部分荷载将由碎石（砂）桩来承担，桩土应力比一般能达到2～4。

如果软弱土层厚度不大，则桩可穿透整个软弱土层达到其下的相对硬层上面，此时，桩体在荷载作用下就会产生应力集中，从而使软土地基承担的应力相应减小，其结果与天然地基相比，复合地基承载力会提高，压缩量会减小，稳定性会增加，沉降速率会加快，还可用来改善土体抗剪强度，加固后的复合桩土层还能大大改善土坡的稳定性。

（4）垫层作用　如果软弱土层较厚，则桩体不可能穿透整个土层，此时，加固过的复合桩土层能起到垫层作用，垫层将荷载扩散，使扩散到下卧层顶面的应力减弱并使分布趋于均匀，从而提高地基的整体抵抗力，减小其沉降量。

7.2.4 设计计算

碎石（砂）桩的设计计算包括桩体材料的选择，桩体直径的大小、布桩形式、桩距、桩长的选择，碎石（砂）桩复合地基稳定性验算及地基沉降的计算。

1. 一般原则

（1）加固范围　结合上部结构的特征、基础尺寸的大小、基础的形式、荷载条件和工程地质条件确定。复合地基的宽度应超出基础的宽度，每边放宽不少于1～3排桩；当用于消除地基液化沉陷时，每边放宽不小于处理深度的1/2，并不小于5m。当可液化层上覆盖厚度大于3m的非液化层时，每边放宽不小于液化层厚度的1/2，并不小于3m。

（2）桩体材料　碎石（砂）桩桩体材料可使用砾砂、粗砂、中砂、圆砾、角砾、卵石、碎石等，这些材料可单独用一种，也可以粗细粒料以一定的比例配合使用。特别是在对碎石（砂）

桩侧限作用较小的软弱黏性土中，可以使用含有棱角状碎石的混合料，以增大桩体材料的内摩擦角。碎石（砂）填料中含泥量不得大于5%，并且不含有粒径大于50mm的颗粒。

（3）桩体直径　碎石（砂）桩的直径取决于施工设备的能力、处理的目的和地基土类型等因素。振冲桩直径通常为0.8～1.2m，可按每根桩所用填料量计算，对饱和黏性土地基应采用较大的直径。采用沉管法成桩时，碎石和砂桩的桩径一般为0.30～0.70m。

（4）桩体长度　当相对硬层埋深不大时，应按相对硬层埋深确定；当相对硬层埋深较大时，按建筑物地基变形允许值确定；在可液化地基中，桩长应按要求的抗震处理深度确定。桩长不宜小于4.0m。

当地基中松软土层厚度较大时，对于按稳定性控制的建筑物来说，桩的长度应不小于最危险滑动面的深度，其长度可以通过复合地基的滑动计算来确定；对于按沉降变形控制的建筑物，桩的长度应满足复合地基的沉降量不超过建筑物的允许沉降量的要求，通过复合地基的沉降计算确定。

对于可液化地基，当液化层较薄或上部建筑物要求全部消除地基液化沉陷变形时，桩的长度应穿透液化层，且处理后土层的标准贯入锤击数的实测值大于相应的液化判别的临界值；当液化层厚度较大或上部建筑物要求部分消除地基液化沉陷变形时，桩长的确定应满足：处理深度应使处理后的地基液化指数不大于4，对独立基础与条形基础，桩长还不应小于基础底面下5m和基础宽度的最大值；处理深度范围内，使处理后土层的标准贯入锤击数实测值大于相应的液化判别临界值。砂石桩的长度一般为8～20m。

（5）桩位布置　砂石桩的平面布置形式要根据基础的形式确定，对大面积满堂处理，桩位宜用等边三角形布置，对独立或条形基础，桩位宜用正方形、矩形或等腰三角形布置。对于圆形或环形基础（如油罐基础）宜用放射形布置，如图7.2所示。

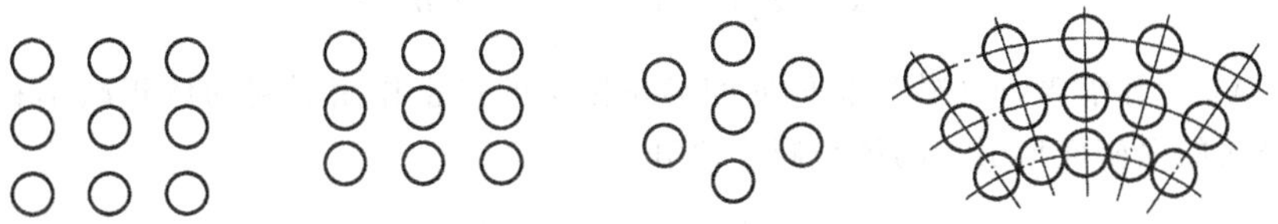

a)　　b)　　c)　　d)

图 7.2　桩位布置

a）正方形　b）矩形　c）等腰三角形　d）放射形

（6）垫层　碎石（砂）桩施工之后，桩顶1.0m左右长度的桩体是松散的，密实度较小，此部分应当挖除，或者采取碾压或夯实等方法使之密实。地面应铺设30～50cm厚的砂垫层或砂石垫层。垫层要分层铺设，用平板振动器振实。在地面很软不能保证施工机械正常行驶和操作时，可以在砂桩施工前铺设垫层。垫层材料选用中、粗砂或砂与碎石的混合料。

采用振动沉管法成桩时，对邻近建筑物及其可液化地基的振陷产生一定程度的影响。施工中应对邻近建筑物进行沉降观测并挖设减振沟。一些实测资料表明，振动沉管法施工距相邻建筑物的最小的安全距离约等于处理的深度，一般情况下，保持8～10m的距离为宜。

对于重要建筑或缺乏经验的场地，选择有代表性场地以不同布桩形式、桩间距、桩长、施工工艺进行制桩试验，以获得较合理的设计参数、施工工艺参数。

2. 桩孔间距的确定

（1）砂土和粉土地基　考虑振密和挤密两种作用，平面布置一般为正三角形和正方形，如图7.3所示。

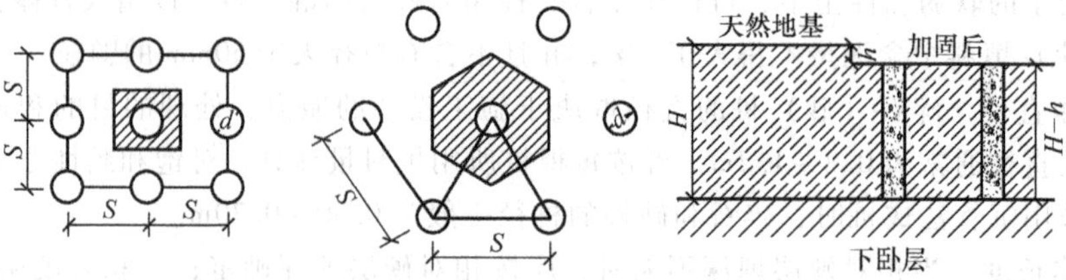

a)　　b)　　c)

图 7.3　桩距计算示意图

a）正方形　b）正三角形　c）加密效果

对于正三角形布置，则一根桩所处理的范围为六边形，见图 7.3b 中阴影部分，加固处理后的土体体积应变为

$$\varepsilon_V = \frac{\Delta V}{V_0} = \frac{e_0 - e_1}{1 + e_0} \tag{7.2}$$

式中　e_0——地基土天然孔隙比；

e_1——处理后要求达到的孔隙比。

一根桩处理范围为

$$V_0 = \frac{\sqrt{3}}{2} S^2 H \tag{7.3}$$

式中　S——桩间距；

H——欲处理的天然土层厚度。

$$\Delta V = \varepsilon_V V_0 = \left(\frac{e_0 - e_1}{1 + e_0} \right) \frac{\sqrt{3}}{2} S^2 H \tag{7.4}$$

实际上，ΔV 又等于碎石（砂）桩体向四周挤排土的挤密作用引起的体积减小和土体在振动作用下发生竖向的振密变形引起的体积减小之和，即

$$\Delta V = \frac{\pi}{4} d^2 (H - h) + \frac{\sqrt{3}}{2} S^2 h \tag{7.5}$$

式中　d——桩直径；

h——竖向变形（下降时取正值；隆起时取负值）。

整理后得

$$S = 0.95d \sqrt{\frac{H - h}{\frac{e_0 - e_1}{1 + e_0} H - h}} \tag{7.6}$$

同理，正方形布桩时

$$S = 0.89d \sqrt{\frac{H - h}{\frac{e_0 - e_1}{1 + e_0} H - h}} \tag{7.7}$$

处理后土的孔隙比 e_1 为

$$e_1 = e_{max} - D_{r1} (e_{max} - e_{min}) \tag{7.8}$$

式中　e_{max}——最大孔隙比，即砂土处于最松散状态的孔隙比，可通过室内试验测得；

e_{min}——最小孔隙比，即砂土处于最密实状态的孔隙比，可通过室内试验测得；

D_{r1}——处理后要求达到的相对密度（一般取值为 0.70～0.85）。

引入振密作用修正系数 ξ（并假定 $h=0$），式（7.6）和式（7.7）可分别写成：

正三角形布置
$$S=0.95\xi d\sqrt{\frac{1+e_0}{e_0-e_1}} \tag{7.9}$$

正方形布置
$$S=0.89\xi d\sqrt{\frac{1+e_0}{e_0-e_1}} \tag{7.10}$$

式中 ξ——修正系数，当考虑振动下沉密实作用时，可取 $\xi=1.1\sim1.2$；不考虑振动下沉密实作用时，可取 $\xi=1.0$。

（2）黏性土地基 只考虑置换作用时，正三角形布桩，一根砂桩的处理面积 A_e 为

$$A_e=\frac{\sqrt{3}}{2}S^2 \tag{7.11}$$

即
$$S=\sqrt{\frac{2}{\sqrt{3}}A_e}=1.08\sqrt{A_e} \tag{7.12}$$

正方形布置时，$A_e=S^2$，即有

$$S=\sqrt{A_e} \tag{7.13}$$

式中 A_e——1根碎石（砂）桩承担的处理面积；$A_e=A_p/m$；

A_p——碎石（砂）桩的截面积；

m——面积置换率，一般情况下，$m=0.10\sim0.30$。

3. 复合地基承载力计算

振冲桩复合地基承载力特征值应通过现场复合地基载荷试验确定，初步设计时也可用单桩和处理后桩间土承载力特征值按下式估算

$$f_{spk}=mf_{pk}+(1-m)f_{sk} \tag{7.14}$$
$$m=d^2/d_e^2$$

式中 f_{spk}——振冲桩复合地基承载力特征值（kPa）；

f_{pk}——桩体承载力特征值（kPa），宜通过单桩载荷试验确定；

f_{sk}——处理后桩间土承载力特征值（kPa），宜按当地经验取值，如无经验时，可取天然地基承载力特征值；

m、d——桩土面积置换率和桩身平均直径（m）；

d_e——1根桩分担的处理地基面积的等效圆直径（m），等边三角形布桩 $d_e=1.05S$，正方形布桩 $d_e=1.13S$，矩形布桩 $d_e=1.13\sqrt{S_1S_2}$，S、S_1、S_2分别为桩间距、纵向间距和横向间距（m）。

对小型工程的黏性土地基如无现场载荷试验资料，初步设计时复合地基的承载力特征值也可按下式估算

$$f_{spk}=[1+m(n-1)]f_{sk} \tag{7.15}$$

式中 n——桩土应力比，无实测值时，对黏性土可取2～4，粉土和砂土取1.5～3；原土强度低取大值，原土强度高取小值。

4. 复合地基沉降计算

（1）分层总和法 复合地基沉降量为加固区压缩量 s_1 和加固区下卧层压缩量 s_2 之和。可将加固区视为一复合土体。

复合土体的压缩模量可以通过碎石（砂）桩的压缩模量 E_p 和桩间土的压缩模量 E_s 在面积上进行加权平均的方法求得，即

$$E_{sp} = [1 + m(n-1)]E_s \tag{7.16}$$

式中 E_{sp}——复合土层压缩模量（MPa）；

E_s——桩间土压缩模量（MPa），宜按当地经验取值，如无经验时，可取天然地基压缩模量。

（2）沉降折减法 一般天然黏性土地基的沉降量可用下式表示

$$s = m_V \Delta p H \tag{7.17}$$

式中 H——固结土层厚度；

Δp——垂直附加平均应力；

m_V——天然地基的体积压缩系数（即单位应力增量作用下的体积应变）。

地基经砂桩或碎石桩处理后，垂直附加平均应力减小为 $\mu_s \Delta p$，体积压缩系数变为 m'_V，设原天然地基的沉降量 s 和处理后的沉降量 s' 比值为沉降折减系数 β，其计算式为

$$\beta = \frac{s'}{s} = \frac{m'_V \mu_s \Delta p H}{m_V \Delta p H} \tag{7.18}$$

如忽略原地基土的处理效果，则取 $m'_V/m_V \approx 1$，最后可求得处理后减小的沉降量：

$$\beta = \mu_s = \frac{1}{1+(n-1)m} \tag{7.19}$$

$$s' = \beta s \tag{7.20}$$

5. 稳定分析

若碎石（砂）桩用于改善天然地基整体稳定性时，可利用复合地基的抗剪特性，再使用圆弧滑动法来进行计算。

假定在复合地基中某深度处剪切面与水平面的夹角为 ϕ，考虑碎石（砂）桩和桩间土两者都发挥抗剪强度，则可得出复合地基的抗剪强度 τ_{sp}。

$$\tau_{sp} = (1-m)c + m(\mu_p p + \gamma_p z)\tan\psi_p \cos^2\phi \tag{7.21}$$

式中 c——桩间土的黏聚力（kPa）；

p——作用在复合地基上的荷载（kPa）；

z——自地表面起算的计算深度（m）；

γ_p——砂石料的重度（kN/m^3）；

ψ_p——砂石料的内摩擦角（°）；

m——面积置换率；

μ_p——应力集中系数，$\mu_p = n/[1+m(n-1)]$。

7.2.5 施工技术

1. 振冲法

振冲法是碎石桩主要施工方法之一。振冲法施工工艺如图 7.4 所示。工作原理是：以起重机吊起振冲器，起动潜水电动机后，带动偏心块，使振冲器产生高频振动，同时开动水泵，使高压水通过喷嘴射出，在边振边冲的联合作用下，将振冲器沉到土中的设计深度。经过清孔后，就可从地面向孔中逐段填入碎石，每段填料均在振动作用下被振挤密实，达到所

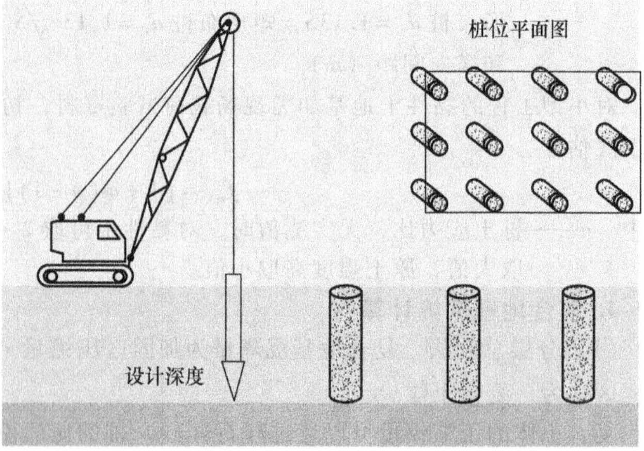

图 7.4 振冲法施工工艺

要求的密实度后提升振冲器，如此，重复填料和振密，直至地面，从而在地基中形成一根大直径的和很密实的桩体。

（1）施工机具及配套设备　振冲法施工主要机具有振冲器、起吊设备、供水泵、填料设备、电控系统、排浆泵等。

1）振冲器。振冲器是振冲法施工的主要机具，江苏省江阴市振冲器厂的定型产品是ZCQ系列，额定功率13～120kW不等，可根据地质条件和设计要求进行选用。我国常用振冲器型号见表7.3。

表7.3　我国常用振冲器型号

项目＼型号		ZCQ13	ZCQ30	ZCQ55	ZCQ75C	ZCQ100	ZCQ125
潜水电动机	功率/kW	13	30	55	75	100	125
	转数/(r/min)	1450	1450	1470	1470	1470	1480
振动机体	动力矩/N·m	14.89	38.5	78.3	78.3	83	90
	激振力/kN	35	90	130	170	190	220
	头部振幅/mm	3	4.2	5.7	7.5	7	7
振冲器外径/mm		273	351	351	427	402	402
全长/mm		1975	2150	2790	3172	3214	3738
总质量/kg		800	980	1040	1220	1520	1800

2）起吊设备。起吊设备是用来操作振冲器的，起吊设备可用轮式起重机、履带式起重机或自行井架式专用起重机，有些施工单位还采用扒杆打桩机等。起重机的起吊力：30kW的振冲器应大于50kN、75kW的振冲器应大于100kN，即由振冲器的总重量乘以一个5左右的扩大系数，可确定起吊设备的起吊力。起吊高度必须大于加固深度，自行井架专用起重机的特点是位移方面、工效高、施工安全，最大加固深度可达15m。

3）供水泵。供水泵要求压力0.5～1.0MPa，供水量达$20m^3/h$左右。每台振冲器配一台水泵，如有数台振冲器同时施工，也可采用集中供水的办法。

4）填料设备。填料设备常用装载机、柴油小翻斗车和人力车。30kW振冲器应配$0.5m^3$以上装载机，75kW的振冲器配$1.0m^3$以上装载机为宜，如填料采用柴油小翻斗车或人力车，可根据情况定其数量。

5）电控系统。电控系统除为施工配电，还应具有控制施工质量的功能。若用发电机供电，发电机输出功率应满足振冲施工需要，一台30kW振冲器施工，需配备48～70kW柴油发电机一台。如一台发电机驱动一台振冲器时，发电机的输出功率要大于振冲器电动机额定功率的1.5～2倍，振冲器才能正常工作。施工现场应配有380V的工业电源。

6）排浆泵。应根据量和排浆距离选用合适的排浆泵。

（2）施工前准备

1）收集资料。包括地层剖面、地基土物理力学性质以及有关试验资料、地下水位等。

2）熟悉技术文件。熟悉施工图和对施工工艺的要求，掌握试验桩的施工工艺等。

3）放线布桩。根据设计图进行现场放线布桩，避免施工中出现错位和漏桩现象。

4）做好三通一平。确保水通、电通和料通，整平好场地。

5）现场布置。对大型工程应做好施工组织设计，合理布置现场。

（3）确定施工顺序　一般施工顺序有由里向外、一边推向另一边、间隔跳打等，如图7.5所示。

（4）选择填料的方式　振冲法填料的方式有间断填料法、连续填料法、综合填料法、先护

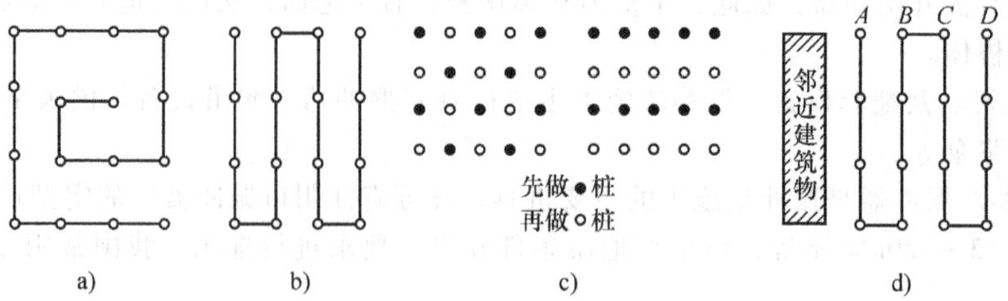

图 7.5 振冲法的施工顺序

a）由里向外方式 b）一边推向另一边方式 c）间隔跳打方式 d）邻近建筑物的施工顺序

壁后制桩法和不加填料法等。

1）间断填料法。如图 7.6 所示，成孔后把振冲器提出口，直接往孔内倒入一批填料，然后再下降振冲器使填料振密，每次填料都这样反复进行，直到全孔结束。

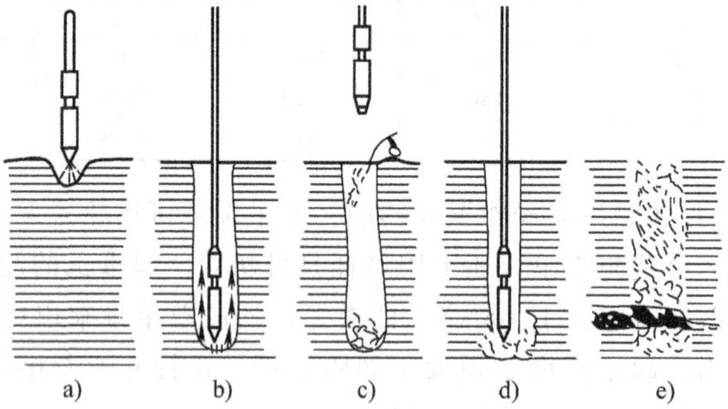

图 7.6 间断填料法制桩步骤

a）对准桩位 b）振冲成孔 c）振冲器提出孔口，孔内填第一次料（每次填料限制 0.8 ~ 1.0m 高）
d）将振冲器再放入孔内将桩料振实，达到“密实电流”为止 e）重复 c、d 步骤，直到整根桩制作完成

2）连续填料法。如图 7.7 所示，连续填料法是将间断填料法中的填料和振密合为一步来做。即连续填料法是边把振冲器缓慢向上提升（不提出孔口）边向孔中填料的施工方法。

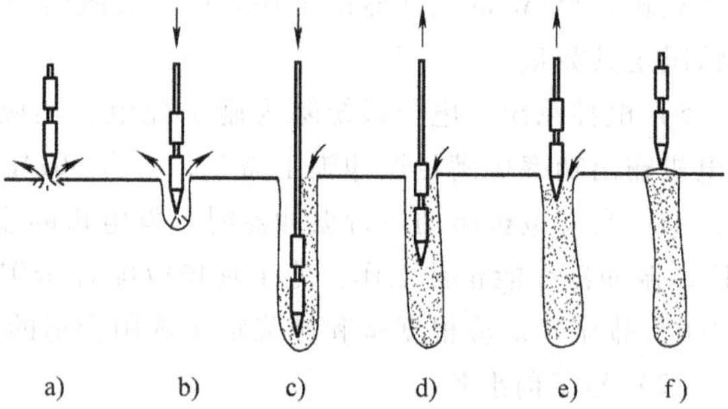

图 7.7 连续填料法制桩步骤

a）对准桩位 b）振冲成孔 c）振冲器孔底留振
d）从孔口填料，边填边振，达到“密实电流”
e）上提振冲器（0.3 ~ 0.5m）继续振密、填料，达到“密实电流”值 f）重复 e 步骤，直到整根桩制作完成

3）综合填料法。相当于前两种填料的组合施工方法。这种施工是第一次填料，振密过程采用的是间断填料法，即成孔后将振冲器提出孔口，填一次料后，然后下降振冲器，使填料振密，之后，就采用连续填料法，即第一批填料后，振冲器不提出孔口，只是边填边振。

4）先护壁后制桩法。在较软的土层中施工时，应采用“先护壁，后制桩”的办法施工。该法即成孔时，不要直接达到设计深度，而是先达到软土层上部范围内，将振冲器提出孔口，加一批填料，然后下沉振冲器将这批填料挤入孔壁，这样就可把这段软土层的孔壁加强以防

塌孔，然后使振冲器下降到下一段软土层中，用同样的方法填料护壁。如此反复进行，直到设计深度。孔壁护好后，就可在前述三种方法中任选一种进行填料制桩。

5）不加填料法。对于松散的中粗砂地基，由于振冲器提升后，孔壁塌落，即要利用中粗砂本身的自由塌陷代替外加填料，自由填满下面的孔洞，从而用不加填料法就可振密。这种施工方法特别适用于处理人工回填或吹填的大面积砂层。不加填料振冲加密宜采用大功率振冲器，为了避免造孔中塌砂将振冲器抱住，下沉速度宜快，造孔速度宜为8~10m/min，到达深度后将射水量减至最小，留振至密实电流达到规定时，上提0.5m，逐段振密直至孔口，一般每米振密时间约1min。

以上五种填料方法各有其优缺点和适用性，在振冲密实法中，对于处理粉细砂地基，宜采用加填料的振密工艺，对中粗砂地基可用不加填料就地振密的方法。在振冲置换法中，均应采用加填料工艺。“先护壁，后制桩”的工艺适用于软弱黏性土的振冲置换工程中；间断填料法多次提出振冲器，每次填料量的堆高不能超过1.0m，操作繁琐，制桩效率低，但适合人工推车填料，并可大致估算造桩每段的填料量；连续填料法振冲器不提出孔口，制桩效率高，制成的桩体密实度较均匀、施工简单、操作方便、适合机械化作业。

连续填料法必须严格控制振冲器上提高度，每次上提高度为0.3~0.5m，不宜大于0.5m，否则就会造成桩体密实度不均匀。连续填料法由于施工振动的扰动，在桩底部形成松软的扰动区，桩底填料不易振密，影响加固质量。对于黏性土地基的振冲置换，由于成孔后孔径较小，采用连续填料法不能保证填料顺利地下到孔底，而采用间断填料法桩体质量易保证。

综合填料法施工不仅避免了前两种方法的缺点，而且提高了地基的加固效果。实践证明，桩周土的加密效果良好，成桩直径也比间断填料法的桩径大20%以上，成桩工效也比较高。由于综合填料法在孔底压入并振捣密实了回填石料，桩底端头密度和强度显著提高，改善了石料和地基土的受力特性，这对于短桩加固的地基尤为重要。

在松散砂土中，尤其是饱和松散粉细砂地基中，在振冲作用下很容易产生液化和下沉，振冲成孔的孔径较大，施工时填入的石料容易从孔壁和振冲器之间的空隙下落，因此常采用连续填料法，能充分发挥振冲器水平向振动力的作用，挤密作用好。

（5）施工步骤及注意事项

1）振冲定位。起重机起吊振冲器对准桩位（误差应小于10cm），开动供水泵，水压可用200~600kPa、水量可用200~400L/min，待振冲器下端喷水口出水后，开动电源，起动振冲器，检查水压、电压和振冲器的空载电流是否正常。

2）振冲成孔。起动施工车或起重机的卷扬机下放振冲器，使其以0.5~2m/min的速度徐徐贯入土中，造孔过程应保持振冲器呈垂直状态。振冲器下沉过程中的电流值不得超过电动机的额定电流值，一旦超过，须减速下沉或暂停下沉或向上提升一段距离，借助高压水松动土层后，电流值下降到额定电流以内时再进行下沉。在开孔过程中，要记录振冲器各深度的电流值和时间。若孔口不返水，应加大供水量，并记录造孔速度及返水的情况。

3）留振时间和上拔速度。当振冲器达到设计深度后，对振冲密实法，可在这一深度上留振30s，将水压和水量降至孔口有一定量回水但无大量细小颗粒被带走的程度。如遇中部硬夹层，应适当通孔，每深入1m应停留扩孔5~10s，达到深度后，振冲器再往返1~2次进行扩孔。对连续填料法振冲器留在孔底以上30~50cm准备填料；间断填料法可将振冲器提出孔口，提升速度可在5~7m/min。振冲置换法成孔后要留有一定时间清孔。

4）清孔。成孔后，若返水中含泥量较高或孔口被泥淤堵塞以及孔中有强度较高的黏性土，导致成孔直径小时，一般需清孔。把振冲器提出孔口（或需清孔的位置），然后重复2）、3）步骤1~2遍；借助循环水使孔内泥浆变稀，清除孔内泥土保证填料畅通，最后，将振冲器停留在加固深度以上30~50cm处准备填料。

5）填料。无论采用何种填料方法，填料中都要求保证振实振密。由于填料的不断挤入，孔壁土的约束力逐渐增大，一旦约束力与振冲器产生的水平振动力相平衡，桩径不再扩大，这时振冲器的电流值迅速增大。当电流达到规定电流（即密实电流）时，认为该深度的桩已经振密，如果电流达不到其密实电流，则需要提起振冲器向孔内倒一批料，然后再下降振冲器继续进行振密。如此重复操作，直到该深度的电流达到密实电流为止。密实电流由现场制桩确定或按经验估算。填料过程中，一般以1~2m/min的速度提升振冲器，并观察振冲器电动机电流变化，记录每次提升高度、留振时间和密实电流。

6）制桩结束。制桩加固至桩顶设计标高以上时，先停止振冲器运转，再停止供水泵，这样1根桩就制作完成了。

（6）质量控制措施　对振冲密实法，在施工中要严格控制质量，不漏振、不漏孔。在连续填料法中，控制振冲器的提升速度，在间断填料法中控制每次填料的数量，无论是有填料的振冲密实，还是无填料的振冲密实，只要振密时能使振密控制电流达到密实电流，就能达到设计要求，确保加密质量。必须指出，如在施工中发生底部漏振或电流未能达到其控制值（即密实电流），从而造成质量事故，再用振冲补孔是十分困难的，这是因为上部砂层已经振密。

振冲置换桩的施工质量控制实质上就是对施工中所用的水、电、料的控制，并有机地综合控制，才能达到理想的加固效果。下面介绍主要的控制原则：

1）水的控制。主要是控制水压和水量，水量要充足，使孔内充满水，这样才可防止塌孔，使制桩工作得以顺利进行。反之，水量也不能太多，过多时，易把填料带出孔口。一般水量在200~400L/min较适宜。水压视土质和强度而定，对于强度较低的软土，水压要小些。一般在成孔过程中水压可用200~600kPa。成孔过程中，水量和水压尽可能大，当接近设计加固深度时，要降低水压，以免破坏桩底以下的土，加料振密过程中，水量水压均宜小。

2）电的控制。主要是控制加料振密过程中的密实电流。密实电流应根据现场制桩试验确定，一般对于振冲密实法，其密实电流应超过空载电流25~30A；振冲置换法的密实电流一般应超过空振电流35~45A。值得注意的是，在较硬的土或砂性较大的地基中制桩时，不能把振冲器刚接触填料一瞬间的电流值作为密度电流。这是因为振冲前瞬时进入石料产生的瞬时电流达高峰，决不能以此电流来控制桩的质量。瞬时电流值有时高达100~120A，但只要把振冲器停住不下降，电流值立即变小，可见瞬时电流并不能真正反映填料的密实程度，只有振冲器在固定深度上振动一定时间（砂土地基一般为5~10s；黏性地基一般为10~20s，视不同土质而定，即留振时间），而电流稳定在某一数值时，这一稳定电流才能反映填料的密实度，要求稳定电流超过规定的密实电流值，该段桩体才称制桩完成。

采用密实电流作为质量控制标准的优点是：能使软弱土层处多填料，强度高的土层相对要少填料，在垂直剖面上，碎石桩直径不等，随土层软硬不一而变。加固结果是使地基在水平方向和垂直方向强度都变得均匀。这是振冲法优于其他地基加固方法的主要方面之一。

3）填料的控制。关于填料要坚持“少吃多餐”，即勤加料。每批填入的料不宜过多，控制填料在桩孔中的堆高在0.8m左右，为0.15~0.5m^3。在制作最深处桩体时，为达到规定的密实电流，所需的填料量远比制作其他部位桩体多，有时这段填料量可占整根桩填料量的1/4或1/3。这是因为开始阶段加的料有相当一部分在从孔口向孔底下落过程中被粘留在各深度的孔壁上，只有少量落到孔底；或者是水压控制不当，造成桩孔超深，使孔底填料数量剧增；或者是孔底遇到了事先不知的局部软弱土层，这也导致桩底填料量超过正常填料量。

4）综合指标的控制。所谓施工质量的控制就是要谨慎地掌握好填料数量、密实电流和留振时间这三个施工质量控制指标，要使每段桩体在这三个方面都达到规定值。只有在一定填料的情况下，才能保证达到一定的密实电流，而这时也必须有一定的留振时间，才能把填料挤紧振密。一般来说，在粉性较重的地基中制桩或在地层中存在软弱土夹层部位制桩，填料量和留振时间容易达到规定值，这时还要把好密实电流这道关。

2. 振动沉管法

振动沉管成桩法的施工机械包括振动机、料斗、振动套管等。套管的下端装有底盖和排砂活瓣（或砂塞）。为了使砂或砂石有效地排出或者套管易于打入，还装有高压空气的喷射装置。其配套的机械有起重机、装砂（碎石）机、空压机和施工管理仪器等。

振动挤密砂桩或砂石桩的成桩工艺就是在振动机的振动作用下，把带有底盖（或砂塞）的套管打入规定的设计深度。套管入土后，挤密了套管周围土体，然后投入砂（或砂石），振动密实成桩。目前，振动成桩法分为一次拔管法、逐步拔管法和重复压拔管法三种。

（1）一次拔管法　一次拔管法成桩工艺步骤如下：

1）桩管垂直对准桩位，此时活瓣桩靴呈闭合状态（见图7.8a）。

2）起动振动桩锤，将桩管振动沉入土中，达到设计深度，使桩管周围的土被挤密或挤压（见图7.8b）。

3）从桩管上端投料漏斗加入砂石料（见图7.8c）。砂石料数量根据设计确定，为保证顺利下料，可加适量水。

4）边振动边拔管直至拔出地面（见图7.8d）。通过拔管速度控制桩身的连续性和密实度，拔管速度应通过试验确定，一般拔管速度为1~2m/min。

（2）逐步拔管法　逐步拔管法成桩工艺步骤如下：

1）~3）与一次拔管法步骤相同。

4）逐步拔管，边振动边拔管，每拔管50cm，停止拔管而继续振动，停拔时间为10~20s，直至将桩管拔出地面。

（3）重复压拔管法　重复压管法成桩工艺步骤如下：

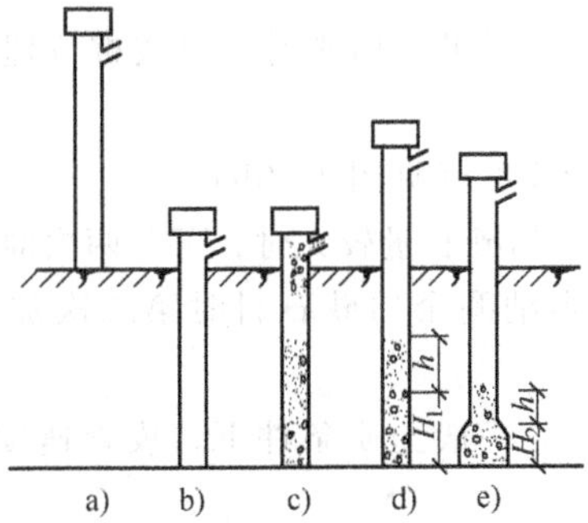

图7.8　一次拔管和逐步拔管成桩工艺

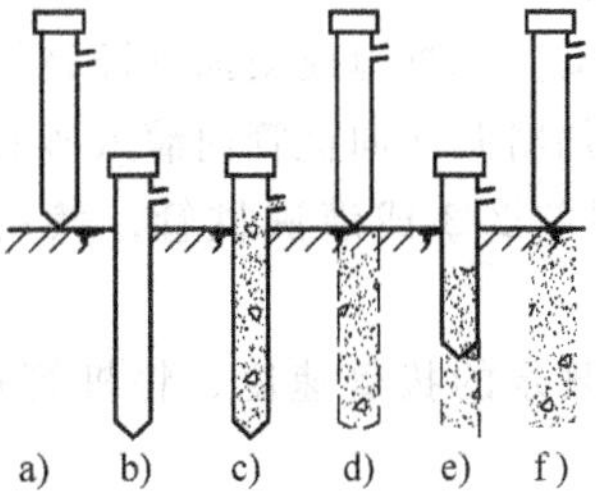

图7.9　重复压拔管成桩工艺

1）桩管垂直就位，闭合桩靴（见图7.9a）。

2）将桩管沉入地基土中达到设计深度（见图7.9b）。

3）按设计规定的砂石料量向桩管内投入砂石料（见图7.9c）。

4）边振动边拔管，拔管高度根据设计确定（见图7.9d）。

5）边振动边向下压管（沉管），如图7.9e所示。下压的高度由设计和试验确定。一般情况下，桩管每提高100cm，下压30cm，然后留振10～20s。

6）停止拔管，继续振动，停拔时间长短按规定要求（见图7.9f）。

7）重复步骤3）～6），直至桩管拔出地面。

振动沉管法每根桩的灌砂（或碎石量）按下式计算

$$q = kl\frac{\pi d^2}{4} \tag{7.22}$$

式中 l——桩长（m）；

d——桩径（m）；

q——每根桩的填料量（m^3）；

k——充盈系数，一般为1.25～1.32。

也可按下式计算

$$q' = \frac{A_p l D_r}{1+e_1}(1+0.01w) \tag{7.23}$$

式中 q'——每根桩的灌入量（t）；

A_p——桩的截面面积（m^2）；

l——桩长（m）；

D_r——砂（碎石）的相对密度（t/m^3）；

w——砂、碎石的含水量（%）。

3. 锤击成桩法

锤击法适用于加固杂填土、黏性土、粉细砂、粉土、淤泥土等。下列情况不宜采用锤击碎石桩：①地基中夹有大于2m的饱和软黏土、淤泥和淤泥质土，土体不排水抗剪强度小于20kPa或承载力小于70kPa时；②桩端未达到相对硬层，桩身下段淤泥超出桩长的2/5时；③上部结构对地基变形有严格要求时。

锤击法（也称冲击法）成桩工艺分为单管法、双管法、内击沉管法等。双管锤击法又分为芯管密实法和内击沉管法。芯管密实法适用于砂桩和碎石桩，内击沉管法适合用于碎石桩。

（1）单管成桩法　单管锤击法成桩工艺步骤如下：

1）桩管垂直就位，下端为活瓣桩靴时则对准桩位，下端开口时则对准已按桩位埋好的预制钢筋混凝土锥形桩尖（见图7.10a）。

2）起动蒸汽桩锤或柴油桩锤将桩管打入土层至设计深度（见图7.10b）。

3）从加料漏斗向桩管内灌入砂石料（见图7.10c）。当砂石量较大时，可分两次灌入，第一次灌总料量的2/3或灌满桩管，然后上拔桩管，当能容纳剩余的砂石料时第二次加够所需砂石料。

4）按规定的拔管速度，将桩管拔出（见图7.10d）。一般土质条件下，拔管速度为1.5～3.0m/min。

（2）芯管密实双管成桩法　如图7.11所示，该双管锤击法成桩工艺步骤如下：

1）桩管垂直就位（见图7.11a）。

2）起动蒸汽桩锤或柴油桩锤，将内、外管同时打入土层中至设计规定的深度（见图7.11b）。

3）拔起内管至一定高度不致堵住外管上的投料口，打开投料口门，将砂石料装入外管里（见图7.11c）。

4）关闭投料口门，放下内管，压在外管内的砂石料面上，拔起外管，使外管上端与内管和桩锤接触（见图7.11d）。

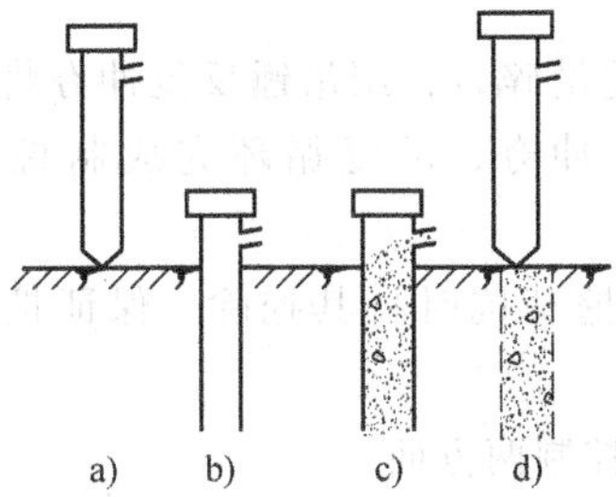

图7.10　单管锤击成桩工艺

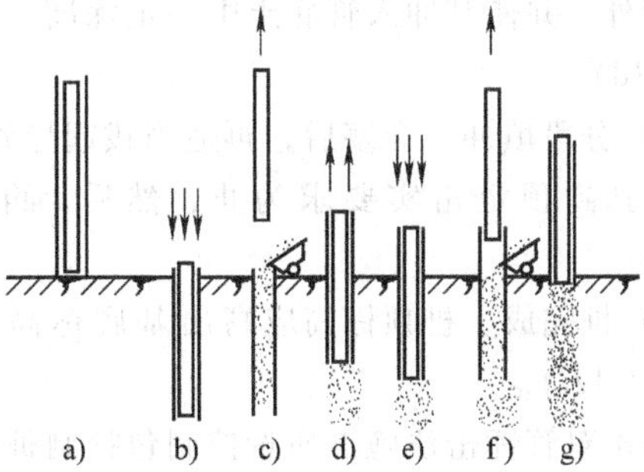

图7.11　芯管密实双管法成桩工艺

5）起动桩锤，锤击内、外管将砂石料压实（见图7.11e）。桩底第一次投料较少，如填一手推车约0.15m³（是桩身每次投料的一半），然后锤击压实，这一阶段叫“座底”，以保证桩长和桩底密实度。

6）拔起内管，向外管里加砂石料，每次投料为两手推车，约0.30m³（见图7.11f）。

7）重复步骤4）～6），直至拔管接近桩顶（见图7.11g）。

8）制桩达到桩顶时，即最后1～2次加料每次加1手推车或1.5手推车砂石料，进行锤击压实，至设计规定的桩长或桩顶标高，这一阶段叫“封顶”。

对于芯管密实双管锤击法，可用贯入度和填料量两项指标双重控制桩的直径和密实度。对于以提高地基承载力为主要处理目的的非液化土，以贯入度控制为主，填料量控制为辅；对于以消除砂土和粉土地震液化为主要处理目的的，则以填料量控制为主，以贯入度控制为辅。贯入度和填料量可通过试桩确定。

（3）内击双管锤击法　该法是指采用重锤内击沉管和分层填料击实工艺制作碎石桩，与制作“福兰克桩”工艺相似，不同之处在于福兰克桩用的是混凝土，而内击双管锤击法用的是碎石。内击双管锤击法成桩工艺如下：

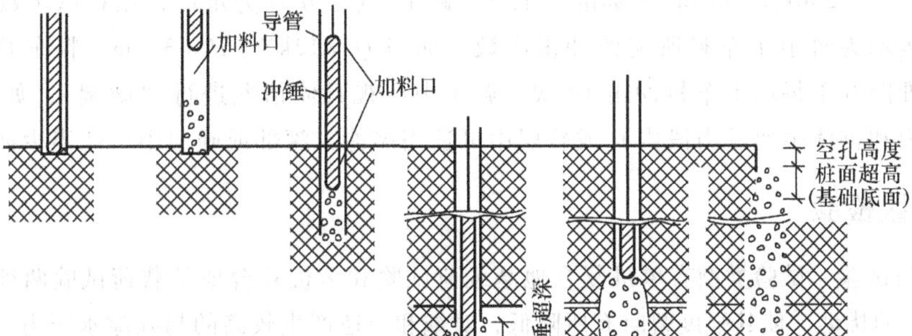

图7.12　内击双管锤击法制桩工艺

1）移机就位，将导管中心对准桩位，而后放落地面（见图7.12a）。

2）在导管内填入一定数量的碎石（一般管内填料高度为0.7～1.2m）形成“石塞”（见图7.12b）。

3）内击沉管，用吊锤冲击管内已形成的石塞，通过碎石与导管内壁的侧摩阻力带动导管与石塞一起沉入土中，达到预定深度为止（见图7.12c）。

4）击穿石塞，导管移至预定深度后，将导管拔起离孔底数十厘米，然后用吊锤将石塞碎石击出管外，并使其冲入管底土中一定深度，称为“冲锤超深”，冲锤超深一般为0.5～1.0m（见图7.12d）。

5）分段填冲，穿塞后，再适当拔起导管，向管内填入适量碎石，用吊锤反复冲夯将它击出管外，达到预定击实要求为止，然后，再次拔管—填料—冲夯，反复循环完成制桩（见图7.12e）。

6）桩完成，桩顶标高应高出基底标高0.5～1.0m，开挖基坑时将其挖除，保证桩顶质量（见图7.12f）。

内击双管锤击法施工质量控制包括制桩深度和桩身质量控制两方面。

1）制桩深度控制。对于非承托桩（设计桩底仍在软弱土中，又称浮桩或悬挂桩），主要按设计桩长控制；对于承托桩（设计桩底需承托到下卧好土层上并深入其中0.5～1.0m），除参考预定桩长和地质剖面图外，应根据内击沉管过程中最后0.5～1.0m的沉管贯入度进行控制。

2）桩体质量控制。一是投石量控制法，即在施工中控制全桩或每米桩所应投入的碎石量最低数量。其优点是简单易行，但当地层软硬相间时，难以判断桩身碎石密度达到要求时的投石量。二是单体冲击能控制法，即在分段填冲过程中控制单位体积碎石填料所应接收的冲击能最低量值。单体冲击能按下式计算

$$W=\frac{nQH}{V} \tag{7.24}$$

式中 W——单位冲击能（$kN\cdot m/m^3$）；

n——冲锤冲击次数；

Q——冲锤重量（kN）；

H——冲锤高度（m）；

V——碎石填料体积（m^3）。

为使桩体碎石密实度达到所需的单位冲击能量值，可通过对比试验得出，且与地层有关。多数情况下可取 $W=350kN\cdot m/m^3$ 为标准。工程实践中，Q、H 均为定值，填料以车数计，则上述标准可简化表示为每填1车料所需的冲击次数。如当 $Q=12kN$、$H=3.5m$、料车容积为 $0.1m^3$ 时，上述标准即等于每填1车料冲击10次。施工中应视具体情况进行“微调”，如浅部（地基主要压缩层内和桩体主要受力段内）或软层中可适当多冲，深部或硬层中可适当少冲。

7.2.6 质量检验

（1）载荷试验 试验类型有单桩复合地基载荷试验和多桩复合地基载荷试验两种。由于制桩过程对地基土的扰动，使其强度暂时有所降低，对饱和土还产生较高的超孔隙水压力。因此，制桩结束后要静置一段时间，使强度恢复，超孔隙水压消散以后进行载荷试验。对粉质黏土恢复期不宜少于3周，对粉土地基不宜少于2周，对砂土和杂填土地基不宜少于1周。载荷试验点数量不应少于总桩数的1%，且每个单位建筑不应少于3点。当没有大型复合地基载荷试验条件时，可以利用单桩载荷试验或桩间土载荷试验所得的承载力值计算复合地基承载力值。

（2）室内土工试验 通过地基处理前后桩间土的物理力学性质指标的变化来验证处理的效果。试验项目有含水量、重度、孔隙比、压缩模量和抗剪强度指标值等。

（3）静力触探和标准贯入试验 用于检验桩间土的加固效果，也可用于检验碎石（砂）桩桩身的施工质量。用重型动力触探检验碎石（砂）桩的桩身密实度和桩长等。

（4）波速试验 通过测定土的波速确定土的动弹性模量和动剪切模量。通过测定地基处理

前后波速的变化来判断处理的效果。

(5) 其他专门测试 对重要工程，为了给设计、施工或研究提供可靠数据，还要进行一些专门的测试。针对不同目的，分别有超孔隙水压力、复合地基应力分布和桩土应力比等。

7.2.7 工程应用实例

京珠高速公路广琼东段灵山试验路，过渡路段采用碎石桩处理软基。

1. 工程地质条件

灵山试验路地基自上而下土层为：①耕植土：层厚0~1.2m，$c_u=20\text{kPa}$；②淤泥层：层厚1.2~14.0m，含水量高达70%，压缩模量$E_s=1.2\text{MPa}$，$c_u=7\sim8\text{kPa}$；③粗砂夹淤泥层：层厚14.0~19.0m，$c_u=40\text{kPa}$，压缩模量$E_s=3.3\text{MPa}$；④淤泥质亚黏土层：层厚19.0~28.0m，含水量52%，压缩模量$E_s=1.5\text{MPa}$，$c_u=17\text{kPa}$；⑤28.0m以下，弱风化黏土层。

2. 振冲碎石桩的设计

(1) 设计参数

1) 加固范围。自桥头起25m长（K23+941.28~977.28），宽度与路基底部同宽。

2) 桩长。桩长取15m。

3) 布桩形式。按等边三角形布桩。

4) 桩距、桩径。碎石桩的沉降量介于桥台与路基之间，为更好地发挥缓冲区的作用，采取了变间距设计，靠近桥头15m内，桩间距为1.5m，靠近路基10m范围内，桩间距为1.8m。实际成桩直径平均达1.1m。

(2) 承载力验算

桩间距为1.5m时，$\dfrac{d^2}{d_e^2}=\dfrac{1.1^2}{(1.5\times1.05)^2}=0.49$，实测桩土应力比$n=5$，则有

$$f_{spk}=[1+m(n-1)]f_{sk}=[1+0.49\times(5-1)]\times40\text{MPa}=120\text{MPa}$$

桩间距为1.8m时，$\dfrac{d^2}{d_e^2}=\dfrac{1.1^2}{(1.8\times1.05)^2}=0.34$；$f_{spk}=[1+0.34\times(5-1)]\times40\text{MPa}=94\text{MPa}$。

(3) 压缩模量计算

桩间距为1.5m时，$E_{sp}=[1+m(n-1)]E_s=[1+0.49\times(5-1)]\times1.2\text{MPa}=3.6\text{MPa}$。

桩间距为1.8m时，$E_{sp}=[1+m(n-1)]E_s=[1+0.34\times(5-1)]\times1.2\text{MPa}=2.8\text{MPa}$。

碎石桩区的设计标高为5.0m，荷载为110kPa。

3. 处理效果检验

为了检验碎石桩的加固效果，进行天然地基和振冲碎石桩复合地基现场静载荷试验。碎石桩实测数据见表7.4，荷载试验成果见表7.5。荷载试验承载力特征值，取$s/b=0.02$对应的荷载，由表7.6可知，用振冲碎石桩加固软土地基，其复合地基的承载力提高了3.8倍，达到170kPa。加固效果显著。

表7.4 碎石桩实测数据

处理形式	间距/m	长度/m	最终沉降量/m	荷载/kPa	最大沉降速率/mm·d^{-1}
碎石桩	1.5	15	1.57	120.5	12.5

表7.5 碎石桩荷载试验成果

项　目	天然地基/kPa	复合地基/kPa	备注
允许承载力	42	170	单桩承载力为210kN

4. 沉降分析

碎石桩沉降量计算结果和实测值见表 7.6。由于碎石桩未打穿软土层，桩端下还留有 13m 厚的高压缩性的淤泥和淤泥质亚黏土，下卧层沉降较大，计算结果与实测数据接近。为减小过大的沉降，可以适当增加碎石桩的桩长。

表 7.6 碎石桩沉降量

区域	桩间距/m	碎石桩层沉降/mm（计算值）	砂层沉降/mm（计算值）	下卧层沉降/mm（计算值）	总沉降/mm	
					计算值	实测值
Ⅰ	1.5	458	133	770	1251	1571
Ⅱ	1.8	589	133	770	1382	1443

7.3 石灰桩

7.3.1 石灰桩的概念

石灰桩是以生石灰为主要固化剂，与粉煤灰或火山灰、炉渣、矿渣、黏性土等掺合料按一定比例均匀混合后，在桩孔中经机械或人工分层振压或夯实所形成的密实桩体。为提高桩身强度，还可掺加石膏、水泥等外加剂。石灰桩与经改良的桩周土共同组成石灰桩复合地基。在生石灰块中掺入粉煤灰所形成的桩被称为“二灰桩”，掺入砂子的桩被称为“石灰砂桩”。

石灰桩法指采用机械或人工方法在地基中成孔，然后灌入生石灰或按一定比例加入粉煤灰、炉渣、火山灰等掺合料及少量外加剂的生石灰混合料，并进行振密或夯实而形成石灰桩桩体，该桩体与经过改良的桩周土共同承担上部建筑物载荷。石灰桩属复合地基中的低黏结强度的柔性桩。

7.3.2 石灰桩的发展

我国将石灰作为建筑材料利用，始于距今五六千年的仰韶文化时期。西方最早的石灰窑大约建于公元前 2000 年，几乎所有古代文明的民族都懂得烧制石灰。在古代，石灰加固地基采用的是浅层方式，用作路基、墙基和垫层，或者将石灰块投入土中浅孔捣实。

用石灰加固软弱地基至少有 2000 年的历史，但直到 20 世纪中叶，不论在我国还是国外，大多属于表层或浅层处理，如用 3:7 或 2:8 的灰土夯实作为路基和房基；或将生石灰直接投入软土层，用木夯夯实，使土挤密、干燥和变硬。由此，发展到用木槌在土中冲孔，在土中投入生石灰块，经吸水膨胀形成桩体，其深度一般在 300 ~ 500mm，形状上大下小，桩周土往往形成一层坚硬的外壳，近似陶土。

我国于 1953 年开始对石灰桩进行研究，天津大学和有关单位对生石灰的基本性质、加固机理、设计和施工等方面进行了系统的研究，由于限于当时的条件，施工为手工操作，桩径仅为 100 ~ 200mm，长度仅为 2.0m，又因发现软心等问题，所以未能继续。直至 1981 年，江苏省建筑设计院对东南沿海地区的大面积软土地基采用生石灰与粉煤灰掺合料进行了加固研究，其后，浙江省建筑科学研究所和湖北省、山西省建筑科学研究所等单位，相继开展了石灰桩的试验和应用研究。到 20 世纪 80 年代末，以上省市已用石灰桩 30 万根以上，应用建筑多为 6 ~ 7 层（个别 9 ~ 12 层）的建筑，还有部分工业厂房，结构形式有砌体承重结构、框架结构和排架结构等。石灰桩还用于油罐、烟囱、储仓等特种结构的地基加固以及基坑围护、路基加固、市政管线工程和房屋的托换工程中。此外，陕西于 1987 年将石灰桩与碱液灌注桩组合法用于消除黄土的湿陷性，达到良好的效果。

20世纪70年代，日本、美国、瑞典、前苏联、法国、联邦德国等国相继开展了石灰桩处理软土地基的研究，并广泛应用于道路、铁路、地铁、填筑软地基等加固工程。1975年，随着专用施工机械（旋转套管式无振动石灰桩专用机械）的出现，又扩大应用到城市下水管工程的地基加固及边坡、油罐、桥台地基的加固。国外，石灰桩直径多为200~400mm，桩长不超过35m。但在日本加固深度可达70m，成柱直径为800~1750mm。

石灰桩法具有增加土反应、节约用灰和加固深度大、机械化施工程度高等特点，成为国外应用最广的石灰处理地基的方法。按用料和施工工艺可将石灰桩分为以下三大类：

（1）石灰桩法（石灰块灌入法） 采用钢套管成孔，然后在孔中灌入新鲜生石灰块，或在生灰块中掺入适量水硬性掺合料粉煤灰和火山灰，一般配合比为8:2或7:3。在拔管的同时进行振密和捣密。利用生石灰吸水、膨胀、发热以及离子交换作用，使桩周土体含水量降低、孔隙比减小，使土体挤密和桩柱体硬化。桩和桩间土共同承受荷载，成为复合地基。

（2）石灰柱法 粉体喷射搅拌法的一种，所用的原材料是石灰粉。通过特制的搅拌机将石灰粉加固料与原位软土搅拌均匀，促使软土硬结，形成石灰土柱。

（3）石灰浆压力喷注法 高压喷射注浆法的一种。它是采用压力将石灰浆或石灰-粉煤灰（二灰）浆喷射注于地基土的孔隙内或预先钻进桩孔内，使灰浆在地基土中扩散和硬凝，形成不透水的网状结构层，从而达到加固的目的。此法可用于处理膨胀土，以减少膨胀潜势和隆起。用于加固破坏的堤岸坡，整治易松动下沉的路基。此法在国内用得较少。

7.3.3 石灰桩的适用范围

石灰桩法适用于处理饱和黏性土、淤泥、淤泥质土、素填土和杂填土等地基；用于地下水位以上的土层时，宜增加掺合料的含水量并减少生石灰用量，或采取土层浸水等措施。采用石灰桩法，可提高地基的承载力，减少沉降量，提高稳定性。

国外，石灰桩主要用于路基加固、堆场地基处理、基坑边坡稳定工程。国内，石灰桩主要用于建筑物软弱地基加固，也少量用于危房加固、路基加固以及基坑边坡加固工程。

7.3.4 加固机理

石灰桩既有别于砂桩、碎石桩等散体材料桩，又与混凝土桩等刚性桩不同。其主要特点是在形成桩身强度的同时也加固了桩间土。主要有桩间土作用、桩身作用和复合地基作用。

1. 桩间土作用

（1）挤密作用

1）成桩挤密。石灰桩施工时是由振动钢管下沉而成孔，使桩间土产生挤压和排土作用，其挤密效果与土质、上覆压力及地下水状况等有密切关联。一般地基土的渗透性越大，挤密效果越好，且地下水位以上比地下水位以下好。对灵敏度高的饱和软黏土，成桩过程非但不能挤密桩间土，而且还会破坏土的结构，促使土的强度降低。试验表明，对于饱和软黏土，石灰桩成桩后地面隆起占总灌灰体积的70%~90%，如加上侧向挤出，则成桩过程中桩对软黏土挤密效果更小。

2）膨胀挤密。石灰桩在成孔后灌入生石灰便吸水膨胀，使桩间土产生强大的挤压力，这对地下水位以下软黏土的挤密起主导作用。生石灰体积膨胀的主要原因是固体崩解和孔隙体积增大、颗粒比表面积增大，表面附着物增多，使固相颗粒体积也增大。体积膨胀与生石灰磨细度、水灰比、熟化温度、有效钙含量和外约束等有关。生石灰越细，膨胀就越小；熟化温度高时体胀也大。测试表明，根据生石灰有效钙含量高低，在自然状态下熟化后其体积增到原来的1.5~

3.5倍。

（2）吸水、升温使桩间土强度提高　软黏土的含水量一般为40%～80%，1kg生石灰的消化反应要吸收0.8～0.9kg的水，同时在理论上将放出1172kJ的热量。我国加掺合料的石灰桩，桩内温度最高达200～400℃。桩间土的温度升高滞后于桩体，在正常情况下，桩间土的温度最高可达40～50℃，其土体产生一定的汽化脱水。吸水和升温脱水，使土体含水量下降，土体产生固结，孔隙减小，土体颗粒靠拢挤密，加固区的地下水位也有一定的下降。桩间土的抗剪强度得到提高。

（3）胶凝作用　生石灰生成的$Ca(OH)_2$中一部分与土中二氧化硅和氧化铝产生化学反应，生成水化硅酸钙、水化铝酸钙等水化产物。水化物对土颗粒产生胶结作用，使土聚集体增大，加固前土样单元体为1～4μm，加固后为10μm，即加固前颗粒排列松散，加固后趋于紧密。从粒度分析中也可看出，加固土黏粒含量减少，这都说明颗粒胶结作用从本质上改变了土的结构，提高了土的强度。且土体的强度将随龄期的增长而增加。

（4）置换作用　由于石灰桩桩体具有比桩间土更大的强度（抗压强度为0.5～1MPa），通过这种置换作用，形成复合地基，从而达到提高地基承载力和减小沉降的目的。

（5）排水固结作用　试验分析结果表明，石灰桩桩体的渗透系数一般为10^{-5}～10^{-3}cm/s，亦相当于细砂。由于其桩间距较小（一般为2～3倍桩径），水平排水路径很短，具有较好的排水固结作用。建筑物沉降记录表明，建筑竣工开始，其沉降已基本稳定。

（6）加固层的减载作用　石灰桩的密度为8kN/m，显著小于土的密度，即使桩体饱和后，其密度也小于土的天然密度。当采用排土成桩时，加固层的自重减小，作用在下卧层的自重应力显著减小，即减小了下卧层顶面的附加应力。采用不排土成桩时，对于杂填土和砂类土等，由于成孔挤密了桩间土，加固层的重量变化不大。对于饱和黏性土，成孔时土体将隆起或侧向挤出，加固层的减载作用仍可考虑。

2. 桩身作用

对单一生石灰作原料的石灰桩，当生石灰水化后，石灰桩的直径可膨胀到原来所填的生石灰块屑体积的二倍，如充填密实且纯氧化钙的含量较高，则生石灰密度可达1.1～1.2t/m³。

生石灰吸水膨胀后仍存在着相当多的孔隙，当将胀发后相当硬的石灰团用手揉捏时，水分就会被挤出来，石灰块会变成稠糊状，这种现象说明不宜过多地依靠石灰桩本身的强度，但很多试验证明石灰桩膨胀后的挤密作用使桩周土的孔隙比减小，土的含水量降低，形成一圈类似空心桩的较硬土壳，它使土的强度提高。所以这类桩的作用是使土挤密加固，而不是承重。

为保证石灰桩桩身不产生软化，要求石灰桩必须具有一定的初始密度，而且吸水过程中有一定的压力限制其自由胀发。当填充初始密度为1.17t/m³，上覆压力大于50kPa时，石灰吸水并不软化。采用较大的充盈系数（如1.6～1.7），提高石灰含量或缩短桩距来进一步约束桩的胀发作用，也可提高桩身的密实度；用砂填充石灰桩的孔隙，使胀发后的石灰桩本身比胀发前密实；桩顶采用黏土封顶，可限制由于石灰膨胀而隆起，同样可起到提高桩身的密实度的作用。采用掺合料（粉煤灰、火山灰、钢渣或黏性土）也可防止石灰桩软心，粉煤灰的掺入量一般占石灰桩质量的15%～30%。

当桩身由生石灰和粉煤灰组成时，由于石灰与含有二氧化硅、三氧化二铝和三氧化二铁的粉煤灰混合后，生石灰吸水膨胀、放热及离子交换作用，促成化学反应生成具有强度和水硬性的水化硅酸钙$CaO \cdot SiO_2 \cdot (n+1)H_2O$、水化铝酸钙$CaO \cdot Al_2O_3 \cdot (n+1)H_2O$和水化铁酸钙$CaO \cdot Fe_2O_3 \cdot (n+1)H_2O$，埋在土中的强度随龄期增长。这种方法既利用了工业废料，又克服了石灰桩桩心的软化，还解决了石灰桩在地下水位以下的硬化问题。

试验表明，石灰桩桩体渗透系数一般为$10^{-5}\sim10^{-8}$cm/s，相当于细纱；建筑竣工时其沉降已基本稳定，沉降率在0.04mm/d左右。

3. 复合地基作用

由于石灰桩桩体具有较桩间土更大的强度（抗压强度约为500kPa），在与桩间土形成的复合地基中具有桩体作用。当承受荷载时，桩上将产生应力集中现象。国内实测数据显示，石灰桩复合地基的桩土应力比一般为2.5～5.0。

7.3.5 设计计算

1. 桩体掺合料配合比

石灰桩的材料以生石灰为主，生石灰选用现烧的并过筛，粒径一般为50mm以下，含粉量不得超过总质量的20%，CaO含量不低于70%，其中夹石或其他杂物不大于5%。

石灰桩的主要固化剂为生石灰，掺合料宜优先选用粉煤灰、火山灰、炉渣等工业废料。生石灰与掺合料的配合比宜根据地质情况确定，生石灰与掺合料的体积比可选用1:1或1:2，对于淤泥、淤泥质土等软土可适当增加生石灰用量，桩顶附近生石灰用量不宜过大。当掺石膏和水泥时，掺加量为生石灰用量的3%～10%。

石灰桩属可压缩性桩，一般情况下桩顶可不设垫层。当地基需要排水通道时，可在桩顶以上设200～500mm厚的砂石垫层。

由于石灰桩的膨胀作用，桩顶覆盖压力不够时，易引起桩顶土隆起，增加再沉降。为此，应保持一定的覆盖压力，石灰桩宜留500mm以上的孔口高度，并用含水量适当的黏性土封口，封口材料必须夯实，封口标高略高于原地面。桩顶施工标高应高出设计标高100mm以上。

2. 桩径、桩距及布桩

石灰桩成孔直径应根据设计要求及所选用的成孔方法确定，常用300～400mm，可按等边三角形或矩形布桩，桩中心距可取2～3倍成孔直径。石灰桩可仅布置在基础底面下，当基底土的承载力特征值小于70kPa时，宜在基础以外布置1～2排围护桩。

石灰桩成孔直径和桩中心距应该根据复合地基承载力公式来计算。复合地基极限承载力的表达式为

$$p_{cf}=mp_{pf}+\lambda(1-m)p_{sf}$$

式中 λ——桩间土强度发挥程度；

p_{cf}——复合地基极限承载力；

p_{pf}——石灰桩极限承载力，由现场试验确定选用值；

p_{sf}——桩间土极限承载力，由试验确定选用值。

对于等边三角形，复合地基置换率m表达式为

$$m=0.9069\frac{d^2}{S^2},\text{面积}=\frac{\sqrt{3}}{2}S^2$$

式中 S——桩孔中心距；

d——桩孔直径。

可得到等边三角形布置的桩孔间距S为

$$S=0.95d\sqrt{\frac{p_{pf}-\lambda p_{sf}}{p_{cf}-\lambda p_{sf}}}$$

类似，对于正方形布置的桩孔间距S为

$$S = 0.886d\sqrt{\frac{p_{pf} - \lambda p_{sf}}{p_{cf} - \lambda p_{sf}}}$$

值得注意的是：石灰桩桩间距与桩间土强度有关。随着桩间距增大，由于桩体的物理化学作用引起的桩间土强度的提高减弱，桩间土强度降低。

试验表明，石灰桩宜采用细而密的布桩方式，可以充分发挥生石灰膨胀挤密效应，但桩径过小则施工速度受影响。目前人工成孔桩直径以 400mm 为宜，机械成孔桩直径以 350mm 左右为宜。

3. 桩长

桩的长度取决于石灰桩的加固目的和上部结构的条件。若石灰桩加固只是为了形成一个压缩性较小的垫层，则桩长可较小，一般可取 2～4m；若加固目的是减小沉降，则就需要较长的桩。如果为了解决深层滑动问题，也需较长的桩保证桩长穿过滑动面。根据加固区下卧层承载力要求和建筑物沉降来确定，还取决于施工机具及施工工艺水平，一般小于 8m。

下卧土层承载力

$$p_z + p_{cz} \leqslant f_{az}$$

式中 p_z——加固区下卧层顶面处附加压力（kPa）；

p_{cz}——加固区下卧层顶面处自重压力（kPa）；

f_{az}——加固区下卧层顶面经深度修正后的地基承载力特征值（kPa），宜通过试验确定。

若采用洛阳铲成孔，桩长不宜超过 6m；机械成孔管外投料时，桩长不宜超过 8m；螺旋钻成孔及管内投料时可适当加长。

石灰桩桩端宜选在承载力较高的土层中。在深厚的软弱地基中采用“悬浮桩”时，应减小上部结构重心与基础形心的偏心，必要时宜加强上部结构及基础的刚度。

4. 垫层

（1）当地基需要排水通道时，可在桩顶以上设 200～300mm 厚的砂石垫层。

因为石灰桩属可压缩性桩，一般情况桩顶可不设垫层。其渗透系数一般为 10^{-5}～10^{-3}cm/s，可作为排水通道。

（2）石灰桩宜留 500mm 以上的孔口高度，并用含水量适当的黏性土封口，封口材料务必夯实。

5. 布桩范围的确定

石灰桩加固范围宜大于基础宽度，当大面积满堂布桩时，一般在基础外缘增布 1～2 排石灰桩。

6. 承载力计算

石灰桩在软土中桩身强度多为 0.3～1.0MPa，强度较低。因此，石灰桩复合地基承载力特征值不宜超过 170kPa，当土质较好并且已采取保证桩身强度的措施时，经过试验后可适当提高。

石灰桩复合地基承载力特征值应通过单桩或多桩复合地基载荷试验确定。试验研究证明，当石灰桩复合地基荷载达到其承载力特征值时，具有以下特征：

1）沿桩长范围内各点桩和土的相对位移很小（2mm 以内），桩土变形谐调。

2）土的接触压力接近达到桩间土承载力特征值，即桩间土发挥度系数为 1。

3）桩顶接触压力达到桩体比例极限，桩顶出现塑性变形。

4）桩土应力比趋于稳定，其值为 2.5～5。

5）桩土的接触压力可采用平均压力进行计算。

基于以上特征，初步设计时，可按式（7.14）估算，式中 f_{pk} 为石灰桩桩身抗压强度比例界限值，由单桩竖向载荷试验测定，初步设计时可取350~500kPa，土质软弱时取低值；f_{sk}为桩间土承载力特征值，取天然地基承载力特征值的1.05~1.20倍，土质软弱或置换率大时取高值；m为面积置换率，桩面积按1.1~1.2倍成孔直径计算，土质软弱时宜取高值。

试验检测表明，生石灰对桩周边厚0.3d左右的环状土体显示了明显的加固效果，强度提高系数达1.4~1.7，圆环以外的土体加固效果不明显。因此，可采用下式计算桩间土承载力

$$f_{sk}=\left[\frac{(K-1)d^2}{A_e(1-m)}+1\right]\mu f_{ak} \tag{7.25}$$

式中 f_{ak}——天然地基承载力特征值；

A_e——1根桩分担的处理地基面积；

m——面积置换率；

K——桩边土强度提高系数，取1.4~1.7，软土取高值；

d——计算桩直径；

μ——成桩中挤压系数，排土成孔时$\mu=1$，挤土成孔时$\mu=1\sim1.3$（可挤密土取高值，饱和软土取1）。

7. 沉降计算

处理后地基变形应按GB 50007—2011《建筑地基基础设计规范》有关规定进行计算。变形经验系数ψ_s可按地区沉降观测资料及经验确定。

石灰桩复合土层压缩模量宜通过桩身及桩间土压缩试验确定，初步设计时可按下式估算

$$E_{sp}=\alpha[1+m(n-1)]E_s \tag{7.26}$$

式中 E_{sp}——复合土层的压缩模量（MPa）；

E_s——天然土的压缩模量（MPa）；

n——桩土应力比，可取3~4，长桩取大值；

α——系数，可取1.1~1.3，成孔对桩周土挤密效应好或置换率大时取高值。

7.3.6 施工技术

1. 材料选用

石灰材料应选用新鲜生石灰块，有效氧化钙含量不宜低于70%，粒径不应大于70mm，含粉量（指消石灰）不宜超过15%。掺合料应保持适当的含水量，使用粉煤灰或炉渣时含水量宜控制在30%左右。无经验时宜进行成桩工艺试验，确定密实度的施工控制指标。

2. 施工顺序

在加固范围内施工时，先外排再内排；先周边后中间。单排桩应先施工两端后中间，并按每间隔1~2孔的施工顺序进行，不允许由一边向另一边平行推移。如对原建筑物地基加固，其施工顺序应由外及里地进行；如邻近建筑物或紧贴水源边，可先施工部分“隔断桩”将其与施工区隔开；对很软的黏性土地基，应先在较大距离打石灰桩，过28d后再按设计间距补桩。

3. 成孔方法

石灰桩施工可采用洛阳铲或机械成孔。机械成孔分为沉管、冲击、螺旋钻进及爆破成孔等。

（1）沉管法　沉管法是最常用的成孔方法。使用柴油或振动打桩机将带有特制桩尖的钢桩管打入土层中，达到设计深度后，缓慢拔出桩管即成桩孔。沉管法成孔的孔壁光滑规整，挤密效果和施工技术都比较容易控制和掌握，成孔最大深度由于受桩架高度的限制，一般不超过8m。

（2）冲击法　冲击法是使用冲击钻机将0.7~3.2t的锥形钻头提升0.5~2.0m高度后自由落下，反复冲击，使土层成孔。冲击法成孔的孔径大，孔深不受机架高度的限制，同一套设备既可

成孔，又能填夯。

(3) 螺旋钻进法。因该法不使用冲洗液，符合石灰桩施工要求；钻进时不断向孔壁挤压，可使孔壁保持稳定，可一次成孔，不需要升降工序；可进行深孔钻进，桩孔深度不受设备限制；钻进效率高，每小时效率可高达几十米。

(4) 爆破法　其成孔工艺简便，不需要打桩机械，适用于缺少施工机械的建筑工程场地。可分为药眼法和药管法两种施工方法。

1) 药眼法——将直径 15～30mm 的钢钎打入土中，拔除钢钎后土中形成小眼（药眼），再往里面直接装炸药和 1～2 个电雷管，引爆后即成桩孔。此法适用于含水量不超过 22% 的土层。

2) 药管法——用洛阳铲或扁锥头钢铲在土中挖成直径 70～80mm、深度与设计深度一致的孔洞，然后往孔内放入炸药和 1～2 个电雷管，引爆后即成桩孔，此法用于含水量较大的土层。

4. 成桩工艺

待成孔检验合格后应立即填料成桩。可采用管外投料法、管内投料法、挖孔投料法成桩。

(1) 管外投料法　管外投料法避免了施工堵管现象。但是管外投料法的质量难以保证，仅在大面积淤泥等软土地基中采用。

管外投料法成桩工艺流程如图 7.13 所示，先将石灰料铺放在待加固的地面上，地基土吸水膨胀固结后再用打桩机将钢管打下，成一段孔，拔出管填一段料后再成一段孔。桩孔达到设计深度后拔出钢管，钢管外已形成较硬的石灰桩壁，桩间土已基本固结，管外桩身由上而下逐段形成，然后再在管内填料夯实，形成管内桩身，最后用黏土封顶。

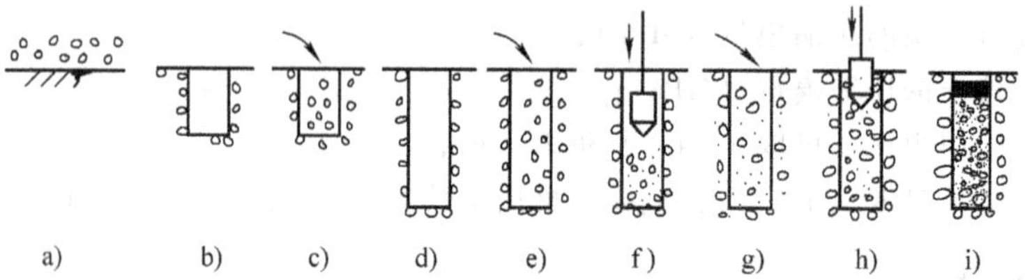

图 7.13　管外投料法成桩工艺流程

a) 堆放桩料　b) 成下段孔　c) 堆填桩料　d) 成下段孔　e) 填料
f) 夯实成下桩身　g) 填料　h) 夯实　i) 封顶

管外投料法施工要点如下：

1) 灌料量控制。影响灌料量的因素很多，如桩间土强度、压实次数、设计桩径、桩管直径等。控制灌料量的目的是保证桩径和桩长能达到设计要求，同时能保证桩体密实度。试验资料显示，当掺合料为粉煤灰和煤渣时，桩料干重度达到 10～11kN/m^3，可保证桩身密实度。

确定灌料量时，首先根据设计桩径计算每延米桩料体积，然后将计算结果乘以 1.4 的压实系数（施工充盈系数）作为每延米灌料量。由于掺合料含水量变化较大，在工地宜按质量控制。

关于桩管直径的选择，原则上应按设计直径确定，一般设计桩径为桩管直径的 1.2～1.4 倍，当桩管直径较大时，要防止拔管困难。

2) 打桩顺序。应尽量采用封闭式打法，即从外圈向内圈施工。目的是能以桩身自重增加覆盖压力，减少地面隆起。间隔施打，避免生石灰膨胀引起邻近孔的塌孔。

管外投料法施工注意事项如下：

1) 生石灰与掺合料应随拌随灌，以免生石灰遇水胀发影响质量。拌和过早容易造成冲孔“放炮”（即生石灰拌合料冲出孔口）。冲孔的原因是桩料内含有过量空气，空气遇热膨胀，产生爆发力。因此，防止冲孔的主要措施是保证桩料填充的密实度。要求孔内不能大量进水，掺合料的含水量不宜大于5%（指粉煤灰、炉渣），如可能尽量使用干灰。

2）做好施工前的准备工作，采取可靠的现场防水、排水措施，保证施工顺利进行。

3）石灰桩施打后，地下水以下，在含水量小于20%的土中，当掺合料的含水量不大时，完成吸水膨胀需要较长时间，但后期膨胀量显著减小。经验证明，在石灰桩施打5~7d后，即可进行基坑开挖。

4）孔口封顶应用含水量适中的土，一般可用膨胀力小、密度大的灰土或黏土将桩顶捣实，也称桩顶土塞。封口高度不宜小于0.5m，孔口封土标高应高于地面，防止地面水早期浸泡桩顶。对于桩径为300~500mm的石灰桩，在桩顶1.0m范围内，用C7.5素混凝土封顶捣实，并且拔管后在封头部位用适当重量的碎石压住。封顶长度一般为1.0~1.5m。

5）大块生石灰必须破碎，粒径一般不宜大于5cm，宜过筛。生石灰露天堆放的时间视空气湿度和堆放条件而定，一般不宜超过3d。

6）桩顶高程应高出基底标高10cm左右。施工基础时再去掉桩头多余部分。

（2）管内投料法　管内投料法施工工艺与振动沉管施工法类似，管内投料施工适用于地下水位较高的软土地区，其施工的桩与管外投料法相比，不易形成桩回淤而导致的桩身缩颈、断裂等现象。管内投料法施工要点如下：

1）石灰及其他掺合料应符合设计要求，随时抽样检验。新鲜生石灰露天堆放时间不应超过3d，要做好石灰堆放的防水、防火工作。

2）石灰灌入量不应小于设计要求，拔出套管后，用盲板将套管底封住，将桩顶石灰压下80cm，然后用黏土将桩孔顶部填平夯实，以防止石灰向上胀发，并对场地采取防排水措施，防止地表水流入桩孔内，从而导致上部桩体过早胀发。

管内投料法其他施工中的要点及注意事项类似于管外投料法。

（3）挖孔投料法　利用洛阳铲，人工成孔，投料夯实。因洛阳铲切土、取土过程中对周围土体扰动得很小，在软土甚至在淤泥土中均可保持孔壁稳定。挖孔投料法桩长不宜超过7m。穿过地下水的砂类土及塑性指数小于10的粉土则难以成孔。该工法振动小、噪声低，能在极狭窄的场地和室内作业，造价低、工期短、质量可靠，适用范围较大。

待挖孔验收合格后，用小型污水泵（功率1.1kW，扬程8~10m）将孔内水排干。在铁板上按配合比拌和桩材，每次拌合量为0.3~0.4m桩长用料量，拌均匀后灌入孔内，夯击密实。

挖孔投料法工艺流程：定位→十字镐、钢钎或铁锹开口→工人洛阳铲成孔→孔径、孔深检查→孔内抽水→孔口拌和桩料→下料→夯实→再下料→再夯实→封口填土→夯实。

国外石灰桩成桩方法以日本比较先进，如旋转下沉套管法，即采用管内投料，压缩空气送料冲压密实的施工方法。该施工方法主要技术特点是：套管正转旋入时，底部桩尖活门封闭，至设计深度将石灰料投入管内后，送入压缩空气，反转套管上提时，桩底活门自动开启；利用压缩空气将石灰料从套管送入桩孔内，因气流冲压作用使桩体具有较高的密实度。

7.3.7 提高石灰桩复合地基承载力途径

1. 提高桩身强度的方法

1）增加桩身的约束力，限制膨胀：①采用灰土、素土、低强度等级混凝土以及其他不透水材料压实封顶，利用施工机械前进式的打桩顺序等均可增加限制膨胀力的上覆压力；②保证填筑石灰的干重度 γ_d 为11.7kN/m^3，膨胀时压力能达到50kPa，则石灰桩吸水膨胀后的干重度能保持在8.8~8.9kN/m^3，能保证桩身不出现“软心”，并具有一定桩身强度。

2）桩身掺加活性材料。主要是高硅质材料，如火山灰、粉煤灰等，实际工程中多用粉煤灰。如果同时掺加一些石膏、水泥或铁粉，效果可能更佳。粉煤灰掺量对桩身强度的影响见表7.7，不同粉煤灰、火山灰掺量的石灰膨胀量减少百分数见表7.8。

粉煤灰掺量越大，桩身强度越高，而桩身膨胀应力和膨胀量越小。有些学者提出，粉煤灰的掺量以30%为好，工程上常用的是20%～40%，在工地上应按质量来控制掺量。

2. 改善桩间土加固效果的措施

第一，采用优质生石灰是改善桩间土加固效果的首要措施。第二，增加石灰的置换率。常用的置换率为1/11～1/5。随着置换率的增加，桩间土的加固效果明显增加，但处理费用也相应增加。第三，在置换率相同的情况下，采取"细而密"的布桩方案，可缩短桩间土的固结排水路径，有利于桩间土的改善。第四，在高含水量的软土中设置排水砂井等。

表7.7 粉煤灰掺量对石灰桩桩身强度的影响

掺合料 生石灰：粉煤灰	桩身抗压强度/kPa				备注
	17d	28d	90d	120d	
75：25	408	793	1323		
85：15	357	548	828		
95：5	77	408	775		
70：30			773		20cm×20cm×20cm 试块强度
80：20			708		
60：40				1770	

表7.8 不同粉煤灰、火山灰掺量的石灰膨胀量减少百分数（%）

掺料配比 / 压力/kPa	石灰:粉煤灰		石灰:火山灰	
	80:20	70:30	80:20	70:30
50	18.4	30.7	28.7	47.3
100	13.3	25.3	25.3	49.3
150	11.4	23.5	27.9	58.7

7.3.8 质量检测

质量检测的内容包括桩位布置、填料质量和桩体密实度的检测。桩体密实度可采用轻便触探检验，也可取样进行室内土工试验检验。

整个复合地基的处理效果，可以采用载荷试验，也可采用十字板剪切试验、轻便触探或静力触探试验来检验。

石灰桩施工检测宜在施工7～10d后进行；竣工验收检测宜在施工28d后进行。施工检测可采用静力触探、动力触探或标准贯入试验。检测部位为桩中心及桩间土，每两点为一组。检测组数不少于总桩数的1%。

石灰桩地基竣工验收时，承载力检验应采用复合地基载荷试验。载荷试验数量宜为地基处理面积每200m^{2}左右布置一个点，且每一单体工程不应少于3点。

7.3.9 超轻质料填土法

EPS（Expanded Polystyrene Sheet，聚苯乙烯板块），也称为泡沫苯乙烯。它是以石油为原料，经加工提炼出苯和乙烯合成，又经脱氧处理后可得到苯乙烯，再经聚合反应生成聚苯乙烯，然后添加发泡剂而形成。根据发泡剂添加方式的不同，可生产出不同类型的EPS材料。

EPS材料有如下特点：

(1) 超轻质性 EPS材料的重度是土重度的1/50～1/100。轻质性的应用核心在于减轻荷载。在填方工程中，可以减轻上部荷载，在挡土墙中可以减轻侧压力。在以下工程领域可广泛使用：

1）作为公路软基路段的新建或扩建路堤填筑材料，减荷可降低工后沉降和不均匀沉降。

2）山区古滑坡路段的路堤填筑。通过换填减荷，不改变古滑坡的应力环境，避免新建路堤增加滑坡体荷重使之出现再次滑动失稳。

3）地下结构工程覆土过重时，通过 EPS 材料减荷以满足结构设计要求。

4）应用于岩溶区或采空区的路堤填筑，可确保路堤安全。

（2）耐压缩性　EPS 材料抗压强度为 100 ~ 350kPa，变形模量为 2.5 ~ 11.5kPa。EPS 材料用于填方工程具有较大的刚度和强度，是砌筑和填方的良好材料。

（3）自立性　EPS 超轻质填料的自立性比较好，可减小填筑路堤的占地面积。

（4）耐水性　由于是合成树脂泡沫，具有憎水性，不易吸水。

（5）化学特性

1）耐热性。只要以一定厚度的土加铺覆盖，若地面发生火灾，对地面以下的 EPS 影响就很小。阻燃型 EPS 离开火源后，在 3s 内自行熄灭。

2）不受微生物、细菌、酵素、白蚁的侵入。

3）对酸碱有较好的抗化学性。

4）对于芳香族碳化氢、卤族碳化氢、酮类等矿油系药品有易溶解的性质。

5）在紫外线下会老化。

（6）施工方便　切割容易，方便。质轻，人工搬运、叠砌很方便。

（7）价格昂贵　在我国主要用于事故补救，在新建工程中应用较少。

7.3.10　工程应用实例

1. 工程概况及地质条件

华东某县供电局食堂，建筑面积 1201m^2，由两层现浇钢筋混凝土框架结构和单层砖混结构组成。框架部分底层柱网有 5.4m×4m 和 5.4m×7m 两种，柱下钢筋混凝土格筏基础。单层砖混结构采用墙下混凝土条形基础。建筑总长 42m，宽 15 ~ 28.7m。设 3 道沉降缝，划分成 4 个独立单元。该工程所处位置属长江三角洲冲积平原，区内河网发育，湖塘广布。

拟建工程全部坐落在杂土、建筑垃圾堆填的古芦塘河道上。塘河内沉积着深达 30m 的沼泽相淤泥质软土并有薄层泥炭，30m 以下才见粉砂层，场内地下水与现有河塘水相通，水位与河塘水面一致，随季节变化，稳定水位埋深在 1.8m 左右，水量丰富，无侵蚀性。

2. 地基加固方案的选择

拟建工程场地上部为松散杂填土，下部为厚度很大的淤泥层。决定采用石灰粉煤灰桩对持力软弱土层进行挤密加固，提高地基承载力，并通过应力扩散作用，降低下卧软土层的附加应力，从而消除沉降对上部结构的危害。为加强基础刚度，采用钢筋混凝土格筏基础。

3. 加固地基的设计方案

设计桩径为 400mm，桩距（中心距离）为 2 倍桩径，按等边三角形布置。平面处理宽度为框架部分较基础宽度每边各放出 2 ~ 3 个桩位，单层部分较条基宽度每边各放出 1 个桩位。处理深度为框架部分在基础底面以下 7m，单层部分在基础底面以下 4m。复合地基上铺 300mm 厚碎石层，将基础做在碎石层上，有利于桩土应力调整。

桩体混合料采用生石灰∶粉煤灰 = 2∶8（体积比）。生石灰中 CaO 和 MgO 的含量占 70% 以上，密度为 0.8 ~ 1.0t/m^3，石灰的块粉比为 3∶7，最大粒径控制在 50mm 以内。

全部工程共布置石灰粉煤灰挤密桩1535根，其中7m长桩1135根，4m长桩400根。要求加固后复合地基的承载力特征值由75kPa提高到120kPa。

4. 试桩效果

试验桩采用设计的桩径、桩距，按等边三角形顶点布置，桩长7m。试验设备采用混凝土灌注桩使用的DZ30Y振动打桩机。经分析比较决定采用管外投料法试打，4次下料，4次反插（反插静力为224kPa），共完成长7m桩7根。其中生石灰、粉煤灰体积比采用4∶7的3根，2∶8的3根。试桩自然养护14d后，挖除桩间土进行观察。

1）桩体直立，外形似糖葫芦，桩径大小不一，最大处平均为520mm，最小处平均为450mm左右，较设计桩径分别增大30%和12.5%。

2）桩间土含水量下降，干密度增大，挤密效果好，桩土黏为一体，结合紧密，很难剥离。

3）桩体顶部150mm范围内，因生石灰膨胀，桩体松动，强度极小，自200mm以下强度逐渐增加，500mm以下强度明显增大。

4）用环刀法测出桩顶800mm以下不同深度处桩、土的含水量及密度。桩间挤密土的干重度均大于$17kN/m^3$，说明挤密效果很好。

5. 施工工艺

采用上述管外投料法进行施工。桩管直径377mm，反插压力改为312.1kPa，较试打时自重压力增加39.3%。桩体采用双灰比2∶8（体积比），人工搅拌。施工拔管过程中如果遇到严重缩孔，下料、反插出现困难时，则先下生石灰块，使淤泥质土产生300℃左右的高温，土体结构受胀松动，黏阻力减小后再按正常方法下料灌打。

在施工过程中发现，被加固场地地面普遍隆起500mm左右，并出现辐射裂缝，延伸长度为3～5m，最大缝宽约30mm。施工结束后，经对外露在基槽内的101根桩进行检查，测得最大桩径为790～800mm，最小为400～710mm，平均桩径为537mm。加固后的地基土质密实。

6. 复合地基承载力

1）由载荷试验估算地基承载力特征值f_{ak}。复合地基变形及强度特性通过静载荷试验测定，试验是在石灰粉煤灰桩龄期40d以后进行的。试坑深度为1.35m（即设计基础底面的高程），承压板厚度为400mm，底面积0.7m×0.8m，用C18级素混凝土浇筑。1号试坑（A点）最大加载值为170kN，2号试坑（B点）最大加载值为179kN。最大加载值均为预估荷载的1.2倍。确定$f_{ak}=240kPa$（相应沉降量为2.30mm）。

2）复合地基变形模量E_0及压缩模量E_s的计算。加固后的复合地基在试验荷载下呈直线变形体，E_0值可通过均质弹性无侧限体理论按下式进行计算

$$E_0=\frac{\omega(1-\mu^2)pB}{s}$$

本工程，取方形承压板的沉降影响系数$\omega=0.88$，承压板的宽度$B=70cm$，坚硬土的泊松比$\mu=0.25$，$p=285kPa$，$s=0.348cm$，并且$\beta=1-2\mu^2/(1-\mu)$，代入上式得$E_0=47.41MPa$；$E_s=E_0/\beta=47.41/0.83MPa=57.12MPa$。

3）软弱下卧层强度的验算。验算是根据场地加固前后土性情况进行的。因为$E_{s1}/E_{s2}=57.12/3.8=15$（>3），式中，$E_{s1}$、$E_{s2}$分别为复合地基及软土地基的压缩模量，$E_{s2}=3.8MPa$（勘察资料提供）。所以下卧层顶面附加压力$\sigma_z$可用下式计算

$$\sigma_z=\frac{b(p-p_c)}{b+2z\tan\theta}$$

式中，取基础底部宽度$b=2.2m$；地基承载力特征值$p=f_{ak1}=240kPa$；基础埋深+填土覆盖

层 $d=2m$；加固土层厚度 $z=7m$；基底以上土的自重应力 $p_c=Dr_0=2\times18kPa=37kPa$；应力扩散角 $\theta=30°$。

将已知数据代入上式求得软土层顶的附加应力 $\sigma_z=49.17kPa$，自重应力 $\sigma_{cz}=75kPa$。软弱土层的承载力特征值 $f_{ak2}=75kPa$，根据勘察资料算得软土层顶面（地面下 8m 处）经深度修正后的承载力特征值 $f_{az}=151.7kPa$。所以 $\sigma_z+\sigma_{cz}=124.17kPa<f_{az}=151.7kPa$，说明地基下卧软土层强度无问题。

7. 处理效果评价

本工程石灰粉煤灰挤密桩，通过振动灌注桩打桩机管外投料及反插法加固软弱地基取得了良好的效果。实践证明，桩管直径 d 取 377mm 时，桩间距采用 $3d$ 比较合适。复合地基的承载力特征值由天然地基的 75kPa 增加到 240kPa，提高了 3 倍多。

7.4 灰土挤密桩和土挤密桩

7.4.1 灰土挤密桩和土挤密桩的概念

灰土挤密桩（简称灰土桩）和土挤密桩（简称土桩）是通过成孔过程中横向挤压作用，桩孔内的土被挤向周围，使桩间土得以挤密，然后将备好的灰土或素土（黏性土）分层填入桩孔内，并分层捣实至设计标高。用灰土分层夯实的桩体，称为灰土挤密桩；用素土分层夯实的桩体，称为土挤密桩。二者分别与挤密的桩间土组成复合地基，共同承受基础上部荷载。

土桩和灰土桩法具有原位处理、深层挤密、就地取材、施工工艺多样、施工速度快和造价低廉的特点，多用于处理厚度较大的湿陷性黄土或填土地基，具有显著的技术经济效益。

土挤密桩法由前苏联阿别列夫教授于 1934 年首创，至今仍是俄罗斯和东欧国家深层处理湿陷性黄土地基的一种主要方法。我国自 20 世纪 50 年代中期开始，在西北黄土地区多次进行土桩挤密地基的试验研究和应用。20 世纪 70 年代中期，西安地区为解决杂填土地基的深层处理问题，在土桩挤密法的基础上试验成功了灰土桩挤密法，并自 20 世纪 70 年代初期逐步推广应用。甘肃、陕西、山西、河南等黄土地区都先后开展了土桩或灰土桩挤密法的试验研究和推广应用，获得了丰富的科研资料和实践经验。

7.4.2 灰土挤密桩和土挤密桩的适用范围

灰土挤密桩法和土挤密桩法适用于处理地下水位以上的湿陷性黄土、素填土和杂填土等地基，可处理地基的深度为 3～15m。当以消除地基上的湿陷性为主要目的时，宜选用土挤密桩法；当以提高地基土的承载力或增强其水稳定性为主要目的时，宜选用灰土挤密桩法；当地基土的含水量大于 24%，饱和度大于 0.65 时，不宜选用灰土挤密桩法或土挤密桩法。在有条件和有经验的地区，也可就近利用工业废料（如粉煤灰、矿渣或其他废渣）夯填桩孔，一般宜掺入少量石灰或水泥作为胶结料，以提高桩体的强度和水稳定性。

大量的试验研究资料和工程实践表明，灰土挤密桩和土挤密桩用于处理地下水位以上的湿陷性黄土、素填土、杂填土等地基，不论是消除土的湿陷性还是提高承载力都是有效的。但当土的含水量大于 24% 及饱和度大于 0.65 时，在成孔及拔管过程中，桩孔及其周围容易缩颈和隆起，挤密效果差，故上述方法不适用于处理地下水位以下及毛细饱和带的土层。

7.4.3 加固机理

(1) 挤密作用　灰土挤密桩和土挤密桩挤密作用与砂桩类似。当桩的含水量接近最优含水量时，土呈塑性状态，挤密效果最佳；当含水量偏低，土呈坚硬状态时，有效挤密区变小；当含水量过高时，超静孔隙水压力导致土体难以挤密，且孔壁附近土的强度因受扰动而降低，拔管时容易出现缩颈等情况。土的天然干密度越大，有效挤密范围越大；反之亦然。

（2）灰土性质作用　灰土桩是用石灰和土按一定体积比例（2:8或3:7）拌和，并在桩孔内夯实加密后形成的桩，这种材料在化学性能上具有气硬性和水硬性，由于石灰内带正电荷钙离子与带负电荷黏土颗粒相互吸附，形成胶体凝聚，并随灰土龄期增长，土体固化作用提高，使灰土逐渐增加强度。它可达到挤密地基，提高地基承载力，消除湿陷性，使沉降均匀和沉降量减小的效果。

（3）桩体作用　在灰土桩挤密地基中，灰土桩的变形模量远大于桩间土的变形模量（灰土的变形模量为$E_0=40\sim200$MPa，相当于夯实素土的2～10倍）。载荷试验表明：只占压板面积约20%的灰土桩承担了总荷载的一半左右，而占压板面积80%的桩间土仅承担了其余一半。由于总荷载的一半由灰土桩承担，从而降低了基础底面下一定深度内土中的应力，消除了持力层内产生大量压缩变形和湿陷变形的不利因素。此外，由于灰土桩对桩间土能起侧向约束作用，限制土的侧向移动，桩间土只进行竖向压密，使压力与沉降始终呈线形关系。

在土桩挤密地基上，测试刚性板接触压力的结果表明，在同一部位的土桩体上的应力相差不大，两者的应力分担比$\sigma_p/\sigma_s\approx1$。同时，基底接触压力分布情况与土垫层情况相似。

7.4.4　设计计算

采用灰土挤密桩或土挤密桩处理后形成的复合地基的承载力特征值，应通过现场单桩或多桩复合地基载荷试验确定。初步设计时，如无试验资料，可按当地经验确定，但对灰土挤密桩复合地基的承载力特征值，不宜大于处理前的2.0倍，并不宜大于250kPa；对土挤密桩复合地基的承载力特征值，不宜大于处理前的1.4倍，并不宜大于180kPa。

1. 处理范围

（1）处理地基的面积　灰土挤密桩和土挤密桩处理地基的面积，应大于基础或建筑物底层平面的面积，并应符合下列规定：

1）当采用局部处理时，超出基础底面的宽度。对非自重湿陷性黄土、素填土和杂填土等地基，每边不应小于基底宽度的0.25倍，并不应小于0.50m；对自重湿陷性黄土地基，每边不应小于基底宽度的0.75倍，并不应小于1.0m。

2）当采用整片处理时，超出建筑物外墙基础底面外缘的宽度，每边不宜小于处理土层厚度的1/2，并不应小于2m。

（2）处理地基的深度　灰土挤密桩和土挤密桩处理地基的深度应根据土质情况、建筑物对地基的要求、成孔设备等因素综合考虑确定。对湿陷性黄土地基，应按GB 50025—2004《湿陷性黄土地区建筑规范》规定的原则确定土桩或灰土桩挤密地基的深度。

消除地基全部湿陷量的处理厚度，应符合下列要求：①在自重湿陷性黄土场地，应处理基础以下的全部湿陷性土层；②非自重湿陷性黄土场地，应将基础下湿陷起始压力小于附加压力与上覆土的饱和自重压力之和的所有土层进行处理或处理至基础下的压缩层下限为止。

消除地基部分湿陷量，适用于乙类建筑，其最小处理厚度应符合下列要求：①在自重湿陷性黄土场地，不应小于湿陷性土层厚度的2/3，并应控制剩余湿陷量不大于20cm；②在非自重湿陷性黄土场地，不应小于压缩层厚度的2/3。

对于自重湿陷性不敏感、自重湿陷性土层埋藏较深或自重湿陷量较小的黄土场地（如陕西关中地区），地基的处理深度可根据当地工程经验，按非自重湿陷性黄土场地考虑。

当以提高地基承载力为主要目的时，对基底下持力层范围内的低承载力和高压缩性土层应进行处理，并应通过下卧层承载力验算来确定地基的处理深度。桩长从基础算起一般不宜小于5m，当处理深度过小时，采用土桩挤密是不经济的，桩孔深度目前施工可达12～15m。

桩基施工后，宜挖去表面松动层，并在桩顶面上设置厚度0.3m以上的素土或灰土垫层。

2. 桩孔布置原则

布桩方式主要取决于基础形式和基础尺寸，不同布桩方式对桩的置换作用无影响，但对桩间土的挤密作用有差异。布桩重复挤密面积对比分析如图7.14所示，如正三角形布桩重复挤密面积为21%，而正方形布桩为57%。可见，在整片基础下设计挤密桩时，宜优先采用正三角形布桩，布桩方式选择见表7.9。

对单独基础和条形基础，常采用等边三角形布桩，土桩不少于两排，灰土桩不少于三排。对圆形基础采用整片地基，处理时宜按正三角形、等腰三角形或梅花形布桩。

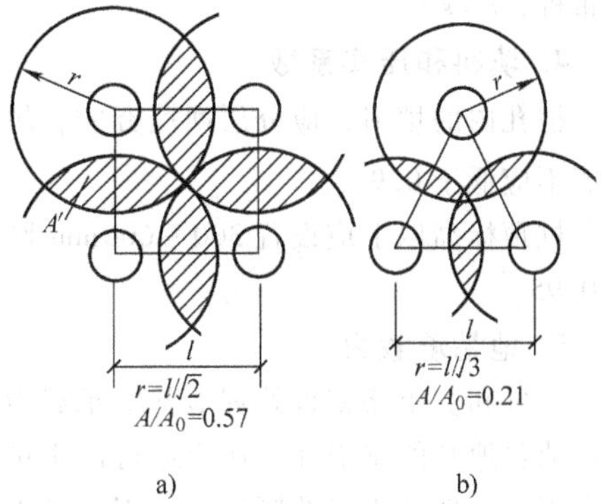

图7.14 布桩重复挤密面积对比分析

a）正方形布桩 b）正三角形布桩

3. 桩间距、桩径、排距的确定

（1）桩孔直径 桩孔直径宜为300～700mm，沉管法的桩管直径多为400mm。设计桩径时，应根据当地常用设备规格、型号或成孔方法选用。

表7.9 不同基础的布桩方式选择

基础形式	常用布桩形式	注意事项
整片基础	等距正三角形或正方形均匀布桩	挤密桩，正三角形布桩优于正方形布桩
单独基础	正三角形布桩、正方形布桩、梅花点布桩	桩位布置应对称于中心纵横轴线
条形基础	单排布桩，三角形双排布桩，正方形双排布桩，正三角形或正方形三排布桩	桩位应重合于基础轴线或与基础轴线对称，且转角处及构造柱部位均宜布桩

（2）桩孔间距 桩孔宜按等边三角形布置，桩孔之间的中心距离，可为桩孔直径的2.0～2.5倍，也可按下式估算

$$s = 0.95d\sqrt{\frac{\overline{\eta}_c\rho_{dmax}}{\overline{\eta}_c\rho_{dmax} - \overline{\rho}_d}} \tag{7.27}$$

式中 s——桩孔之间的中心距离（m）；

d——桩孔直径（m）；

ρ_{dmax}——桩间土的最大干密度（t/m^3）；

$\overline{\rho}_d$——地基处理前土的平均干密度（t/m^3）；

$\overline{\eta}_c$——桩间土经成孔挤密后的平均挤密系数，不宜小于0.93，$\overline{\eta}_c = \overline{\rho}_{d1}/\rho_{dmax}$，$\overline{\rho}_{d1}$为成孔挤密深度内桩间土的平均干密度（$t/m^3$），平均试样数不应少于6组。

处理填土地基时，鉴于其干密度值变动较大，一般不容易按式（7.27）计算桩孔间距。为此，可按下式计算桩孔间距

$$s = 0.95d\sqrt{\frac{f_{pk} - f_{sk}}{f_{spk} - f_{sk}}} \tag{7.28}$$

式中 f_{pk}——灰土桩体的承载力特征值（宜取 $f_{pk}=500\text{kPa}$）；

f_{sk}——挤密前填土地基的承载力特征值（应通过现场测试确定）；

f_{spk}——处理后要求的复合地基承载力特征值。

对重要工程或缺乏经验的地区，应通过现场成孔挤密试验，按照不同桩距时的实测挤密效果确定桩间距。

（3）桩孔排距　桩孔间距确定之后，可计算桩孔排距 l。等边三角形布桩，$l=0.87s$；正方形布桩，$l=s$。

4. 填料和压实系数

桩孔内的填料，应分层回填夯实，填料的平均压实系数 $\overline{\lambda}_c$ 不应低于 0.97，其中压实系数最小值不应低于 0.93。

桩顶标高以上应设置 300～600mm 厚的 2∶8 或 3∶7 灰土、水泥土垫层，其压实系数不应低于 0.95。

5. 地基承载力

土桩和灰土挤密桩处理地基的承载力特征值应通过原位测试或当地经验确定，如挤密桩的目的是消除地基的湿陷性，还应进行浸水试验。在自重湿陷性黄土地基上，浸水试坑直径或边长不应小于湿陷性黄土层的厚度，且不小于 10m。试验时如 p-s 曲线上无明显直线段，则土桩挤密地基按 $s/b=0.01\sim0.015$ 控制，灰土挤密桩复合地基按 $s/b=0.008$（b 为载荷板宽度）控制，所对应的荷载作为处理地基的承载力特征值。

对一般工程可参照当地经验确定挤密地基土的承载力设计值。当缺乏经验时，灰土挤密桩复合地基的承载力特征值，不宜大于处理前的 2.0 倍，并不宜大于 250kPa；土挤密桩复合地基的承载力特征值，不宜大于处理前的 1.4 倍，并不宜大于 180kPa。

6. 变形计算

灰土挤密桩或土挤密桩复合地基的变形，包括桩和桩间土及其下卧未处理土层的变形。前者通过挤密，桩间土的物理力学性质明显改善，即土的干密度增大、压缩性降低、承载力提高、湿陷性消除，故桩和桩间土（复合土层）的变形可不计算，但应计算下卧未处理土层的变形。灰土挤密桩和土挤密桩复合土层的压缩模量，可采用载荷试验的变形模量代替。

7.4.5 施工技术

施工主要包括桩孔成孔和桩孔夯填。成孔方法有沉管法（锤击、振动）、冲击法和爆扩法等。夯填施工前应进行夯填工艺试验，确定合理的分次填料量和夯击次数。挤密桩地基处理施工现场如图 7.15 所示。

图 7.15　挤密桩地基处理现场

1. 成孔方法

成孔应按设计要求、成孔设备、现场土质和周围环境等情况，选用沉管（振动、锤击）、冲击或爆扩等方法进行。

桩顶设计标高以上的预留覆盖土层厚度宜符合下列要求：①沉管（锤击、振动）成孔，不宜小于 0.50m；②冲击成孔或钻孔夯护法成孔，不宜小于 1.20m。

成孔时，地基土宜接近最优（或塑限）含水量，当土的含水量低于 12% 时，宜对拟处理范围内的土层进行增湿，增湿土的加水量可按下式估算

$$Q = V\bar{\rho}_d(w_{op} - \bar{w})k \tag{7.29}$$

式中　$\bar{\rho}_d$——地基处理前土的平均干密度（t/m^3）；

w_{op}——土的最优含水量（%），通过室内击实试验求得；

Q——计算加水量（m^3）；

V——拟加固土的总体积（m^3）；

$\bar{w}$——地基处理前土的平均含水量（%）；

k——损耗系数，可取 1.05～1.10。

应于地基处理前 4～6d，将增湿需要的水通过一定数量和一定深度的渗水孔，均匀地渗入拟处理范围内的土层中。

2. 桩孔填夯

（1）填料选配　桩孔填料的选用及配备与同类垫层的标准相同，应符合下列要求：

1）素土。土料宜选用纯净的黄土、一般黏性土或 $I_P>4$ 的粉土，有机质含量不得超过 5%，也不得含有杂土、砖瓦块、石块、膨胀土、盐渍土和冻土块等。土块的粒径不宜大于 15mm。

2）石灰。应选用新鲜的消石灰，颗粒直径不得大于 5mm。石灰的质量不应低于Ⅲ级标准，活性 CaO 和 MgO 的含量（按干重计）不少于 50%。

3）灰土。灰土的配合比应符合设计要求，常用的配合比为体积比 2∶8 或 3∶7。配制灰土时应充分拌和至颜色均匀一致，多数情况下还应边拌和边加水至含水量接近其最优值，灰土粒径不应大于 15mm。

素土或灰土填料事前均应通过击实试验求得其最大干密度和最优含水量。填夯时素土或灰土的含水量宜接近其最优值；夯实后应达到设计要求的压实系数。

灰土的最优含水量一般为 21%～27%，而素土的最优含水量多数在 20% 以下，两者相差悬殊。在拌和灰土的过程中，需要加入适量的水才能使灰土接近其最优含水量。

（2）填料夯实　常用的夯实机有以下两种类型：

1）偏心轮夹杆式夯实机。通常安装在翻斗车或小型拖拉机上行走定位，夯锤质量为 100～150kg，落距为 0.7～1.0m，1min 夯击 40～50 次。其优点是构造简单，便于操作，缺点是仅依靠偏心轮摩擦力提升夯锤，因而锤重受到限制并普遍偏小。

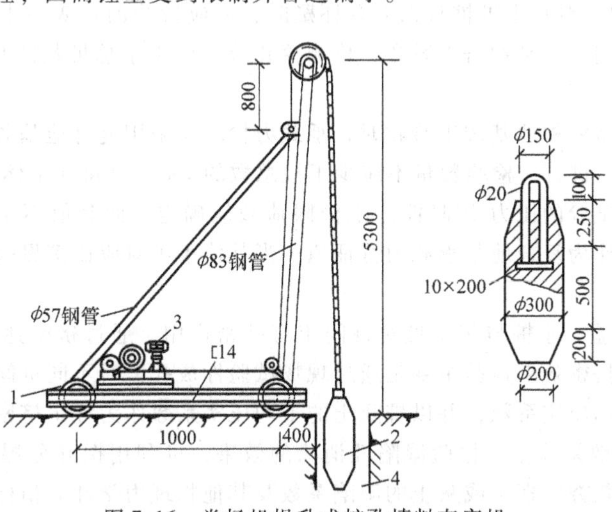

图 7.16　卷扬机提升式桩孔填料夯实机

1—机架　2—铸钢夯锤（质量为450kg）　3—1.0t 卷扬机　4—桩孔

2）卷扬机提升式夯实机。如图7.16所示，锤的质量可达450kg，落距为1~3m。夯击能量大，一次可填入较多的土料，夯实效果较好，但需人工操作。

该法卷扬机提升力不宜小于锤重的1.5倍。回填桩孔用的夯锤，宜采用倒置抛物线形锥体或尖锥形，锤的质量不宜小于100kg。夯锤最大直径应比桩孔直径小100~170mm，使夯锤自由落下时将填料夯实。填料时每一锨料夯击一次或二次，夯击25~30次/min，长为7m的桩孔在15~20min内夯击完成。

（3）填夯质量检查　桩孔填夯的质量是保证地基处理技术效果的重要因素，应采取随机的方法抽样检查，抽查的数量不得少于桩孔总数的2%。常用的桩孔填夯质量检测方法有轻便触探检测法、小环刀深层取样检测法、开剖取样检测法和夯击能控制检测法等。

3. 施工技术要求

1）成孔和孔内回填夯实的施工顺序，当整片处理时，宜从里（或中间）向外间隔1~2孔进行，对大型工程，可采取分段施工；当局部处理时，宜从外向里间隔1~2孔进行。

2）向孔内填料前，孔底应夯实，并应抽样检查桩孔的直径、深度和垂直度。

3）桩孔的垂直度偏差不宜大于1%。

4）桩孔中心点的偏差不宜超过桩距设计值的5%。

5）经检验合格后，应按设计要求，向孔内分层填入筛好的素土、灰土或其他填料，并应分层夯实至设计标高。

6）铺设灰土垫层前，应按设计要求将桩顶标高以上预留松动土层挖除或夯（压）密实。

7）施工过程中，应有专人监理成孔及回填夯实质量，并应做好施工记录。如发现地基土质与勘察资料不符，应立即停止施工，待查明情况或采取有效措施处理后，方可继续施工。

8）雨期或冬期施工，应采取防雨或防冻措施，防止灰土和土料受雨水淋湿或冻结。

7.4.6 质量检测

桩孔质量检验应在成孔后及时进行，所有桩孔均需检验并作出记录，检验合格或经处理后方可进行夯填施工。

应随机抽样检测夯后桩长范围内灰土或填土的平均压实系数，抽检的数量不应少于总桩数的1%，且不得少于9根。对灰土桩桩身强度有怀疑时，还应检验消石灰与土的体积配合比。应抽样检验处理深度内桩间土的平均挤密系数，检测探井数不应少于总桩数的0.3%，且每个单体工程不得少于3个。

灰土挤密桩或土挤密桩地基竣工验收时，承载力检验应采用复合地基载荷试验。承载力检验应在成桩后14~28d后进行，检验数量不应少于桩总数的1%，且每项单体工程不应少于3点。

当复合地基载荷试验的压力-沉降曲线上极限荷载能确定，而其值不小于对应比例界限的2倍时，可取比例界限作为复合地基承载力特征值；当其值小于对应比例界限的2倍时，可取极限荷载的一半。

（1）挤密效果检验　土桩与灰土桩对桩间土有挤密作用，通过挤密达到消除地基土湿陷性和提高强度的目的。挤密效果检验主要是通过现场试验性成孔，对不同桩间距的挤密土分层开剖取样，测试其干密度和压实系数，并以桩间土的平均压实系数作为评定挤密效果的指标。

（2）消除湿陷性效果检验　检验湿陷性消除的效果，可利用探井分层开剖取样，然后在试验室测定桩间土和桩孔夯实素土或灰土的湿陷系数及其他物理力学性质指标，并与天然地基土的湿陷系数进行对比，了解湿陷性消除的程度；也可通过现场浸水载荷试验观测在一定压力下浸水后处理地基的湿陷量或相对湿陷量，综合检验湿陷性消除的效果。

（3）地基加固效果的综合检验　综合检验主要用于重要或大型工程、缺乏经验的地区和当一般检测结果难以确定地基的加固效果时，它通过现场载荷试验、浸水载荷试验或其他原位测试方法对地基的加固效果进行检测和评价。

7.4.7 工程应用实例

1. 工程概况

陕西省农牧产品贸易中心大楼（现名金龙大酒店）是一幢包括客房、办公、商贸和服务的综合性建筑，主楼地面以上17层，局部19层，高59.7m；地下一层，平面尺寸32.45m×22.9m，剪力墙结构，地下室顶板以上总重185MN，基底压力303kPa。主楼三面有2~3层的裙房，结构为大空间框架结构，柱距4.80m和3.75m，裙房与主楼用沉降缝分开。主楼基础采用箱形基础，地基采用灰土桩挤密法处理，成功地解决了地基湿陷和承载力不足的问题，建筑物沉降量显著减少且基本均匀，获得了良好的技术经济效益。

2. 工程地质条件

建筑场地位于西安市北关外龙首塬上，地下水位深约17m。地层构造自上而下分别为黄土状粉质黏土或粉土与古土壤层相间，黄土（4）以下为粉质黏土、粉砂和中砂。勘察孔深57m。基底以下主要土层及其工程性质列于表7.10中。场地内湿陷性黄土层深10.7~12.0m，7m以上土的湿陷性较强，湿陷系数 $\delta_s=0.040\sim0.124$；7m以下土的湿陷系数 $\delta_s=0.020$，湿陷性已比较弱。分析判定，该场地属于Ⅱ~Ⅲ自重湿陷性黄土场地。

表7.10 主要土层及其工程性质

土层名称	层底深度/m	含水量 w(%)	承载力标准值 f_{ak}/kPa	压缩模量 E_s/MPa
黄土(1-1)	≤5.0	18.7	110	5.9
黄土(1-2)	7.8~9.5	18.7	150	5.9
黄土(1-3)	10.5~12.0	21.3	130	14.2
古土壤(1)	15.8~17.7	21.3	150	14.1
黄土(2-1)	18.7~21.7	(水位以下)	120	5.9
黄土(2-2)	23.0~24.7	(水位以下)	140	7.7
黄土(2-3)	27.5~28.3	(水位以下)	180	8.7
古土壤(2)	27.7~28.3	(水位以下)	250	12.7

注：古土壤（2）以下为黄土（3）、古土壤（3）、黄土（4）及粉质黏土（1）等，其承载力 $f_{ak}\geq280$kPa，压缩模量 $E_s\geq11.4$MPa。

3. 地基与基础的方案设计

从工程地质条件看，建筑场地具有较强的自重湿陷性，且在27m层以上地基土的承载力偏低，压缩性较高。同时，在27m以下也没有理想的坚硬桩尖持力层。设计采用了单层箱形基础和灰土桩挤密处理地基的方案，具体作法是：

1）将地下室层高从4.0m增大为5.0m，按箱形基础设计。

2）箱形基础下地基采用灰土桩挤密法处理，它既可消除地基土的全部湿陷性，又可提高地基的承载力，处理深度可满足需要。

3）灰土桩顶面设1.1m厚的3:7灰土垫层，整片的灰土垫层可使灰桩地基受力更加均匀，且使箱形基础面积适当扩大。

4）对裙楼独立柱基也同样采用灰土桩挤密法处理，以减少地基的沉降；在施工程序上，先高层主楼后低层裙房，尽量减少高低层间的沉降差。

4. 灰土桩的设计与施工技术

灰土桩直径按施工条件定为 $d=0.47\text{m}$。为了确定合理的柱孔间距，在现场进行了挤密试验，当桩距 s 为 1.10m 时，桩间土的压实系数 λ_c 小于 0.93，达不到全部消除湿陷性的要求。后确定将桩距改为 $2.2d$，即 $s=1.0\text{m}$。通过计算，当 $s=2.2d$ 时，桩间土的平均干密度可达到 17kN/m^3，压实系数 $\lambda_c \geqslant 0.93$。桩长根据古土壤（1）以上的黄土层需要处理，设计桩长 7.5m，桩尖标高为 -13.7m。包括 1.1m 厚的灰土垫层，处理层的总厚度是 8.7m。通过验算，传至灰土桩挤密地基面上的压力为 243kPa，低于原地基承载力特征值的 2 倍，同时也不超过 250kPa，符合有关规程的规定。

施工采用沉管法成孔。施工及建设单位对成孔及填夯施工进行了严格的监督和检验，每一桩孔装填的灰土数量和夯击次数均进行检查和记录，施工质量比较可靠。

5. 地基处理效果检验与分析

到施工完主体并砌完外墙时观测，实测沉降量为 20～45mm，预估建筑全部建成后的最大沉降将达到 74.5mm，与按变形模量法的计算结果基本一致。

思 考 题

7.1 按施工方法不同，碎石桩分为哪几种？

7.2 振冲碎石桩复合地基的承载力如何计算？

7.3 振冲碎石桩施工质量如何控制？

7.4 振冲碎石桩复合地基如何进行质量检验？

第 8 章　水泥粉煤灰碎石桩法

【本章导读】 本章主要介绍了水泥粉煤灰碎石桩（简称 CFG 桩）复合地基的概念、应用与发展、工程特性及 CFG 桩与碎石桩的区别，CFG 桩的工作机理、设计计算、施工技术和质量检验。了解 CFG 桩复合地基法的概念、工程特性及适用范围；掌握 CFG 桩复合地基加固机理、设计计算；熟悉 CFG 桩复合地基主要施工工艺及质量检测方法。

8.1　概述

水泥粉煤灰碎石桩（Cement Fly-ash Gravel Pile）是由水泥、粉煤灰、碎石、石屑或砂等混合料加水拌和形成的高黏结强度桩（简称 CFG 桩），桩体、桩间土和褥垫层一起构成复合地基，如图 8.1 所示。水泥粉煤灰碎石桩法：由水泥、粉煤灰、碎石、石屑或砂等混合料加水拌和形成高黏结强度桩，并由桩、桩间土和褥垫一起组成复合地基的地基处理方法。

图 8.1　CFG 桩复合地基组成示意图

8.1.1　CFG 桩复合地基的应用与发展

CFG 桩复合地基试验研究是原建设部“七五”计划课题，于 1988 年立题进行试验研究，并应用于工程实践。CFG 桩复合地基成套技术于 1994 年被原建设部和原国家科委列为国家级重点推广项目。20 世纪 80 年代末至 90 年代初，CFG 桩多采用振动沉管打桩机施工。桩体材料一般由水泥、碎石、石屑和粉煤灰组成。20 世纪 90 年代中期，在北京开始应用长螺旋钻管孔内泵压 CFG 桩混合料成桩工艺。该技术被列入“九五”国家重点攻关项目，1997 年被列为国家级工法，并制订了中国建筑科学研究院企业标准，现已列入国家行业标准。1999 年 2 月通过国家验收，并迅速在全国推广。

CFG 桩复合地基属于刚性桩复合地基，具有承载力提高幅度大、地基变形小等优点，主要适用于处理黏性土、粉土、砂土和已自重固结的素填土等地基。CFG 桩可全桩长发挥侧阻，桩端落在好的土层时可很好地发挥端阻作用，形成的复合地基置换作用强，复合地基承载力提高幅度大，复合模量高，地基变形小。由于 CFG 桩桩体材料可以掺入工业废料粉煤灰、不配钢筋，并可充分发挥桩间土的承载力，工程造价仅为桩基的1/3～1/2，经济效益和社会效益显著。CFG 桩采用长螺旋钻孔管内泵压成桩工艺，具有无泥浆污染、无振动、低噪声等特点，且施工速度快、工期短、质量容易控制。该地基处理方法目前已广泛应用于建筑和公路工程的地基加固处理。

8.1.2 CFG 桩复合地基工程特性

（1）承载力提高幅度大、可调性强 CFG 桩桩长可从几米到二十多米，可全桩长发挥桩的侧阻力，桩承担的荷载占总荷载40%～75%，复合地基承载力提高幅度大，并具有可调性。

（2）刚性桩性状明显 与柔性桩相比，CFG 桩具有较大的刚性，可向深层土传递荷载。在荷载作用下，不仅能充分发挥侧阻力，当桩端落在好土层上时，还具有明显的端承作用。

（3）桩体排水作用 CFG 桩在饱和粉土和砂土中施工时，由于沉管和拔管的振动作用，会使土体产生超孔隙水压力。当上部土层透水性较差时，CFG 桩形成一个良好的排水通道，孔隙水沿着桩体向上排出，直到 CFG 桩体硬结为止。这种排水作用可减少因孔隙水压力消散缓慢引起的地面隆起，增加桩间土密实度。

（4）桩体强度和承载力的关系 CFG 桩桩体强度不宜太高，一般取桩顶应力的 3 倍即可。当桩体强度大于某一数值时，提高桩体强度对复合地基承载力影响很小。

（5）复合地基变形小 CFG 桩复合地基模量大、地基沉降量小。当软弱土层较厚时，将桩端落在较硬土层，可以有效减小沉降。

8.1.3 CFG 桩的适用范围

CFG 桩法适用于处理黏性土、粉土、砂土和已自重固结的素填土等地基。对淤泥质土应按地区经验或通过现场试验确定其适用性。应选择承载力相对较高的土层作为桩端持力层。

对塑性指数较高的饱和软黏土，由于桩间土承载力太小，土的荷载分担比太低，成桩质量也较难保证，使用应慎重。在含水丰富、砂层较厚的地区，在施工时应防止砂层坍塌造成断桩，必要时应采取降水措施。

CFG 桩复合地基具有承载力提高幅度大，地基变形小等特点，适用范围广，既适用于条形基础、独立基础，也适用于箱形基础、筏形基础；适于加固建筑工程和高等级公路地基。

8.1.4 CFG 桩与碎石桩的区别

（1）材料 CFG 桩桩体材料除了碎石以外，还有水泥、粉煤灰的成分，桩身具有高黏结强度。

（2）承载机理 CFG 桩为复合地基刚性桩，桩身可在全长范围内受力，能充分发挥桩周摩阻力和端承力；碎石桩为散体材料桩，桩身无黏结强度，依靠周围土体的约束力来承受上部荷载。

（3）桩土应力比 CFG 桩的桩土应力比较高，一般在 10～40，而且具有很大的可调性，在软土中 $n \geqslant 100$；碎石桩桩土应力比一般为 1.5～4.0，增加桩长对提高复合地基承载力意义不大，只有提高置换率，才能提高复合地基承载力，而提高置换率会给施工造成很多困难。

（4）适用土类 CFG 桩用于加固填土、饱和及非饱和黏性土、松散的砂土、粉土等，对塑性指数高的饱和软黏土使用要慎重；碎石桩宜处理砂土、粉土、黏性土、填土以及软土，但对不排水抗剪强度小于 20kPa 的软土使用要慎重。

（5）产生变形 CFG 桩增加桩长可有效地减小变形，总的变形量小；碎石桩减小地基变形的幅度较小，总的变形量较大。

（6）三轴应力应变曲线 CFG 桩应力应变曲线呈直线关系，围压对应力应变曲线没有多大影响；碎石桩应力应变曲线不呈直线关系，增加围压，破坏主应力差增大。

（7）适用范围　CFG桩适用于多层和高层建筑物地基；碎石桩适用于多层建筑物地基。

此外，CFG桩与素混凝土桩的区别仅在于桩体材料的构成不同，而在其受力和变形特性方面没有什么区别。

8.1.5　CFG桩的勘察要求

对拟建建筑场地要根据GB 50021—2001《岩土工程勘察规范（2009年版）》进行工程地质勘察并提供其勘察报告。

（1）工程地质勘察内容

1）查明岩土埋藏条件及物理力学性质，持力层及下卧层尤其是软弱土层的埋藏深度和厚度、性状及变化情况以及应力历史。

2）查明水文地质条件，地下水位的埋藏（包括地下水位线位置、流向、地下水类型等），地下水对混凝土的腐蚀作用等。

3）查明特殊性土，如膨胀土、湿陷性土或液化土层的特性。

4）确定各层土的地基承载力标准值，预测地基的沉降及其均匀性。

5）提供采用CFG桩设计所需的岩土工程技术参数，确定和估算单桩承载力，可提出CFG桩的长度和建议的施工方法。

（2）勘探点间距　应根据拟建建筑物的等级、体型及平面形状等布置勘探点，勘探点的布置应能控制持力层的层面坡度、厚度及性状，其间距可根据岩土工程勘察等级确定。一般勘察点的间距为15～30m、层面高差比较大时，间距应小些。

（3）勘探深度　应取勘探孔总数的1/3～1/2作为控制性勘探孔，深度为桩尖以下或参见详细勘察阶段的控制性勘探孔深度表。

（4）室内试验　做土的物理力学常规试验项目。

（5）勘察报告　除按国家标准勘察规范提供勘察报告外，尚需针对CFG桩处理方法特别增加一些内容。

1）提供各土层的桩侧向阻力和桩端阻力。桩侧向阻力一般按灌注桩施工工艺提供，桩端阻力按灌注桩和打入桩分别提供。

2）若有填土，应说明填土材料的构成，尤其对施工可能造成困难的工业垃圾或块石等予以说明。当基础底标高在填土层时，要提供填土承载力标准值。

3）提供基础底面以下土层的灵敏度，作为褥垫层铺设施工时能否选用动力夯实法的主要依据。

8.2　加固机理

8.2.1　桩、土受力特性

1. 桩、土共同作用

在CFG桩复合地基中，基础通过一定厚度的褥垫层与桩和桩间土联系。褥垫层一般由级配砂石组成。当褥垫层厚度$H=0$时，如桩端落在坚硬土层上或岩石上，桩的沉降很小，桩上的荷载向桩间土转移的数量很小，桩间土的承载力很难发挥；如桩端落在一般黏性土层上，基础要承受外荷载，随着时间的增加，基础和桩的沉降变形不断增加，基础和桩间土的荷载也不断增加，桩承担的荷载相应减小，这样就存在一个桩所承担的荷载逐渐向桩间土转移的过程。当基础承受荷载时，桩和桩间土都要发生沉降变形，由于桩的模量远比土的变形模量大，因而桩比土的变形小。如在基础下面设置了一定厚度的（$H>0$）褥垫层，桩可以向上刺入，伴随这一变化过程，垫层材料不断调整补充到桩间土上，以保证基础始终把一部分荷载传到桩间土上，也就能保证在任一荷载作用下，桩和桩间土始终参与工作。

在给定荷载作用下，由于褥垫层的设置，随着时间的变化，桩间土表面的变形不断增加，但桩顶应力和桩间土应力始终保持常量，即使桩端落在好的土层上，也均保持一常量。CFG 桩复合地基桩土共同作用如图 8.2 所示。

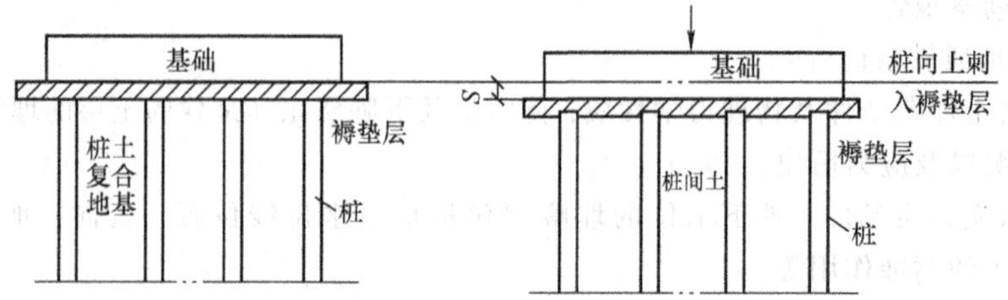

图 8.2　CFG 桩复合地基桩土共同作用示意图

2. 桩、土荷载分担

假定复合地基中，总荷载记为 p，桩体承担的荷载记为 p_p，桩间土承受的荷载记为 p_s，则 CFG 桩承担的荷载占总荷载的百分比记为 δ_p，定义为

$$\delta_p=\frac{p_p}{p} \tag{8.1}$$

桩间土承担的荷载占总荷载的百分比记为 δ_s，定义为

$$\delta_s=\frac{p_s}{p} \tag{8.2}$$

图 8.3 所示为垂直荷载作用下 CFG 桩复合地基中桩、土荷载分担比的变化曲线。由图可知，当荷载较小时，土承担的荷载大于桩承担的荷载，随着荷载增加，桩间土承担荷载占总荷载的百分比 δ_s 逐渐减小，桩承担荷载占总荷载百分比 δ_p 逐渐增大。当荷载 $p=p_k$ 时，桩土承担荷载各占 50%；当荷载 $p>p_k$ 后，桩承担荷载超过桩间土承担荷载。

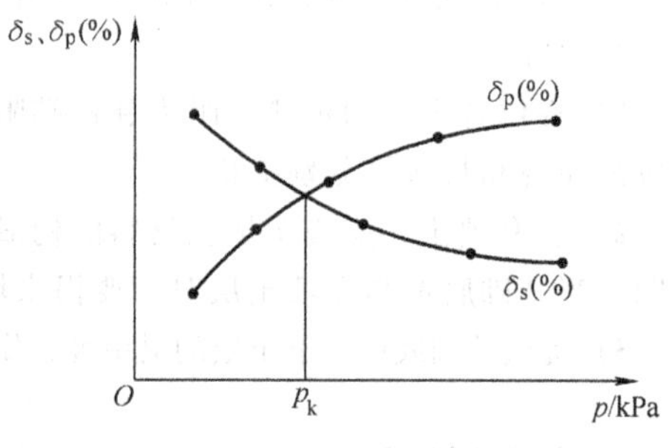

图 8.3　CFG 桩复合地基桩、土荷载分担比示意图

δ_p、δ_s 与荷载大小、土的性质、桩长、桩距、褥垫层厚度有关。荷载一定，其他条件相同时，δ_p 随桩长增加而增大，随桩距减小而增大；土的强度越低，褥垫层越薄，δ_p 越大。

3. 桩传递轴向力的特征

在竖向荷载作用下，CFG 桩和桩间土均产生沉降，在某一深度范围内，土的位移大于桩位移，土对桩产生负摩阻力，如图 8.4a、b 所示。z_0 处桩位移与土的位移相等，该断面所处位置为中性点。当 $z>z_0$ 时，桩位移大于土的位移，土对桩产生正摩阻力。

在中性点以上，桩的轴力随深度增加而增大，中性点以下桩的轴力随深度增加而减小，桩的最大轴向应力在中性点处，如图 8.4c 所示。

在复合地基中，桩间土在荷载作用下产生的压缩虽然增大了桩的轴向应力，降低了单桩承载力，但桩间土被挤密，增大了复合地基模量，对提高桩间土承载力、减小复合地基变形起着有益的作用。

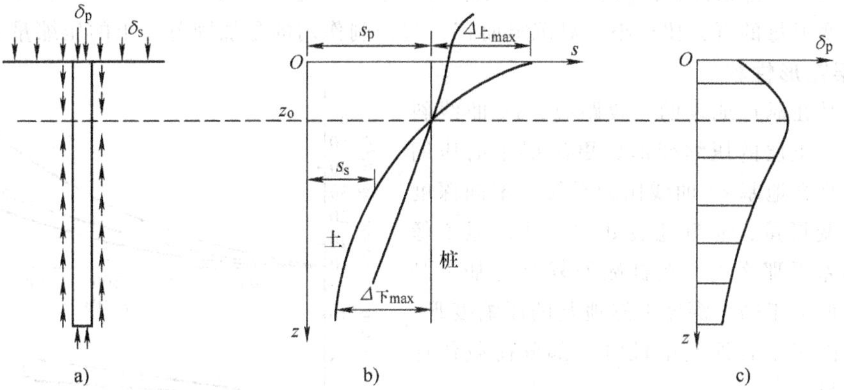

图 8.4 竖向荷载作用下桩传递轴向力的特征

a）桩身摩阻力示意图 b）桩土位移示意图 c）桩轴力随深度变化示意图

4. 桩间土应力分布

刚性基础下桩间土上的应力分布情况是在基础边缘应力较大，在基础中间部分较小，内外区的平均应力比为 1.25 ~ 1.45。

8.2.2 复合地基变形特性

1. 变形模式

CFG 桩复合地基总沉降 s 由三部分组成，即复合地基加固区范围内土层压缩量 s_1、下卧层压缩量 s_2 和褥垫层压缩量 s_3：

$$s = s_1 + s_2 + s_3 \tag{8.3}$$

2. 复合地基土的变形性状

复合地基和天然地基不同深度处土的位移曲线如图 8.5 所示。曲线 1 表示天然地基位移曲线、曲线 2 表示复合地基位移曲线。复合地基 s-z 曲线比较平缓，当荷载较小时，复合地基桩间土变形小于天然地基变形；随着荷载增加，复合地基变形大于天然地基变形，说明复合地基中桩将一部分荷载传递到深层土。

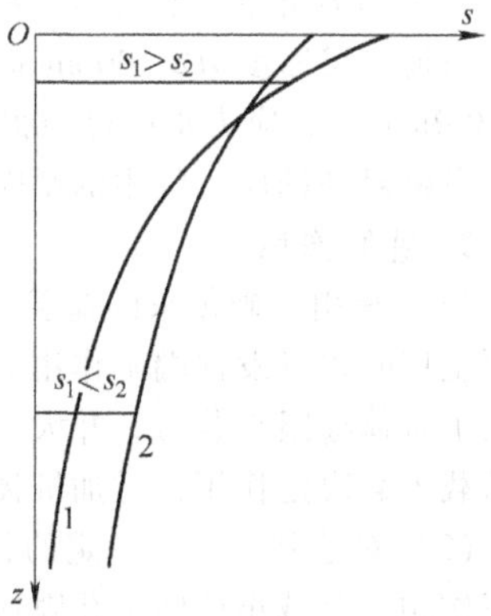

图 8.5 复合地基和天然地基不同深度处土的位移曲线

1—天然地基 2—复合地基

3. 复合地基中桩的变形性状

与自由单桩相比，在荷载相同的情况下，复合地基中桩的变形大于自由单桩变形。主要原因有下面两点：一是复合地基群桩效应的影响；二是由于复合地基褥垫层的设置，土对桩产生负摩阻力，导致桩沉降加大。

4. 基础宽度对变形的影响

对天然地基，当荷载强度相同时，基础宽度越大沉降量也越大。这是因为基础下某一深度的附加应力系数随基础宽度增加而增大，同时压缩层厚度也相应增大；复合地基也一样，当置换率、桩长及土性相同时，给定荷载下加固区压缩变形 s_1、下卧层压缩变形 s_2，以及总沉降量 s 都随基础宽度增加而增大。

综合考虑桩长和基础宽度两个因素的影响，用 L/B（L 桩长，B 基础宽度）作为参量，不同荷载水平时总的沉降变形、下卧层的沉降变形以及下卧层的沉降变形占总沉降变形的百分比 δ_2 如图 8.6 所示。其他条件相同时，L/B 越大总的沉降变形越小。当 $L/B=6$ 时，下卧层压缩变形量占总压缩变形量的百分比很小，对沉降而言，起控制作用的是加固范围土的压缩量。

5. 深层变形性状

天然地基在靠近地表的一段距离，s-z 曲线斜率很大，这一土层的压缩变形比更深层土的压缩量大得多。复合地基 s-z 曲线比较平缓。不同深度的土层压缩变形量，靠近地表处大一些，但不像天然地基相差得那么大；在桩端处复合地基下卧层的压缩变形大于同一深度天然地基的压缩变形。显然，这是由于复合地基中桩将一部分荷载传递到深层的结果。

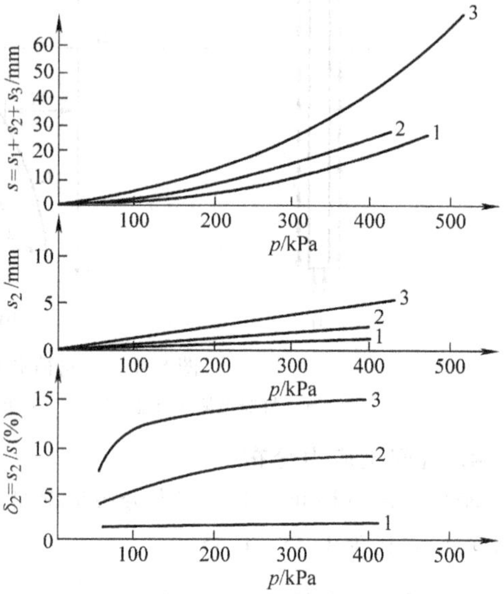

图 8.6　总沉降量、下卧层变形与 L/B 的关系（桩长 $L=3.2$m）

1—$L/B=6$　2—$L/B=3$　3—$L/B=2$

8.2.3　CFG 桩复合地基各组成要素的主要作用

1. 褥垫层作用

（1）保证桩与土共同承担荷载　在 CFG 桩复合地基中，设置褥垫层，可以保证基础始终通过褥垫层的塑性调节作用把一部分荷载传到桩间土上，保证桩和桩间土始终参与工作并满足变形协调条件，从而达到桩土共同承担荷载的目的。

（2）减小基础底面的应力集中　当褥垫层厚度 $H=0$ 时，桩对基础底板的应力集中显著，基础设计时需考虑桩对基础底板的冲切破坏。随着褥垫层厚度的增加，这种应力集中现象越来越不明显，当褥垫层厚度增大到一定程度时，基础反力与天然地基的反力分布情况近似。试验研究表明，当褥垫层厚度 $H\geqslant100$mm 时，桩对基础产生的应力集中现象显著降低；当褥垫层厚度达到 $H=300$mm 时，应力集中已经很小。也就是说，当褥垫层超过一定厚度，在基础底板设计时，可不考虑桩对基础应力集中的影响。

2. 桩的作用

（1）承担基础传来的荷载　CFG 桩属于刚性桩，不仅可全桩长发挥桩的侧阻，当桩端落在较硬土层时也可发挥端阻作用。桩由于其周围土体密实度增大、侧应力增加而改善了受力性能，增加了桩体极限承载力，并大大提高了桩的延性。桩体强度特别是近桩头部分桩体强度对复合地基承载力起决定作用，增加桩体强度和桩长是提高复合地基承载力的有效途径。

（2）对地基土产生一定的挤密作用　当 CFG 桩采用振动沉管成孔时，由于桩管振动和侧向挤压作用，可减小桩间土孔隙比，降低土的压缩性，提高土体承载力。

3. CFG 桩复合地基加固作用

（1）置换作用　根据桩体和加固后桩间土材料特性对比，CFG 桩桩体的弹性模量远大于桩间土弹性模量，可见 CFG 桩承担荷载远大于桩间土承担荷载，因此，土被 CFG 桩置换是复合地基承载力得到提高的主要原因。

（2）排水作用　CFG 桩由于在普通混凝土拌合料中掺入粉煤灰，因此具有很强的渗透性，有试验表明 CFG 桩桩体的渗透系数远大于桩间土层渗透系数。实际上，桩体相对于土体构成了固结排水通道，加速了土体的排水固结过程，有效提高了土体强度，尤其可明显改善黏性土和粉土的工程性质。

8.3　设计计算

8.3.1　CFG 桩复合地基布桩基本要求

1. 平面布置

CFG 桩可只在基础范围内布置。对可液化地基及饱和软黏土地基宜在基础处设 1 ~ 2 排砂石护桩。最外排桩中心至基础边缘距离不宜小于 1 倍桩径，且不大于 1.5 倍桩距。

2. CFG 桩参数设计

（1）桩径　CFG 桩常采用振动沉管法施工，桩径宜取 350 ~ 600mm。桩径过小，施工质量不容易控制；桩径过大，需加大褥垫层厚度才能保证桩土共同承担上部结构传来的荷载。

（2）桩距　应根据复合地基承载力、土性、施工工艺等确定，桩距 S 宜取 3 ~ 6 倍桩径。桩距具体选择见表 8.1。

表 8.1　CFG 桩桩距选择

基础形式 \ 土性	挤密性好的土，如砂土、粉土、松散土等	可挤密性土，如粉质黏土、非饱和黏土等	不可挤密性土，如饱和黏土、淤泥质土等
单、双排布桩的条基	$(3\sim5)d$	$(3.5\sim5)d$	$(4\sim5)d$
含 9 根以下独立基础	$(3\sim6)d$	$(3.5\sim6)d$	$(4\sim6)d$
满堂布桩	$(4\sim6)d$	$(4\sim6)d$	$(4.5\sim7)d$

1）对挤密性好的土，如砂土、粉土和松散填土等，桩距可取得较小。

2）对单双排布桩的条形基础和面积不大的独立基础等，桩距可取得较小，反之，满堂布桩的筏形基础、箱形基础以及多排布桩的条形基础、设备基础等，桩距应适当放大。

3）地下水位高、地下水丰富的建筑场地，桩距也应适当放大。

（3）桩长　CFG 桩应选择承载力相对较高的土层作为桩端持力层，选择桩长时应考虑可作为桩端持力层的土层埋深。在满足承载力和变形要求的前提下，可以通过调整桩长来调整桩距，桩越长，桩间距可以越大。

3. 褥垫层设计

桩顶和基础之间应设置褥垫层，褥垫层厚度宜为桩径的 40% ~ 60%。当桩径、桩距较大时，褥垫层厚度应取高值。褥垫层材料宜用中、粗砂及碎石级配砂石，最大粒径不宜大于 30mm。

褥垫层的铺设厚度按下式计算

$$h = \frac{\Delta H}{\nu} \tag{8.4}$$

式中　h——褥垫层的虚铺厚度（cm）；

ν——夯填度，取 $\nu = 0.87 \sim 0.90$；

ΔH——褥垫层压实厚度，一般取 15 ~ 30cm。

8.3.2　CFG 桩复合地基承载力计算

CFG 桩复合地基是由桩间土和增强体共同承担的。目前，复合地基承载力计算公式比较多，但应用比较普遍的有两种：①由桩间土承载力和单桩承载力进行合理叠加；②将复合地基承载力用天然地基承载力扩大一个倍数来表示。

1. 复合地基承载力特征值

复合地基承载力不是天然地基承载力和单桩承载力的简单相加，需要考虑如下因素：

1）施工时对桩间土是否产生扰动或挤密，桩间土承载力有无降低或提高。

2）桩对桩间土有约束作用，使土的变形减小；在垂直方向上荷载水平不大时，起阻碍变形的作用，使土的变形减小；荷载水平大时起增大变形的作用。

3）复合地基中桩的 p_p-s 曲线呈加工硬化型，比自由单桩的承载力要高。

4）桩和桩间土承载力的发挥都与变形有关，当变形小时，桩和桩间土承载力的发挥都不充分。

5）复合地基桩间土的发挥与褥垫层厚度有关。

CFG 桩复合地基承载力特征值，应通过现场复合地基载荷试验确定，初步设计时可按式（6.13）进行估算，公式中 β 为桩间土承载力折减系数，宜按地区经验取值，如无经验时可取 0.75～0.95，天然地基承载力较高时取大值；f_{sk} 为处理后桩间土承载力特征值，宜按当地经验取值，如无经验时，可取天然地基承载力特征值。

当采用挤土成桩工艺时，对结构性土，如淤泥质土等，施工时因受扰动强度降低，施工完后进入恢复期，土体强度会有所恢复，土性不同，强度恢复的程度和所需的时间也不同，比如南京造纸厂工程，地基土为淤泥质粉质黏土，天然地基承载力特征值为 $f_{ak}=87\text{kPa}$，采用振动沉管打桩机施工，施工后不同恢复期地基承载力特征值见表 8.2。

表 8.2 施工后不同恢复期地基承载力特征值

恢复期/d	14	34	36	42	53
承载力特征值 f_{ak}/kPa	49	92	96	99	105

恢复期超过 32d，桩间土承载力大于原天然地基承载力。而天津塘沽地区的淤泥质黏土，成桩后 120d 后才能恢复到原土强度。地基处理后，上部结构施工有一个过程，应考虑荷载增长和土体强度恢复的快慢来确定 f_{sk}。

对可挤密一般黏性土，f_{sk} 可取 1.1～1.2 倍天然地基承载力特征值，即 $f_{sk}=(1.1\sim1.2)\ f_{ak}$，塑性指数小，孔隙比大时取高值。

对不可挤密土，若施工速度慢，可取 $f_{sk}=f_{ak}$；若施工速度快，宜通过现场试验确定 f_{sk}。对挤密效果好的土，由于承载力提高幅值的挤密分量较大，宜通过现场试验确定 f_{sk}。

2. 单桩竖向承载力特征值

1）根据单桩载荷试验获得单桩竖向极限承载力 Q_u，将单桩竖向极限承载力除以安全系数 2，得单桩承载力特征值。

$$R_a=\frac{Q_u}{2} \tag{8.5}$$

2）无单桩载荷试验资料时，CFG 桩单桩承载力特征值可按以下二式计算，取其较小者

$$R_a = u_p\sum_{i=1}^{n} q_{si}l_i + q_pA_p \tag{8.6}$$

$$R_a=\eta f_{cu}A_p \tag{8.7}$$

式中 u_p——桩的周长（m）；

n——桩长范围内所划分的土层数；

q_{si}、q_p——桩周第 i 层土的侧阻力特征值和桩端阻力特征值（kPa）；

l_i——第 i 层土的厚度（m）；

η——桩身强度折减系数，η 可取 0.33；

f_{cu}——桩体混合料试块标准养护 28d 立方体抗压强度平均值（kPa），见式（8.8）。

3. 软弱下卧层验算

当复合地基加固区下卧层为软弱土层时，尚须验算下卧层承载力。要求作用在下卧层顶面处的基础附加应力 p_0 和自重应力 σ_{cz} 之和不超过下卧层的允许承载力。

8.3.3 CFG 桩桩体强度与配合比设计

CFG 桩是由水泥、粉煤灰、碎石、石屑加水拌和形成的混合料，各组成成分含量对混合料的强度、和易性都有很大影响。CFG 桩中碎石粒径一般采用 20~50mm。石屑为中等粒径集料，在水泥掺量不高的混合料中，可掺加石屑来填充碎石间的空隙。水泥一般采用 42.5 级普通硅酸盐水泥。

1. 桩体强度计算

桩身材料配合比按照桩体强度控制，桩体试块抗压强度应满足下式要求

$$f_{cu} \geqslant 3\frac{R_a}{A_p} \tag{8.8}$$

式中 f_{cu}——桩体混合料试块标准养护 28d 立方体（边长 150mm）抗压强度平均值（kPa）；

R_a——单桩竖向承载力特征值（kN）；

A_p——桩的截面面积（m^2）。

2. 桩体材料中水泥掺量及其他材料的配合比确定

（1）以 28d 混合料试块的强度 f_{cu} 确定桩身混合料的水灰比（C/W）

$$f_{cu} = 0.366R_c\left(\frac{C}{W} - 0.071\right) \tag{8.9}$$

式中 R_c——水泥强度等级（MPa），42.5 级普通硅酸盐水泥 $R_c = 42.5$MPa；

C——每 $1m^3$ 混合料中水泥用量（kg）；

W——每 $1m^3$ 混合料中水的用量（kg）；

f_{cu}——桩体混合料试块标准养护 28d 立方体（边长 150mm）抗压强度平均值（kPa）。

（2）混合料中粉煤灰的用量计算

$$\frac{W}{C} = 0.187 + 0.791\frac{F}{C} \tag{8.10}$$

式中 F——每 $1m^3$ 混合料中粉煤灰的用量（kg）。

（3）每 $1m^3$ 混合料中碎石与石屑的用量计算

$$G = \rho - C - W - F \tag{8.11}$$

式中 ρ——混合料密度，一般情况下，取 $\rho = 2200kg/m^3$。

（4）石屑率的计算

$$\lambda = \frac{G_1}{G_1 + G_2} \tag{8.12}$$

式中 λ——石屑率，一般取 $\lambda = 0.25 \sim 0.33$；

G_1、G_2——每 $1m^3$ 混合料中石屑用量和每 $1m^3$ 混合料中碎石用量（kg），$G_2 = G - G_1$。

8.3.4 CFG 桩复合地基沉降计算

1. 复合地基沉降计算公式

CFG 桩复合地基沉降量 s 由其加固区范围内土层压缩量 s_1 和下卧层压缩量 s_2 组成。

（1）分层计算法 对单、双排布桩的条形基础或桩数较少的独立基础，采用荷载 p_0（$p_0 = p - \gamma d$，p 为基底压力，γd 为基底自重应力）在基底桩间土产生的附加应力 σ_{s0} 作为荷载计算加固

区的压缩变形 s_1，用荷载 p_0 在下卧层产生的附加应力计算下卧层压缩量 s_2，计算值与实测值不会产生大的误差。置换率越低，桩数越少，两者的差异就越小。

当荷载不超过复合地基承载力时，可按下式计算复合地基沉降

$$s = s_1 + s_2 = \psi_s\left(\sum_{i=1}^{n_1}\frac{\Delta\sigma_{s0i}}{E_{si}}h_i + \sum_{j=1}^{n_2}\frac{\Delta p_{0j}}{E_{sj}}h_j\right) \tag{8.13}$$

式中 s——CFG 桩复合地基总沉降量（mm）；

n_1、n_2——加固区土分层数和下卧层土分层数；

$\Delta\sigma_{s0i}$——桩间土应力 $\Delta\sigma_{s0}$ 在加固区第 i 层土产生的平均附加应力（kPa）；

Δp_{0j}——荷载 p_0 在下卧层第 j 层土产生的平均附加应力（kPa）；

E_{si}——加固区第 i 层土的压缩模量（MPa）；

E_{sj}——下卧层第 j 层土的压缩模量（MPa）；

h_i、h_j——加固区和下卧层第 i 层和第 j 层的分层厚度（m）；

ψ_s——变形计算经验系数，根据当地沉降观测资料及经验确定，也可采用表 8.3 数值。

表 8.3 变形计算经验系数 ψ_s

$\overline{E}_s$/MPa	2.5	4.0	7.0	15.0	20.0
ψ_s	1.1	1.0	0.7	0.4	0.2

注：$\overline{E}_s$ 为变形计算深度范围内压缩模量的当量值，应按 $\overline{E}_s = \sum A_i / (\sum A_i / E_{si})$ 计算。A_i 为第 i 层土附加应力系数沿土层厚度的积分值；E_{si} 为基础底面下第 i 层土的压缩模量值，桩长范围内的复合土层按复合土层的压缩模量取值。

（2）复合模量法 假定加固区的复合土体是与天然地基分层相同的若干层均质地基，不同的是压缩模量都相应扩大 ξ 倍。这样，加固区和下卧层均按分层总和法进行沉降计算。

当荷载不大于复合地基承载力时，总沉降量 s 为

$$s = s_1 + s_2 = \psi_s\left(\sum_{i=1}^{n_1}\frac{\Delta p_{0i}}{E_{spi}}h_i + \sum_{j=1}^{n_2}\frac{\Delta p_{0j}}{E_{sj}}h_j\right) \tag{8.14}$$

式中 Δp_{0i}——荷载 p_0 在第 i 层复合土层产生的平均附加应力（kPa）；

E_{spi}——第 i 层复合土层的压缩模量（MPa），见式（8.16）。

其他符号意义同式（8.13）。

上述变形计算，可采用 GB 50007—2011《建筑地基基础设计规范》中的沉降计算方法，即

$$s = \psi_s s' = \psi_s \sum_{i=1}^{n}\frac{p_0}{E_{si}}(z_i\overline{\alpha}_i - z_{i-1}\overline{\alpha}_{i-1}) \tag{8.15}$$

式中 p_0——对应于荷载效应标准组合时的基础底面处的附加压力（kPa）；

z_i、z_{i-1}——基础底面至第 i 层土、第 $i-1$ 层土底面的距离（m）；

$\overline{\alpha}_i$、$\overline{\alpha}_{i-1}$——基础底面计算点至第 i 层土、第 i-1 层土底面范围内平均附加应力系数，可查 GB 50007—2011《建筑地基基础设计规范》附录；

n——地基变形计算深度范围内所划分的土层数；

E_{si}——第 i 层土的压缩模量（MPa），对于加固区范围内土层，取复合土层的压缩模量 E_{sp}；对桩底下卧层土层，取天然土层的压缩模量 E_s。

2. 复合土层压缩模量 E_{sp}

GB 50007—2011《建筑地基基础设计规范》规定，复合土层压缩模量 E_{sp} 采用提高系数法计算。假定加固区土体与天然地基土体分层相同，各复合土层的压缩模量等于该层天然地基压缩模量的 ξ 倍，E_{sp} 按下式计算

$$E_{sp} = \xi E_s = \frac{f_{spk}}{f_{ak}}E_s \tag{8.16}$$

式中 f_{ak}——基础底面下天然地基承载力特征值（kPa）；

f_{spk}——基础底面下复合地基承载力特征值（kPa）。

3. 地基变形计算深度 z_n

地基变形计算深度应符合下式要求

$$\Delta s'_n \leqslant 0.025 \sum_{i=1}^{n} \Delta s'_i \tag{8.17}$$

式中 $\Delta s'_i$——在计算深度范围内，第 i 层土的计算变形值；

$\Delta s'_n$——在由计算深度向上取厚度为 Δz 的土层计算变形值，Δz 取值见表 8.4。

表 8.4 Δz 取值

b/m	$b \leqslant 2$	$2 < b \leqslant 4$	$4 < b \leqslant 8$	$b > 8$
Δz/m	0.3	0.6	0.8	1.0

当无相邻荷载影响，基础宽度在 1 ~ 30m 范围内时，基础中点的地基变形计算深度可按下列简化公式计算

$$z_n = b(2.5 - 0.4\ln b) \tag{8.18}$$

式中 b——基础宽度（m）。

当计算深度范围内存在基岩时，z_n 可取至基岩表面；当存在较厚的坚硬黏土层，其孔隙比小于 0.5、压缩模量大于 50MPa，或存在较厚密实砂卵石层，其压缩模量大于 80MPa 时，计算深度可取至该层土表面。无论何种情况，复合地基变形计算深度必须大于复合土层厚度。

8.4 施工技术

工程实践表明，CFG 桩复合地基设计，就承载力而言不会有太大的问题，可能出现问题的是 CFG 桩的施工。CFG 桩复合地基于 1988 年提出并用于工程实践，首先选用的是振动沉管 CFG 桩施工工艺，适用于黏土、粉土、素填土等，它具有施工简便、费用较低、对桩间土的挤密效应显著等优点。

采用振动沉管 CFG 桩施工工艺施工的 CFG 桩复合地基可以提高地基承载力、减小地基变形以及消除地基液化。该工艺主要应用于对土质具有挤密作用或预振作用的工程，空旷地区或施工场地周围没有管线、精密设备以及不扰民的地基处理工程。

8.4.1 CFG 桩施工所需机具

1. 长螺旋钻机

该机包括液压步履桩架和钻进系统两部分。桩架采用液压步履式底盘，自动化程度高，可自行行走及 360°回转，设有四条液压支腿及一个行走液压缸以辅助行走及回转，同时增加施工时的整机稳定性，可整机进行转运。钻进系统包括动力头与钻具，动力头的输出轴与螺旋钻具为中空式，桩机采用长螺旋成孔，可通过钻杆中心管将混凝土（或泥浆）泵送进行，混凝土 CFG 桩施工，既能钻孔成孔一机一次完成，也可用于干法成孔、注浆置换，改变钻具后还可采取深层搅拌等多种工法进行施工。

2. 振冲器

振冲器的上部为潜水电动机，下部为振动体。电动机转动时通过弹性联轴节带动振动体的中空轴旋转，轴上装有偏心块，以产生水平向振动力。在中空轴内装有射水管，水压可达 0.4 ~ 0.6MPa。依靠振动和管底射水将振冲器沉至所需深度，然后边提振冲器边填砂砾边振动，直到

挤密填料及周围土体。振冲法施工时除振冲器外，尚需行走式起吊装置、泵送输水系统、控制操纵台等设备。

8.4.2 CFG 桩成桩工艺

目前常用 CFG 桩施工工艺有五种：长螺旋钻孔灌注成桩，长螺旋钻孔、管内泵压混合料灌注成桩，振动沉管灌注成桩，泥浆护壁钻孔灌注成桩和人工或机械洛阳铲成孔灌注成桩等。选择施工工艺时应综合考虑设计要求、地基土性质、地下水埋深及对场地周边环境的影响等因素。

1. 长螺旋钻孔灌注成桩工艺

长螺旋钻孔灌注成桩，适用于地下水位以上的黏性土、粉土、素填土、中等密实以上的砂土。施工处理深度一般小于 30m，常用桩径在 400 ~ 420mm。

长螺旋钻孔灌注成桩属于非挤土桩成桩工艺，施工过程中对桩间土扰动较小。该施工工艺具有穿透能力强、低噪声、无振动、无泥浆污染等特点，为保证成孔时不出现塌孔，施工时要求桩长范围内无地下水，必要时采取井点降水措施。图 8.7 为步履式长螺旋钻孔机示意图。

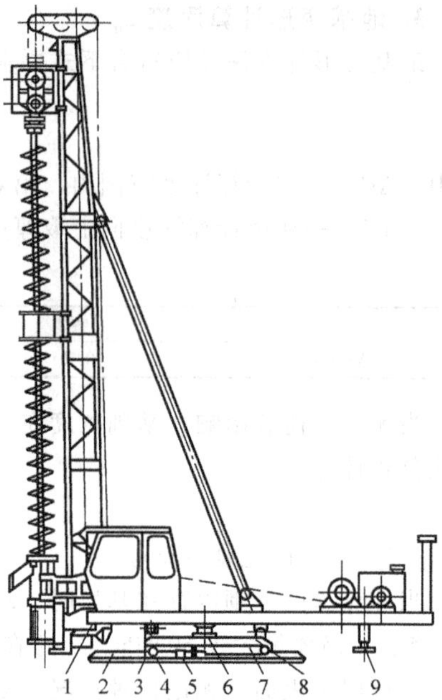

图 8.7 步履式全螺旋钻孔机

1—上盘 2—下盘 3—回转滚轴 4—行走滚轴 5—钢丝滑轮 6—回转中心轴 7—行走液压缸 8—中盘 9—支腿

2. 长螺旋钻孔、管内泵压混合料灌注成桩工艺

长螺旋钻孔、管内泵压混合料灌注成桩工艺，适用于黏性土、粉土、砂土，以及对噪声要求严格的场地。长螺旋钻孔、管内泵压混合料灌注成桩施工体系由长螺旋钻机、混凝土泵和强制式混凝土搅拌机组成，如图 8.8 所示。

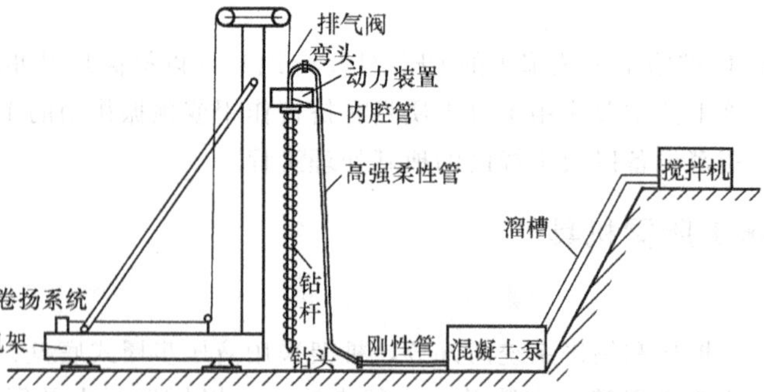

图 8.8 长螺旋钻孔、管内泵压混合料灌注成桩旋工体系

该施工工艺具有以下优点：①低噪声、无泥浆污染；②成孔制桩时不产生振动，避免了新打桩对已打桩产生的不良的影响；③成孔穿透能力强，可穿透硬土层，诸如砂层、圆砾层和粒径不大于 60mm 的卵石层；④施工效率高。

长螺旋钻孔、管内泵压混合料灌注成桩施工工艺流程如下：钻机就位→钻进成孔→连续压灌混合料→提升钻杆成桩→钻机移位。

3. 振动沉管灌注成桩工艺

振动沉管灌注成桩工艺属于挤土成桩工艺，主要适用于粉土、黏性土、松散砂土、淤泥质土及人工填土等地质条件。该工艺具有施工操作简单、施工费用低、对桩间土挤密效果显著、可消除地基液化等优点。振动沉管成桩深度一般小于30m，常用桩径在360～420mm。

采用振动沉管灌注成桩工艺，施工中无论是振动沉管还是振动拔管，都将对周围土产生扰动或挤密。振动的影响与土的性质密切相关，挤密效果好的土（如松散粉土、粉砂），施工时振动可使土体密度增加，场地发生下沉；不可挤密的土（如密实粉土、黏土、粉砂）则会发生地表隆起，严重时造成缩颈或断桩。对于灵敏度较高的土和密实度较高的土，振动会使土的结构强度破坏，密实度减小，承载力下降。施工中可采用螺旋钻预引孔，然后再用振动沉管机制桩，避免扰动桩间土。

振动沉管灌注桩施工存在以下问题应引起注意：①难以穿透砂层、卵石层等硬土层；②施工噪声较大，不适宜在城市居民区施工；③当临近既有建筑物施工时，振动对建筑物可能产生不良影响；④当施工顺序不当时，还有将邻桩挤断的可能。

振动沉管灌注桩施工工艺流程如下：钻机就位→沉管成孔→钻杆内灌注混合料→提升钻杆并补投混合料→成桩→钻机移位。

4. 泥浆护壁钻孔灌注成桩工艺

这种成桩方法适用于有砂层的地质条件，以防砂层坍孔并适用于对振动噪声要求严格的场地。

5. 人工或机械洛阳铲成孔灌注成桩

这种成桩方法适用于处理深度不大、地下水位以上的黏性土、粉土和填土地基。

8.4.3 施工注意事项

1. CFG桩施工

1）施工前应按照设计要求由实验室进行配合比试验，施工时按配合比配置混合料。长螺旋钻孔、管内泵压混合料成桩施工的坍落度宜为160～200mm，振动沉管灌注成桩施工的坍落度宜为30～50mm，振动沉管灌注成桩后桩顶浮浆厚度不宜超过200mm。

2）长螺旋钻孔、管内泵压混合料成桩施工在钻至设计深度后，应准确掌握提拔钻杆时间，混合料泵送量应与拔管速度相匹配，遇到饱和砂土或饱和粉土层，不得停泵待料；沉管灌注成桩施工拔管速度应按匀速控制，拔管速度应控制在1.2～1.5m/min，如遇淤泥或淤泥质土，拔管速度应适当放慢。

3）成桩过程中，抽样做混合料试块，每台机械一天应做1组（3块）试块（边长为150mm的立方体），标准养护，测定其立方体抗压强度。

4）施工时桩顶标高宜高出设计桩顶标高不少于0.5m。

5）冬期施工时混合料入孔温度不得低于5℃，对桩头和桩间土应采取保温措施。

6）沉管灌注成桩在施工过程中应观测新施工桩对已施工桩的影响，当发现桩断裂并脱开时，必须对工程桩逐桩静压，静压时间一般为3min，静压荷载以使断桩接起来为准。

7）设计桩的施打顺序，主要考虑新打桩对已打桩的影响。施打顺序一般分为连续施打和隔桩跳打。连续施打造成的桩的缺陷是桩径被挤扁或缩颈。隔桩跳打，先打的桩不易发生缩颈现象，但土质较硬在已打桩中间补打新桩时，已打桩可能被振裂或振断。施打顺序与土性、桩距有关。软土中成桩，当桩距较大时，可隔桩跳打；在饱和松散粉土中，应从一边向另一边推进打桩，或从中心向外推进施工。满堂布桩，无论桩距大小，均不宜从四周向内推进施工。

8）施工中桩长允许偏差为100mm，桩径允许偏差为20mm，垂直度允许偏差为1%。满堂布桩基础，桩位允许偏差为0.5倍桩径；条形基础，垂直于轴线方向的桩位允许偏差为0.25倍桩径，顺轴线方向的桩位允许偏差为0.3倍桩径；单排布桩桩位允许偏差不得大于60mm。

2. 清土和截桩

保护桩长是指成桩时预先设定的加长的一段桩长，可取0.5~0.7m，上部用黏土封顶。待强度达到设计要求、复合地基检测完成后截掉桩头。清土和截桩时，不得造成桩顶标高以下桩身断裂和扰动桩间土。

3. 褥垫层施工

褥垫层铺设宜采用静力压实法，当基础底面下桩间土含水量较小时，也可采用动力夯实法，夯填度（夯实后的褥垫层厚度与虚铺厚度比值）不得大于0.9。

8.5 质量检验

8.5.1 施工质量检验

施工质量检验主要检查施工记录、混合料坍落度、桩数、桩位偏差、褥垫层厚度、夯填度和桩体试块抗压强度等。

CFG桩施工前应对水泥、粉煤灰、砂及碎石等原材料进行检验。施工中应对桩身混合料的配合比、混合料坍落度、提拔钻管速度、成孔深度、混合料灌入量等进行质量控制。打桩过程中随时检测地面是否发生隆起，打新桩时对已打但尚未固结的桩的桩顶进行位移测量，以估算桩径缩小量；对已打并结硬的桩的桩顶进行位移测量，以判断是否断桩。一般当桩顶位移超过10mm时，需开挖进行检查。

8.5.2 CFG桩复合地基质量通病分析

1. 成孔过程中常出现的问题

1）斜孔。出现这种情况的原因主要是钻机不稳或钻杆垂直度不够。

2）孔底虚土。由于孔底为砂土层或砂层，其黏结性差，成孔后不能随钻杆的抬升被带到孔外。

2. 下料过程中常出现的问题

1）堵管。成因一：碎石粒径偏大，或水泥因存放时间过久或受潮而结块；成因二：弯管处选用了小直径的异径接头；成因三：由于施工不当使地下水涌入，砂石回灌；成因四：冬期施工时材料受潮结冰，经拌和后仍不能将冰块消除。

2）打不开活瓣，不下料或下料不畅。这种情况常发生在软土施工中，由于土的黏结性和流塑性使活瓣不能打开。

3. 成桩过程中常见问题

1）缩颈。成因一：在饱和软土中成桩时，由于已打桩尚未成型，新打桩对已打桩进行挤压导致已打桩变形，造成缩颈；成因二：灌注混合料时拔管太快或振捣不到位，在桩身某个位置出现桩径突然变细的现象。

2）断桩。成因一：在上部有较硬的土层或中间有硬土层的土中，采用隔行跳打工艺成桩，由于桩距过近，已打桩强度不太高而被振裂；成因二：如果检测发现断桩部位多为桩顶0.5~1.5m，则可判定是由于开挖基坑时方法不当导致的浅层断桩。

3）水葫芦桩。这种情况主要是由于配合比不合理或搅拌不均匀所致。在下料时，输送管中的混合料发生离析，相对密度小的水和粉煤灰被其他粒料挤至桩体四周，使得桩体的某个部位偏向四周的区域没有集料，而是充满了水和粉煤灰，随着时间的推移，粉煤灰沉积于空桩下部。

4）窜桩。这种情况常由桩距太近且地基土层中含有较厚的砂夹层所致。

5）桩头部分的混合料与泥土夹杂。出现这种情况主要是由于混合料坍落度大、钻孔完成时提钻速度太快，使钻头泥土与 CFG 桩混合料同时落入孔内。

6）蜂窝状桩柱。出现这种现象是由于混合料和易性不好或振捣不到位。

7）桩体强度不均匀。灌注混合料时拔管太慢或振捣时间过长，使得桩端部水泥含量太少，桩顶浮浆较多，而且混合料也容易产生离析，造成桩身强度不均。

8）短桩。成因一：根据打桩记录判定桩长达到设计要求，但桩头不出土，这是由于技术人员测量标高错误，或由于隔行打第二遍桩时原地面标高发生了变化而没有重新测量标高所致；成因二：打桩时因停泵时间过早，停泵时混合料自身压力不够，致使桩头缩颈或桩头未达到设计标高。

8.5.3 CFG 桩复合地基施工质量的控制措施

1. 深入了解地质情况选用合理的成桩工艺，严格按要求施工

在施工过程中，成桩的施工工艺对 CFG 桩复合地基的质量至关重要，不合理的施工工艺将造成重大的质量问题，甚至导致质量事故，而要选择确定合理的施工工艺必须深入了解地质情况。同时，CFG 桩复合地基区别于桩基的主要特点就是：充分考虑利用桩间土的承载力，所以施工中应减少扰动土引起土的强度降低。CFG 桩成桩工艺中，选用的成桩机类型及其型号，与土的性质具有密切关系，要视工程的具体情况而定。

所以在施工准备阶段，应根据地质情况合理地选用施工机械。这是确保 CFG 桩复合地基施工质量的有效途径。

选择好施工工艺后，要严格按要求施工，把握各个施工要点、各个施工环节，因此在施工准备阶段确定施工方案时，应设计好相应的技术和质量保证措施，做到心中有数。

2. 采用正确的打桩顺序

1）在饱和软土中成桩，桩机的振动力较小，当采用连打作业时，由于饱和软土的特性，新打桩将挤压已打桩，使已打桩被挤扁形成椭圆状或不规则形状，严重的产生缩颈和断桩。此时，应采用隔桩跳打施工方案。

2）在饱和的松散粉土中施工，由于松散粉土振密效果好，先打桩施工完后，土体密度会有显著增加。而且打的桩越多，土的密度越大。在补打新桩时，一是加大了沉管难度，二是非常容易造成已打桩断桩。此时，隔桩跳打方法不宜采用。

3）当满堂布桩时，不宜从四周向内推进施工，宜从中心向外推进施工，或从一边向另一边推进施工。但仅凭打桩顺序的改变并不能完全避免新打桩的振动对已结硬的桩产生影响。此时，应采用螺旋钻引孔的方案，避免新打桩的振动造成已打桩的断桩。

3. 严格控制拔管速率

控制混合料泵送量与拔管速度相匹配，不得停泵待料。拔管速率太快可能导致桩径偏小或缩颈断桩，而拔管速率过慢又会造成水泥浆分布不匀，桩顶浮浆过多，桩身强度不足和混合料离析现象，导致桩身强度不足。因此，施工时应严格控制拔管速率。正常的拔管速率应控制在 1.2～1.5m/min，一般桩顶浮浆可控制在 10cm 左右。

4. 控制好混合料的坍落度

大量工程实践表明，坍落度的大小对 CFG 桩施工质量影响最为显著。混合料坍落度过大，会造成桩顶浮浆过多，形成硅的离析和泌水，桩体强度也会降低；而且会导致混凝土流动性降低，频繁堵管。坍落度控制在 3～5cm 时，和易性好，成桩质量容易控制。

5. 设置保护桩长

每根桩在加料时，要比设计桩长多加 0.5m 桩长的混合料。用插入式振捣棒对桩顶混合料加振 3～5s，提高桩顶混合料密实度。上部用土封顶，增大混合料表面的高度，即增加了自重压力，可提高混合料抵抗周围土挤压的能力。在上部基础施工时再将保护桩长剔除掉，确保成桩与设计标高一致。同时褥垫层铺设应保证桩顶以下 30～50mm，即桩体嵌入褥垫层 30～50mm。褥垫层铺设宜采用静力压实法，当基础底面下桩间土的含水量较小时，也可采用动力夯实法，夯填度（夯实后的褥垫层厚度与虚铺厚度的比值）不得大于 1%。施工垂直度偏差不应大于 1%。满堂布桩基础，桩位偏差不应大于 0.4 倍桩径；条形基础，桩位偏差不应大于 0.25 倍桩径；单排布桩桩位偏差不应大于 60mm。

6. 加强施工过程中的检测和反馈

在施工过程中，应加强检测，及时发现问题，以便有针对性地采取有效措施。重点应做好施工场地和已打桩桩顶标高观测，经纬仪跟踪进行桩轴线的控制，及时抽查浇筑质量，对承压水压力较大的场地应钻探深井降低水压力，褥垫层施工前桩间浮土必须清除干净等几方面的检测工作。

8.5.4 竣工质量检测

CFG 桩施工完毕，一般 28d 后对 CFG 桩和 CFG 桩复合地基进行检测，检测包括低应变检测技术对桩身质量的检测和静载荷试验对承载力的检测，静载荷试验多采用单桩或多桩复合地基静载荷试验，根据试验结果评价复合地基承载力，亦可采用单桩载荷试验，通过计算评价复合地基承载力。

检测数量：复合地基静载荷试验和单桩静载荷试验数量不应少于总桩数的 1.0%，且每个单位工程的复合地基静载荷试验的试验数量不应少于 3 点；低应变检测数量不应少于总桩数的 10%。选择试验点时应本着随机分布的原则。挑选施工质量好的桩或施工质量差的桩，或者为了检测方便将所有试桩集中在一个区域的选桩方法，都不能体现随机分布的原则。

1. CFG 桩的检测

CFG 桩单桩静载荷试验按 JGJ 79—2012《建筑地基处理技术规范》附录 C 执行。

CFG 桩低应变检测桩身质量评价分为四类：Ⅰ类桩，完好桩；Ⅱ类桩，有轻微缺陷，但不影响原设计桩身结构强度的桩；Ⅲ类桩，有明显缺陷，但应采用其他方法进一步确认可用性的桩；Ⅳ类桩，有严重缺陷的桩或断桩。

2. CFG 桩复合地基的检测

CFG 桩复合地基属于高黏结强度桩复合地基，载荷试验具有其特殊性，试验方法直接影响对复合地基承载力的评价。对此，试验时按 JGJ 79—2012《建筑地基处理技术规范》附录 B 执行的同时，还需注意以下几点：

1）褥垫层的厚度与铺设方法。试验时褥垫层的底面标高与桩顶设计标高相同，褥垫层底面要求平整，褥垫层铺设厚度为 6～10cm，铺设面积与载荷板面积相同，褥垫层周围要求有原状土约束。

2）当 p-s 曲线不存在极限荷载时按相对变形值确定复合地基承载力，取 $s/b=0.01$ 对应的荷载作为 CFG 桩复合地基承载力标准值。

3. 桩间土检验

可用标准贯入、静力触探和钻孔取样等试验对桩间土进行质量检验。对砂性土地基可采用标准贯入或动力触探等方法检测挤密程度。

8.6 工程应用实例

【例8.1】 江苏省某建筑工程，建筑场地为第四纪全新世冲积层，地下水位较高，场地土为深厚的中高压缩性饱和软土，场地地质自上而下分为7层，主要物理力学性质见表8.5。

表8.5 场地地层分布与主要物理力学性质

层号	土层名称	平均层厚 /m	压缩模量 E_s/MPa	承载力特征值 f_{sk}/kPa	桩侧阻力特征值 q_{si}/kPa	桩端阻力特征值 q_{pi}/kPa
①	杂填土	2.0				
②	淤泥质粉质黏土	3.0	3.0	80	12	
③	淤泥质粉土	7.0	4.0	80	15	
④	粉质黏土	7.0	5.0	110	30	1100
⑤	粉砂	4.0	9.0	160	32	1200
⑥	中砂	10	30.0	280	42	2100
⑦	密实卵石	未钻透	80.0	350	80	4000

该建筑为框架结构，基础采用筏形基础，设置地下室，室内外高差为0.3m，基础埋深自室外地坪起算2m。上部结构传至基础顶面的竖向荷载标准值 $F_k=480\times10^3$kN，准永久荷载组合值 $F'_k=350\times10^3$kN，筏形基础底面尺寸为30m×90m。由岩土勘察报告可知，该建筑物基础坐落在第②层淤泥质粉质黏土层上，天然地基承载力特征值为80kPa，采用CFG桩复合地基进行地基处理，设计要求处理后的地基承载力特征值 f_{spk} 不小于180kPa，沉降量不大于120mm。

CFG桩复合地基设计如下：

1. CFG桩几何尺寸及布置初步设计

由于上部结构基础为筏形基础，CFG桩按梅花桩形式（等边三角形）满堂布置在基础范围内，采用长螺旋钻孔灌注桩施工工艺，有效桩径 $d=400$mm。

由于软弱土层较厚，为满足承载力和沉降要求，选择长桩疏桩布置方案。初步确定桩端持力层为第⑤层粉砂层，桩端进入持力层的深度宜为桩径的1~3倍，取1.0m，则桩长 $l=(3+7+7+1)\text{m}=18\text{m}$。地基处理与土层关系如图8.9所示。

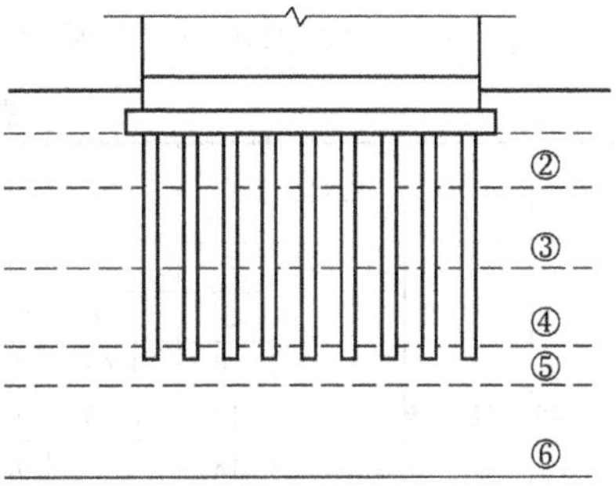

图8.9 地基处理与土层关系示意图

初步确定桩距 $s=6d=2.4$m，则

$$A_p=\frac{\pi d^2}{4}=0.1256\text{m}^2;\ u_p=\pi d=1.256\text{m};\ m=\frac{\pi d^2}{2\sqrt{3}S^2}=0.025$$

2. 复合地基的承载力校核

单桩承载力特征值为

$$R_a=u_p\sum q_{si}l_i+A_pq_p$$
$$=1.256\times(12\times3+15\times7+30\times7+32\times1)\text{kN}+0.1256\times1200\text{kN}=631\text{kN}$$

因天然地基承载力较低，取 $\beta=0.75$，则复合地基承载力特征值为

$$f_{spk}=m\frac{R_a}{A_p}+\beta(1-m)f_{sk}$$
$$=0.025\times\frac{631}{0.1256}\text{kPa}+0.75\times(1-0.1256)\times80\text{kPa}=184\text{kPa}>180\text{kPa}，满足要求。$$

3. 复合地基的变形校核

地基变形计算深度应大于复合土层的厚度，并符合 GB 50007—2011《建筑地基基础设计规范》关于地基变形计算深度的规定。沉降计算深度为

$$z_n = b(2.5 - 0.4\ln b) = 30 \times (2.5 - 0.4 \times \ln 30)\text{m} = 34\text{m}$$

因第⑦层为密实卵石层，沉降计算深度取至卵石层表面，即 $z = 31\text{m}$。

复合地基土层的分层与天然地基相同，各复合土层的压缩模量等于该层天然地基压缩模量的 ξ 倍，$\xi = f_{spk}/f_{ak} = 184/80 = 2.3$。复合地基换算后的各土层压缩模量见表 8.6。

表 8.6 复合地基换算后的各土层压缩模量

土层编号	土层名称	平均层厚/m		天然土层压缩模量 E_s/MPa	复合地基压缩模量换算值 ξE_s/MPa
②	淤泥质粉质黏土	3.0	复合地基	3.0	6.9
③	淤泥质粉土	7.0		4.0	9.2
④	粉质黏土	7.0		5.0	11.5
⑤	粉砂	1.0		9.0	20.7
		3.0	天然地基	9.0	
⑥	中砂	10		30.0	

因建筑设地下室，取 $G_k = 0$，竖向荷载取准永久组合值 $F_k = 350 \times 10^3\text{kN}$。

$$p_0 = \frac{F_k + G_k}{A} - \gamma_0 d = \frac{F_k + 0}{A} - \gamma_0 d = \frac{350 \times 10^3}{30 \times 90}\text{kPa} - 18 \times 2\text{kPa} = 93.6\text{kPa}$$

采用 GB 50007—2011《建筑地基基础设计规范》推荐的地基沉降计算公式计算沉降量

$$s = \psi_s s' = \psi_s \sum_{i=1}^{n} \frac{p_0}{E_{si}}(z_i \overline{\alpha}_i - z_{i-1}\overline{\alpha}_{i-1})$$

沉降计算深度范围内土层压缩量采用角点法计算（按表 8.6 分层），s' 计算结果见表 8.7。

表 8.7 复合地基沉降计算

l'/m	b'/m	l'/b'	z/m	z/b'	$\overline{\alpha}_i$	$\overline{\alpha}_i z_i$/m	$(z_i\overline{\alpha}_i - z_{i-1}\overline{\alpha}_{i-1})$/m	E_s/MPa	$\Delta s'$/mm	$s' = \Delta s'$/mm
90/2 = 45	30/2 = 15	3	0	0	0.250	0	0	0	0	
			3	0.2	0.2498	0.749	0.749	6.9	10.16	
			10	0.67	0.2439	2.439	1.69	9.2	17.19	
			17	1.13	0.2308	3.924	1.485	11.5	11.87	
			18	1.2	0.2286	4.115	0.191	20.7	0.86	
			21	1.4	0.2213	4.647	0.532	9.0	5.53	
			31	2.1	0.2216	6.870	2.223	30.9	6.73	52.34

$$\overline{E}_s = \frac{\sum A_i}{\sum \frac{A_i}{E_{si}}} = \frac{0.749 + 1.69 + 1.485 + 0.191 + 0.532 + 2.223}{\frac{0.749}{6.9} + \frac{1.69}{9.2} + \frac{1.485}{11.5} + \frac{0.191}{20.7} + \frac{0.532}{9} + \frac{2.223}{30}}\text{MPa} = 12.2\text{MPa}$$

查表 8.3 得，沉降计算经验系数 $\psi_s = 0.51$。$s = \psi_s s' = 0.51 \times 52.34\text{mm} = 26.7\text{mm} < 120\text{mm}$，满足沉降量控制要求。

4. CFG 桩桩体强度设计

$$f_{cu} \geqslant 3\frac{R_a}{A_p} = 3 \times \frac{631\text{kN}}{0.1256\text{m}^2} = 15072\text{kN/m}^2 = 15.07\text{MPa}$$

桩身混合料强度取 15MPa。

5. 桩体材料中水泥掺量及其他材料的配合比确定

(1) 以 28d 混合料试块的强度 f_{cu} 确定桩身混合料的水灰比（C/W）

$$f_{cu}=0.366R_c\left(\frac{C}{W}-0.071\right)$$

其中，42.5 级普通硅酸盐水泥 $R_c=42.5$ MPa，$f_{cu}=15$MPa。经计算得，$C/W=1.035$。一般情况下，混合料密度为 2.2g/cm^3；如振动沉管施工中，混合料的坍落度为 3cm 时；需水量为 189kg/m^3，则可得出每 1m^3 混合料中水泥用量 $C=195.7$kg。

(2) 混合料中粉煤灰的用量计算

$$\frac{W}{C}=0.187+0.791\frac{F}{C}$$

计算得每 1m^3 混合料中粉煤灰的用量 $F=192.8$kg。

(3) 每 1m^3 混合料中碎石与石屑的用量计算

$$G=2.2\times10^3-C-W-F=1622.5\text{kg}$$

(4) 石屑率的计算

$$\lambda=\frac{G_1}{G_1+G_2}$$

取 $\lambda=0.30$，经计算得 $G_1=486.75$kg，$G_2=1135.75$kg。

6. 褥垫层的铺设厚度计算

$$h=\frac{\Delta H}{\nu}$$

取 $\Delta H=20$cm，$\nu=0.88$，则 $h=22.7$cm。褥垫层采用中粗砂、碎石与卵石等均可。

【例 8.2】 北京某小区一高层住宅楼，剪力墙结构，地上 24 层，地下 2 层，基础采用箱形基础，基础埋深 5.0m。该建筑东西两侧有已建高层住宅两栋，最近距离 15m。

基础坐落于第④层黏质粉土层上，④层及以下土层的工程地质条件如下：

④ 黏质粉土层：厚度 1.0～4.0m，土层厚度极不均匀，可塑，桩侧阻力特征值 $q_s=30$kPa，承载力特征值 $f_{sk}=180$kPa。

⑤ 粉质黏土层：厚度 2.0～5.0m，桩侧阻力特征值 $q_s=32$kPa，承载力特征值 $f_{sk}=150$kPa。

⑥ 细砂层：平均厚度 8m，土层厚度均匀，标准贯入锤击数 23 击，桩侧阻力特征值 $q_s=35$kPa，桩端阻力特征值 $q_p=700$kPa，承载力特征值 $f_{sk}=250$kPa。

⑦ 黏质粉土层：平均层厚 5m，硬塑，桩侧阻力特征值 $q_s=32$kPa，桩端阻力特征值 $q_p=900$kPa，承载力特征值 $f_{sk}=200$kPa。

⑧ 细砂层：平均厚度 5～6m，密实，标准贯入锤击数 39 击，桩端阻力特征值 $q_p=1100$kPa，承载力特征值 $f_{sk}=280$kPa。

⑨ 圆砾层：未钻透，密实，桩端阻力特征值 $q_p=2100$kPa，承载力特征值 $f_{sk}=400$kPa。

设计要求经深度修正后的地基承载力特征值 f_{spk} 不小于 400kPa，沉降不大于 100mm。设计及施工方案如下：

1. CFG 桩布置方案

根据场地特点，初步设计 4 种方案，见表 8.8。

表 8.8　设计方案

类型	桩长/m	桩端土层
1	6.5	⑥细砂
2	15	⑦黏质粉土
3	20	⑧细砂
4	25	⑨圆砾

四种设计方案中，3、4 方案持力层承载力高，但持力层埋深较厚，桩身较长。

方案 1 桩长较短，适当减小桩间距即可满足复合地基承载力要求，且已穿越厚度不均的第④层黏质粉土层，持力层为第⑥层细砂层，其下土层厚度均匀，不会出现不均匀沉降。

方案 2 桩长较长，设计桩间距较大，虽满足承载力要求，但穿越第④层黏质粉土层，难以消除不均匀土层造成的沉降差。若减小桩间距，则费用增加，不经济。

经上述分析，建议采用方案 1。

2. 复合地基承载力与变形计算

基本参数：桩径 $d=400\text{mm}$、桩长 $l=6.5\text{m}$、等边三角形布桩，桩间距 $S=1.4\text{m}$，则

$$A_p=\frac{\pi d^2}{4}=0.1256m^2;\ u_p=\pi d=1.256\text{m};\ m=\frac{\pi d^2}{2\sqrt{3}S^2}=0.074$$

取第④层平均土层厚度 2.5m，第⑤层平均土层厚度 3.0m，桩身进入第⑥层 1.0m。单桩竖向承载力特征值为

$$R_a=u_p\sum q_{si}l_i+A_pq_p=1.256\times(30\times2.5+32\times3.0+35\times1.0)\text{kN}+0.1256\times700\text{kN}=347\text{kN}$$

因天然地基承载力较高，取 $\beta=0.9$，复合地基承载力特征值为

$$f_{spk}=m\frac{R_a}{A_p}+\beta(1-m)f_{sk}=\frac{0.074\times347}{0.1256}\text{kPa}+0.9\times(1-0.074)\times180\text{kPa}=354\text{kPa}$$

基础以上土的加权平均重度 $\gamma_m=18\text{kN/m}^2$，复合地基深度修正系数 $\eta_d=1.0$，复合地基承载力为

$$\begin{aligned}f_{sp}&=f_{spk}+\eta_d\gamma_m(d-0.5)\\&=354\text{kPa}+1.0\times18\times(5.0-0.5)\text{kPa}=435\text{kPa}>400\text{kPa}\end{aligned}$$

复合地基承载力经深度修正后，满足设计要求。

加固区计算变形量为 15.5mm，下卧层变形量 61mm，最大倾斜 0.11%，满足要求。

3. 施工工艺选择

采用长螺旋钻孔、管内泵压混合料施工工艺。在地基处理施工工艺选择时，主要考虑以下因素：①由于场地两侧均有既建高层建筑，为避免深层降水对既有建筑物产生不良影响，降水至基坑作业面以下 1m，不再做深层降水；②地基处理工艺应避免振动和噪声。

4. 地基加固效果

1）CFG 桩单桩静载荷试验。3 根 CFG 桩破坏荷载均为 960kN，极限荷载为 880kN，均大于理论设计值。说明短桩施工质量容易保证，设计值偏于安全。

2）单桩复合地基静载荷试验。从 Q-s 曲线可以看出，复合地基载荷试验曲线是渐近形的光滑曲线，不存在极限荷载。取 $s/b=0.01$ 对应的荷载作为复合地基承载力特征值，两次试验的平均值为 386kPa，经深度修正后，承载力特征值为 467kPa，复合地基承载力超过设计要求。

5. 评价

当桩端下卧层土质均匀，且变形能够满足设计要求时，应优先设计短桩复合地基。在设计时，桩间距越小，复合地基模量越大，变形量越小，能很好地解决加固区土质不均匀问题，且短桩施工质量易于保证。

思考题

8.1 简述水泥粉煤灰碎石桩法的应用与发展。

8.2 CFG桩的适用范围是什么?

8.3 CFG桩与碎石桩的区别是什么?

8.4 CFG桩复合地基各组成要素及作用是什么?

8.5 简述CFG桩成桩工艺及其过程。

8.6 简述CFG桩施工的注意事项。

8.7 质量检验中施工质量检验和竣工质量检测的过程分别是什么?

第 9 章　夯实水泥土桩法

【本章导读】 主要介绍夯实水泥土桩复合地基法的概念、工程应用情况、适用范围、受力特性和作用机理。掌握夯实水泥土桩复合地基设计计算方法，包括复合地基布桩要求、桩体强度设计、复合地基承载力计算和沉降计算；熟悉夯实水泥土桩施工工艺及质量检测方法。

9.1　概述

夯实水泥土桩法（rammed soil-cement pile）复合地基技术是将水泥和土按设计的比例搅拌均匀，利用机械成孔（挤土或非挤土）或人工挖孔，在孔内夯实至设计要求的密实度而形成加固体，并与桩间土组成复合地基的一种地基处理方法。

夯实水泥土桩是将水泥和土在孔外充分拌和，在孔内分层夯实成桩，其与柔性褥垫层形成复合地基。夯实水泥土的强度主要由两部分组成：水泥胶结体的强度；夯实后因密实度增加而提高的强度。

9.1.1　夯实水泥土桩的应用与发展

夯实水泥土桩主要材料是土，辅助材料是水泥。由于夯实水泥土桩的水泥使用量为土的 1/8 ~ 1/4，故成本低廉。经夯实水泥土桩复合地基处理的工程，承载力可提高 50% ~ 100%，另外，沉降量也相应地减少。与现场搅拌水泥土桩相比，夯实水泥土桩桩身强度、桩体密度、抗冻性等性能较好，且具有施工周期短、造价低、质量容易控制、不受场地条件限制等优点，现已得到广泛的使用。

夯实水泥土桩施工可根据工程地质条件和设计要求选择人工成孔和机械成孔，机械成孔可采用机械洛阳铲成孔、长螺旋钻机成孔、夯扩机或挤土机成孔。

中国建筑科学研究院地基基础研究所于 1991 年开发研究了夯实水泥土桩复合地基技术，并与河北省建筑科学研究院一起，详细研究了夯实水泥土桩的力学特性、适用范围、施工工艺及其特点。

夯实水泥土桩技术首先在北京、河北等地推广使用，随后在全国推广使用。1998 年，该项成果列为国家及科技成果重点推广计划，2000 年列为原建设部科技成果专业化指南项目。

9.1.2　夯实水泥土桩的技术特点

根据施工工艺、适用范围、材料来源等方面，夯实水泥土桩具有以下技术特点：

1）夯实水泥土桩成孔机具简便多样。其成孔可采用人工掏土或机械成孔。机械成孔可采用螺旋钻孔机钻孔、机械洛阳铲成孔、夯扩机或挤土机具成孔，机具简单。夯实机具具有简便、轻巧、灵活的特点，多采用人工夯锤、夹板式夯实机、吊锤式夯实机。采用机械进行夯实，施工质量便于控制，施工速度快。

2）成桩材料来源广、成本低。夯实水泥土桩不使用钢筋、碎石、砂等材料，其主要材料为土，辅助材料为水泥。基础开凿土和成孔钻出来的土即可使用。水泥使用量为土的 1/8 ~ 1/4，故该项工艺成本低廉，且形成的中等黏结强度的刚性桩体，其单方成本为混凝土桩的 1/5 ~ 1/2，具有很高的性价比。

3）有利于环保、无污染。该项工艺避免了常规桩基础施工的噪声，以及污染排放对环境的污染。施工中无噪声、无污染排放，施工完毕后不产生废弃物和建筑垃圾。

4）水泥土桩具有较好的抗冻性，成桩后冻结不会使桩体产生较大的强度降低。

5）适用土层广泛。该项工艺可应用于多种松散、软弱地基的工程处理，应用该技术对地基进行加固和改良，可大幅度提高地基承载力并且减少地基变形，该技术被广泛应用于工业与民用建筑、公路交通工程的地基处理。

6）质量容易控制。现场成孔、成桩多采用机械操作，易于掌握和控制，此外，拌合料现场拌和，可按设计要求监理和监督。

7）承载力高、变形量小。经夯实水泥土桩处理的工程，承载力均有大幅度提高，一般可提高 50% ~100%；变形量明显减少，地基的不均匀沉降很小。

9.1.3　夯实水泥土桩与水泥土搅拌桩的区别

夯实水泥土桩是将水泥和土在孔外拌和后再分层填入孔内，夯实成桩。水泥土搅拌桩则是采用特制的搅拌机械将水泥浆（粉）喷入地基土中后与土体搅拌而形成的桩体。夯实水泥土桩和水泥土搅拌桩的主要区别如下：

1）由于夯实水泥土桩是将水泥和土在孔外充分拌和，因此，桩体在桩长范围内是基本均匀的，而且桩体强度不受场地土岩性变化的影响。此外，夯实水泥土桩的现场强度和相同水泥掺量的室内试样强度，在夯填密实度相同的条件下是相等的。而水泥土搅拌桩会因机械以及土质的变化，导致桩身强度一般是不均匀的，其影响因素与现场各土层的含水量、土的类型密切相关。

2）由于夯实水泥土成桩是将孔外拌和均匀的水泥土混合料回填并强力夯实桩孔，其强度与天然土体强度相比有一个很大的增量，这一增量既有水泥的胶结强度，又有水泥土密度增加产生的密实强度。而搅拌桩的桩体密度在拌和后强度增加很少，桩体强度主要取决于水泥的胶结作用。

3）由于夯实水泥土中选用的土料是工程性质较好的土，而形成水泥土搅拌桩的原位土体通常是含水量高、强度低的不良工程性质的软土，所以即使采用相同的水泥掺量，夯实水泥土桩的桩体强度也要比水泥土搅拌桩的桩体强度高出很多。

9.1.4　夯实水泥土桩法的适用范围

夯实水泥土桩复合地基适用范围很广，主要适用于处理地下水位以上的粉土、素填土、杂填土、黏性土、淤泥质土等地基。处理深度不宜超过 15m；当采用洛阳铲成孔工艺时，处理深度不宜超过 6m。

通常复合地基承载力可达 180 ~300kPa。根据目前施工机具水平，多用于地下水位埋藏较深的地基土，当有地下水时，适用于渗透系数小于 10cm/s 的黏性土及桩端以上 50 ~100cm 有水的地质条件。对含水量特别高的地基土，不宜采用夯实水泥土桩处理。当天然地基承载力标准值 f_k <60kPa 时可考虑挤土成孔以利于桩间土承载力的提高和发挥。

对于没有振密和挤密效应的地基宜采用排土法成孔，一般用长螺旋钻和洛阳铲成孔。对于有挤密和振密效应的地基，当需要提高桩间土承载力时，可用挤土法成孔，一般采用锤击式打桩机或振动打桩机成孔。

可采用人工或机械夯实法夯实成桩，夯实压实系数应大于 0.93，保证桩体设计强度。

9.2 加固机理

9.2.1 夯实水泥土桩复合地基受力特性

夯实水泥土桩是中等黏结强度桩，形成的复合地基属于半刚性桩复合地基。与 CFG 桩复合地基相似，夯实水泥土桩复合地基与基础间设置一定厚度的褥垫层，通过褥垫层调整变形作用，保证复合地基中桩土共同承担上部结构荷载。

夯实水泥土桩复合地基主要通过桩体的置换作用来提高地基承载力。当天然地基承载力小于 60kPa 时，可考虑夯填施工对桩间土的挤密作用。

（1）夯实水泥土桩受力特点　夯实水泥土桩桩身具有一定的强度，在垂直荷载作用下，桩身不会因侧向约束不足而发生鼓胀破坏，桩顶荷载可以传入较深的土层中，从而充分发挥桩侧阻力。但由于强度不大，桩身仍可发生较大的压缩变形。由于桩身的可压缩性，桩的承载力发挥要经历桩身逐段压密，侧阻力逐渐发挥，最后才是桩端承载力开始发挥的过程。

（2）桩土应力比　夯实水泥土桩复合地基载荷试验的桩土应力比 n 与荷载 p 的关系曲线如图 9.1 所示。随着荷载的增加，桩土应力比增加，曲线呈上凸形，至桩身屈服破坏时，桩土应力比达到峰值，可以认为桩体达到极限荷载。当桩身屈服后，桩土应力比随着荷载的增加而降低，并渐趋于较稳定的数值。说明在水泥土桩复合地基中，水泥土桩体的破坏将引起整个复合地基的破坏。

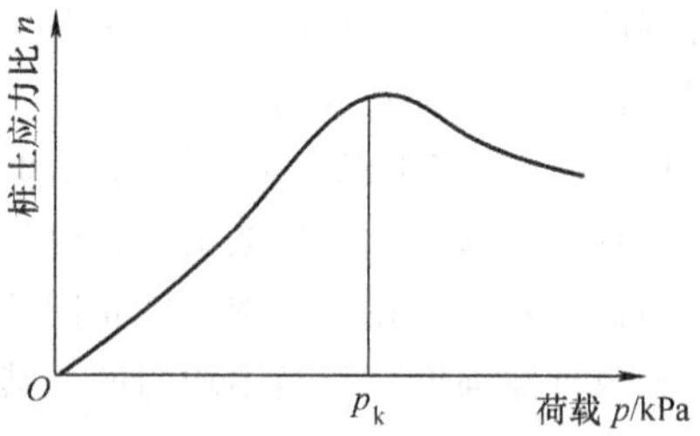

图 9.1　水泥土桩复合地基 n-p 关系示意图

9.2.2 夯实水泥土桩加固机理

1. 夯实水泥土桩化学作用机理

夯实水泥土桩拌和土料不同，其固化作用机理也有差别。当拌和土料为砂性土时，夯实水泥土桩固化机理类似于水泥砂浆，其固化时间短、固化强度高；当拌和土料为黏性土及粉土时，由于水泥掺入比有限（水泥掺入量一般为 7% ~20%），而土料中的黏粒和粉粒具有较大的比表面积并含有一定的活性介质，所以水泥固化速度缓慢，其固化机理也较复杂。

夯实水泥土桩的桩体材料主要是固化剂水泥、拌和土料及水。拌和土料可以使用原地土料，若天然土性质不好，也可采用其他性能更好的土料。含水量以使拌和水泥土料达到最优含水量为准。

（1）水泥的水化水解反应　在将拌和土料逐层夯入孔内形成桩体的过程中，水泥与拌和土料中的水分充分接触，发生水化水解反应，主要反应方程式如下：

$$2(3CaO \cdot SiO_2) + 6H_2O \longrightarrow 3CaO \cdot 2SiO_2 \cdot 3H_2O + 3Ca(OH)_2$$

$$2(2CaO \cdot SiO_2) + 4H_2O \longrightarrow 3CaO \cdot 2SiO_2 \cdot 3H_2O + Ca(OH)_2$$

$$3CaO \cdot Al_2O_3 + 6H_2O \longrightarrow 3CaO \cdot Al_2O_3 \cdot 6H_2O$$

$$2CaO \cdot Al_2O_3 + Fe_2O_3 + Ca(OH)_2 + 17H_2O \longrightarrow 2CaO \cdot Al_2O_3 \cdot 6H_2O + CaO \cdot Fe_2O_3 \cdot 6H_2O$$

水泥中硅酸三钙（$3CaO \cdot SiO_2$）是加固体强度的决定因素，加固体后期强度取决于硅酸二钙（$2CaO \cdot SiO_2$）的水化程度，铝酸三钙（$3CaO \cdot Al_2O_3$）水化速度快，能促进早凝，铝酸四钙（$4CaO \cdot Al_2O_3$）则促进早强。这些水化物形成胶体，进一步凝结硬化成水化物晶体。

(2) 水泥土的离子交换和团粒化作用 拌和土料中的黏性土和粉土颗粒与水分子结合时呈现胶体特性。土料中的二氧化硅遇水后形成硅酸胶体颗粒，其表面带有 Na^+ 和 K^+，它们能和水泥水化生成的氢氧化钙中的钙离子进行当量吸附交换，使较小的土颗粒形成较大的土团粒，逐渐形成网络状结构，起主骨架作用。

(3) 水泥土的硬凝反应 随着水泥水解和水化反应的深入，溶液中析出的大量钙离子与黏土矿物中的氧化硅、氧化铝进行化学反应，生成不溶于水的结晶化合物。结晶化合物在水及空气中逐渐硬化固结，由于结构致密，水分不容易侵入，使水泥土具有足够的水稳性。

2. 夯实水泥土桩物理作用机理

夯实水泥土桩的强度主要由两部分组成：一部分是水泥胶结体的强度，另一部分是夯实后因密实度增加而提高的强度。

水泥土桩混合料搅拌均匀、填料后，经外力机械分层夯实，桩体进一步密实和均匀。随着夯击次数及夯击能的增加，使混合料干密度逐渐增大，强度明显提高。

夯击试验表明，在夯实能一定的情况下，对应最佳含水量的干密度为混合料最大干密度，即在施工中只要将桩体混合料的含水量控制在最佳含水量，即可获得桩体的最大干密度和最大夯实强度。

桩体的密实和均匀是由水泥土桩夯实机的夯锤质量及起落高度来决定的。当夯锤质量和起落高度一定，夯击能为常数时，桩体就密实均匀，强度就会提高，质量可得到有效保证。

在持续的外力机械夯实作用下，水泥土形成具有较好水稳性的网络状结构，具有结构致密、孔隙率低、强度高、压缩性低及整体性好等特点。

9.2.3 影响夯实水泥土桩加固强度的因素

1. 桩体材料方面

(1) 水泥

1) 通常都选用32.5级或42.5级普通硅酸盐水泥或矿渣水泥。普通硅酸盐水泥的活性高，早期和后期的强度均较好，其加固效果优于其他水泥品种。但含酸性物质的地下水对水泥土会产生结晶性侵蚀，这时应选用抗酸性水泥以提高水泥土桩体的抗蚀性能。水泥强度等级也直接影响水泥土的强度，根据水泥土搅拌桩的试验数据，当水泥强度等级提高10级，水泥土的强度可提高20%～30%。

2) 水泥加固土的强度随水泥掺入比的增加而增加，但到达一定程度后，强度增加的幅度并不大。

3) 水泥土的强度随龄期的增长而提高，但由于其固结作用非常缓慢，桩体强度的增加也呈现为一个相当长的过程。超过28d龄期后，水泥土强度仍会有较明显的增强，因此在进行荷载检验时应考虑这一因素。

(2) 土料与桩间土

1) 桩体由混合料夯填而成，在相同水泥掺量条件下，桩体夯实度是决定桩体强度的主要因素，混合料含水量则是决定桩体夯实密度的重要因素之一，含水量过高和过低都会影响夯实效果。无论是机械夯实，还是人工夯实，均应由现场试验来确定混合料含水量，这里应结合土料最佳含水量、混合料配合比、夯锤质量、夯锤落距、夯击次数等因素来综合考虑。

2) 土料中的含水量不仅对桩体夯实密度有着重大的影响，并且也直接影响着水泥、生石灰与土料的一系列反应和凝结过程。

3) 对水泥土桩的加固效果会产生影响的因素还有土料与桩间土中的有机质含量和土料粒

径。土体中的有机质，会阻碍水泥水化反应的进行，影响水泥土的固化，降低水泥土的强度。

4）工程中使用的土料以粉土居多，土的黏性较大时可掺入少量粉细砂或粉煤灰，这些材料可以起到细集料的作用，粉煤灰的活性也会在一定程度上促进桩体强度的提高。

2. 方案设计方面

方案设计是关系工程成败的关键环节。在设计阶段，应详细了解施工场地的地形地貌、土的组成与分布、土中含水量、有机质含量、土质粒度分析、地下水的侵蚀性等资料。

3. 施工方面

任何一种地基处理方法，要达到预期的加固效果，除了应制定合理的设计方案和施工工艺之外，更需要严格的管理措施与手段。有时尽管选用了合理的地基处理方案，但工程最后成功与否，则往往直接取决于施工过程本身。施工过程对夯实水泥土桩的加固效果的影响主要体现在配料、拌和、填夯等几个主要环节上。

为保证最终的加固效果，在各施工环节上应注意以下几个问题：

1）保证桩孔尺寸和形状符合要求，夯填混合料前将孔底土夯实。

2）土料经过筛选，严格控制配料比例，不可偷工减料。

3）控制混合料含水量。

4）拌和均匀，拌和好的混合料尽快填入孔内。

5）根据夯实密度试验，控制填料厚度、夯锤落距和夯击次数；选用的夯锤应与桩径相适应。

6）施工过程中，对成桩质量应及时进行抽样检验，检验不合格的桩应采取加桩或其他补救措施。

9.3 设计计算

9.3.1 夯实水泥土桩复合地基布桩基本要求

1. 平面布置

由于夯实水泥土桩具有一定的黏结强度，在荷载作用下不会产生较大的侧向变形，所以夯实水泥土桩可只在基础范围内布置。桩边至基础边线距离宜为 10 ~ 30cm，基础边线至桩中心线的距离宜为 $(1.0 \sim 1.5)d$。

2. 夯实水泥土桩参数设计

1）桩径 d。桩孔直径宜为 300 ~ 600mm，常用直径为 350 ~ 400mm，根据设计及选用的成孔方法确定。选用的夯锤应与桩径相适应。

2）桩距 S。桩距宜为 2 ~ 4 倍桩径。具体设计时在桩径选定后，根据面积置换率确定。

3）桩长 L。夯实水泥土桩最大桩长不宜超过 15m，最小长度不宜小于 2.5m。桩长应根据上部结构对承载力和变形的要求确定，并宜穿透软弱土层到达承载力较高的土层。采用洛阳铲成孔工艺时，深度不宜超过 6m。当相对硬层的埋藏深度不大时，应按相对硬层埋藏深度确定。

4）面积置换率。夯实水泥土桩面积置换率一般为 5% ~ 15%，一般采用三角形或正方形布桩。

5）布桩范围。由于夯实水泥土桩具有一定的黏结强度，在荷载作用下不会产生大的侧向变形，因此夯实水泥土桩可只在基础范围内布桩，必要时也可在基础外设置护桩。

6）垫层。夯实水泥土的变形模量远大于土的变形模量，为了调整基底压力分布，设置厚 100 ~ 300mm 的褥垫层，荷载通过褥垫层传到桩和桩间土上，保证桩间土承载力的发挥。夯实水泥土桩的桩体强度一般为3.0~5.0MPa，也可根据当地经验取值。当设计桩体承担较多荷载时，褥垫层厚度取小值；反之，取大值。

7）承载力。复合地基承载力特征值应按现场复合地基载荷试验确定。初步设计时也可按第11章水泥土搅拌法的公式估算，其中桩间土的承载力折减系数β可取0.9~1.0。

8）桩身材料。桩孔内夯填的混合料配合比应按工程要求、土料性质及采用的水泥品种，由配合比试验确定，并满足下式要求

$$f_{cu} \geqslant 3\frac{R_a}{A_p}$$

式中　f_{cu}——桩体混合料试块（边长150mm立方体）标准养护28d立方体抗压强度平均值（kPa）；

R_a——夯实水泥土桩单桩竖向承载力特征值（kN）；

A_p——夯实水泥土桩的截面面积（m^2）。

9）沉降计算。加固区的沉降变形可采用分层总和法计算，复合土层的分层与天然地基相同，各复合土层的压缩模量等于该层天然地基压缩模量的ξ倍，ξ由下式确定

$$\xi = \frac{f_{spk}}{f_{ak}}$$

式中　f_{ak}——基础底面下天然地基承载力特征值（kPa）；

f_{spk}——基础底面下复合地基承载力特征值（kPa）。

3. 褥垫层设计

在桩顶面应铺设100~300mm厚褥垫层，垫层材料可采用中砂、粗砂或碎石等，最大粒径不宜大于20mm。

9.3.2　夯实水泥土桩桩体强度设计

夯实水泥土桩的强度与加固时所用的水泥品种、强度等级、掺量，被加固土体性质及施工工艺等因素有关。夯实水泥土桩立方体抗压强度一般可达到3.0~5.0MPa。

1. 材料选择与配合比

1）水泥品种与强度等级。宜采用32.5级或42.5级矿渣水泥或普通硅酸盐水泥。水泥土的强度随水泥强度等级提高而增加。资料统计表明，水泥强度等级每增加C10级，水泥土标准抗压强度可提高20%~30%。

2）水泥掺入比α_w

$$\alpha_w = \frac{\text{掺入水泥的质量}}{\text{被加固软土质量}} \times 100\% \text{ 或 } \alpha_w = \frac{\text{掺入水泥的体积}}{\text{被加固软土体积}} \times 100\%$$

水泥土强度随水泥掺入比的增加而增大。水泥掺量过低，桩身强度低，加固效果差；水泥掺量过高，地基加固不经济。对一般地基加固，水泥掺入比可取7%~20%。

3）外掺剂。由于粉煤灰中含有SiO_2、Al_2O_3等活性物质，在水泥土中掺入一定量的粉煤灰，可提高水泥土强度。一般可掺入10%左右的粉煤灰。

桩孔内夯填的混合料配合比应按工程要求、土料性质及采用的水泥品种，由配合比试验确定，并应满足规范公式要求。

2. 水泥土标准强度

设计中根据室内水泥土配合比试验资料，合理选取配合比，并测定其标准强度。夯实水泥土桩体强度宜取28d龄期试块的立方体（边长为70.7mm）抗压强度平均值，桩体试块抗压强度计

算参见式（8.8）。

9.3.3 夯实水泥土桩复合地基承载力计算

1）复合地基承载力特征值。夯实水泥土桩复合地基承载力特征值，应通过现场复合地基荷载试验确定，初步设计时可按式（6.13）估算，式中β为桩间土的承载力折减系数，可取0.9~1.0。

2）单桩竖向承载力特征值。夯实水泥土桩单桩竖向承载力特征值计算与CFG桩单桩竖向承载力特征值计算基本相同，具体计算见式（8.5）、式（8.6）和式（8.7）。

3）软弱下卧层验算。当复合地基加固区下卧层为软弱土层时，尚须验算下卧层承载力。要求作用在下卧层顶面处的基础附加应力p_0和自重应力σ_{cz}之和不超过下卧层允许承载力。

9.3.4 夯实水泥土桩复合地基沉降计算

夯实水泥土桩复合地基计算沉降量s由复合地基加固区范围内土层压缩量s_1和下卧层压缩量s_2组成。复合地基沉降计算采用各向同性均质线性变形体理论，可按分层总和法计算加固区和下卧层变形。具体计算可参见8.3.4节。

GB 50007—2011《建筑地基基础设计规范》规定，计算深度必须大于复合土层的深度，夯实水泥土桩复合土层压缩模量的计算采用提高系数法，计算公式见式（8.16）。

为简化计算，当加固层由多层土组成时，E_{sp}可取多层土的加权平均值。

9.4 施工技术

夯实水泥土桩施工分为三步：成孔、制备水泥土、夯填成桩过程，如图9.2所示。

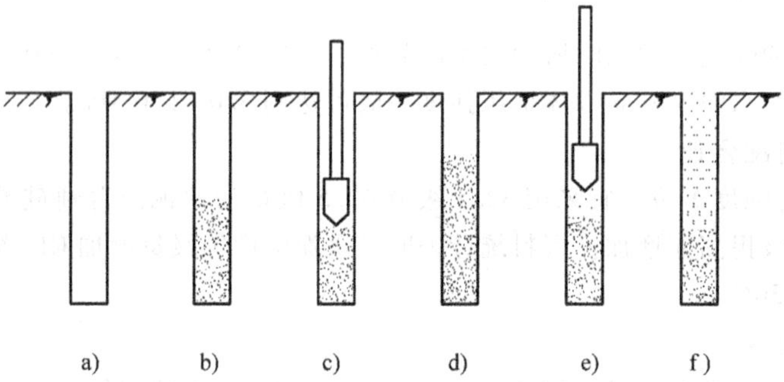

图9.2 夯实水泥土桩施工过程示意图

a）成孔 b）填料 c）夯实 d）填料 e）夯实 f）成桩

9.4.1 施工准备及制桩

1. 施工准备

1）现场取土，确定原位土土质与含水量是否适宜作水泥土桩混合料。

2）调查有无廉价的工业废渣（如粉煤灰、炉渣等）可供使用。

3）根据设计选用成孔方法做现场成孔试验，确定成孔可行性。试桩数量不得少于2根。

2. 桩材制备

夯实水泥土桩桩体材料主要由水泥和土的混合料组成，选用材料应符合以下要求：

1）夯实水泥土桩所用水泥应符合设计要求的种类及规格，宜采用32.5级或42.5级矿渣水泥或普通硅酸盐水泥。水泥在储存和使用过程中，要做好防潮、防雨工作。

2）夯实水泥土桩的土料宜采用黏性土、粉土、粉细砂或渣土，选用原位土作为混合料时，土料中有机质含量不得超过5%，不得含有冻土或膨胀土，使用时应过10～20mm筛。

3）混合料按设计配合比配置，一般可采用水泥：混合料=1:(5～7)（体积比）的比例试配。

4）混合料含水量应满足土料的最优含水量 w_{op}（由室内击实试验确定），其允许偏差不得超过±2%。土料与水泥应拌和均匀，水泥用量不得少于按配比试验确定的质量。

5）混合料采用强制式混凝土搅拌机或人工进行拌和，搅拌后混合料应在2h内用于成桩。

6）雨期或冬期施工时，应采取防雨、防冻措施，防止原材料及混合料淋湿或冻结。

9.4.2 施工机具设备

根据设计选择良好的机具设备。

成孔施工应优先选用机械成孔，如螺旋钻孔、冲击、沉管等方法，在场地狭窄、桩孔深度不大、桩数较少或不具备机械施工条件时可采用人工洛阳铲成孔。

夯填施工应选用质量优良的夯实机。采用人工夯填时，夯锤质量不应小于25kg。机械夯实时夯锤质量可分为80kg、100kg、120kg、150kg、180kg、200kg等。

9.4.3 成孔工艺

根据成孔过程中是否取土，可分为非挤土法（也称排土法）成孔和挤土法成孔两种。非挤土法成孔在成孔过程中对桩间土没有扰动，而挤土法成孔对桩间土有一定挤密和振密作用。对于处理地下水位以上，有振密和挤密效应的土宜选用挤土法成孔；当含水量超过24%，呈流塑状，或当含水量低于14%，呈坚硬状态的地基宜选用非挤土法成孔。

1. 非挤土法成孔

非挤土法成孔是指在成孔过程中把土排到孔外的方法，该法没有挤土效应，多用于原土已经固结、没有湿陷性和震陷性的土。常用的成孔机具有人工洛阳铲、长螺旋钻孔机。成孔机具及其特点见表9.1。长螺旋钻孔机主要技术参数见表9.2。

表9.1 成孔机具及其特点

成孔机具	特点
人工洛阳铲	成孔时将洛阳铲刃口切入土中，然后摇动并用力转动铲柄，将土剪断，拔出洛阳铲，铲内土柱被带出。利用孔口附近退土钎（$\phi20\sim\phi25$mm，$L=0.8\sim1.2$m的钢钎）将铲内土柱刮出。洛阳铲成孔直径一般在250～400mm之间，洛阳铲成孔的特点是设备简单，不需要任何能源，无振动、无噪声，可靠近旧建筑物成孔，操作简单，工作面可根据工程的需要扩展，特别适合于中小型工程成孔
长螺旋钻孔机	长螺旋钻孔机是应用于夯实水泥土桩的主要机种，它能连续出土，效率高，成孔质量好，成孔深。适用于地下水以上的填土、黏性土、粉土，对于砂土其含水量要适中，如果砂土太干或饱和会造成塌孔。长螺旋钻孔机按行走方式分为步履式钻孔机、履带式钻孔机、汽车底盘钻孔机、简易型钻孔机等

表9.2 长螺旋钻孔机主要技术参数

钻孔机型号	钻孔直径/mm	钻孔深度/m	转速/(r/min)	钻杆最大扭矩/kN·m	动力/kW
BQZ-Ⅱ型	300～400	8	85	2.47	电动机22
ZKL400型	400	12	75/110	—	电动机30
ZKL600型	600	12	40/55/75	12.9	电动机55
ZKL800型	800	27.5	22	48.4	电动机55×2
ZKL1000型	1000	27	31	27.1	电动机45×2

（续）

钻孔机型号	钻孔直径/mm	钻孔深度/m	转　速/(r/min)	钻杆最大扭矩/kN·m	动　力/kW
B125 型	1500	50	33	118	发动机 138
B140E 型	1500	43	32	135	发动机 127
GH85 型	900	26	—	83.3	发动机 125
GH150 型	1800	30	—	145	发动机 198
CM-45VT 型	600	25	—	—	—

2. 挤土法成孔

挤土法成孔是在成孔过程中把原桩孔的土体挤到桩间土中去，挤土成孔可使桩间土干密度增加，孔隙比减小，承载力提高。常用成孔方法有锤击法、振动沉管法和干法振动成孔器成孔。

锤击法是指采用打桩锤将桩管打入土中，然后拔出桩管的一种成孔法。夯锤由铸铁制成，锤重一般为 3～10kN，设备简单。该方法适用于处理松散的填土、黏性土和粉土，适用于桩径较小且孔不太深的情况。

振动沉管法是指采用振动打桩机将桩管打入土中，然后拔出管的成孔方法。目前我国振动打桩机已系列化、定型化，可以根据地质情况、成孔直径和桩深选取振动打桩机。振动时土壤中所含的水分能减少桩管表面和土壤之间的摩擦，因此当桩管在含水饱和砂土和湿黏土中，沉管阻力较小，在干砂和干硬的黏土中用振动法沉桩阻力很大。在砂土和粉土施工拔管时宜停振，否则易出现坍孔，但频繁的起动使电动机容易损坏。

干法振动成孔器成孔同碎石桩方法相同。采用干法振动成孔器成孔也宜停振拔管，否则易使桩孔坍塌，也存在易损坏电动机的问题。

3. 成孔施工注意事项

1）按设计图定位钻孔，桩孔中心偏差不应超过桩径设计值的 1/4，对条形基础不得超过桩径设计值的 1/6。

2）桩孔垂直度偏差不应大于 1.5%。

3）桩孔直径不得小于设计桩径，桩孔深度不得小于设计深度。

9.4.4 夯填工艺

桩孔夯填可用机械夯实，也可用人工夯实，常用夯实机具种类及作用机理见表 9.3。

表 9.3 常用夯实机具种类及作用机理

机具名称	作用机理
吊锤式夯实机	一般采用胶轮或铁轮的行走机构，由电动机带动卷扬机，由卷扬机钢丝绳通过机架拖动夯锤进行工作
夹板锤式夯实机	一般采用装载机或翻斗车改制
SH30 型地质钻机改装式夯实机	在 SH30 型地质钻机支腿顶部用一根槽钢作横梁，其上安一定滑轮，卷扬机上的钢丝绳通过滑轮起吊夯锤，在横梁上焊两个可穿 ϕ20mm 螺栓的叶片，用螺栓在机前连接一根前后活动的支腿，起到支撑和固定夯机的作用

1. 夯填桩孔

1）夯填桩孔时，宜选用机械夯实，分段夯填。向孔内填料前孔底必须夯实。

2）成桩时填料量与锤质量、锤的提升高度及夯击能密切相关。要求填料厚度不得大于 50cm，夯锤质量不应小于 150kg，提升高度不应低于 70cm。

3）夯击能不仅取决于夯锤质量和提升高度，还与填料量和夯击次数密切相关。施工时应做现场制桩工艺试验，使夯实效果满足设计要求，混合料压实系数 λ_c 一般不应小于 0.93。

4）桩顶夯填高度应大于设计桩顶标高 200 ~ 300mm，垫层施工时将多余桩体凿除。

5）施工过程中，应有专人检测成孔及回填夯实质量，并做好施工记录。如发现地基土质与勘察资料不符时，应查明情况，采取有效处理措施。

6）雨期或冬期施工时，应采取防雨、防冻措施，防止土料和水泥受雨水淋湿或冻结。

2. 垫层施工

因褥垫层厚度较小，不易达到密实均匀的要求，垫层材料应级配良好，最大粒径不宜大于 20mm。褥垫层材料应不含植物残体、垃圾等杂质。

褥垫层铺设宜分层进行，铺设厚度应均匀，厚度允许偏差为 +20mm。褥垫层铺平后应振实或夯实，夯填度不得大于 0.9。为减小施工期地基的变形量，采用的施工方法应严禁使基底土层扰动。

褥垫层应宽出基础轮廓线外缘，超出宽度等于或大于褥垫层厚度，一般为 100 ~ 300mm。如铺设的褥垫层材料含水量低，可适当加水，以保证密实。

9.5 质量检验

9.5.1 夯实水泥土桩桩体夯实质量检验

夯实水泥土桩桩体夯实质量检验应在成桩过程中随时随机抽取样本进行。抽样检查数量不应少于总桩数的 2%。

对一般工程，可检查桩的干密度和施工记录。可在 24h 内采用取土样测定干密度或采用轻型动力触探锤击数 N_{10} 与现场试验确定的干密度进行对比，以判断桩身质量。

桩体不同配比的控制最小干密度可参照表 9.4。

表 9.4　桩体不同配比的控制最小干密度　（单位：g/cm^3）

土料种类 \ 水泥与土的体积比	1∶5	1∶6	1∶7	1∶8
粉细砂	1.72	1.71	1.71	1.67
粉土	1.69	1.69	1.69	1.69
粉质黏土	1.58	1.58	1.58	1.57

9.5.2 承载力检验

夯实水泥土桩复合地基竣工验收时，承载力检验可采用单桩复合地基载荷试验，对重要或大型工程尚应进行多桩复合地基载荷试验。

复合地基载荷试验宜在成桩 15d 后进行。复合地基静载荷试验和单桩静载荷试验点不应少于总桩数的 1.0%，且每个单体工程复合地基静载荷试验检验数量不应小于 3 点。

夯实水泥土桩复合地基载荷试验完成后，当以相对变形值确定夯实水泥土桩复合地基承载力特征值时，对以黏性土、粉土为主的地基可取载荷试验沉降比 s/b（或 s/d）等于 0.01 时所对应的压力；对以卵石、圆砾、密实粗中砂为主的地基可取载荷试验沉降比 s/b（或 s/d）等于 0.008 时所对应的压力。

9.6 工程应用实例

北京大兴某工程，根据岩土勘查报告，场地地基土层主要为：①杂填土，平均厚度为 0.5m；

② 新近沉积粉质黏土，褐黄色、稍湿、稍密，土质较均匀，平均层厚为 2.0m，承载力特征值 $f_{ak}=120\text{kPa}$；③新近沉积粉质黏土，硬塑，土质不均，平均层厚为 1.2m，桩侧阻力特征值 $q_s=20\text{kPa}$，地基承载力特征值 $f_{ak}=130\text{kPa}$；④新近沉积粉细砂，松散、稍密，平均层厚 2.8m，桩侧阻力特征值 $q_s=20\text{kPa}$，$f_{ak}=120\text{kPa}$；⑤中粗砂，稍湿、中密，平均层厚 3.5m，桩端阻力特征值 $q_p=250\text{kPa}$，$f_{ak}=250\text{kPa}$。勘探最大深度 20m 内未见地下水。

该建筑共计 10 层，设计采用框架结构、柱下独立基础。设计基础埋深 -2.5m，持力层为第③层粉质黏土层。设计要求处理后的地基承载力特征值 f_{ak} 不小于 180kPa。建议采用夯实水泥土桩进行地基加固。

1. 夯实水泥土桩设计

（1）桩体材料确定　水泥采用 32.5 级普通硅酸盐水泥，土料采用桩孔土砂。将水泥和砂按照 1:7（体积比）的比例，加适量水搅拌均匀，室内用标准夯实试验制成试块，养护 28d 后，得抗压强度平均值 $f_{cu}=3\text{MPa}$。

（2）桩的几何参数设计　根据地层及设备条件，设计桩径 $d=400\text{mm}$，则有

$$u_p=\pi d=3.14\times0.4\text{m}=1.256\text{m}$$

$$A_p=\frac{\pi}{4}d^2=\frac{3.14}{4}\times0.4^2\text{m}^2=0.1256\text{m}^2$$

桩身应穿越③、④层软弱土，桩端落于密实的中砂层，因此，初步设计桩长 $l=4\text{m}$。根据基础尺寸，采用正方形布桩。

（3）单桩竖向承载力特征值　根据已知地质参数，计算单桩竖向承载力特征值 R_a。

$$R_a=u_p\sum_{i=1}^{n}q_{si}l_i+q_pA_p=1.256\times(20\times4)\text{kN}+250\times0.1256\text{kN}=132\text{kN}$$

根据桩身强度，单桩竖向承载力特征值 R_a 尚应满足下式要求

$$R_a\leqslant\eta f_{cu}A_p=0.33\times3\times1000\times0.1256\text{kN}=124\text{kN}$$

因此，单桩竖向承载力特征值 R_a 取 124kN。

（4）面积置换率的确定　根据复合地基承载力要求，反算面积置换率，将 $f_{spk}=180\text{kPa}$，$R_a/A_p=124/0.1256\text{kPa}=987\text{kPa}$，$\beta=0.9$，$f_{sk}=120\text{kPa}$ 代入式

$$f_{spk}=m\frac{R_a}{A_p}+\beta(1-m)f_{sk}$$

计算得 $m=0.082$。

（5）布桩　正方形布桩，由于 $m=\dfrac{\pi d^2}{4S^2}$，则有 $S=\sqrt{\dfrac{\pi d^2}{4m}}=1.24\text{m}$。布桩时，桩间距可根据基础尺寸调整，桩间距 S 小于上述计算值即可。图 9.3 所示为基础 J-1（2.1m×2.1m）和 J-2（3.2m×2.1m）下布桩情况。

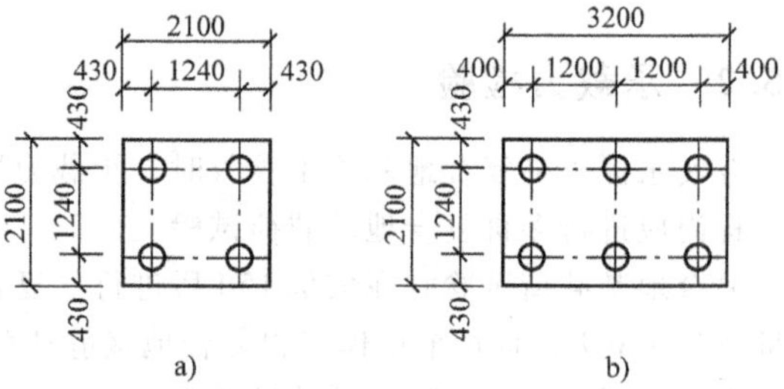

图 9.3　夯实水泥土桩布桩示意图

a）J-1 基础下布桩　b）J-2 基础下布桩

（6）褥垫层　为调节桩土应力比，桩顶铺设 150mm 厚中粗砂褥垫层。

2. 施工关键工序及质量控制

1）成孔。采用螺旋钻机成孔，低转速钻进，并隔行隔排进行。上提钻头时，速度尽量放慢，以防止孔壁塌陷。塌孔严重的部位是第④层粉细砂层，施工时首先人工成孔至④层顶面，然

后加适量水，使其含水量增加以增强孔壁稳定性。

2）拌料。混合料按照试验配合比 1:7 比例拌和，采用搅拌机搅拌，每盘加水 15 ~ 18kg，拌和时间不低于 60s，保证混合料均匀。

3）成桩：采用直径为 300mm，长为 0.8m，质量为 150kg 的锤进行夯击，落距控制在 1.5 ~ 2.5m。首先夯击孔底 3 次，使虚土密实，然后分层填料夯实，每层厚度控制在 300 ~ 500mm，夯击 2 ~ 3 次。夯击时，锤正对孔中心，落锤要稳、准，防止锤摆动触动孔壁。对塌孔严重的部位，应多填多夯，使混合料填满，并且有一定的密实度。

3. 加固效果检验

1）施工时进行常规自检，标准贯入击数为 50 ~ 85 击，说明桩体密实且较均匀。

2）取桩体试块三组，28d 强度 f_{cu} 均超过 3MPa。

3）开挖 3 根桩进行观测，观测结果：桩体固结程度较好，桩周土较密实，只在个别桩中有 2 ~ 3cm 厚砂夹层，夹层进入桩体最大为 8cm。塌孔严重的部位形成强度较高的盖顶，且与桩间土结合较好。

4）共进行 6 根单桩复合地基载荷试验，压板采用 1.25m × 1.25m 的方板，荷载为设计值的 2 倍，采用慢快维持法进行试验。*p-s* 曲线均匀无明显拐点，陡降段平缓，未出现破坏荷载。

思　考　题

9.1　夯实水泥土桩法与水泥土搅拌法有何区别？

9.2　夯实水泥土桩的桩身材料配比如何确定？

9.3　夯实水泥土桩有哪些施工方法？

9.4　如何对夯实水泥土桩进行质量检验？

第10章 柱锤冲扩桩法

【本章导读】 主要介绍了柱锤冲扩桩法的概念、特点、作用机理及适用范围。掌握柱锤冲扩桩法的设计计算，如处理范围与桩位布置、复合地基承载力计算和地基变形计算等；熟知柱锤冲扩桩法施工工艺，如施工机具选择、桩体材料制备和施工步骤等；了解柱锤冲扩桩法质量检验的目的、方法、内容和操作要求。

10.1 概述

10.1.1 柱锤冲扩桩法的概念、应用与发展

柱锤冲扩桩法是指反复将柱状重锤提到高处使其自由下落冲击成孔，然后分层填料夯实形成扩大状体，与桩间土组成复合地基的处理方法。该方法施工简便，振动及噪声小。

它是用起重机或专用的提升机械，将直径300~500mm、长度2~6m、质量3~8t的柱状锤（简称柱锤，长径比$L/d=7\sim12$），通过自行杆式起重机或其他专用设备提升到距地基5~10m高度后下落，在地基土中冲击成孔，反复夯击，孔洞向下延伸，便可在地基中形成一个直径比锤径更大一些的桩孔；在孔内投入级配碎石、矿渣、拆房留下的碎砖、三合土等碎块状材料，再用夯锤夯实，就能形成一根直径600~800mm的桩孔，与周围原土形成复合地基。

柱锤冲扩桩技术由河北工业大学、河北沧州市机械施工有限公司等单位从1989年开始进行开发研究，并先后通过河北省、北京市和原建设部组织的科技鉴定。1996年列入原建设部科技成果重点推广计划。JGJ 79—2012《建筑地基处理技术规范》中对柱锤冲扩桩法的适用范围、设计、施工、质量检验等作出明确规定。

柱锤冲扩桩法是在土桩、灰土桩、强夯置换等工法的基础上发展起来的。在使用初期（1994年以前），主要用于浅层松软土层（小于或等于4m），桩身填料主要是渣土或2:8灰土，建筑物多为4~6层砖混住宅，加固机理以挤密为主。20世纪90年代中期，该工法被引入天津，多用于沟、坑、洼地、水塘等松软土层或杂填土等地基的处理。为解决坍孔及提高地基处理效果，开发出复打成孔及套管成孔新工艺。借鉴生石灰桩的加固机理，在桩身填料中加入生石灰（即碎砖三合土）加固效果良好。

20世纪末，柱锤冲扩桩桩身填料除了渣土、碎砖三合土及灰土以外，级配砂石、水泥土、干硬性水泥砂石料、低强度等级混凝土等也开始采用。柱锤冲孔静压沉管-分层填料夯扩成桩工艺、中空锤振动沉管-分层填料夯扩成桩工艺被先后采用，使得地基处理深度大大加深，桩身强度及复合地基承载力也大大提高。除建筑工程外，公路工程地基处理、堆场等也开始采用这一地基处理方法。

近几年来，柱锤冲扩桩法应用领域进一步扩大，其他各种无机物料及黏结性材料的应用也比较广泛。如为了消除砂土液化，北京周边地区广泛采用柱锤冲扩挤密砂石桩，处理深度达6~8m。江西利用土夹石（山皮土）柱锤强夯置换成桩，直径可达1m，处理深度达10m左右。西北地区广泛采用柱锤冲扩灰土（土）桩挤密桩间土，消除黄土湿陷性，深度达15~20m。河北利用干硬性生水泥砂石料及干硬性水泥土柱锤冲扩成桩也取得了成功，桩身直径可达0.6m，处理深度可达10~20m。当桩身填料采用干硬性水泥砂石料时，可实现一桩两用，既可消除黄土湿陷性

又可大大提高地基承载力。

10.1.2 柱锤冲扩桩法的适用范围

柱锤冲扩桩法适用于处理杂填土、粉土、黏性土、素填土和黄土等地基，对地下水位以下饱和松软土层，应通过现场试验确定其适用性。JGJ 79—2012《建筑地基处理技术规范》规定柱锤冲扩桩法地基处理深度不宜超过 10m。

工程实践表明，柱锤冲扩桩法桩体直径可达 0.6 ~ 2.5m，最大处理深度可达 30m，地基承载力可提高 3 ~ 8 倍。

10.1.3 柱锤冲扩桩法的特点

柱锤冲扩桩法地基处理技术和其他技术相比，具有以下突出的特点：

1）柱锤冲扩桩法能够用于各种复杂地层的加固处理，适用于各类软弱土地基。特别是对人工填筑的沟、坑、洼地、浜塘等欠固结松软土层和杂填土的处理，更显示出特有的优越性。

2）桩身直径随土的软硬自行调整，土软处桩径大，桩身成串珠状，与桩间土呈咬合抱紧的镶嵌挤密状态，使处理后的地基均匀密实。

3）用料广泛，可就地取材，桩身填料可以采用各种无污染的散体颗粒材料。

4）施工设备简单，操作方便、直观，便于控制，振动及噪声小。

5）工程造价低，当采用渣土、碎砖三合土作为桩身填料时，可以大量消耗建筑垃圾，社会效益及经济效益好。

10.2 作用机理

在柱锤冲扩成孔及成桩过程中，通过对原状土的动力挤密、强力夯实、动力固结、充填置换（包括桩身及挤入桩间土的集料）、生石灰的水化和胶凝等作用，使软弱地基土得到加固。

10.2.1 冲击荷载作用分析

柱锤冲扩桩法施工中，其冲孔、填料夯实的作用可看做重复性（短脉冲）冲击荷载。柱锤对土体的冲击速度可达 1 ~ 25m/s。这种短时冲击荷载对地基土是一种撞击作用，冲击次数越多，成孔越深，累积的夯击能就越大。

柱锤冲扩桩法所用柱锤的底面积小，柱锤底静接地压力值普遍大于 100kPa，最高可达 500kPa 以上；而强夯锤底静接地压力值仅为 25 ~ 40kPa。在相同锤重及落距情况下，柱锤冲扩地基土的单位面积夯击能量比强夯大很多，对比计算结果见表 10.1 及表 10.2。由表中数据可知，柱锤冲扩桩法柱锤的单位面积夯击能可达 600 ~ 5000kN · m/m^2，与同等条件下强夯比较，是一般强夯单位面积夯击能的 10 ~ 20 倍。用柱锤冲击成孔时，冲击压力远远大于土的极限承载力，从而使土层产生冲切破坏，对桩间及桩底土均起到夯实挤密的效应。

表 10.1 柱锤冲扩桩法常用柱锤单位面积夯击能

序号	柱锤直径 /mm	柱锤底面积 /m^2	柱锤质量 /t	锤底静压力 /kPa	单位面积夯击能(kN · m/m^2)	
					落距 5m	落距 10m
1	325	0.083	1.0 ~ 4.0	121 ~ 482	591 ~ 2346	1182 ~ 4728
2	377	0.112	1.5 ~ 5.0	134 ~ 446	659 ~ 2196	1318 ~ 4392
3	500	0.196	3.0 ~ 9.0	153 ~ 459	749 ~ 2247	1498 ~ 4494

注：目前柱锤质量已达 15 ~ 20t，单位面积夯击能高达 18000kN · m/m^2。

表 10.2 强夯单位面积夯击能

序号	锤底静压力/kPa	单位面积夯击能(kN·m/m²)			
		落距 10m	落距 20m	落距 30m	落距 40m
1	25	250	500	750	1000
2	30	300	600	900	1200
3	35	350	700	1050	1400
4	40	400	800	1200	1600

注：强夯法夯锤质量一般为 10 ~ 40t，落距 10 ~40m，锤底单位面积静压力为 25 ~40kPa。

柱锤冲孔时，地基土受力情况如图 10.1 所示。其中，q_s为冲孔时柱锤作用在孔壁上的切应力，p_x为冲孔时侧向挤压力，p_d是由柱锤冲孔引起的锤底冲击压力，p_d的大小与夯击能、成孔深度、土质等有关。

柱锤对土体不仅产生侧向的挤压，而且对锤底的地基土产生冲击压力。柱锤冲扩产生冲击波及应力扩散的双重效应，可使土产生动力密实。对于饱和软土及中密以上土层，由于埋深浅、桩孔周围土层覆盖压力小，冲击压力较大时可能会产生隆起，造成局部土体松动破坏，因此，采用柱锤冲扩桩法时，桩顶以上应有一定覆盖土重。

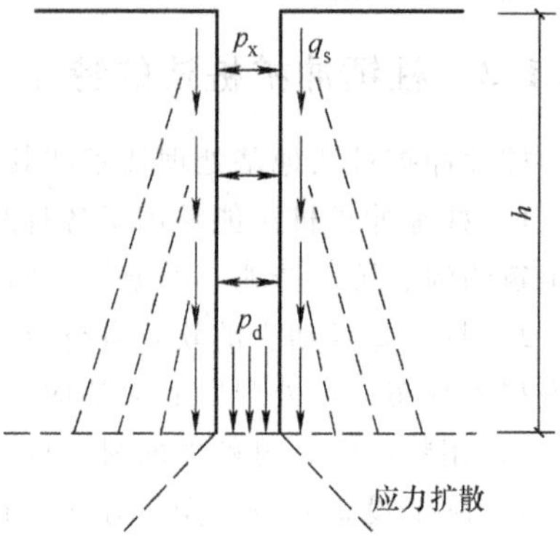

图 10.1 柱锤冲孔时地基土受力分析

10.2.2 柱锤冲扩张法处理地基的特点

通过大量的工程实践，进一步总结了柱锤冲扩张法处理地基在建筑地基处理工程中的成功经验，归纳有以下八方面特点：

1）适用范围广，可用于各类地基处理。在地基处理工程中，柱锤冲扩张法处理技术和其他技术相比，适用于各种复杂地基加固处理，具有广泛的实用性。如用于大厚度的黄土、杂填土、液化土地基，各类软弱土、湿陷性土以及具有酸、碱、盐腐蚀的地基，具有硬夹层的不均匀地基，石料及废料回填垃圾地基以及地下人防工事等各种复杂建筑场地的处理。通过钻孔、强力冲孔等手段成孔，只要是能形成桩孔的地基，不论孔内有无地下水，均可采用此法加固处理。总之，采用柱锤冲扩张处理技术，既可消除地基土的湿陷性、液化性，也兼有承载桩的特性以及刚度均匀的复合地基的特性，不仅承载力较高，而且压缩变形小。

2）用料标准低，就地取材。该技术最大特点之一，就是能就地取材。凡是无机固体材料如土、砂、石、碎砖瓦、混凝土块、工业废料及混合物等均可使用，而且用料不需严格加工，凡能填入孔内的无机固体材料均可使用，用料不需长途运输。

3）具有高动能、高压强和强挤密效应。该技术的重要特性就是由于孔内夯击的桩锤（一般为 100 ~ 180kN，根据需要可更大）在不断冲、砸动力作用下，使孔内填料不断受到高动能、高压强的振动冲、砸、挤压和劈裂挤密。

4）地基承载力提高显著。由于采用孔内深层强夯，具有高动能、高压强、高冲击能量，处理地基承载力提高的效果显著。孔内灌注混凝土强夯单桩承载力可比一般钻孔灌注桩的承载力提高 2 倍左右。

5）地基加固处理深度大。一般处理深度为 20m 左右，最深时可达 30m 左右，而且上下均匀，持力层范围内的地基上层都可以加固，深层的软弱下卧层也可以加固，可显著地改善土性。

6）成桩直径大，挤密加固范围大，桩呈串珠状。高动能冲击挤压下桩径一般可达 500～2500mm，在松软土层中，具有更大的侧向挤密效应，在分层土中桩体呈串珠状，桩间土呈“咬合”和“抱紧”的强挤密状态。

7）复合地基压缩模量高，沉降变形小，承载性状好。桩与桩间土具有良好的共同工作特性。桩体材料在受到高压强的强力冲击挤压下，桩间土受到明显的侧向挤压密实，从而使处理后的复合地基上下均匀，左右“抱紧”，密实“咬合”，压缩模量显著提高，承载性状明显改善，地基压缩变形量大为降低。

8）社会经济效益好。由于该技术具有高动能、高压强，振动小，噪声低，能消除渣土污染，可广泛地应用于城市建设中地基的处理工程。能净化人类生存环境，将建筑渣土“变废为宝”，大量消耗废料。可大量节约钢材、水泥，降低工程造价，减少开挖地基和用于地基处理的加固料往返运费及运输过程对环境的污染等。一般可降低基础工程造价 25%～80%。

10.2.3　柱锤冲孔的侧向挤密作用

柱锤冲孔对桩间土的侧向挤密作用可采用 Vesic（魏西克）圆筒形孔扩张理论来描述。圆孔扩张理论以莫尔—库仑条件为依据，在无限土体（黏聚力 c、内摩擦角 φ 为已知）中，可确定出圆筒形孔扩张理论的一般解。

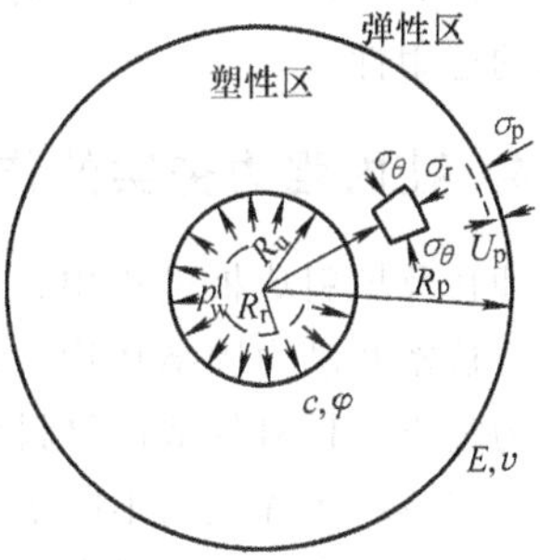

图 10.2　圆筒形孔扩张理论计算简图

如图 10.2 所示，初始半径为 R_i 的圆筒形孔，被均匀分布的内压力 p_x 所扩张。当 p_x 增加时，围绕着孔的圆筒形区将成为塑性区。该塑性区将随着内压力 p_x 的增加而不断的扩张，一直达到最终值 p_u 为止。当圆筒形孔内压力达到 p_u 时，冲扩孔的半径为 R_u，而孔周围土体塑性区的半径则扩大到 R_p，塑性区内土体可视为可压缩的塑性固体，半径 R_p 以外的土体仍保持弹性平衡状态。因此，塑性区半径 R_p 即可看做圆孔扩张的影响半径，其表达式为

$$R_p = R_u\sqrt{\frac{I_r\sec\varphi}{1 + I_r\Delta\sec\varphi}} \tag{10.1}$$

$$I_r = \frac{G}{S} = \frac{E}{2(1+\nu)(c + q\tan\varphi)} \tag{10.2}$$

式中　R_p——塑性区半径；

R_u——扩张孔的半径；

I_r——地基土的刚度指标；

Δ——塑性区内土体积应变的平均值；

G——地基土的剪切模量；

S——地基土的抗剪强度；

E——土的变形模量；

ν——土的泊松比；

q——地基中原始固结压力；

c、φ——土黏聚力和内摩擦角。

当塑性区体积应变平均值 $\Delta=0$ 时，塑性区半径 R_p 的表达式为

$$R_p = R_u \sqrt{\frac{E}{2(1+\nu)(c\cos\varphi + q\sin\varphi)}} \tag{10.3}$$

由式（10.3）可知，塑性区半径与桩孔半径成正比，并与土的变形模量、泊松比、抗剪强度指标等有关。

根据上述理论，在扩张应力的作用下，柱锤冲扩挤压成孔，桩孔位置原有土体被强制侧向挤压，塑性区范围内的桩侧土体产生塑性变形，因此使桩周一定范围内的土层密实度提高。实践证明，柱锤冲扩桩法桩间土挤密影响范围为（1.5~2.0）d_0（d_0为冲击成孔直径）。

工程实践表明，对于松散填土以及达到最优含水量的黏性土，挤密效果最佳；对于非饱和的黏性土、松散粉土、砂土以及人工填土，冲孔挤密效果较佳。当土的含水量偏低，土呈坚硬状态时，有效挤密区将减小；当含水量过高时，由于挤压引起超孔隙水压力，土难以挤密，提锤时，由于应力释放，易出现缩颈甚至坍孔现象。

对于淤泥、淤泥质土及地下水位下的饱和软黏土，冲孔挤密效果较差，同时，孔壁附近土强度因受冲击扰动反而会降低，且极易出现缩颈、坍孔和地表隆起，桩身质量也难以保证。因此，该类土层应通过现场试验确定柱锤冲扩桩法的适用性。

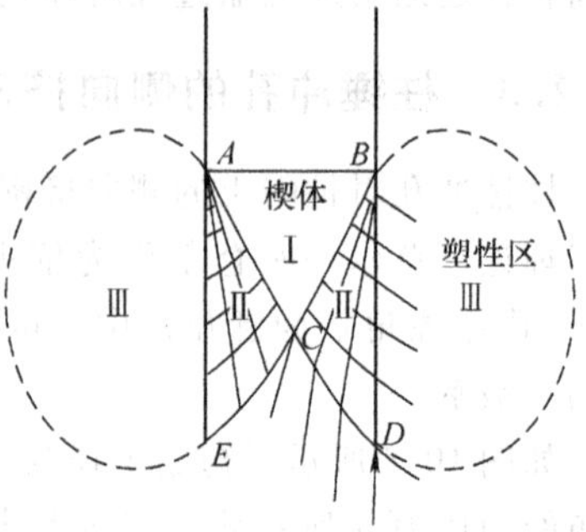

图 10.3　柱锤冲孔孔内夯击示意图

10.2.4　孔内强力夯实的作用机理

在冲孔及填料成桩过程中，柱锤在孔内有深层强力夯实的动力挤密及动力固结作用。在饱和软黏土中动力固结作用尤为突出。桩身的散体材料可起到排水固结的作用。

随着柱锤冲扩深度的不断增长，上覆土压力不断增加，其夯实效果不断增强。柱锤孔内夯实的作用机理与强夯不同。强夯是在地表对土层进行夯实，夯实效果与深度直接相关，夯实挤密效果随深度增加逐渐减弱。柱锤冲扩是在地表一定深度以下对土层（或通过填料）进行强力夯击。当成孔达到一定深度以后，由于上覆土压力及桩侧土的约束，夯实压密效果较好。

柱锤冲孔时，孔内土体发生冲切破坏，产生较大的瞬时沉降，柱锤底部土体形成锥形弹性土楔向下运动。此时土体的受力情况可用土力学中梅耶霍夫关于地基极限承载力的理论来描述。结合魏西克圆筒形扩张理论，柱锤在孔内强力夯击时，锤底形成的压密核将土向四周挤出，如图10.3所示，则 BD 及 AE 面上的土必然向外侧移动，柱锤才能继续贯入，从而对柱锤底部及四周的地基土起到强力夯实挤密的作用。

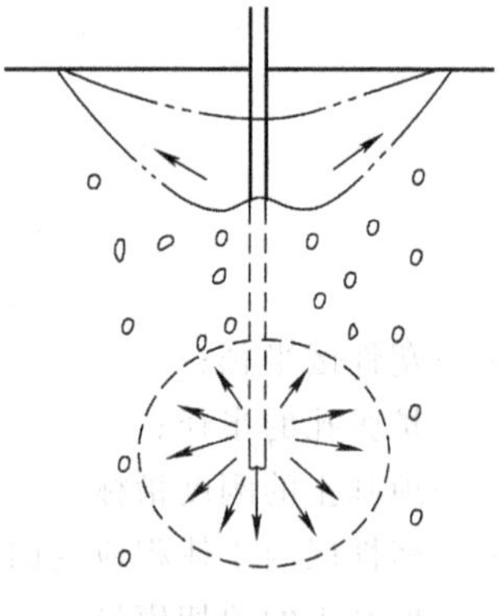

图 10.4　柱锤在不同深度冲扩时的土体变形模式

对于松散填土、粉土、砂土及低饱和度黏性土层等，随着冲孔（自上而下）夯击及填料（自下而上）夯击，桩底及桩间土不断被动力挤密，且范围不断扩大。但是柱锤在不同深度冲扩时，土体的变形模式是不同的。如图10.4所示，在地面下浅层处，柱锤冲孔夯扩时，土体以剪切变形为主。随着冲孔深度不断增加，土的侧向约束应力增大，压缩作用逐渐占据上风，而剪切作用就难以发挥出来了。

柱锤冲扩夯击的地基加固模式可简化成图10.5。在浅层，桩孔中的土在剪切作用下被侧向挤出，形成被动破坏区。表层桩间土在被动土压力作用下隆起。随着冲扩深度的加大，柱锤在孔内形成强力夯实作用，孔底下土体在压缩机理的作用下形成主压实区、次压实区。冲孔深度越大，则压实范围越大。

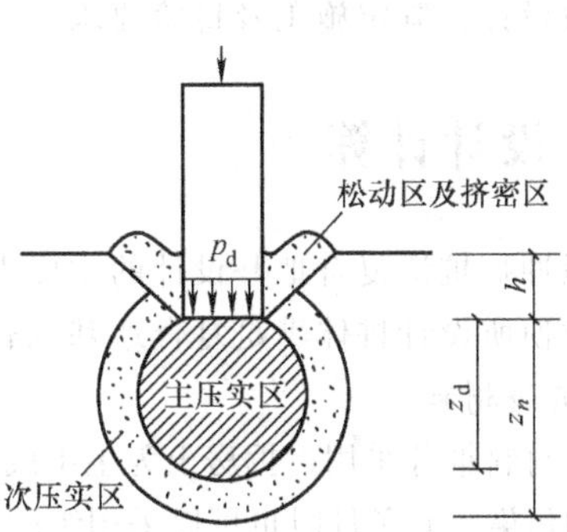

图 10.5　简化的柱锤冲扩夯击的地基加固模式

对于地下水位以下饱和松软土层，其冲孔及填料夯扩的动力密实作用虽不明显，但在孔内强力夯击过程中会产生动力固结效应。施工时，桩孔及附近地表开裂出现涌水冒砂现象，说明柱锤冲扩桩法对各种不同土层均有夯实挤密效应。对饱和松软土层应待超静孔隙水应力消散，土层强度恢复后再进行基础施工，修建上部结构。

10.2.5　填料冲扩的二次挤密效应及嵌入作用

柱锤冲扩桩法在填料夯实挤密过程中，由于夯击能量很大，桩径不断扩大，迫使填料向周边土体中强制挤入，桩间土也被强力挤密加固，即发生二次挤密作用。如成孔直径为400mm，成桩后桩径 d 可达600～1000mm，最大可达2.5m，这是其他挤密桩（灰土桩、土桩、砂石桩）所不能达到的。

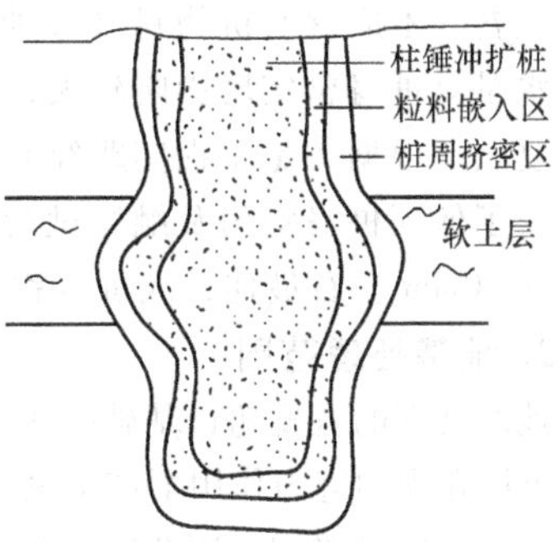

图 10.6　柱锤冲扩桩对地基土的加固效果

当被加固的地基土软硬不均时，软土层部分成桩直径增大，且会有部分粗集料挤入桩间土，使桩身与桩间土嵌入咬合、密切接触，共同受力。经过填料夯击二次挤密作用后，柱锤冲扩桩对地基土的加固效果如图 10.6 所示。此外，在湿陷性黄土地区，利用螺旋钻引孔，然后填料用柱锤夯扩挤密桩间土，可达到消除湿陷性的目的。

10.2.6　桩身填料的物理化学作用

在含水量较高的软土地基中，当桩身填料采用生石灰或碎砖三合土时，碎砖三合土中的生石灰遇水后消解成熟石灰，生石灰固体崩解，孔隙体积增大，从而对桩间土产生较大的膨胀挤密作用。由于这种胶凝反应随龄期增强，所以可提高桩身及桩间土的后期强度。此外，当桩身填料含有水泥时，水泥的水化胶凝作用也会增加桩身强度。

10.2.7　柱锤冲扩桩法复合地基工作机理

柱锤冲扩桩法主要采用碎砖三合土，形成的桩体为散体材料桩，属于可压缩性的柔性桩。因此，可以认为桩土之间的变形是协调的，桩土复合土层类似于人工垫层。

柱锤冲扩桩对原有地基土进行动力置换，依靠桩身强度实现桩体效应。这种桩式置换依靠桩身强度和桩间土的侧向约束维持桩体的平衡，桩与桩间土共同工作形成柱锤冲扩桩复合地基。当桩身填料采用干硬性水泥砂石料等黏结性材料时，桩体效应更加明显。

由于柱锤冲扩桩法目前还处于半理论半经验状态，成孔和成桩工艺及地基固结效果直接受到土质条件的影响，因此在正式施工前进行成桩试验及试验性施工十分必要。根据现场试验取得的资料修改设计，制定施工及检验要求。

10.3 设计计算

柱锤冲扩桩法复合地基设计的主要内容是确定桩身材料、桩径、桩长、置换率、桩距和布桩范围，并使所设计桩体满足复合地基承载力和沉降变形要求。

1. 桩身材料

桩体材料推荐采用以拆房土为主组成的碎砖三合土，主要是为了降低工程造价，减少杂土丢弃对环境的污染。有条件时也可以采用级配砂石、矿渣、灰土、水泥混合土、干硬性混凝土等，由于目前尚缺少足够的工程经验，当采用其他材料时，应经试验确定其适用性和配合比等有关参数。

碎砖三合土的配合比（体积比）除设计有特殊要求外，一般可采用1:2:4（生石灰:碎砖:黏性土）。当采用其他材料时，应经试验确定其适用性和配合比。

对地下水位以下流塑状态松软土层，宜适当加大碎砖及生石灰用量。碎砖三合土中的石灰宜采用块状生石灰，CaO 含量应在80%以上。碎砖三合土中的土料，尽量就地选用基坑开挖出的黏性土料，不应含有机物料（如油毡、苇草、木片等），不应使用淤泥质土、盐渍土和冻土。土料含水量对桩身密实度影响较大，因此应采用最佳含水量进行施工，考虑实际施工时土料来源及成分复杂，根据大量工程实践经验，采用目力鉴别，手握成团、落地开花即可。

为了保证桩身均匀及触探试验的可靠性，碎砖粒径不宜大于120mm，如条件允许碎砖粒径控制在60mm左右最佳，成桩过程中严禁使用粒径大于240mm的砖料及混凝土块。

2. 地基处理范围

地基处理的宽度超过基础底面边缘一定范围，主要作用在于增强地基的稳定性，防止基底下被处理土层在附加应力作用下产生侧向变形，因此原天然土层越软，加宽的范围应越大。通常按压力扩散角 $\theta=30°$ 来确定加固范围的宽度，在基础外缘应扩大1～3排桩，且不应小于基底下处理土层厚度的1/2。

用柱锤冲扩桩法处理可液化地基，应适当加大处理宽度，在基础外缘扩大的宽度，不应小于基底下可液化土层厚度的1/2，且不应小于5m。对于上部荷载较小的室内非承重墙及单层砖房可仅在基础范围内布桩。

3. 桩位布置

柱锤冲扩桩法桩位可采用正方形、矩形、三角形布置。对于可塑状态黏性土、黄土等，因靠冲扩桩的挤密来提高桩间土的密实度，所以采用等边三角形布桩有利，可使地基挤密均匀。对于软黏土地基，主要靠置换，因而选用任何一种布桩方式均可。考虑到施工方便，以正方形或正方形中间补桩一根（等腰三角形）的布桩形式最为常用。

桩间距与设计要求的复合地基承载力及原地基土的承载力有关，根据经验，桩中心距一般可取1.2～2.5m，或取桩径的2～3倍。

4. 桩径

柱锤冲扩桩法有以下三个直径：

（1）柱锤直径　它是柱锤实际直径，现已经形成系列，常用直径为300～500mm，如公称直径为377mm的锤。

（2）冲孔直径　它是冲孔达到设计深度时，地基被冲击成孔的直径，对于可塑状态黏性土其成孔直径往往比柱锤直径要大。

（3）桩径　它是桩身填料夯实后的平均直径，它比冲孔直径大，ϕ377mm柱锤夯实后形成的桩径可达 600～800mm。桩径不是一个常数，当土层松软时，桩径大，当土层较密时，桩径小。

设计时一般先根据经验假设桩径，假设时应考虑柱锤规格、土质情况及复合地基的设计要求，一般常用 $d=500\sim800\text{mm}$，经试成桩后再调整桩径。

5. 桩长及地基处理深度

地基处理深度的确定应考虑：①软弱土层厚度；②可液化土层厚度；③地基变形等因素。

限于设备条件，柱锤冲扩桩法适用于6m 以内的浅层处理，因此当软弱土层较厚时应进行地基变形和下卧层地基承载力验算。

地基处理深度可根据工程地质情况及设计要求确定。对相对硬层埋藏较浅的层，应深达相对硬层；当相对硬层埋藏较深时，应按下卧层地基承载力及建筑物地基的变形允许值确定；对可液化地基，应按 GB 50011—2010《建筑抗震设计规范》的有关规定确定。

6. 垫层

柱锤冲扩桩法是从地下向地表进行加固，由于地表约束减少，加之成桩过程中桩间土隆起造成桩顶及槽底土质松动，因此为保证地基处理效果及扩散基底压力，对低于槽底的松散桩头及松软桩间土应予以清除，换填砂石垫层。在桩顶部应铺设 200～300mm 厚砂石垫层。

7. 复合地基承载力特征值

柱锤冲扩桩复合地基承载力特征值应通过复合地基载荷试验确定，也可按下式估算

$$f_{spk}=[1+m(n-1)]f_{sk} \tag{10.4}$$

式中　f_{spk}——柱锤冲扩桩复合地基承载力特征值（kPa）；

m——面积置换率，可取 0.2～0.5；

n——桩土应力比，无实测资料时可取 2～4，桩间土承载力低时取大值；

f_{sk}——处理后桩间土承载力特征值（kPa），宜按当地经验取值，如无经验时，当 $f_{ak}\geqslant$ 80kPa 时，可取加固前天然地基承载力进行估算。

对于新填沟坑、杂填土等松软土层，可根据重型动力触探平均击数 $\overline{N}_{63.5}$ 确定，见表 10.3。当柱锤冲扩桩处理深度以下存在软弱下卧层时，应按 GB 50007—2011《建筑地基基础设计规范》的有关规定进行下卧层地基承载力验算。

表 10.3　根据重型动力触探平均击数 $\overline{N}_{63.5}$ 确定桩间土 f_{sk} 和 E_s

$\overline{N}_{63.5}$	2	3	4	5	6	7
f_{sk}/ kPa	80	110	130	140	150	160
E_s/ MPa	4.0	6.0	7.0	7.5	8.0	—

注：1. 计算 $\overline{N}_{63.5}$ 时应去掉 10% 的极大值和极小值，当触探深度大于 4m 时，$\overline{N}_{63.5}$ 应乘以折减系数 0.9。
　　2. 杂填土及饱和松软土层，表中 f_{sk} 应乘以折减系数 0.9。

8. 地基变形计算

地基处理后变形计算应按 GB 50007—2011《建筑地基基础设计规范》有关规定执行。初步设计时复合土层的压缩模量可按式（7.16）估算，式中 E_s 为加固后桩间土的压缩模量，可按当地经验取值，也可根据加固后桩间土重型动力触探平均击数 $\overline{N}_{63.5}$ 确定，具体选用见表 10.3。

10.4　施工技术

10.4.1　施工设备选择

1. 柱锤类型及选择

柱锤冲扩桩法采用的柱锤可分为等截面杆状柱锤、变截面柱锤两大类。每一类柱锤中的锤

尖、锤体的形式也有所不同，具体参数见表 10.4。

表 10.4 柱锤类型

类型 参数	等截面杆状柱锤					变截面柱锤	
	平底或凹底	锥形底	半球形底	方形断面	活动锤尖	纺锤形	扩底锤
直径/mm	300 ~ 500	300 ~ 500	300 ~ 500	300 ~ 500	300 ~ 500	500 ~ 1000	300 ~ 600
质量/t	1 ~ 9	1 ~ 9	1 ~ 9	1 ~ 9	1 ~ 9	10 ~ 20	1 ~ 9
适用范围	一般软土	较硬土层	扩底桩	饱和软黏土	饱和软黏土	大直径桩	一般软土

柱锤冲扩桩法施工过程中，不同锤型对地基土的作用效应是不同的，因此，锤型应按土质软硬、处理深度及成桩直径经试桩后加以确定，柱锤长度不宜小于处理深度。柱锤冲扩桩法加固一般软土地基主要使用等截面圆形平底或凹底杆状柱锤。锥形杆状柱锤及变截面柱锤等也有应用。目前采用的系列柱锤规格参数见表 10.5。

表 10.5 柱锤规格参数

序号	规格参数				锤底形式
	直径/mm	长度/m	质量/ t	锤底静压力/ kPa	
1	325	2 ~ 6	1.0 ~ 4.0	120 ~ 480	平底、凹底或锥形底
2	377	2 ~ 6	1.5 ~ 5.0	134 ~ 447	平底、凹底或锥形底
3	500	2 ~ 6	3.0 ~ 9.0	153 ~ 459	平底、凹底或锥形底

注：封顶或拍底时，可采用质量 2 ~ 10t 的扁平重锤进行。

柱锤可用钢材制作或用钢板为外壳内部浇筑混凝土制成，也可用钢管为外壳内部浇铸铁制成。钢制柱锤可制成装配式，由组合块和锤顶两部分组成，使用时用螺栓连成整体，调整组合块数（一般 0.5t/块），即可按工程需要组合成不同质量和长度的柱锤。

2. 冲扩桩机

（1）起重机型冲扩桩机　起重机型冲扩桩机由起重机、柱锤、护筒、卷扬机、自动脱钩装置等组成，适用于桩长在 6m 以内的桩体施工。

起重机可选用 8 ~ 30t 自行杆式起重机。当成桩深度不大于 4m 时，为减少冲击能量损耗，可采用自动脱钩装置。起重能力应通过计算或现场试验确定（按锤重及成孔时土层对柱锤的吸附力确定），一般不应小于锤重的 3 倍。必要时也可增设辅助桅杆或锚拉设备。

自动脱钩装置由钢板制成，要求有足够的强度，使用灵活。柱锤提升到预定高度时，能自动脱钩下落。护筒采用钢管制作，常用钢管外径为 ϕ325mm、ϕ377mm、ϕ426mm、ϕ477mm。在护筒上部应开加料口，加焊提筒吊耳。柱锤直径应比护筒内径小 50 ~ 70mm（护筒长度大时取大值），当采用自动脱钩装置时，柱锤应比护筒长 1000 ~ 1500mm。

（2）多功能冲扩桩机　多功能冲扩桩机由沧州市机械施工有限公司和河北工业大学联合研制。整机为液压步履式（分为前置式及中置式），可完成柱锤冲扩、沉管及螺旋钻取土等各项作业，如图 10.7 所示。该桩机由液压步履行走底盘、机架、柱锤、护筒、主副卷扬机、配电箱、夹持器等组成。必要时，配有长螺旋取土钻头及振动装置。

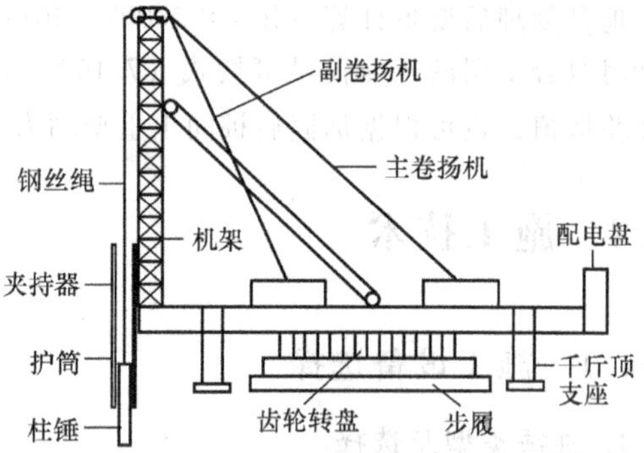

图 10.7　前置式多功能冲扩桩机示意图

当冲孔过程中坍孔不严重时，可利用钢丝绳起吊柱锤完成冲孔及填料夯扩。根据工程需要，可利用护筒进行导向及孔口防护。在地下水位以下或冲孔过程中坍孔严重时，可采用跟管成孔，即一边用柱锤冲孔，一边下压护筒（分液压抱压式及绳索式加压），以防止孔壁坍塌。成桩时边提护筒边填料冲扩成桩。当遇到硬夹层或为防止冲孔产生挤土造成地面发生隆起时，也可换上螺旋钻头先引孔再冲扩成桩。

(3) 振动沉管冲扩桩机 该类冲扩桩机由一般振动沉管桩机改制而成，通常由沉管拔管设备、中空双电动机振锤、柱锤、沉管、卷扬动机等组成，适用于桩长20m以内的桩体施工。

3. 其他机具

为了便于填料的运输及拌和，应配置翻斗汽车、铲车、推土机、手推车、搅拌机等机具。为了计算填料量及成桩深度，尚应配置量料斗及量尺等。

10.4.2 施工工艺

柱锤冲扩桩施工流程为：桩机就位—成孔—填料夯实成桩—桩机移位，重复上述步骤进行下一根桩施工。

1. 施工前准备

1）正式施工前施工单位应具备如下文件资料：①工程地质详细勘察资料（包括加固深度内松软土层的动力触探资料）；②建筑物总平面布置图及室内地面标高；③柱锤冲扩桩桩位平面布置图及设计施工说明；④施工前应编制施工组织设计，对机械配置、人员组织、场地布置、施工顺序、进度、工期、质量、安全及季节性施工措施等进行合理安排；⑤应具有根据总平面图设置的永久性或半永久性建筑物方位及标高控制桩。

2）施工前应整平场地，清除地上及地下障碍物。当表层土过于松软时应碾压夯实。场地整平后，桩顶设计标高以上应预留0.5～1.0m厚土层。场地平整、清除障碍物是机械作业的基本条件。当加固深度较深，柱锤长度不够时，也可先挖出一部分土，然后再进行冲扩施工。施工时桩位放线一般可在地面上撒白灰线，或在桩位处用短钢钎击深200mm，然后灌入白灰，以保证桩位准确。

3）试成桩时发现孔内积水较多且坍孔严重时，宜采取措施降低地下水位。

4）桩位放线定位前应设置建筑物轴线定位点和水准基点，并采取相关措施加以保护。

5）根据桩位设计图在施工现场布设桩位，桩位布置与设计图误差不得大于50 mm，并经复验后方可开工，在施工过程中尚应随时进行检查校验。

6）成桩前应测量场地整平标高，根据设计要求及动力触探结果确定成桩深度及桩长。施工过程中尚应测量地面标高变化，并随时调整成桩深度。

7）填料用量较大时，应设专用料场进行集中拌料，桩身填料质量及配合比应符合要求。

2. 施工步骤

1）清理平整场地，布置桩位。

2）施工机具就位，使柱锤对准桩位。

3）柱锤冲孔。

4）成桩。

5）施工机具移位，重复上述步骤进行下一根桩施工。

6）基槽开挖后，应晾槽拍底或碾压，随后铺设垫层并压实。

3. 成孔作业

(1) 冲击成孔 根据土质及地下水情况可分别采用下述三种成孔方式：

1）冲击成孔。冲击成孔适用于地下水位以上不坍孔土层。成孔时将柱锤提升一定高度，自动脱钩（孔深度不大于4m）或用钢丝绳吊起下落冲击土层，如此反复冲击，接近设计成孔深度时，可在孔内填少量粗集料继续冲击，直到孔底被夯密实。

2）填料冲击成孔。成孔时出现缩颈或坍孔时，可分次填入碎砖和生石灰块，边冲击边将填料挤入孔壁及孔底，当孔底接近设计成孔深度时，夯入部分碎砖挤密桩端土。运用该工艺方法时的填料与成桩填料不同，此处填料的主要作用是吸收孔壁附近地基中的水分，密实孔壁，使孔壁直立、不坍孔、不缩颈。由于碎砖及生石灰能够显著减少土壤中的水分，提高桩间土承载力，因此填料冲击成孔时应采用碎砖及生石灰块。

3）复打成孔。当坍孔严重难以成孔时，可提锤反复冲击至设计孔深，然后分次填入碎砖和生石灰块，待孔内生石灰吸水膨胀、桩间土性质有所改善后，再进行二次冲击复打成孔。当采用此法仍难以成孔时，也可以采用套管成孔，即用柱锤边冲孔边将套管压入土中，直至桩底设计标高。

（2）跟管成孔　跟管成孔可根据情况，采用内击沉管、柱锤冲扩和静压沉管、振动沉管等几种方法。

1）内击沉管法。此法适用于6m以下桩长施工，可采用起重机型或步履式夯扩桩机进行。施工步骤为：①挖桩位孔，孔深0.4 ~0.6m；②放入护筒，在护筒中加入0.4~0.6m高碎砖等粗集料制成砖塞。③将柱锤吊入护筒进行冲击，直至护筒达到设计标高。在柱锤冲击过程中，需保证砖塞不被击出护筒，并根据施工情况随时添加碎砖；管底标高依设计要求及终孔时护筒贯入阻力确定。填料夯扩前应将砖塞击出护筒。

2）柱锤冲扩和静压沉管法。此法适用于12m以下桩长施工，可采用步履式夯扩桩机进行。施工步骤为：①桩机就位，将护筒及柱锤置于桩点；②柱锤冲击成孔，边冲孔边压护筒至设计标高，管底标高依设计要求及终孔时柱锤最后贯入深度确定。

3）振动沉管法。此法比较适合于砂土层施工，其施工步骤为：①桩机就位，将预制桩尖置于桩点凹坑中；②振动沉管，管底标高依设计要求及终孔时最后30s密实电流确定，电流值根据试桩或当地经验确定。填料夯扩前应将预制桩尖夯入土中。

（3）螺旋钻引孔　螺旋钻引孔（可结合柱锤冲扩）成孔速度快，成桩直径大，噪声及振动小，易通过土中硬夹层，但成孔挤密效果差。螺旋钻引孔法多用于局部硬夹层引孔或土质坚硬且深度较大时。当地下水位较浅，且水量丰富时，不宜采用。若采用需进行有效止水或采取预先降水措施。

4. 填料成桩

（1）选择成桩方法　桩身填料前孔底应夯实；当孔底土质松软时可夯填碎砖、生石灰挤密。依据成孔方法及采用的施工机具不同分为以下四种桩体施工方法。

1）孔内分层填料夯扩。采用柱锤冲孔或螺旋钻引孔达到预定深度以后，可在孔底填料夯实，然后在孔内自下而上分层填料夯扩成桩。

2）逐步拔管填料夯扩。当采用跟管成孔达到预定深度以后，可采用边填料、边拔管、边由柱锤夯扩的方法成桩。

3）扩底填料夯扩。当孔底地基土层较软时，可在孔底反复填料夯扩形成扩大端。待孔底夯击贯入度满足要求时，再自下而上分层填料夯扩成桩。当桩身采用水泥砂石料等黏结性材料且桩底土质较硬时，为提高单桩承载力也可以实施扩底。

4）边冲孔边填料、柱锤强力夯实置换法。对于过于松软土层（厚度3m），当采用上述方法仍难以成孔及填料成桩时，可采用边冲孔边填料、柱锤强力夯实置换法。

（2）夯填要求　用标准料斗或运料车将拌和好的填料分层填入桩孔夯实。当采用套管成孔时，边分层填料夯实，边将套管拔出。锤的质量、锤长、落距、分层填料量、分层夯填度（夯实后填料厚度与虚铺厚度的比值）、夯击次数、总填料量等应根据试验或按当地经验确定。一般填料充盈系数不宜小于1.5；如密实度达不到设计要求，应空夯夯实。每个桩孔应夯填至桩顶设计标高以上至少0.5m，其上部桩孔宜用原槽土夯封。施工中应做好记录，并对发现的问题及时进行处理。

（3）成桩顺序　成桩顺序依土质情况决定。当地基土经柱锤冲扩后地面不隆起时，采用自外向内成桩；当地基土经柱锤冲扩后地面有隆起时，采用自内向外成桩；当地基土经柱锤冲扩后地面隆起严重时，可隔行跳打或先用长螺旋钻引孔，再进行柱锤冲扩桩施工。当一侧毗邻建筑物时，应由毗邻建筑物向另外一方向施打。

10.4.3　施工注意事项

1）柱锤冲扩桩法宜用直径300～500mm、长度2～6m、质量2～10t的柱状锤（柱锤）进行施工。

2）当试成桩孔时发现孔内积水较多且坍孔严重时，宜采取措施降低地下水位。

3）柱锤冲扩桩施工过程中，如果出现缩颈和坍孔现象，可分次填碎砖和生石灰。边冲击边将填料挤入孔壁及孔底时，柱锤的落距应适当降低，冲孔速度也应适当放慢，使碎砖和生石灰与孔内松软土层强行拌和，生石灰吸水膨胀，改善孔壁土的性质。

4）当采用填料冲击成孔或二次复打成孔仍难以进行时，也可以采用套管跟进成孔，即用柱锤边成孔边将套管压入土中，直至桩底设计标高。

5）对于散体材料桩，宜在原桩位补桩或复打成孔，有困难时也可在桩间进行。

6）柱锤冲扩桩施工质量关键在于桩体密实度，即分层填料量、分层夯填度及总填料量的控制，施工前应根据试成桩及设计要求的桩径和桩长进行确定。施工时应随时计算每分层成桩厚度的充盈系数是否大于1.5（或设计要求）。

7）当柱锤冲扩夯实桩体施工至设计桩顶标高以上时，为了防止倒锤，余下桩体的夯实可改用平锤夯封。

8）基槽开挖后，应晾槽拍底或碾压，随后铺设垫层并压实。

9）柱锤冲扩桩法夯击能量较大，易发生地面隆起，造成表层桩和桩间土出现松动，从而降低处理效果，因此成孔及填料夯实的施工宜间隔进行。

10）施工时应注意地面隆起造成的标高变化，并应根据实际地面标高调整成孔深度。

10.5　质量检验

柱锤冲扩桩法质量检验程序有：施工中施工单位自检、竣工后质检部门抽检和基槽开挖后验槽三个环节。

1. 施工中施工单位自检

施工过程中应随时检查施工记录及现场施工情况，并对照预定的施工工艺标准，对每根桩进行质量评定。对质量有怀疑的工程桩，应用重型动力触探进行自检。

2. 竣工后质检部门抽检

采用柱锤冲扩桩法处理的地基，其承载力是随着时间增长而逐步提高的，因此要求冲扩桩施工结束后7～14d内，可对桩身及桩间土进行抽样检验，可采用重型动力触探进行，并对处理后桩身质量及复合地基承载力作出评价。检验点数可按冲扩桩总数的2%计，每一单体工程桩身及桩间土总检验点数均不应少于6点。当土质条件复杂时，应加大检验数量。实践表明，采用柱锤冲扩桩法处理的土层往往上部及下部稍差而中间较密实，因此必要时可分层进行评价。

柱锤冲扩桩地基竣工验收时，承载力检验应采用复合地基载荷试验。对于复合地基载荷试验，其检验数量为总桩数的1%，且每一单体工程不应少于3点。载荷试验应在成桩14d后进行，对非饱和土和粉土休止时间可适当缩短。

3. 基槽开挖后验槽

基槽开挖后，应检查桩位、桩径、桩数、桩顶密实度及槽底土质情况。如发现漏桩、桩位偏差过大、桩头及槽底土质松软等质量问题，应采取补救措施。

基槽开挖检验的重点是桩顶密实度及槽底土质情况。由于柱锤冲扩桩法是冲孔后自下而上成桩，即由下往上对地基进行加固处理，由于顶部上覆压力小，容易造成桩顶及槽底土质松动，而这部分又是直接持力层，因此应加强对桩顶特别是槽底以下1m厚范围内土质的检验，检验可采用轻便触探进行。桩位偏差不宜大于1/2桩径，桩径负偏差不宜大于10mm，桩数应满足设计要求。

10.6 工程应用实例

【例10.1】 某黏性土填土场地采用柱锤冲扩桩法处理，正三角形布桩，桩体直径0.8m，桩土应力比为4，天然地基承载力特征值为70kPa，处理后桩间土承载力特征值为85kPa，加固后桩间土压缩模量为6MPa，地基基底附加压力为160kPa。试进行该复合地基的有关计算。

【解】 1. 计算柱锤冲扩桩法复合地基的面积置换率

由 $f_{spk}=[1+m(n-1)]f_{sk}$ 得 $m=\dfrac{\dfrac{f_{spk}}{f_{sk}}-1}{n-1}=\dfrac{\dfrac{160}{85}-1}{4-1}=0.294$。

2. 桩距计算

由 $m=\dfrac{d^2}{d_e^2}$，得 $d_e=\dfrac{d}{\sqrt{m}}=\dfrac{0.8}{\sqrt{0.294}}\text{m}=1.48\text{m}$。

因采用正三角形布桩，则有 $S=\dfrac{d_e}{1.05}=\dfrac{1.48}{1.05}\text{m}=1.4\text{m}$。

3. 复合地基的压缩模量

$$E_{sp}=[1+m(n-1)]E_s=[1+0.294\times(4-1)]\times 6\text{MPa}=11.3\text{MPa}$$

【例10.2】 拟建工程为公路路基工程，场地内主要为新近1~2年回填的杂填土，厚度大，成分复杂且不均匀，主要为房渣土，建筑垃圾及部分砂、卵石回填，欠固结。填土厚度为2~22m，人工堆积地层由上至下依次为：

低液限黏土填土（CL）①层：黄褐色~褐黄色，稍湿~湿，可塑~硬塑，含砖渣、白灰。

建筑垃圾（B）①1层：杂色，湿，松散，含砖渣、白灰、树根等。

级配不良砾填土（GW）①2层：杂色，稍湿，稍密，一般粒径3~10mm，粒径大于2mm的颗粒约占全重的85%，含砖渣、白灰。

其下为级配良好的砂、卵石。地下水埋藏较深，可不考虑地下水的影响。

本工程要求地基承载力特征值大于或等于120kPa。沉降量小于或等于10cm，根据勘察报告提供的地基承载力特征值为85kPa判断，承载力不能满足设计要求，需进行地基处理。

【地基处理方案】本工程采用的地基处理方法为：先将填土挖去2~3 m，然后用柱锤冲扩灰土挤密桩加固地基。柱锤长4.3m、重4t、凹形底、直径为377mm；采用体积比为3:7的灰土填料。桩间距为1.5m，梅花形布桩，设计桩径550mm，设计桩长2～14m。

经对现场柱锤冲扩灰土挤密桩进行静载验试，确定单桩承载力特征值的平均值为307kPa，满足其极差不超过平均值30%的规范要求。同时，现场测得桩间土承载力特征值为100kPa。

复合地基承载力计算公式为

$$f_{spk} = mf_{pk} + (1 - m)f_{sk}$$

式中 f_{pk}——桩体承载力特征值，取$f_{pk}=307\text{kPa}$；

f_{sk}——处理后桩间土承载力特征值，取$f_{sk}=100\text{kPa}$；

m——桩土面积置换率，$m=d^2/d_e^2$，而$d_e=1.05S$，则有$m=0.1219$；

f_{spk}——复合地基承载力特征值，计算得$f_{spk}=125.23\ \text{kPa}>120\text{kPa}$，满足设计要求。

施工后进行了36处复合地基检测，检测结果表明：处理后的复合地基承载力特征值为131.7～152.4kPa，均大于理论计算值125.23kPa。这说明处理后的复合地基承载力特征值满足了设计要求。

思考题

10.1 简述柱锤冲扩桩法的施工流程。

10.2 如何对柱锤冲扩桩进行质量检验？

10.3 试叙述柱锤冲扩桩法复合地基设计主要内容。

第11章　水泥土搅拌法

【本章导读】　主要介绍了水泥土搅拌法的概念、工程应用、特点及适用范围。通过对水泥土固化原理和水泥加固土的室内外试验情况的分析，熟练掌握柱状水泥土搅拌桩复合地基的设计计算，掌握浆体搅拌法和粉体搅拌法的施工工艺及质量检测的方法和要求；了解壁状水泥土搅拌桩挡墙和拱形水泥土搅拌桩挡墙设计计算的主要内容。

11.1　概述

11.1.1　水泥土搅拌法的概念及适用范围

水泥土搅拌法（cement deep mixing），又称为深层搅拌法，是适用于加固饱和黏性土和粉土等地基的一种方法。它是利用水泥（或石灰）等材料作为固化剂通过特制的搅拌机械，就地将软土和固化剂（浆液或粉体）强制搅拌，使软土硬结成具有整体性、水稳性和一定强度的水泥加固土，从而提高地基土强度和增大变形模量。

根据固化剂掺入状态的不同，水泥土搅拌法分为深层搅拌法（简称湿法）和粉体喷搅法（简称干法）两种。前者是用浆液和地基土搅拌，后者是用粉体和地基土搅拌。

水泥土搅拌法适用于处理正常固结的淤泥与淤泥质土、粉土、饱和黄土、素填土、黏性土以及无流动地下水的饱和松散砂土等地基。当地基土的天然含水量小于30%（黄土含水量小于25%）、大于70%或地下水的pH值小于4时不宜采用干法。冬期施工时，应注意负温对处理效果的影响。

水泥土搅拌法用于处理泥炭土、有机质土、pH值小于4的酸性土、塑性指数I_p大于25的黏土，或在腐蚀性环境中以及无工程经验的地区使用时，必须通过现场试验确定其适用性。

有经验的地区也可采用石灰固化剂。石灰固化剂一般适用于黏土颗粒含量大于20%，粉粒及黏粒含量之和大于35%，黏土的塑性指数大于10，液性指数大于0.7，土的pH值为4～8，有机质含量小于11%，土的天然含水量大于30%的偏酸性的土质加固。

水泥土加固体的形状可分为柱状、壁状、格栅状或块状等。水泥土加固体可以与加固体之间的土体共同构成具有较高竖向承载力的复合地基，也可以用于基坑工程围护挡墙、被动区加固、防渗帷幕。

11.1.2　水泥土搅拌法的工程应用与发展

水泥浆搅拌法最早是美国在第二次世界大战后研制成功的，当时称为就地搅拌法（Mixed-in-Place Pile，简称MIP法）。这种方法是从不断回旋的中空轴端部向周围已被搅松的土中喷出水泥浆，经叶片搅拌而形成水泥土桩，桩径达到0.3～0.4m，长度10～12m。1953年，日本清水建设株式会社从美国引进此法；1974年，日本港湾技术研究所等单位合作开发研制成功了水泥搅拌固化法（简称CMC法），用于加固钢铁厂矿石堆场地基，加固深度达32m。接着，日本各大施工企业研制开发出了各种类型的深层搅拌机械，这些机械一般具有2～8个搅拌轴及一组注浆管路，每个搅拌叶片的直径可达1.25m，一次加固的最大面积达9.5m²，在软土地基加固工程中得到应用。

国内1977年由原冶金部建筑研究总院和原交通部水运规划设计院进行室内试验和研制工作，并于1978年年底制造出国内第一台SJB-1型双搅拌轴中心管输浆的搅拌机械，如图11.1所示。

SJB-1型搅拌机已由江阴市振冲器厂成批生产（目前SJB-2型加固深度可达18m）。该搅拌机1980年年初在上海宝钢三座卷管设备基础的软土地基加固工程中首次获得成功。1980年年初天津市机械施工公司与原交通部一航局科研所利用日本进口螺旋钻孔机械进行改装，制成单搅拌轴和叶片输浆型搅拌机，1981年在天津造纸厂蒸煮锅改造扩建工程中获得成功。1985年浙江省建筑设计院在衢州市新建八层大楼工程中应用深层搅拌法加固人工杂填土地基，扩大了深层搅拌法的适用范围。

2002年，上海探矿机械厂为配合地下基坑支挡墙SMW（Soil Mixing Wall）工法而开发研制了ZKD65-3型和ZKD85-3型深层三轴搅拌机械，如图11.2所示。该机械钻孔最大深度（和钻孔直径）分别为30m（ϕ650mm）和27m（ϕ850mm），在钻孔中可插入工字钢，以提高水泥土搅拌桩的抗弯刚度。

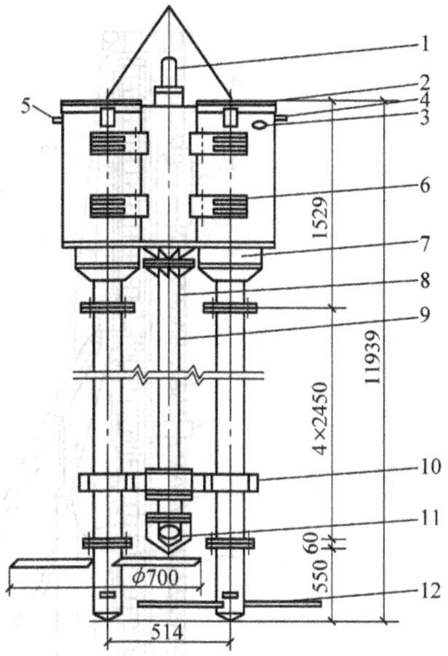

图11.1 SJB-1型双搅拌轴机械示意图
1—输浆管 2—外壳 3—出水口 4—进水口 5—电动机 6—导向滑块 7—减速器 8—搅拌轴 9—中心管 10—横向系板 11—球形阀 12—搅拌头

粉体喷射搅拌法（Dry Jet Mixing Method，简称DJM法）最早由瑞典人Kjeld Paus于1967年提出了使用石灰搅拌桩加固15m深度范围内软土地基的设想。瑞典Linden Alimat公司1971年制成第一根用石灰粉和软土搅拌成的桩，其桩径为500mm，加固深度为15m。日本于1967年由运输部港湾技术研究所开始研制石灰搅拌施工机械，1974年开始在软土地基加固工程中应用，并研制出两类石灰搅拌机械，形成两种施工方法。一类为使用颗粒状生石灰的深层石灰搅拌法（DLM法）；另一类为使用生石灰粉末的粉体喷射搅拌法（DJM法）。因粉体喷射搅拌法采用粉体作为固化剂，不再向地基中注入浆液水，反而能充分吸收周围软土中的水分，因此加固后地基的初期强度高，对含水量高的软土加固效果尤为显著。

我国由原铁道部第四勘察设计院于1983年用DPP-100型汽车钻改装成国内第一台粉体喷射搅拌机，并使用石灰作为固化剂，应用于铁路涵洞加固。1986年开始使用水泥作为固化剂，应用于房屋建筑的软土地基加固。1987年原铁道部第四勘察设计院和上海探矿机械厂制成GPP-5型步履式粉喷机，成桩直径为500mm，加固深度为12.5m。当前国内粉喷机的成桩直径一般在500～700mm范围内，深度一般可达15m。

目前，水泥土搅拌法被广泛应用于建筑物的地基加固、边坡加固与稳定、隔水帷幕、防止砂土液化、桥台后背填土加固、地下构筑物地基加固、基坑坑底土加固、支挡墙体工程和提高基础横向反力系数等。在国内，尤其是在珠江三角洲、长江三角洲等沿海地区的沪宁、沪杭、深广等高速公路工程，深基坑支挡结构工程，港口码头水池等市政工程，以及建（构）筑物（如大型油罐）的软土地基加固等工程中水泥土搅拌法应用普遍。

随着工程技术条件的不断进步以及工程状况的复杂性程度提高，越来越多的新施工技术产

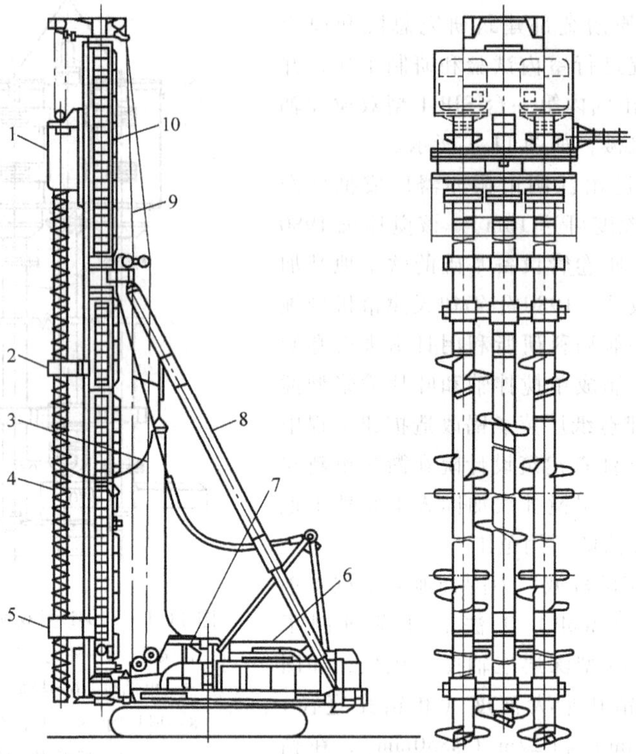

图 11.2 ZKD85-3 型深层三轴搅拌机械（成孔直径 ϕ850mm，钻孔深 27m）

1—动力头 2—中间支承 3—注浆管电线 4—钻杆 5—下部支承

6—电气柜 7—操作盘 8—斜撑 9—钢丝绳 10—立柱

生。水泥搅拌法不再仅仅局限于单纯的单桩形式，越来越多的工程当中应用到了新的施工技术。如江苏省如东县水利电力建筑工程有限公司开发的 SMC 复合桩的施工方法，S 表示柔性砂石桩，M 表示半刚性水泥搅拌，C 表示刚性混凝土桩。在已经施工好的 SM 桩中水泥土未硬凝时打入或压入 C 桩，形成 SMC 复合桩，可作刚性单桩使用，也可与未被复合的 S 桩、SM 桩形成多元复合地基。如在部分 SC 桩的散粒体部位进行注浆，即形成 SCM 多元复合桩，如在夯扩载体的散粒体部位预设注浆管进行后期注浆加固或在部分砂石劲性复合桩的砂石部位进行后期注浆加固，形成强度较高的复合桩。该方法是一种复合型的施工方法，三种不同类型的桩结合使用产生了良好的效果。

11.1.3 水泥土搅拌法特点

水泥土搅拌法加固软土技术具有如下特点：

1）水泥土搅拌法是将固化剂和原地基软土就地搅拌混合的，可最大限度地利用原土。

2）搅拌时无振动、无噪声、无污染，可在密集建筑群中进行施工，搅拌时不会使地基侧向挤出，对周围既有建筑物及地下沟管影响很小。

3）水泥土搅拌法形成的水泥土加固体，可用于竖向承载的复合地基、基坑工程围护挡墙、被动区加固、防渗帷幕、大体积水泥稳定土等，其设计灵活，可按照不同地基土的性质及工程设计要求，合理选择固化剂及其配方。

4）土体加固后重度基本不变，对软弱下卧层不致产生附加沉降。

5）根据上部结构的需要，可灵活地采用柱状、壁状、格栅状和块状等加固形式。

6）与钢筋混凝土桩基相比，可节约钢材并降低造价。

7）受搅拌机安装高度及土质条件影响，其桩径及加固深度受到一定限制。单轴水泥土搅拌桩桩径一般在0.5~0.6m。SJB-1型双轴深层搅拌机加固桩的外形呈“∞”形，桩径0.7~0.8m，加固深度一般为15m以内。而SJB-2型双轴深层搅拌机加固深度可达18m左右。国外除用于陆地软土地基外，还用于海底软土加固，最大桩径1.5m以上，加固深度达60m。

水泥加固土的室内试验表明，有些软土的加固效果较好，而有的不够理想。一般认为含有高岭石、多水高岭石、蒙脱石等黏土矿物的软土加固效果较好，而含有伊利石、氯化物和水铝英石等矿物的黏性土以及有机质含量高、酸碱度较低的黏性土加固效果较差。

随着搅拌机被创新开发和施工效率的进一步提高，以及施工监控自动化装置的采用，水泥土搅拌法的工艺将更趋完善，适用性将更为广泛。

11.2 加固机理

11.2.1 水泥土的固化原理

固化剂是深层搅拌加固软土地基的主要材料，其性能要求应根据软土和土中水的化学成分进行选择，使之固化后能把软土的力学强度提高到设计要求的量值。通常使用的固化剂种类有：水泥类、石灰类、沥青类及化学材料类等。水泥类和石灰类材料应用最广泛。

1. 水泥加固软土的作用机理

水泥加固土的物理化学反应过程与混凝土的硬化机理不同，后者主要是在粗填充料（比表面不大、活性很弱的介质）中进行水解和水化作用，其凝结速度较快。而在水泥加固土中，由于水泥掺量很小，一般仅为土重的7%~15%，水泥的水解和水化反应完全是在具有一定活性的介质——土的围绕下进行的，所以水泥加固土的强度增长比混凝土缓慢。

普通硅酸盐水泥主要由氧化钙、二氧化硅、三氧化二铝、三氧化二铁及三氧化硫等组成，由这些不同的氧化物分别组成了不同的水泥矿物：硅酸三钙、硅酸二钙、铝酸三钙、铁铝酸四钙、硫酸钙等。目前认为，铝酸三钙水化反应迅速；硅酸三钙和铁铝酸四钙水化反应也较快，早期强度高；硅酸二钙水化反应较慢，对水泥后期强度增加有利，抗水化性较好。用水泥加固软土时，水泥颗粒表面的矿物很快与软土中的水发生水解和水化反应，生成氢氧化钙、含水硅酸钙、含水铝酸钙及含水铁酸钙等化合物。

（1）离子交换和团粒化作用　黏土和水结合时表现出一种胶体特征，如土中含量最多的SiO_2遇水后，形成硅酸胶体微粒，其表面带Na^+和K^+，它们能和水泥水化生成的氢氧化钙中的Ca^{2+}进行当量吸附交换，使较小的土颗粒形成较大的土团粒，从而使土体强度提高。水泥水化生成的凝胶粒子的比表面积约比原水泥颗粒大1000倍，因而产生很大的表面能，有强大的吸附活性，能使较大的土团粒进一步结合起来，形成水泥土的团粒结构，并封闭各土团的空隙，联结坚固。从宏观上来看也就使水泥土的强度大为提高。

（2）硬凝反应　水泥的凝结与硬化是同一个过程的不同阶段。凝结标志着水泥浆失去流动性而具有一定的塑性强度；硬化则表示水泥浆固化所建立的结构具有一定的机械强度的过程。随着水泥水化反应的深入，溶液中析出大量的Ca^{2+}，当其数量超过离子交换的需要量后，在碱性环境中，能使组成黏土矿物的SiO_2和Al_2O_3的一部分或大部分与Ca^{2+}进行化学反应，逐渐生成

不溶于水的稳定的结晶化合物，增大了水泥土的强度，其反应式如下

$$SiO_2 + Ca(OH)_2 + nH_2O \longrightarrow CaO \cdot SiO_2 \cdot (n+1)H_2O$$

或

$$Al_2O_3 + Ca(OH)_2 + nH_2O \longrightarrow CaO \cdot Al_2O_3 \cdot (n+1)H_2O$$

这些化合物在水中和空气中逐渐硬化，增大了水泥土的强度，而其结构比较致密，水分不易侵入，从而使水泥土具有足够的水稳定性。

(3) 碳酸化作用　水泥水化物中游离的 $Ca(OH)_2$ 能吸收水和空气中的 CO_2，发生碳酸化反应，生成不溶于水的碳酸钙；其反应式如下

$$Ca(OH)_2 + CO_2 \longrightarrow CaCO_3 + H_2O$$

这种反应也能使水泥土增加强度，但增长的速度较慢，幅度也较小。

而其他水化物继续与二氧化碳反应，使碳酸钙成分增加。反应生成的碳酸钙能使地基土的分散度降低，而强度及防渗性能增强。

碳酸化作用有时由于土中二氧化碳的含量很少，且反应缓慢，在实际工程中可以不予考虑。

2. 石灰加固软土的作用机理

(1) 石灰的吸水、发热、膨胀作用　在软弱地基中加入生石灰，它便和土中的水发生化学反应，形成熟石灰。在这一反应中有相当于生石灰质量 32% 的水被吸收，其反应式为

$$CaO + H_2O \longrightarrow Ca(OH)_2 + 65303.2J/mol$$

形成熟石灰时，每摩尔产生 65303.2J 的热量，通过 1kg 的 CaO 的水化作用，产生 1172094J 的热量。这种热量又促进水分的蒸发，从而使相当于生石灰质量 47% 的水被蒸发掉，即形成熟石灰时土中总共减少了相当于生石灰质量 79% 的水分。另外，由生石灰变为熟石灰的过程中，石灰体积膨胀 1 ~2 倍，促进了周围土的固结。

(2) 离子交换作用与土微粒的凝聚作用　生石灰刚变为熟石灰时，它处于绝对干燥状态，有很强的吸水能力。这种吸水作用持续到与周围土的含水量平衡为止，进一步降低了周围土的含水量。在这种状态下，化学反应式为

$$Ca(OH)_2 \longrightarrow Ca^{2+} + 2OH^-$$

反应中产生的 Ca^{2+} 与扩散层中的 Na^+、K^+ 发生离子交换作用，使双电层中的扩散层减薄，结合水减少，使黏土粒间的结合力增强，而呈团粒化现象从而改变土的性质。

(3) 化学结合作用（固结反应）　上述离子交换后，随龄期的增长，胶质 SiO_2、Al_2O_3 和石灰发生反应，形成复杂的化合物。反应生成物有硅酸钙水合物和 $4CaO. Al_2O_3 \cdot 13H_2O$ 等。铝酸钙水合物及钙铝黄长石水合物（$2CaO \cdot Al_2O_3 \cdot SiO_2 \cdot 6H_2O$）的形成，要经过长时间的缓慢过程，它们在水中和空气中逐渐硬化，与土颗粒黏结在一起，形成网状结构，结晶体在土颗粒间相互穿插，盘根错节，使土颗粒联系得更加牢固，改善了土的物理力学性能，发挥了固化剂的强度。这种固结反应，使得加固处理土的强度增高并长期保持稳定。

11.2.2 水泥加固土的室内试验

水泥土搅拌法利用了水泥对地基土的加固作用。在采用这种地基处理方法时，需要了解在不同数量水泥掺入以后，给地基土的物理、力学性质所带来的变化。通过水泥土的室内配比试验，可以定量地反映出水泥土的强度特性的演变规律，为地基处理设计提供可靠的依据。

1. 水泥土的室内配合比试验

(1) 试验目的　进行水泥土的室内配比试验是为了达到以下目的：

1) 了解水泥加固每一个工程中不同成因软土的可能性。

2) 了解加固各种软土最适合的水泥品种。

3）了解加固某种软土所用的水泥掺入量、水灰比和最佳的外加剂。

4）了解水泥土强度增长的规律，求得龄期与强度的关系。

这些试验可为深层搅拌法的设计计算和施工工艺提供可靠的参数。

（2）试验设备　当前主要利用现有土工试验仪器及砂浆混凝土试验仪器，按土工或砂浆混凝土的试验规程进行。

（3）土样制备　土样应是工程现场所要加固的土，一般分三种：

1）风干土样。将现场采取的土样进行风干、碾碎，过2～5mm筛的粉状土样。

2）烘干土样。将现场采取的土样进行烘干、碾碎，过2～5mm筛的粉状土样。

3）原状土样。将现场采取的天然土立即用厚聚氯乙烯塑料袋封装，基本保持天然含水量。

（4）固化剂　可用不同品种、不同强度等级的水泥。水泥出厂日期不应超过3个月，并在试验前重新测定其强度等级。

（5）水泥掺入比　水泥掺入比 a_w 计算公式为

$$a_w = \left(\frac{\text{掺加的水泥量}}{\text{被加固软土的天然湿重}}\right) \times 100\% \tag{11.1}$$

目前水泥掺量一般为180～250kg/m^3。目前最常用的掺入比为7%～20%。

（6）外掺剂　为改善水泥土的性能和提高强度，加快水泥土的凝结或防腐，可用木质素磺酸钙、石膏、三乙醇胺、氯化钠、氯化钙和硫酸钠等外掺剂，还可掺入不同比例的粉煤灰。

（7）试件的制作和养护　根据配方分别称量土、水泥、外掺剂和水，将粉状土料和水泥放入搅拌器中拌和均匀，然后将水用喷水设备均匀喷洒在水泥土上进行均匀拌和。在选定的试模（70.7mm×70.7mm×70.7mm）内装入一半试料，放在振动台上振动1min后，装入其余的试样再振动1min，最后将试件表面刮平，盖上塑料布防止水分蒸发过快。试样成型后，根据水泥土强度决定拆模时间，一般为1～2d。为了保证其湿度，拆模后的试件装入塑料袋内，封闭后置于水中，进行标准水中养护。

2. 试验结果的整理和分析

（1）水泥土的物理性质

1）含水量。水泥土在硬化过程中，由于水泥水化等反应，使部分自由水以结晶水的形式固定下来，故水泥土的含水量略低于原土样的含水量，一般减少0.5%～7.0%，且含水量随着水泥掺入比的增加而减小。

2）重度。因拌入软土中的水泥浆的重度与软土的重度相近，水泥土的重度与天然土的重度相差不大，仅比天然软土重度增加0.5%～3.0%。所以采用水泥搅拌法加固厚层软土地基时，其加固部分对于下部未加固部分不致产生过大的附加荷重，也不会产生较大的附加沉降。

3）相对密度。由于水泥的相对密度为3.1，比一般土的相对密度2.65～2.75要大，故水泥土的相对密度比天然土的稍大，增加0.7%～2.5%，增加幅度随水泥掺入比的增大而增大。

4）渗透系数。水泥土渗透系数随水泥掺入比增大和龄期增长而减小，一般可达10^{-5}～10^{-8}cm/s数量级。

（2）水泥土的力学性质

1）无侧限抗压强度。水泥土的无侧限抗压强度一般为300～4000kPa，达到一定龄期后，其变形特征随强度不同而介于脆性体与弹塑性体之间。水泥土受力开始阶段，应力与应变关系基本上符合胡克定律；当外力达到极限强度的70%～80%时，其应力和应变关系不再保持直线关系；当外力达到极限强度时，强度大于2000kPa的水泥土很快出现脆性破坏；强度小于2000kPa的水泥土则表现为塑性破坏。影响水泥土抗压强度的因素主要有：

① 水泥掺入比 a_w。水泥土强度随 a_w 增加而增大，如图 11.3 所示。当 a_w 小于 5% 时，由于水泥与土的反应过弱，水泥土固化程度低，强度离散性也较大，故要求水泥掺入比应大于 5%。

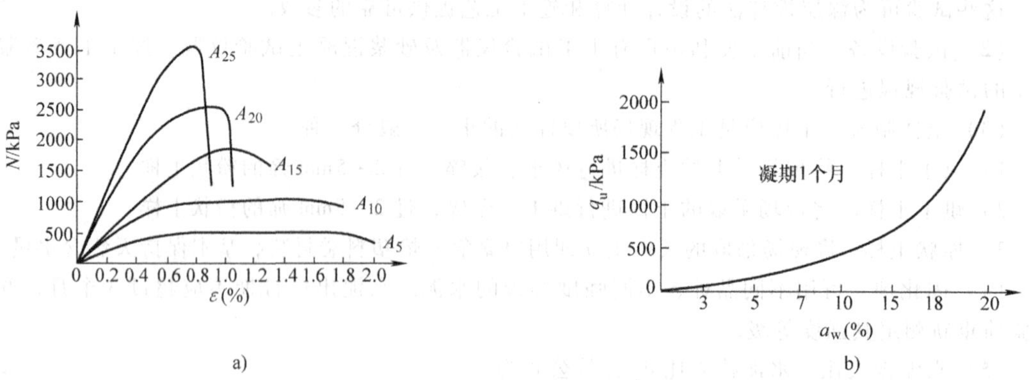

图 11.3 水泥掺入比与其抗压强度的关系

a）水泥土的应力-应变关系 b）水泥掺入比与强度关系

② 龄期。强度随龄期的增长而提高，一般在龄期超过 28d 后仍有明显增长。当采用 42.5 级普通硅酸盐水泥时，掺入比为 12% ~15%，90d 龄期水泥土无侧限抗压强度试验值 f_{cu90} 可取1.0 ~ 2.0MPa（经验值）；当龄期超过三个月后，水泥土强度增长缓慢；180d 的水泥土强度为 90d 的 1.25 倍，而 180d 后水泥土强度增长仍未终止。

为了降低造价，对承重搅拌桩试块国内外都取 90d 龄期为标准龄期；对起支挡作用承受水平荷载的搅拌桩，为了缩短养护期，水泥土强度标准取 28d 龄期为标准龄期。不同龄期的水泥土抗压强度大致呈线性关系，其经验关系式如下：

$$f_{cu7}=(0.47\sim0.63)f_{cu28};\ f_{cu14}=(0.62\sim0.80)f_{cu28}$$

$$f_{cu60}=(1.15\sim1.46)f_{cu28};\ f_{cu90}=(1.43\sim1.80)f_{cu28}$$

$$f_{cu90}=(2.37\sim3.73)f_{cu7};\ f_{cu90}=(1.73\sim2.82)f_{cu14}$$

式中 f_{cu7}、f_{cu14}、f_{cu28}、f_{cu60}、f_{cu90}——7d、14d、28d、60d、90d 龄期的水泥土无侧限抗压强度。

③ 水泥强度等级。水泥强度等级提高 10 级，水泥土强度 f_{cu} 增大 20% ~30%。如要求达到相同强度，水泥强度等级提高 10 级可使水泥掺入比 a_w 降低 2% ~3%。

④ 土样含水量。水泥土的无侧限抗压强度 f_{cu} 随着土样含水量的降低而增大。一般情况下，土样含水量每降低 10%，则强度可增加 10% ~50%。

⑤ 土样有机质含量。由于有机质使土体具有较大的水溶性、塑性、膨胀性和低渗透性，并使软土具有酸性，这些因素都阻碍水泥水化反应的进行，使加固的效果变差。

⑥ 外掺剂。早强剂可选用三乙胺、氯化钙或水玻璃等材料，其掺入量宜分别取水泥质量的 0.05%、2%、0.5% 或 2%；减水剂可选木质素磺酸钙，掺入量取水泥质量的 2% 为宜。掺加了粉煤灰的水泥土，其强度可提高 10% 左右。

⑦ 养护方法。养护方法的影响主要表现在养护环境的温度、湿度上。国内外试验资料表明，养护方法对短龄期水泥土强度的影响很大，但随龄期的增长，不同养护方法下的水泥土无侧限强度趋于一致，说明养护方法对水泥土后期强度的影响较小。

2）抗拉强度。水泥土的抗拉强度 σ_t 随无侧限抗压强度 f_{cu} 的增长而提高。当水泥土的抗压强度 $f_{cu}=0.55\sim4.0$MPa 时，其抗拉强度 $\sigma_t=0.05\sim0.7$MPa，即

$$\sigma_t=(0.06\sim0.30)f_{cu} \tag{11.2}$$

3）抗剪强度。水泥土的抗剪强度随抗压强度的增加而提高。当 $f_{cu}=0.3\sim4.0$MPa 时，其黏聚力 $c=0.1\sim1.0$MPa，为 f_{cu} 的 20%～30%；其内摩擦角变化在 20°～30°之间。水泥土在三轴剪切试验中受剪破坏时，试件有清楚而平整的剪切面，剪切面与最大主应力面夹角约为 60°。

4）变形模量。当垂直应力达到 50% 无侧限抗压强度时，水泥土的应力与应变的比值，称为水泥土的变形模量 E_{50}。水泥土的变形模量 $E_{50}=(80\sim150)f_{cu}$；水泥土破坏时的轴向应变 $\varepsilon_f=1\%\sim2\%$，呈脆性破坏。

5）水泥土的压缩系数和压缩模量。水泥土的压缩系数为（$2.0\sim3.5$）$\times10^{-5}$kPa^{-1}，压缩模量 $E_s=60\sim100$MPa。

6）水泥土的渗透系数。水泥掺入比为 7%～15% 时，水泥土的渗透系数可达到 10^{-8}cm/s 的数量级，具有明显的抗渗、隔水作用。

上述经验数值仅仅适用于一般的软黏土，不适用于高有机质土和泥炭土。

（3）水泥土抗冻性能　将水泥土试件放置于自然负温下进行抗冻试验，结果表明，其外观无显著变化，仅少数试块表面出现裂缝，有局部微膨胀或出现片状剥落及边角脱落，但深度及面积均不大，可见自然冰冻没有造成水泥土深度的结构破坏。

水泥土试块经长期冰冻后的强度与冰冻前的强度相比几乎没有增长。但恢复正温后其强度能继续提高，冻后正常养护 90d 的强度与标准强度非常接近，抗冻系数达 0.9 以上。

在自然温度不低于 −15℃ 的条件下，冻胀对水泥土结构损害甚微。在负温时，由于水泥与黏土之间的反应减弱，水泥土强度增长缓慢；恢复正温后随着水泥水化等反应的继续深入，水泥土的强度可接近标准强度。因此只要地温不低于 −10℃，就可进行水泥土搅拌法的冬期施工。

11.2.3 水泥加固土的现场试验

1. 试验目的

1）根据水泥土室内配比试验最佳配方，进行现场成桩工艺试验。

2）在相同的水泥掺入比条件下，求出室内试块与现场桩身强度的关系。

3）比较不同桩长与不同桩身强度的单桩承载力。

4）确定桩土共同作用的复合地基承载力。

2. 试验方法

1）在桩身不同部位切取试件，运回试验室内分割成与室内试块相同尺寸的试件，在相同龄期时做室内外试块强度之间关系的比较试验，或者将整段的桩体取回试验室，进行单轴抗压强度试验，真实地反映水泥土搅拌桩体的力学性能。

2）单桩承载力试验和桩土复合地基承载力试验。为了解复合地基中桩、土反力分布和应力分担的情况，可在试验荷载板下不同部位埋设土压力盒。单桩和复合地基承载力试验方法可参考相关规范执行。

3. 试验结果

1）正常情况下，现场水泥土强度为室内水泥土试验强度的 0.2～0.5 倍，即

$$f_{cuf}=(0.2\sim0.5)f_{cuk} \tag{11.3}$$

2）单桩和复合地基承载力设计值可根据荷载试验 p-s 曲线，取 s/b（或 s/d）$=0.01$ 所对应的荷载。

3）水泥土搅拌桩极限承载力与承载力特征值的匹配是保证加固质量的关键。

11.3 设计计算

11.3.1 水泥土搅拌桩的设计

（1）设计步骤　软土地区的建筑物地基，通常是在满足强度要求的条件下以沉降控制进行设计的，设计步骤如下：

1）根据地层结构采用适当的方法进行沉降计算，由建筑物对变形的要求确定加固深度，即选择施工桩长。

2）根据土质条件、固化剂掺量、室内配比试验资料和现场工程经验选择桩身强度和水泥掺入量及有关施工参数。

3）根据桩身强度的大小及桩的断面尺寸，计算单桩承载力。

4）根据单桩承载力、有效桩长和上部结构要求达到的复合地基承载力，计算桩土面积置换率。

5）根据桩土面积置换率和基础形式进行布桩，桩可在基础平面范围内布置。

6）根据桩在基础平面范围内的布置，进行承载力和沉降计算。

（2）对地质勘察的要求　除了一般常规要求外，对下述各点应予以特别重视：

1）土质分析——有机质含量、可溶盐含量、总烧失量等。

2）水质分析——地下水的酸碱度（pH）值、硫酸盐含量。

（3）布桩形式的选择　搅拌桩可布置成柱状、壁状和块状三种形式。

（4）布桩范围的确定　搅拌桩按其强度和刚度可以确定它是介于刚性桩和柔性桩之间的一种桩型，但其承载性能又与刚性桩相近。因此在设计搅拌桩时，可仅在上部结构基础范围内布桩，不必像柔性桩一样在基础以外设置保护桩。

11.3.2 水泥土搅拌桩复合地基的设计计算

1. 固化剂及掺入比确定

固化剂宜选用强度等级为32.5级及以上的普通硅酸盐水泥（型钢水泥土搅拌墙不低于P.O.42.5级）。水泥掺量应根据设计要求的水泥土强度经试验确定；块状加固时水泥掺量不应小于被加固天然土质量的7%，作为复合地基增强体时不应小于12%，型钢水泥土搅拌墙（桩）不应小于20%。湿法水泥浆水灰比可选用0.45～0.55。外掺剂可根据工程需要和土质条件选用具有早强、缓凝、减水以及节省水泥等作用的材料，但应避免污染环境。

2. 单桩竖向承载力特征值

水泥土搅拌桩单桩竖向承载力特征值应通过现场载荷试验确定。初步设计时也可按式（11.4）估算，并同时满足式（11.5）的要求，应使由桩身材料强度确定的单桩承载力大于（或等于）由桩周土和桩端土的抗力所提供的单桩承载力。

$$R_a = u_p \sum_{i=1}^{n} q_{si} l_i + \alpha A_p q_p \tag{11.4}$$

$$R_a = \eta f_{cu} A_p \tag{11.5}$$

式中　f_{cu}——与搅拌桩桩身水泥土配比相同的室内加固土试块（边长为70.7mm的立方体，也可采用边长为50mm的立方体）在标准养护条件下90d龄期的立方体抗压强度平均值（kPa）；

η——桩身强度折减系数，干法可取 0.20～0.30，湿法可取 0.25～0.33；

u_p——桩的周长（m）；

n——桩长范围内所划分的土层数；

q_{si}——桩周第 i 层土侧阻力特征值，对淤泥可取 4～7kPa，对淤泥质土可取 6～12kPa，对软塑状态黏性土可取 10～15kPa，对可塑状态的黏性土可以取 12～18kPa；

l_i——桩长范围内第 i 层土的厚度（m）；

q_p——桩端地基土未经修正的承载力特征值（kPa），可按 GB 50007—2011《建筑地基基础设计规范》的有关规定确定；

α——桩端天然地基土的承载力折减系数，可取 0.4～0.6，承载力高时取低值。

3. 竖向水泥土搅拌桩复合地基承载力特征值

竖向水泥土搅拌桩复合地基的承载力特征值应通过现场单桩或多桩复合地基荷载试验确定，并不宜大于 180kPa。初步设计时也可按式（6.13）估算，式中 f_{sk} 为桩间土承载力特征值，可取天然地基承载力特征值；β 为桩间土承载力折减系数，当桩端土未经修正的承载力特征值大于桩周土的承载力特征值的平均值时，可取 0.1～0.4，差值大时取低值；当桩端土未经修正的承载力特征值小于或等于桩周土的承载力特征值的平均值时，可取 0.5～0.9，差值大时或设置褥垫层时均取高值。

根据设计要求的单桩竖向承载力特征值 R_a 和复合地基承载力特征值 f_{spk}，计算搅拌桩的置换率 m 和总桩数 n 为

$$m = \frac{f_{spk} - \beta f_{sk}}{R_a - \beta A_p f_{sk}} A_p \tag{11.6}$$

$$n = mA/A_p \tag{11.7}$$

式中　A——地基加固的面积（m^2）。

根据求得的总桩数 n 进行搅拌桩的平面布置。桩的平面布置要以充分发挥桩侧摩阻力和便于施工为原则。

当所设计的搅拌桩为摩擦型、桩的置换率较大（一般 $m \geqslant 20\%$），且不是单行竖向排列时，由于每根桩不能充分发挥单桩的承载力作用，故应按群桩作用原理，进行下卧层验算。假想基础底面（下卧层基础）的承载力为

$$f' = \frac{f_{spk}A + G - q_s A_s - f_{sk}(A - A_1)}{A_1} \leqslant f \tag{11.8}$$

式中　f'——假想实体基础底面处的平均压力（kPa）；

A——建筑物基础的底面积（m^2）；

A_1——假想实体基础底面积（m^2）；

G——假想实体基础自重（kN）；

A_s——假想实体基础侧表面积（m^2）；

q_s——作用在假想实体基础侧壁上的平均允许摩擦力（kPa）；

f_{sk}——假想实体基础边缘的承载力（kPa）；

f——假想实体基础底面修正后的地基土承载力特征值（kPa）。

竖向承载搅拌桩复合地基中的桩长超过 10m 时，可采用变掺量设计。在全桩水泥总掺量不变的前提下，桩身上部 1/3 桩长范围内可适当增加水泥掺量及搅拌次数；桩身下部 1/3 桩长范围内可适当减少水泥掺量。

4. 褥垫层设计

竖向承载搅拌桩复合地基应在基础和桩之间设置褥垫层。褥垫层厚度可取 200～300mm。其材料可选用中砂、粗砂、级配砂石等，最大粒径不宜大于 20mm。

在刚性基础和桩之间设置一定厚度褥垫层后，可以保证基础始终通过褥垫层把一部分荷载传到桩间土上，调整桩和土荷载的分担作用，充分发挥桩间土的作用，即可增大 β 值。

5. 竖向承载搅拌桩的平面布置

竖向承载搅拌桩可根据上部结构特点及对地基承载力和变形的要求，采用柱状、壁状、格栅状或块状等加固形式。桩可只在基础平面范围内布置，独立基础下的桩数不宜少于 3 根。

（1）柱状　每隔一定距离打设一根水泥土桩，形成柱状加固形式，适用于单层工业厂房独立柱基础和多层房屋条形基础下的地基加固，它可充分发挥桩身强度与桩周侧阻力。柱状加固可采用正方形、等边三角形等布桩形式。

（2）壁状　将相邻桩体部分重叠搭接成为壁状加固形式，适用于深基坑开挖时的边坡加固以及建筑物长高比大、刚度小、对不均匀沉降比较敏感的多层房屋条形基础下的地基加固。

（3）格栅状　它是纵横两个方向的相邻桩体搭接而形成的加固形式，适用于对上部结构单位面积荷载大和对不均匀沉降要求控制严格的建（构）筑物的地基加固。

（4）长短桩相结合　当地质条件复杂，同一建筑物坐落在两类不同性质的地基土上时，可用 3m 左右的短桩将相邻长桩连成壁状或格栅状，以减小不均匀沉降量。

水泥土桩的强度和刚度是介于柔性桩（砂桩、碎石桩等）和刚性桩（钢管桩、混凝土桩等）之间的一种半刚性桩，它所形成的桩体在无侧限情况下可保持直立，在轴向力作用下又有一定的压缩性，但其承载性能又与刚性桩相似，因此在设计时可仅在上部结构基础范围内布桩，不必像柔性桩一样需在基础外设置护桩。

6. 复合地基变形计算

竖向承载搅拌桩复合地基的变形包括搅拌桩复合土层的平均压缩变形 s_1 与桩端下未加固土层的压缩变形 s_2。大量工程实测表明，群桩体的压缩变形量 s_1 在 10～50mm 之间变化。

1）搅拌桩复合土层的压缩变形 s_1 可按下式计算

$$s_1=\frac{(p_z+p_{z1})l}{2E_{sp}} \tag{11.9}$$

$$E_{sp}=\frac{E_s(A_e-A_p)+E_pA_p}{A_e}=mE_p+(1-m)E_s \tag{11.10}$$

式中　p_z——搅拌桩复合土层顶面的附加压力值（kPa）；

p_{z1}——搅拌桩复合土层底面的附加压力值（kPa）；

A_e——单根桩承担的复合地基等效圆面积（m^2）；

A_p——桩身横截面面积（m^2）；

E_{sp}——搅拌桩复合土层的压缩模量（kPa）；

E_p——搅拌桩的压缩模量，可取（100～120）f_{cu}（kPa），对桩较短或桩身强度较低者可取低值，反之可取高值；

E_s——桩间土的压缩模量（kPa）；

l——搅拌桩桩长（m）。

2）桩端以下未加固土层压缩变形 s_2 可按 GB 50007—2011《建筑地基基础设计规范》有关规定计算。

竖向承载搅拌桩长度应根据上部结构对承载力和变形的要求确定，宜穿透软弱土层到达承载力相对较高的土层；为提高抗滑稳定性而设置的搅拌桩，其桩长应超过危险滑弧 2.0m 以上。

11.3.3　水泥土搅拌桩挡墙的设计计算

水泥土墙适用于加固淤泥质土、黏土等比较浅（$H\leqslant 6\text{m}$），安全等级为二、三级的基坑工程。一般情况下，其墙体强度不成为设计的控制条件，而以结构和边坡的整体稳定性为主。

1. 水泥墙结构形式

常见的水泥墙结构形式有壁式、格栅式、组合拱式等，其中格栅式最常用。目前，上海地区基坑工程一般采用水泥土搅拌桩进行侧向支护，布置数排搅拌桩在平面上组成格栅形，如图 11.4 所示。采用格栅形布桩优点是：①限制了格栅中软土的变形，也就大大减少了其竖向沉降；②增加支护的整体刚度，保证复合地基在横向力作用下共同工作。

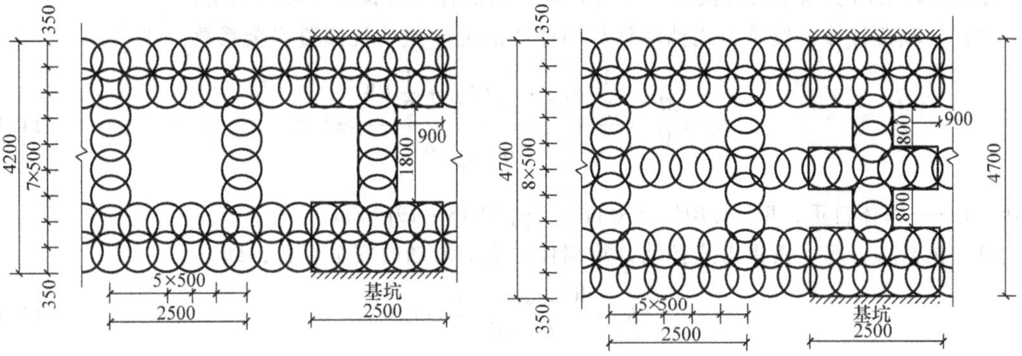

a)　　b)

图 11.4　水泥土搅拌桩形成格栅形作侧向支护

a）二道墙格栅　b）三道墙格栅

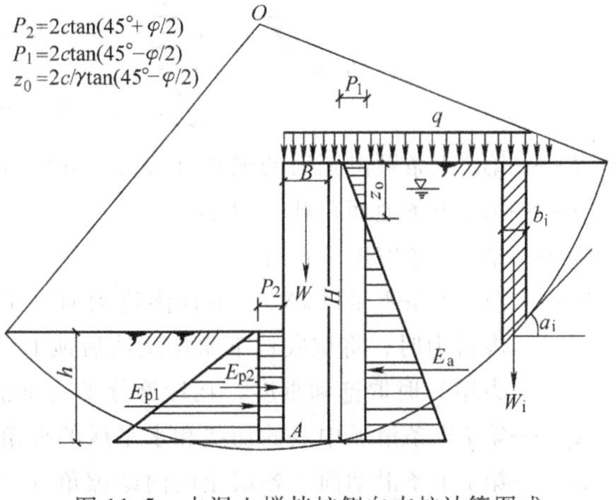

图 11.5　水泥土搅拌桩侧向支护计算图式

2. 水泥土重力式挡土墙计算

对于水泥土重力式挡土墙支护形式，可按重力式挡土墙进行抗滑、抗倾覆、抗渗、抗隆起和整体滑动计算。采用的计算图式如图 11.5 所示。

（1）土压力计算　为简化计算，对成层分布的土体，墙底以上各层土的物理力学指标按层厚加权平均，即

$$\gamma=\sum_{i=1}^{n}\frac{\gamma_i h_i}{H};\ \varphi=\sum_{i=1}^{n}\frac{\varphi_i h_i}{H};\ c=\sum_{i=1}^{n}\frac{c_i h_i}{H} \tag{11.11}$$

式中　γ_i——墙底以上各层土的天然重度（kN/m^3）；

φ_i——墙底以上各层土的内摩擦角（°）；

c_i——墙底以上各层土的黏聚力（kPa）；

h_i——墙底以上各层土的厚度（m）；

H——墙高（m）。

墙后主动土压力按下式计算

$$E_a=\left(\frac{1}{2}\gamma H^2+qH\right)\tan^2\left(45°-\frac{\varphi}{2}\right)-2cH\tan\left(45°-\frac{\varphi}{2}\right)+\frac{2c^2}{\gamma} \tag{11.12}$$

墙前被动土压力按下式计算

$$E_p=E_{p1}+E_{p2}=\frac{1}{2}\gamma_h h^2\tan^2\left(45°+\frac{\varphi_h}{2}\right)+2c_h h\tan\left(45°+\frac{\varphi_h}{2}\right) \tag{11.13}$$

式中 φ_h、c_h、γ_h——坑底以下各层土的天然重度、内摩擦角和黏聚力，按层厚加权平均值计算。

对饱和软土的土侧压力可按水土压力合算；对砂性土可按水土压力分算。

（2）抗倾覆计算　按重力式挡墙计算墙体绕前趾 A 点的抗倾覆安全系数，即

$$K_0=\frac{M_R}{M_0}=\frac{\frac{1}{3}hE_{p1}+\frac{1}{2}hE_{p2}+\frac{1}{2}BW}{\frac{1}{3}(H-z_0)E_a}\geqslant 1.5 \tag{11.14}$$

式中 W——墙体自重，$W=\gamma_0 BH$（kN/m^3），γ_0 取 18～19kN/m^3。

（3）抗滑移计算　按重力式挡墙计算墙体沿底面滑动的安全系数，即

$$K_c=\frac{W\tan\varphi_0+c_0B}{E_a-E_p}\geqslant 1.3 \tag{11.15}$$

式中 c_0、φ_0——墙底土层的黏聚力和内摩擦角，由于搅拌成桩时水泥浆液和墙底土层拌和，可取该层土试验指标的上限值。

（4）整体稳定计算　由于墙前、墙后有显著的地下水位差，墙后又有地表面超载，整体稳定性计算是非常重要的。计算时采用圆弧滑动法，稳定安全系数采用总应力法计算，即

$$K=\frac{\sum_{i=1}^{n}c_i l_i+\sum_{i=1}^{n}(q_i b_i+W_i)\cos\alpha_i\tan\varphi_i}{\sum_{i=1}^{n}(q_i b_i+W_i)\sin\alpha_i}\geqslant 1.25 \tag{11.16}$$

式中 l_i——第 i 土条顺滑弧面的弧长（m），$l_i=b_i/\cos\alpha_i$；

q_i——第 i 土条地面荷载（kPa）；

b_i——第 i 土条宽度（m）；

W_i——第 i 土条重量（kN），不计渗流力时，坑底地下水位以上取天然重度计算，当计入渗流力时，将坑底地下水位至墙后地下水位范围内的土体重度，在计算分母（滑动力矩）时取饱和重度，在计算分子（抗滑动力矩）时取浮重度；

α_i——第 i 土条滑弧中点的切线和水平线的夹角（°）；

φ_i——第 i 土条滑动面上各层土的内摩擦角（°）；

c_i——第 i 土条滑动面上各层土的黏聚力（kPa）。

一般最危险滑弧在墙底下 0.5～1.0m 位置，当墙底下面的土层很差时，危险滑弧的位置还会深一点。当墙体无侧限抗压强度不低于 1MPa 时，一般不必计算切墙体滑弧的安全系数。在无侧限抗压强度低于 1MPa 时，可取 $c=(1/10\sim1/15)f_{cu}$、$\varphi=0°$为墙体指标来计算墙体滑弧的安全系数。

（5）抗渗计算　当地下水从基底以下土层向基坑内渗流时，若其动水坡度大于渗流出口处土颗粒的临界动水坡度，将产生基底渗流失稳现象。可按平面恒定渗流的计算方法（直线比例法）计算。为了保证抗渗流稳定性，须有足够的渗流长度，即

$$L = L_H + mL_V \geqslant c_i \Delta H \tag{11.17}$$

式中 L——渗流总长度（m），即渗流始点至渗流出口处的地下轮廓线的折算总长度；

L_H、L_V——渗透起始点至渗流出口处的地下轮廓线的水平和垂直总长度（m）；

m——换算系数，$m=1.5\sim2.0$；

ΔH——挡土结构两侧水位差（m）；

c_i——渗径系数，根据基底土层性质和渗流出口处情况确定，渗流出口处无反滤设施时，黏土 $c_i=3\sim4$，粉质黏土 $c_i=4\sim5$，黏质粉土 $c_i=5\sim6$，砂质粉土 $c_i=6\sim7$。

抗渗安全系数（图11.5）按下式计算

$$K_{渗} = \frac{m[(H-0.5)+2h]+B}{c_i \Delta H} = 1.5 \sim 3.0 \tag{11.18}$$

式中 H——墙高（m）；

h——挡土墙嵌入基坑底深度（m）；

B——挡土墙宽度（m）；

其他符号意义同前。

（6）抗隆起计算 基坑隆起是指使墙后土体及基底土体向基坑内移动，促使底面向上鼓起，出现塑性流动和涌土现象。形成基坑隆起的原因是：①基坑内外土面和地下水位的高差；②坑外地面的超载；③基坑卸载引起的回弹；④基坑底承压水头；⑤墙体的变形。

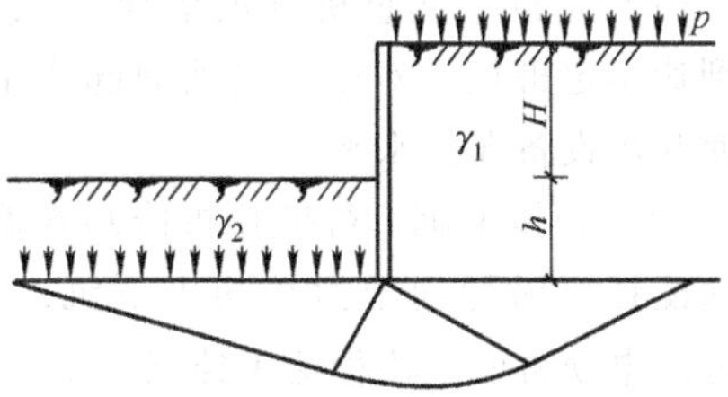

图11.6 抗基坑隆起计算示意图

常用的计算方法有 Caquol-Kerisel、G. Schneebeli、Prandtl 以及圆弧滑动法等公式。上海地区的设计经验，参照 Prandtl 和 Terzaghi 的地基承载力公式，将墙底面的平面作为求极限承载力的基准面（图11.6），按下式计算抗隆起安全系数。

$$K_s = \frac{\gamma_2 h N_q + c N_c}{\gamma_1 (H+h) + p} \geqslant 1.5 \tag{11.19}$$

式中 γ_1——自地表面至墙底各土层的加权平均重度（地下水位以下取浮重度）（kN/m^3）；

γ_2——自基坑底面至墙底各土层加权平均重度（地下水位以下取浮重度）（kN/m^3）；

h——搅拌桩插入深度（m）；

H——基坑开挖深度（m）；

p——地面超载（kPa）；

N_q、N_c——承载力系数，仅与土的内摩擦角 φ 有关，可按下式计算

$$N_q = \tan^2\left(45° + \frac{\varphi}{2}\right) e^{\pi \tan\varphi} \tag{11.20}$$

$$N_c = (N_q - 1)\cot\varphi \tag{11.21}$$

c、φ——墙底处土的黏聚力（kPa）和内摩擦角（°），一般取固结快剪峰值。

提高基坑底面隆起稳定性措施有：①搅拌桩墙的墙底宜选择在压缩性低的土层中；②适当降低墙后土面标高；③在可能条件下，基坑开挖施工过程中可采用井点降水。

3. 构造要求

根据上海地区经验，搅拌桩墙宽度 $B=(0.6\sim0.8)H_0$（H_0 为基坑开挖深度），搅拌桩桩长 $l=(1.8\sim2.2)H_0$，墙体嵌固基坑深度 $h_d=(0.8\sim1.2)H_0$。

当水泥土墙格栅布置时，水泥土搅拌桩的面积置换率对于淤泥不宜小于0.8，淤泥质土不宜小于0.7，一般黏性土及砂土不宜小于0.6；格栅长宽比不宜大于2。当考虑截水作用时，桩的有效搭接宽度不宜小于150mm；当不考虑截水作用时，搭接宽度不宜小于100mm。

11.4 施工技术

11.4.1 浆体搅拌法

1. 设备组成

国产水泥土搅拌机的搅拌头大都采用双层（或多层）十字杆形或叶片螺旋形。常用搅拌机有SJB-1型、SJB-2型、GZB-600型、ZKD65-3型、ZKD85-3型等。其配套机械主要有灰浆搅拌机、集料斗、灰浆泵、压力胶管、电气控制柜等。

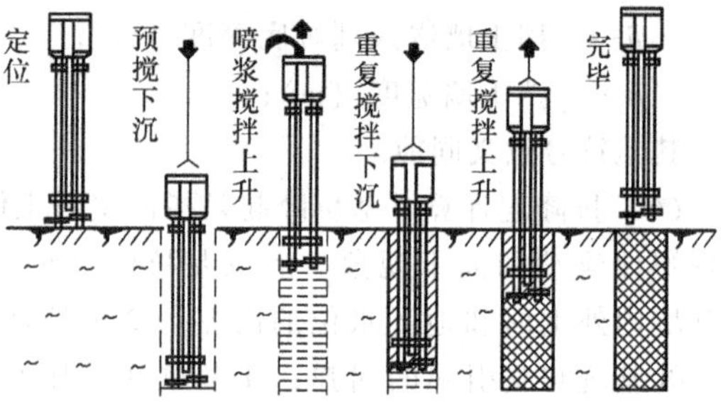

图11.7 水泥土搅拌桩法施工工艺流程

2. 施工工艺流程（图11.7）

（1）定位 起重机（或塔架）悬吊搅拌机到达指定桩位、对中。当地面起伏不平时，应使起吊设备保持水平。

（2）预搅下沉 待搅拌机冷却水循环后，起动搅拌机沿导向架搅拌切土下沉，下沉速度可由电动机的电流检测表控制，工作电流不应大于70A。如果下沉速度太慢，可从输浆系统补给清水以利钻进。

（3）制备水泥浆 按设计确定的配合比搅制水泥浆，待压浆前将水泥浆倒入集料中。

（4）提升喷浆搅拌 搅拌头下沉到达设计深度后，开启灰浆泵将水泥浆液泵入压浆管路中，边提搅拌头边回转搅拌制桩。

（5）重复上、下搅拌 搅拌机提升至设计加固深度的顶面标高时，集料斗中的水泥浆应正好排空。为使软土和水泥浆搅拌均匀，可再次将搅拌机边旋转边沉入土中，至设计加固深度后再将搅拌机提升出地面。

（6）清洗 向集料斗中注入适量清水，起动灰浆泵，清洗全部注浆管路直至基本干净。

（7）移位 重复上述（1）~（6）步骤，再进行下一根桩的施工。

由于搅拌桩顶部与上部结构及基础或承台接触部分受力较大，因此通常还可对桩顶1.0~1.5m范围内再增加一次喷浆，以提高其强度。

3. 施工操作要点

1）搅拌头翼片的枚数、宽度、与搅拌轴的垂直夹角，搅拌头的回转数、提升速度应相互匹配，以确保加固深度范围内土体的任何一点均能经过20次以上的搅拌。每遍搅拌次数N由下式计算

$$N=\frac{nh\cos\beta\sum Z}{V} \tag{11.22}$$

式中 n——搅拌头的回转数（r/min）；

h——搅拌叶片的宽度（m）；

β——搅拌叶片与搅拌轴的垂直夹角（°）；

$\sum Z$——搅拌叶片的总枚数；

V——搅拌头的提升速度（m/min）。

2）施工前应确定灰浆泵输浆量、灰浆经输浆管到达搅拌机喷浆口的时间和起吊设备提升速度等施工参数，并根据设计要求通过工艺性成桩试验确定施工工艺。施工中喷浆提升速度 V 可按下式计算

$$V=\frac{\gamma_{d}Q}{F\gamma a_{w}(1+\lambda)} \tag{11.23}$$

式中 V——搅拌头喷浆提升速度（m/min）；

γ_{d}、γ——水泥浆和土的重度（kN/m^3）；

Q——灰浆泵的排量（m^3/min）；

F——搅拌桩的截面面积（m^2）；

a_{w}——水泥掺入比；

λ——水泥浆水灰比。

3）所使用的水泥都应过筛，制备好的浆液不得离析，泵送必须连续。拌制水泥浆液的罐数、水泥和外掺剂用量以及泵送浆液的时间等应有专人记录；喷浆量及搅拌深度必须采用经国家计量部门认证的监测仪器进行自动记录。

4）搅拌机喷浆提升的速度和次数必须符合施工工艺的要求，并应有专人记录。

5）当水泥浆液到达出浆口后，应喷浆搅拌 30s，在水泥浆与桩端土充分搅拌后，再开始提升搅拌头。

6）搅拌机预搅下沉时不宜冲水，当遇到硬土层下沉太慢时，方可适量冲水，但应考虑冲水对桩身强度的影响。

7）施工时如因故停浆，应将搅拌头下沉至停浆点以下 0.5m 处，待恢复供浆时再喷浆搅拌提升。若停机超过 3h，宜拆卸输浆管路，并清洗干净。

8）壁状加固时，相邻桩的施工时间间隔不宜超过 24h。如间隔时间太长，与相邻桩无法搭接时，应采取局部补桩或注浆等补强措施。

9）竖向承载搅拌桩施工时，停浆（灰）面应高于桩顶设计标高 300～500mm。在开挖基坑时，应将搅拌桩顶端施工质量较差的桩段用人工挖除。

10）施工中应保持搅拌桩机底盘的水平和导向架的竖直，搅拌桩的垂直偏差不得超过 1%；桩位的偏差不得大于 50mm；成桩直径和桩长不得小于设计值。

11.4.2 粉体搅拌法

1. 设备组成

粉体搅拌法施工机具和设备有 GPF-5 型钻机（或 GPP-5 型）、SP-3 型粉体发送器（或 YP-1 型）、空气压缩机、搅拌钻头等。SP-3 型粉体发送器的结构组成如图 11.8 所示。搅拌钻头直径一般为 500～700mm，钻头形式应保证在反向旋转提升时，对加固土体有压密作用。

2. 施工工序

1）放样定位。

2）移动钻机，准确对孔，对孔误差不大于 50mm。

3）利用支腿液压缸调平钻机，钻机主轴垂直度误差应不大于 1%。

4）起动主电动机，按施工要求，以 I、II、III 挡逐渐加速顺序，正转预搅下沉。钻至接近设计深度时，采用低速慢钻。从预搅下沉直到喷粉为止，应在钻杆内连续输送压缩空气。

5）使用粉体材料，除水泥以外，还有石灰、石膏及矿渣等，也可使用粉煤灰作为掺加料。在国内工程使用的主要是水泥材料。使用水泥粉体材料时，宜选用42.5级普通硅酸盐水泥，其掺量常为180～240kg/m³。若使用低于42.5级的普通硅酸盐水泥或选用矿渣水泥、火山灰水泥或其他品种水泥时，使用前须在室内做各种配合比试验。

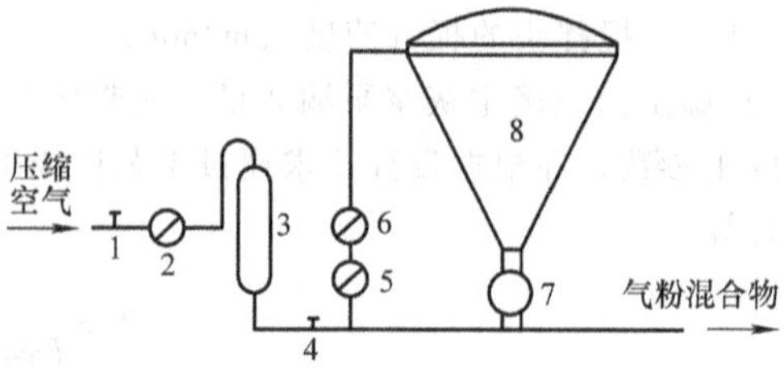

图11.8　SP-3型粉体发送器的结构组成
1—节流阀　2—流量计　3—气水分离器　4—安全阀　5—管道压力表　6—灰罐压力表　7—发送器转鼓　8—灰罐

6）提升喷粉搅拌。在确定加固已喷至孔底时，按0.5m/min的速度反转提升。当提升到设计停灰标高后，应慢速原地搅1～2min。成桩过程中因故停止喷粉，应将搅拌头下沉至停灰面以下1m处，待恢复喷粉时再喷粉搅拌提升。

喷粉压力一般控制在0.25～0.4MPa之间，灰罐内气压比管道内的气压高0.02～0.05MPa。若在天然含水量小于30%的土层中喷粉成桩时，应采用地面注水搅拌工艺。

7）重复搅拌。为保证粉体搅拌均匀，须再次将搅拌头下沉到设计深度。提升搅拌头时，其速度控制在0.5～0.8m/min。

8）为防止空气污染，在提升喷粉距地面0.5m处应减压或停止喷粉。

9）提升喷灰过程中，须有自动计量装置。该装置为控制和检验喷粉桩的关键。

10）钻具提升至地面后，钻机移位对孔，按上述步骤进行下一根桩的施工。

设计上要求搭接的桩体，须连续施工，一般相邻桩的施工间隔时间不超过8h。

11.5　质量检验

水泥土搅拌桩的质量控制应贯穿于施工的全过程，并应坚持全程的施工监理。施工过程中必须随时检查施工记录，对照规定的施工工艺对每根桩进行质量评定。检查重点是：水泥用量、桩长、搅拌头转数和提升速度、复搅次数和复搅深度、停浆处理方法等。施工中常见的问题和处理方法见表11.1。

表11.1　施工中常见的问题和处理方法

常见问题	发生根源	处理方法
预搅下沉困难，电流值高，电动机跳闸	①电压偏低 ②土质硬，阻力太大 ③遇大石块、树根等障碍物	①调高电压 ②适量冲水或浆液下沉 ③挖出障碍物
搅拌头下不到预定深度，但电流不高	土质黏性大，搅拌机自重不够	增加搅拌机自重或开动加压装置
喷浆未到设计桩顶面（或底部桩端）标高，集料斗浆液已排空	①投料不准确 ②灰浆泵磨损漏浆 ③灰浆泵输浆量偏大	①重新标定投料量 ②检修灰浆泵 ③重新标定灰浆输入量
喷浆到设计位置集料斗中剩浆液过多	①拌浆加水过量 ②输浆管部分阻塞	①重新标定拌浆用水量 ②清洗输浆管路
输浆管堵塞爆裂	①输浆管内有水泥结块 ②喷浆口球阀间隙太小	①拆洗输浆管 ②使喷浆口球阀间隙适当
搅拌钻头和混合土同步旋转	①灰浆浓度过大 ②搅拌叶片角度不适宜	①重新标定浆液水灰比 ②调整叶片角度或更换钻头

11.5.1 施工质量检验

1）桩位。通常定位偏差不应超出 50mm。施工前在桩中心插桩位标，施工后将桩位标复原，以便验收。

2）桩顶、桩底高程均不应低于设计值。桩底一般应超深 100 ~ 200mm，桩顶应超过 0.5m。

3）桩身垂直度。每根桩施工时均应用水准尺或其他方法检查导向架和搅拌轴的垂直度，间接测定桩身垂直度。通常垂直度误差不应超过 1%。当设计对垂直度有严格要求时，应按设计标准检验。

4）桩身水泥掺量。按设计要求检查每根桩的水泥用量。通常考虑到按整包水泥计量的方便，允许每根桩的水泥用量在 ±25kg（半包水泥）范围内调整。

5）水泥强度等级、水泥品种按设计要求选用。对无质保书或有质保书的小水泥厂的产品，应先做试块强度试验，试验合格后方可使用。对有质保书（非乡办企业）的水泥产品，可在搅拌施工的同时进行抽查试验。

6）搅拌头上提喷浆的速度。一般均在上提时喷浆，提升速度不超过 0.5m/min。通常采用二次喷浆。当第二次喷浆时不允许出现搅拌头未到桩顶而浆液已拌完的现象。有剩余时可在桩身上部作再次喷浆。

7）浆液水灰比通常为 0.4 ~ 0.5，不宜超过 0.5。浆液拌和时应按水灰比定量加水。

8）水泥浆液搅拌均匀性。应注意贮浆桶内浆液的均匀性和连续性，喷浆搅拌时不允许出现输浆管道堵塞或爆裂的现象。

9）对基坑开挖工程中的侧向围护桩，相邻桩体要搭接施工，施工应连续，其施工间歇时间不宜超过 10h。

11.5.2 竣工质量检验

水泥土搅拌桩成桩质量检验方法有浅部开挖、轻型动力触探、载荷试验和钻芯取样等。

（1）浅部开挖　成桩 7d 后，采用浅部开挖桩头（深度宜超过停浆（灰）面下 0.5m），目测检查搅拌的均匀性，量测成桩直径。检查量为总桩数的 5%。对相邻桩搭接要求严格的工程，应在成桩 15d 后，选取数根桩进行开挖，检查搭接情况。

（2）轻型动力触探　成桩后 3d 内，可用轻型动力触探（N_{10}）检查每米桩身的均匀性。检验数量为施工总桩数的 1%，且不少于 3 根。由于每次落锤能量较小，连续触探一般不大于 4m；但是如果采用从桩顶开始至桩底，每米桩身先钻孔 700mm 深度，然后触探 30mm，并记录锤击数的操作方法则触探深度可加大，触探杆宜用铝合金制造，可不考虑杆长的修正。

（3）标准贯入试验　用锤击数估算桩体强度需积累足够的工程资料，Terzghi 和 Peck 的经验公式为

$$f_{cu}=N_{63.5}/80 \tag{11.24}$$

式中 f_{cu}——桩体无侧限抗压强度（MPa）；

$N_{63.5}$——标准贯入试验的贯入击数。

（4）静力触探试验　静力触探可连续检查桩体长度内的强度变化，或用下式估算桩体无侧限抗压强度值

$$f_{cu}=p_s/10 \tag{11.25}$$

式中 p_s——静力触探贯入比阻力（kPa）。

（5）荷载试验　复合地基载荷试验和单桩载荷试验是检测水泥土搅拌桩加固效果最可靠的

方法之一。一般宜在龄期28d后进行。检验数量为桩总数的1%，复合地基静载荷试验数量不少于3台（多轴搅拌为3组）。

（6）钻芯取样　经触探和载荷试验检验后对桩身质量有怀疑时，应在成桩28d后，用双管单动取样器钻取芯样作抗压强度检验，检验数量为施工总桩数的0.5%（且不少于6根）。钻孔直径不宜小于108mm。

11.6　工程应用实例

【例11.1】　广州市某粮食仓库工程

1. 工程概况

广州市某粮食仓库长30m，宽16m，单层承重墙结构，拱形屋面。条形基础宽1.5m，埋深0.9m。设计要求基础下地基承载力达到100kPa，而地坪下的地基承载力要求达到40kPa。拟建场地表层为1.5m厚的杂填土，其下即为厚度30m、含水量高达70%、地基承载力仅为30 kPa、压缩模量为1.45MPa的淤泥层。地基土不能满足上部结构的承载要求，需进行处理。经多种地基加固方案的比较，根据现场的施工条件，决定采用粉体喷射法加固淤泥土层。

2. 工程设计

根据现场施工条件和土质条件，软土地基的加固深度选为9m。计算桩长为

$$L=(9.0-0.9)\mathrm{m}=8.1\mathrm{m}$$

喷粉桩搅拌机的钻头直径为500mm，单桩截面积 $A_p=0.2\mathrm{m}^2$，周长 $u_p=1.57\mathrm{m}$。因桩长未穿过软土，按纯摩擦桩设计，桩侧摩阻力取 $q_s=5.5\mathrm{kPa}$。单桩承载力特征值为

$$R_a=q_s u_p L=5.5\times1.57\times8.1\mathrm{kN}=70\mathrm{kN}$$

天然地基承载力特征值 $f_{sk}=30\mathrm{kPa}$，基础下复合地基承载力特征值 $f_{spk}=100\mathrm{kPa}$，取桩间土折减系数 $\beta=0.9$，因此喷粉桩的面积置换率为

$$m=\frac{f_{spk}-\beta f_{sk}}{R_a-\beta A_p f_{sk}}A_p=\frac{100-0.9\times30}{70-0.9\times0.2\times30}\times0.2=0.226$$

条形基础下每根喷粉桩的加固面积为 $A_e=A_p/m=0.2/0.226\mathrm{m}^2=0.88\mathrm{m}^2$。

条形基础下的喷粉桩布桩形式为：以基础中心线向两边外推0.5m，布置两排，排距1m，桩距0.8m，两排桩交叉排列。

地坪处理要求较低，按1.5m×2.0m间距布桩，面积置换率为 $m=0.07$，加固深度仍为9m，则地坪处复合地基承载力特征值为

$$f_{spk}=m\frac{R_a}{A_p}+\beta(1-m)f_{sk}=0.07\times\frac{70}{0.2}\mathrm{kPa}+0.9\times(1-0.07)\times30\mathrm{kPa}=49.6\mathrm{kPa}>40\mathrm{kPa}$$

已满足地坪设计要求。

3. 工程施工

喷粉桩搅拌机施工采用GPP-5型机械。对条形基础部分的处理，固化剂采用32.5级普通硅酸盐水泥，掺入比取18%，即每米桩喷水泥粉60kg；为降低原淤泥层的含水量，提高条形基础部分的地基承载力，施工中间隔一定距离增加了50根石灰粉体搅拌桩。

地坪处理部分采用石灰粉体搅拌法，掺入比为15%，即每米桩喷入石灰粉50kg。生石灰块料在现场加工粉碎后立即使用，石灰粉的CaO含量高达90%。

施工中，对上部杂填土地层钻进速度为0.45m/min，对淤泥层则为1.47m/min。钻进成孔最大风压为0.2MPa，最大风量为100m³/h。喷粉搅拌成桩时采用0.45m/min的提升速度，最大压

缩空气压力为 0.3MPa，风量为 50 ~ 70m^3/h。

为确保桩体的均匀性，采用的施工工艺是：切土钻进—提升喷粉搅拌—重复钻进搅拌—提升搅拌。

本工程共施工水泥粉喷搅拌桩 137 根，总桩长计 1233m；施工石灰粉搅拌桩 163 根，总桩长计 1467m。总工期 15d，工程费用为 10 万元。

【例 11.2】 南京南湖新村某小区住宅建设工程

1. 工程概况

南湖新村是南京市重点新建的住宅小区之一，占地面积为 0.64km^2，拟建 200 余幢多层住宅，建筑面积达 55 万 m^2。场地位于长江及秦淮河的漫滩地带，住宅楼主要有 7 层点式和 6 层条式，于 1984 年 8 月至 1985 年 4 月采用深层搅拌桩对其中 18 幢住宅楼软土地基进行加固，共打设搅拌桩 2861 根，共计 27657.6m。在正常情况下，每幢住宅地基加固工期仅 7 ~ 10d，与原有钢筋混凝土灌注桩相比节约总费用约 100 万，取得了较好的经济效益和社会效益。

2. 工程地质条件

南湖住宅区场地主要地层为高压缩性流塑态的淤泥质粉质黏土，厚度超过 30m，其表面有 1.5 ~ 3.0m 的人工填土。厚层淤泥质粉质黏土的有机质含量为 2.37%，可溶盐含量为 0.135%，烧失量为 6.94%。各土层物理力学性质指标见表 11.2。地下水位位于地面下 5m 处。

表 11.2 各土层物理力学性质指标

层次	厚度 /m	土名	含水量 (%)	重度 /kN·m^{-3}	孔隙比	塑性指数	液性指数	黏聚力 /kPa	内摩擦角 (°)	压缩模量 /kPa	承载力 /kPa
①-2	0 ~ 1.5	淤泥及淤泥质土	54	16.9	1.50	18	1.66	4	12.6	1560	—
①-3	1.5 ~ 3.0	素填土	40	18.2	1.10	20	0.85	12	13.5	3640	75
②	未穿	淤泥质粉质黏土	47	17.4	1.31	14	1.78	4	17.5	2090	60

3. 设计计算

（1）布桩方案 7 层点式住宅楼荷重较大，基础占地面积为 $A = 228\text{m}^2$，基底平均压力 $p = 152.2\text{kPa}$，其下有 1.5 ~ 2.0m 厚素填土，其承载力 $f_{sk} = 80\text{kPa}$，由于上部建筑相对刚度较大，因此建筑物沉降将比较均匀，故采用柱状加固形式。

6 层条式住宅楼虽然其基底压力为 121.6kPa，条基底面积为 426.7m^2，其下为淤泥质粉质黏土，其承载力特征值为 65kPa。因上部建筑长高比较大，刚度相对较小，易产生不均匀沉降，因此采用壁状加固形式，即桩与桩搭接成壁，纵横方向的水泥土壁又交叉呈格栅状连成一个整体，如同一个不封底的箱形基础。此外，对一半基础坐落在新填的鱼塘上，另一半坐落在岸坡上的条式住宅楼，则通过不同的桩长设计来调整不均匀沉降。

（2）单桩设计 以 7 层点式住宅楼为例，设计桩长 9m（考虑场地标高因素，搅拌加固深度 D 为 10m），桩横截面积 $A_p = 0.71\text{m}^2$，周长 $u_p = 3.35\text{m}$，桩侧平均摩阻力 q_s 取 8.5kPa。

单桩承载力 R_a 按摩擦型桩计算，$R_a = u_p \sum q_{si} l_i = 3.35 \times 8.5 \times 9\text{kN} = 256\text{kN}$。

桩身水泥土强度 $f_{cu} = \dfrac{R_a}{\eta A_p} = \dfrac{256}{0.40 \times 0.71}\text{kPa} = 870\text{kPa}$。

根据室内配比试验，相应于 $f_{cu} = 870\text{kPa}$ 的水泥土配方为 10% 的水泥掺入比（采用 42.5 级普通硅酸盐水泥）。

（3）面积置换率和桩数计算 取复合地基承载力特征值 $f_{spk} = p = 152.5\text{kPa}$，桩间土折减系数

$\beta = 0.7$，则有：

$$\text{面积置换率 } m = \frac{f_{spk} - \beta f_{sk}}{R_a - \beta A_p f_{sk}} A_p = \frac{152.2 - 0.7 \times 80}{256 - 0.7 \times 0.71 \times 80} \times 0.71 = 0.316$$

$$\text{桩数 } n = mA/A_p = 0.316 \times 228/0.71 \text{ 根} = 102 \text{ 根}$$

（4）桩的平面布置　根据各轴线的荷载差别，桩的平面布置如图 11.9 所示。

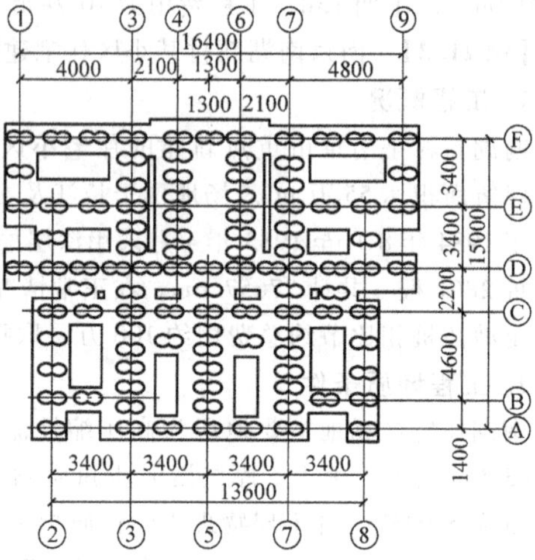

图 11.9　7 层点式住宅楼搅拌桩桩位布置

（5）群桩基础验算　将加固后的桩群视为一个格子状的假想实体基础，格子状基础纵向壁宽 1.2m，横向壁宽 0.7m，水下水泥土平均重度取 $\gamma_m = 8.8\text{kN/m}^3$，则实体基础底面积 $A_1 = 138.2\text{m}^2$，侧面积 $A_s = 2300\text{m}^2$，自重 $G = 10945\text{kN}$。

1）承载力验算。取基础埋深的承载力修正系数 $\eta_d = 1.0$，则实体基础底面修正后的地基承载力设计值为

$$f_a = f_{ak} + \eta_d \gamma_m (d - 0.5) = 80\text{kPa} + 1.0 \times 8.8 \times (9 - 0.5)\text{kPa} = 154.8\text{kPa}$$

实体基础底面压力为

$$f' = \frac{f_{spk}A + G - q_s A_s - f_{sk}(A - A_1)}{A_1}$$

$$= \frac{152.2 \times 228 + 10945 - 8.5 \times 2300 - 80 \times (228 - 138.2)}{138.2}\text{kPa} = 136.8\text{kPa} < f_a = 154.8\text{kPa}$$

2）沉降验算：基础总沉降量 s 主要由桩群体的压缩变形 s_1 和桩端土的变形 s_2 组成。

桩群顶面的平均压力为

$$p = \frac{f_{spk}A - f_{sk}(A - A_1)}{A_1} = \frac{152.2 \times 228 - 80 \times (228 - 138.2)}{138.2}\text{kPa} = 199\text{kPa}$$

桩群底面土的附加压力 $p_0 = f' - \gamma_m l = 136.8\text{kPa} - 8.8 \times 9\text{kPa} = 57.6\text{kPa}$。

根据桩和桩间土按面积折算，求出桩群体的变形模量 $E_0 = 55.8\text{MPa}$，则有

$$s_1 = \frac{(p + p_0)l}{2E_0} = \frac{(199 + 57.6) \times 9}{2 \times 55.8}\text{mm} = 20.7\text{mm}$$

用分层总和法计算实体基础底面中点的沉降 $s_2 = 71\text{mm}$，则总沉降量 $s = s_1 + s_2 = 91.7\text{mm}$。

4. 施工方法

（1）施工参数　选用 SJB-30（即原来的 SJB-1 型）深层搅拌机，搅拌轴长 10m，搅拌叶片直径 700mm；DT20-10 型塔式起重机；HB6-3 型灰浆泵及 200L 灰浆拌制机等。

固化剂配方：使用 42.5 级普通硅酸盐水泥，水泥平均掺入比为 10%，水灰比为 0.45～0.5，拌合水为当地自来水，部分工程桩加外掺剂石膏，用量为水泥质量的 2%。

（2）施工工艺　根据摩擦型搅拌桩的受力特性，采用了变掺量的施工工艺，即桩端、桩中段和桩顶的水泥掺入比相应于桩身轴力的变化而变化，桩顶的受力最大，则水泥掺入比也最大，桩端的受力最小，相应的水泥掺入比最小。

5. 处理效果

工程竣工后，采用轻便动力触探试验、基槽开挖后验收均符合设计要求。经沉降观测，18 幢建筑建成后投入使用一年半，沉降一般为 20～30mm，最大也只有 80mm，且每幢住宅的沉降

比较均匀，符合原设计要求。

思考题

11.1　水泥土搅拌法分为哪两种？这两种方法各适用于何种情形？

11.2　水泥土的物理和力学性质与天然土体相比有哪些提高？

11.3　水泥土搅拌桩复合地基的设计与灰土挤密桩、石灰桩复合地基的设计有何区别？

11.4　计算水泥土搅拌桩复合地基承载力时，如何考虑桩间土承载力？

11.5　如何进行水泥土搅拌桩的施工质量控制？

11.6　如何对水泥土搅拌桩复合地基进行质量检验？

第 12 章　高压喷射注浆法

【本章导读】 本章主要介绍了高压喷射注浆法的概念、工艺类型及适用范围。通过对高压喷射注浆法的加固机理的认识，掌握高压喷射注浆法设计计算；熟知高压喷射注浆法施工工艺；了解高压喷射注浆法质量检验的目的、方法、内容和操作要求。

12.1　概述

12.1.1　高压喷射注浆法的概念

高压喷射注浆法（Jet Grouting）又称为“旋喷法”。高压喷射注浆法是利用钻机把带有喷嘴的注浆管放入（或钻入）至土层的预定位置后，通过地面的高压设备使装置在注浆管上的喷嘴喷出 20 ~ 50MPa 的高压射流（浆液或水流）冲击切割地基土体，同时钻杆以一定速度渐渐向上提升，将浆液与土粒强制搅拌混合，浆液凝固后，在土中形成具有一定强度的固结体，以达到改良土体的目的。

高压喷射注浆法所形成的固结体形状与高压喷射流作用方向、移动轨迹和持续喷射时间有密切关系。一般分为旋转喷射（简称旋喷）、定向喷射（简称定喷）和摆动喷射（简称摆喷）三种形式，如图 12.1 所示。定喷及摆喷两种方法通常用于基坑防渗和稳定边坡等工程。

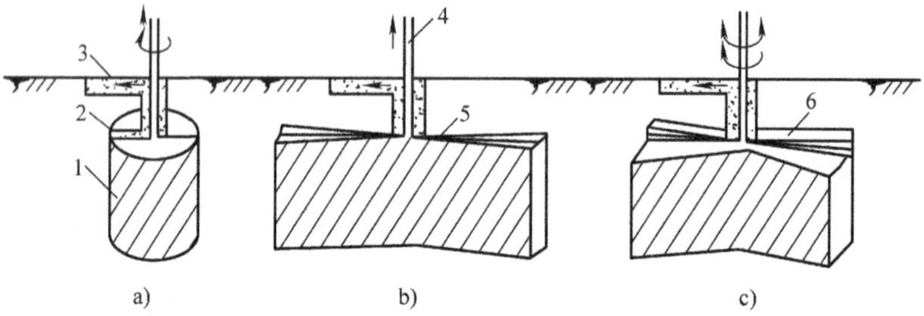

图 12.1　高压喷射注浆的三种形式

a）旋转喷射　b）定向喷射　c）摆动喷射

1—桩　2—射流　3—冒浆　4—喷射注浆　5—板　6—墙

旋喷法施工时，应保证喷嘴一边喷射一边旋转并提升，固结体呈圆柱状。主要用于加固地基，提高地基的抗剪强度，改善土的变形性质；也可组成闭合的帷幕，用于截阻地下水流和治理流砂。旋喷法施工后，在地基中形成的圆柱体，称为旋喷桩。

定喷法施工时，应保证喷嘴一边喷射一边提升，喷射的方向固定不变，固结体形如板状或壁状。

摆喷法施工时，应保证喷嘴一边喷射一边提升，喷射的方向呈较小角度来回摆动，固结体形如较厚墙状或扇状。

定喷及摆喷两种方法通常用于基坑防渗、改善地基土的渗流性质和稳定边坡等工程。

12.1.2　高压喷射注浆法的发展概况

20 世纪 70 年代，日本最先把高压喷射技术用于地基加固和防水帷幕，形成一种特殊的地基加固技术，即所谓 CCP 工法（Chemical Churning Pile）。此后，20 世纪 70 年代中期又开发了同时喷射高压浆液和压缩空气的二重管法（Column Jet Pile）和三重管法。这些方法经过不断改进，在世界各国得到推广应用，应用领域包括深基坑开挖中的挡土或隔水，盾构工程起始和终端部位的土体加固，既有房屋、桥梁地基补强或深基坑临近既有建筑物的加固等。

我国自 1975 年起首先在铁道部门进行了单管法的试验和应用，原冶金部建筑研究总院自 1977 年起开展了对三重喷射注浆法的研究，并首先在宝钢工程上获得成功的应用。目前我国冶金、煤炭、水利、城市建设各个部门已分别在深基坑开挖、桥墩加固、水坝坝基防渗、既有建筑物地基补强等方面广泛应用了这种方法。目前单管法的加固直径为 40～60cm。三重管法的加固直径为 80～200cm，加固深度达 20～40m。

12.1.3　高压喷射注浆法的工艺类型

高压喷射注浆法的工艺类型有单管法、二重管法、三重管法，以及多重管法等。

1. 单管法

单管旋喷注浆法是利用钻机把安装在注浆管（单管）底部侧面的特殊喷嘴，置入土层预定深度后，用高压泥浆泵等装置，以 20MPa 左右的压力，把浆液从喷嘴中喷射出去冲击破坏土体，使浆液与从土体上崩落下来的土搅拌混合，经过一定时间凝固，便在土中形成一定形状的固结体，如图 12.2 所示。日本称单管法为 CCP 工法。

2. 二重管法

二重管法也称双管法，该法使用双通道的二重注浆管。当二重注浆管钻进到土层的预定深度后，通过在管底部侧面的一个同轴双重喷嘴，同时喷射出高压浆液和空气两种介质的喷射流冲击破坏土体，即以高压泥浆泵等高压发生装置喷射出 20MPa 左右压力的浆液，从内喷嘴中高速喷出，并用 0.7MPa 左右压力把压缩空气从外喷嘴中喷出。在高压浆液和它外圈环绕的气流的共同作用下，破坏土体的能量显著增大，最后在土中形成较大的固结体。固结体的范围明显增加，如图 12.3 所示。日本称二重管法为 JSG 工法（Jumbo Jet Special Grout）。

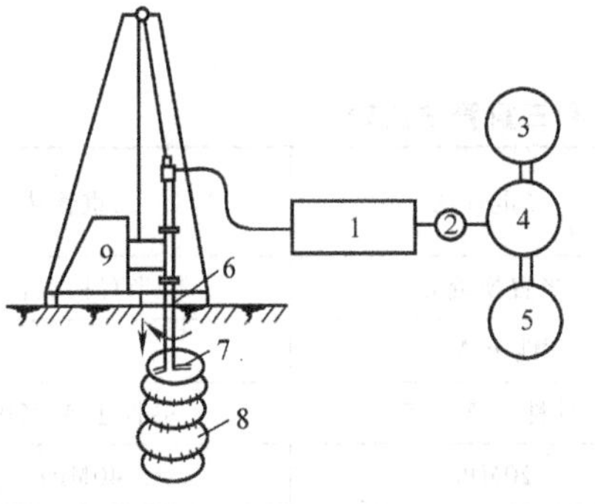

图 12.2　单管法高压喷射注浆示意图

1—高压泥浆泵　2—浆桶　3—水箱　4—搅拌机　5—水泥仓　6—注浆管　7—喷头　8—旋喷体　9—钻机

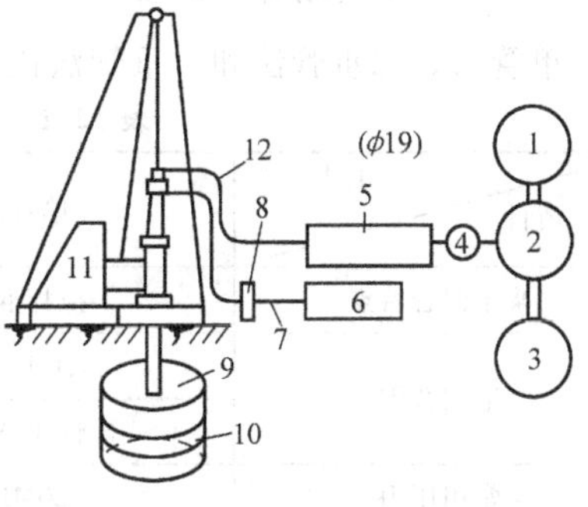

图 12.3　二重管法高压喷射注浆示意图

1—水箱　2—搅拌机　3—水泥仓　4—浆桶　5—高压泥浆泵　6—空压机　7—二重管　8—气量机　9—喷头　10—固结体　11—钻机　12—高压胶管

3. 三重管法

使用分别输送水、气、浆三种介质的三重注浆管。在以高压泵等高压发生装置产生 20 ~ 30MPa 高压水喷射流的周围，环绕一股 0.5 ~ 0.7MPa 的圆筒状气流，进行高压水喷射流和气流同轴喷射冲切土体，形成较大的空隙，再另由泥浆泵注入压力为 1 ~ 5MPa 的浆液填充，喷嘴作旋转和提升运动，最后土凝固为较大的固结体，如图 12.4 所示。日本称三重管法为 CJP 工法（Column Jet Grout）。

4. 多重管法

该法首先需要在地面钻一个导孔，然后置入多重管，用逐渐向下运动的旋转超高压力水射流（压力约40MPa），切削破坏四周的土体，经高压水冲击下来的土和石成为泥浆后，立即用真空泵从多重管中抽出。如此反复地冲和抽，便在地层中形成一个较大的空间。装在喷嘴附近的超声波传感器及时测出空间的直径和形状，最后根据工程要求选用浆液、砂浆、砾石等材料进行填充。于是在地层中形成一个大直径的柱状固结体，在砂性土中最大直径可达 4m，如图 12.5 所示。日本称多重管法为 SSS-MAN 工法（Super Soil Stabilization Management）。

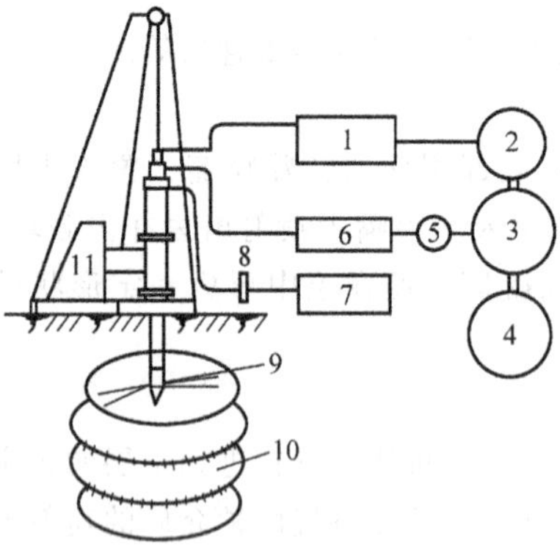

图 12.4　三重管法高压喷射注浆示意图

1—高压水泵　2—水箱　3—搅拌机
4—水泥仓　5—浆桶　6—泥浆泵
7—空压机　8—气量计　9—喷头
10—固结体　11—钻机

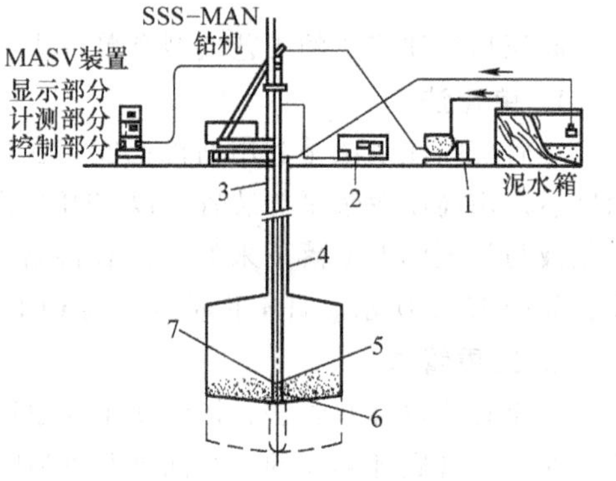

图 12.5　多重管法高压喷射注浆示意图

1—真空泵　2—高压水泵　3—孔口管　4—多重钻杆
5—超声波传感器　6—钻头　7—高射水喷嘴

单管法、二重管法和三重管法比较见表 12.1。

表 12.1　单管法、二重管法和三重管法比较

项目 \ 工法		单管法	二重管法	三重管法
浆土混合特点		搅拌混合	半置换混合	半置换混合
适用范围		黏性土 $N<5$	黏性土 $N<5$	—
		砂性土 $N<15$	砂性土 $N<15$	砂性土 $N<200$
常用压力		20MPa	20MPa	40MPa
高压喷射流		高压浆液流	高压浆液流 + 高压气流	高压浆液流 + 高压气流
改良土体有效直径/mm		300 ~ 500	1000 ~ 2000	1200 ~ 2000
改良土体强度（q_u/kPa）	黏性土	500 ~ 1000	500 ~ 1000	500 ~ 1000
	砂性土	1000 ~ 3000	1000 ~ 3000	1000 ~ 3000

12.1.4 高压喷射注浆法特点及适用范围

1. 高压喷射注浆法的特点

以高压喷射流直接冲击破坏土体，浆液与土以半置换或全置换凝固为固结体的高压喷射注浆法，从施工方法、加固质量到适用范围，与其他地基处理方法相比，有独到之处。高压喷射注浆法的主要特征如下：

1）适用范围广，它既可用于工程新建之前，又可用于竣工后的托换工程，可以不损坏建筑物的上部结构，且能使既有建筑物在施工时使用功能正常。

2）施工简便，设备简单。施工时只需在土层中钻一个孔径为 50mm 或 300mm 的小孔，便可在土中喷射成直径为 0.4 ~ 4m 的固结体，因而施工时能贴近既有建筑物，成型灵活，既可在钻孔的全长形成柱状固结体，也可仅作其中一段。

3）结构形式灵活多样，在施工中可调整旋喷速度和提升速度、增减喷射压力或更换喷嘴孔径改变流量，使固结体形成工程设计所需要的形状，如块状、柱状、壁状、格栅状等。

4）桩体倾斜角度可调范围大，通常是在地面上进行垂直喷射注浆，但在隧道、矿山井巷工程、地下铁道等建设中，也可倾斜和水平喷射注浆。

5）基本不存在挤土效应，对周围地基的扰动小；施工无振动，无噪声，污染小，可在市区和建筑物密集地带施工。

6）土体加固后，重度基本不变，软弱下卧层不致产生较大附加沉降。

7）耐久性较好。由于能得到稳定的加固效果并有较好的耐久性，所以可用于永久性工程。

8）料源广。浆液以水泥为主体。在地下水流速快或含有腐蚀性元素、土的含水量大或固结体强度要求高的情况下，可在水泥中掺入适量的外加剂，以达到速凝、高强、抗冻、耐蚀和浆液不沉淀等效果。

9）设备简单。高压喷射注浆全套设备结构紧凑、体积小、机动性强，占地少，能在狭窄和低矮的空间施工。

常用的单管法、二重管法和三重管法喷射技术参数见表 12.2。

表 12.2 高压喷射注浆法的分类及技术参数

分类方法			单管法	二重管法	三重管法
喷射方式			浆液喷射	浆液、空气喷射	水、空气喷射，浆液注入
喷射流技术参数	水	压力/MPa	—	—	20 ~ 30
		流量/(L/min)	—	—	70 ~ 120
		喷嘴孔径/mm 及个数	—	—	φ2 ~ φ3(1 ~ 2 个)
	空气	压力/MPa	—	0.5 ~ 0.7	0.5 ~ 0.7
		流量/(m^3/min)	-	1 ~ 3	1 ~ 3
		喷嘴间隙/mm 及个数	—	1 ~ 2(1 ~ 2 个)	1 ~ 2(1 ~ 2 个)
	浆液	压力/MPa	15 ~ 20	15 ~ 20	2 ~ 3
		流量/(L/min)	80 ~ 120	80 ~ 120	100 ~ 150
		喷嘴孔径/mm 及个数	φ2 ~ φ3(2 个)	φ2 ~ φ3(1 ~ 2 个)	φ10(2 个) ~ φ14(1 个)
注浆管外径/mm			φ42、φ50	φ42、φ50、φ75	φ75、φ90
提升速度/(cm/min)			15 ~ 25	7 ~ 20	7 ~ 20
旋转速度/(r/min)			16 ~ 25	5 ~ 16	5 ~ 16
桩径/cm			30 ~ 60	60 ~ 150	80 ~ 200

2. 高压喷射注浆法适用范围

（1）土质条件适用范围　高压喷射注浆法适用于处理淤泥，淤泥质土，流塑、软塑或可塑黏性土，粉土，砂土，黄土，素填土和碎石土等地基。高压喷射注浆处理深度较大，我国建筑地基高压喷射注浆处理深度目前已达30m以上。

当土中含有较多的大粒径块石、大量植物根茎或有过多的有机质时，以及地下水流速过大和已涌水的工程，应根据现场试验结果确定其适用性。对于湿陷性黄土地基，因试验资料和施工实例较少，也应预先进行现场试验。

（2）工程应用范围　高压喷射注浆有强化地基和防漏的作用，可有效地用于既有建筑和新建工程的地基处理、地下工程及堤坝的截水（防渗帷幕）、基坑封底、被动区加固、基坑侧壁防止漏水或减小基坑位移等，如图12.6所示。

高压旋喷加固土体
- 1.增加地基强度
  - (1) 提高地基承载力
  - (2) 整治局部地表下沉
  - (3) 桩基础
  - (4) 应力扩散
  - (5) 整治既有建筑物的基础托换，补强、加固、扶正、纠偏
- 2. 挡土围堰及地下工程建设
  - (6) 保护邻近构筑物
  - (7) 地下工程建设，地下管道、涵洞坑道、隧道等的护拱
  - (8) 市政排水管道工程
  - (9) 防止基坑底部隆起
- 3.增大土的摩擦力及黏聚力
  - (10) 防止小型塌方滑坡
  - (11) 锚固基础
- 4.减少振动防止液化
  - (12) 减少设备基础振动
  - (13) 防止砂土液化
- 5.降低土的含水量
  - (14) 整治路基翻浆冒泥
  - (15) 防止地基冻胀
- 6.防渗帷幕
  - (16) 水库坝基防渗
  - (17) 矿山井巷帷幕
  - (18) 防止管道漏气
  - (19) 地下连续墙的补缺
  - (20) 防止涌砂冒水
- 7.防止洪水冲刷
  - (21) 防止桥渡、河堤及水工建筑物基础的冲刷
  - (22) 桥墩处理

图12.6　高压旋喷加固土体的作用

12.2　加固机理

12.2.1　高压喷射流的种类与性质

1. 高压水喷射流性质

高压水喷射流是通过高压发生设备获得巨大能量后，从直径很小的孔（喷嘴），以特定的流体运动方式和很高的速度连续喷射出来的一股液流。在高压高速的条件下，喷射流具有很大的功率和威力，即在单位时间内从喷嘴中射出的喷射流具有很大的能量。

从流体力学知道，高压连续射流的速度和流量计算公式为

$$v_0 = \varphi\sqrt{2gp/\gamma} \tag{12.1}$$

变换得

$$\varphi^2 p = \frac{\gamma v_0^2}{2g} = p_0 \tag{12.2}$$

式中 v_0——喷嘴出口流速（m/s）；

p——喷嘴入口压力（Pa）；

p_0——喷嘴出口压力（Pa）；

γ——水的重度（N/m^3）；

g——重力加速度（$9.81m/s^2$）；

φ——喷嘴流速系数，良好的圆锥喷嘴 $\varphi \approx 0.97$。

由 $Q = F_0 v_0$ 和式（12.1）得

$$Q = \mu F_0 \varphi \sqrt{2gp/\gamma} \tag{12.3}$$

式中 Q——喷嘴的流量（m^3/s）；

μ——流量系数，圆锥形喷嘴 $\mu \approx 0.95$；

F_0——喷嘴出口面积（m^2）。

高压连续射流的功率为

$$N = A/t = pV/t = pQ \tag{12.4}$$

式中 A——喷射压力所做的功（N·m）；

V——喷嘴射流的体积（m^3）；

t——喷射时间（s）；

N——喷射流的功率（N·m/s）。

将式（12.3）代入式（12.4），并按 1kW = 1000N·m/s，整理得出喷射功率计算式为

$$N = 3p^{3/2} d_0^2 \times 10^{-9} \tag{12.5}$$

式中 N——喷射流的功率（kW）；

d_0——喷射直径（cm）；

p——泵压（Pa）。

给定喷射流的一组压力，其速度和功率的关系见表 12.3。

表 12.3 喷射流的速度与功率

喷嘴压力 p/Pa	喷嘴出口孔径 d_0/cm	流速系数 φ	流量系数 μ	射流速度 v_0/(m/s)	喷射功率 N/kW
10×10^6	0.30	0.963	0.946	136	8.5
20×10^6	0.30	0.963	0.946	192	24.1
30×10^6	0.30	0.963	0.946	243	44.4
40×10^6	0.30	0.963	0.946	280	68.3
50×10^6	0.30	0.963	0.946	313	95.4

注：表中流速系数和流量系数为收敛圆锥 13°24′角喷嘴的水力试验值。

2. 高压喷射流的种类和构造

高压喷射注浆所用的喷射流共有四种：①单管喷射流为单一的高压水泥浆喷射流；②二重管喷射流为高压浆液喷射流与其外部环绕的压缩空气喷射流组成的复合式高压喷射流；③三重管喷射流为高压水喷射流与其外部环绕的压缩空气喷射流组成的复合式高压喷射流；④多重管喷射流为高压水喷射流。以上四种喷射流破坏土体的效果不同，但其构造可划分为单液高压喷射流和水（浆）、气同轴喷射流两种类型。

(1) 单液高压喷射流的构造　单管旋喷注浆使用高压喷射水泥浆流和多重管的高压水喷射流，如图 12.7 所示，它们的射流构造可用高压水连续喷射流在空气中的模式予以说明。高压喷射流由三个区域所组成，即保持出口压力 p_0 的初期区域 A、紊流发达的主要区域 B 和喷射水变成不连续喷流的终期区域 C 等三部分。

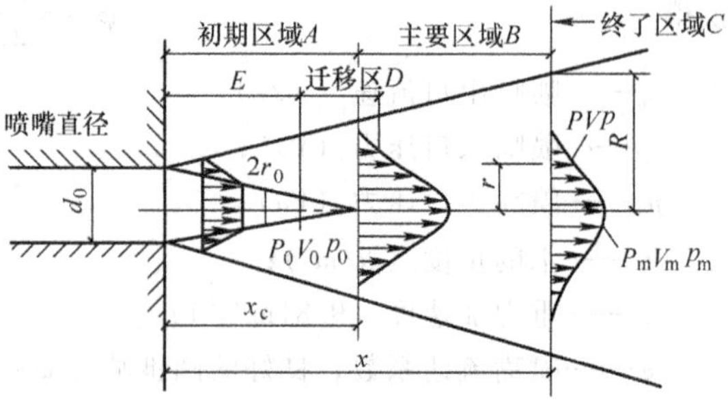

图 12.7　高压喷射流构造

在初期区域中，喷嘴出口处速度分布是均匀的，轴向动压是常数，保持速度均匀的部分向前面越来越小，当达到某一位置后，断面上的流速分布不再是均匀的了。速度分布保持均匀的这一部分称为喷射核（即 E 区段），喷射核末端扩散宽度稍有增加，轴向动压有所减小的过渡部分称为迁移区（即 D 区段）。初期区域的长度是喷射流的一个重要参数，可据此判断破碎土体和搅拌效果。

射流进入主要区域 B 内，轴向动压陡然减弱，喷射扩散宽度和距离平方根成正比，扩散率为常数，喷射流的混合搅拌在这一部分内进行。射流进入终期区域 C 时，喷射流能量衰减很大，末端呈雾化状态，这一区域的喷射能量较小。

喷射加固的有效喷射长度为初期区域长度和主要区域长度之和，有效喷射长度越长，则搅拌土的距离越大，喷射加固体的直径也越大。

高达 10～40MPa 的喷射流压力衰减规律可用以下经验公式估算

$$H_L = Kd^{1/2}\frac{H_0}{L^n} \tag{12.6}$$

式中　H_0——喷嘴出口的压力水头（m）；

H_L——距离为 L 时，轴流压力的水头（m）；

L——自喷嘴起的距离（m）；

d——喷嘴的直径（m）；

K、n——系数［适用于 $L=(50\sim300)d$］，在空气中喷射时，$K=8.3$，$n=0.2$，在水中喷射时，$K=0.16$，$n=2.4$。

(2) 水（浆）、气同轴喷射流的构造　二重管旋喷注浆的浆、气同轴喷射流，与三重管旋喷注浆的水、气同轴喷射流除喷射介质不同外，都是在喷射流的外围同轴喷射圆筒状气流，它们的构造基本相同。现以水、气同轴喷射流为代表，分析其构造。

在初期区域 A 内，水喷流的速度保持喷嘴出口的速度，但由于水喷射与空气流相冲撞及喷嘴内部表面不够光滑，以至从喷嘴喷射出的水流较紊乱，再加以空气和水流的相互作用，在高压喷射水流中形成气泡，喷射流受到干扰，在初期区域末端，气泡与水喷流的宽度一样。

在迁移区域 D 内，高压水喷射流与空气开始混合，出现较多的气泡。

在主要区域 B 内，高压水喷射流衰减，内部含有大量气泡，气泡逐渐分裂破坏，成为不连续的细水滴状，同轴喷射流的宽度迅速扩大。

水（浆）、气同轴喷射流的初期区域长度可用以下经验公式表示

$$x_c \approx 0.048v_0 \tag{12.7}$$

式中　v_0——初期流速（m/s）；

x_c——初期区域长度（m）。

旋喷时，若高压水、气同轴喷射流的初期速度为 20m/s，则其初期区域长度 $x_c = 0.1\text{m}$，而以高压水喷射流单独喷射时，x_c 仅为 0.015m，可见，水、气同轴喷射比高压水单独喷射的初期区域长度增加了近 7 倍。

在空气中和在水中喷射，水头压力相差是很大的，一般情况下空气中喷射的有效射程是喷嘴直径的 300 倍，有效射程以外压力按照指数曲线衰减。试验表明高速空气具有防止高速水射流动压急剧衰减的作用，在空气和水中喷射压力与距离的关系如图 12.8 所示。

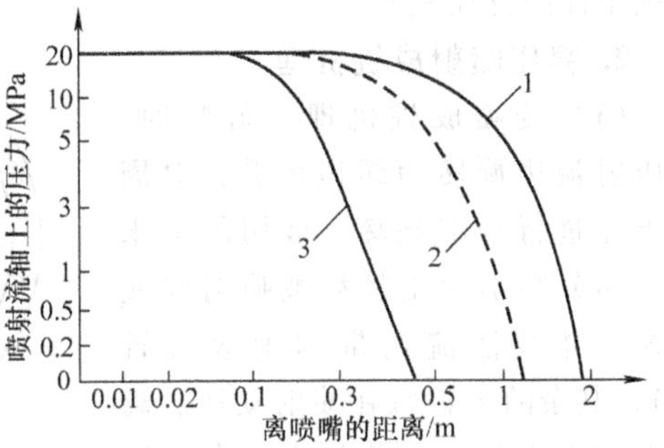

图 12.8 喷射流轴上的水压力与距离的关系
1—高压喷射流在空中单独喷射 2—水、气同轴喷射流在水中喷射 3—高压喷射流在水中单独喷射

12.2.2 地基加固机理

1. 高压喷射流对土体的破坏作用

高压喷射流破坏土体的机理可以主要归纳为以下几类：

(1) 喷流动压 高压喷射流冲击土体时，由于能量高度集中作用于一个很小的区域，这个区域内的土体结构受到很大的压力作用，当这些外力超过土的临界破坏压力时，土体便发生破坏。高压喷射流的破坏力 P 可以表达为

$$P = \rho A v_m^2 = \rho Q v_m \tag{12.8}$$

式中 P——破坏力（$\text{kN} \cdot \text{m/s}^2$）；

ρ——重度（kN/m^3）；

Q——流量（m^3/s），$Q = Av_m$；

v_m——喷射流的平均速度（m/s）；

A——喷嘴面积（m^2）。

破坏土体的结构强度的最主要因素是喷射动压，为了取得更大的破坏力，需要增加平均流速，即需要增加旋喷压力。一般要求高压脉冲泵的工作压力在 20MPa 以上，这样就使射流像刚体一样，冲击破坏土体，使土与浆液搅拌混合，凝固成圆柱状的固结体。

(2) 喷射流的脉动负荷 当喷射流不停地脉冲式冲击土体时，土粒表面受到脉动负荷的影响，逐渐积累起残余变形，使土粒失去平衡而发生破坏。

(3) 空穴现象 当土体没有被射出孔洞时，喷射流冲击土体以冲击面的大气压为基础，产生压力变动，在压力差大的部位产生空洞，呈现出类似空穴的现象。在冲击面上的土体被气泡的破坏力所腐蚀，使冲击面破坏。此外，空穴中由于喷射流的激烈紊流，也会把较软的土体掏空，造成空穴破坏，使更多的土粒发生破坏。

(4) 水楔效应 当喷射流充满土层时，由于喷射流的反作用力，产生水楔，楔入土体裂隙或薄弱部分，这时喷射流的动压变为静压，使土体发生剥落或裂隙加宽。

(5) 挤压力 喷射流在终期区域能量衰减很大，不能直接破坏土体，但能对有效射程的边界土产生挤压力，对四周土有压密作用，并使部分浆液进入土粒之间的空隙里，使固结体与四周土紧密相依，不产生脱离现象。

(6) 气流搅动 当在喷嘴出口的高压水喷流的周围加上圆筒状空气射流，进行水、气同轴喷射时，空气流使水或浆的高压喷射流从破坏的土体上将土粒迅速吹散，使高压喷射流的喷射破坏条件得到改善，阻力大大减小，能量消耗降低，因而增大了高压喷射流的破坏能力，形成的旋

喷固结体的直径较大。

2. 高压喷射成桩机理

（1）旋喷成桩机理　旋喷时，高压射流边旋转边缓慢提升，对周围土体进行切削破坏，被切削下来的一部分细小的土颗粒被喷射浆液置换，并被液流携带到地表（冒浆），其余的土颗粒在喷射动压、离心力和重力的共同作用下，在横断面按质量大小重新分布，形成一种新的水泥-土网络结构。土质条件不同，其固结体结构组成是有差别的，砂土和黏性土中高压旋喷最终固结体横断面形状如图12.9所示。

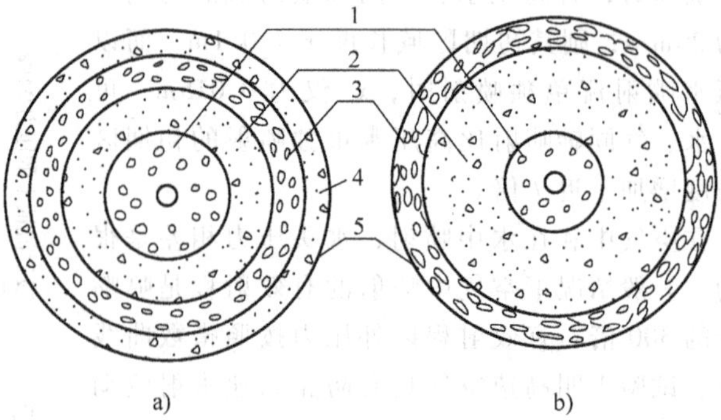

图12.9　旋喷最终固结体横断面形状

a）砂土　b）黏性土

1—浆液主体部分　2—搅拌混合部分　3—压缩部分

4—渗透部分　5—硬壳

（2）定（摆）喷成壁机理　定喷施工时，喷嘴在逐渐提升的同时，不旋转或按一定角度摆动，在土体中形成一条沟槽。被冲下的土粒一部分被携带流出底面，其余土粒与浆液搅拌混合，最后形成一个板（墙）状固结体，如图12.10所示。固结体在砂土中有一部分渗透层，而黏性土则没有渗透层。

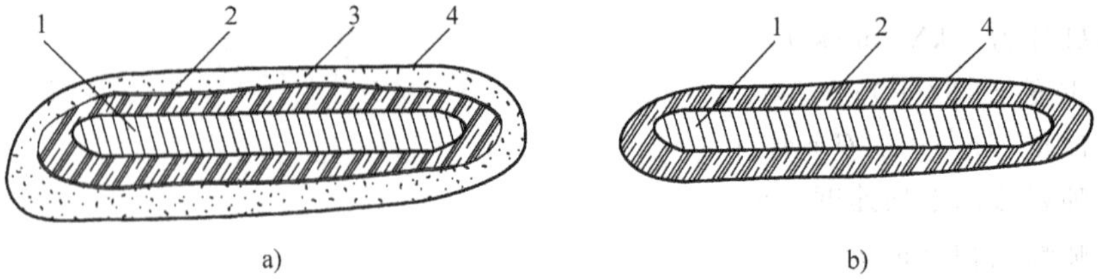

图12.10　定喷最终固结体横断面形状

a）砂土　b）黏性土

1—浆液主体部分　2—搅拌混合部分　3—浆液渗透部分　4—硬壳

3. 水泥与土的固化机理

高压喷射所采用的硬化剂主要是水泥，并增添防止沉淀或加速凝固的外加剂。旋喷固结体是一种特殊的水泥-土网络结构，水泥土的水化反应要比纯水泥浆复杂得多。

由于水泥土是一种空间不均匀材料，在高压旋喷搅拌过程中，水泥和土被混合在一起，土颗粒间被水泥浆所填满。水泥水化后在土颗粒的周围形成了各种水化物的结晶。它们不断地生长，特别是钙矾石的针状结晶，很快地生长交织在一起，形成空间网络结构，土体被分隔包围在这些水泥的骨架中，随着土体的不断被挤密，自由水也不断减少、消失，形成了一种特殊的水泥土骨架结构。

水泥的各种成分所生成的胶质膜逐渐发展连接为胶质体，即表现为水泥的初凝状态。随着水化过程的不断发展，凝胶体吸收水分并不断扩大，产生结晶体。结晶体与胶质体相互包围渗透，并达到一种稳定状态，这就是硬化的开始。水泥的水化过程是一个长久的过程，水化作用不断地深入到水泥的微粒中，直到水分完全被吸收，胶质凝固结晶充满为止。在这个过程中，固结体的强度将不断提高。

12.2.3 加固体的基本性状

1）直径或长度较大。旋喷固结体的直径大小与土的种类和密实程度有较密切的关系。对黏性土地基加固，单管旋喷注浆加固体直径一般为0.3~0.8m，三重管旋喷注浆加固体直径可达0.7~1.8m；二重管旋喷注浆加固体直径介于以上二者之间；多重管旋喷直径为2~4m。定喷和摆喷的有效长度为旋喷桩直径的1.1~1.5倍。一般来说，喷嘴直径越大，喷射流量越大，喷射流所携带的能量越大，所形成的加固体尺寸越大。各类旋喷桩的设计直径见表12.4。

表12.4 旋喷桩的设计直径 （单位：m）

土质		单管法	二重管法	三重管法
黏性土	$0<N<5$	0.5~0.8	0.8~1.2	1.2~1.8
	$6<N<10$	0.4~0.7	0.7~1.1	1.0~1.6
	$11<N<20$	0.3~0.6	0.6~0.9	0.6~0.9
砂性土	$0<N<10$	0.6~1.0	1.0~1.4	1.5~2.0
	$11<N<20$	0.5~0.9	0.9~1.3	1.2~1.8
	$21<N<30$	0.4~0.8	0.8~1.2	0.9~1.5
砂砾	$20<N<30$	0.4~0.8	0.7~1.2	0.9~1.5

注：N为标准贯入击数。

2）固结体形状可变。固结体按喷嘴的运动规律不同而形成均匀圆柱状、圆盘状、非均匀圆柱状、扇形状、板墙状等，同时因土质和工艺不同而有所差异，如图12.11所示。

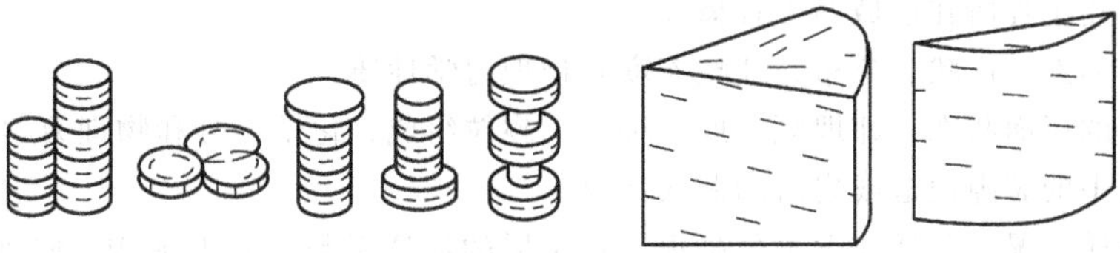

a) b) c) d) e)

图12.11 固结体的基本形状示意图

a）均匀圆柱状 b）圆盘状 c）非均匀圆柱状 d）扇形状 e）板墙状

3）质量轻。固结体内部的土粒少并含有一定数量的气泡。因此，固结体的质量较轻，轻于或接近于原状土的密度，黏性土的固结体比原状土轻10%，但砂类土固结体也可能比原状土重10%左右。

4）渗透性差。固结体内虽有一定的孔隙，但这些孔隙并不贯通，为密封型，而且固结体有一层较致密的硬壳，具有一定的防渗性能。

5）固结体强度高。土体经过喷射后，土粒重新排列。由于外侧土颗粒直径大、数量多，浆液成分也多，因此在横断面上中心强度低，外侧强度高，与土交接的边缘处有一圈坚硬的外壳。固结体强度大小取决于土体的性质和旋喷材料，对于同一浆材配方，软黏土固结强度远小于砂土固结强度。在黏性土和黄土中的固结体，其抗压强度可达5~10MPa，砂类土和砂砾层中的固结体抗压强度可达8~20MPa，固结体的抗拉强度仅为抗压强度的1/5~1/10。

6）单桩承载力。旋喷柱状固结体有较高的强度，外形凸凹不平，因此有较大的承载力。一般固结土直径越大，承载力越高。

此外，固结体具有较强的抗冻和抗干湿循环作用的能力和较好的化学稳定性，固结体的基本性质见表12.5。

表 12.5 高压喷射注浆固结体的基本性质

固结体性质＼土质条件		砂性土	黏性土	其他土
单桩垂直极限荷载/kN	单管法	500～600	300～400	
	二重管法	1000～1200	600～800	
	三重管法	2000	1000～1200	
单桩水平极限荷载/kN		30～40	10～20	
最大抗压强度/MPa		10～20	5～10	黄土 5～10，砂砾 8～20
平均抗拉强度/平均抗压强度		1/5～1/10		
弹性模量/MPa		静弹性模量 1300～2600，动弹性模量 4000～8000		
干重度/$kN \cdot m^{-3}$		16～20	14～15	黄土 13～15
渗透系数/$cm \cdot s^{-1}$		10^{-5}～10^{-6}	10^{-6}～10^{-7}	砂砾 10^{-6}～10^{-7}
c/MPa		0.4～0.5	0.7～1.0	
φ/(°)		30～40	20～30	
标贯击数 N		30～50	20～30	
弹性波速/$km \cdot s^{-1}$	P 波	2～3	1.5～20	
	S 波	1.0～1.5	0.8～1.0	
化学稳定性能		-20℃条件下，固结体是稳定的，有较强的抗冻和抗干湿循环作用能力		

12.3 高压喷射注浆工程勘察

高压喷射注浆工程勘察内容：

1）查明拟建工程所在区域的工程概况。

2）基岩的形态、产状、分布、埋藏深度和物理力学性质。

3）各土层的层面状态，即埋藏深度、种类、颗粒组成、化学成分和物理力学性质。

4）岩土层中的裂隙通道或岩溶的洞穴情况。

5）水文地质情况，包括地下水位高程，各土层的渗透系数，附近地沟、暗河的分布和连通情况；地下水特性，包括水质、水位、流速、流向、流量、承压状况和补给状况、水中硫酸根和其他腐蚀性物质的成分和含量等。

6）钻孔间距和深度。钻孔间距按 GB 50021—2001《岩土工程勘察规范（2009 年版）》中，对一般建筑物详细勘察阶段的要求进行，但当水平方向土层变化较大时，应适当加密钻孔间距。钻孔深度，当旋喷桩作端承桩时，应注意持力层起伏性状，钻孔要钻至持力层 3～5m。如在此深度范围内有软弱土层，则应钻穿软弱土层并达到不小于 3m 的密实土层。如旋喷桩作为摩擦桩时，应注意土层的不均匀性，有无软弱夹层及各土层的摩擦系数。勘察深度应达到设计深度的要求。

7）绘制柱状图和地质剖面图。

土质与水质调查试验项目见表 12.6。

表 12.6 土质与水质调查试验项目

土的试验项目＼土的种类		砂类土		黏性土		黄土	
		重要	一般	重要	一般	重要	一般
物理性质	天然重度/(N/m^3)	√	√	√	√	√	√
	土粒相对密度	√		√		√	
	孔隙比	√	√	√	√	√	√
	饱和度	√		√	√	√	
	土的颗粒分析	√	√	√	√	√	√

（续）

土的试验项目 \ 土的种类		砂类土 重要	砂类土 一般	黏性土 重要	黏性土 一般	黄土 重要	黄土 一般
物理性质	天然含水量(%)	√		√		√	
	液限(%)			√	√	√	√
	塑限(%)			√	√	√	√
	渗透系数/(cm/s)	√		√		√	
	压缩系数			√		√	
	标准贯入试验 N	√	√	√	√	√	√
力学性质	无侧限抗压强度			√	√	√	√
	黏聚力 c	√	√	√		√	
	内摩擦角 φ	√	√	√		√	
化学分析	酸碱度	√	√	√	√	√	√
	土中水溶性盐含量	√	√	√	√	√	
	有机质含量	√		√		√	
	碳酸盐含量	√	√	√	√	√	√

注：1. √为必须试验项目。

2. 黄土需考虑各向异性渗透系数。

12.4 设计计算

12.4.1 设计前的调查准备

（1）工程地质勘测和土质调查　内容包括基岩形态、深度和物理力学特性；各土层的层面状态，各层土的种类及其颗粒组成、化学成分、有机质和腐殖酸含量、液限、塑限、黏聚力、内摩擦角、击数、抗压强度、裂隙通道和洞穴情况等。资料中要附有各钻孔的柱状图或地质剖面图。钻孔的间距，按一般建筑物详细勘察的要求进行，但当水平方向变化较大时，宜适当加密孔距。

（2）水文地质情况　包括地下水位高程，各土层的渗透系数，附近地沟、暗河的分布和连通情况，地下水特性，腐蚀质的成分与含量，地下水的流量、流向等。

（3）环境调查　包括地形、地貌，施工场地的空间大小和地下埋设物状态，材料和机具运输道路，水电线路及居民情况。

（4）室内配方与现场喷射试验　为了解喷射注浆后固结体可能具有的强度和决定浆液合理的配合比，必须取现场的各层土样，在室内按不同的含水量和配合比进行配方试验，选出最合理的浆液配方。对规模较大及较重要的工程，设计完成以后，要在现场进行试验，查明旋喷固结体的直径和强度，验证设计的可靠性和安全度。

12.4.2 固结体尺寸确定

固结体尺寸主要取决于下列因素：土的类别及其密实程度；高压喷射注浆方法（注浆管的类型）；喷射技术参数，包括喷射压力与流量，喷嘴直径与个数，压缩空气的压力、流量与喷嘴间隙，注浆管的提升速度与旋转速度。

在无试验资料的情况下，对小型的或不太重要的工程，固结体尺寸可根据表12.4所列数值选用。对于大型的或重要的工程，应通过现场喷射试验后开挖或钻孔采样确定。高压喷射注浆法用于深基坑、地铁等工程形成连续体时，相邻桩搭接不宜小于300mm。

12.4.3 固结体强度确定

固结体强度主要取决于下列因素：①土质；②喷射材料及水灰比；③注浆管的类型和提升速度；④单位时间的注浆量。

按设计规定，取28d固结体抗压强度计算。试验表明，在黏土中，因水泥水化物与黏土矿物发生作用时间较长，28d后的强度会继续增长，这种强度增长可作安全储备。

一般情况下，黏性土固结强度为1.5～5MPa，砂类土的固结强度为10MPa左右（单管法3～7MPa，二重管法4～10MPa，三重管法5～15MPa）。通过选用高强度等级的硅酸盐水泥和适当的外加剂，可以提高固结体的强度。

对于大型或重要的工程，应通过现场喷射试验来确定固结体的强度和抗渗透性能。

12.4.4 复合地基承载力计算

用旋喷桩处理的地基，应按复合地基设计。旋喷桩地基承载力特征值应通过现场复合地基载荷试验确定，也可按下式计算或结合当地情况与其土质相似工程的经验确定

$$f_{spk} = \frac{1}{A_p}[R_a + \beta f_{sk}(A_e - A_p)] \tag{12.9}$$

或者

$$f_{spk} = m\frac{R_a}{A_p} + \beta(1-m)f_{sk} \tag{12.10}$$

式中 f_{spk}——复合地基承载力特征值（kPa）；

f_{sk}——处理后桩间土承载力特征值（kPa），宜按当地经验取值，无经验时，可取天然地基承载力特征值；

A_e——1根桩承担的处理面积（m^2）；

A_p——桩的平均截面积（m^2）；

β——桩间土承载力折减系数，可根据试验或类似土质条件工程经验确定，当无试验资料或经验时，可取0～0.5，承载力较低时取低值；

m——面积置换率，$m = A_p/A_e$；

R_a——单桩竖向承载力特征值（kN）。

R_a可通过现场单桩载荷试验确定，也可按以下二式计算，并取其中较小值

$$R_a = \eta f_{cu} A_p \tag{12.11}$$

$$R_a = u_p \sum_{i=1}^{n} q_{si} l_i + q_p A_p \tag{12.12}$$

式中 f_{cu}——与旋喷桩桩身水泥土配比相同的室内加固土试块（边长为70.7mm的立方体）在标准养护条件下28d龄期的立方体抗压强度平均值（kPa）；

η——桩身强度折减系数，可取0.33；

n——桩长范围内所划分的土层数；

l_i——桩周第i层土的厚度（m）；

u_p——桩身周长（m），$u_p = \pi \bar{d}$（$\bar{d}$为桩的平均直径）；

q_{si}——桩周第i层土的侧阻力特征值（kPa），可按GB 50007—2011《建筑地基基础设计规范》有关规定或地区经验确定；

q_p——桩端地基土未经修正的承载力特征值（kPa），可按GB 50007—2011《建筑地基基

础设计规范》有关规定或地区经验确定。

竖向承载旋喷桩的平面布置可根据上部结构和基础特点确定。独立基础下的桩数一般不应少于 4 根。当旋喷桩处理范围以下存在软弱下卧层时，应按 GB 50007—2011《建筑地基基础设计规范》的有关规定进行下卧层承载力验算。

12.4.5　地基变形计算

旋喷桩的沉降应为桩长范围内复合土层以及下卧层地基变形值之和，应按 GB 50007—2011《建筑地基基础设计规范》的有关规定进行计算。复合土层的压缩模量可按式（12.10）确定。

12.4.6　防渗堵水设计计算

防渗堵水工程设计时，最好按双排或三排布孔形成帷幕，如图 12.12 所示。孔距为 $1.73R_0$（R_0为旋喷设计半径）、排距为 $1.5R_0$ 最经济。防渗帷幕应尽量插入不透水层，以保证不发生管涌；防渗帷幕若在透水层中，一方面应采取降水措施，一方面应增加插入深度。

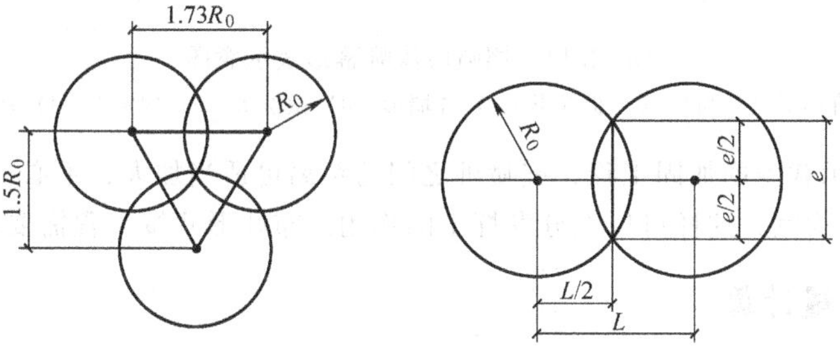

图 12.12　布孔孔距和旋喷注浆固结体交联图

若想增加每一排旋喷桩的交圈厚度，可适当缩小孔距，按下式计算孔距

$$e = 2\sqrt{R_0^2 - \left(\frac{L}{2}\right)^2} \tag{12.13}$$

式中　e——旋喷桩交圈厚度（m）；

R_0——旋喷桩半径（m）；

L——旋喷桩孔位间距（m）。

定喷和摆喷是常用的防渗堵水的方法，由于喷射出的板墙薄而长，不但成本较旋喷低，而且整体连续性亦高。

相邻孔定喷连接形式如图 12.13 所示，图 12.13a 所示为单喷嘴单墙首尾连接；图 12.13b 所

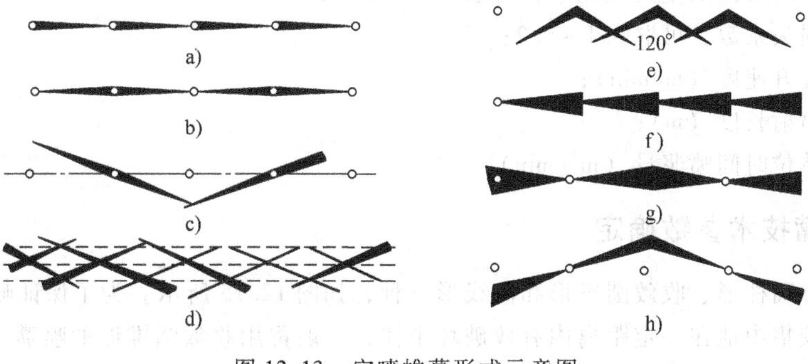

图 12.13　定喷帷幕形式示意图

示为双喷嘴单墙前后对接；图 12.13c 所示为双喷嘴单墙折线连接；图 12.13d 所示为双喷嘴双墙折线连接；图 12.13e 所示为双喷嘴夹角单墙连接；图 12.13f 所示为单喷嘴扇形单墙首尾连接；图 12.13g 所示为双喷嘴扇形单墙前后对接；图 12.13h 所示为双喷嘴扇形单墙折线连接。为了保证定喷板墙连接成一帐幕，各板墙之间要搭接才行。

摆喷连接形式也可按图 12.14 所示方式进行布置。

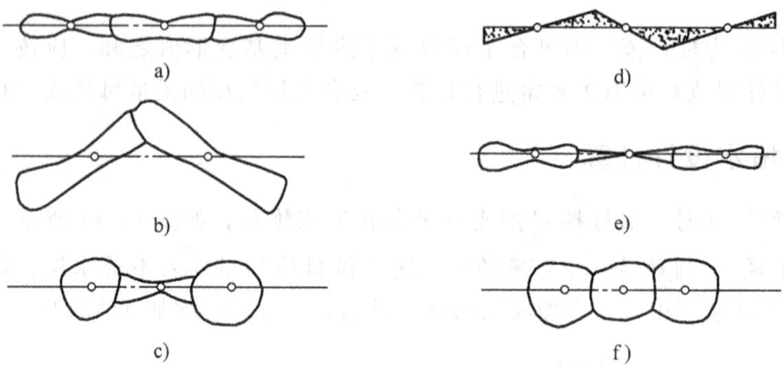

图 12.14 摆喷防渗帷幕形式示意图

a）直摆形（摆喷） b）折摆形 c）柱墙形 d）微摆形 e）摆定形 f）柱列形

对于提高地基承载力的加固工程，旋喷桩之间的距离可适当加大，不必交圈，其孔距 L 以旋喷桩直径的 2～3 倍为宜，这样可以充分发挥土的作用。布孔形式按工程需要而定。

12.4.7 喷浆用量计算

注浆材料的使用数量计算方法有两种，即体积法和喷量法。取其大者作为喷射浆量 Q。

体积法

$$Q=\frac{\pi}{4}D_e^2K_1h_1(1+\beta)+\frac{\pi}{4}D_0^2K_2h_2 \tag{12.14}$$

喷量法 喷量法是以单位时间喷射的浆量及喷射持续时间计算出浆量，计算公式为

$$Q=\frac{H}{v}q(1+\beta) \tag{12.15}$$

式中 D_e——旋喷体直径（m）；

D_0——注浆管直径（m）；

h_1——旋喷长度（m）；

h_2——未旋喷长度（m）；

K_1——填充率，可取 0.75～0.9；

K_2——未旋喷范围土的填充率，可取 0.5～0.75；

β——损失系数，可取 0.1～0.2；

v——提升速度（m/min）；

H——喷射长度（m）；

q——单位时间喷浆量（m^3/min）。

12.4.8 喷嘴技术参数确定

喷嘴通常有圆柱形、收敛圆锥形和流线形三种，如图 12.15 所示。为了保证喷嘴内高压喷射流的巨大能量较集中地在一定距离内有效破坏土体，一般都用收敛圆锥形的喷嘴。流线形喷嘴的射流特性最好，喷射流的压力脉冲经过流线形状的喷嘴时，不存在反射波，因而使喷嘴具有聚能

的效能，但这种喷嘴极难加工，在实际工作中很少采用。

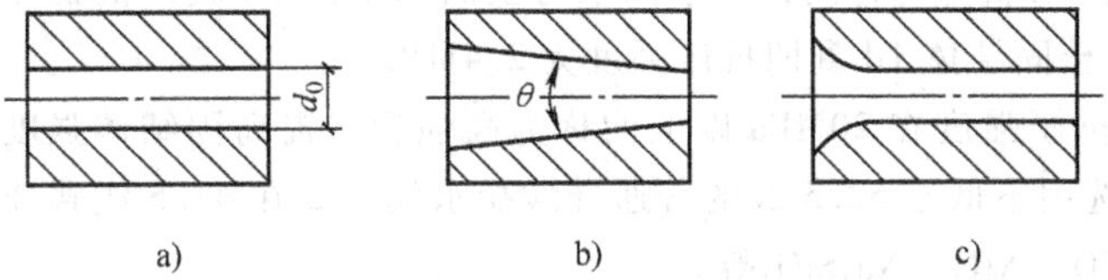

图 12.15 喷嘴形状示意图

a）圆柱形 b）收敛圆锥形 c）流线形

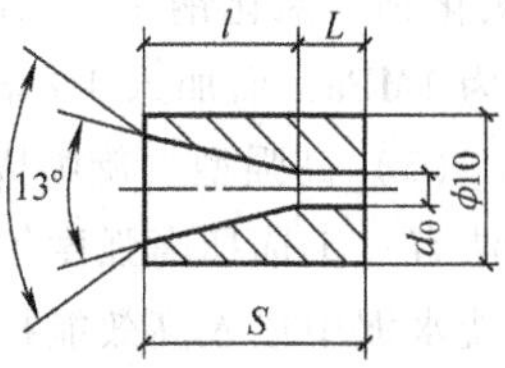

图 12.16 工程应用的喷嘴结构

除了喷嘴的形状以外，喷嘴的内圆锥角的大小对射流特性的影响也不容忽视。当圆锥角 $\theta=13°\sim14°$时，由于收敛断面直径等于出口断面直径，流量损失很小，喷嘴的流速流量值较大。在实际应用中，圆锥形喷嘴的进口端增加了一个渐变的喇叭形的圆弧角 ϕ 使其更接近于流线形喷嘴，出口端增加一段圆柱形导流孔，当圆柱段的长度 L 与喷嘴直径 d_0 的比值为 4 时，射流特征最好（初期区的长度最长），如图 12.16 所示。

根据各类工程要求可选择不同的喷头布置形式，如图 12.17 所示。

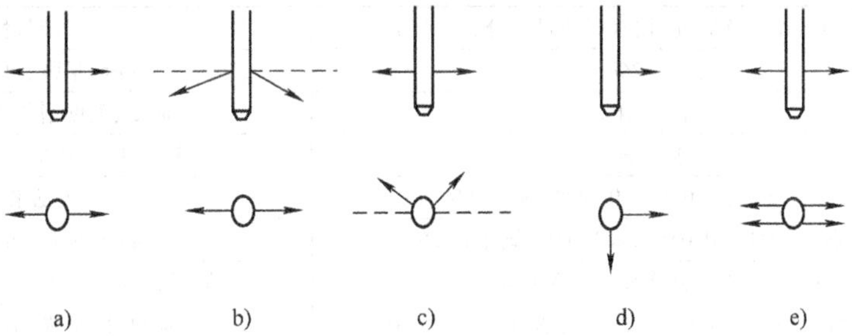

图 12.17 喷头的布置形式

a）水平 b）下倾 c）夹角 d）90°夹角 e）四喷嘴

当喷射压力、喷射泵量和喷嘴个数已选定时，喷嘴直径 d_0 可按下式求出

$$d_0=0.69\sqrt{\frac{Q}{n\mu\varphi\sqrt{p/\rho}}} \tag{12.16}$$

式中 d_0——喷嘴出口直径（mm），常用的喷嘴直径为 2～3.2mm；

Q——喷射泵量（L/min）；

n——喷嘴个数：

μ——流量系数，圆锥形喷嘴 $\mu\approx0.95$；

φ——流速系数，良好的圆锥形喷嘴 $\varphi\approx0.97$；

p——喷嘴入口压力（MPa）；

ρ——喷射液体密度（g/cm^3）。

12.4.9 浆液材料与配方确定

水泥是旋喷浆液最常用的固化材料。根据其不同的工程目的，旋喷浆液可分以下几类：

（1）普通型 对普通强度和有抗渗要求的工程，均可采用本类浆液。普通型浆液无任何外加剂，浆液材料为纯水泥浆，水灰比为 0.8:1～1.5:1。浆液的水灰比越大，凝固时间也就越长。普通型浆液一般采用 32.5 级或 42.5 级普通硅酸盐水泥。固结体 28d 抗压强度为 1.0～2.0MPa。

（2）速凝早强型　对地下水较发育的工程，需要往水泥浆中加入速凝剂（水玻璃）、早强剂（氯化钙、氯化钠+三乙醇胺等）。以使用氯化钙为例，纯水泥浆与土的固结体1d凝期的抗压强度为1MPa，而加入4%氯化钙的水泥-土固结体1d凝期抗压强度为2.4MPa。

（3）高强型　旋喷固结体的平均抗压强度在20MPa以上的称为高强型。提高固结体强度的方法有：①选择高强度等级水泥，如选用不低于52.5级的普通硅酸盐水泥。②在42.5级普通硅酸盐水泥中掺入高效能扩散剂，如NNO、NR_3、Na_2SiO_3等。

（4）填充剂型　将粉煤灰、矿渣等材料作为填充剂加入水泥浆中会降低工程造价。掺入粉煤灰的浆材早期强度较低，而后期强度增长率高、水化热低。

（5）抗冻型　常用抗冻剂及加量为：①沸石粉，掺入量为水泥质量的10%～20%；②NNO，掺入量为水泥质量的0.5%左右；③亚硝酸钠，掺入量为水泥质量的1.0%左右。

（6）抗渗型　在水泥浆中掺入水泥质量2%～4%的水玻璃，其抗渗性能就有明显提高。对有抗渗要求的旋喷固结体，不宜使用矿渣水泥。水玻璃模数以2.4～3.4为宜，波美度以30～45°Bé为宜。

常用外加剂加量及旋喷浆液特性见表12.7。

表12.7　常用外加剂加量及旋喷浆液特性

序号	外加剂成分及加量（按水泥质量百分比计算）	浆液特性
1	氯化钙2%～4%	促凝、早强、可灌性好
2	铝酸钠2%	促凝、强度增长慢、稠度大
3	水玻璃2%	初凝快、终凝时间长、成本低
4	三乙醇胺0.03%～0.05%，食盐1%	有早强作用
5	三乙醇胺0.03%～0.05%，食盐1%，氯化钙2%～3%	促凝、早强、可喷性好
6	氯化钙（或水玻璃）2%，NNO为0.5%	促凝、早强、强度高、浆液稳定性好
7	食盐1%，亚硝酸钠0.5%，三乙醇胺0.03%～0.05%	防腐蚀、早强、后期强度高
8	粉煤灰25%	调节强度、节约水泥
9	粉煤灰25%，氯化钙2%	促凝、节约水泥
10	粉煤灰25%，硫酸钠1%，三乙醇胺0.03%	促凝、早强、节约水泥
11	粉煤灰25%，硫酸钠1%，三乙醇胺0.03%	早强、抗冻性好
12	矿渣25%	提高固结体强度、节约水泥
13	矿渣25%，氯化钙2%～3%	促凝、早强、节约水泥

12.5 施工技术

12.5.1 施工机具

旋喷法施工机具主要有钻机、高压泵、泥浆泵、空压机、搅拌机、注浆专用器具等。

（1）钻机　对于单管法、二重管法、三重管法和多重管法均可使用工程地质钻机或振动钻机钻孔，如XJ-100型、SH-30型、76型振动钻机等。一般要求钻机具有带动注浆管路以10～20r/min慢速转动和以5～25cm/min慢速提升的功能。如果所用钻机不具备这两种功能，则需改制或配备具有上述功能的旋喷机与钻机配合使用。

（2）高压泵　对于单管法和二重管法，可使用SNS-H300型、Y-2型等高压泥浆泵输送高压水泥浆液；对于三重管法和多重管法，可使用3XB型、3W6B型、3W7B型等高压水泵输送高压水。高压泵的工作压力为20～35MPa。

（3）泥浆泵　对于三重管法和多重管法，可使用 BW-150 型、BW-200 型、BW-250 型等泥浆泵输送水泥浆。

（4）空压机　对于二重管法和三重管法，可使用移动往复式空压机（YV-3/8 型、YV-6/8 型、YV-9/7 型等）、螺杆空压机（LGY20-10/7 型）、滑片式空压机（BH-6/7 型）输送压缩空气。

（5）注浆专用器具　旋喷法注浆专用器具包括注浆管、导流器和喷头等。以下对喷头及注浆管结构加以介绍。

1）单层注浆管路。注浆管用 ϕ50mm 或 ϕ42mm 地质钻杆，单管喷头的结构如图 12.18 所示。其中，平头形单管喷头因底部镶有硬质合金，可钻进碎石土或较硬夹层；圆锥形单管喷头适用于黏性土或砂类土钻进。

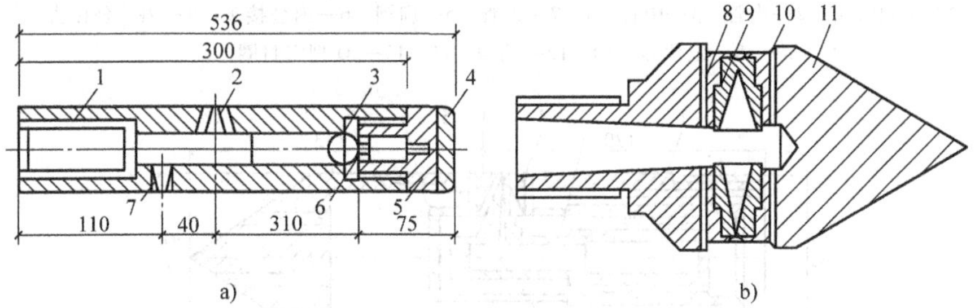

图 12.18　单管喷头的结构

a）平头形　b）圆锥形

1—喷嘴杆　2、5、9—喷嘴　3—钢球　4—硬质合金　6—球座　7—钻头　8—喷嘴套　10—喷嘴接头　11—钻尖

2）二重注浆管路。TY-201 型二重注浆管的结构如图 12.19 所示，其配套的喷头结构如图 12.20 所示。二重管底部侧面有浆、气同轴喷嘴，其环状间隙为 1～2mm。

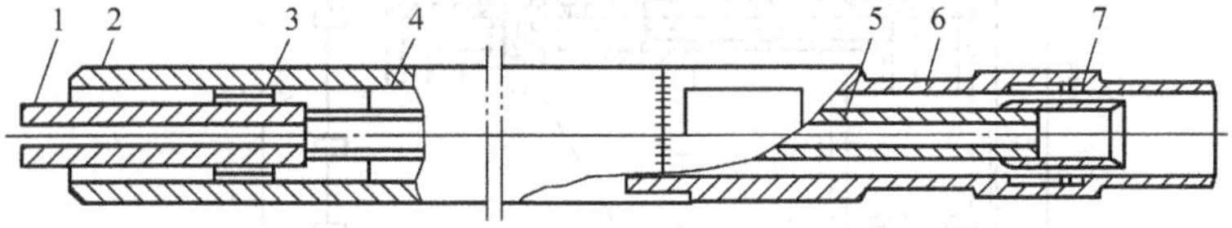

图 12.19　TY-201 型二重注浆管的结构

1—O 形密封圈　2—外管母接头　3—定位圈　4—ϕ42mm 地质钻杆　5—内管　6—卡口管　7—外管公接头

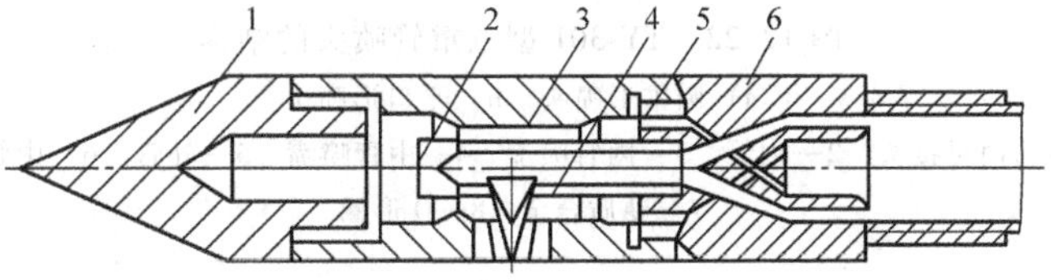

图 12.20　TY-201 型二重管喷头的结构

1—管尖　2—内管　3—内喷头　4—外喷嘴　5—外管　6—外管公接头

3）三重注浆管路。TY－301 型三重注浆管结构如图 12.21 所示，内管规格 ϕ18mm×3mm，中管为 ϕ40mm×2mm，外管为 ϕ75mm×4mm。内管输送高压水，内—中管环隙输送压缩空气，外—中管环隙输送浆液。TY－301 型三重管喷头的结构如图 12.22 所示。

4）多重注浆管路。多重管不但可输送高压水，而且可将冲下来的土、石抽出地面。多重管外径达到 300mm，它由导流器、钻杆和喷头组成。在喷嘴上方设有超声波传感器。

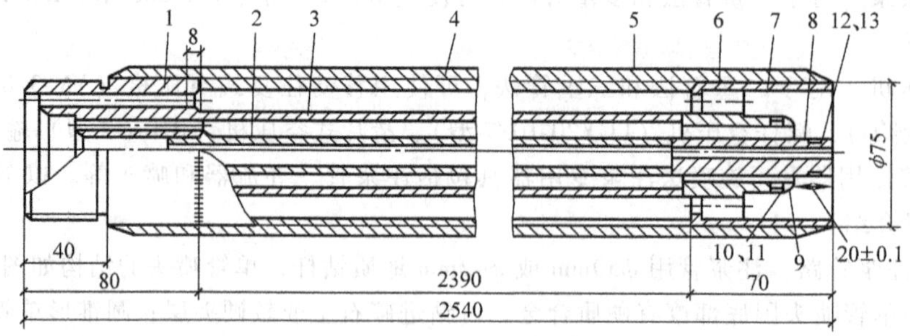

图 12.21 TY-301 型三重注浆管的结构

1—内母接头 2—内管 3—中管 4、7—外管 5—扁钢 6—内公接头 8—内管公接头 9—定位器 10、12—挡圈 11、13— O 型密封圈

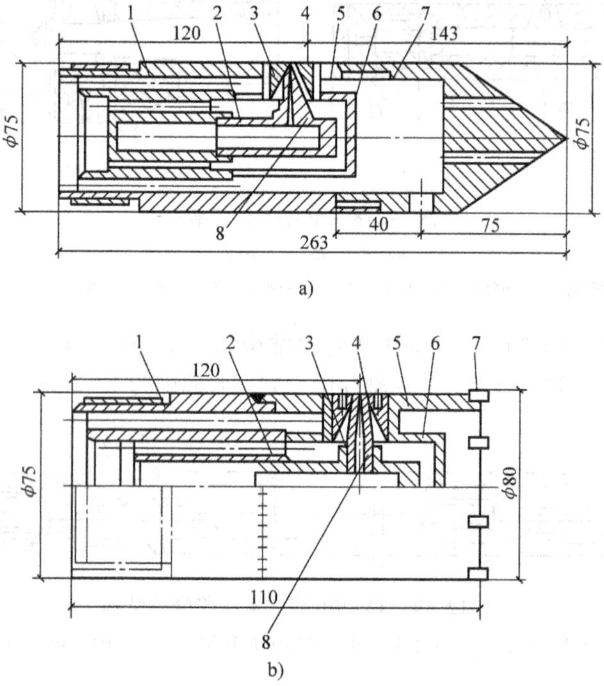

图 12.22 TY-301 型三重管喷头的结构

a）圆锥形喷头 b）平口形喷头

1—内母接头 2—内管 3—内管喷嘴 4—中管喷嘴 5—外管 6—中管 7—硬质合金 8—O 形圈

12.5.2 施工工艺

高压喷射注浆施工全过程包括钻机就位、钻孔、置入注浆管、高压喷射注浆和拔出注浆管、冲洗等基本工序。

（1）钻机就位 钻机安放在设计孔位上并应保持垂直，旋喷管倾斜度不得大于 1.5%。

（2）钻孔 单管旋喷常使用76 型旋转振动钻机，钻进深度可达 30m 以上，适用于标贯击数小于 40 的砂土和黏性土层。当遇到较坚硬的地层时宜用地质钻机钻孔；在二重管和三重管旋喷法施工中也可采用地质钻机钻孔，钻孔的位置与设计位置的偏差不得大于 50mm。

（3）置入注浆管　使用76型振动钻机钻孔时，插管与钻孔两道工序合二为一，即钻孔完成时插管作业同时完成。如使用地质钻机钻孔完毕，必须拔出岩芯管，并换上旋喷管插入到预定深度。在插管过程中，为防止泥沙堵塞喷嘴，可边射水、边插管，水压力一般不超过1MPa。若压力过高，则易将孔壁射塌。

（4）喷射作业　当喷射注浆管贯入土中，喷嘴达到设计标高时，即可喷射注浆。在喷射注浆参数达到规定值后，随即分别按旋喷、定喷或摆喷的工艺要求，提升喷射管，由下而上喷射注浆。喷射管分段提升的搭接长度不得小于100mm。喷射时应注意检查浆液可泵期、初凝时间、注浆流量、风量、压力、旋转提升速度等参数是否符合设计要求，并做好记录。浆液使用时不要超过初凝时间（正常喷射浆液水灰比为1:1，初凝时间为15h左右）。对需要局部扩大加固范围或提高强度的部位，可采取复喷措施。

（5）拔出注浆管　高压喷射注浆完毕，应迅速拔出喷射管。为防止浆液凝固收缩影响桩顶高程，必要时可在原孔位采取冒浆回灌或二次注浆等措施。

（6）冲洗　喷射施工完毕后，应把注浆管等机具设备冲洗干净，管内、机内不得残存水泥浆。通常把浆液换成水，在地面上喷射，以便把泥浆泵、注浆管和软管内的浆液全部排除。

（7）移动机具　将钻机等机具设备移到新孔位上，继续进行喷射施工。

高压喷射注浆施工流程如图12.23所示。

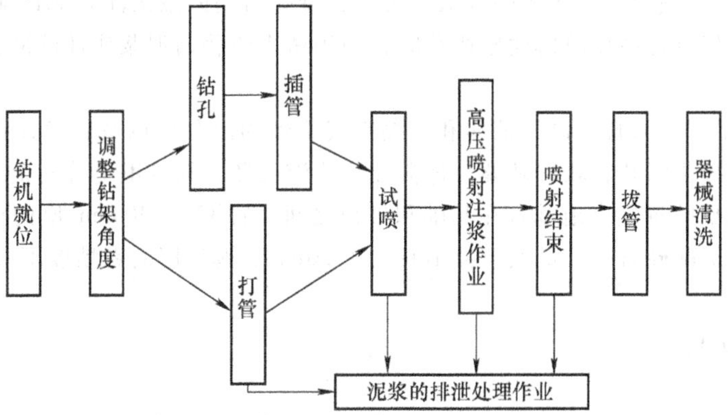

图 12.23　高压喷射注浆施工流程示意图

12.5.3　施工注意事项

1）喷射注浆前要检查高压设备和管路系统。设备的压力和排量必须满足设计要求。管路系统的密封圈必须良好，各通道和喷嘴内不得有杂物。

2）高压喷射注浆压力越大，处理地基的效果越好，根据国内工程应用实例，高压水泥浆液流或高压水射流的压力宜大于20MPa，气流的压力宜大于0.7MPa，流量应大于30L/min，低压水泥浆的灌注压力通常在1～2MPa，提升速度取0.1～0.2m/min，旋转速度取10～20r/min。

3）当喷射注浆过程中出现下列异常情况时，需查明原因并采取相应措施：

① 流量不变而压力突然下降时，应检查各部位的泄漏情况，必要时应拔出注浆管，检查密封性能。

② 出现不冒浆或断续冒浆时，若土质松软则视为正常现象，可适当进行复喷；若附近有空洞、通道，则应不提升注浆管继续注浆直至冒浆为止，或拔出注浆管待浆液凝固后重新注浆。一般情况下，冒浆量小于注浆量的20%为正常现象。

③ 压力稍有下降时，可能是因为注浆管被击穿或有孔洞，使喷射能力降低。此时应拔出注浆管进行检查。

④ 压力陡增超过最高限值、流量为零、停机后压力仍不变动时，则可能是因为喷嘴堵塞。应拔管疏通喷嘴。

4）对冒浆应妥善处理，及时清除沉淀的泥渣。在砂层中用单管或二重管注浆旋喷时，可以利用冒浆补灌已施工过的桩孔。但在黏土层、淤泥层旋喷或用三重管注浆旋喷时，因冒浆中掺入黏土或清水，故不宜利用冒浆回灌。

5）为防止因浆液凝固收缩，产生加固地基与建筑基础不密贴或脱空现象，可采取超高喷射（旋喷处理地基的顶面超过建筑基础底面，其超高量大于收缩高度）、回灌冒浆或二次注浆等措施。

6）当处理既有建筑地基时，应采用速凝浆液或采取跳孔喷射和冒浆回灌等措施，以防喷射过程中地基产生附加变形和地基与基础间出现脱空现象。同时，应对建筑物进行变形监测。

7）为了加大固结体尺寸，或对深层硬土，为了避免固结体尺寸减小，可以采取提高喷射压力、泵量或降低回转与提升速度等措施，也可以采用复喷工艺：第一次喷射（初喷）时，不注水泥浆液；初喷完毕后，将注浆管边送水边下降至初喷开始的孔深，再抽送水泥浆，自下而上进行第二次喷射（复喷）。

8）在软弱地层旋喷时，固结体强度低。可以在旋喷后用砂浆泵注入 M15 砂浆提高固结体的强度。在湿陷性地层进行高压喷射注浆成孔时，如用清水或普通泥浆作冲洗液，会加剧沉降，此时宜用空气洗孔。

9）加强施工的安全管理。高压液体和压缩空气管道的耐久性以及管道连接的可靠性都是不可忽视的，否则，接头断开，软管破裂，将会导致浆液飞散，软管甩出等安全事故。

10）竖向承载旋喷桩复合地基宜在基础和桩顶之间设置 150～300mm 厚的褥垫层，其材料可选用中砂、粗砂、级配砂石等，最大粒径不宜大于 20mm。褥垫层的夯填度不应大于 0.9。

12.6 质量检验

高压喷射注浆可根据工程要求和当地经验采用开挖检查、取芯（常规取芯或软取芯）、标准贯入试验、载荷试验或围井注水试验等方法进行检验，并结合工程测试、观测资料及实际效果综合评价加固效果。

1. 质量检验主要内容

1）固结体的物理性状，包括整体性和均匀性。

2）固结体几何特征，包括有效直径、深度范围和垂直度等。

3）固结体的强度特性和抗渗性能，包括水平、垂直承载力，变形模量，抗渗系数，抗冻性和抗酸碱腐蚀性。

4）固结体的溶蚀和耐久性等。

5）高压喷射注浆效果检验，包括单桩竖向、水平向承载力，复合地基承载力，或防渗堵水帷幕的抗渗效果等试验。

6）工程质量测定。包括建筑物的沉降观测、建筑物基坑围堰喷射桩及水工建筑物渗水量的测定等。

2. 检验点布置

检验点应布置在下列部位：①建筑荷载大的部位；②防水帷幕的中心线上；③施工中出现异

常情况的部位；④地质情况复杂可能对高压旋喷注浆产生影响的部位。

3. 抽检数量

1）检验点的数量不少于施工孔数的2%，并不应少于6点。

2）竖向承载力旋喷桩地基竣工验收时，承载力检验应采用复合地基载荷试验和单桩载荷试验。载荷试验必须在桩身强度满足试验条件，并宜在成桩28d后进行。检验数量为总桩数的1%，且每项单体工程复合地基静载荷试验的数量不应少于3点。

4. 检验方法

（1）开挖检验　待浆液凝固具有一定强度后，即可开挖检查固结体垂直度和固结形状。

（2）钻孔取芯　在已旋喷好的固结体中钻取岩芯，进行室内物理力学性能试验。根据工程要求也可在现场进行钻孔，做压力注水和抽水两种渗透试验，测定其抗渗能力。

（3）标准贯入试验　在旋喷固结体中心部位沿桩长方向每隔0.5～1.0m做一次标准贯入试验。根据标准贯入深度的不同，对所得的标准贯入N值进行修正，见表12.8。

表12.8　标准贯入N值的修正系数

钻杆长/m	≤3	6	9	12	15	18	21
修正系数	1.0	0.92	0.85	0.81	0.77	0.73	0.70

（4）载荷试验　静载荷试验分垂直和水平载荷试验两种，做垂直载荷试验时，需在顶部0.5～1.0m范围内浇筑0.2～0.3m厚的钢筋混凝土桩帽；做水平载荷试验时，在固结体的加载受力部位，应浇筑0.2～0.3m厚的钢筋混凝土加载垫块。混凝土的强度等级不低于C20。

高压旋喷桩复合地基载荷试验完成后，当从复合地基静载荷试验的压力-沉降曲线上按相对变形值确定复合地基承载力特征值时，可取s/b（或s/d）等于0.006所对应的压力作为复合地基承载力特征值。

12.7　工程应用实例

【例12.1】　某均质黏性土场地采用高压旋喷注浆法处理，桩径为ϕ500mm，桩距为1.0m，桩长为12m，桩体抗压强度为$f_{cu}=5.5\text{MPa}$，正方形布桩，场地土层$q_{sk}=15\text{kPa}$，$f_{ak}=140\text{kPa}$，取桩间土承载力折减系数为0.4。试计算单桩承载力和复合地基承载力。

【解】　1. 单桩承载力计算

按桩周土强度计算单桩承载力为

$$R_a = u_p\sum_{i=1}^{n} q_{si}l_i + q_pA_p = 3.14\times0.5\times15\times12\text{kN} + 140\times\frac{3.14\times0.5^2}{4}\text{kN} = 310\text{kN}$$

按桩体强度计算单桩承载力为

$$R_a = \eta f_{cu}A_p = 0.33\times5.5\times10^3\times\frac{3.14\times0.5^2}{4}\text{kN} = 356\text{kN}$$

因此，取$R_a=310\text{kN}$。

2. 复合地基承载力计算

$$d_e = 1.13S = 1.13\times1.0\text{m} = 1.13\text{m};\ m = d^2/d_e^2 = 0.5^2/1.13^2 = 0.196$$

$$f_{spk} = m\frac{R_a}{A_p} + \beta(1-m)f_{sk} = \frac{0.196\times310}{3.14\times0.5^2/4}\text{kPa} + 0.4\times(1-0.196)\times140\text{kPa} = 354.6\text{kPa}$$

【例12.2】　山东省三山岛金矿南风井高压旋喷注浆帷幕工程

1. 工程概况

山东省三山岛金矿南风井地处渤海之滨，自然地面标高为0.5m。南风井为提升竖井，设计井深171.5m，表土厚度为25.1m。该井成功地应用高压旋喷注浆凿井新技术，为在含水松软不稳定的地层中凿井施工，提供了条件。井筒净直径4m，掘进直径5.3m，永久井壁为0.5m厚的钢筋混凝土。

2. 工程地质条件

场地表层土为砂层和粉质黏土互层，厚达20余米，涌水量为35t/h，有含盐量很高的海水补给。南风井表土层工程地质及水文地质特征见表12.9。

表12.9 南风井表层工程地质及水文地质特征

工程地质特征					水文地质条件	
层次	名称	层厚/m	层底深/m	土层结构	状态	渗透系数/(m/d)
1	回填土	2.28	2.28	粗砂，粉质黏土，湿散状夹海泥及贝壳	潜水	10.37
2	砾砂	7.32	9.60			
3	粉质黏土	1.92	11.52	下部有0.47m可塑粉质黏土，夹有少量黏土，中密	承压水海水补给	10.87
4	砾砂	1.06	12.58			
5	粉质黏土	2.62	15.20	隔水性能不良，夹少量黏性土	承压水海水补给	
6	粗砾砂	2.36	17.56			
7	粉质黏土	3.68	21.24	风化残积土，湿硬塑状		
8	强风化岩	3.50	25.00			

3. 设计计算

（1）表土地压的确定

1）按似重度地压公式计算

$$p=\gamma_s H=12\times 27\text{kPa}=324\text{kPa}$$

式中 p——表土层的土压力（kPa）；

γ_s——似重度，当 $H<200$m，取 $\gamma_s=12\text{kN/m}^3$；

H——计算处深度，取 $H=27$m。

2）按悬浮理论公式计算

$$\begin{aligned}p&=\gamma_w H_w+(\sum\gamma_n H_n+\sum\gamma_n' H_n')A_n\\&=10\times 24\text{kPa}+(20\times 3+9.4\times 24)\times 0.43\text{kPa}=363\text{kPa}\end{aligned}$$

式中 $\sum\gamma_n H_n$——地下水位以上各土层重度和厚度的乘积；

$\sum\gamma_n' H_n'$——地下水位以下，计算深度以上各土层重度和厚度的乘积。

$$\gamma_n'=\frac{(d_s-1)\gamma_w}{1+e}=\frac{(2.7-1.0)\times 10}{1+0.8}\text{kN/m}^3=9.4\text{kN/m}^3$$

式中 d_s——土颗粒相对密度，$d_s=2.7$；

e——土层孔隙比，$e=0.8$。

计算中未考虑混凝土孔口盘对地基的附加荷载，帷幕厚度计算所用地压值取 $p=363$kPa。

（2）帷幕厚度的确定 固结体帷幕将承受外部土压力及静水压力，其厚度可按厚壁筒公式和第四强度理论确定。

$$E=R\left(\sqrt{\frac{[\sigma]}{[\sigma]-\sqrt{3}p}}-1\right)=2.65\times\left(\sqrt{\frac{1500}{1500-1.732\times 363}}-1\right)\text{m}=0.83\text{m}$$

式中 E——帷幕设计厚度（m）；

R——井筒开挖半径，$R=2.65$m；

p——最大地压值，$p=363$kPa；

$[\sigma]$——固砂体允许抗压强度，$[\sigma]=\sigma/K=3000/2\text{kPa}=1500\text{kPa}$；

σ——固砂体极限抗压强度（kPa）；

K——安全系数，取 $K=2.0$。

设计考虑到表土段为短段掘砌（段高 0.7 ~ 1.2m），注浆帷幕并非无限长厚壁筒，故选用安全系数 2 进行帷幕设计。

（3）旋喷基本参数的选择

1）旋喷压力 p_0。根据国产 SNC-H300 型注浆车配套高压泵参数，选用旋喷压力为 17.64 ~ 21.56MPa。

2）喷嘴直径 d_0。工程实际选用了直径为 2.0mm、2.5mm、3.0mm 的喷嘴。

3）旋喷成桩直径 D。本工程土层由砂与粉质黏土交互组成。一般粉质黏土的标准贯入击数 N 值为 13 ~ 15，根据标准贯入值估算的成桩直径及施工前试喷取得的成桩直径数据见表 12.10。设计成桩直径定为 0.5m。

表 12.10　旋喷成桩直径 D 的估算

土质	计算公式	适用范围	结果
粉质黏土	$D=0.65-\frac{N^2}{154}$	$0<N\leqslant5$	$N=4, D=0.55$m $N=7, D=0.48$m $N=15, D=0.36$m
	$D=\frac{1}{770}(350+10N-N^2)$	$5<N\leqslant15$	
砾砂	经验数据	$20<N\leqslant30$	$D=(0.6\pm0.2)$m
	浅层试喷		$D=(0.7\pm0.2)$m

4）成孔方式。根据表土层地压计算结果和旋喷帷幕厚度的要求，按同心圆形式将旋喷孔布成三圈，孔间距为 0.43m，孔圈距为 0.375m，钻孔允许偏斜率为 0.5%，布孔方式如图 12.24 所示。

（4）浆液配方及固结体力学性能　单管法旋喷帷幕凿井，除要求浆液具有良好的可喷性外，还要求固结体具有足够的强度和抗渗性。南风井旋喷施工中采用的浆液配方及性能见表 12.11。

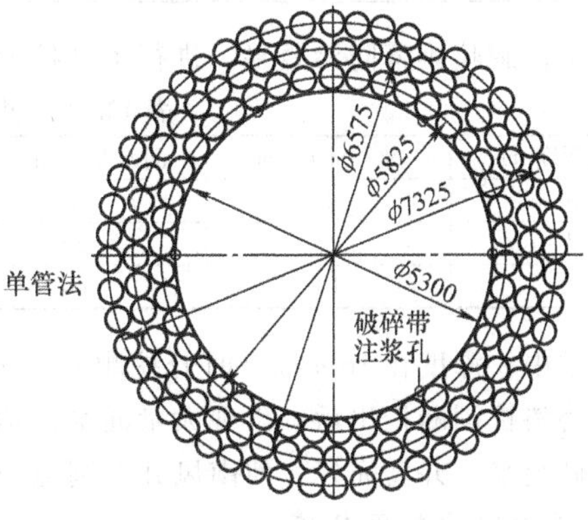

图 12.24　高压喷射注浆布孔图

表 12.11　浆液配方及性能

水灰比	外加剂		初凝时间	结石率（%）	备　注
	名称	占水泥重（%）			
1:1	$CaCl_2$	2 ~ 3	7 ~ 8h	80 ~ 88	42.5 级普通硅酸盐水泥
1:1	NaCl + 三乙醇胺	0.63 + 0.03	7h10min		42.5 级普通硅酸盐水泥
	NaCl + 三乙醇胺	0.5 + 0.05	6h45min		
1.2:1			20h		
	$CaCl_2$	3	12h	76 ~ 85	
	NaCl + 三乙醇胺	0.5 + 0.05	14h	75 ~ 80	

4. 施工方法

旋喷施工顺序为：定位钻孔—下管—旋转提升—成桩养护—形成旋喷帷幕。旋喷注浆主要机械设备见表 12.12；选用的旋喷技术参数见表 12.13。

5. 施工质量检验

采用岩心钻探抽样检查，其旋喷加固体的力学性能列于表 12.14。

表 12.12 旋喷注浆主要机械设备

名称	规格型号	用途	数量
水泥车	SNC-H300 型	高压喷射注浆	2 辆
钻机	XJ100-1 型	钻探成孔用	1 台
钻机	SH-30 型(20r/min)	旋喷用	1 台
搅拌机	$V=0.4m^3$	造浆用	1 台
提升机	改装 $v=15\sim30cm/min$	提升用	1 台
钻具	合金钻头、钻杆等	钻孔	1 套
测斜仪	XJL-42 型	钻孔测斜	1 台

表 12.13 旋喷技术参数

喷嘴直径	$\phi2\sim\phi3mm$	浆液流量	80~90L/min
水射流出口压力	10~21MPa	浆液水灰比	1.2:1
水流出口流量	80L/min	提升速度	13~21cm/min
浆液喷射压力	13~21MPa	旋转速度	21~22r/min

表 12.14 岩心钻探抽样检查旋喷加固体的力学性能

试件编号	6 号	9 号	10 号
规格	$\phi70mm\times55mm$	$40mm\times40mm\times80mm$	$45mm\times45mm\times90mm$
取样深度/m	9.8~10.3	6.9~7.9	15~16.1
抗压强度/MPa	8.018	6.674	4.812
养护条件	海水 21d	海水 28d	海水 28d

为确保旋喷帷幕防渗效果，进行了开挖涌水量（潜水和承压水之和）的预测，见表 12.15。

表 12.15 井筒开挖出水量预测

开挖深度/m	水位下降/m	涌水量/(m^3/d)	开挖深度/m	水位下降/m	涌水量/(m^3/d)
3	1	7	14	12	72
7	5	36	17	15	84
12	10	64	20	18	100.8

开挖中，深度在 16m 以上时开挖顺利，继续下挖时，发现井筒东面有一根旋喷桩倾斜插入井内，将斜桩刨断挖出后，出现大量涌水，达 $160m^3/h$ 以上。后经布孔复喷，一次堵住，很快处理了涌砂突水，井筒完好，使南风井顺利地通过了第四纪表土松散层。

6. 技术经济效果分析

该工程钻孔 183 个，4455 延米。旋喷注浆 199 孔，计 3718 延米。工期一年，去掉各种影响所耽误的时间，实际钻孔和旋喷的时间为 3.3 个月。旋喷注浆耗资 38.8 万元，平均每延米桩的造价为 104 元。综合评价，南风井表土段旋喷法凿井，实际成本远低于冻结法；与沉井法和连续墙法相比较，不仅技术先进，经济上也是合理的。

思 考 题

12.1 高压喷射注浆法是如何产生的?

12.2 按照高压喷射流的作用方向，高压喷射注浆法分为哪三种?

12.3 高压喷射注浆法根据工艺类型可划分为哪四种方法?

12.4 高压喷射注浆法有何特点? 适用于何种土质和工程范围?

12.5 高压喷射注浆后如何进行质量检验?

第4部分　其他地基处理方法

第13章　灌　浆　法

【本章导读】 主要介绍了灌浆法的概念、分类、工程应用、特点及适用范围。掌握浆液材料分类、浆液基本性质和不同浆液材料的配制；通过对灌浆方式和加固原理的理解，熟悉灌浆法的设计计算和施工技术，熟识灌浆质量与灌浆效果检验；通过工程实例了解灌浆法应用情况。

13.1　概述

13.1.1　灌浆法的概念、作用及目的

灌浆法是指利用气压、液压或电化学原理，通过灌浆管把浆液均匀地注入地层中，浆液以填充、渗透和挤密等方式赶走土颗粒间或岩石裂隙中的水分和空气后占据其位置，经人工控制一定时间后，将原来松散的土粒或裂隙胶结成一个整体，形成一个结构新、强度大、防水性能好和化学性质稳定的“结石体”，以达到地基处理的目的。其实质就是用气压、液压或电化学原理，把某些能固化的浆液注入各种介质的裂缝或孔隙，以改善地基的物理力学性质。

灌浆的主要作用有：

1）充填作用。浆液凝结的结石将地层空隙充填起来，可以阻止水通过，提高地层密实性。

2）压密作用。在浆液被压入的过程中，将对地层产生挤压，从而使那些无法进入浆液的细小裂隙或孔隙受到压缩和挤密，使地层密实性和力学性能都得到提高。

3）黏合作用。某些浆液的胶凝性质可以使已经脱开的岩块、建筑物裂缝等充填并黏合在一起，使其联合承载力得到提高。

4）固化作用。某些浆材（如水泥和某些化学灌浆材料）可与地层中的黏土等松软物质发生化学反应，将其凝固成坚固的“类岩体”。

灌浆的主要目的是防渗、堵漏、加固和纠正建筑物偏斜。

1）防渗。降低渗透性，减少渗流量，提高抗渗能力，降低孔隙水压力。

2）堵漏。封填孔洞，堵截流水。

3）加固。固结或稳固松散颗粒和破碎岩石，提高地层的力学强度，起到安全围护和支撑的作用。

4）纠偏。使已发生不均匀沉降的建筑物恢复原位或减少其偏斜度。

5）补强。对有缺陷或损坏了的建筑物进行补强修理；恢复混凝土结构及建筑物的整体性。

6）降低地表下沉。降低或均化岩土的压缩性，提高其变形模量，改善其不均匀性。

7）防止滑坡。提高边坡岩土体的抗滑能力。

此外，也可通过灌浆对置入地层中的孔管、锚杆、锚索等进行固定和保护。灌浆法还可用于

减小挡土墙上的土压力，防止岩土的冲刷，消除砂土液化等方面。在工程实践中，灌浆的作用不是单一的，在达到某种目的的同时，往往还具有其他一些作用。

13.1.2 灌浆法的发展历史

灌浆法于1802年由法国的Charles Berlghy（查理士·贝尼尔）所发明，最先用在Dieppe（第厄普）冲刷闸的修理上。当初，他用的是一种木制冲击筒装置，用人工锤的方法向地层挤压浆液。最早是压入黏土浆液，后又在其他修理工程上压入具有一定硬结性能的火山灰和生石灰浆液。灌浆法的首次使用就获得了成功，使一些濒临报废的船坞工程重新恢复了青春。

1856~1858年，英国的W. R. Kinippe（基尼普尔）在做了一系列试验后，第一次把水泥用于灌浆。化学灌浆是在1920年由德国的Joosen（尤斯登）首先使用水玻璃和氯化钙作为灌浆材料开始出现的。此后，一些国家广泛开展研制工作，研制出了黏度较低的铬木素类、丙烯酰胺类等浆液材料。到20世纪60年代中期，化学灌浆材料已达30多种。

灌浆法在我国的大量采用，是在1949年新中国成立后，经过多年来试验研究和实际应用，在水泥、黏土等传统材料的灌浆技术上有了很大的发展和提高。在化学灌浆材料方面改进了铬木素类、水泥-水玻璃类、丙烯酰胺类浆液的配方，另外还研制出聚氨酯类、环氧树脂类等新的灌浆材料。

13.1.3 灌浆法的分类

（1）按灌浆作用分　如固结灌浆、帷幕灌浆、回填灌浆和接触灌浆等。

（2）按灌注材料分　如水泥灌浆、水泥砂浆灌浆、水泥黏土灌浆和化学灌浆等。

（3）按灌浆压力分　如高压灌浆（3MPa以上）、中压灌浆（0.5~3MPa）和低压灌浆（0.5MPa以下），后两类也可称为常规压力灌浆。

（4）按灌浆机理分　如渗透灌浆、压密灌浆、劈裂灌浆、电动化学灌浆等。

（5）按灌浆目的分　如防渗灌浆、加固灌浆等。

13.1.4 灌浆法的应用范围

目前，灌浆法已广泛应用于工业与民用建筑、道桥、市政、公路隧道、地下铁道、地下厂房以及矿井建设，文物保护，坝基防渗加固等工程中。

1）建筑地基加固。通过改善地基土的力学性质，对地基进行加固或纠偏处理。

2）钻孔灌注桩后压浆。通过对桩侧或桩底压浆，即可消除孔底沉渣及桩周泥皮对桩承载力的影响，可提高桩的承载力。

3）坝基工程防渗和加固。对砂基、砂砾石地基、喀斯特溶洞、断层、软弱夹层、裂隙岩体和破碎岩体等加固，提高岩土体密实度和整体性，改善其力学性能，减小透水性，增强抗渗能力。

4）基坑支护和边坡治理。提高支护结构后土体的强度，减少基坑的渗水量，防止邻近建筑物沉降及维护边坡稳定。

5）后拉锚杆灌浆。将拉杆与土体胶结，形成锚固体。

6）地铁的灌浆加固。防止地面沉降过大，限制地下水的流动及制止土体位移。

13.1.5 灌浆法的近期发展

1）灌浆法的应用领域越来越广。除坝基防渗加固外，在土木工程的其他领域，如工业与民用建筑、道桥、市政、公路隧道、地下铁道、地下厂房以及矿井建设等，灌浆法也占有十分重要的地位。

2）灌浆材料品种越来越多，灌浆材料性能和应用问题的研究更加系统和深入，各具特色的灌浆材料已能充分满足各类建设工程和不同地基条件的需要。

3）劈裂灌浆技术已取得长足的发展，尤其在软弱地基中，这种技术被越来越多地用作提高地基承载力和消除建筑物沉降的手段。

4）在一些比较发达的国家，计算机检测系统已较普遍地在灌浆施工中被用来收集诸如灌浆压力、浆液稠度和耗浆量等重要参数，这不仅可使工作效率大大提高，还能更好地控制灌浆工序和了解灌浆过程本身，促进灌浆法从一门工艺变为一门科学。

13.2 灌浆材料

13.2.1 浆液材料的分类

灌浆工程中所用的浆液是由主剂（原材料）、溶剂（水或其他溶剂）及各种外加剂混合而成的，通常所说的灌浆材料，是指浆液中所用的主剂。外加剂可根据在浆液中所起的作用，分为固化剂、催化剂、速凝剂、缓凝剂和悬浮剂等。

灌浆材料按其形态可分为颗粒型浆材、溶液型浆材和混合型浆材三种类型。颗粒型浆材以水泥为主剂，故多称其为水泥系浆材；溶液型浆材由两种或多种化学材料配制，故通常称其为化学浆材；混合型浆材则由上述两类浆材按不同比例混合而成。

在国内外灌浆工程中，水泥一直是用途最广和用量最大的浆材，其主要特点为结石体力学强度高，耐久性较好且无毒，料源广且价格较低。但普通水泥浆因容易沉淀析水而稳定性较差，硬化时伴有体积收缩，对细裂缝而言颗粒较粗，对大规模灌浆工程而言则用量过大。为克服上述缺点，国内外常采取下述几种措施：在水泥中掺入黏土、砂和粉煤灰等廉价材料；提高水泥颗粒细度；掺入各种附加剂以改善水泥浆液性质。

化学浆材的品种很多，包括环氧树脂类、甲基丙烯酸酯类、丙烯酰胺类、木质素类和硅酸盐类等。化学浆材的最大特点为浆液属于真溶液，初始黏度大都较小，故可用来灌注细小的裂缝或孔隙，解决水泥系浆材难于解决的复杂地质问题。化学浆材的主要缺点是造价较高和存在环境污染问题，这使得化学浆材的推广应用受到较大的局限。

混合型浆材包括聚合物水玻璃浆材、聚合物水泥浆材和水泥水玻璃浆材等几类。此类浆材包含了上述各类浆材的性质，或用来降低浆材成本，或用来满足单一材料不能实现的性能。尤其是水玻璃水泥浆材，由于具有成本较低和凝结快的特点，现已被广泛地用来加固软弱土层和解决地基中的特殊工程问题。

为了改变水泥浆液的性质，以适应不同的灌浆目的和自然条件，可在水泥浆中掺入不同的附加剂，常用的附加剂见表 13.1；另外，还有加气剂、膨胀剂、防析水剂等，此外由于膨胀土是一种水化能力极强和分散性很高的活性黏土，广泛地用作水泥浆的附加剂，可使浆液黏度增大，稳定性提高，结石率增加。

13.2.2 浆液的基本性质

灌浆材料的主要性质包括：分散度、沉淀析水性、凝结性、热学性、收缩性、结石强度、渗透性和耐久性。

表 13.1 常用的附加剂

名称	试剂	用量（占水泥量，%）	说明
速凝剂	氯化钙	1～2	加速凝结、硬化
	硅酸钠	0.5～3	加速凝结
	铝酸钙	0.2～0.5	加速凝结
缓凝剂	木质硫酸钙	0.1～0.5	增加流动性
	磷酸氢二钙	0.5～2	增加流动性
流动剂	木质磺酸钙	0.2～0.3	—

1）分散度。分散度是影响可灌性的主要因素，一般分散度越高，可灌性就越好。分散度还影响浆液的一系列物理力学性质。

2）沉淀析水性。沉淀析水性是指水泥颗粒在重力作用下沉淀，并使水向浆液顶端上升。沉淀析水性是影响灌浆质量的有害因素。浆液水灰比是影响析水性的主要因素。当水灰比为 1.0 时，水泥浆最终析水率高达 20%。

3）凝结性。浆液的凝结过程分为两个阶段：初期阶段，浆液的流动性减小到不可泵送的程度；第二阶段，凝结后的浆液随时间而逐渐硬化。研究证明，水泥浆的初凝时间一般为 2～4h，黏土水泥浆则更长。由于水泥微粒内核的水化过程非常缓慢，故水泥结石强度的增长有的延续几十年。

4）热学性。由水化热引起的浆液温度主要取决于水泥类型、细度、水泥含量、灌注温度和绝热条件等因素。当大体积灌浆工程需要控制浆温时，可采用低热水泥、低水泥含量及采取降低拌和水温等措施。当采用黏土水泥浆灌注时，一般不存在水化热问题。

5）收缩性。浆液及结石的收缩性主要受环境条件的影响，潮湿养护不仅不会收缩还可能随时间而略有膨胀。反之，干燥养护就可能发生收缩。而一旦发生收缩，就将在灌浆体中形成细微裂缝，使灌浆效果降低。

6）结石强度。影响结石强度的因素主要有浆液的起始水灰比、结石的孔隙率、水泥及掺合料的品种等。

7）渗透性。与结石的强度一样，结石的渗透性也与浆液起始水灰比、水泥含量及养护龄期等有关。一般水泥浆或黏土水泥浆，其渗透性都很小。

8）耐久性。当地下水具有侵蚀性时，宜根据具体情况选用矿渣水泥、火山灰水泥等。由于黏土料基本不受地下水的化学侵蚀，故黏土水泥结石的耐久性比纯水泥结石好。另外，结石的密度越大和透水性越小，灌浆体的寿命就越长。

13.2.3 浆液材料选择要求

灌浆材料的选择与一系列因素有关：

1）灌浆目的。加固地基还是防渗提高地基承载力、抗滑稳定性还是减小地基变形。

2）地质条件。土的类型和性质、地下水位、灌浆施工期的地下水流速等。

3）工程性质。重要建筑还是一般的，是否为振动基础，是否为永久性工程等。

选择要求：

1）浆液应是真溶液而不是悬浊液。浆液黏度低，流动性好，能进入细小裂隙。

2）浆液胶凝时间可在几秒至几小时范围内随意调节，并能准确地控制，浆液一旦发生胶凝就在瞬间完成。

3）浆液的稳定性好。在常温常压下，长期存放不改变性质，不发生任何化学反应。

4）浆液无毒无臭。不污染环境，对人体无害。

5）浆液对注浆设备、管路等无腐蚀性，易清洗。

13.2.4 常用浆液材料的配制

1. 水泥浆材

水泥浆材是以水泥浆为主的浆液，在地下水无侵蚀性的条件下，一般都采用普通硅酸盐水泥。它是一种悬浊液，能形成强度较高和渗透性较小的结石体，既适用于岩土加固，也适用于地下防渗。水泥浆的水灰比一般为0.5~2.0，由42.5级普通硅酸盐水泥配制成的一组浆液基本性能见表13.2。高浓度浆液强度和密度都较大，但流动性差，需掺入分散剂以降低黏度。

表13.2 纯水泥浆的基本性能

水灰比	黏度/mPa·s	密度/g·cm^{-3}	结石率(%)	凝结时间		抗压强度/MPa			
				初凝	终凝	3d	7d	14d	28d
0.5:1	139	1.86	99	7h41min	12h36min	4.14	6.46	15.30	22.00
0.75:1	32	1.62	97	10h47min	20h33min	2.43	2.60	5.54	11.27
1:1	18	1.49	85	14h56min	24h27min	2.00	2.40	2.42	8.90
1.5:1	17	1.37	67	16h52min	34h47min	2.04	2.33	1.78	2.22
2:1	16	1.30	56	17h7min	48h15min	1.66	2.56	2.10	2.80

一般水泥浆析水性大，稳定性差，同时水灰比越大，上述问题就越突出。为改善水泥浆液的性质，适应不同的灌浆目的和自然条件，常在水泥浆中掺入各种外加剂，见表13.3。

表13.3 水泥浆的外加剂及掺量

名称	试剂	掺量占水泥质量的百分比(%)	说明
速凝剂	氯化钙	1~2	加速凝结和硬化
	硅酸钠	0.5~3	加速凝结
	铝酸钠		
缓凝剂	木质磺酸钙	0.2~0.5	增加流动性
	酒石酸	0.1~0.5	
	糖	0.1~0.5	
流动剂	木质磺酸钙	0.2~0.3	增加流动性
	去垢剂	0.05	产生空气
加气剂	松香树脂	0.1~0.2	产生约10%的空气
膨胀剂	铝粉	0.005~0.02	约膨胀15%
	饱和盐水	30~60	约膨胀1%
防析水剂	纤维素	0.2~0.3	保水、增稠，改善施工性能
	硫酸钙	约20	产生空气

2. 粉煤灰水泥浆材

粉煤灰掺入普通水泥中作为灌浆材料使用，可节约水泥、降低成本和消化废料。对水工建筑物来说，粉煤灰水泥浆材的突出优点还在于粉煤灰能使浆液中的酸性氧化物（Al_2O_3和SiO_2等）含量增加，它们能与水泥水化析出的部分氢氧化钙发生二次反应而生成水化硅酸钙和水化铝酸钙等较稳定的低钙水化物，使浆液结石的抗溶蚀能力和耐久性得到提高。

粉煤灰的用量可高达50%（即在配方中水泥与粉煤灰用量相同），但结石的强度将有所降低，见表13.4。因此，灌浆前应根据具体条件进行仔细的配方试验。

表13.4 粉煤灰含量对结石强度的影响

试样编号	1	2	3	4	5	6
粉煤灰/水泥(质量比)	0	1	0	1	0	1
水/固体(质量比)	0.6	0.6	1	1	2	2
28d抗压强度/MPa	41.4	13.1	36.0	6.1	31.5	2.6

3. 硅粉水泥浆材

硅粉是冶金厂生产硅铁过程中经冷凝而成的细球状颗粒。在水泥浆中掺入硅粉及减水剂后，不仅使浆液的可灌性和稳定性改善，而且由于硅粉中的活性 SiO_2 能与水泥水化放出的 $Ca(OH)_2$ 反应生成低 Ca/Si 的 CSH 凝胶，该凝胶强度高于粗而多孔的 $Ca(OH)_2$ 晶体，从而使浆液结石的强度大大提高。硅粉掺入 6% ~10% 即能收到较好的效果。

4. 黏土水泥浆

黏土是含水的铝硅酸盐，其矿物成分为高岭石、蒙脱石及伊利石。以蒙脱石为主的土叫膨润土，这种土尤其是钠膨润土对制备优质浆液最为有利。膨润土是一种水化能力极强、膨胀性大和分散性很高的活性黏土，在国内外工程中被广泛使用。

表 13.5 为室内配方试验资料，试验采用的水灰比（水:干料）为 0.8，黏土掺量变化为 50% ~90%，养护条件又分为无排水条件和有排水条件两种。从表中可看出，当水泥浆掺入黏土时，其强度将大大降低，因此，黏土水泥浆材一般不宜作为加固灌浆材料。

表 13.5 黏土掺量对水泥浆物理力学性质的影响

养护条件	黏土掺量（%）	土的重度 /kN·m⁻³	孔隙比	抗压强度/kPa		压缩系数 /MPa⁻¹	压缩模量 /MPa	摩擦角 /(°)	黏聚力 /kPa	渗透系数 /cm·s⁻¹
				7d	28d					
无排水条件	90	9.0	2.08	32	69	2.0	1.55	23.8	15	1.6×10^{-5}
	80	8.8	2.19	139	442	0.15	21.28	35.4	31	1.3×10^{-5}
	70	9.3	2.05	198	737	0.17	17.39	13.2	115	9.7×10^{-6}
	60	9.2	2.12	250	884	0.22	13.51	35.8	66	8.9×10^{-6}
	50	10.0	1.91	385	810	0.06	37.74	12.4	135	6.7×10^{-6}
有排水条件	90	9.0	2.08	121	172	0.83	3.73	26.0	49	8.6×10^{-6}
	80	9.4	1.99	327	958	0.10	29.85	39.0	32	1.0×10^{-5}
	70	9.7	1.93	510	982	0.10	26.32	42.9	80	5.8×10^{-6}
	60	10.0	1.87	690	1670	0.10	29.00	40.3	142	5.5×10^{-6}
	50	10.4	1.79	970	1694	0.10	39.22	34.7	167	3.8×10^{-6}

5. 超细水泥

由于普通水泥浆液的颗粒材料较粗，其渗入能力受到限制，一般只能灌注大于 0.2 ~0.3mm 的裂缝或孔隙，而超细水泥浆液可以渗入更小的微裂隙之中。

日本首先利用干磨法制成 d_{50} 为 4μm，比表面积约为 8000cm²/g 的 MC 超细水泥，可灌入渗透系数为 10^{-3}cm/s 的中细砂层。中国水利水电科学研究院研制出的 SK 型超细水泥，浙江大学等单位研制出的 CX 型超细水泥，其 d_{50} 为 3 ~4μm。近年来，日本用湿磨法制成 d_{50} 为 3μm 的超细水泥。法国采用去除水泥中较大颗粒的办法制成颗粒小于 10μm 的“微溶胶”浆液。

6. 聚氨酯浆材

聚氨酯是采用多异氰酸酯和聚醚酯等作为主要原材料，再掺入各种外加剂配制而成的。浆液灌入地层后，遇水即反应生成聚氨酯泡沫体，起加固地基和防渗堵漏等作用。聚氨酯浆材又可分为水溶性与非水溶性两类，前者能与水以各种比例混溶，并与水反应生成含水胶凝体；后者只能溶于有机溶剂。

工程上一般应用非水溶性聚氨酯，其中“二步法”制的浆最好，它又称预聚法，是把主剂先合成为聚氨酯的低聚物（预聚体），然后再把预聚体和外加剂按需要配成浆液。

聚氨酯浆材使用的外加剂包括下列几种：

（1）增塑剂 降低大分子间的相互作用力，提高材料韧性，常用邻苯二甲酸二丁酯。

（2）稀释剂 降低预聚体或浆液的黏度，提高浆液的可灌性，常用丙酮和二甲苯。

（3）表面活性剂　提高泡沫的稳定性和改善泡沫的结构，一般采用吐温和硅油。

（4）催化剂　加速浆液与水的反应和控制发泡时间，常用三乙醇胺和三乙胺。

几种比较有代表性的聚氨酯浆材配方见表 13.6。各配方的性能指标见表 13.7。

表 13.6　常用的聚氨酯配方

编号	预聚体类型	材料质量比					
		预聚体	二丁酯（增塑剂）	丙酯（稀释剂）	吐温、硅油（表面活性剂）	催化剂	
						三乙醇胺	三乙胺
SK－1	PT－10	100	10～30	10～30	0.5～0.75	0.5～2	—
SK－2	TT－1/TM－1	100	10	10	0.5～0.75	—	0.2～4
SK－3	TT－1/TP－2	100	10	10	0.5～0.75	—	0.2～4

表 13.7　聚氨酯浆液性能指标

编号	游离[NCO]含量（%）	相对密度	黏度 /Pa·s	固砂体		抗渗强度等级
				屈服抗压强度/MPa	弹性模量/MPa	
SK－1	21.2	1.12	2×10^{-2}	16.0	455.0	$>B_{20}$
SK－2	18.1	1.14	1.6×10^{-1}	10.0	287.0	$>B_{10}$
SK－3	18.3	1.15	1.7×10^{-1}	10.0	296.2	$>B_{10}$

7. 丙烯酰胺类及无毒丙凝浆材

该浆材国外称 AM－9，国内称丙凝，由主剂丙烯酰胺、引发剂过硫酸铵（简称 AP）、促进剂 β－二甲氨基丙腈（简称 DAP）和缓凝剂铁氰化钾（简称 KFe）组成，标准配方见表 13.8。

丙凝浆材有一定的毒性，对空气和水也存在环境污染问题。为此，美国研制出一种名为AC-400 的浆材。中国水利水电科学研究院亦研制出类似的浆材 AC－MS，其典型配方见表 13.9。这类浆材的毒性仅为丙凝的1%，但其特性和功能都与 AM－9 相似，故被称为无毒丙凝。

表 13.8　丙凝浆液的标准配方

试剂名称	代号	作用	质量分数（%）
丙烯酰胺	A	主剂	9.5
N-N′-甲撑双丙烯酰胺	M	交联剂	0.5
过硫酸铵	AP	引发剂	0.5
β-二甲氨基丙腈	DAP	促进剂	0.4
铁氰化钾	KFe	缓凝剂	0.01

表 13.9　AC-MS 的配方

成分	AC-400（40%）	三乙醇胺（85%）	水	过硫酸铵	总量
质量分数	25.0	1.0	73.0	1.0	100

8. 硅酸盐类浆材

硅酸盐（水玻璃）因具有无毒、价廉和可灌性好等优点，应用较普遍，硅酸盐类浆材占目前使用的化学浆液的90%以上。水玻璃（$Na_2O\cdot nSiO_2$）在酸性固化剂作用下，可产生凝胶。水玻璃类浆液有很多种，几种较有使用价值的硅酸盐类浆材的组成、性能及主要用途见表 13.10。

表 13.10　硅酸盐类浆材的组成、性能及主要用途

原料		规格要求	用量（体积比）	凝胶时间	注入方式	抗压强度 /MPa	主要用途	备注
水玻璃-氯化钙	水玻璃	模数:2.5～3.0 浓度:43～45°Bé	45%	瞬间	单管或双管	<3.0	地基加固	注浆效果受操作技术影响较大
	氯化钙	密度:2.3～3.4 浓度:30～32°Bé	55%					

（续）

原料		规格要求	用量（体积比）	凝胶时间	注入方式	抗压强度/MPa	主要用途	备注
水玻璃-铝酸钠	水玻璃	模数：2.3～3.4 浓度：40°Bé	1	几十秒～几十分	双液	<3.0	堵水或地基加固	改变水玻璃模数、浓度、铝酸钠含铝量和温度可调节凝胶时间
	铝酸钠	含铝量：0.01～0.19kg/L	1					
水玻璃-硅氟酸	水玻璃	模数：2.4～3.4 浓度：30～45°Bé	1	几秒～几十分	双液	<1.0	堵水或地基加固	两液等体积注浆、硅氟酸不足部分加水补充，两液相遇有絮状沉淀产生
	硅氟酸	浓度：28%～30%	0.1～0.4					

9. 水泥水玻璃浆材

水泥浆中加入水玻璃有两个作用，一是作为速凝剂使用，掺量较少，一般占水泥质量的3%～5%；二是作为主料使用，掺量较多，主要根据灌浆目的和要求而定。

结合各地实践经验，水泥水玻璃浆材的适宜配方为：水泥浆水灰比为0.8:1～1:1；水泥浆与水玻璃的体积比为1:0.6～1:0.8；水玻璃的模数值为2.4～2.8，浓度为30～45°Bé。各配方的凝结时间为1～2min，抗压强度变化在9～24MPa。

10. 木质素浆材

木质素类浆材是以纸浆废液为主剂，加入一定量的固化剂所组成的浆液。木质素浆材有铬木素浆材和硫木素浆材两种。最早的铬木素浆材只有纸浆废液和重铬酸钠两种成分。但因这种浆液凝胶时间较长，采用三氯化铁作为促进剂，可缩短凝胶时间。为了提高其强度，又研制出铝盐和铜盐作为促进剂的铬木素浆材，但毒性均未减小。

11. 改性环氧树脂浆材

环氧树脂是一种高分子材料，它具有强度高、黏结力强、收缩性小、化学稳定性好、能在常温下固化等优点；但它作为灌浆材料存在一些问题，如浆液的黏度大、可灌性小、憎水性强、与潮湿裂缝黏结力差等。

13.3 灌浆方式与加固原理

常用的灌浆方式有渗入性灌浆、压密灌浆、劈裂灌浆、电动化学灌浆、单液硅化法和碱液法几种类型。这些灌浆方式在实际工程中可单独采用，或两种及两种以上组合使用。

13.3.1 渗入性灌浆

在灌浆压力作用下，浆液克服各种阻力而渗入孔隙和裂隙，压力越大，吸浆量及浆液扩散距离越大。这种理论假定在灌浆过程中地层结构不受扰动和破坏，灌浆压力相对较小。

渗入性灌浆适用于存在孔隙或裂缝的地基土层，如砂土地基土层等。对于颗粒型浆液，其颗粒尺寸必须能进入土层中存在的孔隙或裂缝，因而渗入性灌浆存在浆液可灌性问题。影响浆液扩散范围的因素有土层的渗透系数（或裂隙、孔隙尺寸）、浆液黏度、灌浆压力、灌入时间等。渗入性灌浆主要理论有球形扩散理论、柱形扩散理论和袖套管法理论等。工程应用中，建议以现场灌浆试验确定灌浆压力、灌浆时间和浆液扩散范围及相互间的关系，作为灌浆设计和施工参数确定的依据。

13.3.2 压密灌浆

压密灌浆是注入极稠的浆液，形成球形或圆柱体浆泡，压密周围土体，使土体产生塑性变形，但不使土体产生劈裂破坏。当浆泡直径较小时，灌浆压力沿钻孔的径向即水平向扩展。随着浆泡尺寸的逐渐增大，便产生较大的上抬力而使地面抬动，当合理使用灌浆压力并造成适宜的上抬力时，能使下沉的建筑物回升到相当精确的范围。压密灌浆原理如图 13.1 所示。

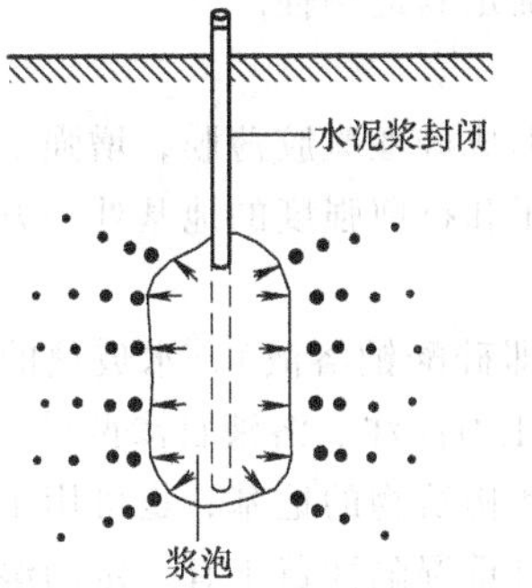

图 13.1 压密灌浆原理示意图

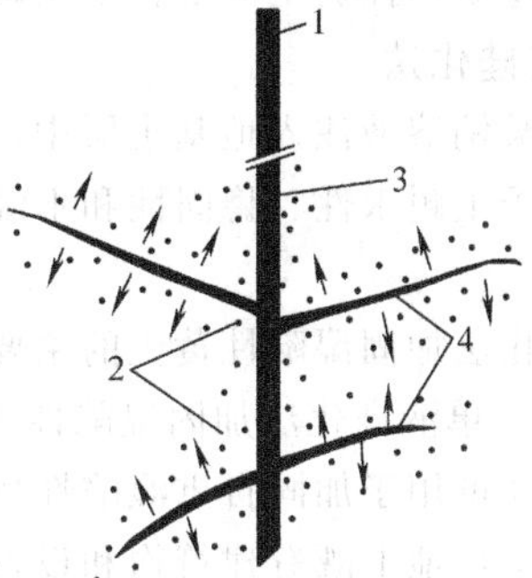

图 13.2 劈裂灌浆示意图

1—浆液 2—渗透的浆液 3—灌浆孔 4—灌浆劈裂面

压密灌浆是浓浆置换和压密土的过程。此法最常用于砂土地基，黏土地基中若有适宜的排水条件也可采用，若因排水不畅而可能在土体中引起高孔隙水压力时，就必须采用很低的注浆速率。因压密灌浆简单实用，造价便宜，是目前应用最广泛的注浆方法之一。

13.3.3 劈裂灌浆

劈裂灌浆原理如图 13.2 所示。在灌浆压力作用下，浆液克服各种地层的初始应力和抗拉强度，引起岩土体结构破坏和扰动，使地层中原有的孔隙（裂隙）扩张或形成新的裂缝（孔隙），从而使低透水性地层的可灌性和浆液扩散距离增大，后续的注浆使裂缝不断向外伸展，浆液在土层中形成条、脉、片状固结体，从而达到增加地层强度、降低地层渗透性的目的。

渗透灌浆与劈裂灌浆的理论基础虽然不同，但两者都是要把类似的浆液注入地基内的天然孔隙或人造裂隙，并力求在较小的压力下达到较大的扩散距离，因而浆液流动性的好坏对所述灌浆原理起着重要的作用。

13.3.4 电动化学灌浆

当在黏性土中插入金属电极并通以直流电后，就在土中引起电渗、电泳和离子交换等作用，促使通电区域中的含水量显著降低，从而在土内形成渗浆“通道”。若在通电的同时向土中灌注硅酸盐浆液，就能在“通道”上形成硅胶，并与土粒胶结成一定强度的加固体。

用土样进行电渗试验，发现由电渗引起的水流从正极流向负极的速度与达西定律相似，可用下式表示

$$v_e = K_e I_e = K_e U/L \tag{13.1}$$

式中 v_e——电渗速度；

K_e——土的电渗系数；

I_e——电压比降；

U——直流电压；

L——两电极的距离。

试验发现，K_e 并不是一个常数，它与流体中的离子含量、电场强度等因素有关。

13.3.5 单液硅化法和碱液法

单液硅化法和碱液法适用于处理地下水位以上渗透系数为 0.10 ~ 2.00m/d 的湿陷性黄土等地基。在自重湿陷性黄土场地，采用碱液法的，应通过试验确定其适用性。

1. 单液硅化法

采用硅酸钠溶液注入地基土层中，使土粒之间及其表面形成硅酸凝胶薄膜，增强了土颗粒间的联结，赋予土耐水性、稳固性和不湿陷性，并提高土的抗压和抗剪强度的地基处理方法，称为单液硅化法。

单液硅化法加固湿陷性黄土的主要材料为液体水玻璃（即硅酸钠溶液），水玻璃的模数值宜为 2.5 ~ 3.3。单液硅化法加固湿陷性黄土地基的灌注工艺有压力灌注、溶液自渗两种。

压力灌注可用于加固自重湿陷性场地上拟建的设备基础和构筑物的地基，也可用于加固非自重湿陷性黄土场地上既有建筑物和设备基础的地基。因为非自重湿陷性黄土有一定的湿陷起始压力，基底附加应力不大于湿陷起始压力或虽大于湿陷起始压力但数值不大时，不致出现附加沉降。

溶液自渗的速度慢，扩散范围小，溶液与土接触初期，对既有建筑物和设备基础的附加沉降很小（10 ~ 20mm），不超过建筑物地基的允许变形值。溶液自渗的灌注孔可用钻机或洛阳铲成孔。对于含水量不大于 20%、饱和度不大于 60% 的地基土，采用溶液自渗较合适。

低浓度（10% ~ 15%）硅酸钠溶液注入湿陷性黄土中，不致被孔隙中的水稀释，溶液的浓度低，黏滞度小，可灌性好，渗透范围较大，加固土的无侧限抗压强度可达 300kPa 以上。

2. 碱液法

将加热后的碱液（即氢氧化钠溶液），以无压自流方式注入土中，使土粒表面溶合胶结形成难溶于水的具有高强度的钙、铝硅酸盐络合物，从而达到消除黄土湿陷性，提高地基承载力的地基处理方法称为碱液法。

当 100g 干土中可溶性和交换性钙镁离子含量大于 10mg · eq 时，可采用单液法，即灌注氢氧化钠一种溶液加固；否则，应采用双液法，即采用氢氧化钠溶液与氯化钙溶液灌注加固。

氢氧化钠溶液注入土中后，土粒表层会逐渐发生膨胀和软化，进而发生表面相互溶合和胶结（钠铝硅酸盐类胶结），但这种溶合胶结是非水稳性的，只有在土粒周围存在 $Ca(OH)_2$ 和 $Mg(OH)_2$ 的条件下，才能使这种胶结构成强度高且具有水硬性的钙铝硅酸盐络合物。这些络合物的生成将使土粒牢固胶结，强度大大提高，并且具有充分的水稳性。

由于黄土中钙、镁离子含量一般都较高（属于钙、镁离子饱和土），故采用单液加固已足够。如钙、镁离子含量较低，则需考虑采用碱液与氯化钙溶液的双液法加固。为了提高碱液加固黄土的早期强度，也可注入一定量的氯化钙溶液。

灌浆一般采用定量灌注的方法。灌浆结束后，地层中的浆液往往仍具有一定的流动性，因而在重力作用下，浆液可能流失，使本来已被填满的孔隙重新出现空洞，使灌浆体的整体强度削弱，不饱和充填的另一个原因是采用不稳定的粒状浆液，如这类浆液太稀，在灌浆结束后浆中的多余水又不能排除，则浆液将沉淀析水而在孔隙中形成空洞。可采用以下措施防止上述现象：①当浆液充满孔隙后，继续通过钻孔施加最大灌浆压力；②采用稳定性较好的浓浆；③待已灌浆液初凝后，设法在原孔段内进行复灌。

13.4 设计与计算

13.4.1 工程调查

在进行岩体灌浆设计前应详细调查下述工程情况：

1）工程类别及主要特点。

2）灌浆的缘由和基本要求。

3）施工现场的地形和地质条件。

4）地下水质及水力特性。

5）周围环境及原地下结构物情况。

6）浆材的产地及价格。

上述情况对灌浆方案的选择、灌浆参数的确定、施工措施的制定以及工程的进度和造价都有重要的影响。

13.4.2 灌浆方案选择

1）灌浆目的是提高地基强度和变形模量时，一般可选用以水泥为基本材料的水泥浆、水泥砂浆和水泥水玻璃浆等，或采用高强度化学浆材，如环氧树脂、聚氨酯以及以有机物为固化剂的硅酸盐浆材等。

2）灌浆目的如是防渗堵漏时，可采用黏土水泥浆、黏土水玻璃浆、水泥粉煤灰混合物、丙凝、铬木素以及无机试剂为固化剂的浆液等。

3）在裂隙岩层中灌浆一般采用纯水泥，或在水泥浆、水泥砂浆中掺入少量膨润土；在砂砾石层中，或在溶洞中采用黏土水泥浆；在砂层中一般只采用化学浆液；在黄土中采用单液硅化法或碱液法。

4）对孔隙较大的砂砾层或裂隙岩层可采用渗入性注浆法；在砂层灌注粒状浆材宜采用水力劈裂法，在黏性土层中采用水力劈裂法或电动硅化法；矫正建筑物的不均匀沉降则宜采用压密灌浆法。

13.4.3 灌浆标准确定

所谓灌浆标准，是指设计者要求地层或结构经灌浆处理后应达到的质量指标。所用灌浆标准的高低，直接关系到工程量、进度、造价和建（构）筑物的安全。

由于工程性质、灌浆的目的和要求、所处理对象的条件各不相同，加之受到检测手段的局限，故灌浆标准很难规定一个比较具体和统一的准则，而只能根据具体情况作出具体的规定。通常采用防渗标准、强度及变形标准及施工控制标准进行控制，并且常常需要在施工前进行灌浆试验，在验证灌浆设计、施工参数的同时，确定灌浆质量标准的具体指标。

1. 防渗标准

所谓防渗标准，是指地层或结构经灌浆处理后应达到的渗透性要求。防渗标准越高，灌浆技术的难度就越大，一般灌浆工程量及造价也越高。对重要的防渗工程，都要求将地基土的渗透系数降低至 10^{-4}cm/s 以下，对临时性工程或允许出现较大渗漏量而又不致发生渗透破坏的地层，也可采用 10^{-3}cm/s 数量级的防渗标准。

在岩石地基中，我国多采用单位吸水量 w 作为准则，在水利水电建设工程中防渗标准多采

用 $w=0.01\sim0.03\text{L}/(\text{min}\cdot\text{m}^2)$，在特殊情况下可能有更高要求。

单位吸水量用钻孔压水试验方法求得，其计算式为

$$w=\frac{Q}{LHt} \tag{13.2}$$

式中 w——地层单位吸水量 [$\text{L}/(\text{min}\cdot\text{m}^2)$]；

Q——地层的总吸水量（L）；

L——压水试验段长（m）；

H——压水压力（m）；

t——试验时间（min）。

国外岩基防渗标准有几种，其中一种把水的价值和岩层抵抗管涌的能力放在首要地位，并结合坝型和帷幕厚度选定标准，如当水库水的价值很高时，不管坝型、坝高和坝基岩性如何，都可以 1 吕荣为标准，水的价值较高时为 2～3 吕荣，当水的价值可以忽略不计时，防渗标准随坝的形式和地质条件而异，在 3～10 吕荣之间变化。所谓吕荣，是用来表示岩层渗透性的一种单位，其值仍可用式（13.2）计算，但式中的压力水头不是 m，而是 1MPa（或 10kg/cm^2），故数值上 1 吕荣等于单位吸水量 w 为 $0.01\text{L}/(\text{min}\cdot\text{m}^2)$ 时的渗透量。

现场试验证明，单位吸水量 w 与渗透系数 k（单位为 cm/s）之间存在着大体如下关系

$$k=1.5\times10^{-3}w \tag{13.3}$$

2. 强度和变形标准

所谓强度和变形标准，是指地层或结构经灌浆加固处理后应达到的强度和变形要求，是工程为提高地层或结构的承载能力、物理力学性能，改善其变形性能，对抗压强度、抗拉强度、抗剪强度、黏结强度及变形模量、压缩系数、蠕变特性等方面指标的要求。

1）为了增加摩擦桩的承载力，主要应沿桩的周边灌浆，以提高桩侧界面间的凝聚力，对支承桩则在桩底灌浆以提高桩端土的抗压强度和变形模量。

2）为了减少坝基础的不均匀变形，仅需在坝基下游基础受压部位进行固结灌浆，以提高地基土的变形模量。

3）对振动基础，有时灌浆目的只是改变地基的自然频率以清除共振条件，因而不一定需用强度较高的浆材。

4）为了减小挡土墙的土压力，应在墙背至滑动面附近的土体中灌浆，以提高地基土的重度和滑动面的抗剪强度。

当灌浆目的为防渗时，所需浆材的强度仅以能防止水压把孔隙中结石挤出为原则，这种情况下起作用的是结石的抗剪强度。按照抗剪破坏的原则，并假定土孔隙为有规则的平直面，则抵抗水压力所需的抗剪强度为

$$c=\frac{pd}{2l} \tag{13.4}$$

式中 c——浆液结石与孔隙壁面间的黏结力；

p——地下水的渗透压力；

d——孔隙高度；

l——灌浆体长度。

设 $p=10\text{kg/cm}^2$，$d=0.5\sim1.0\text{cm}$，$l=100\text{cm}$，代入上式得 c 值为 $0.025\sim0.05\text{kg/cm}^2$，此值很容易为低强度黏土水泥浆所满足，而无需采用较高强度的浆材。

此外，利用尺寸效应，可使某些低强度浆材获得很高的稳定性。设直径为 d 的圆形孔隙，则

由水压力 p 造成的破坏力见式（13.5），由 c 造成的阻抗力见式（13.6）。

$$p_1 = p\pi d^2/4 \tag{13.5}$$

$$p_2 = c\pi dl \tag{13.6}$$

由以上计算公式可知，随着孔隙尺寸的减小，灌浆体可获得越来越大的抗挤出稳定性。

3. 施工控制标准

工程应用中，防渗标准、强度及变形指标往往是难以确定的。同时，灌浆质量指标的检测在施工后才能进行，有时受各种条件的局限甚至不能进行检测。为保证工程的质量，灌浆工程常采用施工控制标准：①灌浆压力控制标准；②灌浆量控制标准；③灌浆强度值（GIN）控制标准。

1）在正常情况下注入理论耗浆量 Q 为

$$Q = Vn + q_n \tag{13.7}$$

式中　V——设计灌浆体积；

n——土的孔隙率；

q_n——无效注浆量［计算方法见式（13.13）］。

2）按耗浆量降低率进行控制。由于灌浆是按逐渐加密原则进行的，孔段耗浆量也随加密次序的增加而逐渐减少。若起始孔距布置正确，则第二次序孔的耗浆量将比第一次序孔大为减少，这是灌浆取得成功的标志。

设 q_1、q_2、q_3为相应于第 1、2 和 3 次序孔的平均耗浆量，$d = q_2/q_1$称为耗浆量降低率，并假定浆液呈圆形均匀向外扩散，则不同的 d 值代表不同的灌浆效果：①当 $d \geqslant 1$，两个次序孔的浆液不能搭接（图 13.3a）或刚好搭接（图 13.3b）；②当 $d < 1$，两个次序孔的浆液有一定的重叠，如图 13.3c 所示。第一种情况是不允许存在的，应继续灌浆。

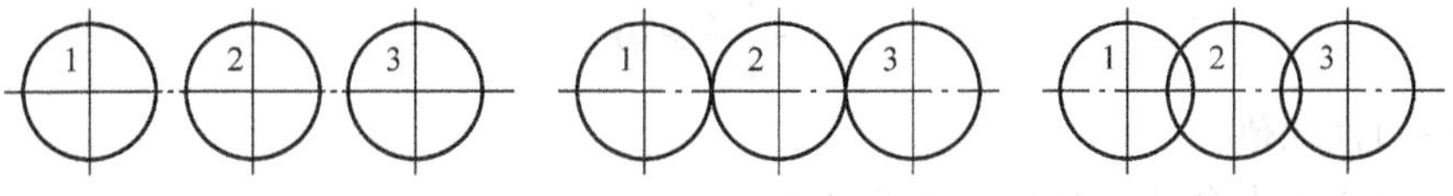

图 13.3　d 值与灌浆效果的关系

a）$d \geqslant 1$　b）$d = 1$　c）$d < 1$

13.4.4　浆材选择及配制设计

1. 灌浆材料的选择

根据土质和灌注目的的不同，将浆材及配方设计原则列于表 13.11 和表 13.12。

表 13.11　按土质的不同对灌浆材料的选择

土质名称	土质具体名称	灌浆材料
黏性土和粉土	粉土、黏土、黏质粉土	水泥类灌浆材料及水玻璃悬浊型浆液
砂质土	砂、粉砂	渗透性溶液型浆液（但在预处理时，使用水玻璃悬浊型）
砂砾	—	水玻璃悬浊型浆液（大孔隙）、渗透性溶液型浆液（小孔隙）
层界面	—	水泥类灌浆材料及水玻璃悬浊型浆液

2. 水泥浆液密度计算

$$\rho = \frac{M}{V} = \frac{d_c\rho_w(1+\lambda)}{\rho_w + \lambda d_c} = \frac{3(1+\lambda)}{1+3\lambda} \tag{13.8}$$

式中　d_c——水泥浆液的相对密度，$d_c = M_c/V_c$，一般取 $d_c \approx 3.0$；

ρ_w——水的密度，一般取 $\rho_w = 1\text{g/cm}^3$；

λ——浆液的水灰比，$\lambda = M_c / M_w$；

M——浆液的质量，$M = M_c + M_w$；

V——浆液的体积，$V = V_c + V_w$；

M_c、V_c——浆液中水泥的质量和体积；

M_w、V_w——浆液中水的质量和体积。

表 13.12　按灌浆目的的不同对灌浆材料的选择

<table>
<tr><th colspan="3">项　　目</th><th>基　本　条　件</th></tr>
<tr><td rowspan="5">改良目的</td><td colspan="2">堵水灌浆</td><td>渗透好、黏度低的浆液（作为预灌浆，使用悬浊型）</td></tr>
<tr><td rowspan="3">加固地基</td><td>渗透灌浆</td><td>渗透好、有一定强度的（即黏度低的）溶液型浆液</td></tr>
<tr><td>脉状灌浆</td><td>凝胶时间短的均质凝胶，强度大的悬浊型浆液</td></tr>
<tr><td>渗透、脉状灌浆并用</td><td>均质凝胶强度大且渗透性好的浆液</td></tr>
<tr><td colspan="2">防止涌水灌浆</td><td>凝胶时间不受地下水稀释而延缓的浆液、瞬时凝固的浆液（溶液或悬浊型的）（使用双层管）</td></tr>
<tr><td rowspan="2">综合灌浆</td><td colspan="2">预处理灌浆</td><td>凝胶时间短，均质凝胶强度比较大的悬浊型浆液</td></tr>
<tr><td colspan="2">正式灌浆</td><td>和预处理材料性质相似的渗透好的浆液</td></tr>
<tr><td colspan="3">特殊地基处理灌浆</td><td>对酸性、碱性地基、泥炭应事前进行试验，校核后选择灌浆材料</td></tr>
<tr><td colspan="3">其他灌浆</td><td>研究环境保护（毒性、地下水污染）</td></tr>
</table>

13.4.5　粒状材料的可灌性评价

在砂砾石层中采用黏土水泥混合物作为基本灌浆材料时，需进行黏土水泥材料对砂砾石土的可灌性评价。砂砾石可灌性可采用如下简化公式评定

$$N = \frac{D_{15}}{d_{85}} \geqslant 10 \tag{13.9}$$

式中　N——可灌比值；

D_{15}——砂砾土中含量为 15% 的颗粒尺寸；

d_{85}——灌浆材料中含量为 85% 的颗粒尺寸。

式（13.9）的基本概念：只要 N 值大于 10，就将有 85% 的灌浆材料充填大部分砂砾石孔隙。灌浆材料满足式（13.8）时，可使砂砾土的渗透系数降低至 $10^{-4} \sim 10^{-5}\text{cm/s}$ 的水平。

除可灌比值外，尚可用砂砾石的渗透性间接地说明可灌性，因为土粒的孔隙尺寸与其渗透性密切相关。比较成功的经验为：①渗透系数大于 $2\times10^{-1}\text{cm/s}$ 时，可采用水泥浆；②渗透系数大于 $5\times10^{-2}\text{cm/s}$ 时，可采用黏土水泥浆。

13.4.6　浆液扩散半径计算

浆液扩散半径 r 是一个重要参数，它对灌浆工程量及造价具有重要的影响。r 值可按球形扩散理论、柱形扩散理论和袖珍管法理论进行估算，其计算公式见表 13.13。

在设计时应注意以下几点：

1）在进行现场灌浆试验时，对于不同特点的地基，最好选用不同的方法灌浆，以求得不同条件下浆液的 r 值。

2）所谓扩散半径，并非最远距离，而是符合设计要求的扩散距离。

3）在确定浆液扩散半径时，要选取多数条件下可以达到的数值，而不取平均值。

4）当有些地层因渗透性较小而不能达到设计值 r 时，可提高灌浆压力或浆液的流动性，必要时还可以在局部地区增加钻孔以缩小孔距。

表 13.13 浆液扩散半径计算公式

地层	计算公式	符号含义及单位
砂层	$r=\sqrt[3]{\dfrac{3khr_0t}{\beta n}}$	r——浆液扩散半径(cm)； k——地层土的渗透系数(cm/s)； h——以水柱表示的灌浆压力(cm)； r_0——灌浆管半径(cm)； d_e——被灌土体的有效粒径(cm)； t——灌浆持续时间(s)； β——浆液黏度与水的黏度之比； β_0——土孔隙有效充填系数； n——砂土的孔隙率，取 $n=0.3\sim0.4$； c——单位长孔段内灌入的浆液量(kg)； ρ——浆液密度(kg/cm^3)； ν——浆液的运动黏滞系数。
砂砾石层	$r=2\sqrt{\dfrac{t}{n}\sqrt{\dfrac{kr_0h\nu}{d_e}}}$	
	$r=5.65\sqrt{\dfrac{c}{\beta_0n\rho}}$	
砾石层	$r=1.54\sqrt[3]{\dfrac{khr_0t}{\beta\beta_0n}}$	
均质裂隙岩石	$r=\sqrt{\dfrac{2kt\sqrt{hr_0}}{\beta n}}$	

当地质条件较复杂或计算参数不易选准时，就应通过现场灌浆试验来确定。现场灌浆试验时，常采用三角形布孔，如图 13.4 所示；也可采用矩形或方形布孔，如图 13.5 所示。灌浆试验结束后，需对浆液扩散半径进行评价：①钻孔压水或注水，求出灌浆体的渗透性；②钻孔取样品，检查孔隙充浆情况；③对于大口径钻井或人工开挖竖井，用肉眼检查地层灌浆情况，采取样品进行室内试验。

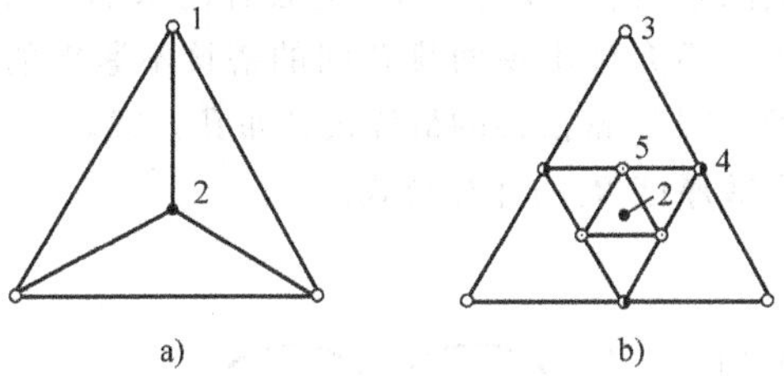

图 13.4 三角形布孔

1—灌浆孔 2—检查孔 3—Ⅰ序孔

4—Ⅱ序孔 5—Ⅲ序孔

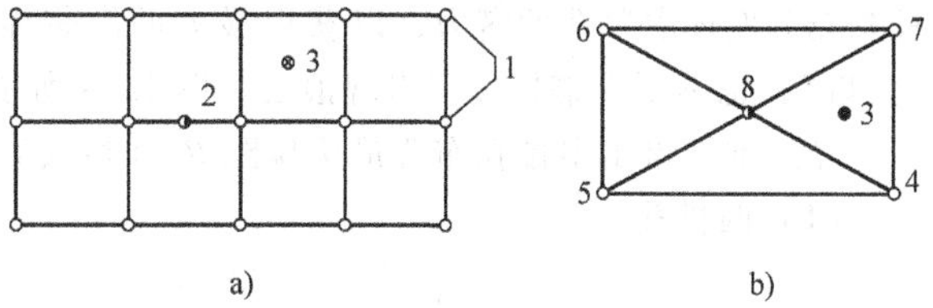

图 13.5 矩形或方形布孔

1—灌浆孔 2—试井 3—检查孔

4～7—第Ⅰ序孔 8—第Ⅱ序孔

13.4.7 灌浆孔的布置

灌浆孔的布置是根据浆液的注浆有效范围应相互重叠，使被加固土体在平面和深度范围内连成一个整体的原则确定的。

1. 单排孔的布置

如图 13.6 所示，l 为灌浆孔距，r 为浆液扩散半径，则灌浆体的厚度 b 为

$$b=2\sqrt{r^2-\left[l-r+\frac{r-(l-r)}{2}\right]^2}=2\sqrt{r^2-\frac{l^2}{4}} \tag{13.10}$$

当 $l=2r$ 时，两圆相切，b 值为零。

如灌浆体的设计厚度为 T，则灌浆孔距为

$$l=2\sqrt{r^2-\frac{T^2}{4}} \tag{13.11}$$

在按上式进行孔距设计时，可能出现以下几种情况：

1）当 l 值接近于零，b 值仍不能满足设计厚度时，应考虑采用多排灌浆孔。

2）虽单排孔能满足设计要求，但若孔距太小，钻孔数太多，就应进行两排孔方案比较。

3）如图 13.7 所示，T 为帷幕厚度、h 为弓形高、L 为弓形长，每个灌浆孔无效面积为

$$S_n = 2 \cdot \frac{2}{3}Lh \tag{13.12}$$

式中，$L=l$，$h=r-T/2$，设土的孔隙率为 n，且浆液填满整个孔隙，则浆液的浪费量为

$$q_n = S_n n = \frac{4}{3}Lhn \tag{13.13}$$

由此可见，当 l 值较大时，对减少钻孔数是有利的，但可能造成的浆液浪费量也较大。

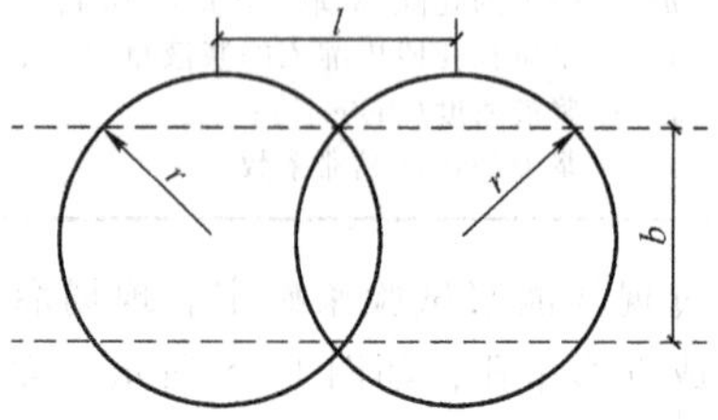

图 13.6　单排孔的布置

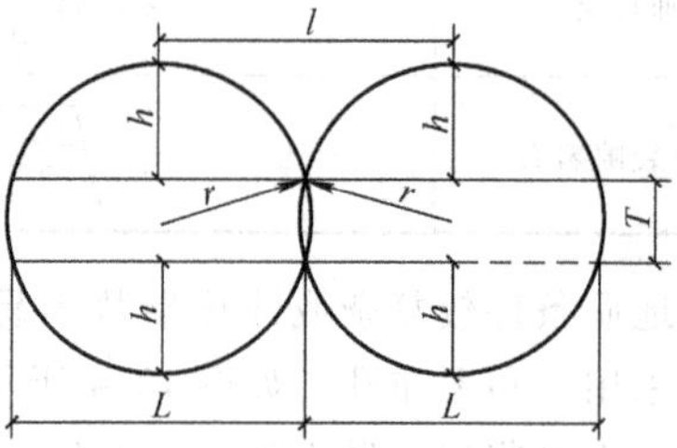

图 13.7　无效面积的计算

2. 多排孔布置

当单排孔不能满足设计厚度的要求时，就要采用两排以上的多排孔。多排孔设计的基本原则是要充分发挥灌浆孔的潜力，以获得最大的灌浆体厚度，不允许出现两排孔间的搭接不紧密的“窗口”，也不要求搭接过多出现浪费。图 13.8 所示为两排孔紧密搭接的最优设计布孔方案。

经过推导得出多排孔布置最优排距 R_m 和最大灌浆有效厚度 B_m 的计算公式。

（1）两排孔

$$R_m = r + \frac{b}{2} = r + \sqrt{r^2 - \frac{l^2}{4}} \tag{13.14}$$

$$B_m = 2r + b = 2\left(r + \sqrt{r^2 - \frac{l^2}{4}}\right) \tag{13.15}$$

（2）三排孔

$$B_m = 2r + 2b = 2\left(r + 2\sqrt{r^2 - \frac{l^2}{4}}\right) \tag{13.16}$$

（3）五排孔

$$B_m = 4r + 3b = 4\left(r + 1.5\sqrt{r^2 - \frac{l^2}{4}}\right) \tag{13.17}$$

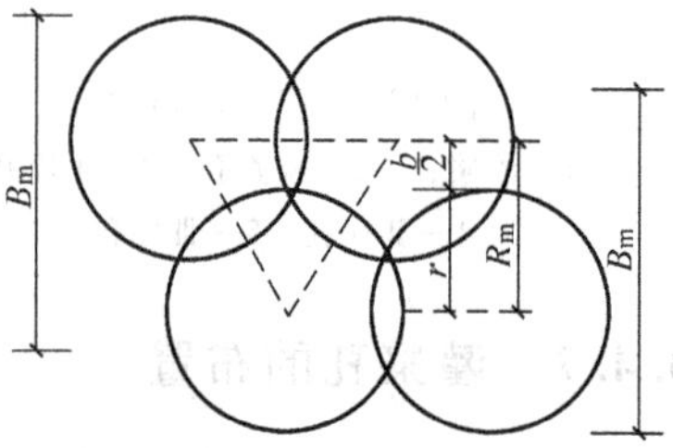

图 13.8　孔排间的最优搭接

式（13.14）中两排孔布置最优排距计算适合于三、五排孔布置形式。最优厚度则为

奇数排
$$B_m = (n-1)\left(r + \frac{n+1}{n-1} \cdot \frac{b}{2}\right) = (n-1)\left(r + \frac{n+1}{n-1}\sqrt{r^2 - \frac{l^2}{4}}\right) \tag{13.18}$$

偶数排
$$B_m = n\left(r + \frac{b}{2}\right) = n\left(r + \sqrt{r^2 - \frac{l^2}{4}}\right) \tag{13.19}$$

式中，n 为灌浆孔排数。设计中常遇到 n 排孔厚度不够，但（$n+1$）排孔厚度又偏大的情况，如有必要，可用放大孔距的办法来调整，但应对钻孔费和浆材费进行比较，以确定合理的孔距。灌浆体的无效面积 S_n 仍可用式（13.12）计算，但式中 T 值仅为边排孔的厚度。

13.4.8 灌浆压力计算

灌浆压力是指在地表面和邻近建筑物不受影响的前提下可采用的最大压力。浆液的扩散能力与灌浆压力的大小密切相关，当采用较高的灌浆压力时，在保证灌浆质量的前提下，可使钻孔数尽可能减少。高的灌浆压力还能使一些微细孔隙张开，有助于提高可灌性。当孔隙被某种软弱材料填充时，高灌浆压力能在充填物中造成劈裂注浆，使软弱材料的密实度、强度和不透水性等得到改善。此外，高灌浆压力还有助于挤出浆液中的多余水分，使浆液结石的强度提高。但是当灌浆压力超过地层的压重和强度时，将有可能导致地基及其上部结构的破坏。因此，一般都以不使地层结构破坏或仅发生局部的和少量的破坏，作为确定地基允许灌浆压力的基本原则。

允许灌浆压力值与地层土的密度、强度和初始应力，钻孔深度、位置及灌浆次序等因素有关，宜通过现场灌浆试验来确定。

进行灌浆试验时，采用逐步提高压力的办法，求得灌浆压力与灌浆量关系曲线，如图13.9所示。当压力升至某一数值（图中的p_f点），而灌浆量突然增大时，表明地层结构发生破坏或孔隙尺寸已被扩大，因而可把此时的压力值p_f作为确定允许灌浆压力的依据。

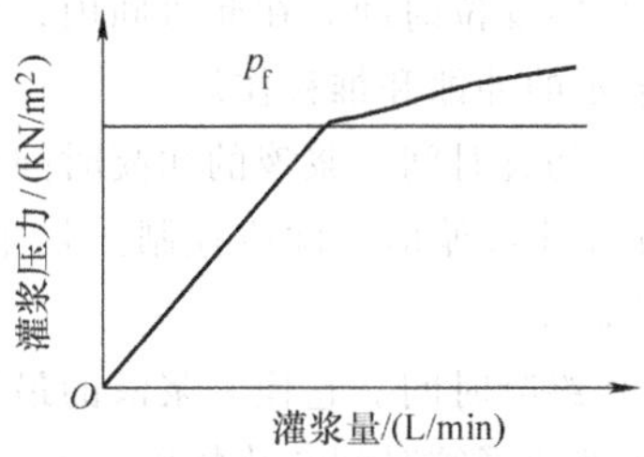

图13.9 灌浆压力与灌浆量关系曲线

一般劈裂灌浆，在砂土中灌浆压力为0.2～0.5MPa，黏性土灌浆压力为0.2～0.3MPa；对压密注浆灌浆压力为1～7MPa；采用水泥-水玻璃双液快凝浆液，灌浆压力一般应小于1MPa。

13.4.9 其他设计要求

1. 灌浆量计算

灌浆量的计算应考虑灌浆类型、岩土的孔隙率和裂隙率、浆液充填程度。渗透灌浆的效果取决于渗透半径内体积土的孔隙充填程度；充填率越高，灌浆的效果越好。劈裂灌浆的浆量与灌浆范围内浆脉的多少有关；浆脉越多，浆量也越多，灌浆效果也越好。压密灌浆的浆量与浆泡直径有关；压密范围越大，要求的浆泡直径也越大。裂隙岩体的灌浆量与吸水率有关。渗透灌浆、劈裂灌浆、压密灌浆、裂隙岩体的灌浆量应分别计算。

$$Q = 1000KVn \tag{13.20}$$

式中 Q——浆液总用量（L）；

V——注浆对象的土量（m^3）；

n——土的孔隙率；

K——经验系数。

软土、黏性土、细砂，$K=0.3\sim0.5$；中砂、粗砂，$K=0.5\sim0.7$；砾砂，$K=0.7\sim1.0$；湿陷性黄土，$K=0.5\sim0.8$；一般情况下，黏性土地基中的浆液注入量为15%～20%。

2. 注浆顺序

注浆必须采用适合于地基条件、现场环境及注浆目的的方法进行，一般不宜采用自注浆地带某一端单向推进压注方式，应按跳孔间隔注浆方式进行，保证先灌浆的孔为浆液的强度增加到一定的值，以防止串浆。

1）对有地下动水流的特殊情况，应考虑浆液在动水流下的迁移效应，从水头高的一端开始灌浆。

2）若灌浆范围内的土层的渗透系数相同，首先应完成最上层封顶灌浆，然后再按由上而下的原则进行灌浆，以防浆液上冒。

3）如果土层的渗透系数随深度加深而增大，则应自下而上进行灌浆。灌浆时应采用先外围后内部的灌浆顺序。

4）若灌浆范围以外有边界约束条件（能阻挡浆液流动的障碍物）时，也可采用自内侧开始顺次往外的灌浆方法。

3. 凝结时间

1）极限灌浆时间。到达极限灌浆时间后，浆液具有相当的结构强度，其阻力已达到使注浆速率极慢或等于零的程度。

2）零变位时间。在此时间内，浆液已具备足够的结构强度，以便在停止灌浆后能有效地抵抗地下水的冲蚀和推移作用。

3）初凝时间。浆液的初凝时间应足够长，以便计划注浆量能渗入到预定的影响半径内。当在地下水中灌浆时，除应控制注浆速率以防浆液过分稀释或被冲走外，还应设法使浆液能在灌注过程中凝结。

4）终凝时间。它代表浆液的最终强度性质，在此时间内，材料的化学反应实际已终止。

浆液的凝结时间变化幅度较大，如化学浆液的凝结时间可在几秒钟到几小时之间调整，水泥浆一般为3~4h，黏土水泥浆则更长，可根据灌浆土层的体积、渗透性、孔隙尺寸和孔隙率、浆液的流变性和地下水流速等实际情况决定。

13.5 施工技术

13.5.1 灌浆施工方法

灌浆是通过灌浆管和灌浆泵完成的。灌浆工艺则是根据浆液凝固时间的长短来决定的。灌浆施工方法主要有单管、双层管两种方法，见表13.14。

表13.14 灌浆施工方法分类

灌浆管设置方法			凝胶时间	混合方法
单管灌浆法	钻杆灌浆法		中等	双液单系统
	过滤管（花管）灌浆法			
双层管灌浆法	双栓塞灌浆法	套管法	长	单液单系统
		泥浆稳定土层法		
		双过滤器法		
	双重钻杆法	DDS法	短	双液双系统
		LAG法		
		MT法		

（1）钻杆灌浆法　利用钻机钻杆进行灌浆，把灌浆用的钻杆（单管），由钻孔钻到所规定的深度后，将灌浆材料通过内管送入地层的一种方法。钻孔达到规定深度后的灌浆点称为灌浆起点，在这种情况下，灌浆材料在进入钻孔前，先将A、B两液混合，随着化学反应的进行，黏度逐渐升高，并在被灌部位凝固。

（2）单过滤管灌浆法　单过滤管灌浆法是把灌浆使用的过滤管先设置在钻孔的地层中并填上砂子，管与地层的间隙（从地表到灌浆位置）用充填物（黏性土或灌浆材料等）封闭，不使浆液溢出地表。一般从上往下进行灌浆。每灌完一段，用水将管内的砂冲洗出去，然后反复上述操作，这样一段一段地往下灌浆的方法，比钻杆灌浆法的可靠性高，如果有多个灌浆孔，灌完各个孔的第一段后，第二段和第三段依次采用下行式的方式进行。

（3）双层管双栓塞灌浆法 该法是沿着灌浆管轴限定在一定范围内进行灌浆的一种方法，即在灌浆管中有两处设有两个栓塞，使灌浆材料从栓塞中间向管外渗出。该法是法国 Soletanche 公司研制的，因此又称 Soletanche 法（也称袖阀管灌浆法），如图13.10所示。此外，还有双层过滤管法和套管灌浆法。双层过滤管灌浆法示意图如图13.11所示。

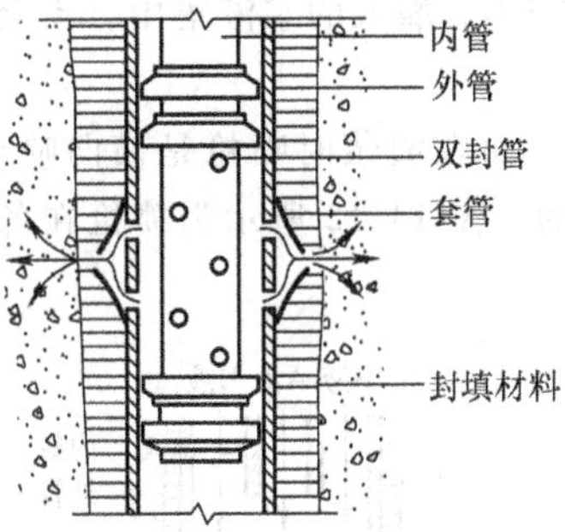

图13.10 Soletanche 灌浆法

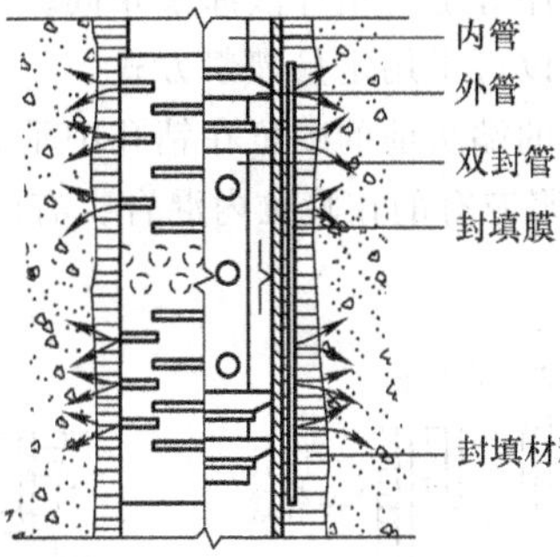

图13.11 双层过滤管灌浆法

双层管双栓塞灌浆法以 Soletanche 法最为先进，于20世纪50年代开始广泛用于国际土木工程界。其施工分以下四个步骤：

1）钻孔。孔径一般为80～100mm，用优质泥浆护壁，钻孔垂直度误差应小于1%。

2）插入袖套管。袖套管用内径50～60mm的塑料管，每隔33～50cm钻一组射浆孔，外包橡胶套，袖套管应位于钻孔的中心。

3）孔内灌套壳料。其作用是封闭单向袖管与钻孔壁之间的空隙，套壳料一般为水泥黏土浆，要求套壳料收缩性小，脆性较高，早期强度高。浇注时应避免套壳料进入袖阀管内。为提高套壳料的脆性，可掺入细砂或粉粒含量较高的黏性土。常用套壳料配方见表13.15。

表13.15 套壳料配方及性能

配方号	材料质量比			套壳浇注时			7d龄期抗压强度/(N/cm²)
	水泥	土	水	黏度/Pa·s	稳定性系数	析水率(%)	
1	1	1.53	1.94	0.026	0.7	9	10～20
2	1	1.50	1.88	—	3.5	1	10～20

4）灌浆。待套壳料达到一定强度后，在单向袖套管内插入双向密封灌浆芯管进行分段灌浆。每段灌浆时，首先加大压力使浆液顶开橡胶套，挤破套壳料（即开环），浆液进入地层。

开环方法有快速法、慢速法、隔环法和间歇法等，施工时可根据实际情况选择。

① 快速法。采用较大的起始泵压、较短的升压间隔时间和较大的压力增值进行开环，采用快速法时套壳的破碎程度和均匀性提高。

② 慢速法。用清水或浆液开环，泵压由小到大逐级施加，每级需稳定2～3min，并测读每级压力相应的吸水量，直至套壳开始吸水和压力有所下降，最高压力即为临界开环压力。

③ 隔环法。按 $n+2$ 的次序开环和灌浆，隔段开环灌浆。这种方法可降低中间环的开环压力，对处理开环压力特别大的灌浆段特别有效。

④ 间歇法。当采用较大压力仍不开环时，可在间歇一定时间后再用同样的压力重复开环，一般重复2～3次后即可收效，甚至能用比第一次开环时更小的压力达到良好的开环效果。

Soletanche 法的主要优点：①可根据需要灌注任一灌浆段，还可重复灌浆；②可使用较高的灌浆压力，灌浆时冒浆和串浆的可能性小；③钻孔和灌浆作业可以分开，提高效率。

Soletanche 法缺点有：①袖阀管被具有一定强度的套壳料所胶结，因而难于拔出重复使用，耗费管材较多；②灌浆段长固定，不能根据地层的实际情况调整灌浆段长度。

（4）双层管钻杆灌浆法　双层管钻杆灌浆法是将 A、B 液分别送到钻杆的端头，浆液在端头所安装的喷枪里或从喷枪中喷出之后混合而灌入地基。双层管钻杆灌浆法的灌浆设备及其施工原理与钻杆法基本相同，不同的是双层管钻杆法的钻杆在灌浆时为旋转灌浆，同时在端头增加了喷枪。灌浆顺序等也与钻杆法灌浆相同，但段长较短，灌浆密实。灌入的浆液集中，不会向其他部位扩散，所以可采用定量灌浆方式。

双层管的端头前的喷枪在钻孔中垂直向下喷出循环水，而在灌浆时喷枪是横向喷出浆液的，其 A、B 两浆液有的在喷枪内混合，有的是在喷枪外混合的。图 13.12 所示为喷枪在各种注浆方法中的状态。

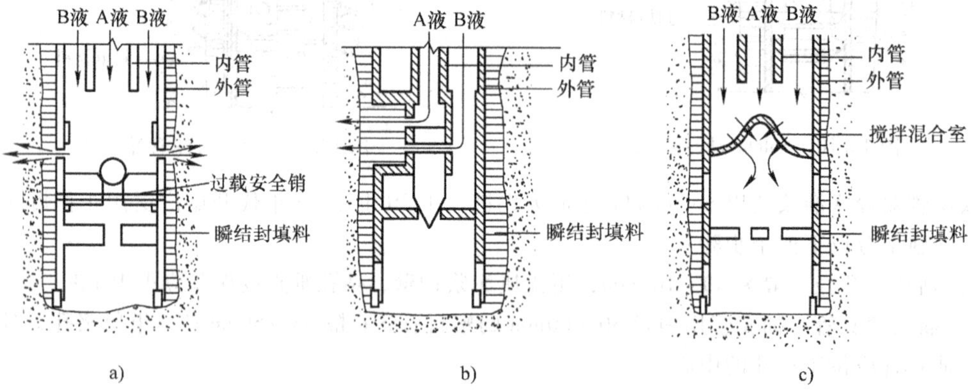

图 13.12　双层管钻杆灌浆法端头喷枪

a）DDS 灌浆法　b）LAG 灌浆法　c）MT 灌浆法

（5）复合灌浆　复合灌浆是为获得高质量的加固结果而采用的一种灌浆方法。一般是先多次采用水泥灌浆逐渐提高地层的均质性，最后使浆液渗透。也就是首先用廉价、高强的浆液进行脉状灌浆，充填空隙，提高地层的均质性，防止昂贵浆液的流失，然后用渗透好、固化时间长的溶液型浆液谋求渗透灌浆。

（6）自动混合树脂灌浆法　此法用于混凝土裂缝的修复。对混凝土裂缝不用凿槽嵌缝，直接使用一种能自动连续混合、计量的小型灌浆机，将灌浆枪头对准灌浆口衬垫进行灌浆。

13.5.2　灌浆设备

主要设备包括钻机、灌浆泵、搅拌机、混合器、止浆塞及配套仪表等。

（1）钻机　通常采用旋转式、冲击式和冲击加回转式的钻机，应结合工程地质条件、最大灌浆深度、现场环境与施工方法等予以选择。常用钻机有 TXU、KD100、XU-100、SGZ-Ⅰ、SGZ-Ⅱ和 YQ100 等，以及瑞典阿特拉斯·科普柯公司生产的 Kramp 型全液压钻机。

（2）灌浆泵　多为往复式的柱塞泵，如灌注水泥浆的 KBY 型泵，ZJGZ60/120 双液调速高压泵，BW250/50 型、HFV 型、YZB 型灌浆泵。此外，还有 QZB50/60 气动泵、ZMJ3/40 隔膜泵，晶闸管调速的 HGB、HG20-20 化学灌浆泵和 C232100/15、HP-013 砂浆泵等。

（3）搅拌机　主要有水泥搅拌机、风动搅拌机、旋流式造浆机和高速搅拌机。高速搅拌浆液使黏聚力降低，流动性增加，主要用于超细水泥灌浆和膏状水泥灌浆。

(4) 混合器 混合器是使两种浆液充分混合的器具，分孔口混合和管内混合两种。对水溶性浆液和水玻璃-水泥浆，一般采用T形管和Y形管混合器混合，只需适当控制混合段的长度，而不需要采用特殊的混合装置。对环氧树脂类黏稠性较大的浆液，则必须使用双液混合器，让双组分浆液通过管内一根螺旋状的毛刷，使之呈紊流而充分混合。

(5) 止浆塞 止浆塞是对灌浆孔实施分段灌浆，合理使用灌浆压力和有效控制浆液分布范围，保证灌浆质量的设备，其种类有气体止浆塞、水力止浆塞、机械式止浆塞、卡瓦式止浆塞等。

13.5.3 灌浆施工注意事项

1）灌浆孔的钻孔孔径一般为70~110mm，垂直偏差应小于1%。灌浆孔有设计角度时应预先调节钻杆角度，倾角偏差不得大于20″。

2）当钻孔钻至设计深度后，必须通过钻杆灌入封闭泥浆，直到孔口溢出泥浆方可提杆。当提杆至中间深度时，应再次灌入封闭泥浆，最后完全提出钻杆，封闭泥浆7d后70.7mm×70.7mm×70.7mm立方体试块的无侧限抗压强度宜为0.3~0.5MPa，浆液黏度为0.08~0.09Pa·s。

3）灌浆压力一般与加固深度的覆盖压力、建（构）筑物的荷载、浆液黏度、灌注速度和灌浆量等因素有关。灌浆过程中压力是变化的，初始压力小，最终压力高，在一般情况下每加深1m压力增加20~50kPa。

4）若进行第二次灌浆，化学浆液的黏度应较小，不宜采用自行密封式密封圈装置，宜采用两端用水加压的膨胀密封型灌浆芯管。

5）灌浆完后就要拔管，若不及时拔管，浆液会将管子凝住而增加拔管难度。拔管时宜使用拔管机。每次拔管高度为330~500mm。拔出管后，及时刷洗灌浆管等，以便保持通畅洁净。拔出管后在土中留下的孔洞，应用水泥砂浆或土料填塞。

6）灌浆流量为7~10L/min。对充填型灌浆，流量可适当加大，但不宜大于20L/min。

7）在满足强度要求的前提下，可用磨细粉煤灰或粗灰部分替代水泥，掺入量应通过试验确定，一般掺入量为水泥质量的20%~50%。

8）灌浆宜用32.5级或42.5级普通硅酸盐水泥，水泥浆的水灰比可取0.6~2.0，常用的水灰比为1.0。

9）为了改善浆液性能，可在水泥浆液拌制时加入如下外加剂：①加速浆体凝固的水玻璃，掺量一般为水泥质量的0.5%~3%；②提高浆液扩散能力和可泵性的表面活性剂（或减水剂），如三乙醇胺等，其掺量为水泥质量的0.3%~0.5%；③为提高浆液的均匀性和稳定性，防止固体颗粒离析和沉淀而掺入的膨润土，其掺入量不宜大于水泥质量的5%；浆体必须经过搅拌机充分搅拌均匀后，才能开始灌注，并应在灌注过程中不停地缓慢搅拌，在泵送前应经过筛网过滤。

10）冒浆处理。为避免冒浆可采用间歇灌注法，即让一定数量的浆液注入上层孔隙大的土中后暂停工作，让浆液凝固，几次反复，就可把上抬的通道堵死，或者加快浆液的凝固速度，使浆液压出灌浆管就尽快凝固。

13.6 灌浆质量与灌浆效果检验

13.6.1 灌浆质量检验

1. 水泥浆液灌注法

灌浆效果与灌浆质量的概念不完全相同。灌浆质量一般是指灌浆施工是否严格按设计和施工规范进行，如灌浆材料的品种规格、浆液的性能、钻孔角度、灌浆压力等，都应符合规范的要求，否则应根据具体情况采取适当的补充措施；灌浆效果则指灌浆后能将地基土的物理力学性质改善到什么程度。

灌浆质量高不等于灌浆效果好。因此，设计和施工中，除应明确规定某些质量标准外，还应规定所要达到的灌浆效果及检验方法。

灌浆效果的检验，通常在灌浆结束后28d方可进行，检验方法如下：

1）灌浆量统计法。根据灌浆流量和压力自动记录曲线，分析判断灌浆效果。

2）静力触探法。利用静力触探测试加固前后土体力学指标的变化，了解加固效果。

3）抽水试验法。在现场进行抽水试验，测定加固土体的渗透系数。

4）静荷载试验法。采用现场静载荷试验，测定加固土体的承载力和变形模量。

5）弹性波测试法。采用钻孔弹性波试验测定加固土体的动弹性模量和剪切模量。

6）标准贯入试验法。用标准贯入试验或轻便触探等方法测定灌浆前后原位土的强度。

7）进行室内试验。通过室内加固前后土的物理力学指标的对比试验，判断加固效果。

8）γ射线密度计法。它属于物理探测方法的一种，在现场可测定土的密度。

9）电阻率法。将灌浆前后对土所测定的电阻率进行比较，根据电阻率差说明土体孔隙中浆液的填充情况。

在以上方法中，动力触探试验和静力触探试验最为简便实用。检验点一般为灌浆孔数的2%～5%，如检验点的不合格率等于或大于20%，或虽然小于20%但检验点的平均值达不到设计要求，在确认设计原则正确后应对不合格的灌浆区实施重复灌浆。

2. 单液硅化法

硅酸钠溶液灌注完毕，应在7～10d后，对加固的地基进行检验。单液硅化法处理后的地基竣工验收时，承载力及均匀性应采用动力触探或其他原位测试检验。必要时，尚应在加固土的全部深度内，每隔1m取土样进行室内试验，测定其压缩性和湿陷性。

地基加固结束后，尚应对已加固地基的建（构）筑物或设备基础进行沉降观测，直至沉降稳定，观测时间不应少于半年。

3. 碱液法

碱液加固施工应做好施工记录，检查碱液浓度及每孔灌浆量是否符合设计要求。

碱液加固地基的竣工验收，应在加固施工完毕28d后进行，可通过开挖或钻孔取样，对加固土体进行无侧限抗压强度和水稳性试验。取样部位应在加固土体中部，试块数不少于3个，28d龄期的无侧限抗压强度平均值不得低于设计值的90%。将试块泡在水中，无崩解。当需要查明加固土体的外形和整体性时，可对有代表性加固土进行开挖，量测其有效加固半径和加固深度。

检验数量不应少于注浆孔数的2%～5%。

施工中每间隔1～3d，应对既有建筑物的附加沉降进行观测。地基经碱液加固后应继续进行沉降观测，观测时间不应少于半年，按加固前后沉降观测结果或用触探法检测加固前后土中阻力的变化，确定加固质量。

13.6.2 灌浆效果评价

在认真分析灌浆过程中的各类信息后可以判断灌浆效果的好坏。如采用水泥灌浆时，耗浆量应随加密次序的增加而逐渐减少，灌浆压力则随之增加而逐渐增高，这样就说明灌浆已见到成效。因为吸水量与地基的密度和强度之间存在着一定的关系，所以水力特性作为一种参考指标可以间接地反映加固效果。通过钻孔，从灌浆体内取出原状样品，送实验室进行室内试验，测试样品密度，浆液充填率及剩余孔隙率，无侧限抗压强度及抗剪强度，渗透性及长期渗流稳定性，变形模量及蠕变性，从而对灌浆效果作出比较确切的评价。

一般情况下，对以控制地基沉降为目的的加固工程，加固后的强度测试应取试块做无侧限抗压强度试验，其强度不得低于设计强度的 90%，被加固土的抗剪强度应为原来的 2 倍左右；在以抗渗为目的的加固工程中，被加固后的土体渗透系数应降低 1 ~ 2 个数量级；对于建筑物纠偏工程，以纠偏量评定灌浆效果。

13.7 工程应用实例

【例 13.1】 某建筑地基基础加固工程

1. 工程概况

某大厦基础采用联合基础，基坑深 9.0m，桩身位于地表下 9.0 ~ 22.0m，桩径分别为 1.2m、1.5m、1.8m。地基土层为淤泥、粉细砂夹淤泥及砂层。淤泥层平均厚 6.0m，分布不均匀。由于地下水位高，在灌注桩身混凝土时，地下水涌入桩孔，使混凝土产生离析，水泥流失，桩身出现孔洞。经钻孔取样和动测法检测桩身质量，结果发现 47 根桩桩身混凝土有严重缺陷，未能达到设计要求。决定采用先灌水泥浆、后灌化学浆液的复合灌浆的方法进行处理。

2. 灌浆材料及性能

复合灌浆的基本原理是：将水泥浆液灌注到桩身较大的空隙中，填充空隙，改善桩身整体性，然后利用 EAA 环氧树脂浆液的高渗透性解决新旧混凝土之间的黏结力问题及充填细小孔隙，从而使桩基的整体强度得到提高。

灌浆材料：水泥采用 32.5 级普通硅酸盐水泥，并加入适量的黏土、速凝剂、早强剂，水泥浆液水灰比选用 1:1 和 0.6:1 两种，以 0.6:1 为主。化学浆材采用 EAA 环氧树脂浆液。EAA 环氧树脂浆液具有较高的渗透性，可渗入渗透系数为 $10^{-6} \sim 10^{-8}$cm/s 的材料中，固结体的强度较高，可满足桩基加固的要求，其性能见表 13.16。

表 13.16 EAA 环氧浆材性能 （单位：MPa）

配方号	抗压强度	劈裂抗拉强度	抗剪强度	抗冲强度
1	25.4	15.9	14.7	4.2
2	13.7	14.0	15.1	4.0
3	12.0	12.7	10.0	4.1
4	64.0	25.7	32.7	—

注：4 号配方含有糠醛稀释剂。

3. 施工工艺及要求

（1）钻孔 在桩径为 1200mm 的桩顶采用地质钻机钻孔。每根灌注桩布置 3 个灌浆孔，两个水泥灌浆孔的间距为 600mm，中间设一化学灌浆孔。其布置如图 13.13 所示。

（2）灌浆顺序 先灌水泥浆，待固结 8 ~ 12h 后，钻开中心孔，进行化学灌浆。灌浆时，自上而下进行，钻一段，灌一段，重复灌浆直至进入基岩下 0.5m。

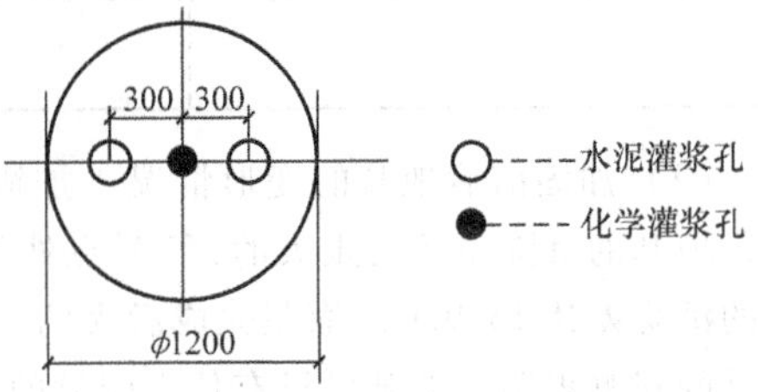

图 13.13 桩的孔位布置图

（3）灌浆段长 根据钻孔取样情况确定水泥灌浆段长，一般在 5.0m 以内。化学灌浆前进行压水试验，只有吸水量小于 1.0×10^{-2}L/min 时，方可进行化学灌浆，否则灌注水泥浆液。

（4）浆液浓度　先灌水灰比为3:1的水泥浆100L，视进浆量的大小及压力的变化情况改变浆液浓度。如进浆量大、压力不升高，则直接灌注水灰比为0.6:1的水泥浆液；若吸浆量大，降低灌浆压力的同时，在浆液中加入速凝剂，待凝结3~4h后重灌。

（5）灌浆压力　水泥灌浆压力为1.0MPa，化学灌浆压力为1.5MPa。

4. 加固效果分析

处理前后对每孔段进行简易取芯和压水试验。从资料分析可知，水泥灌浆孔均达到和超出原设计灌浆压力，水泥灌浆平均单耗113.26L/m（以ϕ1.8m桩计，水泥浆充填率达44.6%，已达最大充填度）。对某根桩进行抽芯检测表明，岩心结构完整，达到设计要求。采用低应变动力检测47根桩，其中Ⅰ类桩占40%，其余为Ⅱ类桩。

【例13.2】　湿陷性黄土地基处理工程

兰州市建造于20世纪70年代的某楼房，由于地表水渗入，致使湿陷性黄土地基发生湿陷下沉，楼房墙体开裂、歪斜，圈梁断裂，不但影响了楼房的整体稳定性，也影响了住户的正常安全使用。采用劈裂灌浆技术，对上述地基进行了加固。

1. 楼房地基应力场特点

楼房基础下应力场由天然地基自重和楼房荷载两部分组成。根据计算分析得出：①楼房条形基础下对称轴上的小主应力作用面是铅直的；②由荷载引起的楼房地基应力场内满足$\sigma_z>\sigma_y>\sigma_x$条件。

2. 劈裂灌浆的工艺

劈裂灌浆是在基础的外侧周围布设灰土桩作为帷幕，然后在灰土桩的内侧靠近基础的一边布设灌浆孔。劈裂灌浆的浆液由水泥、黄土、粉煤灰和水所组成，按一定的比例配制，用高压泵将其压入到基础底下，完成劈裂灌浆的全过程。

3. 劈裂灌浆加固效果分析

（1）加固前后承载力的变化　灌浆前在楼房四周布设四个试验孔，用轻便静力触探试验测试其地基承载力。灌浆完成后不到一个月，在相应的点附近用动力触探试验测试地基承载力。根据测试结果，加固以后地基承载力明显提高，具体测试数据见表13.17。

表13.17　兰州地区某楼房加固前后地基承载力对比　（单位：kPa）

试验孔号	灌浆前地基承载力	灌浆后地基承载力
1	112.0	202.0
2	112.0	257.0
3	130.0	275.0
4	225.0	258.0

（2）加固前后地基的变形情况　加固前后地基的变形情况见表13.18。加固前的半年时间内，地基的沉降量还是很大的，7号点处的沉降值达10.3cm，5号点处上抬3.6cm，这两个点之间的沉降差达13.9cm。灌浆完成后大约一个月进行观测，发现整个楼房略有上抬，以后连续三个月的观测表明，地基已没有什么明显的沉降变化，即地基处于稳定状态，楼房的加固达到了预期的目的。

表 13.18　兰州市某楼房地基加固前后地基的变形情况　　(单位：mm)

日期＼测点	1	2	3	4	5	6	7	8	9	备注
1996年10月8日	0	0	0	0	0	0	0	0	0	前期勘测
1997年4月20日	+22	-25	-39	-78	+36	-83	-103	-91	-84	灌浆勘测
1997年6月23日	+12	+5	+2	—	—	+6	+4	+6	+11	灌浆完成后约一个月测
1997年7月30日	+3	—	—	—	+3	-1	-1	-1	+2	灌浆完成后约两个月测
1997年8月31日	+2	+2	+1	+1	0	-1	-2	0	+1	灌浆完成后约三个月测
1997年9月28日	1	+1	0	0	+1	-1	0	+1	+2	灌浆完成后约四个月测

注：表中正值表示上升，负值表示下沉。

思考题

13.1　什么是灌浆法？灌浆法有哪些作用？

13.2　灌浆法可应用于哪些工程领域？

13.3　灌浆材料有哪些？

13.4　由于饱和黏土的渗透性差，单纯的灌浆法效果不好，可采取什么措施增加其渗透性？

13.5　根据灌浆机理，灌浆法分为哪些类型？

13.6　灌浆法的施工方法有哪些？

13.7　如何进行灌浆处理后的质量与效果检验？

第14章 加 筋 法

【本章导读】 主要介绍了土钉、加筋土挡墙、锚定板和土工合成材料等加筋法的概念、特点、基本作用原理。掌握常用加筋法设计计算、施工技术等内容；通过工程实例介绍加筋法应用情况。

14.1 概述

14.1.1 加筋法概念

土的加筋是指在人工填土的路堤或挡墙内铺设土工合成材料（或钢带、钢条、钢筋混凝土（串）带、尼龙绳等），或在边坡内打入土锚（或土钉、树根桩）等抗拉材料，依靠它们限制土的变形，改善土的力学性能，提高土的强度和稳定性，常称为"加筋土法"或"加筋土技术"。加筋土由加筋材料和土共同组成，在荷载作用下，土与加筋材料之间产生相对位移和剪应力，使加筋材料中产生拉力，从而增加了对土的横向变形的约束。另外，加筋材料的应用还可以使土中的应力均匀，进而减少加筋土地基的不均匀沉降。

一般用于加筋土的筋材有非金属、金属及组合材料。金属材料应用较少，以土工合成材料为主的非金属筋材料应用较多，如土工格栅、土工织物和土工带等；此外，尚有如钢筋混凝土网格、竹筋混凝土格栅等。

14.1.2 加筋法的基本原理

加筋法的基本原理：土的抗拉能力低，甚至为零，抗剪强度也很有限；在土体中放置了筋材，构成了土-筋材的复合体，当受外力作用时，将会产生体变，引起筋材与其周围土之间的相对位移趋势，但两种材料的界面上有摩擦阻力和咬合力，等效于给土体施加一个侧压力增量，使土的强度和承载力有所提高，限制了土的侧向位移。如图14.1所示，某沿河码头的加筋土挡墙就是靠筋材与土之间的摩擦阻力和咬合力，使之在承受很大的侧向土压力及地面堆载情况下，仍能保持直立。

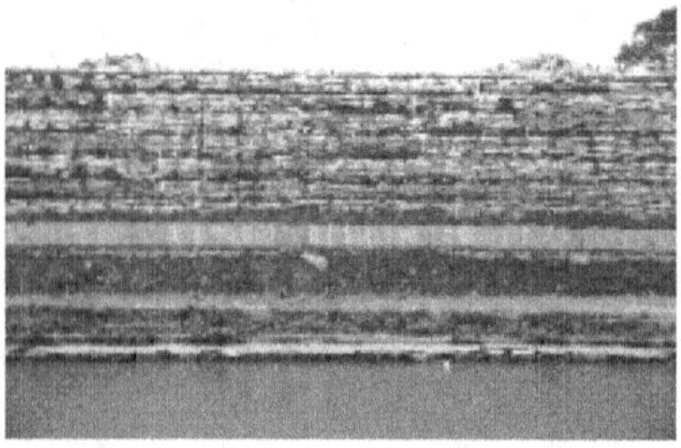

a)

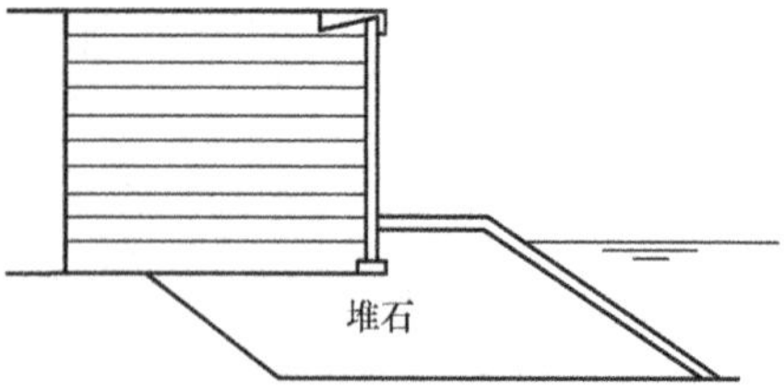

b)

图14.1 某沿河码头的加筋土挡墙

a）加筋土挡墙现场 b）加筋土挡墙内部结构

14.1.3 加筋法应用与发展

以天然植物作加筋材料已有几千年的历史。在陕西半坡村发现的仰韶遗址，有很多的简单房屋利用草泥修筑墙壁，距今已有五六千年。汉朝修建的长城在玉门一带仍可见用砂、砾石和红柳或芦苇叠压而成的遗址。

在国外，公元前 3000 年，英国人曾在沼泽地用木排修筑道路。古罗马用芦苇加固土体修筑河堤。20 世纪 60 年代初，法国工程师 Henri 用三轴试验证明，在砂土中加筋其强度提高 4 倍多，同时开发了利用金属条带筋材的加筋土系统。法国于 1965 年在 Prageres 首次用加筋土修建了一座挡土墙；1966 ~ 1968 年，在法国一意大利高速公路 Menten 地区，修建了 7 处加筋土墙，墙高 4 ~ 23m。20 世纪 70 年代以后发展了多种非金属筋材的加筋土结构，其中土工织物筋材始于 1971 年，格栅筋材始于 1981 年。

我国 20 世纪 70 年代开始进行加筋土的科研和探讨，随后在铁路、煤炭、公路和水利等部门修建了一些试验工程，并不断取得设计和施工经验。据不完全统计，现已建成千余座加筋土工程，墙面面积约 70 万 m^2，遍及我国广大地区。

加筋法的应用形式多种多样，如加筋支挡结构、加筋土堤坝、土钉、锚定板、土工织物或格栅筑堤等，常见的几种加筋技术在工程中的应用如图 14.2 所示。

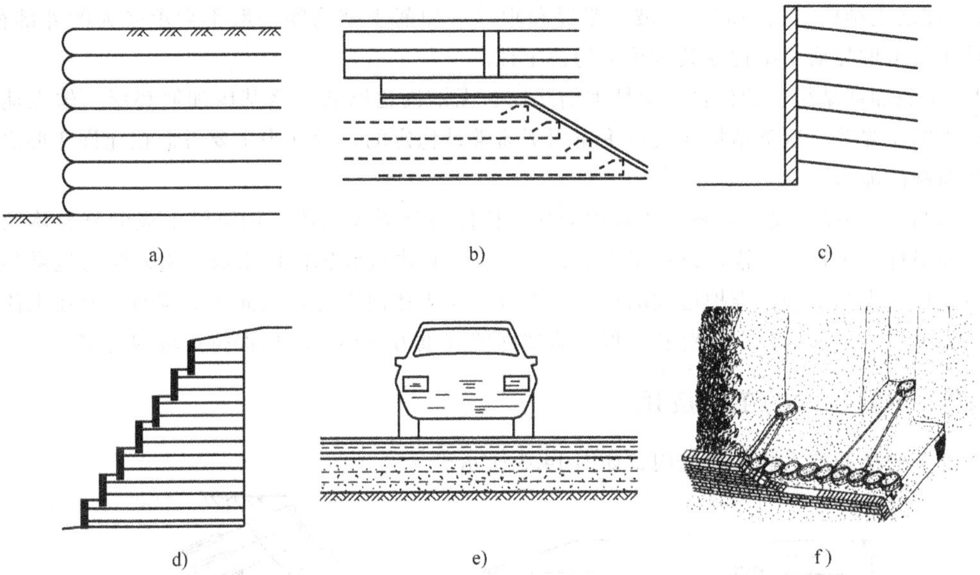

图 14.2　加筋技术在工程中的应用

a）包裹式墙面加筋土挡墙　b）加筋土挡墙保护斜坡桥台　c）土钉墙用于基坑支护

d）路堤锚定板挡土结构　e）铺面道路土工织物结构　f）土工织物与轮胎修复破坏边坡

14.1.4　加筋法特点

1）加筋法可以筑造很高的垂直填土，也可以是倾斜坡面的，用于各类地基和边坡加固。

2）减少占地面积，特别是适合于在不允许开挖的地区施工。

3）加筋的土体及结构属柔性的，对各种地基都有较好的适用性，因而对地基的要求比其他结构的建筑物低。遇到较弱地基时，常不需要采用深基础。

4）加筋法支挡桥、台等结构，墙面变化多样。

5）加筋土结构既适用于机械化施工，也适用于人力施工，施工设备简单，无需大型机械，更可以在狭窄场地条件下施工，施工管理简单，没有建筑公害。

6）加筋土的抗震性能、耐寒性能良好。

7）造价较低。加筋土挡墙造价为普通挡墙的40%～60%，并且墙越高节省投资越多。

加筋法也有一定的缺点，如采用金属筋材时，由于金属易锈蚀需要考虑防护措施；采用聚合材料筋材时，应考虑其衰化及材料的长期蠕变性能。

14.1.5 加筋法的应用形式和范围

加筋法的应用形式多种多样，包括加筋支护结构（实践表明加筋法可以代替几乎所有常规的钢筋混凝土和重力式支挡结构，也包括桥台、翼墙）、加筋土堤坝、加筋承载结构以及土坡原位加固强化（如土钉、土锚等）。

加筋法主要可用于修筑挡墙，建造桥台，修筑堤坝，修复和加固边坡，强化公路路基和铁路路基以及处理各种非均匀、难处理的地基。

14.1.6 加筋法的结构类型

加筋结构可分为加筋土结构、承载加筋结构和原位加筋结构。

1）加筋土结构包括挡墙、边坡、路堤和坝等。加筋土结构物一般不会承受大的外部荷载，其设计主要考虑加筋土结构在其自重下的稳定性。

2）承载加筋结构包括桥台、柔性加筋路面、无铺砌道路和铁路基床加筋垫层、软土地基上修筑的加筋路堤等。这类结构在其自重作用下通常是稳定的，设计中主要考虑在允许变形之下承受附加荷载的能力。

3）原位加筋结构是由设置于土体中的加筋杆件与其周围土体牢固黏结形成的复合体及面层结构，如锚杆、土钉等。锚杆设置于土中，由锚头、自由段和锚固段组成；由砂浆与地层黏结成锚固体，拉住支挡结构，维护边坡的稳定。土钉是在土体内部打入或插入的拉筋，或在土体中钻孔后注浆形成的加筋体；由土钉和土形成的加固体或重力式挡土结构保持边坡的稳定。

14.1.7 加筋技术的工程应用

几种土的加筋技术的工程应用，如图14.3所示。

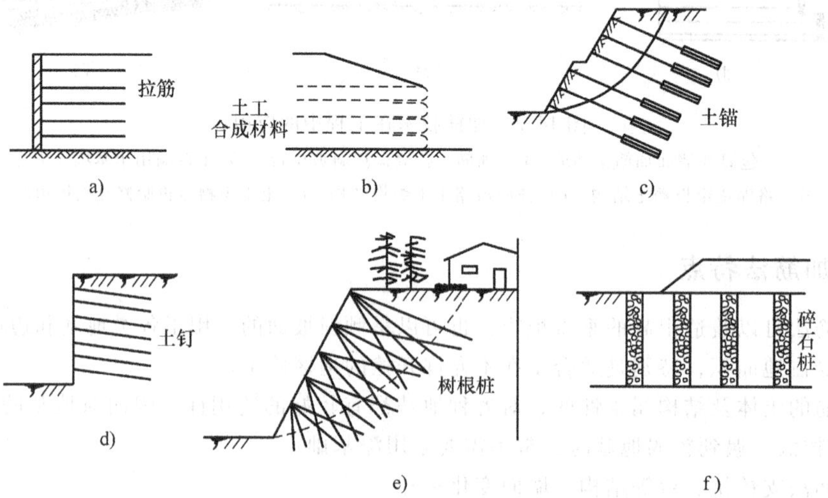

图14.3 几种土的加筋技术的工程应用

a）加筋土挡墙 b）土工合成材料加筋土堤 c）土锚加固边坡

d）土钉加固基坑 e）树根桩稳定边坡 f）碎石桩加固路基

14.2 土钉墙

14.2.1 土钉墙概况

土钉墙支护结构（简称土钉）是将筋杆插入土体内部，其全长土体黏结（或钻孔注浆固结），并在坡面喷射混凝土及挂钢筋网，通过土钉与土体的相互作用，形成了结构类似于重力式挡土墙的土体加固区，这将明显地提高原位土体的强度，增强整个边坡的稳定性。

土钉墙支护技术的发展始于20世纪70年代，1972年，在法国凡尔赛铁道拓宽线路的切坡工程首次采用土钉支护；我国自1982年开始应用土钉墙进行支护。土钉墙设计思想源于隧道围岩支护的“新奥法”理论，即在充分考虑岩土体结构的自承能力的前提下，进行基坑边坡工程的支护；它结合了钢筋网喷射混凝土和土体加筋的特点，对边坡提供柔性支挡。由于土钉墙投资少、工期短、安全可靠，已在基坑开挖临时性支护工程及天然边坡的稳定工程中得到了广泛的应用。有些支护工程，采用土钉与锚杆、护桩等相互结合对较深基坑进行组合式支护，进一步扩大了土钉墙的适用范围。

如图14.4所示，土钉墙构造一般由土钉、面层、泄排水系统等三部分组成。按其施工方法，土钉可分为三种类型：钻孔注浆式、击入式和射入式。

（1）钻孔注浆式土钉　钻孔注浆式土钉是先在土坡上钻一定深度的横孔，然后置入变形钢筋，沿全长注入水泥浆填孔，浆液固结后使钉杆与孔壁土体牢牢地黏结在一起。该类土钉钻孔直径为直径为70～120mm，土钉杆筋可选直径为16～32mm的R235、HRB335等螺纹钢筋。

（2）击入式土钉　击入式土钉的钉杆材料为角钢（∟50mm×50mm×5mm或∟60mm×60mm×6mm）、粗钢筋或钢管等，击入方式有振动冲击、液压锤击、高压喷射或气动射击等。

击入式注浆钢管土钉在软土地区应用广泛，如图14.5所示，该土钉钉杆为带喷浆孔的钢管，其端部封闭并做成锥形，为防止出浆孔在钉杆击入时被土堵塞，也可在出浆孔处加焊一段角钢。出浆孔间距为200～300mm，孔径为7～10mm；钢管与面层钢筋网可采用焊接或螺母连接，钢管直径不小于ϕ40mm，壁厚大于3.5mm。

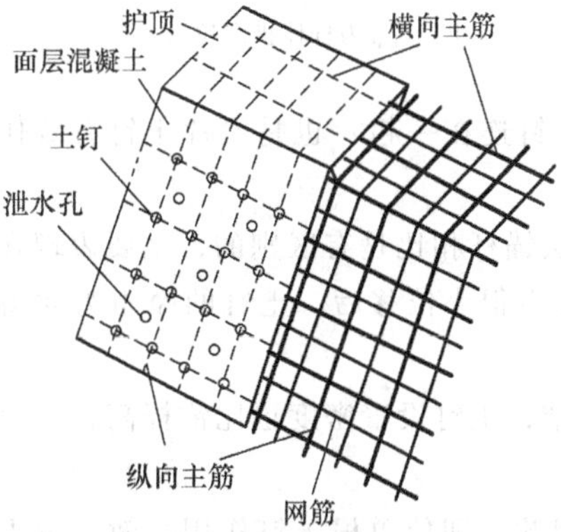

图14.4　土钉墙构造示意图

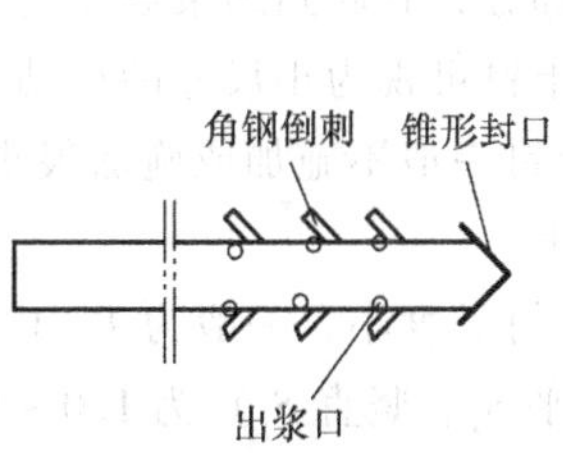

图14.5　击入式注浆钢管土钉

（3）射入式土钉　由采用压缩空气的射钉机按任意选定的角度将直径为25～40mm、长3～6m的光直钢杆（或空心钢管）射入土中。钉杆可镀锌或外覆环氧防腐套。钉杆头通常配有螺纹，以敷设面板。射钉机可置于轮式或履带式车辆上，带有伸臂装置。

土钉的面层由混凝土、纵横交错的主筋、网筋等构成。喷射混凝土面层厚度应大于 80mm，强度在 C20 以上；网筋直径为 6 ~ 10mm，间距为 150 ~ 300mm，搭焊长度不少于 300mm；纵横主筋直径在 12mm 以上，间距与土钉杆间距相同。根据工程要求，钢筋网可设置两层。土钉墙顶应做砂浆或混凝土抹面层进行护顶防水等。

土钉比较适用于有一定黏结性的杂填土、黏性土、粉土、黄土及弱胶结性的砂土边坡；尤其是标准贯入锤击数为 5 以上的砂土、标准贯入锤击数为 3 以上的黏性土特别适用土钉墙支护。施工土钉时，应使地下水位低于开挖段或通过降水使地下水位低于基坑底面。

14.2.2 土钉加固机理

土钉能有效地提高整个原位土体强度并限制其位移，主要加固机理表现在以下方面：

1）土钉可看做是在土体内增设一定长度与分布密度的锚固体，它与土体牢固结合而共同工作，提高了原位土体的强度，它属于主动制约机制的支挡体系。可以认为土钉在其加强的复合土体中起到箍束骨架作用，提高了土坡的整体刚度和稳定性。

2）在裂隙发育地层，当向土钉孔中进行压力灌浆时，按照劈裂注浆原理，会使浆液顺着裂隙扩渗，形成网状胶结，如图 14.6 所示。如采用一次压力注浆，可将宽度为 1 ~ 2mm 的裂隙扩展成 5 ~ 6mm 的浆脉，这将明显地增强土钉与周围土体的黏结，形成整体作用。

3）若在土钉加固的边坡内，土体产生滑动面，存在主动区与被动区，则土钉有类似于锚杆的作用，如图 14.7 所示；其主动区与被动区内的土体与土钉间摩阻力作用方向正好相反，被动区内的土钉可看做锚杆的锚固段。

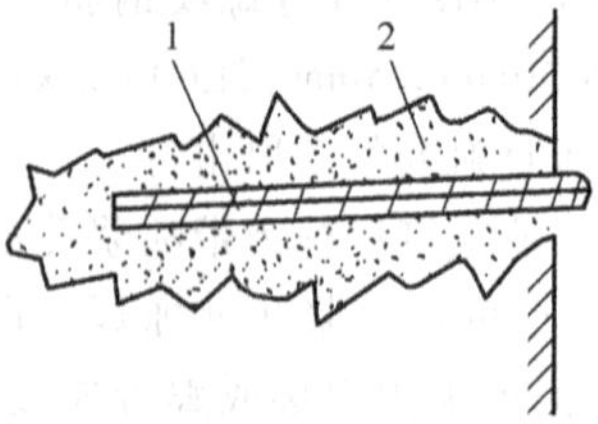

图 14.6 土钉的浆液扩渗作用

1—土钉 2—浆液扩渗带

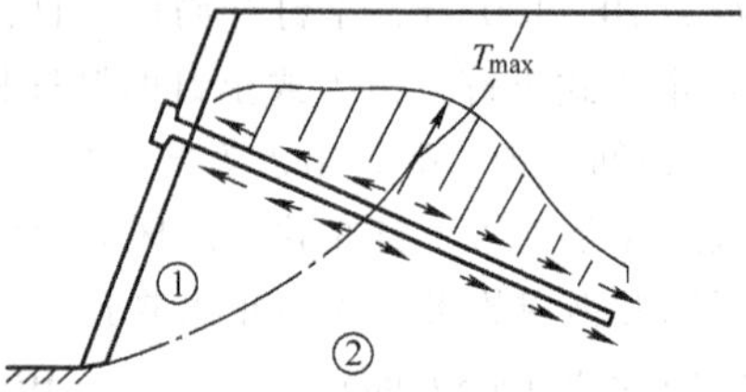

图 14.7 土钉的锚固作用

①—主动区 ②—被动区

注：T_{max}为杆体极限拉力。

4）在坡面上设置的钢筋网喷射混凝土面板（它与土钉连在一起）也是发挥土钉有效作用的重要组成部分，它起到约束坡面变形的作用。

虽然土钉可视为小尺寸的被动式锚杆，但是它与土层锚杆相比是有区别的，主要表现在：

1）土钉一般不施加或施加很小的预应力，当土坡发生很小位移后，土钉的摩阻力才得以充分发挥出来。

2）土钉长度小，一般为 4 ~ 12m，且全长与土体黏结；土钉设置密度也比锚杆高，一般土钉间距（水平 S_x、竖直 S_y）为 1.0 ~ 1.4m。

3）单根土钉承载能力不高，一般在 100kN 以下；因此，即使单根土钉作用失效，对土坡的整体稳定性影响也不大。

4）土钉墙按构造进行钢筋编网（ϕ6@300 × 300），面层喷射混凝土厚度为 100mm 左右，其钢筋混凝土总用量比排桩墙锚杆少得多。

5）土钉的安装精度要求不高，它们主要靠与土体相互作用的方式形成一个整体。

14.2.3　土钉设计计算

对于土钉墙工程设计，主要有土钉布置、土钉内部稳定性计算、土钉外部稳定性验算，以及面层混凝土设计等。

1. 土钉布置

土钉长度与基坑深度有一定比例关系，非饱和黏性土边坡，长高比为 $L/H=0.5\sim1.2$；饱和状态软土边坡，因软土的抗剪强度过低，已不宜采用土钉支护，若采用土钉支护，其长高比应大于2.0。土钉应尽可能与坡面垂直布置。

土钉水平间距 S_x 与竖向间距 S_y 的乘积不应大于 $4m^2$。对于一般非饱和状态土层，$S_x=S_y=0.8\sim1.5m$，具体数值还应按土钉的承载能力进行校核；对于坚硬土及风化岩层，其间距可大于2.0m。土钉可采用矩形网格或梅花形网格布置。

对于钻孔直径为70～150mm的土钉，一般选择直径为20～32mm的R235、HRB335等螺纹钢筋作为土钉筋杆即可。王步云建议土钉筋杆直径 d 可按下式估算

$$d=(20\sim25)\times10^{-3}\cdot\sqrt{S_xS_y}(m) \tag{14.1}$$

2. 单根土钉承受的最大拉力

单根土钉承受的最大拉力按下式计算

$$T_{jk}=p_jS_xS_y/\cos\theta_i \tag{14.2}$$

式中　T_{jk}——第 j 根土钉承受的最大拉力或受拉荷载标准值（kN）；

S_x、S_y——土钉的水平间距和竖向间距（m）；

p_j——第 j 根土钉长度中点所处深度位置上的侧压力（kPa），$p_j=p_q+p_{j1}$；

p_q——地面均布荷载引起的侧压力，$p_q=K_aq$；

K_a——主动土压力系数，$K_a=\tan^2(45°-\varphi/2)$；

p_{j1}——土钉长度中点所处深度位置上由支护土体自重引起的侧压力，计算简图如图14.8a所示。

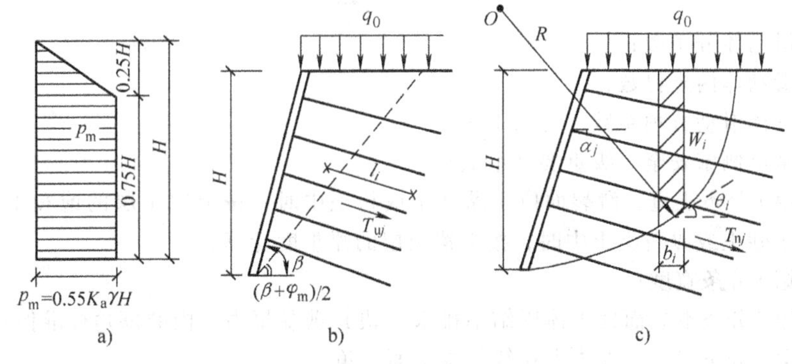

图 14.8　土钉内部稳定性计算简图

a）侧土压力计算图示　b）土钉抗拉承载力计算图示　c）整体稳定性计算图示

侧压力 p_{j1} 的峰值 p_m（p_m 取值不应小于 $0.2\gamma H$），计算规定如下：

对于 $c/\gamma H\leqslant0.05$（c 为土的黏聚力，γ 为土的重度）的砂土和粉土

$$p_m=0.55K_a\gamma H \tag{14.3}$$

对于 $c/\gamma H>0.05$ 的一般黏性土

$$p_m = K_a\gamma H - 2c\sqrt{K_a} \leqslant 0.55K_a\gamma H \tag{14.4}$$

单根土钉承受的极限拉力应满足下式要求

$$F_s T_{jk} \leqslant 1.1 \times \frac{\pi}{4}d^2 f_{yk} \tag{14.5}$$

式中 F_s——土钉的局部稳定安全系数，取1.2～1.4，基坑深取较高值；

d——土钉钢筋直径（m）；

f_{yk}——钢筋抗拉强度标准值（kPa）。

3. 土钉抗拉承载力设计值

基坑侧壁安全等级为二级时，土钉抗拉承载力设计值应按试验确定。安全等级为三级时，可按下式计算（图14.8b）

$$T_{uj} = \pi d_{nj} \sum q_{sik} l_i / \gamma_s \tag{14.6}$$

式中 T_{uj}——土钉抗拉承载力设计值（kN）；

d_{nj}——第j根土钉锚固体直径（m）；

γ_s——土钉抗拉力分项系数，取1.3；

q_{sik}——土钉穿越第i层土土体与锚固体极限摩阻力标准值（kPa），应由现场试验确定，无试验资料时（高压注浆），可查JGJ 120—2012《建筑基坑支护技术规程》确定；

l_i——第j根土钉在直线破裂面穿越第i层土体内的长度，其破裂面与水平面的夹角为$(\beta + \varphi_m)/2$；

φ_m——基坑底面以上各土层按土层厚度加权的内摩擦角平均值（°）。

4. 土钉整体稳定性分析

土钉墙应根据施工期间不同开挖深度及基坑底面以下可能滑动面采用圆弧滑动简单条分法进行整体稳定性验算，如图14.8c所示。

$$\sum_{i=1}^{n} c_{ik} L_i s + s\sum_{i=1}^{n}(W_i + q_0 b_i)\cos\theta_i \tan\varphi_{ik} + \sum_{j=1}^{m} T_{nj}[\cos(\alpha_j + \theta_i) + \frac{1}{2}\sin(\alpha_j + \theta_i)\tan\varphi_{ik}] - s\gamma_k\gamma_0\sum_{i=1}^{n}(W_i + q_0 b_i)\sin\theta_i \geqslant 0 \tag{14.7}$$

式中 n——滑动体分条数；

m——滑动体内土钉数；

γ_k——整体滑动分项系数，可取1.3；

γ_0——基坑侧壁安全等级重要性系数；

W_i——第i分条土重，滑裂面位于黏性土或粉土中时，按上覆土层的饱和土重度计算，位于砂土或碎石类土中时，按上覆土层的浮重度计算；

b_i——第i分条宽度；

c_{ik}、φ_{ik}——第i分条滑裂面处土体固结不排水（快）剪黏聚力、内摩擦角标准值；

θ_i——第i分条滑裂面处中点切线与水平面夹角；

α_j——土钉与水平面之间的夹角；

L_i——第i分条滑裂面处弧长；

s——计算滑动体单元厚度；

T_{nj}——第j根土钉在圆弧滑裂面外锚固体与土体极限抗拉力，$T_{nj} = \pi d_{nj} \sum q_{sik} l_{ni}$；

l_{ni}——第j根土钉在圆弧滑裂面外穿越第i层稳定土体内的长度。

5. 土钉墙外部稳定性验算

土钉加筋土体形成的结构可看做一个整体，按重力式挡土墙验算其抗倾覆稳定、抗滑稳定等外部稳定性。

14.2.4 土钉施工技术

土钉墙施工工艺包括土方开挖、成孔、钉杆组装与送入、注浆作业、清理边坡、编网焊接、安放墙面泄排水系统、喷射混凝土并养护、张拉锁定等。土钉墙支护立面图如图 14.9 所示，土钉与坡面的连接情况如图 14.10 所示。

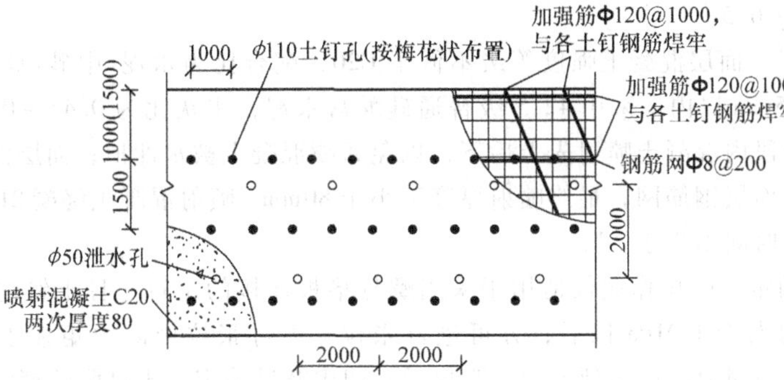

图 14.9 土钉墙支护立面图

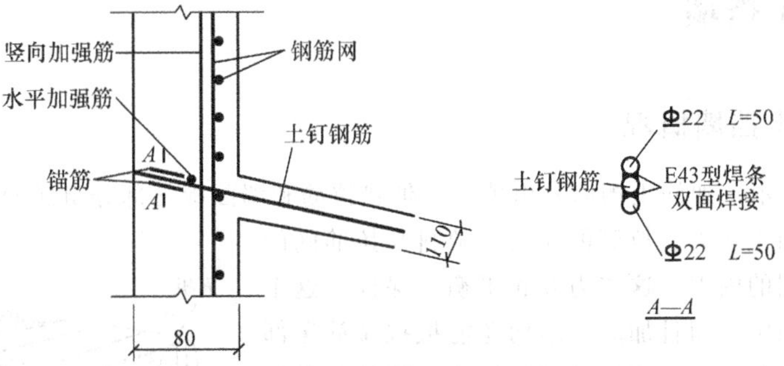

图 14.10 土钉与坡面连接情况

（1）土方开挖 土钉支护结构施工最大的特点就是土方开挖和土钉设置配合施工。要求土方分层开挖，开挖一层土方打设一排土钉，待挂网喷射混凝土护面形成一定时间（一般 12 ~ 24h）后，再开挖下层土方。每层土方的开挖深度与土坡自立稳定的能力有关，同时也考虑土钉的分层高度，以有利于土钉施作。在一般的黏性土、砂质黏土中每层开挖的深度为 0.8 ~ 2.0m；而在超固结土中或强风化基岩层中每次开挖的深度可以适当加大。边坡开挖工作面的长度根据一个台班可加固的面积而定，常用的切坡长为 10 ~ 15m 一段。

（2）成孔 根据地层条件、设计要求的平面位置、孔深、孔径、倾角等选择合理的土钉成孔方法以及相应的钻机和钻具。土钉的长度一般为 6 ~ 15m，可选用冲击钻、螺旋钻、风枪和人工洛阳铲等成孔方法。对于饱和土，宜采用跟管钻进工艺成孔，或采用注浆击入式土钉作业。严格控制钻孔的偏差，孔位允许误差不大于 150mm，钻孔倾角误差不大于 3°。终孔后应注意清孔，孔内泥渣不宜过多。

（3）钉杆组装与送入 控制好土钉杆钢筋下料精度，并沿杆筋长度方向每隔 2.0m 左右设置一个对中支架（用 6 根 ϕ6mm 钢筋焊接），使下入的土钉杆筋位于钻孔中心位置；注浆管应随筋杆一同下入。

(4) 注浆 采用灰浆泵向孔内注浆管路输送浆液，注浆时可用湿止浆塞、水泥块或编织袋封住孔口，以维持孔内注浆压力，当注浆压力达到0.5MPa以上时，持续2~4min可结束。当一批土钉孔注浆作业结束后，应及时清洗注浆管路系统。土钉浆液可以采用纯水泥浆，也可采用水泥砂浆，注浆固结体7d强度不小于15MPa，28d龄期抗压强度不小于20MPa。一般情况下，采用42.5级普通硅酸盐水泥配制水泥浆，水灰比为0.45~0.55，加适量的减水剂和早强剂，必要时加适量的微膨胀剂；对于水泥砂浆，砂宜采用中细砂，含泥量应少于3%，灰砂比为1:0.5~1:1,水灰比为0.4~0.5。

(5) 面层施工 面层混凝土强度等级不低于C20，配合比为水泥:中砂:豆石=1:2:2；豆石最大颗粒直径在15mm以内，采用42.5级普通硅酸盐水泥，水灰比为0.45~0.55。喷射作业宜分段进行，同一分段内混凝土喷射先上后下，以免新喷混凝土被水冲掉；面层混凝土可一次或分两次喷完，覆盖住面层钢筋网，最终喷射厚度不小于80mm。喷射混凝土终凝2h后，就需喷水养护，一般工程养护时间不少于7d。

(6) 张拉与锁定 张拉作业仅适用于采用螺母垫板连接的土钉，且土钉注浆固结体及面层混凝土抗压强度均大于15MPa以后，方可进行张拉。土钉张拉用测力矩扳手即可，一般施加10%~20%的有效锚固力值作为预紧力，张拉后立即用螺母锁定。土钉张拉锁定之后，可再喷一层混凝土将锁紧螺母盖住，以增强结构承载能力。

14.3 加筋土挡墙

14.3.1 加筋土挡墙概况

如图14.11所示，加筋土挡墙是由填土、带状拉筋和墙面板三部分组成的复合结构，这种结构内部存在着墙面土压力、拉筋的拉力、填料与拉筋间的摩擦力等相互作用的内力，这些力互相平衡，保证了这个复合结构的内部稳定。而且加筋土结构还能抵抗拉筋尾部后面填土所产生的侧压力，即保证了加筋土挡墙的外部稳定，从而使整个复合结构稳定。

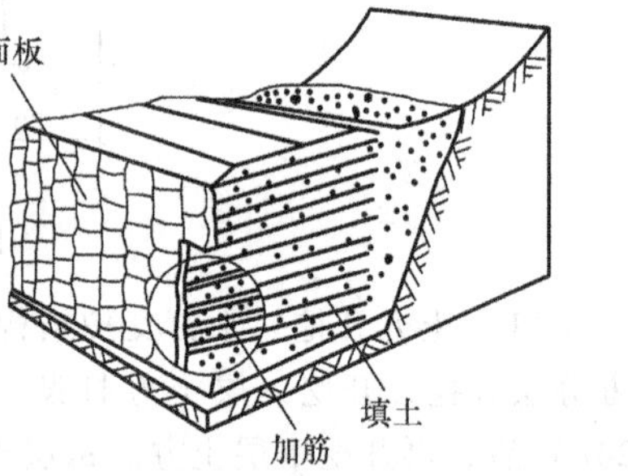

图14.11 加筋土挡墙示意图

1965年，法国建成了世界上第一座加筋土挡墙；此后，加筋土挡墙在世界各国得到了推广应用。我国于20世纪70年代开始应用加筋土技术，如陕西省黄陵故邑村修建的210国道特高型加筋土挡墙（高35.5m），重庆滨江公路驳岸墙（长达5.0km）。目前，加筋土挡墙主要应用于各类道路路基、桥台、驳岸、码头、堤坝、储料仓及各种山坡地建筑物挡墙等，还可用于滑坡的治理。

加筋土挡墙与土钉墙虽然在加固机理上类似，但二者还是有一些差别的。在施工程序上，加筋土挡墙是自下而上分层填土施工的；土钉墙是自上而下分层开挖施工的。加筋土挡墙一般用于填土作业区，形成人工堆填的直立土坡，且填土可以预先选择与控制；土钉是一种原位加筋技术，主要用于稳定天然或开挖后的边坡。

与传统的重力式挡墙结构相比，加筋土挡墙结构有以下特点：

1）加筋土挡墙可以做成很高的垂直填土，减少占地面积，造型新颖美观，对于不利于放坡的地区和土地昂贵的城市道路有很好的经济意义。

2）墙面板和拉筋可预制，施工简便、快速，能节省劳力和缩短工期。

3）充分利用材料性能，使挡土墙结构轻型化，基础尺寸小。其混凝土体积相当于重力式挡墙的3%～5%。

4）加筋土挡墙具有柔性结构的功能，地基变形对加筋土挡墙稳定性的影响比对其他结构物小，可用于软土地基。

5）加筋土挡墙是柔性结构物，整体性较好，较其他挡墙结构的稳定性强，具有良好的抗震性能。

6）加筋土挡墙工程造价比较低。挡墙高度超过5m时，与重力式挡墙相比，可节约造价20%～60%，且墙体越高，经济效益越显著。

14.3.2　加筋土挡墙的构造

1. 面板

面板起到防止拉筋间填土从侧向挤出，并与拉筋、填土一起构成挡墙整体的作用。面板常用金属或钢筋混凝土等材料制作。金属面板可采用普通钢板、镀锌钢板、不锈钢板等材料制作，其外形可做成半圆形、半椭圆形、矩形等；面板高0.2～0.4m、长3～6m、厚3～5mm；钢板状拉筋可焊接在金属面板翼缘上，半椭圆形金属面板的加筋土挡墙结构如图14.12所示。

钢筋混凝土面板强度不低于C20，厚度不小于80mm；面板形状有十字形、六角形、矩形、L形等，最常用的是十字形面板，其结构尺寸及拼装关系如图14.13所示。面板高为0.5～1.5m、宽为0.5～2.0m、厚为80～250mm；面板上的拉筋连接点，可采用预埋拉环、钢板锚头（厚度不低于3mm）或预留穿筋孔等形式；面板两侧预留小孔，拼装时可插入销钉或通过咬口实现面板之间的连接。混凝土面板拼装后，砌块间应有一些孔隙，以适应承载变形或排水需要，必要时可在面板上设置泄水孔，也可在面板后面填筑细砂、碎石或土工聚合物等材料形成反滤层，以防止填土被流水冲走。钢筋混凝土面板挡墙支护高度不超过15m。

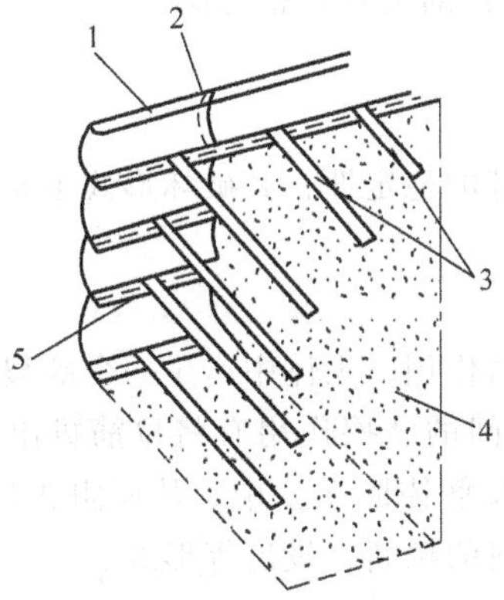

图14.12　半椭圆形金属面板

1—面板　2—搭接　3—拉筋　4—填土　5—焊接头

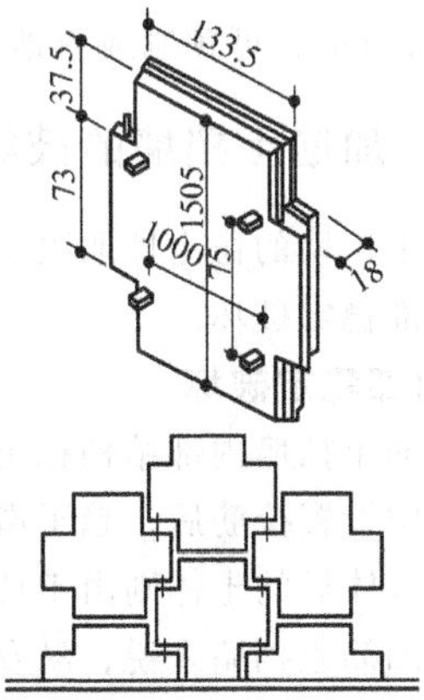

图14.13　十字形钢筋混凝土预制面板（单位：cm）

2. 拉筋

加筋土挡墙的拉筋宜用抗拉强度高、延伸率小、耐腐蚀和有柔韧性的扁状材料，以确保拉筋能与填土产生足够的摩擦力，常用扁钢带、钢筋混凝土带、聚丙烯土工带等。扁钢带断面宽度不小于30mm，厚度不小于3mm，表面应镀锌或采取其他防腐措施。钢筋混凝土带的混凝土强度等级不低于C20，钢筋直径不小于8mm，应按强度及构造要求配制纵向钢筋及横向结构筋；钢筋混凝土带可分节制作，分节长度应小于3m，断面为扁矩形（宽100~250mm、厚60~100mm）或楔形，可用钢丝网代替箍筋。聚丙烯土工带的宽度应大于18mm，厚度大于1mm，表面应有粗糙花纹，要求其抗拉断裂强度大于220kPa，断面伸长率应小于10%；聚丙烯土工带不适合于有尖锐棱角的粗粒填土的挡墙工程。

3. 填土

填土一般应具有易压实性、较好的透水性、能与拉筋产生足够的摩擦力、不易发生电化学反应等良好的稳定性。宜优先采用有一定级配的砂类土或砾石类土，也可用黄土、中低液限黏性土及符合要求的工业废渣；应禁用泥炭、淤泥、冻结土、白垩土及硅藻土等稳定性差的土。

对于季节性冰冻地区，填土宜采用非冻胀性土，否则应在墙面板内侧设置不小于0.5m厚的砂砾防冻层；当拉筋用扁钢带时，填土的pH值为5~10；当拉筋用聚丙烯土工带时，填土中不宜含有二价以上的铜、镁、铁离子及氯化钙、碳酸钠、硫化物等化学物质。

填土应随拉筋铺设，逐层压实，填土的压实系数$\lambda_c \geqslant 0.9$，有特殊要求时，$\lambda_c \geqslant 0.95$，具体压实系数值应在工程现场实际测定。填土的塑性指数应小于6，摩擦角大于34°，15μm以下的细粒质量少于15%。

4. 其他构造

加筋土挡墙面板基础常采用混凝土灌注或用砂浆砌石块筑成，一般为杯座式矩形基础，其高度为0.25~0.4m，宽度为0.3~0.5m，基础顶面可作一凹槽，以利于安装底层面板；基础埋设深度不宜小于0.5m，也应考虑地基土层的冻结深度及最大冲刷线位置等要求；若挡墙下部为基岩或混凝土圬工时，可不另设挡墙面板基础。

加筋土挡墙应根据地形、地层、墙高及上部荷载等情况设置沉降缝。对于一般地基，沉降缝间距为10~30m，岩石地基可适当加大；沉降缝宽度一般为10~20mm，可采用沥青板、软木板或沥青麻絮等填塞。面板对应沉降缝处应设置通缝，缝内也需填塞物充填。

此外，加筋土挡墙顶面应设置帽石，其作用是约束墙面板或设置顶部栏杆所需。帽石应凸出墙面30~50mm，可预制或就地现浇，其分段位置应与墙体的沉降缝相对应。

14.3.3 加筋土挡墙的破坏机理

加筋土挡墙的稳定性取决于加筋土挡墙的内部和外部的稳定性，其破坏形式主要有内部稳定破坏和外部稳定破坏。

1. 内部稳定破坏

从加筋土挡墙内部结构稳定性分析可知，由于土压力作用，土体中产生一个破裂面和滑动棱体，在土中设置拉筋后，趋于滑动的棱体通过土与拉筋间的摩擦作用有将拉筋拔出的倾向。另外，滑动棱体后的土体则由于拉筋和土体的摩擦作用把拉筋锚固在土中，从而阻止拉筋被拔出。因而对于加筋土挡墙来说，易发生内部破坏，有加筋材料的拉断、拔出等形式。

2. 外部稳定破坏

外部稳定破坏一般是因为由拉筋、填料所组成的复合结构不能抵抗尾部填料所产生的土压力，从而引起加筋体水平滑动或倾覆、地基深层破坏及地基承载力破坏。

此外，也有学者提出加筋土挡墙的另一种破坏形式——面板破坏，面板破坏一般因为面板与土体、筋材的不均匀沉降等原因引起面板塌落、鼓起、错位及面板与筋材的连接破坏。但据研究，面板破坏一般并不会影响加筋土体的整体稳定性。

14.3.4 加筋土挡墙设计计算

1. 基本假定

1）墙面板承受来自填土传来的主动土压力，且每块面板所承受的土压力将由面板上的相应拉筋的有效摩阻力（即抗拔力）来平衡。

2）因土压力的作用，加筋土挡墙的土体中将产生一个破裂面，该破裂面将加筋的土体分成主动区（滑动区）与被动区（锚固区）两部分。实质上，各层拉筋所承受的最大拉应力 σ_{max} 的连线就构成了这个破裂面，如图14.14a所示；为简化计算，可按图14.14b所示的 $0.3H$ 折线法来确定破裂面位置。靠近面板一侧滑动区内的拉筋长度 L_0 为无效长度；而锚固区内拉筋的长度 L_e 为有效长度，这种划分形式与土层锚杆类似。

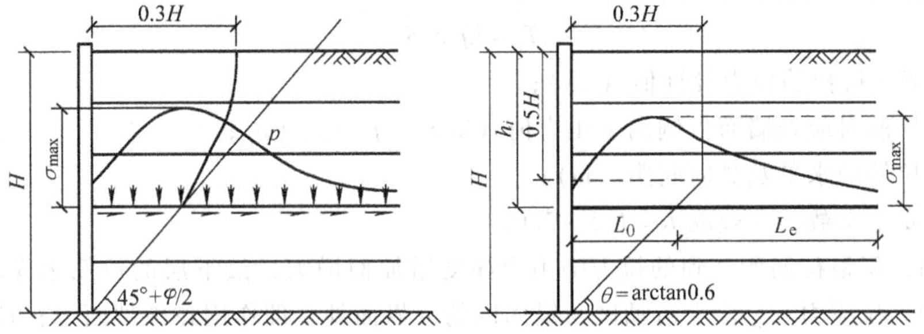

图14.14 加筋土挡墙内部结构受力分析

a）破裂面实际分布 b）简化破裂面形式

3）面板上的土压力由锚固段拉筋与填土之间的摩阻力来承担，并假定某一深度处的摩擦系数在拉筋的全长内相等。

4）拉筋上部的土体自重及加筋土上部荷载（静、动载）均对拉筋产生有效摩擦阻力。

2. 侧向土压力计算

作用于加筋土挡墙面板上的侧向土压力值 p 由墙后填土所产生的土压力值 p_1 及墙顶面荷载所产生的土压力值 p_2 两部分组成。

（1）p_1 的计算 墙后填土所产生的土压力 p_1 接近于静止土压力值，计算式为

$$p_1 = K_0 \gamma h_i \tag{14.8}$$

式中 K_0——填土静止土压力系数，$K_0 = 1 - \sin\varphi$；

h_i——土压力作用点距离（m），$h_i < H/2$，h_i 取实际值；$h_i > H/2$，h_i 取 $0.5H$；

φ、γ——填土内摩擦角和土体重度。

（2）p_2 的计算 墙面板离墙顶越远，荷载所产生土压力 p_2 越小；为简化计算，p_2 值可由荷载引起的竖向土压力强度与静止土压力系数的乘积求得，竖向土压力强度按土力学压力扩散角法计算，填土的扩散角可取30°。如图14.15所示，计算式为

$$p_2 = K_0 \frac{\gamma h_0 L_0}{L_i'} \tag{14.9}$$

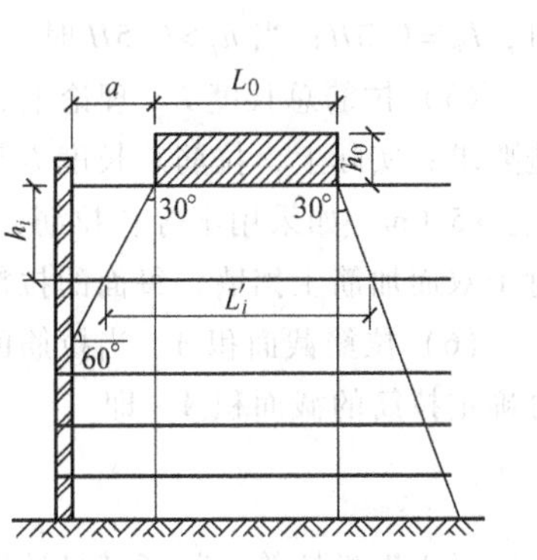

图14.15 荷载扩散角法计算图

式中 L_0、h_0——土柱的换算宽度和高度；

γ——荷载换算成填土的重度；

L_i——荷载扩散宽度，当 $h_i \leqslant a\tan60°$时，$L_i' = L_0 + 2h_i\tan30°$；当 $h_i > a\tan60°$时，$L_i' = a + L_0 + h_i\tan30°$；

α——荷载内边缘至墙面板内侧的距离。

3. 竖向压力计算

作用于第 i 层拉筋所在位置的竖向压力值计算式为

$$q_i = q_1 + q_2 = \gamma h_i + \gamma h_0 L_0 / L_i' \tag{14.10}$$

4. 拉筋计算

（1）拉筋拉力设计值 T_i　当土体的主动土压力充分作用时，每根拉筋承受的拉力应和墙面板所受到的侧向土压力保持平衡，即

$$T_i = Kp_i S_x S_y \tag{14.11}$$

式中 T_i——第 i 层拉筋拉力设计值（kN）；

p_i——拉筋对应处墙面板侧向土压力值（kPa），$p_i = p_{i1} + p_{i2}$；

S_x、S_y——拉筋的水平及竖向间距（m）；

K——安全系数，一般取 $K = 1.5 \sim 2.0$。

计算得知，每根拉筋所受到的拉力随填土深度增加而增大，最下层的拉筋承受的拉力最大；每根拉筋的最大拉应力 σ_{max}位于滑动区与锚固区的分界面处，即作用在破裂面上；拉筋与墙面板连接处所承受的拉应力约等于最大拉应力 σ_{max}的 0.75 倍。

（2）填土对拉筋作用的阻力 T_b　由于拉筋受到竖向土压力的作用，将产生拉筋的抗拔阻力（或称之为锚固力），即

$$T_b = 2\mu q_i b L_e \tag{14.12}$$

式中 T_b——锚固区拉筋的抗拔阻力（kN）；

μ——填土与拉筋摩擦系数，砂类土 $\mu = 0.35 \sim 0.5$，黏质土 $\mu = 0.25 \sim 0.4$；

b、L_e——拉筋宽度和有效段长度（m）；

q_i——第 i 层拉筋所在位置的竖向压力值（kPa），见式（14.10）。

（3）拉筋有效段长度 L_e　根据拉筋的受力平衡关系 $T_i = T_b$，可得

$$L_e = \frac{T_i}{2\mu q_i b} \tag{14.13}$$

（4）拉筋无效段长度 L_0　拉筋无效段长度，按 $0.3H$ 折线法（图 14.13）确定，当 $h_i \leqslant 0.5H$ 时，$L_0 = 0.3H$；当 $h_i > 0.5H$ 时，$L_0 = 0.6(H - h_i)$。

（5）拉筋总长度 L　理论上，拉筋总长度 $L = L_0 + L_e$，在设计时，还应考虑加筋土挡墙的构造要求；实际上，拉筋总长度 L 与挡墙高度 H 有一定的比例关系。当 $H > 3$m 时，$L_{min} \geqslant 0.7H$，且 $L_{min} > 5.0$m；如采用不等长拉筋，短筋 $L_{min} \geqslant 0.5H$。当 $H \leqslant 3$m 时，$L_{min} \geqslant 4.0$m，且采用等长拉筋。对于双面加筋土挡墙，每面的拉筋 $L_{min} \geqslant 0.6H$，双面拉筋可交错布置，也可分开布置。

（6）拉筋截面积 A　当拉筋的拉力设计值 T_i确定后，根据拉筋材料的抗拉强度设计值 f_y，就可确定拉筋的截面积 A，即

$$A \geqslant T_i / f_y \tag{14.14}$$

对于钢板拉筋，除了满足计算要求外，还应考虑钢材腐蚀问题，尚需考虑拉筋连接处抗拉强度要求；对于钢筋混凝土拉筋，可按中心受拉构件计算，计算求得钢筋直径再增加 2mm；为防

止混凝土被压裂，拉筋板内应设箍筋或抗裂钢丝；对于聚丙烯土工带拉筋，需先测试每根拉筋带的极限断裂拉力值，取该值的1/5～1/7作为抗拉强度设计值。

5. 全墙整体稳定性验算

与土钉墙设计思想类似，加筋土挡墙可按重力式挡土墙的设计方法，验算全墙的抗滑稳定性、抗倾覆稳定性及地基承载能力。

14.3.5　加筋土挡墙施工技术

加筋土工程施工程序是：基础施工—构件预制—面板安装—填料摊铺、压密和拉筋铺设—地面设施施工。

（1）基础施工　进行基础开挖时，基槽（坑）底平面尺寸一般大于基础外缘0.3m。对未风化的岩石应将岩面凿成水平台阶，台阶宽度不宜小于0.5m，台阶长度除满足面板安装需要外，高宽比不宜大于1:2。基槽（坑）底土质为碎石土、砂性土或黏性土时，均应整平夯实。对风化岩石和特殊土地基，应按有关规定处理。在地基上浇筑或放置预制基础，基础一定要平整，使得面板能够直立。

（2）面板安装　混凝土面板可在预制厂或工地附近场地预制后，运到施工场地安装。安装时应防止插销孔破裂、变形以及边角碰坏。可用人工或机械吊装就位，安装时单块面板向内倾斜1/200～1/100，作为填料压实时面板外倾的预留度。为防止在填土时面板向内、外倾斜，在面板外侧可用斜撑撑住，保持面板的垂直度，直到面板稳定方可将斜撑拆除。为防止相邻面板错位，宜用夹木螺栓或斜撑固定。水平及倾斜的误差应逐层调整，不得将误差积累后再进行总调整。

（3）拉筋铺设　应把拉筋垂直于墙面平放在已经压密的填土上，如填土与拉筋间有空隙，用砂土垫平以防拉筋断裂。钢筋混凝土带或钢带与面板拉环的连接，以及每节钢筋混凝土带间的钢筋连接或钢带接长，可采用焊接、扣环连接或螺栓连接。

（4）填土的铺设和压实　加筋土填料应根据拉筋竖向间距进行分层铺筑和压实，钢筋混凝土拉筋顶面以上填土，一次铺筑厚度不小于200mm，当用机械铺筑时，铺筑机械距面板不应小于1.5m，在距面板1.5m范围内应用人工铺筑。铺筑填土时为了防止面板受到土压力后向外倾斜，应从远离面板的拉筋端部开始逐步向面板方向进行，机械运行方向应与拉筋垂直，并不得在未覆盖填土的拉筋上行驶或停车。

碾压前应进行压实试验，根据碾压机械和填土性质确定填土分层铺筑厚度、碾压遍数以指导施工。每层填土铺填完毕应及时碾压，碾压时一般先轻后重，并不得使用羊足碾。压实作业应先从拉筋中部开始，平行于墙面板方向逐步驶向尾部，而后再向面板方向进行碾压。用黏土作填土时，雨期施工应采取排水和遮盖措施。加筋土填料的压实度可按表14.1中的规定执行。

表14.1　加筋土挡墙填土压实度要求

填土范围	路槽底面以下深度/cm	压实度(%)	
		高速公路、一级公路	二、三、四级公路
距面板1.0m以外	0～80	≥95	≥93
	>80	>90	>90
距面板1.0m以内	全部墙高	≥90	≥90

注：1. 表列压实度的确定按交通部JTG E40—2007《公路土工试验规程》中重型击实试验标准。对三、四级公路，允许采用轻型击实试验。
2. 特殊干旱或潮湿地区，表内压实度可减少2%～3%。
3. 加筋体上填土按JTG D30—2004《公路路基设计规范》执行。

（5）地面设施施工　如需设置电力或煤气等设施时，必须将其放在加筋土结构的上面。对于管渠更应铺设得便于维修，这样可避免以后沟槽开挖时损坏拉筋。

14.3.6 土钉与加筋土挡墙的比较

1. 主要相同之处

1）加筋体（拉筋或土钉）均处于无预应力状态，只有在土体产生位移后，才能发挥其作用。

2）加筋体抗力都是由加筋体与土之间产生的界面摩擦力提供的，加筋土体内部本身处于稳定状态，它们承受着其后面外部土体的推力，类似于重力式挡墙的作用。

3）面层（加筋土挡墙面板为预制构件，土钉面层是现场喷射混凝土）都较薄，在支撑结构的整体稳定中不起主要作用。

2. 主要不同之处

1）虽然竣工后两种结构外观相似，但其施工顺序却截然不同。土钉施工“自上而下”，分步施工；加筋土挡墙则是“自下而上”。这对筋体分布有很大影响，施工期间尤甚。

2）土钉法是一种原位加筋技术，是用来改良天然土层的，不像加筋土挡墙那样，能够预定和控制加筋土填土的性质。

3）土钉技术通常包含使用灌浆技术，使筋体和其周围土层黏结起来，荷载通过浆体传递给土层。在加筋土挡墙中，摩擦力直接产生于筋条和土层间。

4）土钉既可水平布置，也可倾斜布置，当其垂直于潜在滑裂面设置时，将会充分地发挥其抗力；而加筋土挡墙内的拉筋一般为水平设置（或以很小角度倾斜布置）。

14.4 锚定板挡土结构

14.4.1 锚定板挡墙结构组成

锚定板是一种适用于人工填土的挡土结构，可以用作挡土墙、桥台及港湾护岸工程。锚定板挡墙结构由墙面、钢拉杆、锚定板和填土共同组成，如图 14.16 所示。该挡墙的墙面可用预制的钢筋混凝土立柱与挡板拼装而成，钢拉杆的外端与立柱连接；内端与锚定板连接。填土对挡板的侧压力通过立柱传至拉杆，钢拉杆则依靠锚定板在填土中的抗拔力（端阻力）而维持结构的平衡与稳定。

14.4.2 锚定板挡墙设计计算

1. 墙面土压力计算

锚定板墙面土压力是由填土及地面荷载引起的，由于挡土板、拉杆、锚定板及填土的共同作用，其墙面土压力往往大于库仑主动土压力值。为计算方便，可将墙面土压力简化成梯形分布，如图 14.17 所示。

$$p = 0.65\gamma H K_a m_e \tag{14.15}$$

式中 m_e——土压力增大系数，一般取 $m_e = 1.05 \sim 1.40$；

H——挡墙高度（m）；

γ——填土的重度（kN/m^3），一般砂类土 $\gamma = 18 \sim 21 kN/m^3$；

K_a——填土的库仑主动土压力系数。

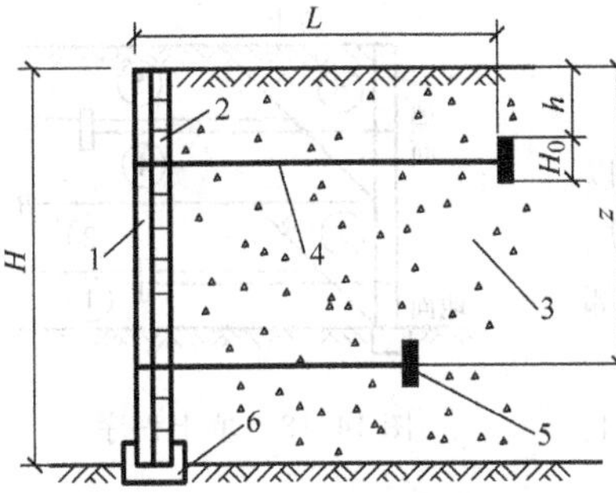

图 14.16　锚定板挡土结构

1—肋柱　2—挡板　3—填土

4—钢拉杆　5—锚定板　6—杯座

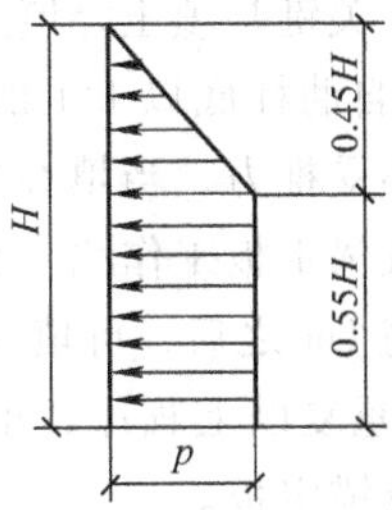

图 14.17　锚定板土压力分布简图

2. 锚定板抗拔力计算

锚定板单位面积的抗拔力设计值（Q_k）与其埋深、周围土体的应力应变等有关，应由现场测试确定，以下数据仅供参考。

1）当锚定板埋深（图 14.14 标注）$z=5\sim10\text{m}$ 时，$Q_k=0.25\sim0.35\text{MPa}$。

2）当 $z=3\sim5\text{m}$ 时，$Q_k=0.12\sim0.26\text{MPa}$。

3）当 $z\leqslant3.0\text{m}$ 时，应按锚定板前的净剩被动土压力计算其极限抗拔力 T_u

$$T_u=\frac{\gamma H_0}{2}(L+2H_0)(K_p-K_a)B \tag{14.16}$$

式中　B、H_0——锚定板的宽度和高度（m）；

K_a、K_p——填土的库仑主动土压力系数和被动土压力系数；

γ——填土的重度（kN/m^3），一般砂类土 $\gamma=18\sim21\text{kN/m}^3$。

锚定板的埋深（以钢拉杆中心算起）不宜小于 2.5m，为此，根据埋深情况，需将最上层拉杆向下倾斜 10°~15°布置；埋深大于 2.5m 的拉杆，水平布置即可。

3. 锚定板面积

一个肋柱间的所有锚定板总面积 F_B 可按下式估算

$$F_B=K_sK_aF_A\frac{1-\sin\varphi}{1+\sin\varphi+\dfrac{2c}{\gamma h}\cos\varphi} \tag{14.17}$$

式中　K_s——保持拉杆内力平衡的安全系数，可取 2.0；

K_a——主动土压力系数；

F_A——一个肋柱间的墙面总面积（m^2）；

h——锚定板平均埋置深度（m）。

确定单块锚定板面积时，还应满足锚定板所提供的抗拔力设计值（T_u/K_s）与其所分担墙面的侧向土压力相平衡的条件。一般要求 $F_B/F_A=0.2$ 左右，对于砂性土为 0.17 左右，黏性土为 0.25 左右。

4. 钢拉杆长度

锚定板结构的钢拉杆长度应超过填土中假想的滑动面，且 $L\geqslant5.0\text{m}$；此外，钢拉杆的长度还应满足锚定板整体稳定性的需求。

14.4.3 锚定板挡墙施工技术

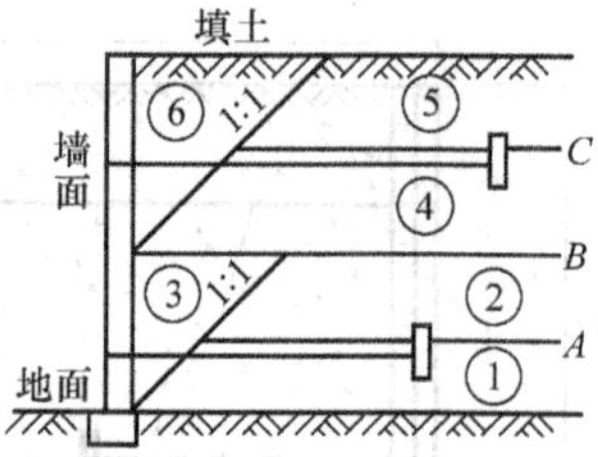

图 14.18 填土程序

施工关键是填土，填土程序如图 14.18 所示。

1）自肋柱底以 1:1 的坡度夯实填土方的第①部分，以使肋柱不受推力，当填夯至下层拉杆以上 0.2m 处，挖下层拉杆槽及锚定板工作坑，装好拉杆与锚定板；再填夯第②部分，填高 1m 之后，可填夯第③部分。

2）重复以上程序，填夯第④、⑤、⑥部分，并安装上层拉杆及锚定板。

3）钢拉杆与锚定板及肋柱的连接应牢固，一般加上垫板并用双螺母拧紧。

14.5 工程实例

1. 工程简况

黄陵故邑加筋土挡墙，位于轩辕黄帝陵南 10km 的西包公路 K176 + 400 处，属湿陷性黄土工程地质分区第二区。年平均气温 90℃，年降雨量 717mm，降水多集中在夏季，占年降雨量的 50% 左右。西包公路在该段的交通量为 400 ~ 450 车次/昼夜，是西安通往陕北老区、内蒙古的主要干线。

在黄土高原，土桥是跨越黄土冲沟的一种特殊高填土构造物。1983 年 10 月 13 日，土桥边坡失稳塌垮，塌垮面大约长 40m、高 30m。为了维持通车，当时用 15m 高的多层草袋装土护脚，反压加固，以单车道勉强解决冬季临时通车问题，1984 年 4 月架设战备钢桥保证交通，直至 1984 年 11 月 15 日，加筋土高挡墙完成后钢桥拆除。

对设计方案，由于是国道，西安、延安按二级标准予以改造提高，而故邑段尚未改造，远不能适应增长了的交通量的要求。鉴于上述情况，经几种方案比较，认为加筋土结构适应性强，能经受不同环境、不同气候等因素的影响，技术处理有较大的优越性，且经济效益高。经比较决定采用以黄土为填料的加筋土挡墙，按标准修复。

2. 工程设计

（1）设计资料　挡墙由墙面板、筋带、填料和锚杆组成，墙高 35.5m。面板为 40cm × 150cm、40cm × 100cm 的槽形板，钢筋混凝土强度等级为 C18；筋材采用聚丙烯条带，其极限抗拉强度为 4.0kN/根，设计允许变形为 2%，相应的设计允许拉力为 0.75kN/根；填料为黄土，设计的夯实填土综合内摩擦角为 40°，填料与筋带间的摩擦系数为 $f = 0.4$，地基设计允许承载力 $[p_y] = 600\text{kPa}$；设计荷载按 JTJ 1—1981《公路工程技术标准》规定，取汽—20 级、挂—100 级荷载标准。

（2）内部设计

1）加筋带强度验算。先计算筋带上承受的荷载。挡墙背面作用土压力按朗肯理论计算，筋带在土内为水平布置，其垂直和水平间距分别为 S_v、S_h，筋带所承受拉力 T_i 为

$$T_i = K_a(h)\gamma h_i S_v S_h$$

式中　$K_a(h)$——随土面以下深度无变化的主动土压力系数；

γ——填土重度。

为保证筋带不被拉断，取

$$T_i \leqslant \sigma_t btn/F_{st}$$

式中　σ_t——筋带的抗拉强度；

b、t——筋带的宽度和厚度；

n——筋带根数；

F_{st}——筋带抗拉安全系数。

式中 $\sigma_t btn/F_{st}$ 为一根筋带的允许拉力 T_a，则第 i 层需要配置的筋数 n 为

$$n = T_i/T_a$$

2）筋带抗拔出验算。如图 14.19 所示，锚固力 T_r 的计算为

$$T_r = (\gamma h_i + \Delta\sigma) f \cdot 2bL_e$$

$$L_e = K_a F_{sp} \gamma h_i S_v S_h / 2(\gamma h_i + \Delta\sigma_i) fb$$

式中　F_{sp}——筋带抗拔出安全系数。

根据计算决定了加筋的长度 L，即 $L = L_i + L_e$。

另外还应验算局部稳定性。应用楔体平面破坏面沿墙高验算了局部滑出的可能性。根据具体特点在施工中除了在断面上作分级台阶处理外，还设置了两层锚杆，将加筋土体锚固于稳定的老土层中。

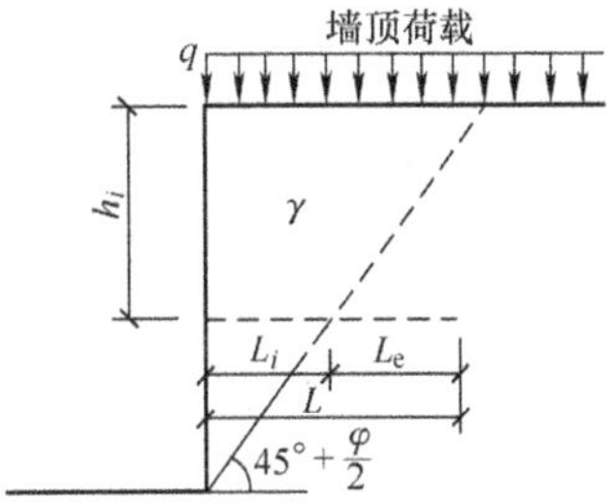

图 14.19　拔出验算示意

（3）外部稳定性验算

1）抗倾覆稳定。假定挡墙绕墙趾转动，把加筋土挡墙视为一般重力式墙，计算得到的抗倾覆安全系数为 8.76，满足稳定要求。

2）地基承载力。由于地表水的渗入，地基长期处于软塑状态，承载力低。为此，该墙基础采用三排桩，4.5m 长，梅花形布置处理地基，并挖除地表以下 1.5m 深的淤泥，用 3:7 的灰土回填。计算得到的地基允许承载力为 $[p_y] = 705$kPa，可以满足要求。

3. 施工要点

1）基础处理完后，检查基础强度，复查是否符合设计标高，然后安装混凝土预制块基础，再逐层砌筑面板、布置拉筋，并逐层检查。

2）聚丙烯塑料筋带平放铺设拉紧，按设计的间距由墙面向填土内以辐射状均匀放置，先用少量土固定筋带，再进行回填。聚丙烯筋带是柔性材料，受力后有一个初始伸长的特点，面板砌筑时按 1:0.01 的比例将上端内收，以抵消初始伸长度，从而避免墙体外倾。

3）填土压实度严格控制达到设计的压实指标。碾压应从筋带中部开始，然后向筋带尾部，最后再返回墙面板部位，在靠近面板不小于 1.0m 范围内，由小型压实机器压实。

4. 原位测试及工程效果

根据观测得到的数据，随着填土高度的增加，墙面均有不同程度的向外水平位移，施工时位移的大小没有一定的规律。墙的上部位移量大于下部位移量，最大值出现在墙顶下约 1/2 墙高处。墙背土压力在无荷载时其变化规律呈三角形分布，与传统的挡墙相似，但实测值远比静止土压力小；当荷载作用于墙顶时，附加应力对墙的上部影响较为显著。在外荷载作用下，筋带应力沿筋带向加筋土体内部递减，筋带与面板连接处应力较大，而最大应力出现在距面板 2.0 ~ 2.5m 处。

高 35.2m 的故邑加筋土挡墙总投资为 43.8 万元，其中基础工程占 14.8%，上部工程占 76.7%，排水工程占 5.1%，其他占 3.4%。

思 考 题

14.1 什么是加筋法？加筋法的机理是什么？

14.2 加筋土挡墙有何优点？

14.3 土工合成材料有哪些种类？土工合成材料有哪些功能？

14.4 土钉与加筋土挡墙有哪些相同与不同之处？

14.5 简述土钉的施工方法及其特点。土钉在工程上有哪些特点？

第15章 土工合成材料

【本章导读】 主要介绍了土工合成材料的概念、种类、特点、性能指标以及土工合成材料在工程中的作用及应用。掌握土工合成材料的物理力学性质以及不同材料的功能作用；熟悉土工合成材料在土木工程中的施工流程、施工工艺以及土工合成材料以不同的功能在工程中的应用。

15.1 土工合成材料的发展概况

15.1.1 土工合成材料的发展历程

1. 古代的原始土工材料

据科学考证，数千年前人类就利用芦苇加筋黏土建造房屋，公元前2000~公元前1000年，古巴比伦人曾把织物纤维掺在土中建造庙宇。在我国，远在新石器时代，我们的祖先就利用茅草作为土的加筋材料。

实际上，在独立于人类文明的自然界，许多鸟类和昆虫都本能地利用非土材料（草与树枝等）加固泥土巢穴；树木依靠庞大的根系吸收养料、水分，同时也加固了赖以立足的地基。这些都是“以非土材料加固土体”原理在自然界的体现。

2. 现代的土工合成材料

非织造型土工积物在20世纪60年代末期开始应用于欧洲，20世纪70年代从欧洲传到了世界各地，土工合成材料的应用及其产品的发展达到一个鼎盛时期。

20世纪70年代以后，在国外，织物的应用从公路、铁路路基工程逐步扩展到挡土墙、土坝等大型永久性工程。

与世界先进国家相比，土工合成材料在我国的应用大约晚了十几年。最早登上我国工程建筑舞台的是土工膜，然后是织造型土工织物。

20世纪80年代开始，从国外引进的许多生产设备和技术资料推动了我国土工织物的生产与应用。土工格栅、土工网和土工垫等新材料相继出现，进一步加快了土工合成材料应用技术的发展。1983年J. E. Fluet建议使用“土工合成材料”（geosynthetics）一词来概括各种类型的材料，现在这一名词已被人们所接受。20世纪80年代末，土工模袋首次引入工程应用。

20世纪90年代以来，土工织物由于所具有的功能和特性以及在实际工程中的应用效果，引起全国各行各业的极大兴趣。尤其是在水利水电建设部门应用范围广、应用量大，如三峡水电工程、秦山核电站、京杭大运河等工程。随着理论研究的深入，测试技术、设计水平、施工方法的不断提高，土工织物开始在一些大型工程、重点工程中得以应用，并获得了较好的经济效益和社会效益。

15.1.2 土工合成材料的发展特点

目前发达国家的土工合成材料在产品种类、质量、应用范围的广度与深度等方面的发展都比发展中国家快，尤以北美发展最快，欧洲则以德国、法国、荷兰、意大利等西欧国家发展较快，亚洲主要是日本、马来西亚、韩国发展较快，国外产品类型、品种较多，规格齐全，以非织造型、合成型、复合型所占比例较大。

土工合成材料的生产和应用发展速度很快，1998 年是一个重大的转折。这一年，长江、松花江和嫩江流域发生了历史大洪水。土工合成材料在防汛中发挥了独特的作用，初步显露了它的快捷、简便和有效的功能优势。

纵观近 40 年我国土工合成材料应用的历史，发现其发展有以下几个特点：

1）起步虽晚，但发展很快，使用量大。

2）使用的广泛性。应用的范围遍及土木建筑工程所有领域的各个角落，目前更扩展到环保这个新领域。

3）材料产品的多样性。几乎所有品种都有了国内自己的产品，有些品种的质量达到国际同类产品的先进水平。

4）应用技术的不断进步。规范和标准的发布与贯彻是应用技术渐趋成熟的一个标志。

5）有关部门的大力推动，为土工合成材料的应用发展提供了良好的条件，并形成了一个学习和交流的氛围。

然而由于土工合成材料作为一项新技术，在我国的发展及应用时间尚短，缺少统一的测试方法和完善的设计理论。当前，除引进国外先进技术外，更重要的是应密切结合我国的土质条件和工程特点，努力开发、研制我国急需的产品，不断提高质量性能和降低成本，总结设计、施工经验，大力推广应用，同时加强织物作用机理方面的研究，逐步统一技术标准，使这一新的建筑材料在工程建设中发挥更大的作用。

15.2 土工合成材料的概念、分类

15.2.1 土工合成材料的概念

土工合成材料是应用于岩土工程的，以人工合成的聚合物（如塑料、化纤、合成橡胶等）为原料制成的各种类型的，置于土体内部、表面或各种土体之间，发挥加强或保护土体作用的产品的统称。因为它们主要用于岩土工程，故冠以“土工”两字，称为“土工合成材料”，以区别于天然材料。

土工合成材料由合成纤维制成。合成纤维是以煤、石油、天然气和石灰石等作起始原料，经过化学加工制成聚合物（高分子化合物），再经过机械加工制成纤维、条带、网格和薄膜等。纤维又分短丝、连续长丝（直径一般为 0.02～0.04mm）、条丝、单丝、多股丝、纺纤和各种纱线等。合成纤维的品种主要有锦纶、涤纶、腈纶、维纶、丙纶等，但目前国内外用于生产土工纤维者多以丙纶（聚丙烯）、涤纶（聚酯）为主要原料。

15.2.2 土工合成材料的分类

土工合成材料包括土工垫、土工网、土工格栅、土工格室、土工模袋和土工泡沫塑料等。复合型土工合成材料则是由上述有关材料复合而成的。

各种类型的土工合成材料，如土工垫、土工网、土工格栅、土工格室、土工模袋以及各种规格的土工织物、土工膜等，在国内均能生产，并已在一些工程中应用，但目前在工程实际中使用最多的还是土工织物和土工膜。

土工合成材料分类尚无统一的准则，且随着新材料和新技术的发展不断有所变化，目前暂分成四大类，即土工织物、土工膜、特种土工合成材料和复合型土工合成材料，如图 15.1 所示。

- 土工合成材料
  - 土工织物
    - 织造
      - 机织(含编织)
      - 针织
    - 非织造(无纺)
      - 针刺
      - 热黏结
      - 化学黏结
  - 土工膜
  - 复合型土工合成材料
    - 复合土工膜
    - 复合土工织物
    - 复合防排水材料：排水带、排水管、排水防水材料等
  - 特种土工合成材料
    - 土工格栅、土工带、土工格室、土工网
    - 土工膜袋、土工网垫、土工织物膨润土垫(GCL)、
    - 聚苯乙烯板块(EPS)等

图 15.1　土工合成材料分类

下面将目前在工程中常见的几种土工材料作一简单介绍。

1. 土工织物

土工织物是以聚合物为原料，把聚合物原料加工成丝、短纤维、纱或条带，然后再制成的平面结构的具有透水性的土工合成材料。按照制造方法不同可以分为有纺（又称织造）土工织物和无纺（又称非织造）土工织物。

有纺土工织物是最早的土工织物产品，它的制造分两道工序：先将聚合物原料加工成丝或纱或带，再借织机制成平面结构的布状产品。早期的土工织物由单丝织成，后来发展为采用扁丝，扁丝宽度约为 3mm。目前大多数编织土工织物由扁丝织成，而圆丝和扁丝结合织成的织物有较高的渗透性。

另一种特殊的扁丝叫裂膜丝（fabrillated yarn），它是将一根扁丝剖成许多根细丝，但仍连在一起。由裂膜丝织成的织物较为密实，柔软而渗透性小。多丝和裂膜丝结合织成的编织物厚度可达 1 ~ 2mm，比扁丝织成的要厚。

无纺型土工织物也称为“无纺布”。织物中纤维的排列是不规则的，与通常的毛毯相似。制造时先将聚合物原料经过熔融挤压、喷丝、直接铺平成网，然后使网丝联结制成土工织物。联结的方法有热压、针刺和化学黏结等不同处理方法。

1）热压处理法。将纤维加热的同时施加压力，使之部分融化，从而黏结在一起。

2）针刺机械处理法。用特制的带刺的针，经上下往返穿刺纤维薄层，使纤维彼此缠绕起来。这种成型的土工织物较厚，通常为 2 ~ 5mm。这类土工织物的土工纤维抗拉强度各向一致，与有纺型相比，抗拉强度略低、延伸率较大、孔径不均匀。

3）化学黏结处理法。制造时在纤维薄层中加入某些化学物质，使之黏结在一起。

编织型土工织物由单股线带编织而成，与通常编织的毛衣相似。土工织物突出的优点是质量轻、整体连续性好（可做成较大面积的整体）、施工方便、抗拉强度较高、耐腐蚀和抗微生物侵蚀性好。其缺点是未经特殊处理、抗紫外线能力低。土工织物的性能与其聚合物原料、土工织物的种类及加工制造方法密切相关。

2. 土工膜

土工膜（图 15.2）是一种以高分子聚合物为原料，经挤出、压延或加涂料等工艺制成的一种防渗阻隔型材料。根据原材料不同，可分为聚合物和沥青两大类。为满足不同强度和变形需要，又有不加筋和加筋的区分。预制不加筋膜采用挤出、压延等方法，厚度通常为 0.25 ~ 4mm，

加筋的可达到10mm。膜的幅宽为1.5～10mm。加筋有利于提高膜的强度和保护膜不受外界机械破坏。

制造土工膜时还需要掺入一定量的添加剂，使在不改变材料基本特性的情况下，改善其某些性能和降低成本。如掺入炭黑可以提高抗紫外线能力，延缓老化；掺入铅盐、钡、钙等以提高材料的抗热、抗光照稳定性；掺入滑石等润滑剂以改善材料可操作性；掺入杀菌剂可防止细菌破坏等。对于沥青类土工膜，其主要掺入材料是一些填料或纤维。

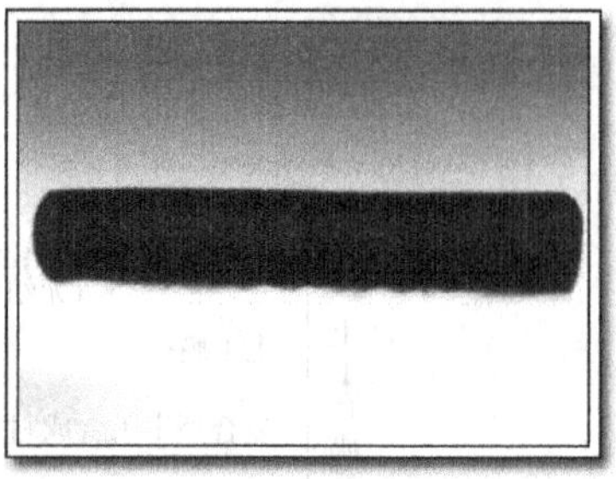

图15.2 土工膜

大量工程实践表明，土工膜有很好的不透水性、很好的弹性和适应变形的能力，能承受不同的施工条件和工作应力，具有良好的耐老化能力。

3. 特种土工合成材料

（1）土工格栅 土工格栅由聚乙烯或聚丙烯通过打孔、单向或双向拉伸扩孔制成，孔格为圆形、椭圆形、方形或长方形，直径或边长为10～100mm。土工格栅是一种应用较多的土工合成材料，常用作加筋土结构的筋材或复合材料的筋材等。土工格栅分为塑料土工格栅、钢塑土工格栅、粘焊土工格栅、玻璃纤维土工格栅和经编土工格栅五大类。

1）塑料土工格栅。塑料土工格栅是经过拉伸形成的具有平面网状结构的网材，其制造时拉伸方向可为单向拉伸、双向拉伸和多向拉伸三种。如果在土工格栅中加入炭黑等抗老化材料，可使其具有较好的耐酸、耐碱、耐腐蚀和抗老化等耐久性能；若加入阻燃剂、抗静电剂等材料，可以制成煤矿井下用的矿用格栅。

① 单向拉伸塑料土工格栅。这种土工格栅是由高分子聚合物经挤压、成板、冲孔，然后纵向拉伸而成的。在这个过程中，高分子呈定向线性状态并形成分布均匀、节点强度高的长椭圆形网状整体性结构，此种结构具有相当高的拉伸强度和拉伸模量，材料结构如图15.3所示。

图15.3 单向拉伸塑料土工格栅

② 双向拉伸塑料土工格栅。双向土工格栅是用高分子聚合物通过挤压、成板、冲孔过程后，再纵向、横向拉伸而成的。该材料在纵向和横向上都具有很大的拉伸强度，且在土壤中同样也能提供一个更为有效的力的承担和扩散的理想连锁系统，其材料结构如图15.4所示。

③ 多向拉伸塑料土工格栅。以聚丙烯为主要原料，经塑化挤出、冲孔、多向拉伸而成的平面网状结构的塑料土工格栅，材料结构如图15.5所示。

2）钢塑土工格栅。钢塑土工格栅（图15.6）是以高强钢丝，经特殊处理，与聚乙烯（PE），并添加其他助剂，通过挤出形成的复合型高强抗拉条带，且表面有粗糙压纹，此为高强加筋土工带。由此单带，经纵、横按一定间距编制或夹合排列，采用特殊强化粘接的熔焊技术焊接其交接点而成型，则为加筋土工格栅。钢塑土工格栅特点：强度大、变形小；蠕变小；耐腐蚀、

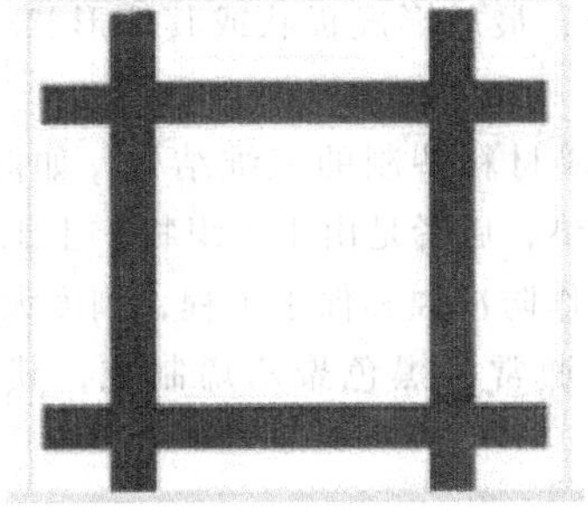

图 15.4 双向拉伸塑料土工格栅

图 15.5 多向拉伸塑料土工格栅

寿命长；施工方便、快捷；周期短、成本低。

3）粘焊土工格栅。粘焊土工格栅是用聚丙烯、聚酯（PET）等高分子聚合物（高分子塑料）经挤出、拉伸成型的条带，分子重新取向，具有很高的抗拉强度。其纵横向肋带的交接点以高频超声波焊接，确保了土工格栅的稳定性，保证了格栅网格对土体的有效嵌锁。同时，格栅的强度可变更肋带的拉力，以满足不同工程和各种技术指标的需要。

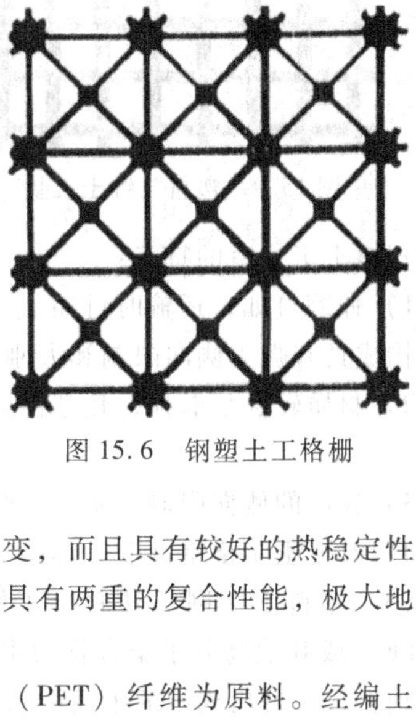

图 15.6 钢塑土工格栅

粘焊土工格栅产品表面经过处理，压有粗糙的花纹，以提高其粗糙度，同时纵横肋条形成的网孔对土体进行嵌锁，对土体有很好的被动阻抗力。

4）玻璃纤维土工格栅。玻璃纤维土工格栅（图 15.7）是以玻璃纤维为材质，采用一定的，编织工艺制成的网状结构材料。玻璃纤维土工格栅理化性能极其稳定，并且强度大、模量高、耐磨性高和耐寒性优异，无长期蠕变，而且具有较好的热稳定性；网状结构使集料被嵌锁和限制；因表面涂有特殊的改性沥青使其具有两重的复合性能，极大地提高了土工格栅的耐磨性及剪切能力。

5）经编土工格栅。经编土工格栅（图 15.8）选取用聚酯（PET）纤维为原料。经编土工格栅具有抗拉强度高，延伸力小，抗撕裂强度大，纵横强度差异小，耐紫外线老化、耐磨损、耐腐蚀、质轻、与土或碎石嵌锁力强等优点，对增强土体抗剪及补强提高土体的整体性与荷载力，具有显著作用。

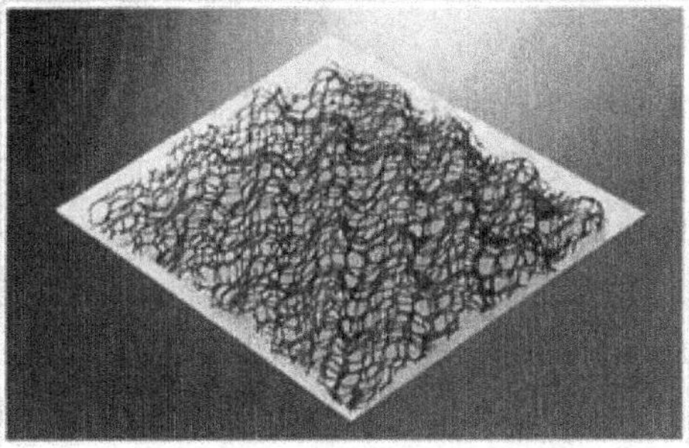

图 15.7 玻璃纤维土工格栅

图 15.8 经编土工格栅

(2) 土工膜袋 土工膜袋是一种由双层聚合化纤织物制成的连续(或单独)袋状材料,它可以代替模板,施工时用高压泵将混凝土或砂浆灌入膜袋中,最后形成板状或其他形状的结构,用于护坡或其他地基处理工程。

(3) 土工垫和土工格室 土工垫和土工格室均为用合成材料特制的三维结构,如图 15.9、图 15.10 所示。前者多为长丝结合而成的三维透水聚合物网垫,后者是由土工织物、土工格栅或土工膜、条带聚合物构成的蜂窝状或网格状三维结构,常用作防冲蚀和保土工程,刚度大的、侧限能力高的多用于地基加筋垫层或支挡结构中。土工垫层通常由黑色聚乙烯制成,其厚度为 15 ~ 20mm。

图 15.9 塑料三维土工垫

图 15.10 塑料土工格室

塑料土工格室的特点:

1) 伸缩自如,运输时可缩叠,施工时可张拉成网状,填入泥土、碎石、混凝土等松散物料,构成具有强大侧向限制和大刚度的结构体。

2) 材质轻、耐磨损,化学性能稳定、耐光氧老化、耐酸碱,适用于不同土壤与沙漠等土质条件。

3) 较高的侧向限制,防滑、防变形,能有效地增强路基的承载能力和分散荷载。

4) 改变土工格室高度、焊距等几何尺寸可满足不同的工程需要。

(4) 塑料土工网 塑料土工网(图 15.11)是以高密度聚乙烯(HDPE)或其他高分子聚合物为主要原材料,加入一定的抗紫外线助剂等辅料,经挤出成型的平面网状结构制品。土工网在公路、铁路路基中使用可有效地分配荷载,提高地基的承载能力及稳定性,延长寿命;在公路边坡上铺设,可防止滑坡,保护水土,美化环境;在水库、河流堤坝上铺设可有效地防止塌方;在海岸工程中,利用其柔韧性好、渗透性好的特点来减缓海浪冲击。

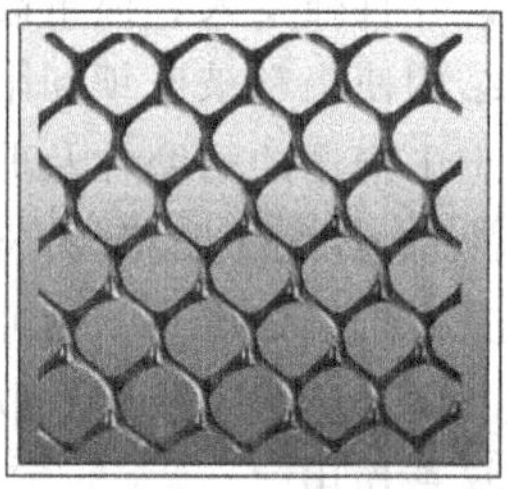
图 15.11 塑料土工网

4. 复合型土工合成材料

由土工织物、土工膜和特种土工合成材料中两种或两种以上的材料,采用不同方法复合成为复合型土工合成材料,如复合土工膜、复合排水板、土工垫块等。

土工复合材料可将不同材料的性质结合起来,更好地满足具体工程的需要。如土工织物-土工网型复合材料,隔离和反滤的作用始终是能满足的,并且这种复合材料的排水功能大大地提高了。土工织物-土工膜型复合材料,可提高抗刺破能力、防撕裂能力和抗滑动摩擦能力,以及提高自身的抗拉伸强度。土工膜-土工格栅型复合材料,可以黏合在一起形成一个不透水的屏障,且其摩擦力和强度都有所提高。土工织物-土工格栅型复合材料,采用低模量、低强度和高延伸率的土工织物与土工格栅做成复合材料,从而克服土工织物的弱点。路基工程中常用的塑料排水板、排水管，也是一种土工复合排水材料。

国外大量用于道路的土工复合材料是玻纤聚酯防裂布和经编复合增强防裂布，能延长道路的使用寿命，从而极大地降低修复与养护的成本。从长远经济利益来考虑，我国应该积极提倡采用的土工复合材料。

15.3 土工合成材料特性

15.3.1 产品形态

（1）产品的材质及制造方法 土工合成材料的原材料主要是高分子聚合物，由煤、石油、天然气或石灰石中提炼出来的化学物质进一步加工成纤维或合成材料片材，最后制成各种产品。还可以加入一些添加剂，使材料具有一些独特的性能。几种土工材料的原料及制造方法比较见表15.1。

表15.1 几种土工材料的原料及制造方法比较

产品名称	原料	制造方法
单向拉伸土工格栅	聚丙烯、高密度聚乙烯	塑化挤出板材、冲孔、加热、拉伸
双向拉伸土工格栅	聚丙烯	塑化挤出板材、冲孔、加热、纵向拉伸、横向拉伸
玻璃纤维格栅	无碱玻璃纤维纱、高强度涤纶丝	整理上位、高速全自动经编机、表面浸渍处理
塑料三维土工网垫	聚乙烯	拉伸网、非拉伸网牵引复合、热合焊接
塑料土工格室	聚乙烯、聚丙烯	塑化挤出片材、超声波焊接
塑料土工网	高密度聚乙烯	塑化挤出、冷却水箱、剖切牵引

（2）产品的宽度及长度 为了规范土工合成材料的发展，一些产品有相应的标准，在这些标准中对其尺寸也作了要求，不同产品的尺寸不同，如塑料土工网的尺寸在GB/T 19470—2004《土工合成材料 塑料土工网》中的要求，宽度分别为1m、1.5m、2m、2.5m，长度分别为20m、30m、40m、50m；在JT/T 480—2002《交通工程土工合成材料 土工格栅》中，土工格栅的宽度不得小于标称值，单向格栅的标称值大于等于1m。双向格栅的标称值大于等于2m，土工格栅的长度要求每卷基本长度不得低于50m。

（3）产品每卷的直径及质量 大多数土工合成材料的计量单位都是卷，但是对于每卷的直径没有明确的规定，因为这与很多因素有关，但为了节省运输成本，产品在收卷时尽可能收得紧一点，减小体积。每卷的质量通常由其单位面积质量、长度、宽度来决定。

土工合成材料的主要特性是：质地柔软而质量轻、整体连续性好、抗拉强度高、耐腐蚀性和抗微生物侵蚀性好、反滤性（土工织物）和防渗性（土工膜）好，施工简便。

15.3.2 物理特性

（1）相对密度 指原材料的相对密度（未掺入其他原料）。丙烯为0.91；聚乙烯为0.92～0.95；聚酯为1.22～1.38；聚乙烯醇为1.26～1.32；尼龙为1.05～1.44。

（2）厚度 土工织物厚度为0.1～0.5mm，最厚可达10mm以上；土工膜为0.25～0.7mm，最厚的可达2～4mm；土工格栅的厚度随部位的不同而异，其肋厚一般为0.5～5mm。

（3）单位面积质量 土工织物和土工膜单位面积质量取决于原材料的密度，同时受厚度、外加剂和含水量影响。常用的土工织物和土工膜单位面积质量在50～1200g/m^{2}范围内。

（4）开孔尺寸 开孔尺寸即等效孔径，土工织物一般为0.05～1.0mm，土工垫为5～10mm，土工网及土工格栅为 5 ~ 100mm。

15.3.3 力学特性

土工合成材料在设计和施工中所受荷载性质不同，其力学性能指标分为下列几种：抗拉强度和延伸率、握持强度、撕裂强度、压缩性、蠕变性、胀破试验强度、摩擦试验强度、抗拔试验强度、顶破试验强度、刺破试验强度、脆性压裂强度等。在上述众多力学指标中，最基本的是抗拉强度。

（1）抗拉强度　土工合成材料是柔性材料，大多通过其抗拉强度来承受荷载，抗拉强度及其应变是土工合成材料主要的特性指标。土工织物在受力过程中厚度是变化的，其受力大小一般以单位宽度所承受的力来表示。无纺型土工织物抗拉强度为 10 ~ 30kN/m，高强度的为 30 ~ 100kN/m；有纺型土工织物为 20 ~ 50kN/m，高强度的为 50 ~ 100kN/m，特高强度编织物（包括带状织物）为 100 ~ 1000kN/m；土工格栅为 30 ~ 200kN/m，高强度的为 200 ~ 400kN/m。

（2）握持强度　表示土工织物抵抗外来集中荷载的能力，单位为 N，试验时仅 1/3 试样宽度被夹持，进行快速拉伸。土工织物对集中荷载的扩散范围越大，则握持强度越高。因为握持强度由两部分组成，一部分为试样被握持宽度的抗拉强度，另一部分为相邻纤维提供的抗拉强度。土工织物握持力一般在 0.3 ~ 6kN。

（3）撕裂强度　反映了土工合成材料的抗撕裂能力，常用的纺织品撕裂方式按撕裂试样形状分为梯形法、翼形法和舌形法，舌形法又分为单缝和双缝两种（图 15.12），目前多采用梯形法测量土工织物和土工膜的撕裂强度。土工织物梯形撕裂强度值一般为 0.15 ~ 30kN；不加筋土工膜的撕裂强度为 0.03 ~ 0.4kN。试样数要求不少于 5 个，求其平均值。撕裂强度是评价材料的指标之一，一般不直接应用于设计。

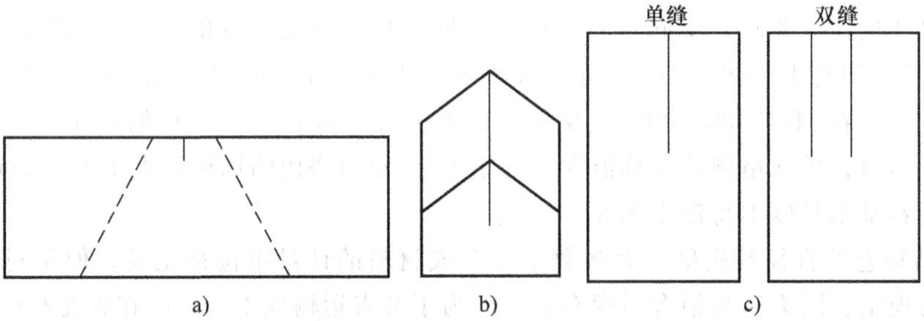

图 15.12　撕裂试验的试样形状

a）梯形　b）翼形　c）舌形

（4）摩擦试验强度　土工合成材料被广泛应用于加筋、隔离、排水、防渗、防护等工程中，加筋是土工合成材料的主要功能之一，在加筋土工程中，土工合成材料与填料土的界面作用特性直接决定加筋土工程的稳定性，二者之间的界面作用特性是关键的技术指标，经常采用直剪试验和拉拔试验来进行测量。直剪摩擦试验的试验设备有接触面积不变和接触面积递减的两种直剪仪，如图 15.13、图 15.14 所示。

（5）抗拔试验强度　在拉拔试验中，拉拔速度主要受两个方面的影响，一方面是界面的孔隙水压力；另一方面是材料的应力松弛。在拉拔过程中，试样沿拉力方向各点的应力和应变也分布不均匀，拉力点处的应变最大，应力也最大，距拉力点越远，应力和应变越小，在受拉长度的末端，应力和应变均接近零。只有试样处于被拔出的瞬间，才能认为界面处的剪应力近似均匀分布。

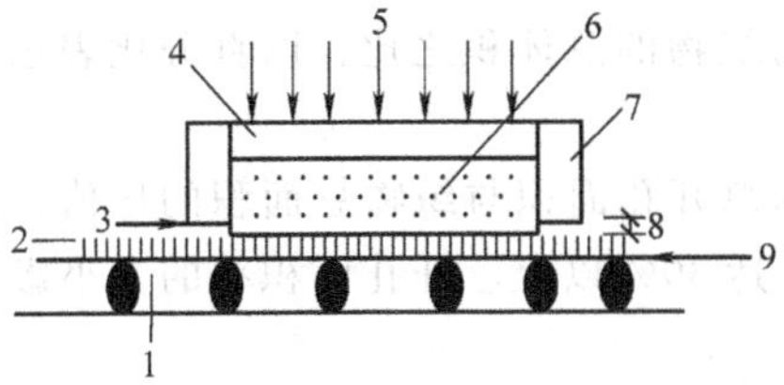

图 15.13 接触面积不变的直剪试验仪示意图

1—刚性滑板 2—土工织物试样 3—水平反作用
4—法向力加载系统 5—法向力 6—标准砂土
7—刚性剪切盒 8—最大 0.5mm 的隔距
9—水平力

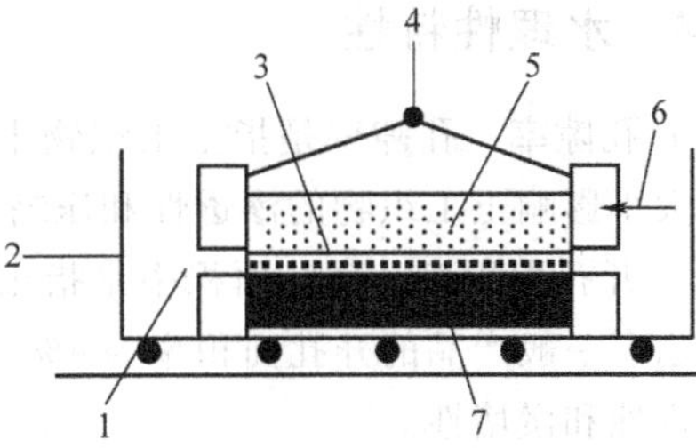

图 15.14 接触面积递减的直剪试验仪示意图

1—标准剪切盒 2—水平力
3—土工织物试样 4—法向力
5—标准砂土 6—水平反作用
7—试样刚性基座

(6) 压缩性 土工织物是一种柔性材料，其只能在平面上承受压缩作用。土工织物的空隙分布的变化会随着压力增加而趋向稳定，直接反映土工织物反滤和排水性能的指标是抗压缩性。常用的针刺型无纺土工布，压缩性较强，孔隙度较大，导水性能较好，优于有纺土工布。土工织物的压缩性，还起到减振的作用，改善受力情况。

(7) 蠕变性 材料的蠕变是指材料在受力大小不变的条件下，其变形随时间延长而增加的现象。土工合成材料的蠕变性质和许多因素有关，如材料的性质、结构、温度、损伤、荷载水平及侧限条件。

(8) 胀破试验强度 胀破是指织物在一垂直于织物平面的负荷作用下鼓起、扩张进而破裂的现象。通常采用液压仪进行测量，现有数据表明当压力不超过 80kPa 时，采用液压和气压两种胀破仪测得的胀破强度没有明显的差异，对压力要求较高的试验液压仪更准确。胀破试样示意图如图 15.15 所示。

胀破强度是各类土工织物、土工膜及土工复合品的一个重要力学指标。目前主要采用弹性膜片法测定织物的胀破强度，影响织物胀破强度的试验因素很多，但试验面积的影响最大，一般试验面积越小，其胀破强度值越大。

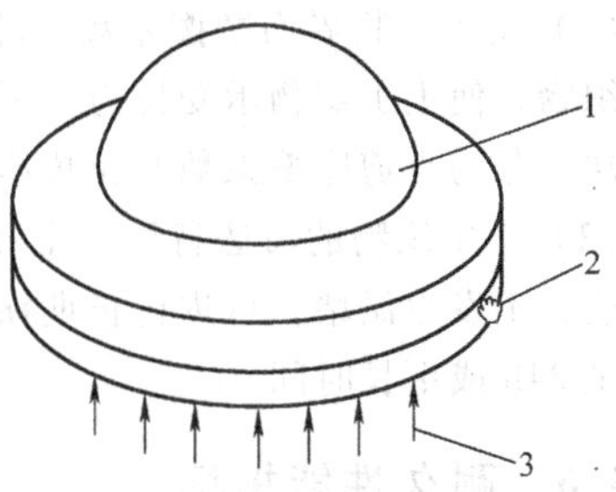

图 15.15 胀破试样示意图

1—试样 2—环形夹具 3—液压

(9) 顶破试验强度 顶破强度反映了土工织物和土工膜抵抗垂直于其平面的法向压力的能力，与刺破试验相比，顶破试验的压力作用面积相对较大。顶破时土工织物和土工膜呈双向拉伸破坏。目前有三种测定顶破强度的方法：液压顶破试验、圆球顶破试验、CBR 顶破试验。

(10) 刺破试验强度 刺破强度是反映土工织物或土工膜抵抗小面积集中荷载（如有棱角的石子或树枝等）的能力，试验方法与圆球顶破试验相似。

(11) 脆性压裂强度 脆性是材料在外力作用下（如拉伸、冲击等）仅产生很小变形即断裂破坏的性质。压裂强度是材料抵抗压力破坏的能力。聚合物脆性与聚合物结构及使用条件（温度、外力作用速率等）有关，柔性链高分子聚合物脆性小，韧性好；刚性链高分子则相反。

15.3.4 水理性特性

（1）孔隙率　孔隙率是指土工织物中的孔隙体积与织物的总体积之比，以百分比表示。孔隙率的大小影响土工织物的渗透性和压缩性。

（2）开孔面积率　开孔面积率是指土工织物平面的总开孔面积与织物总面积的比值，以百分比表示。一般产品的开孔面积率为4%～8%，最大可达30%以上。开孔面积率的大小影响织物的透水性和淤堵性。

（3）等效孔径　土工织物的孔径是反映其渗滤性能的重要参数，土工织物孔径分布状况受到表面压力的影响，不同压力下测得的孔径不同，绘制的孔径曲线也不同，最后得到的等效孔径值也不同。土工织物有不同大小的开孔，孔径尺寸以符号“O”表示。无纺型土工织物为0.05～0.5mm，编织型为0.1～1.0mm，土工垫为5～10mm，土工格栅及土工网为5～100mm。等效孔径表示织物的最大表现孔径，即它允许通过土粒的最大粒径。等效孔径是用土工织物作滤层时选料的重要指标。

（4）渗透性　土工合成材料的渗透性是其重要的水力学特性之一。根据工程应用的需要，常需确定垂直于和平行于织物平面的渗透性。渗透性主要以渗透系数表示。土工织物的渗透系数约为$8\times10^{-4}\sim5\times10^{-1}$cm/s，其中无纺型土工织物的渗透系数为$4\times10^{-3}\sim5\times10^{-1}$cm/s；土工膜的渗透系数为$1\times10^{-10}\sim1\times10^{-11}$cm/s。

1）垂直渗透系数。垂直渗透系数是指垂直于织物平面方向上的渗透系数（以cm/s表示）。其测定方法类似于土工试验中土的渗透系数测定方法。它是土工织物用作反滤或排水层时的重要设计指标。

2）水平渗透系数。土工织物用作排水材料时，水在织物内部沿平面方向流动，在土工织物内部孔隙中输导水流的性能可用土工织物平面的水平渗透系数或导水率来表示。

15.3.5 土工织物与土相互作用性能指标

（1）土工织物界面摩擦系数　埋在土中的土工织物，通过土-织物界面摩擦力将外荷传递至土工织物，使土工织物承受拉力，形成加筋土。工程实例有加筋土挡墙、地基加筋垫层等。按试验方法可分为直剪摩擦系数和拉拔摩擦系数。

（2）土工织物的渗透特性　土-织物联合应用时，为使土工织物能长期保持良好的保土及排水性能，不发生淤堵，可进行长期淤堵试验或梯度比试验，前者试验历时达500～1000h，后者需测试24h或更长时间。

15.3.6 耐久性能指标

耐久性能指标主要有抗磨、抗紫外线、抗生物侵蚀、抗化学侵蚀等多种指标。材料的耐久性主要与聚合物的类型及添加剂的性质有关。

（1）抗磨性能　土工织物与砂石料等接触时，在砂石料振动或反复摩擦作用过程中织物产生磨损。磨损严重说明抗磨性能差，磨损轻微说明抗磨性能好。

（2）抗化学侵蚀　聚合物对化学侵蚀一般具有较强的抵抗能力，碱性很大（pH=12）的物质对聚酯有影响；酸性很大（pH=2）的物质对聚酰胺有影响，盐水对某些土工织物也有影响。

（3）抗生物侵蚀　合成材料一般都具有抵御各种生物侵蚀的能力。如果土工织物用于含铁量高的红土的反滤层，就可能在土工织物上繁殖铁细菌而降低土工织物的透水性。

（4）抗紫外线　紫外线具有很大的能量，能够切断许多聚合物的分子链，或者引发光氧化反应。为提高土工合成材料的抗老化能力，常在土工合成材料中添加防老化剂。

15.4　土工合成材料的主要作用

土工合成材料用于岩土工程中所起的作用，可以概括为反滤、排水、隔离、加筋、防渗和防护等作用。

（1）反滤作用　在土工建筑物中，为了防止流土（流砂）、管涌破坏，常需设置由砂石料所组成的反滤层。土工织物可以代替水利工程中传统采用的砂砾等天然反滤材料作为反滤层（或滤层）。用作反滤的土工织物一般是非织造型（无纺）土工织物，有时也可以用织造型土工织物。反滤作用应用如图 15.16 所示，图中各反滤层均可用土工织物取代。

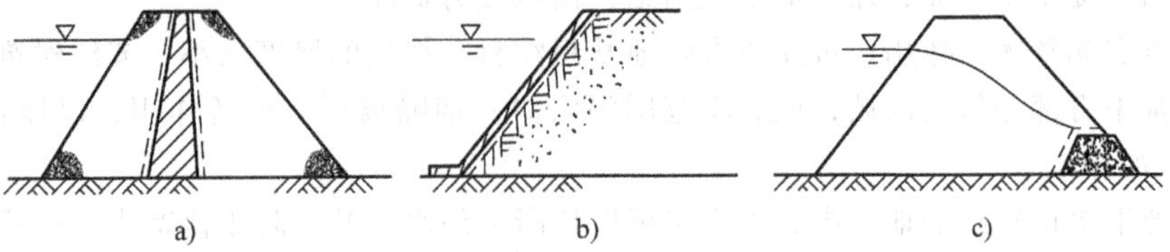

图 15.16　反滤作用应用

a）土石坝黏土心墙滤层　b）堤坝和泊岸块石混凝土护坡滤层　c）土石坝下游堆石棱体上游侧滤层

（2）排水作用　土工合成材料有着良好的三维透水特性，除具有透水反滤作用外，还可使水经过土工织物的平面迅速地沿水平向排泄，且不会堵塞，土工合成材料排水作用如图 15.17 所示。此外，它还可与其他排水材料（如粗粒料、塑料排水带等）一起构成排水系统或深层排水井。

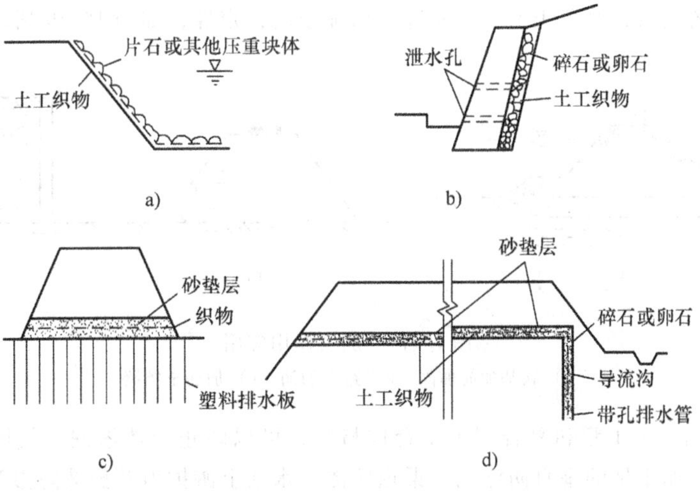

图 15.17　土工合成材料用于排水过滤实例

a）坡面防护　b）支挡结构壁墙后排水　c）软基路堤地基表面排水垫层

d）处治翻浆冒泥和季节性冻土的导流沟

（3）隔离作用　土工合成材料设置在两种不同的土（材料）之间，或者设置在土与其他材料之间予以隔开，以免相互混杂失去各种材料和结构的完整性，或发生土粒流失现象，如图 15.18 所示。

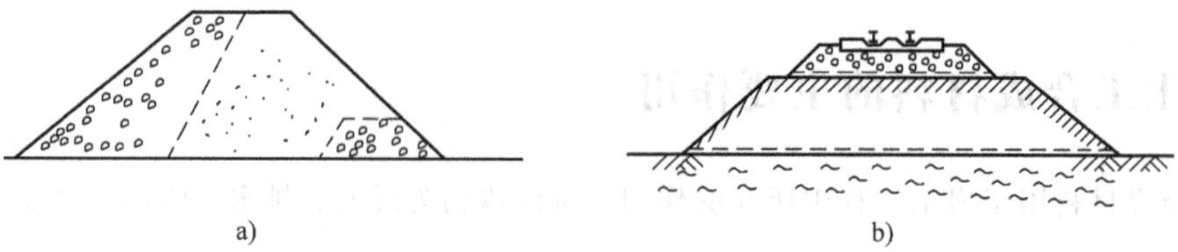

图 15.18 隔离作用应用

a）隔离不同的筑坝材料 b）铁路路基与软弱地基或道床与路基间的隔离层

隔离可以为工程带来许多预期的良好效应：

1）通过隔离层，引起应力扩散作用，使地基土的沉降量得到一定程度的均化。

2）隔离并提供排水面，加速地基土固结，使承载力提高。

3）隔离层起整体性作用，可使要求的地基粗粒料支持层的厚度减小，节约建筑材料。

4）地基中有部分软弱区域，或有小范围洞穴时，铺隔离层有架桥作用，以掩盖和减弱洞穴区或软弱区的影响。

5）在地下水位较高的地基中，隔离层可以切断毛细水上升，防止盐碱化，或减弱冻胀作用。

6）道路基床中，隔离是防治翻浆冒泥的有效措施。

7）隔离层还起一定的保温作用。

（4）加筋作用 土体一般具有一定的抗压强度，但抗剪强度很低。土体受压时，其破坏与否与土的侧向变形大小有关，允许的侧向变形越小，它能承受的压力将越高，所以要提高土的承受能力，可以从设法减小其侧向扩张着手。

加筋土正是利用了这一原理。由于土工合成材料具有较高的抗拉强度，又具有较好的柔性，允许一定的变形而不破坏，当以适当的方式铺设在土中时，可以约束土的拉伸应变，减少土的变形，从而增加土的模量，改善土的受力状况，增加土的稳定性，如图 15.19 所示。

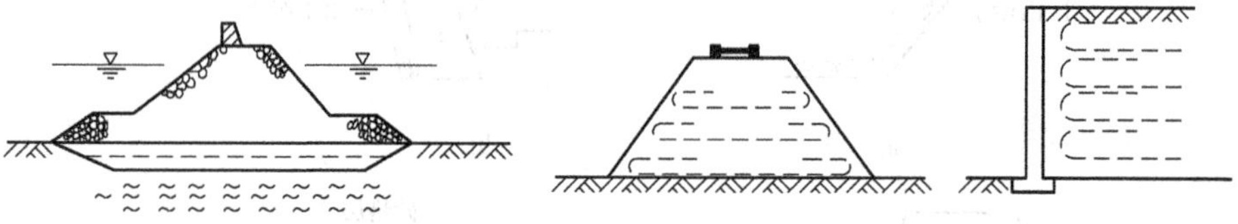

图 15.19 加筋作用应用

a）软基加筋加固 b）路堤加筋 c）加筋土挡墙

（5）防渗作用 土工膜和复合型土工合成材料，可以防止液体渗漏、气体的挥发，保护环境或建筑物安全，如土坝的垂直防渗墙，渠道防渗，水闸上游护坦及护坡防渗等。

（6）防护作用 土工合成材料对土体或水面，可以起防护作用，如防止河岸或海岸被冲刷，土工格网植草护坡，防止土体的冻害，防止路面反射裂缝等，如图 15.20 所示。土工合成材料的发展，为岸坡防护提供了新的途径，只要在被保护土上覆一层有良好反滤性能的土工织物，压上一定盖重，即能有效地保护岸坡不受水流和波浪等的破坏。

工程实际中，运用的往往是土工合成材料几种作用的综合。如对松砂或软土地基上的铁路路基，隔离作用是主要的，反滤和加筋作用是次要的；而对软土地基上的公路路基，加筋作用是主

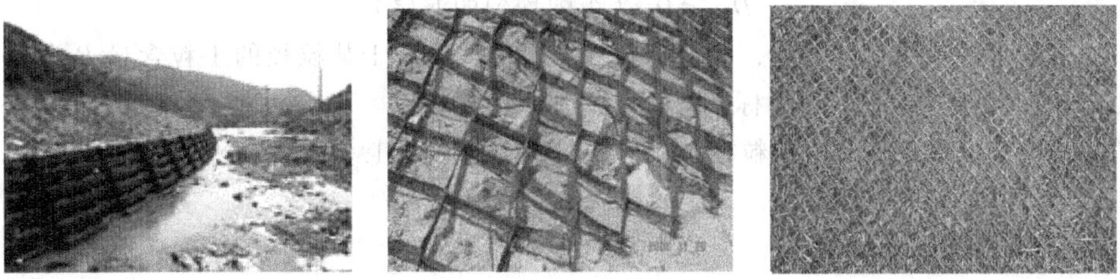

a)　　b)　　c)

图 15.20　土工合成材料防护作用

a）聚乙烯块材河岸护坡　b）土工隔室冲刷防护　c）土工格网植草护坡

要的，隔离和反滤作用是次要的。

15.5　土工合成材料设计要点

主要根据土工合成材料的作用进行设计，对于反滤作用，需进行反滤层的设计；对于地基加固作用，需进行地基承载力计算；对于路堤工程加筋作用，需进行抗滑稳定分析计算。有关承载力计算和抗滑稳定计算见土力学与基础工程有关资料，以下仅就反滤层设计进行介绍。

15.5.1　土工织物的反滤作用原理

如图 15.21 所示，图中左侧为大孔隙堆石体，右侧为被保护土，二者间夹有起反滤作用的土工织物。当水流从被保护土自右向左流入堆石体时，部分细土粒将被水流挟带进入堆石体。在被保护土一侧的土工织物表面附近，较粗土粒首先被截留，使透水性增大。同时，这部分较粗粒层将阻止其后面的细土粒继续被水流带走，而且越往后细土粒流失的可能性越小，于是就在土工织物的右侧形成一个从左往右颗粒逐渐变细的“天然反滤层”，发挥着保护土体的作用。

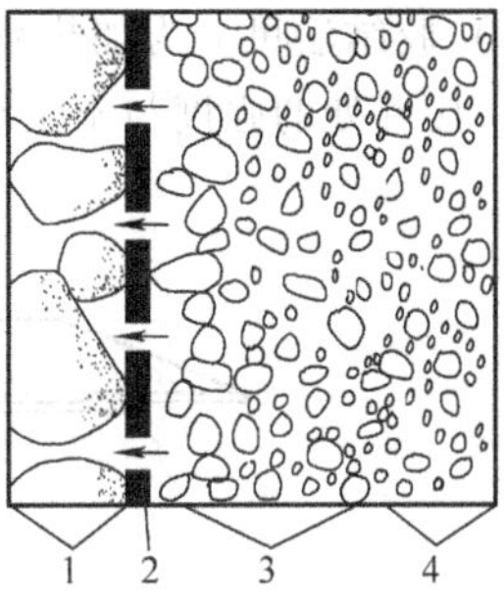

图 15.21　反滤机理示意图

1—排水体　2—土工织物

3—天然反滤层　4—原土体

15.5.2　反滤设计准则

为了使土工织物起到反滤作用，要对土工织物提出一定的设计要求，确定设计准则。所选用的土工织物应满足两个基本要求：

1）防止发生管涌。被保护土体中的颗粒（极细小的颗粒除外）不得从土工织物中的孔隙中流失。因此，土工织物的孔径不能太大。

2）保证水流通畅。防止被保护土体的细颗粒停留在土工织物内发生淤堵。因此，土工织物的孔径又不能太小。

针对上述两个基本要求，国内外已提出了不少设计准则。其中，Terzaghi-Peck 提出关于常规砂石料反滤层的设计准则被广为采用。

为防止管涌　$$D_{15f} < 5D_{85b} \tag{15.1}$$

为保证透水　$$D_{15f} > 5D_{15b} \tag{15.2}$$

为保证均匀性　$$D_{50f} < 25D_{50b}\text{（级配不良的滤层）} \tag{15.3}$$

$$D_{50f} < D_{50b}\text{（级配均匀的滤层）} \tag{15.4}$$

式中 D_{15f}——反滤料的特征粒径，相应于粒径分布曲线上小于某粒径的土粒含量 P 为 15% 时的粒径（mm），下角标 f 表示滤层土；

D_{85b}——被保护土料的特征粒径，相应于粒径分布曲线上 P 为 85% 时的粒径（mm），下角标 b 表示被保护土。

其他符号，意义与此类似。

15.6 土工合成材料施工技术

15.6.1 土工合成材料接缝连接要点

土工合成材料是按一定规格在工厂进行定型生产的，因此这些材料运到现场后必须进行连接。连接时可采用搭接、缝合、U 形钉钉住或胶结等方法，如图 15.22 所示。

1）采用搭接法时，搭接必须保持足够的长度，一般为 0.3～1.0m。坚固和水平的路基则一般为 0.3m，软的和不平的路基则需 1m。在水下不规则铺设时，搭接长度还要大些。在搭接处应尽量避免受力，以防土工合成材料移动。搭接法施工简便，但用料较多。

2）缝合法是指用移动式缝合机，将尼龙或涤纶线面对面缝合，缝合处的强度一般可达纤维强度的 80%，缝合法节省材料，但施工费时。

3）钉接法是采用 U 形钉将两块织物连接起来。接缝方式最好用折叠式，钉子应防止锈蚀，但其接缝强度一般低于缝合法。

4）胶结法可分为加热粘接法、胶粘剂粘接法和双面胶布粘接法。粘接时搭接宽度可取 10cm 左右，接缝处的强度与土工织物原有强度相同。

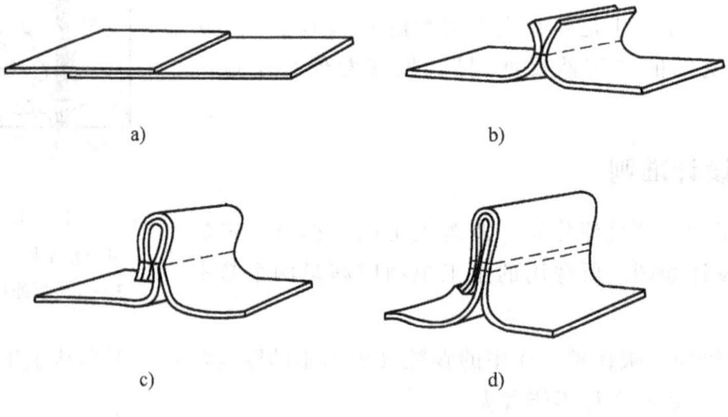

图 15.22 土工合成材料接缝连接方法

a）搭接 b）缝接（对面缝） c）缝接（折叠缝） d）U 形钉接

15.6.2 施工方法要点

1）铺设土工合成材料时应注意均匀平整；在斜坡上施工时应保持一定的松紧度（图 15.23）；在护岸工程坡面上铺设时，上坡段土工合成材料应搭接在下坡段土工合成材料之上。

2）对土工合成材料的局部地方，不要加过重的局部应力。如果用块石保护土工合成材料，施工时应将块石轻轻铺放，块石下落的高度大于 1m 时，土工合成材料很可能被击破。如块石下落的情况不可避免时，应在土工合成材料上先铺砂层保护（图 15.24）。

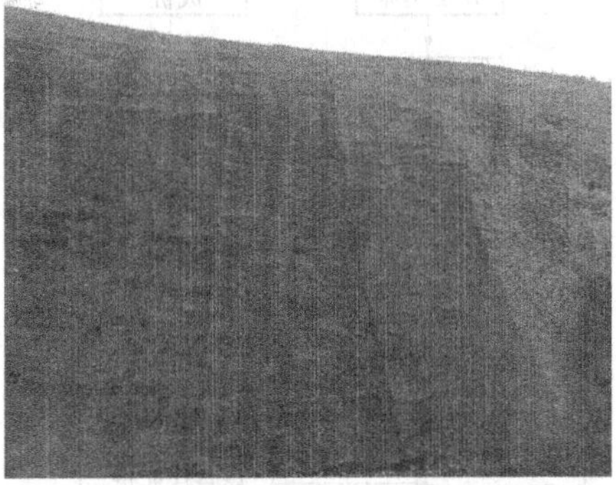

图 15.23　斜坡上的土工合成材料施工

图 15.24　土工合成材料上的保护砂

3）土工合成材料用于反滤层作用时，要求保证连续性，不使其出现扭曲、折皱和重叠。

4）在存放和铺设过程中，应尽量避免长时间的曝晒而使材料老化。

5）土工合成材料的端部要先铺填，中间后填，端部锚网必须精心施工。

6）第一层铺垫厚度应在 0.5m 以下，但不要使推土机的刮土板损坏所铺填的土工合成材料。当土工合成材料受到损坏时，应予以立即修补。

7）当土工合成材料用作软土地基上的堤坝和路堤的加筋加固时，基底必须加以清理，即须清除树根、植物及草根，基底面要求平整，尤其是水面以下的基底面，要先铺一层砂，将凹凸不平的基底面予以平整，再由潜水员下水检查其平整度。如果铺在凹凸不平的基底面上的土工合成材料呈"波浪形"，当荷载作用引起沉降时，土工合成材料不易张拉，也就难以发挥其抗拉强度。

15.6.3　土工合成材料的施工流程

土工合成材料的一般施工工艺流程如下：

平整场地 → 测量放线 → 基层处理 → 铺土工材料 → 碾压 → 回填

具体到每种土工材料的施工会有所差别，下面将介绍两种典型的土工合成材料施工工艺流程：

1. 塑料土工格栅施工工艺流程

塑料土工格栅加筋地基施工流程如图 15.25 所示。

加筋地基施工工艺及要求：

（1）开挖基床　基床开挖应不少于设计要求，同时做好基坑的防水、排水。基床开挖后，应及时铺设砂垫层。

（2）铺设砂垫层　砂垫层表面铺设后应及时找平，表面局部允许高度差不大于 10cm。

（3）铺设土工格栅

1）土工格栅的纵轴向应与主要受力方向（即路堤横断面方向）一致。

2）土工格栅沿重要受力方向（纵轴向）不宜设置接头缝。

（4）连接固定土工格栅　土工格栅沿非主要受力方向（横轴向）的接缝采用塑料带绑扎，无需搭接，绑扎间距 1m。

（5）回填土料

1）已铺设好的土工格栅应及时回填（图 15.26），防止土工格栅老化，回填土料的粒径不得大于碾压层厚度的 1/2。

2）回填过程中，所有施工机动车辆不得直接在已铺设好的土工格栅上行走。

3）填土顺序：应先填好土工格栅两端，并形成纵向站台或交通道，然后依次扩大回填范围。

(6) 回填料找平　回填土料的表面应用机械或人工找平（图 15.27），局部高度差不大于 5cm。

(7) 回填料碾平　应先由两端向中心碾压，严禁出现反向顺序，压路机应顺路堤纵向行驶，严禁横向行驶碾压，每个碾压层都应抽查压实度，一般要求压实度在 85% 以上。

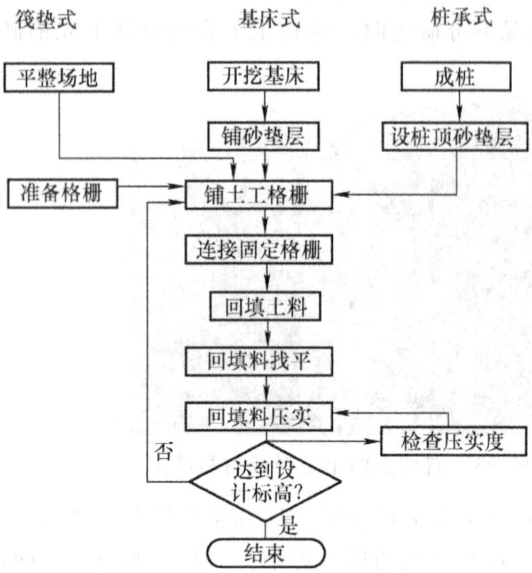

图 15.25　塑料土工格栅加筋地基施工流程

图 15.26　回填

图 15.27　找平

2. 复合土工膜铺设工艺流程

复合土工膜铺设工艺流程如图 15.28 所示。

(1) 清理坝面与基础

1）清除坝面杂土、块石、已老化的鳞片状沥青混凝土，用地面打磨机等设备打磨、清洗。

2）清理坝基与防渗墙顶部的淤土，检查沥青混凝土斜墙与坝基混凝土防渗墙的连接情况，有无破损及裂缝缺陷，若有缺陷，进行加固处理。

3）用高压清水将坝面冲洗干净，进行晾干保护。

(2) 埋设排水管

1）在复合土工膜和沥青混凝土斜墙界面上设置排水管，按设计图准确定位放线，使排水支管渗水及时由干管排出。

2）将排水管固定在沥青混凝土斜墙上，按设计要求做出 1∶1 斜坡，便于复合土工膜铺设。

3）排水管在固定前进行注水试验，检查排水管是否畅通，应排除管内堵塞。

(3) 周边连接　在坝面上铺设复合土工膜之前，先应做好周边的连接：与左右岩石岸坡连接，与坝基截水墙的连接，与冲沟截渗墙连接，与左岸基岩连接。

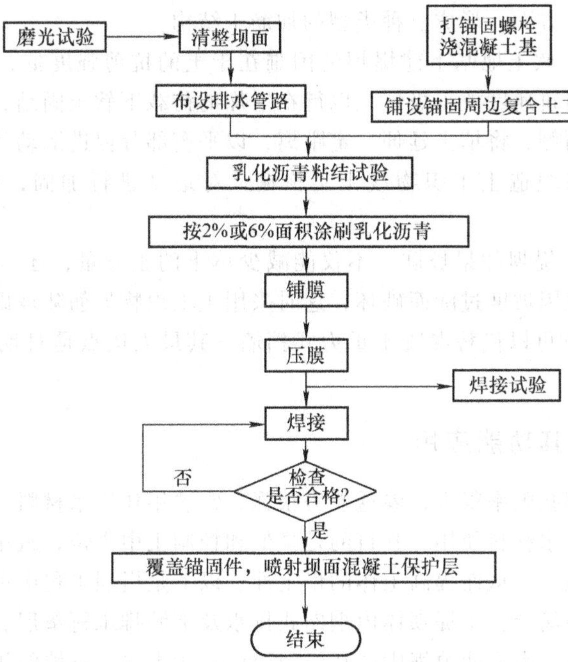

图 15.28　复合土工膜铺设工艺流程

(4) 铺设复合土工膜　采用坝顶移动式卷扬机牵引复合土工膜卷材，由下而上铺设。复合土工膜铺设时不要绷得太紧，应留 1.5% 左右的富裕度，特别是在与边界连接时，应留更大一点的伸缩量，以适应气温变化和基础的沉陷。由于膜厚，不能打折，可做成波浪形。

(5) 喷射混凝土施工

1) 喷射顺序。一般采用先边缘后中央、先下后上的顺序，受喷面不宜一次喷射至设计厚度，应按阶梯状逐项喷至设计厚度。

2) 喷嘴与受喷面的距离。一般应控制在 0.6 ~ 1.2m，喷嘴与受喷面的角度应尽量保持 90°，以保证喷射质量。

3) 拆模及伸缩缝的处理：喷射混凝土一般在 3d 后即可拆除模板，模板拆除后将缝内留下的粉渣清理干净。

15.7　土工合成材料的工程应用

土工织物是一种应用于岩土工程中的新型材料，它具有耐腐蚀、强度高等特点，同时具有排水反滤性能。用它来处理滑坡，不仅可加速土体排水固结和增强土体强度，提高坝体的稳定性，而且操作简便，投资省，工期短。

15.7.1　加筋材料和加筋土应用

加筋土中的加筋材料通常采用织造土工织物、土工带和土工格栅等，只有当对强度和变形要求不高时，才采用非织造土工织物。在目前的加筋材料中，土工格栅的蠕变性较低，是较为理想的加筋材料。

加筋土主要用于三个方面，形成三种类型的加筋土结构。

（1）软土地基加固　软土地基上建堤坝的困难在于土的抗剪强度低，承载力不足，压缩性过高。传统的方法是将填筑速度放得极慢，以待在增加的荷载下软土固结，强度增加；或采取分期填筑方法；或在堤坝两侧，将填土延伸一定距离，以平衡部分促进滑动的滑动力矩等。若在填筑之前，在场地上铺一层织造土工织物或土工格栅，对地基进行加固，可以较好地解决这一难题。

（2）堤坝边坡加筋　堤坝如果坡陡，不仅能减少填土的土方量，还可节约用地。如果地基的承载力较高，堤坝不致因坡度过陡而破坏，这时采用土工织物加筋陡坡即可。

（3）加筋土挡墙　它可以代替混凝土重力式挡墙。其最大优点是对地基的要求比重力式挡墙要低，抗震性较好。

15.7.2 排水材料及其功能应用

很多土工织物因为其孔隙率很大，渗透能力很强，常被用作排水材料。

将土工合成材料作排水材料使用，其目的是降低和控制土中水位，减小土中孔隙水的超静水压力和控制水流渗出位置等，从而提高土体的稳定性。以下是堤坝工程中可以应用土工合成材料作为排水设施的一些常用场合：①堤坝体内烟囱式排水及下游排水褥垫层；②堤坝防渗土工膜下的排水、排气垫层；③设于水力冲填坝中的孔压消散层；④土堤下游坡的排水层；⑤挡墙及岸墙后的排水层；⑥加速软基固结的排水带或排水板；⑦冻胀区用于截断毛细水上升，防止冻害；干旱区防止毛细水上升造成盐碱化。

15.7.3 隔离材料及应用

用于隔离的土工合成材料应以它们在工程中的用途来确定。应用最多的是有纺和无纺土工织物。如果对材料的强度要求较高，有时还要求以土工网或土工格栅作为材料的垫层。当要求隔离防渗时，则需要土工膜或复合土工膜。

水利工程中要求隔离的实例很多，如斜墙上下游的过滤层；堤坝排水体与坝体的隔离层；岸坡防护层下的垫层以及地基上填筑粗粒料时的界面隔离层等。

15.7.4 反滤材料及其工程应用

主要反滤材料为土工织物，其中用作反滤的土工织物一般是非织造型（无纺）土工织物，有时也可以用织造型土工织物。

对用于过滤的土工合成材料，有两方面的要求，既要求能挡土，同时要求保持水流的畅通，应将过滤材料设在水流有可能使土体产生严重渗透变形的地方。如堤坝工程中可以用土工合成材料作滤层的情况很多，以下是一些常见的应用场合：①堤坝黏土斜墙和黏土心墙的反滤层；②堤坝内部和下游排水体滤层；③渠道、堤防、海岸等乱石或混凝土板护面下的滤层；④水闸分缝处、下游护坦、河漫下的滤层；⑤挡土墙、岸墙等背面排水系统中的滤层；⑥排水暗管或排水暗沟外面的包裹体。

土工膜作为防渗材料，用于防渗效果很好，质量轻，运输方便，施工简单，造价低，只要使用得当，在绝大多数情况下，完全可以替代传统的防渗材料。防渗材料在水利工程中常见的应用如下：①堤坝的防渗斜墙或心墙；②透水地基上堤坝的水平防渗铺盖和垂直防渗墙；③混凝土坝、圬工坝及碾压混凝土坝的防渗体；④渠道的衬砌防渗；⑤涵闸、海漫与护坦的防渗；⑥隧道和堤坝内埋管的防渗；⑦施工围堰的防渗。图 15.29 是一些防渗结构的示意图。

为了保证土工膜发挥其应有的防渗作用，应该注意一些关键性问题：

1）土工膜材质。土工膜的原材料有多种，应该根据当地的气候条件等进行适当选择。

2）排水、排气问题。铺设土工膜后，由于种种原因，膜下有可能积气、积水，如不将它们排走，可能因受顶托而破坏。

3）表面防护。聚合物制成的土工膜容易因日光紫外线照射而降解或破坏，故在储存、运输和施工等各个环节，都必须时时注意封盖遮阳，特别是在施工过程中，应尽量缩短其外露时间，原则上应随铺随用土覆盖。

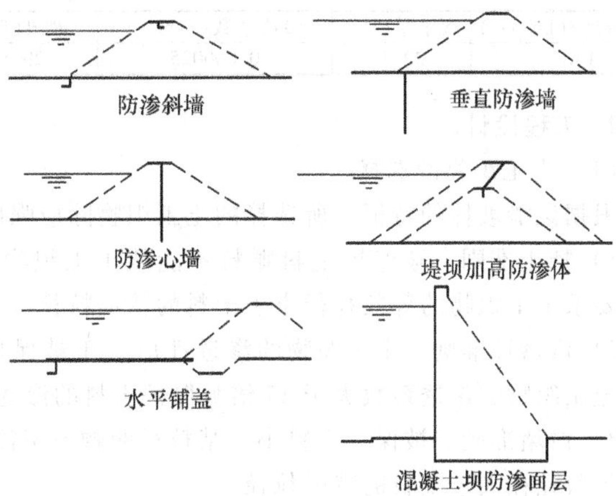

图 15.29　坝工中利用土工膜防渗

15.7.5　防护材料及其工程应用

用土工合成材料制成的防冲蚀结构或部件常见的有土工合成材料软体排、土工合成材料沉枕、土工合成材料石笼、土工合成材料长管袋、织物模袋、土工网、网垫、泡沫塑料板，以土工合成材料建成的丁坝、顺坝和锁坝等。

防护所涉及的内容相当广泛，凡是为了消除或减轻自然现象、环境作用或人类活动等因素造成的危害所采取的各项措施均在防护之列。水利工程中利用土工合成材料的常见防护工程有：①江河湖海岸坡防护；②水库岸坡防护；③水道护底和水下防护；④渠道和水池护坡；⑤水闸护底；⑥岸坡防冲植被；⑦水闸、挡墙等防冻胀等。

15.8　工程实例

1. 工程简况

高梁地水库位于云南省晋宁县城西南方向约 50km 处。地势陡峻，高差起伏大。该地区气候属中亚热带季风气候，光照充足，雨量充沛，多年平均气温为 14.7℃，多年平均降雨量为 750mm，雨季降雨量占全年降雨量的 83%。

高梁地水库建于 1978 年，最大坝高 19m，坝顶总长 94m，坝顶宽 2.5m，上游坝坡为 1:2.0，正常库容 110000m^3。由于工程规模小，没有修建通往大坝的公路。高梁地水库坝体于 1996 年 6 月发生上游坝坡滑动。随后采取清除滑坡体，在上游坝坡脚处砌挡墙并回填土处理。1997 年 6 月，该坝体又沿原滑弧面发生第二次滑动。通过现场勘察及多方论证，该坝体滑动的主要原因为：筑坝材料为褐红色黏性土夹碎石，其透水性极弱，施工时没有考虑排水措施。第一次滑动后的处理，仅在上游坝坡脚处砌挡土墙并回填土，挡墙基础未能置于地基岩（土）体上，而是坐落在滑动过的滑坡体上，致使挡墙的设置未能起到应有的作用。1997 年 8 月在现场采集原状土样进行室内试验，测得滑坡体土料的主要物理力学性质指标见表 15.2。

表 15.2 滑坡体土样性质指标

天然量度/(kN/m^3)	含水量(%)	渗透系数/(cm/s)	液限(%)	塑限(%)	黏聚力 c/kPa	内摩擦角 φ/(°)
18.7	22.3	0.000025	29.8	17.2	13.1	27

2. 工程设计

(1) 土工织物的选择

根据该滑坡体的特征，所选择的土工织物除应强度高、密度大以外，还必须满足以下准则：

1) 挡土准则。被保护土料颗粒不能从土工织物的孔隙中流失，避免流土、管涌现象的发生，要求土工织物的等效孔径小于土料的特征粒径。

2) 渗透性准则。土工织物的渗透性应大于被保护土料的渗透性，以保证渗透水流的通畅，要求土工织物的渗透系数大于25倍被保护土料的渗透系数。

3) 淤堵准则。被保护土料小于某粒径的颗粒不能停留在土工织物内产生淤堵，要求土工织物的等效孔径大于土料的特征粒径。

通过比较，选用原核工业部湖南无纺布厂生产的针刺聚酯长丝无纺布，其物理性能指标见表15.3。

表 15.3 土工织物性能指标

织物质量/(g/m^2)	径向抗拉强度/(N/cm)	延伸率(%)	等效孔径/mm	平面渗透系数/(cm/s)
400	943.7	56	0.11	0.344

(2) 土工织物加筋层布置

1) 总加筋力确定。确定原滑动面所需的总加筋力 T_s，按下式计算

$$T_s = (F_{sr} - F_{su})M_d/D$$

式中，T_s 为单位坡长需要的总加筋力（kN/m），作用于 $H/3$ 处；F_{sr} 为工程处理后所要求的安全系数，取1.3；F_{su} 为工程处理前坝坡的安全系数（0.91）；M_d 为滑动圆心的滑动力矩之和（kN/m）；D 为加筋力 T_s 的力臂（m），此处 $D=R$。代入有关数据，计算得 $T_s=129.6$kN/m。

2) 加筋力分配。为使铺设的土工织物受力均匀，将总加筋力 T_s 沿高度进行三区划分，其中，底区 $T_{z1}=T_s/2$；中区 $T_{z2}=T_s/3$；顶区 $T_{z3}=T_s/6$。代入有关数据得：$T_{z1}=64.8$kN/m；$T_{z2}=43.2$kN/m；$T_{z3}=21.6$kN/m。

3) 土工织物间距和层数确定。根据该工程特点，取底区高度为2m，中区高度为4m，顶区高度为4.2m，根据各区土工织物所要承受的拉力 T_r，确定各区所要加筋的层数和间距。

$$T_r = T_z/N$$

式中，T_r 为该区每层土工织物承受的拉力（kN/m）；T_z 为分配于该区的总拉力（kN/m）；N 为加筋层数。代入有关数据得，地区层数为3.43层，取4层；中区层数为2.3层，取4层；顶区层数为1.15层，取2层。从而可得底区间距为0.5m，中区间距为1.0m，顶区间距为2.0m，土工织物加筋层共10层（图15.30）。

4) 土工织物长度确定。要求的土工织物的下料长度按下式计算：

$$L = L_a + L_e + L_u$$

$$L_e = T_a F_s/(2F'\alpha\sigma_r)$$

式中，L 为土工织物下料总长度（m）；L_a 为滑坡面以内的长度（m）；L_e 为锚固长度（m）；L_u 为坡面上的锚固长度及转折长度（取1.5m）之和（m）；T_a 为土工织物的允许拉力（kN/m），取抗拉强度的0.4倍；F_s 为抗拔安全系数，取1.3；F' 为抗拔摩擦系数，取0.6tanφ；α 为锚固长度内非线性衰减系数，取0.6；σ_r 为土工织物加筋料上的垂直有效应力（kPa）。

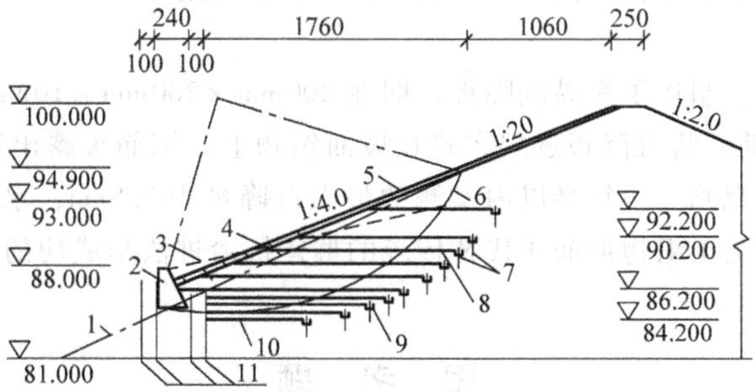

图 15.30 土工织物加筋断面图（单位：cm）

1—原坝坡 2—挡墙 3—滑坡体边坡 4—处理边坡 5—护坡 6—滑动面 7—锚桩 ϕ15 ~ ϕ20mm 8—土工织物 9—直角锚 10—垫层 11—抗滑力

用上式计算的 L_e 较小，设计长度取4m（其中1m为垂直锚固长度）。各层土工织物加筋料长度列于表 15.4 中。

表 15.4 各层土工织物加筋料长度 （单位：mm）

层次	1	2	3	4	5	6	7	8	9	10
长度	7.0	8.4	10.2	12.0	17.7	19.9	17.7	17.5	18.9	15.1

5）其他措施。由于土工织物在滑动区域内的长度较大，为满足抗拔出要求，在锚固端设直角锚，其断面尺寸为 0.4m × 0.4m。

土工织物铺设后，各层土工织物的锚坑所构成的圆弧面是新填土与老坝土间的接触面。由于新老坝土变形的差异性，会使接触面上的 c、φ 值显著降低，甚至接近于零，使其成为新的最危险的滑动面。为使坝体不沿此面产生滑动，在每层土工织物的锚坑中布置锚桩，采用新鲜松木制成，直径 15 ~ 20cm，长 2.5 ~ 3m，间距 2m，打入锚坑底部以下 2m，上面预留 0.5 ~ 1.0mm 嵌入新填土体中，使其滑动能量向坝体深层传递。

为增强滑坡体的整体水平抗滑性能，在挡墙内、外分别设置两排抗滑桩，仍采用新鲜松木制成，直径 20cm，长 5.5 ~ 6.5m，梅花形布置，间距根据填土的 c、φ 指标确定为 1m，全部打入地基岩（土）体中。此外，还将处理后的坝坡放缓至 1:2.5，其坡脚与挡墙的接触点低于挡墙顶部 1m，以增强坝坡的稳定性。

（3）稳定性校核 稳定性校核主要考虑两个位置：其一为原滑弧面，由于每层土工织物提供的拉应力增加了滑坡体的抗滑力矩，采用瑞典条分法计算，其安全系数为 2.06，大于 1.3；其二为锚桩及抗滑桩底构成的圆弧面，是应力相对集中的位置，也是坝体中最危险的滑动面，通过稳定性计算，安全系数为 1.47，大于 1.3，满足设计要求。

3. 施工工序

1）清基及打抗滑桩。分区开挖至滑坡体底界，整平基底，清除杂物，铺 10cm 厚砂垫层，内端开挖土工织物锚沟，同时在挡墙内、外打入抗滑桩。

2）铺设织物。将织物径向平行于滑坡体滑动方向，幅间搭接 6 ~ 10cm，用聚丙烯线缝成整块，预留坡面上的锚固长度及转折长度，打入锚桩，然后人力拉平，避免皱折或绷拉过紧。

3）铺土及夯实。由织物的外端向内端均匀铺土，每层填土厚 30cm 左右，碾压至控制干重度再铺上一层土。

4）翻卷及锚固织物。填土铺至设计厚度时，整平坡面，将预留在坡面外的土工织物沿坡面向上拉平并锚固于填土中，并在坡面织物上铺保护层，然后重复上面的工序。

4. 处理效果

为观测坡面的位移，制作了简易沉降板，即在 200mm × 200mm × 10mm 钢板的中心垂直焊一根长 40cm，ϕ20mm 钢筋。将沉降板逐层布置在坡面织物上，钢筋头露出坡面外，在施工后一段时间内和降雨前后进行观测。一年半以内实测的最大沉降量为 2.8cm，水平位移量为 1.3cm，坝体运行良好，说明采用土工织物加筋法代替传统的群体抗滑桩法是成功的，达到了预期效果，同时节省投资 28.6%。

思考题

15.1 什么是土工合成材料？包括哪些类型？各自的特点及特性是什么？

15.2 土工合成材料在工程应用上有哪些方面及作用？土工合成材料用于加固地基有哪些作用？

15.3 简述土工合成材料应用的施工技术。

15.4 试述土工织物、土工网格、土工格栅、土工膜、土工复合材料的主要性质及其在工程上的应用。

第 16 章　特殊土地基处理

【本章导读】 主要介绍了特殊土地基种类与分布、特殊土地基工程灾害。掌握黄土湿陷性的判定、地基评价及地基处理方法，掌握膨胀土地基处理方法；了解膨胀土的基本特征和工程特性，正确判断膨胀潜势与进行膨胀土地基评价，了解冻土地基处理方法；熟悉砂土液化的判别及液化地基处理方法。

16.1　概述

特殊土是指具有某些特殊成分、结构及工程地质性质的土的总称。我国地域广阔，地质条件较为复杂，分布的土类繁多，不同土类的工程性质各异。地理位置、气候条件、地质成因、物质成分及次生变化等原因，导致了一些土具有与一般土显著不同的特殊工程性质，如饱和软黏土的高压缩性，杂填土的不均匀性，黄土的湿陷性，膨胀土的胀缩性，冻土的冻胀变形特性及地震区的地基液化性等。

这些特殊类土当将其作为建筑结构物地基时，必须根据其独特的性质采取相应的设计和施工措施，否则就有可能酿成工程事故。成土环境的不同，会造成具有不同特性的土，常见的特殊土有黄土、红黏土、膨胀土、软土、盐渍土、冻土和填土等。其种类、分布、成土环境及工程地质特性见表 16.1。限于篇幅，本章主要介绍湿陷性黄土地基、膨胀土地基、冻土地基和液化土地基、盐渍土地基、填土地基的处理方法。

表 16.1　我国常见特殊土的种类、分布、成土环境及工程地质特性

种类	分　布	成土环境	工程地质特性
黄土	西北内陆地区，青海、甘肃、宁夏、陕西、山西、河南等	干旱、半干旱气候环境，降雨量少，蒸发量大，年降雨量小于 500mm，风积	湿陷性
红黏土	华南地区，云南、四川、贵州、广西、鄂西、湘西等	碳酸盐岩系，北纬 33°以南，温暖湿润气候，以残坡积为主	裂隙发育，不均匀性
软土	东南沿海，天津、上海、宁波、福州等，此外内陆湖泊地区也有局部分布	滨海、三角洲沉积，湖泊沉积，地下水水位高，由水流搬运沉积而成	强度低，压缩性高，渗透性小
膨胀土	云南、贵州、广西、四川、安徽、河南等	温暖湿润，雨量充沛，年降雨量为 700～1700mm，具有良好的化学风化条件	遇水膨胀，失水收缩
盐渍土	新疆、青海、西藏、甘肃、宁夏、内蒙古等内陆地区，此外尚有滨海部分地区	荒漠、半荒漠地区，年降雨量小于 100mm，蒸发量高达 3000mm 以上的地区，沿海受海水浸渍或海退的影响	盐胀性、溶陷性和腐蚀性
冻土	青藏高原和大小兴安岭，东西部一些高山顶部	高纬度寒冷地区	冻胀性、融陷性

16.2　湿陷性黄土地基处理

16.2.1　黄土的特性和分布

黄土（图 16.1）是一种第四纪沉积物，色黄，颗粒组成以 0.05～0.005mm 的粉粒为主（含

量在 40% 以上)，有肉眼可见大孔，垂直节理发育。黄土在世界上的分布很广，面积达 1300 万 km^2，约为陆地总面积的 9.3%；在我国黄土分布面积达 63.5km^2，主要分布在北纬 33°~47° 之间。

天然含水量状态下的黄土一般具有较高的强度和较低的压缩性。但是有的黄土，在一定压力(即上覆土自重压力或上覆土自重压力与附加压力共同作用）下遇水浸湿后，土体的结构迅速破坏，并发生显著的附加下沉，其强度也随着迅速降低，称为湿陷性黄土。有的黄土并不发生湿陷，则称为非湿陷性黄土。非湿陷性黄土地基的设计和施工与一般黏性土地基无异，本书不作讨论。湿陷性黄土又可分为自重湿陷性和非自重湿陷性，自重湿陷性黄土在自重压力下受水浸湿后产生湿陷，非自重湿陷性黄土在自重压力下受水浸湿不产生湿陷。

图 16.1 黄土

在我国，湿陷性黄土占黄土地区总面积的 60% 以上，约为 40 万 km^2，而且又多出现在地表浅层，如晚更新世（Q_3）及全新世（Q_4）新黄土或新堆积黄土是湿陷性黄土主要土层，主要分布在黄河中游山西、陕西、甘肃大部分地区以及河南西部，其次是宁夏、青海、河北的一部分地区，新疆、山东、辽宁等地局部也有发现。

我国黄土的沉积经历了整个第四纪。黄土形成年代越久，大孔结构退化，土质越趋密实，强度高而压缩性小，湿陷性减弱，甚至不具湿陷性。反之，形成年代越短，其湿陷性越显著。GB 50025—2004《湿陷性黄土地区建筑规范》（以下简称为《黄土规范》）将我国湿陷性黄土地区分为 7 个区，其中第 4 区为山西—冀北区，包括两个亚区：汾河流域区和上党盆地区。汾河流域区低阶地多属非自重湿陷性黄土，湿陷性黄土层厚度一般为 10m 以内，也有 10m 以上的，如太原最大厚度可达 20m，土体结构疏松，压缩性高，多为新近堆积黄土；该区高阶地多属自重湿陷性黄土，湿陷性黄土层厚度一般为 16m 以内。上党盆地区湿陷性黄土层厚度一般为 5~10m，黏粒含量少，湿陷敏感性弱，多为非自重湿陷性黄土。

16.2.2 黄土湿陷发生的原因和影响因素

1. 黄土湿陷的原因

(1) 水的浸湿　由于管道（或水池）漏水、地面积水、生产和生活用水等渗入地下，或由于降水量较大，灌溉渠和水库的渗漏或回水使地下水位上升等原因而引起。但受水浸湿只是湿陷发生所必需的外界条件；而黄土的结构特征及其物质成分是产生湿陷性的内在原因。

(2) 黄土的结构特征　季节性的短期雨水把松散干燥的粉粒黏聚起来，而长期的干旱使土中水分不断蒸发，于是少量的水分连同溶于其中的盐类都集中在粗粉粒的接触点处。可溶盐逐渐浓缩沉淀而成为胶结物。随着含水量的减少土粒彼此靠近，颗粒间的分子引力以及结合水和毛细水的联结力也逐渐加大。这些因素都增强了土粒之间抵抗滑移的能力，阻止了土体的自重压密，于是形成了以粗粉粒为主体骨架的多孔隙结构。

黄土受水浸湿时，结合水膜增厚楔入颗粒之间。于是结合水联结消失，盐类溶于水中，骨架强度随之降低，土体在上覆土层的自重应力或在附加应力与自重应力综合作用下，其结构迅速破坏，土粒滑向大孔，粒间孔隙减少。这就是黄土湿陷现象的内在过程。

（3）物质成分　黄土中胶结物含量大，可把骨架颗粒包围起来，则结构致密。黏粒含量多，并且均匀分布在骨架之间也起了胶结物的作用。这些情况都会使湿陷性降低并使力学性质得到改善。反之，粒径大于 0.005mm 的颗粒增多，胶结物多呈薄膜状分布，骨架颗粒多数彼此直接接触，则结构疏松，强度降低而湿陷性增强。黄土中的盐类，如以较难溶解的碳酸钙为主而具有胶结作用时，湿陷性减弱，但石膏及易溶盐的含量大时，湿陷性增强。

此外，黄土的湿陷性还与孔隙比、含水量以及所受压力的大小有关。天然孔隙比越大，或天然含水量越小则湿陷性越强。在天然孔隙比和含水量不变的情况下，随着压力的增大，黄土的湿陷量增加，但当压力超过某一数值后，再增加压力，湿陷量反而减少。

2. 影响黄土湿陷性的因素

影响黄土湿陷性的因素很多。黄土中的黏粒含量的多寡、胶结物的多少和成分以及颗粒的组成和分布，对黄土的结构特点和湿陷性的强弱有着重要影响。黏粒和胶结物含量大，可在骨架颗粒间起到胶结包裹作用，形成稳定致密的结构，使湿陷性降低，力学性质得到改善。相反，当粒径大于 0.005mm 的颗粒增多，黏粒和胶结物减少，骨架颗粒彼此直接接触，则土体结构疏松，强度降低而湿陷性增强。黄土中架空孔隙的存在是黄土产生湿陷的内在因素。

黄土中盐类的类型和多少对黄土的湿陷性也有明显的影响，易溶盐含量高，湿陷敏感性强，沉陷突然，中、难溶盐含量高，则湿陷有滞后现象。

黄土的湿陷性还与土体的天然孔隙比、含水量和所受压力有关。天然孔隙比越大、含水量越小则湿陷性越强。在含水量和孔隙比不变的条件下，随着压力的增加，黄土的湿陷性增强，但是当压力超过某一数值后，再增加压力，湿陷性反而减弱。特别是新近堆积黄土，在小压力下，对变形很敏感，呈现高压缩性。湿陷性黄土地基遇水概率的高低也对湿陷产生的可能性有很大影响，遇水量的多寡、时间的长短也将影响湿陷量的大小。

16.2.3　黄土湿陷性的判定和地基的评价

1. 黄土湿陷性的判定

黄土湿陷性一般采用湿陷系数 δ_s 来判定。湿陷系数 δ_s 为单位厚度的土层，由于浸水在规定压力下产生的湿陷量，它表示了土样所代表黄土层的湿陷程度。

δ_s 可通过室内浸水压缩试验测定。把保持天然含水量和结构的黄土土样装入侧限压缩仪内，逐级加压，达到规定试验压力，土样压缩稳定后，进行浸水，使含水量接近饱和，土样又迅速下沉，再次达到稳定，得到浸水后土样高度 h'_p，如图 16.2 所示。湿陷系数按下式计算

$$\delta_s = \frac{h_p - h'_p}{h_0} \tag{16.1}$$

式中　h_0——试样的原始高度；

h_p——保持天然湿度和结构的试样，分级加荷至一定压力时，下沉稳定后的高度；

h'_p——上述加压稳定后的试样，在浸水（饱和）作用下，附加下沉稳定后的高度。

湿陷起始压力可利用各级压力下的湿陷系数与相应压力的关系曲线求得。以压力为横坐标，以湿陷系数为纵坐标，绘制压力与湿陷系数的关系曲线，湿陷系数为 0.015 所对应的压力即为湿陷起始压力，如图 16.3 所示。

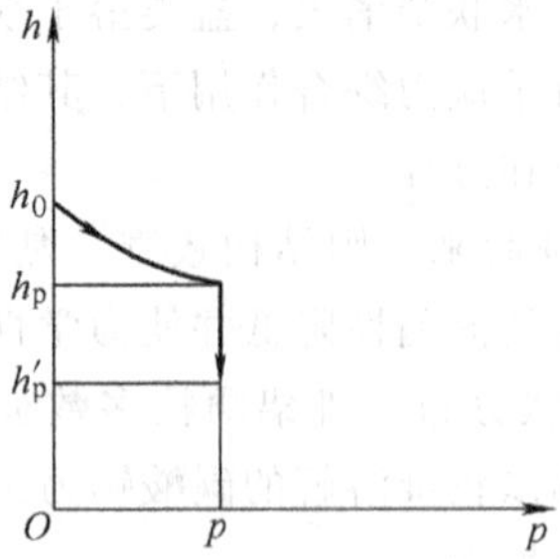

图 16.2 在压力 p 下浸水压缩曲线

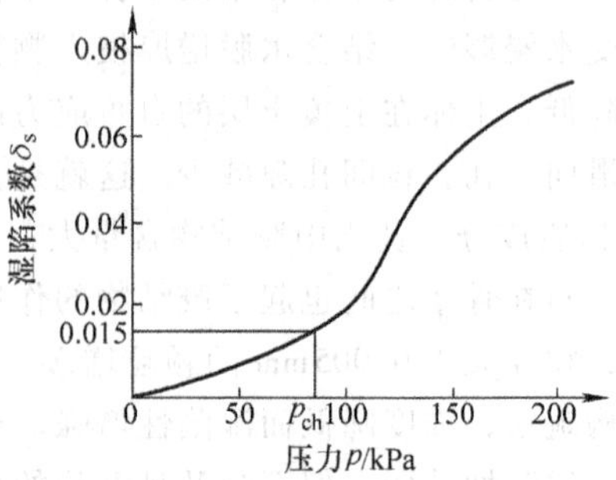

图 16.3 湿陷系数与压力的关系曲线

湿陷性判定：GB 50025—2004《湿陷性黄土地区建筑规范》按照国内各地经验采用 $\delta_s=0.015$ 作为湿陷性黄土的界限值，$\delta_s \geqslant 0.015$ 定为湿陷性黄土，否则为非湿陷性黄土。根据湿陷系数 δ_s，可将湿陷性黄土分为以下三种：①当 $0.015 \leqslant \delta_s \leqslant 0.03$ 时，湿陷性轻微；②当 $0.03<\delta_s \leqslant 0.07$ 时，湿陷性中等；③当 $\delta_s>0.07$ 时，湿陷性强烈。

2. 湿陷性黄土地基湿陷类型的划分

在自重湿陷性黄土场地建造结构物，必须采取比非自重湿陷性黄土场地要求更高的措施，才能确保结构物的安全和正常使用。所以应区分湿陷性黄土场地的湿陷类型是非自重湿陷性的还是自重湿陷性的。

划分非自重湿陷性或自重湿陷性黄土应按室内压缩试验，对原状试样施加饱和自重应力。在 0～150kPa 压力以内，每级增量宜为 25～50kPa；大于 150kPa，每级增量宜为 50～100kPa，每级压力施加的时间不少于 15min。自重湿陷系数 δ_{zs} 按下式计算

$$\delta_{zs}=\frac{h_z-h'_z}{h_0} \tag{16.2}$$

式中 h_z——保持天然湿度和结构的试样，加压至该试样上覆土的饱和自重应力时，下沉稳定后的高度；

h'_z——上述加压稳定后的试样，在浸水（饱和）作用下，附加下沉稳定后的高度；

h_0——试样的原始高度。

建筑场地的湿陷类型可根据自重湿陷量的计算值 Δ_{zs} 来判定，Δ_{zs} 应按下式计算

$$\Delta_{zs}=\beta_0\sum_{i=1}^{n}\delta_{zsi}h_i \tag{16.3}$$

式中 δ_{zsi}——第 i 层土的自重湿陷系数；

h_i——第 i 层土的厚度（mm）；

β_0——因地区土质而异的修正系数，在缺乏实测资料时，可按下列规定取值：陇西地区取 1.50，陇东—陕北—晋西地区取 1.20，关中地区取 0.90，其他地区取 0.50；

n——计算厚度内土层的数目。

式（16.3）中的计算厚度应从天然地面算起（当挖、填方的厚度和面积较大时，应自设计地面算起），直至其下非湿陷性黄土层的顶面为止，其中不计 $\delta_{zs}<0.015$ 的土层。当 $\Delta_{zs} \leqslant 70$mm 时，一般定为非自重湿陷性黄土场地；当 $\Delta_{zs}>70$mm 时，定为自重湿陷性黄土场地。

3. 湿陷性黄土地基湿陷等级的判定

湿陷性黄土地基的湿陷等级，即地基土受水浸湿，发生湿陷的程度，可以用地基内各土层湿陷下沉稳定后所发生湿陷量的总和（总湿陷量）Δ_s 来衡量，Δ_s 用下式计算

$$\Delta_s = \sum_{i=1}^{n} \beta \delta_{si} h_i \tag{16.4}$$

式中　δ_{si}——第 i 层土的湿陷系数；

h_i——第 i 层土的厚度（mm）；

β——考虑基底下地基土的受水浸湿可能性和侧向挤出等因素的修正系数，在缺乏实测资料时，可按以下规定取值：基底之下 0～5m 深度内，取 $\beta=1.5$；基底之下 5～10m 深度内，取 $\beta=1.0$；基底之下 10m 以下至非湿陷性黄土层顶面，在自重湿陷性黄土场地，可取工程所在地区的 β_0 值。

湿陷量计算值 Δ_s 的计算深度，应自基础底面算起（如基底标高不确定时，自地面以下 1.5m 算起），对非自重湿陷性黄土场地，累计至基底以下 10m（或地基压缩层）深度为止；对自重湿陷性黄土场地，累计至非湿陷性黄土层的顶面为止。其中不包括湿陷系数 δ_s（10m 以下为 δ_{zs}）小于 0.015 的土层的厚度。

湿陷性黄土地基湿陷等级，应根据地基总湿陷量计算值 Δ_s 和自重湿陷量 Δ_{zs} 等因素按表 16.2 判定。

表 16.2　湿陷性黄土地基的湿陷等级　（单位：mm）

湿陷类型 / Δ_{zs}/mm / Δ_s/mm	非自重湿陷性场地	自重湿陷性场地	
	$\Delta_{zs} \leqslant 70$	$70 < \Delta_{zs} \leqslant 350$	$\Delta_{zs} > 350$
$\Delta_s \leqslant 300$	Ⅰ（轻微）	Ⅱ（中等）	—
$300 < \Delta_s \leqslant 700$	Ⅱ（中等）	Ⅱ（中等）或Ⅲ（严重）①	Ⅲ（严重）
$\Delta_s > 700$	Ⅱ（中等）	Ⅲ（严重）	Ⅳ（很严重）

① 当湿陷量的计算值 $\Delta_s > 600$mm、自重湿陷量的计算值 $\Delta_{zs} > 300$mm 时，可判为Ⅲ级，其他情况可判为Ⅱ级。

16.2.4　湿陷性黄土地基的处理

湿陷性黄土场地如果发生湿陷沉降，对上部结构的正常使用必然产生不良影响，不均匀沉降过大，甚至会影响到结构的安全性，因此，《黄土规范》中将湿陷性黄土地区的建（构）筑物根据其重要性分为甲、乙、丙、丁四类，考虑到安全性、经济性和科学合理，对不同类别的建（构）筑物提出不同的地基处理要求及相应的建筑措施和防水措施要求，规定当地基的湿陷变形、压缩变形或承载力不能满足设计要求时，应针对不同土质条件和建筑物的类别，在地基压缩层内或湿陷性黄土层内采取处理措施，甲类建筑应消除地基的全部湿陷量或采用桩基础穿透全部湿陷性黄土层，或将基础设置在非湿陷性土层上；乙、丙类建筑应消除地基的部分湿陷量；丁类建筑地基可不进行处理。

改善土的性质和结构，减少土的渗水性、压缩性，控制其湿陷性的发生，部分或全部消除其湿陷性。在明确地基湿陷性黄土层的厚度、湿陷性类型、湿陷等级等后，应结合建筑物的工程性质、施工条件和材料来源等，采取必要的措施，对地基进行处理，满足建筑物在安全、使用方面的要求。

桥梁工程中，对较高的墩、台和超静定结构，应采用刚性扩大基础、桩基础或沉井等形式，并将基础底面设置到非湿陷性土层中；对一般结构的大中桥梁、重要的道路人工构造物，如属Ⅱ级非自重湿陷性地基或各级自重湿陷性黄土地基也应将基础置于非湿陷性黄土层或对全部湿陷性黄土层进行处理并加强结构措施；如属Ⅰ级非自重湿陷性黄土也应对全部湿陷性黄土层进行处理或加强结构措施。小桥涵及其附属工程和一般道路人工构造物视地基湿陷程度，可对全部湿陷性土层进行处理，也可消除地基的部分湿陷性或仅采取结构措施。

对不均匀沉降不敏感的建筑结构尽可能采用简支梁结构形式，或加大基础刚度使受力较均匀；对长度较大且体形复杂的建筑物，采用沉降缝将其分为若干独立单元。

按处理厚度可分为全部湿陷性黄土层处理和部分湿陷性黄土层处理。对于非自重湿陷性黄土地基，应自基底处理至非湿陷性土层顶面（或压缩层下限），或者以土层的湿陷起始压力来控制处理厚度；对于自重湿陷性黄土地基是指全部湿陷性黄土层的厚度。对于部分湿陷性黄土层，可只处理基础底面以下适当深度的土层，因为该部分土层的湿陷量一般占总湿陷量的大部分。处理厚度视建筑物类别，土的湿陷等级、厚度，基底压力大小而定，一般对非自重湿陷性黄土为1～3m，自重湿陷性黄土地基为2～5m。对湿陷性黄土地基的处理在大多数情况下的主要目的不是提高地基承载力，而是消除黄土的湿陷性，但同时也提高了黄土地基的承载力。湿陷性黄土地基的设计和施工，除了必须遵循一般的设计和施工原则外，还应针对湿陷性特点，采用适当的工程措施，包括以下三个方面：①地基处理，以消除产生湿陷性的内在原因；②防水和排水，以防止产生引起湿陷的边界条件；③采取结构措施，以改善建筑物对不均匀沉降的适应性和抵抗的能力。

（1）地基处理　湿陷性黄土地基处理的原理，主要是破坏湿陷性黄土的大孔结构，以便全部或部分消除地基的湿陷性，常用的湿陷性黄土地基处理方法及适用范围见表16.3。

表16.3　常用的湿陷性黄土地基处理方法及适用范围

方法名称	适用范围
砂石垫层法	处理厚度小于2m,要求下卧土质良好,水位以下施工时应降水,局部或整片处理
灰土垫层法	处理厚度小于3m,要求下卧土质良好,必要时下设素土垫层,局部或整片处理
强夯法	厚度为3～12m的湿陷性黄土、人工填土或液化砂土,环境许可,局部或整片处理
挤密桩法	厚度为5～15m的湿陷性黄土或人工填土,地下水位以上,局部或整片处理
预浸水法	湿陷程度严重的自重湿陷性黄土,可消除距地面超过6m的土的湿陷性,对距地面6m以内的土还应采用垫层等方法处理
振冲碎石桩或深层水泥搅拌桩法	厚度为5～15m的饱和黄土或人工填土,局部或整片处理
单液硅化或碱液加固法	一般用于加固地面以下10m范围内地下水位以上的已有结构物地基,单液硅化法加固深度可达20m,适用于局部处理
旋喷桩法	一般用于加固地面以下20m范围内的已有结构物地基,适用于局部处理
桩基础法	厚度为5～30的饱和黄土或人工填土

（2）防水措施　防水措施包括以下三个方面：

1）场地防水措施。尽量选择排水畅通或利于场地排水的地形条件，避开受洪水威胁的地段或水库等可能引起地下水位上升的地段，确保管道和储水构筑物不漏水，场地内应设排水沟等。

2）单体建筑物的防水措施。建筑物周围必须设置具有一定宽度的混凝土散水，以便排泄屋面水。确保建筑物地面不漏水。室内的给水、排水管道尽量明装，室外管道布置应尽量远离建筑物，检漏管沟应做好防水处理。

3）施工阶段的防水。施工场地应平整，做好临时防洪、排水措施。大型基坑开挖时应防止地面水流入，坑底应保持一定坡度便于集水和排水。尽量缩短基坑暴露时间。

（3）结构措施

1）加强建筑物的整体性和空间刚度。

2）选择适宜的结构和基础形式。

3）加强砌体和构件的刚度。

在湿陷性黄土地基的设计中，应根据建筑物的类别和场地湿陷类型，结合当地的建筑经验、施工与维护管理等条件综合确定。

16.2.5 湿陷性黄土地基的设计计算要点

1）湿陷性黄土地基允许承载力。经灰土垫层（或素土垫层）、重锤夯实处理后地基土承载力应通过现场测试或根据当地建筑经验确定，其允许承载力一般不宜超过 250kPa（素土垫层为 200kPa）。垫层下如有软弱下卧层，也需验算其强度。对各种深层挤密桩、强夯等处理的地基，其承载力也应做静载荷试验来确定。

2）沉降计算。进行湿陷性黄土地基的沉降计算时，除考虑土层的压缩变形外，对进行消除全部湿陷性处理的地基，可不再计算湿陷量（但仍应计算下卧层的压缩变形）；对进行消除部分湿陷性处理的地基，应计算地基在处理后的剩余湿陷量；对仅进行结构处理或防水处理的湿陷性黄土地基应计算其全部湿陷量。压缩沉降及湿陷量之和如超过沉降允许值时，必须采取减小沉降量、湿陷量的措施。

16.3 膨胀土地基处理

16.3.1 膨胀土的一般特征

膨胀土地基是指黏粒成分主要由亲水性矿物组成，同时具有显著的吸水膨胀和失水收缩两种变形特性的黏性土。膨胀土的特点是土体中含有大量的亲水性黏土矿物成分，如伊利石、蒙脱石，在环境湿度变化影响下可产生强烈的胀缩变形。膨胀土一般强度较高，压缩性低，容易被误认为是良好的天然地基。

1. 分布特征

膨胀土在北美、北非、南亚、澳大利亚、中国黄河流域及其以南地区均有不同程度的分布。膨胀土多分布于二级或二级以上的河谷阶地、山前和盆地边缘及丘陵地带，一般地形坡度平缓，无明显的天然陡坎。平原地带膨胀土常被第四纪冲积层覆盖。

膨胀土的鉴定特征（野外怎样识别膨胀土）：

1）在自然条件下，土体多呈硬塑或坚硬状态，具有黄、红、灰白等颜色，裂隙较发育，常见光滑面和擦痕。

2）多出露于二级及二级以上阶地、山前丘陵和盆地边缘等地形较平缓的地区，其成因复杂，有残积、冲积、冲洪积、湖积、残坡积等。

3）具有吸水膨胀、失水收缩和反复胀缩变形的特点，在季节性干湿气候条件下，常可导致低层砖石结构的建筑物成群干裂损坏。

4）凡具有上述特征且自由膨胀率大于 40% 的，应判定为膨胀土。

2. 物理性质特征

1）黏粒含量高，一般超过 35%，且大部分为亲水性很强的蒙脱石和伊利石等矿物，由于蒙脱石和伊利石具有活动晶格，吸水膨胀明显，失水收缩强烈，因此决定了膨胀土具有较大的胀缩性。

2）液限一般大于 40%，塑限大于 20%，塑性指数大于 17。

3）天然密度和干密度大，孔隙比和含水量较小。说明膨胀土在天然状态下结构紧密，常处于硬塑或坚硬状态，强度较大，属中低压缩性土，因此常被误认为可作为良好地基，但遇水膨胀或失水收缩后，使土层的原有结构破坏，其强度迅速降低。

4）膨胀量的大小与黏土矿物成分及天然含水量的多少有关。一般来说，亲水性强的蒙脱石、水云母含量越大，膨胀性和收缩性越大。

3. 裂隙特征

膨胀土中的裂隙发育，有竖向、斜交和水平裂隙三种，常呈现光滑和带有擦痕的裂隙面，显示出土块间相对运动的痕迹，裂隙中多被灰绿、灰白色黏土所填充，裂隙宽度为上宽下窄，且旱季开裂，雨季闭合，呈季节性变化。在膨胀土地基上建筑物常见的裂缝有：山墙上对称或不对称的倒八字形缝，这是因为山墙两侧下沉量较中部大的缘故；外纵墙外倾并出现水平缝；胀缩交替变形引起的交叉缝等。

4. 膨胀土的工程地质分类

目前在我国按膨胀土的成因及特征将其分为三个基本类型：

1）湖相沉积及其风化层，黏土矿物成分以蒙脱石为主，土的胀缩性极为显著。

2）冲积、冲洪积、坡积物类型，主要分布在河流阶地上，黏土矿物以水云母为主，土的胀缩性也很显著。

3）碳酸盐类岩石的残积、坡积及洪积的红黏土，液限高，但自由膨胀率小于40%，因而常被判定为非膨胀土。

16.3.2 膨胀土的工程特性

1. 自由膨胀率 δ_{ef}

将人工制备的磨细烘干土样，经无颈漏斗注入量杯，量其体积，然后倒入盛水的量筒中，经充分吸水膨胀稳定后，再测其体积，增加的体积与原体积的比值 δ_{ef} 称为自由膨胀率，即

$$\delta_{ef}=\frac{V_w-V_0}{V_0} \tag{16.5}$$

式中 V_w——试样在水中膨胀稳定后的体积（mL）；

V_0——试样原有体积（mL）。

2. 膨胀率 δ_{ep} 和膨胀力 p_c

膨胀率表示原状土在侧限压缩仪中，在一定压力下，浸水膨胀稳定后，土样增加的高度与原高度之比，即

$$\delta_{ep}=\frac{h_w-h_0}{h_0} \tag{16.6}$$

式中 h_w——土样浸水膨胀稳定后的高度（mm）；

h_0——土样的原始高度（mm）。

以各级压力下的膨胀率 δ_{ep} 为纵坐标，压力 p 为横坐标，将试验结果绘制成 p-δ_{ep} 关系曲线，该曲线与横坐标的交点 p_c 称为试样的膨胀力，膨胀力表示原状土样在体积不变时，由于浸水膨胀产生的最大内应力。

3. 线缩率 δ_{sr} 与收缩系数 λ_s

膨胀土失水收缩，其收缩性可用线缩率与收缩系数表示。线缩率 δ_{sr} 是指土的竖向收缩变形与原状土样高度之比，即

$$\delta_{sri}=\frac{h_0-h_i}{h_0}\times 100\% \tag{16.7}$$

利用收缩曲线的直线收缩段可求得收缩系数 λ_s，其意义为原状土样在直线收缩阶段内，含水量每减少 1% 时所对应的线缩率的改变值，即

$$\lambda_s = \frac{\Delta\delta_{sr}}{\Delta w} \tag{16.8}$$

式中 h_0——土样的原始高度（mm）；

h_i——某含水量 w_i 时的土样高度（mm）；

Δw——收缩过程中，直线变化阶段内，两点含水量之差（%）；

$\Delta\delta_{sr}$——两点含水量之差对应的竖向线缩率之差（%）。

4. 风化特性

膨胀土对气候因素影响很敏感，极易产生风化破坏。基坑开挖后，在风化作用下，土体很快会产生破裂、剥落，从而造成土体结构破坏，强度降低。受大气风化作用影响的深度各地不完全一样，云南、四川、广西地区至地表下 3～5m，其他地区则在地表下 2m 左右。

5. 强度衰减性

膨胀土的抗剪强度为典型的变动强度，具有峰值强度极高而残余强度极低的特性。由于膨胀土的超固结性，初期强度极高，现场开挖很困难，然而随着胀缩效应和风化作用时间的增加，其抗剪强度又大幅度衰减。在风化带以内，湿胀干缩效应显著，经过多次湿胀干缩循环以后，特别是黏聚力 c 大幅度下降，而内摩擦角 φ 变化不大，一般反复循环 2～3 次以后趋于稳定。

16.3.3 膨胀潜势与地基评价

1. 膨胀土的膨胀潜势

GB 50112—2013《膨胀土地区建筑技术规范》中规定，凡具有下列工程地质特征且自由膨胀率 $\delta_{ef} \geqslant 40\%$ 的土应判定为膨胀土。

1）裂隙发育，常有光滑面和擦痕，有的裂隙中充填着灰白、灰绿色黏土。在自然条件下呈坚硬或硬塑状态。

2）多出露于二级或二级以上阶地、山前丘陵和盆地边缘地带，地形平缓，无明显自然陡坎。

3）常见浅层塑性滑坡、地裂，新开挖坑（槽）壁易发生坍塌等。

4）建筑物裂缝随气候变化而张开和闭合。

由于自由膨胀率能综合反映亲水性矿物成分、颗粒组成、膨胀特征及其危害程度，因此可用自由膨胀率评价膨胀土膨胀性能的强弱。膨胀土的膨胀潜势分类见表 16.4。

表 16.4 膨胀土的膨胀潜势分类

自由膨胀率(%)	膨胀潜势
$40 \leqslant \delta_{ef} < 65$	弱
$65 \leqslant \delta_{ef} < 90$	中
$\delta_{ef} \geqslant 90$	强

2. 膨胀土地基评价

GB 50112—2013《膨胀土地区建筑技术规范》规定以 50kPa 压力下测定的土的膨胀率，计算地基分级变形量 s_c，以此作为划分胀缩等级的标准。膨胀土地基的胀缩等级分类见表 16.5。

表 16.5 膨胀土地基的胀缩等级分类

地基分级变形量 s_c/mm	级 别	破坏程度
$15 \leq s_c < 35$	Ⅰ	轻微
$35 \leq s_c < 70$	Ⅱ	中等
$s_c \geq 70$	Ⅲ	严重

16.3.4 膨胀土地基变形量计算

在不同条件下可表现为三种不同的变形形态，即上升型变形、下降型变形和升降型变形。因此，膨胀土地基变形量计算应根据实际情况，按下列三种情况分别计算：①当离地表 1m 处地基土的天然含水量等于或接近最小值时，或地面有覆盖且无蒸发可能时，以及建筑物在使用期间经常受水浸湿的地基，可按膨胀变形量计算；②当离地表 1m 处地基土的天然含水量大于 1.2 倍塑限含水量时，或直接受高温作用的地基，可按收缩变形量计算；③其他情况下可按胀、缩变形量计算。采用分层总和法，上述三种变形量计算方法如下。

（1）地基土的膨胀变形量 s_e

$$s_e = \psi_e \sum_{i=1}^{n} \delta_{epi} h_i \tag{16.9}$$

式中 ψ_e——计算膨胀变形量的经验系数，宜根据当地经验确定，若无经验可依据时，3 层及 3 层以下建筑物，可采用 0.6；

δ_{epi}——基础底面下第 i 层土在该层土的平均自重应力与平均附加应力之和作用下的膨胀率，由室内试验确定（%）；

h_i——第 i 层土的计算厚度（mm）；

n——自基础底面至计算深度 z_n 内所划分的土层数，计算深度应根据大气影响深度确定，有浸水可能时，可按浸水影响深度确定。

（2）地基土的收缩变形量 s_s

$$s_s = \psi_s \sum_{i=1}^{n} \lambda_{si} \Delta w_i h_i \tag{16.10}$$

式中 ψ_s——计算收缩变形量的经验系数，宜根据当地经验确定，若无可依据的经验时，3 层及 3 层以下建筑物，可采用 0.8；

λ_{si}——第 i 层土的收缩系数，应由室内试验确定；

Δw_i——地基土收缩过程中，第 i 层土可能发生的含水量变化的平均值（以小数表示）；

n——自基础底面至计算深度内所划分的土层数，计算深度可取大气影响深度，当有热源影响时，应按热源影响深度确定。

在计算深度时，各土层的含水量变化值 Δw_i 应按下式计算

$$\Delta w_i = \Delta w_1 - (\Delta w_1 - 0.01)\frac{z_{i-1}}{z_{n-1}} \tag{16.11}$$

$$\Delta w_1 = w_1 - \psi_w w_P \tag{16.12}$$

式中 w_1、w_P——地表下 1m 处土的天然含水量和塑限含水量（以小数表示）；

ψ_w——土的湿度系数；

z_i——第 i 层土的深度（m）；

z_n——计算深度，可取大气影响深度（m）。

（3）地基土的胀缩变形量 s

$$s = \psi \sum_{i=1}^{n} (\delta_{epi} + \lambda_{si} \Delta w_i) h_i \tag{16.13}$$

式中　ψ——计算胀缩变形量的经验系数，可取 0.7。

16.3.5　膨胀土地基的处理原则

膨胀土地基的处理原则：应从上部结构与地基基础两方面着手，设计中除着重抓住控制膨胀土胀缩性这一主要矛盾，选择合理的地基处理方法外，还应考虑上部结构的措施加强构筑物的整体性与抗变形能力。

首先，应考虑场地地形对工程的影响，根据地形地貌条件可将场地分为平坦与斜坡场地两类。针对前者，膨胀土地基按变形控制设计，考虑气候条件，估计季节循环中地基在很长时间，如 10 年以上可能发生的最大变形量及变形特征；后者除按变形控制设计外，还需验算地基的稳定性，防止外部水分侵入与水平变形给边坡带来严重危害，结合排水系统、坡面防护和设置支挡结构物综合防治。

其次，按照建筑物（构筑物）对地基不均匀胀缩变形的适应能力和使用要求进行分类并区别对待，同一建筑物尽量不跨越不同的地貌单元、不同土层和不同的工程地质分区之上，力求规划简单，如局部凸出或拐弯过多，必要时宜设置沉降缝断开。对地基不均匀变形适应性较强的建筑物，如排架结构、高耸构筑物等，排架结构只需注意在基础梁底与地面间预留 100~150mm 的膨胀间隙或回填松软材料、填充围护堵砌于基础梁之上即可，高耸构筑物一般可不作特殊处理。

最后，根据场地膨胀土的特性与胀缩等级，当地材料、工况类型与施工条件，并结合膨胀土埋深、厚度，大气影响和上部荷载等因素，从回避或减缓膨胀土的不良特性、保持膨胀土工程特性的相对稳定性、改良膨胀土的本身性质以克服其湿热敏感性，以及改变基础形式与埋深以提高地基的适应性四种可行途径中，选用有针对性的单一或综合方法处理膨胀土地基。

16.3.6　膨胀土地基的处理方法

对于膨胀土地基，可采用换填法、土性改良法、保湿法、砂包基础法、增大基础埋深法、桩基础法、土工合成材料加固法等处理方法。

1. 换填法

换填法是将膨胀土全部或部分挖掉，换填非膨胀黏性土、砂、砂砾土、碎石或灰土，以消除或减小地基胀缩变形的一种方法。其本质是回避膨胀土的不良工程特性，从源头上改善地基土的胀缩性，是膨胀土地基处理方法中最简单、有效的方法。

2. 土性改良法

（1）压实法　在压实功能的作用下，膨胀土的干密度增大而含水量减小，导致其内摩擦角和黏聚力增大，使地基承载力得到提高。但压实后膨胀土的胀缩性并没有受到抑制。压实法只适用于弱膨胀性土。压实后膨胀土强度的提高，补偿了膨胀土的胀缩变形对强度的影响。

（2）掺合料法　在膨胀土中掺入一定比例的掺合料（如石灰、粉煤灰、矿渣、砂砾石和水泥等无机材料或有机化学添加剂），分层夯实，或通过设置石灰砂桩、压力注入石灰浆液，使得膨胀土的亲水性降低，稳定性增强，从而可以消除或减小地基土体的胀缩变形。按加固机理的不同可将掺合料法划分为物理改良法、化学改良法与综合改良法。

1）物理改良法。在膨胀土中添加其他非膨胀性固体材料，通过改变膨胀土原有的土颗粒组成及级配，减弱膨胀土的胀缩性。常见的掺合料有风积土、砂砾石、粉煤灰与矿渣等。由于物理改良法并没有从本质上改变膨胀土的特性，因此该法主要适用于弱膨胀土的改良，实际选用时，需慎重考虑。

2）化学改良法。该法是在膨胀土中掺入石灰、水泥等添加材料，利用添加材料与膨胀土中的黏土颗粒之间的化学反应，达到降低膨胀土膨胀潜势、提高其强度和水稳定性的目的。该种处理方法能从本质上改善膨胀土的工程性质，理论上可根本消除膨胀土的胀缩性。

3）综合改良法。利用物理改良法与化学改良法的加固机理，既改变膨胀土的物质组成结构，又改变其物理力学性质，达到强化膨胀土的土质的改良效果。由于该法充分利用了一些固体废弃物与价格低廉的材料，如粉煤灰、矿渣与砂砾石等，有利于环境保护，改良质量又好，得到了工程界的普遍重视。目前，应用较多的有二灰复合料、石灰砂砾料与矿渣复合料等。

3. 保湿法

(1) 暗沟保湿法　膨胀土地基如充分浸水至膨胀稳定含水量（即胀限），并维持在胀限含水量，则地基既不会产生膨胀变形，也不会产生收缩变形，从而保证结构物不致因地基胀缩变形而导致破坏。暗沟保湿法适用于有经常水源的三层以下房屋的处理，对于无经常水源的房屋、强膨胀土地基和长期干旱地区不得采用。

(2) 地基预浸水法　在施工前用人工方法增大地基土的含水量，使膨胀土层全部或部分膨胀，并维持其高含水量，从而消除或减小地基的膨胀变形量。

(3) 帷幕保湿法　将用不透水材料做成的帷幕设置于结构物周围，阻止地基土体中的水分与外界的交换，以保持地基土体的湿度相对稳定，从而达到减小地基胀缩变形的目的。帷幕形式有砂帷幕、填砂的塑料薄膜帷幕、填土的塑料薄膜帷幕、沥青油毡帷幕以及塑料薄膜灰土帷幕等。

(4) 全封闭法　全封闭法在膨胀土路堤中应用较多，又称为包盖法或包边路堤法。在膨胀土广泛分布的地区填筑路堤时，可直接用接近最优含水量的中、弱膨胀土填筑路堤堤心部位，用普通黏土或改性土作为路堤两边边坡与基底及顶面的封层，从而形成包心填方，让膨胀土永久地封存于非膨胀土之中，避免膨胀土与外界大气直接接触，可保持膨胀土含水量的相对稳定，使其失去胀缩性，从而保证路堤避免胀缩破坏。全封闭法仅适用于非浸水路堤。

4. 砂包基础法

砂包基础法是将基础置于砂层包围中，砂层选用砂、碎石、灰土等材料，厚度宜采用基础宽度的1.5倍，宽度宜采用基础宽度的1.8～2.5倍，砂层不能采用水振法施工。对中等胀缩性膨胀土地基，将砂包基础、地梁、油毡滑动层以及散水坡等措施相结合。

5. 增大基础埋深法

在季节分明的湿润区和亚湿润区，地基胀缩等级属中等或中等偏弱的平坦地区，由于这些地区的大气影响深度较深，增大基础埋深可以作为防止房屋产生过大不均匀沉降变形的一项长期处理措施，该法在美国、加拿大等国家被普遍采用。

影响基础有效埋深的外界因素主要是地表大气和地下水。由于地表以下1m内土中含水量受人为活动和大气影响最大，对于平坦场地且地下水位较深的情况，膨胀土地基上建筑物基础埋深应大于或等于1m，通常取1～1.5m；如果常年地下水位较高，则在地下稳定水位以上3m内，土内的含水量较小，可以使结构物下面的薄层膨胀土达到完全饱和，将基础埋置在这个深度或地下水位以下即可。常用的基础类型有砂垫层上的条基，砂垫层采用中、粗砂，厚30～50cm，在含水量约10%时分层夯实。

6. 桩基础法

如果大气影响深度和地下水位均较深，选用其他地基处理方法有困难或不经济时，则可采用桩基础，基桩应支承在胀缩变形较稳定的土层或非膨胀性土层上。目前国内以灌注桩基础较为常用，在个别地区也有采用钢管桩、扩底桩等桩基础形式的。

7. 土工合成材料加固法

由于土工合成材料具有加筋、隔离、防护、防渗、过滤和排水等多种功能，因此将土工合成材料应用处治膨胀土（尤其是用于膨胀土路基工程）已十分普遍。

应用土工合成材料处理膨胀土路基，由于施工简单，不需要特殊的施工机械和专业技术工人，又有利于环保，技术和经济效果均好，是一种值得采用和推广的方法。但目前对于土工合成材料与土体相互作用的分析方法，尤其是其相互作用对土工合成材料变形的影响的研究还有待深入，此外，对土工合成材料长期使用性能与效果的合理评估也值得进一步研究。

总之，膨胀土地基的处理技术还在不断发展之中，除上述介绍的方法外，还有一些其他方法也取得了较好的应用效果，如水泥土搅拌法、石灰桩法、砂石桩法与土钉法等。在实际工程应用中，究竟是采用单一方法还是组合方法，应根据工程地区的实际情况而定，总的原则依然是安全、经济、可行、方便。

16.3.7 膨胀土对工程的危害

（1）对建筑物的影响　膨胀土地基上易遭受破坏的大多为埋置较浅的低层建筑物，一般是三层以下的民房。房屋损坏具有季节性和成群性两大特点，房屋墙面角端的裂缝常表现为在山墙上出现对称或不对称的倒八字形缝，外纵墙下部出现水平缝，墙体外侧有水平错动，由于土体的胀缩交替，还会使墙体出现交叉裂缝。

（2）对道路交通工程的影响　膨胀土地区的道路，由于路幅内土基含水率的不均匀变化，从而引起不均匀收缩，并产生幅度很大的横向波浪形变形。雨季路面渗水，路基受水浸软化，在行车荷载下形成泥浆，并沿路面的裂缝和伸缩缝溅浆冒泥。

（3）对边坡稳定的影响　膨胀土地区的边坡坡面最易受大气风化的作用。在干旱季节蒸发强烈，坡面剥落；雨季坡面冲蚀，冲蚀沟深一般为 0.1 ~ 0.5m，最大可达 1.0m，坡面变得支离破碎。土体吸水饱和，在重力与渗透压力作用下，沿坡面向下产生塑流状溜塌。当雨季雨量集中时还会形成泥流，堵塞涵洞，淹埋路面，甚至引发破坏性很大的滑坡。膨胀土地区的滑坡，一般呈浅层的牵引式滑坡，滑体厚度为 1 ~ 3m。滑坡与边坡的高度和坡度无明显关系，但坡度超过 14°时，坡体就有蠕动现象。经验表明，建在坡度大于 5°的场地上的房屋，沉降量大，损坏也较严重。

16.3.8 膨胀土地基的岩土工程勘察

（1）膨胀土地区的工程地质调查

1）查明膨胀土的岩性、地质年代、成因、产状、分布以及颜色、节理、裂缝等外观特征。

2）划分地貌单元和场地类型，查明有无浅层滑坡、地裂、冲沟以及微地貌形态和植被情况。

3）调查地表水的排泄和积聚情况以及地下水类型、水位变化规律。

4）搜集当地降水量、蒸发量、气温、地温、干湿季节、干旱持续时间等气象资料，查明大气影响深度。

5）调查当地建筑经验。

（2）膨胀土的勘察要求

1）勘探点宜结合地貌单元和微地貌形态布置；其数量应比非膨胀岩土地区适当增加，其中采取试样的勘探点不应少于全部勘探点的 1/2。

2）勘探孔的深度，除应满足基础埋深和附加应力的影响深度外，尚应超过大气影响深度；控制性勘探孔不应小于8m，一般性勘探孔不应小于5m。

3）在大气影响深度内，每个控制性勘探孔均应采取Ⅰ、Ⅱ级土试样，取样间距不应大于1.0m，在大气影响深度以下，取样间距可为1.5～2.0m；一般性勘探孔从地表下1～5m深度内，可取Ⅲ级土试样，测定天然含水量。

（3）膨胀土的室内试验和现场测试　膨胀岩土的室内试验，除应遵守一般勘察室内试验的要求外，尚应测定下列指标：①自由膨胀率；②一定压力下的膨胀率；③收缩系数；④膨胀力；⑤重要的和有特殊要求的工程场地，宜进行现场浸水载荷试验、剪切试验或旁压试验；⑥对各向异性的膨胀土，应测定其不同方向的膨胀率、膨胀力和收缩系数。

（4）膨胀土的岩土工程评价

1）膨胀土场地，按地形地貌条件可分为平坦场地和坡地场地。符合下列条件之一者应划为平坦场地：①地形坡度小于5°，且同一建筑物范围内局部高差不超过1m；②地形坡度大于5°小于14°，与坡肩水平距离大于10m的坡顶地带。不符合以上条件的为坡地场地。

2）建在膨胀土上的建筑物，其基础埋深、地基处理、桩基设计、总平面布置、建筑和结构措施、施工和维护，应符合GB 50112—2013《膨胀土地区建筑技术规范》的规定。

3）一级工程的地基承载力应采用浸水载荷试验方法确定；二级工程宜采用浸水载荷试验方法确定；三级工程可采用饱和状态下不固结不排水三轴剪切试验计算或根据已有经验确定。

4）对边坡及位于边坡上的工程，应进行稳定性验算；验算时应考虑坡体内含水量变化的影响；均质土可采用圆弧滑动法，有软弱夹层及层状膨胀土应按最不利的滑动面验算；具有胀缩裂缝和地裂缝的膨胀土边坡，应进行沿裂缝滑动的验算。

16.4　冻土地基处理

16.4.1　冻土的一般概念

冻土是指温度等于或低于0℃，含有固态水（冰）的各类土。冻土是由冰与胶结着的土颗粒组成的。

根据冻土存在的时间将冻土分成：

1）多年冻土，由于气候寒冷，冬季冻结时间长，夏季融化时间短，冻融现象只发生在表层一定深度范围内，而下面土层的温度终年低于0℃而不融化，这种冻结状态持续两年以上或长期不融的土称为多年冻土。GB 50021—2001《岩土工程勘察规范（2009年版）》规定：含有固态水，且冻结状态持续两年或两年以上的土，应判定为多年冻土。多年冻土在世界上分布很广，约占地球陆地面积的24%。在我国，多年冻土主要分布在两个地区：一是东北的黑龙江省和内蒙古的呼伦贝尔草原，二是青藏高原冻土区，主要为高原多年冻土，分布在海拔4300m以上的地区。这些地区年平均气温低于0℃，冻土厚度为1～20m或更大。

2）季节性冻土，冻结时间等于或大于1个月，冻结深度从数十毫米至1～2m，为每年冬季冻结、夏季全部融化的周期性冻土。季节性冻土在我国分布很广，东北、华北、西北是季节性冻结层厚0.5m以上的主要分布地区。

3）瞬时冻土，冻结时间小于1个月，一般为数天或数小时（夜间冻结），冻结深度从数毫米至数十毫米。

冬季随着大气温度的下降，土体孔隙中的水和外界补给水冻结而形成晶体、透镜体、冰夹层等形式的冰浸入体，引起土体体积增大，导致地表不均匀上升，这就是冻胀现象。夏季，冻结后的土体融化，伴随着土体中冰浸入体的消融，出现沉陷，使土体处于饱和或过饱和状态，导致地基承载力的降低。冻胀和冻融现象会给季节性冻土和多年冻土地基上的结构物带来危害，因而对冻土地区基础工程除按一般地区的要求进行设计施工外，还要考虑季节性冻土或多年冻土的特殊要求。本节主要就多年冻土工程性质及处理方法加以介绍。

16.4.2 冻土的主要组成部分

冻土是一种复杂的多成分体系。按其组成物的状态特征可分为：固体部分，包括冻土骨架（矿物或有机物质）和负温矿物（冰、冰盐合晶和负温下结晶的结晶水化物）；液体部分；气体部分。

（1）固体部分　固体组成部分的冻土骨架，一般多是矿物，极少情况下是有机质。骨架的比表面积、表面活动性、化学和矿物成分，特别是其胶体部分，对冻土的性质和冻土所产生的胀缩作用具有重要影响。

（2）液体组成部分　土在任何温度下，都含有一些不冻的水，主要是强结合水和弱结合水。水的数量和成分很大程度上决定着冻土物理化学作用的方向、强度及物理力学性质，特别在接近0℃时的负温地区。冻土中液相水的数量、成分和性质不是固定不变的，它随着本体系状态参数（主要是温度）的变化而变化。冻土中水的相态最剧烈的变化发生在冻结过程的初期。而在相当大的负温下，相态变化是非常小的，实际应用中可忽略不计。

（3）气体组成部分　冻土中的气体可处于自由、吸附或密闭的状态中。自由气体的数量取决于土的孔隙度；吸附气体的数量与土骨架的数量、成分和土的孔隙度有关，当土中含有有机质时，吸附气体的数量显著增加。

16.4.3 冻土中的冰

冻土中的冰称为地下冰，它的存在是冻土存在的基本条件。冰是冻土的重要组成部分之一。地下冰的形成和融化使冻土层的结构构造发生特殊的变化，使冻土具有特殊的物理力学性质。对地下冰的研究，是评价冻土工程地质条件的重要内容。

地下冰按产状及成因可分为组织冰、脉冰和埋藏冰。

（1）组织冰　这种冰是潮湿的土被冻结形成的，属冻土的造岩矿物，是分布最广、数量最多的地下冰。组织冰又分为分凝冰、胶结冰、侵入冰、裂隙冰等。

1）分凝冰。含水较多的细粒土层冻结时，由于水分迁移产生聚冰作用，就形成分凝冰。分凝冰的晶体颗粒较大，可形成较厚的冰层，这种冰常引起热岩溶现象，易发生沉陷和热融滑塌。

2）胶结冰。由土石孔隙内部或颗粒交接处的水在原地冻结而成，基本上没有水分迁移而造成的聚冰作用，肉眼看不到冰粒。冰晶对土起胶结作用。这种冰产生在粗粒土层中。

3）侵入冰。重力水在压力作用下迁移、冻结，形成侵入冰，多发生在多水的粗粒土层中。这种冰易形成不均匀冻胀，产生冰丘、冻胀丘等冻土地貌。

4）裂隙冰。粗粒土或基岩裂隙风化破碎带中，水分冻结便形成裂隙冰，多呈脉状，分布较广。因这种冰埋藏较深，故对工程基础没有很大影响。

（2）脉冰　脉冰在形式上也是脉状的裂隙冰，不同的是，脉冰不是由土中原有的水分冻结形成的，而是由水渗入冻土裂隙中经冻结而成的。它不是冻土的造岩矿物，而是一种次生物。冻土裂隙中的脉冰多呈楔状，常贯穿到多年冻土的深处。楔状脉冰对围岩的破坏作用，叫冰劈作用。

（3）埋藏冰　原来在地表形成的冰，如冰锥、河冰、湖冰、冰川冰等，后来被堆积物掩埋而形成埋藏冰。这种冰的分布很有限。

16.4.4 冻土的结构特征

冻土的结构主要有以下四种类型：

(1) 整体结构（块状结构） 由于温度骤然降低，冻结较快，土中水分来不及移动即冻结，冰粒散布于土颗粒中间，并与土颗粒形成一个整体，无冰异离体。融化后土仍保持原骨架，土的孔隙度、强度等都变化不大，因此这种结构对建筑物影响较小。

(2) 层状结构 冻土中含有相互平行的透镜状薄层冰的异离体。这是由于土中水分在冻结、融化、再冻结的过程中，产生冰与土颗粒离析现象，形成冰夹层。这种结构的冻土融化后骨架整体遭受破坏，呈可塑或流动状态，强度显著降低，对建筑物影响较大。一般饱和的黏性土和粉细砂土容易形成这种结构。

(3) 网状结构 在冻土中分布有不同形状和方向的冰异离体的网纹状的结构形式。由于地表不平，冻结时土中水分除向低温处移动外，还受地形影响，向不同方向转移，从而形成网状分布的冰异离体。这种结构形式的冻土一般含水量、含冰量都较大，融化后土呈软塑或流塑状态，强度剧烈降低，对建筑物的危害较大。

(4) 扁豆体和楔形冰结构 由于季节性的冻结和融化，土中水分向表层低温处移动，往往在冰层上限冻结成扁豆体状冰层，当冻土层向深部发展时，扁豆体状冰层即夹于冻土层之中；当岩层或土层具有裂隙时，水在裂隙中冻结，形成冰楔体。此类结构的冻土，承受上部建筑物荷载时易沿冰体方向发生滑动。

冻土的结构形式对其融陷性有很大的影响：整体结构的冻土，融陷性不大；层状结构和网状结构的冻土，在融化时将产生很大的融陷；扁豆体和楔形冰结构则与冰异离体的空间分布情况有关，在冰异离体部位融陷性显著。

16.4.5 冻土的物理力学性质

1. 冻土的物理性质

(1) 总含水率 冻土的总含水率 ω_n 是指冻土中所有冰的质量与土骨架质量之比和未冻水的质量与土骨架质量之比的和。

$$\omega_n = \omega_i + \omega_w'$$

式中 ω_i——土中冰的质量与土骨架质量之比（%）；

ω_w'——土中未冻水的质量与土骨架质量之比（%）。

(2) 冻土的含冰量 因为冻土中含有未冰冻水，所以冻土的含冰量不等于冻土融化时的含水率，衡量冻土中含冰量的指标有相对含冰量、质量含冰量和体积含冰量三种。

1) 相对含冰量（i_0）是指冻土中冰的质量 g_i 与全部水的质量 g_w（包括冰和未冰冻水）之比，即

$$i_0 = \frac{g_i}{g_w} \times 100\% = \frac{g_i}{g_i + g_w'} \times 100\% \tag{16.14}$$

2) 质量含冰量（i_g）是指冻土中冰的质量 g_i 与冻土中土骨架质量 g_s 之比，即

$$i_g = \frac{g_i}{g_s} \times 100\% \tag{16.15}$$

3) 体积含冰量（i_V）是指冻土中冰的体积 V_i 与冻土总体积 V 之比，即

$$i_V = \frac{V_i}{V} \times 100\% \tag{16.16}$$

2. 冻土的力学性质

土的冻胀作用常以冻胀量、冻胀强度、冻胀力和冻结力等指标来衡量。

1）冻胀量。天然地基的冻胀量有两种情况：无地下水源和有地下水源补给。对于无地下水源补给的，冻胀量等于在冻结深度 H 范围内的自由水（$\omega-\omega_P$）在冻结时的体积，冻胀量 h_n 可按下式计算

$$h_n = 1.09\frac{\rho_s}{\rho_w}(\omega-\omega_P)H \tag{16.17}$$

式中　ω、ω_P——土的含水率和土的塑限（%）；

ρ_s、ρ_w——土和水的密度（g/cm³）。

对于有地下水源补给的情况，冻胀量与冻胀时间有关，应该根据现场测试确定。

2）冻胀强度（冻胀率）。单位冻结深度的冻胀量称为冻胀强度或冻胀率 η，即

$$\eta = \frac{h_n}{H}\times 100\% \tag{16.18}$$

3）冻胀力。土在冻结时由于体积膨胀对基础产生的作用力称为土的冻胀力。冻胀力按其作用方向可分为作用在基础底面的法向冻胀力和作用在侧面的切向冻胀力。无水源补给的封闭系统，冻胀力一般不大；有水源补给的敞开系统，冻胀力就可能成倍地增加。

法向冻胀力一般都很大，非建筑物自重能克服的，所以一般要求基础埋置在冻结深度以下，或采取消除的措施。切向冻胀力可在建筑物使用条件下通过现场或室内试验求得。

4）冻结力。冻土与基础表面通过冰晶胶结在一起，这种胶结力称为冻结力。冻结力的作用方向总是与外荷的总作用方向相反，在冻土的融化层回冻期间，冻结力起着抗冻胀的锚固作用；而当季节融化层融化时，位于多年冻土中的基础侧面则相应产生方向向上的冻结力，它又起到了抗基础下沉的承载作用。影响冻结力的因素很多，除了温度与含水率外，还有基础材料表面的粗糙度。基础表面粗糙度越高，冻结力也越高，所以在多年冻土地基设计中，应考虑冻结力 S_d（表 16.6）的作用，其数值可查表确定，则基础侧面总的长期冻结力 Q_d 按下式计算

$$Q_d = \sum_{i=1}^{n} S_{di}F_{di} \tag{16.19}$$

式中　Q_d——基础侧面总的长期冻结力（kN）；

F_{di}——第 i 层冻土与基础侧面的接触面积（m²）；

n——冻土与基础侧面接触的土层数。

表 16.6　冻土与混凝土、木质基础表面的长期冻结力 S_d　（单位：kPa）

土的名称	土的平均温度/℃						
	-0.5	-1.0	-1.5	-2.0	-2.5	-3.0	-4.0
黏性土及粉土	60	90	120	150	180	210	280
砂土	80	130	170	210	250	290	380
碎石土	70	110	150	190	230	270	350

16.4.6　多年冻土的工程性质

多年冻土地基的表层常覆盖有季节性冻土（或称融冻层）。在多年冻土上建造结构物后，由于结构物传到地基中的热量改变了多年冻土的地温状态，使冻土逐年融化而强度显著降低，压缩性明显增高，从而导致上部结构破坏或妨碍正常使用。

1. 多年冻土按其融沉性的等级划分

多年冻土的融沉性是评价其工程性质的重要指标。冻土的融沉性可由试验测定出的融化下沉

系数 δ_0 表示，根据融化下沉系数的大小，多年冻土可分为不融沉、弱融沉、融沉、强融沉和融陷五级。冻土的平均融化下沉系数 δ_0 可按下式计算

$$\delta_0 = \frac{h_1 - h_2}{h_1} = \frac{e_1 - e_2}{1 + e_1} \times 100 \tag{16.20}$$

式中 h_1、e_1——冻土试样融化前的高度（mm）和孔隙比；

h_2、e_2——冻土试样融化后的高度（mm）和孔隙比。

Ⅰ级（不融沉）：$\delta_0 \leqslant 1\%$，仅次于岩石的地基土，其上修筑建筑物时可不考虑冻融问题。

Ⅱ级（弱融沉）：$1\% < \delta_0 \leqslant 3\%$，是多年冻土中较好的地基土，可直接作为建筑物的地基，当控制基底最大融化深度在3m以内时，建筑物不会遭受明显融沉破坏。

Ⅲ级（融沉）：$3\% < \delta_0 \leqslant 10\%$，具有较大的融化下沉量而且冬季回冻时有较大冻胀量。作为地基的一般基底融深不得大于1m，并采取专门措施，如深基、保温防止基底融化等。

Ⅳ级（强融沉）：$10\% < \delta_0 \leqslant 25\%$，融化下沉量很大，因此施工、运营时不允许地基融化，设计时应保持冻土不融或采用桩基础。

Ⅴ级（融陷）：$\delta_0 > 25\%$，为含土冰层，融化后呈流动、饱和状态，不能直接作地基，应进行专门处理。

2. 多年冻土对工程的危害性

在多年冻土地区修建的结构物，有可能因冻害而受到损害。引起的结构物破坏的原因主要有：

（1）冻胀引起的破坏　冻胀的外观表现是土表层不均匀的升高，冻胀变形常常可以形成冻胀丘及隆起等一些地形外貌。当地基土的冻结线侵入到基础的埋置深度范围内时，将会使基础产生冻胀。当基础底面置于季节冻结线之下时，基础侧表面将受到地基土切向冻胀力的作用；当基础底面置于季节冻结线之上时，基础将受到地基土切向冻胀力及法向冻胀力的作用。在上述冻胀力作用下，结构物基础将明显地表现出随季节而上抬和下落变化。当这种冻融变形超过结构物所允许的变形值时，便会产生各种形式的裂缝和破坏。

（2）融沉引起的破坏　融沉又称热融沉陷，指冻土融化时发生的下沉现象。它包括与外荷载无关的融化沉降和与外荷载直接相关的压密沉降。一般是由于自然（气候转暖）或人为因素（如砍伐与焚烧树木、房屋采暖）改变了地面的温度状况，引起季节融化层深度加大，使地下冰或多年冻土层发生局部融化所造成的。在天然情况下发生的融沉往往表现为热融凹地、热融湖沼和热融阶地等，这些都是不利于工程建筑物安全和正常运营的条件。

3. 多年冻土融沉量计算

冻土地基总融沉量由两部分组成，一是冻土解冻后，冰融化，体积缩小和部分水在融化过程中被挤出，土粒重新排列所产生的下沉量；二是融化完成后，在土自重和恒载作用下产生的压缩下沉。最终沉降量 s 按下式计算

$$s = \sum_{i=1}^{n} \delta_{0i} h_i + \sum_{i=1}^{n} \alpha_i \sigma_{ci} h_i + \sum_{i=1}^{n} \alpha_i \sigma_{pi} h_i \tag{16.21}$$

式中 δ_{0i}——第 i 层冻土融化系数，见式（16.20）；

h_i——第 i 层冻土厚度（m）；

α_i——第 i 层冻土压缩系数（1/kPa），由试验确定；

σ_{ci}——第 i 层冻土中点处自重应力（kPa）；

σ_{pi}——第 i 层冻土中点处建筑物恒载附加应力（kPa）。

16.4.7 多年冻土地基设计原则

多年冻土地区的地基，应根据冻土的稳定状态和修筑建筑物后地基地温、冻深等可能发生的变化，分别采取两种原则设计，即保持冻结原则和允许融化原则。

1. 保持冻结原则

保持基底多年冻土在施工和使用过程中处于冻结状态，适用于多年冻土较厚、地温较低和冻土比较稳定的地基，地基土为融沉、强融沉时，采用本设计原则应考虑技术的可能性和经济的合理性。

采取这一原则时地基土应按多年冻土物理力学指标进行基础工程设计和施工。基础埋入冻土上限以下的最小深度：对刚性扩大基础，弱融沉土为 0.5m，融沉和强融沉土为 1.0m；桩基础为 4m。

一般说来，当冻土厚度较大，土温比较稳定，或者融沉性很大时，采取保持冻结状态的设计原则比较合理，特别是对那些不采暖房屋和带不采暖地下室的采暖结构物最为适宜。对于塑性冻土或采暖结构物，如能采取措施，保证冻土地基的温度不比天然状态高时，也可按保持冻结状态法进行设计。

2. 允许融化原则

允许基底下的多年冻土在施工和使用过程中融化。融化方式可有自然融化和人工融化。对厚度不大、地温较高的不稳定状态冻土及地基土为不融沉或弱融沉冻土时，宜采用自然融化原则。对较薄的、不稳定状态的融沉和强融沉冻土地基，在砌筑基础前宜采用人工融化冻土，然后挖除换填。

基础类型的选择应与冻土地基设计原则协调。如采用保持冻结原则，应首先考虑桩基，原因是桩基施工时冻土暴露面小，有利于保持冻结。施工方法宜以钻孔灌注（或插入、打入）桩、挖孔灌注桩等为主，小桥涵基础埋置深度不大时可用扩大基础。采用允许融化原则时，地基土取用融化土的物理力学指标进行强度和沉降验算，上部结构形式以静定结构为宜，小桥涵可采用整体性较好的基础形式或采用箱形涵等。

16.4.8 多年冻土地基的处理方法

为控制地基土的变形，可根据需要采用不同的地基处理措施和结构设计方法。以多年冻土区地基设计原则为出发点，为保持地基土的冻结状态，可根据地基土和结构物的具体形式选择使用架空通风基础、填土通风管基础、热管基础、保温隔热地板以及把基础底板延伸至计算的最大融化深度之下等措施。当采用逐渐融化状态进行设计时，以加大基础埋深、采用隔热地板、设置地面排水系统等设计措施来减小地基的变形。

对地基处理方法的选用要力求做到安全适用、确保质量、经济合理、技术先进，因地制宜地确定合适的地基处理方法。常用冻土区地基处理方法及其适用范围见表 16.7。

表 16.7 常用冻土区地基处理方法及其适用范围

原则	方法	加固原理	适用范围
保持冻结状态的设计原则	架空通风基础法	在桩顶部设置混凝土圈梁，圈梁与地面间有一定的空间，以防土体冻胀时把圈梁抬起，将室内散发的热量带走，以保持地基土处于冻结状态	稳定的多年冻土区上热源较大、地质条件较差（如含冰量大的强融沉性土）的房屋建筑
	填土通风管基础法	将通风管埋入非冻胀性填土中，利用通风管自然通风带走结构物的附加热量，以保持地基的冻结状态	多用于多年冻土区不采暖的结构物，如油罐基础、公路或铁路路堤等
	垫层法	利用卵石、砂砾石等粗颗粒材料较大孔隙和较强的空气自由对流特性	多用于卵石、砂砾石较多的多年冻土区

（续）

原则	方法	加固原理	适用范围
保持冻结状态的设计原则	热管基础法	利用热桩、热棒基础内部的热虹吸将地基土中的热量传至上部，散入大气中，来达到冷却地基的效果。基础可用热桩隔开	为既有结构物在使用过程中遇到基础下冻土温度升高、变形加大等不利现象时的有效加固手段
	保温隔热地板法	在结构物基础底部或四周设置隔热层，增大热阻，以推迟地基土的融化，降低土中温度，减小融化深度，进而达到防冻胀的目的	多用于多年冻土地区的采暖结构物
	桩基础法	当基础底面延伸至计算的最大融化深度以下时，可以消除地基土在冻结过程中法向冻胀力对基础底部的作用，同时可以消除融沉的影响	多适用于多年冻土区的桩、柱和墩基等基础的埋置
	人工冻结法	冻土只能在负温下存在，且温度越低，冻土强度越大	利于保持结构物的稳定
逐渐融化状态的设计原则	加大基础埋深	加大基础埋深，并使基底之下的融化土层变薄，以控制地基土逐渐融化后，其下沉量不超过允许变形值	持力层地基土在塑性冻结状态，或者室温较高，宽度较大的结构物以及热管道及给水排水系统穿过地基时，难以保持土的冻结状态
	设置地面排水系统	降低地下水位以及冻结层范围内的土体含水量，隔断外水补给来源并排除地表水以防止地基土过于潮湿	—
	用保温隔热板或者架空热管道	防止室温、热管道及给水排水系统向地基传热，达到人为控制地基土融化深度的目的	适用于工业与民用建筑，热水管道以及给水排水系统的铺设工程
	加强结构的整体性和空间刚度	可抵御一部分不均匀变形，防止结构裂缝	用于允许有大的不均匀冻胀变形的结构物
	增加结构的柔性	适应地基土逐渐融化后的不均匀变形	适用于寒冷地区公路、铁路和渠道衬砌工程，以及地下水位较高的强冻胀性土地段工程
预先融化状态的设计原则	粗颗粒土置换细颗粒土或预压加密土层	利用粗颗粒材料较大的孔隙和较强的空气自由对流特性，降低土的冻胀对地基变形的影响	—
	预压加密土层	预压加密后可减小地基的变形量	适用于压缩性较大的土
	加大基础埋深	加大基础埋深，并使基底之下的融化土层变薄，以控制地基土逐渐融化后，其下沉量不超过允许变形值	—

热管基础法是我国修建青藏铁路时，在永冻土中所采用的新方法，也称热桩（棒）法。下面简单介绍一下热管基础法原理及工程应用情况。

热管是一种汽液两相对流循环的热导系统，它实际上是一根密封并抽真空的管，内有毛细多孔管芯或螺旋线和一定量的工作液体（也称为工质，如氨、氟利昂、丙酮等）。热管的地面以上部分为冷凝段（由散热片组成），插入地面以下的部分为蒸发段，如图 16.4 所示。当地温大于气温（即蒸发段的温度高于冷凝段的温度）时，蒸发段毛细孔中的液体工质吸收热量，蒸发成蒸汽工质，在压差作用下，蒸汽上升至冷凝段，放出汽化热，再通过冷凝段的散热片散出。同时蒸汽工质遇冷冷却成液体，在重力作用下，液体沿管壁回流至蒸发段，如此往复循环，将热量传出，吸收冷量。

上述汽液两相对流循环过程是连续的，只有当蒸发段的温度低于冷凝段的温度（如夏季）时，这种对流循环过程才停止，热管也就停止工作。因此，热管可以将冷量有效地传递贮存于地下，又可有效地阻止热量向下传递，是一种可控制热量传递的高效热导装置。图 16.5 所示为在某桩两侧安装了氨热管前后桩底土体温度的变化情况。

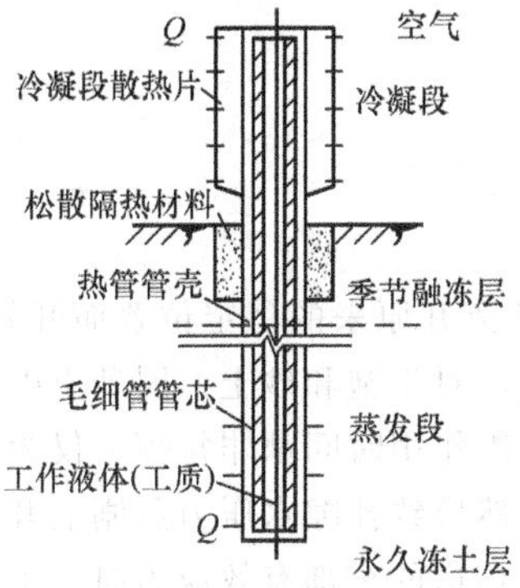

图 16.4 热管结构示意图

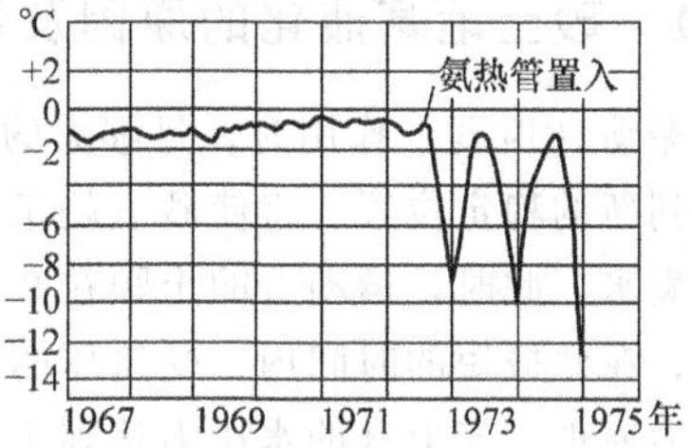

图 16.5 安装氨热管前后某桩底土体温度的变化

热管可用于冷却地基土体、防止融沉冻胀。热管用于冷却冻土路基如图 16.6 所示。

16.4.9 冻土地基的冻害防治措施

1）选择地质条件较好的地段。根据地质、水文地质条件选择下列地段布置建筑物：①干燥而较平缓的高级阶地上，该地段一般地下水位低，土层比较干燥，冻融时土的工程性质变化小；②粗颗粒地层分布地段；③避开地下冰发育地段、有地面水流或地形低洼易积水地段。

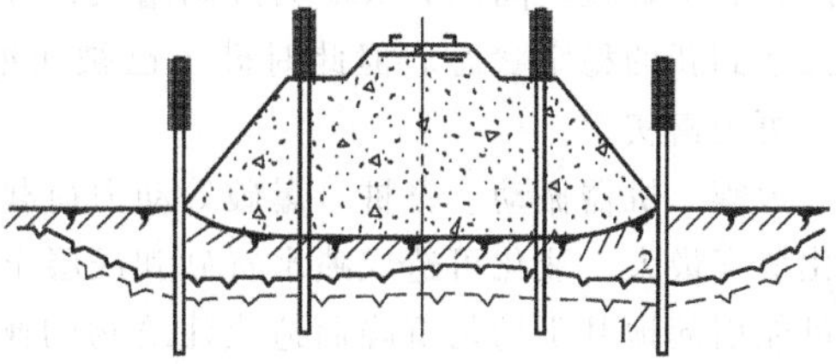

图 16.6 热管用于冷却冻土路基示意图

1—原冻土上限 2—热管应用后冻土上限上升

2）保持原有冻结状态。建筑物应有通风的地下室，减少热量由建筑物传入地基，因而基础常用导热性低的材料。

3）消除原有热动态，其方法有：①将基础穿越受季节性影响的冻层，而置于多年冻土层或非冻土层上；②将基础置于融化后不会产生不均匀沉陷的土层上。

4）采用集中荷载的扩大柱基，以抵制冻胀和融沉所产生的不均匀变形；或设置大面积基础板，以及增强结构刚度，抵制不均匀变形。

5）排水防水。水是使冻土在冬季冻胀、夏季融沉的主要原因，因此地基应有较好的排水防水措施。对有冰锥、冰丘分布的地段更应采取有力的地面水或地下水的排水措施。

16.4.10 冻土地基的岩土工程勘察

冻土地基的工程地质勘察主要内容如下：

1）确定冻土类型、冻土层厚度、受季节性影响的冻结层深度和垂向衔接情况。

2）确定冻结层深度与大气温度的变化，一般需进行不同深度的地温观测（最好进行多年观测），根据气温、地温和不同类型土的冻结温度来确定冻结层深度间的关系。

3）确定冻结土地区的地下水类型。冻土地区地下水可分为：①冻结层上水：埋藏在季节性冻结层之内的地下水，多为潜水或上层滞水，随季节性冻结、融化；②冻结层间水：分布在不衔接的多年冻土层的不冻层内（活动层），有时具有承压性质；③冻结层下水：埋藏在冻结层之下，多为承压水。

4）查明冻土地区的不良地质现象。由于冻土的冻胀、土中水的转移、地下水承压水头的上涌以及山坡泉水、地表水流动等，在冻土区常分布有冰锥、冰丘等不良地质现象；冻土融化时产生热融塌陷、土溜等不良地质现象。对这些现象，应查明其产生的原因和分布情况。

16.5 液化土地基处理

16.5.1 砂土地基液化的原因及影响

当振动（地震）作用时，足够大的振动惯性力使砂土颗粒离开原来的稳定位置而开始运动，力图达到新的稳定位置，将使砂土趋于密实，土孔隙遭到挤压。对于饱和砂土，因砂土中的孔隙完全充满水，此时，运动着的土颗粒必然挤压孔隙水。由于地震作用时间都非常短，仅为几十秒钟左右，在此极短的时间内，受挤压的孔隙水来不及排出，必然导致孔隙水压力急剧上升。根据有效应力原理，当上升的水压力达到土中原先由土骨架承担并传递的全部有效应力时，土体中的有效应力为零，此时砂土颗粒之间不再传递应力，土粒处于悬浮状态，其抗剪强度必然为零，砂土就成为液化土。在振动（地震）作用后，随着孔隙水的逐渐排出，孔隙水应力也随之下降并消散，砂土颗粒之间的有效应力逐渐增大，颗粒又重新接触并开始传递应力，组成新的骨架。砂土又达到新的稳定状态。但此时砂土已被压缩（地基突沉量已非常大），与振动荷载作用前相比，更为密实了。

地震、机器振动、打桩、爆破等动力荷载作用都可能引起土的液化，但以地震引起的大面积液化危害最大。液化可造成喷水冒砂和浅层土承载力丧失，这些现象一般发生于地震之后。液化还可能引起地基不均匀沉降而造成建筑物的倾斜，甚至倒塌，对坝体、桥梁、道路等造成垮坝、塌桥、道路破坏等危害。液化土层具有减震作用，当地震波通过液化土层时其高频成分被大大削弱，主要是长周期的成分能够穿过液化层而向地面传播。这一特点使大部分短周期结构遭到的破坏比非液化区的同类结构轻。另外对于沿河、海岸边的建筑，应注意由于液化后土的内摩擦角很小，甚至为零，即使在很小的水平荷载作用下，液化土层上的土体也可能产生大面积滑动，而对上部建筑产生危害。

16.5.2 砂土液化的可能性判别

根据我国近年来对液化判别的研究经验，明确液化可分“两步判别”，即初步判断和标准贯入试验判断。凡经初步判别划为不液化或不考虑液化影响的，可不进行第二步判别，以节省勘察工作量。

1. 初步判别

经过对邢台、海城、唐山等地震液化现场资料的分析，发现液化与土层的地质年代、地貌单元、黏粒含量、地下水位的深度、上覆非液化土层厚度、基础埋置深度和地震烈度有密切关系，利用这些关系，即可对土层进行液化判别，称为“初步判别”。

饱和的砂土或粉土（不含黄土），当符合下列条件之一时，可初步判别为不液化或可不考虑液化影响：

1）地质年代为第四纪晚更新世（Q_3）及其以前时，设防烈度为7度、8度时可判为不液化。

2）粉土的黏粒（粒径小于0.005mm的颗粒）含量百分率ρ_c（%），当设防烈度为7度、8度、9度时分别大于10、13、16时，可判为不液化土。

3）浅埋天然地基的建筑，当地下水位深度和上覆非液化土层厚度满足以下各式之一时，可不考虑液化影响

$$d_w > d_0 + d_b - 3 \tag{16.22}$$

$$d_u > d_0 + d_b - 2 \tag{16.23}$$

$$d_u + d_w > 1.5d_0 + 2d_b - 4.5 \tag{16.24}$$

式中　d_w——地下水位深度（m），按建筑使用期内年平均最高水位采用，也可按近期内年最高水位采用；

d_0——液化土特征深度（m），按表 16.8 采用；

d_b——基础埋置深度（m），小于 2m 时采用 2m；

d_u——上覆非液化土层厚度（m），计算时应注意将淤泥和淤泥质土层扣除。

表 16.8　液化土特征深度（d_0）　（单位：m）

饱和土类别	烈度		
	7	8	9
粉土	6	7	8
砂土	7	8	9

注：当区域的地下水处于变动状态时，应按不利的情况考虑。

2.《建筑抗震设计规范》的液化判别方法

GB 50011—2010《建筑抗震设计规范》规定：当初步判别认为场地土有液化的可能，需进一步进行液化判别时，应采用标准贯入试验判别地面下 20m 范围内土是否会发生液化。

标准贯入试验设备，由穿心锤（标准质量 63.5kg）、触探杆、贯入器等组成。试验时，先用钻具钻至试验土层标高以上 15cm，再将标准贯入器打至试验土层标高位置，然后在锤的落距为 76cm 的条件下，连续打入土层 30cm，记录所得锤击数为 $N_{63.5}$。当地面下 20m 深度范围土的实测标准贯入锤击数 $N_{63.5}$ 小于按式（16.25）确定的下限值 N_{cr} 时，则应判为液化土，否则为不液化土。

$$N_{cr} = N_0\beta[\ln(0.6d_s + 1.5) - 0.1d_w]\sqrt{3/\rho_c} \tag{16.25}$$

式中　N_{cr}——液化判别标准贯入锤击数下限值；

N_0——液化判别标准贯入锤击数基准值，按表 16.9 采用；

d_s——饱和土标准贯入点深度（m）；

ρ_c——饱和土的黏粒含量百分率，当 ρ_c 小于 3 或为砂土时，取 $\rho_c = 3$；

β——调整系数，设计地震第一组取 0.80，第二组取 0.95，第三组取 1.05。

表 16.9　标准贯入锤击数基准值（N_0）

设计基本地震加速度/g	0.10	0.15	0.20	0.30	0.40
液化判别标准贯入锤击数基准值	7	10	12	16	19

3.《岩土工程勘察规范》的液化判别方法

GB 50021—2001《岩土工程勘察规范（2009 年版）》在液化判别的条文说明中，建议用剪切波速判别地面下 15m 范围内饱和砂土和粉土的地震液化。临界剪切波速 v_{scr} 为

$$v_{scr} = v_{s0}(d_s - 0.0133d_s^2)^{0.5}\left[1.0 - 0.185\left(\frac{d_w}{d_s}\right)\right]\left(\frac{3}{\rho_c}\right)^{0.5} \tag{16.26}$$

式中　v_{scr}——饱和砂土或饱和粉土的液化剪切波速临界值（m/s）；

v_{s0}——与烈度、土类有关的经验系数，见表 16.10 值；

d_s——剪切波速测点深度（m）；

d_w——地下水位深度（m）。

场地实测剪切波速 v_s（m/s），当 $v_s < v_{scr}$ 时，判为液化；否则判为不液化。

表 16.10 与烈度、土类有关的经验系数 v_{s0}

地震烈度	7	8	9
砂土	65	95	130
粉土	45	65	90

4. 地基的液化等级划分

已判别为液化土的地基，应进一步定量分析、评价液化土可能造成的危害程度，通过计算地基液化指数 I_{lE} 进行液化等级划分。I_{lE} 按下式计算

$$I_{lE} = \sum_{i=1}^{n}\left(1 - \frac{N_i}{N_{cri}}\right)d_i W_i \tag{16.27}$$

式中 I_{lE}——液化指数；

n——在判别深度范围内每一个钻孔标准贯入试验点的总数；

N_i、N_{cri}——第 i 点标准贯入锤击数的实测值和临界值，当实测值大于临界值时应取临界值的数值，当只需判别 15m 范围以内的液化时，15m 以下的实测值可按临界值采用；

d_i——第 i 点所代表的土层厚度（m），可采用与该标准贯入试验点相邻的上、下两标准贯入试验点深度差的一半，即 $d_i = (z_{i+1} - z_{i-1})/2$，$z_{i-1}$ 和 z_{i+1} 分别为（$i-1$）点和（$i+1$）点深度，但上界不高于地下水位深度，下界不深于液化深度；

W_i——第 i 土层单位土层厚度的层位影响权函数值（单位为 m^{-1}），当该层中点深度不大于 5m 时应采用 10，等于 20m 时应采用零值，5～20m 时应按线性内插法取值。

根据液化指数 I_{lE} 的大小，可将液化地基划分为三个等级，见表 16.11。不同等级的液化地基，地面的喷水冒砂情况和对建筑物造成的危害有着显著的不同，见表 16.12。

表 16.11 液化等级

液化等级	轻微	中等	严重
判别深度为 20m 时的液化指数	$0 < I_{lE} \leqslant 6$	$6 < I_{lE} \leqslant 18$	$I_{lE} > 18$

表 16.12 不同液化等级的可能震害

液化等级	地面喷水冒砂情况	对建筑物的危害情况
轻微	地面无喷水冒砂，或仅在洼地、河边有零星的喷水冒砂点	危害性小，一般不至于引起明显的震害
中等	喷水冒砂可能性大，从轻微到严重均有，多数属中等	危害性较大，可造成不均匀沉陷和开裂，有时不均匀沉陷可能达到 200mm
严重	喷水冒砂都很严重，地面变形很明显	危害性大，不均匀沉陷可能大于 200mm，高重心结构可能产生不允许的倾斜

16.5.3 抗液化的工程措施

液化地基是一种在震动下变得极软的地基，能产生极大的沉降与不均匀沉降，因此，一般情况下，防止或减轻不均匀沉降的措施对预防地基发生液化是有效的。

1. 全部消除地基液化沉陷工程措施

1）可采用桩基、深基础。采取土层加密法或挖除全部液化土层等措施。采用桩基时，桩端伸入液化深度以下稳定土层中的长度（不包括桩尖部分）应按计算确定，且对碎石土，砾，粗、中砂，坚硬黏性土和密实粉土不应小于 0.8m，对其他非岩石土尚不宜小于 1.5m。

2）对深基础，基础底面埋入液化深度以下稳定土层中的深度不应小于 0.5m。

3）采用加密方法（如振动加密、强夯等）对可液化地基进行加固时，应处理至液化深度下

界，且处理后土层的标准贯入锤击数实测值应大于相应下限值。

4）当直接位于基底下的可液化土层较薄时，可全部挖除液化土层，然后分层夯填非液化土。在采用加密法或换土法处理时，基础边缘以外的处理宽度，应超过基础底面下处理深度的1/2，且不小于处理宽度的1/5。

2. 部分消除液化地基沉陷工程措施

1）处理深度应使处理后的地基液化指数减小，其值不宜大于5；对于独立基础和条形基础，尚不应小于基础底面下液化土特征深度和基础宽度的较大值。

2）采用振冲或挤密碎石桩加固后，桩间土的标准贯入锤击数不宜小于液化判别标准贯入锤击数临界值。

3）基础边缘以外的处理宽度，应超过基础底面处理深度的1/2，且不小于基础宽度的1/5。

此外，为减轻液化影响，可在基础和上部结构设计等方面采取综合措施。

16.6 盐渍土

16.6.1 盐渍土的定义、形成条件及分布

（1）定义　岩土中易溶盐含量大于0.3%，并且有溶陷、盐胀、腐蚀等工程特性时，应判定为盐渍土。

（2）盐渍土的形成条件　盐渍土的形成及其所含盐类的成分和数量与当地的地形地貌、气候条件、地下水的埋藏深度和矿化度、土壤性质以及人类活动有关。

1）干旱半干旱地区，年降水量小于蒸发量的地区，容易形成盐渍土。因降雨量小，毛细作用强，有利于盐分在地表的聚集。

2）内陆盆地因地势低洼，周围封闭，排水不畅，地下水位高，有利于水分蒸发、盐类聚集。

3）农田洗盐、压盐、灌溉退水、渠道渗漏等进入某水层也会促使土壤盐渍化。

（3）盐渍土的分布　盐渍土的形成由于受上述条件的限制，因此其一般分布在地势比较低而且地下水位较高的地段，如内陆洼地、盐湖和河流两岸的漫滩、低阶地、牛轭湖以及三角洲洼地、山间洼地等地段。盐渍土按地理分布可分为滨海盐渍土、冲积平原盐渍土和内陆盐渍土等类型。我国盐渍土分布很广，主要分布在江苏、北京、渤海沿岸、松辽平原西部和北部、河南省的北部及东部、陕西、山西、甘肃、青海、新疆等省区。

16.6.2 盐渍土的类型及其工程特征

盐渍土的性质与所含盐的成分和含盐量有关。按土中含盐类型可分为氯盐、硫酸盐和碳酸盐三类盐渍土。

（1）氯盐渍土　土中含有$NaCl$、KCl、$CaCl_2$、$MgCl_2$等盐类。这类盐具有很大的溶解度，吸湿性强，能从空气中吸收水分，如$CaCl_2$晶体可以从空气中吸收超过本身质量4～5倍的水分，并有保持一定水分的能力。氯盐结晶时体积不膨胀，因此，氯盐渍土在干燥时强度较高，且容易压实；但在潮湿时氯盐很容易溶解，使土变软，强度大大降低，从而具有很大的塑性和压缩性。所以氯盐渍土的最大特点是工程地质性质变化大。

（2）硫酸盐渍土　土中主要含有Na_2SO_4和$MgSO_4$等盐类，也具有很大的溶解度（110～350g/L）。硫酸盐结晶时具有结合水分子的能力，因此体积大大膨胀，失水时，晶体变为无水状态，体积相应缩小。这种胀缩现象经常是随着温度的变化而变化的。当温度降低时，硫酸盐溶液

达到饱和状态，盐分从溶液中析出，体积增加；温度升高时又溶解于溶液中，体积缩小。所以硫酸盐渍土有时由于昼夜温差变化而产生胀缩现象，尤其在干旱地区，这种现象更为明显。这类土干旱时松散，潮湿时土层湿软，承载能力极低。

(3) 碳酸盐渍土　土中主要含有 $NaHCO_3$ 和 Na_2CO_3 等盐类，也具有较大的溶解度，其水溶液有较大的碱性反应。由于这类土中含有较多的钠离子，吸附作用强，遇水使黏土胶粒得到很多的水分，使土体膨胀。碳酸盐渍土具有明显的碱性反应，故又称为"碱土"。此类土在干燥时紧密坚硬，强度较高；潮湿时具有很强的亲水性、塑性、膨胀性和压缩性，稳定性很低，不宜排水，很难干燥。

16.6.3 盐渍土的溶陷性、盐胀性和腐蚀性

盐渍土对工程的危害可以概括为溶陷性、盐胀性和腐蚀性三个方面。滨海盐渍土因常年处于饱和状态，其溶陷性和盐胀性不明显，主要为腐蚀危害。内陆盐渍土则三种危害兼而有之，且较为严重。

盐渍土的溶陷性用溶陷系数 δ 评定。当 $\delta<0.01$ 时，为非溶陷性；当 $\delta \geqslant 0.01$ 时，则为溶陷性。δ 可由室内压缩试验或现场浸水试验确定。由于盐渍土的溶陷变形速度一般较湿陷性黄土的湿陷变形快，所以危害更大，在工程中应引起足够重视。

盐渍土的膨胀主要发生于硫酸盐渍土中，当土中的硫酸钠含量不超过 2% 时，可以不考虑其影响。

在土木工程建设中，当遇到软弱或不良地基条件时，需要对天然地基进行地基处理，形成人工地基，以满足建（构）筑物对地基的要求，保证其正常使用。

16.6.4 盐渍土地基的危害及其预防措施

1. 盐渍土地基的危害

1）盐渍土地基的强度变化大，并随着季节和气候的改变而变化。如氯盐渍土，在干燥时土中盐分呈结晶体，地基的强度较高；但浸水后晶体溶解，引起土的性质发生变化，强度降低，压缩性增大。含盐量越多，土的液限、塑限越低，即使土中含水量不大，也可能接近液限，使土处在液性状态，此时土的抗剪强度接近于零，失去强度。

2）硫酸盐渍土地基的胀缩性使地基土的结构破坏，强度降低，并形成松胀盐土。由于碳酸盐渍土有很强的吸附作用，使黏土颗粒吸附大量水分，也能引起体积膨胀，并使土粒间的黏聚力减小，强度降低。

3）由于盐类遇水溶解，使地基土容易产生溶蚀现象，降低了地基的稳定性。

4）含盐量的增大，降低了盐渍土的夯实效果。当含盐量超过一定限度时，就不易达到标准密度，如用含盐量较高的土作为路堤填料，则需要加大夯实能量。

5）盐渍土对金属管道一般具有腐蚀性。

2. 预防措施

盐渍土地基虽然具有上述危害，但由于其厚度不大，易于处理。盐渍土地基危害的预防措施有：

1）整理地表排水系统，防止上下水管漏水，不使地基及其附近受水浸湿。

2）降低地下水位，增大临界深度。不宜用盲沟排水来降低地下水位，因盲沟易被盐分沉淀淤塞而失效。

3）设置毛细水上升的隔断层。

4）当基础埋置在盐渍土以下时，为了防止基础周围盐渍土对基础的影响，可设置防护层，一般不宜用盐渍土本身作防护层或垫层。

16.6.5 盐渍土地基的岩土工程勘察

（1）盐渍土地区的调查内容

1）盐渍土的成因、分布和特点。

2）含盐化学成分、含盐量及其在岩土中的分布。

3）溶蚀洞穴发育程度和分布。

4）搜集气象和水文资料。

5）地下水的类型、埋藏条件、水质、水位及其季节变化。

6）植物生长状况。

7）调查当地工程经验。

（2）盐渍土的勘探测试要求

1）除按一般勘察要求外，勘探点布置尚应满足查明盐渍土分布特征的要求。

2）采取岩土试样宜在干旱季节进行，对用于测定含盐离子的扰动土取样，宜符合表 16.13 的规定。

表 16.13 盐渍土扰动土样要求

勘察阶段	深度范围/m	取土试样间距/m	取样孔占勘探孔总数的百分数(%)
初步勘察	<5	1.0	100
	5~10	2.0	50
	>10	3.0~5.0	20
详细勘察	<5	0.5	100
	5~10	1.0	50
	>10	2.0~3.0	30

注：浅基取样深度到 10m 即可。

3）工程需要时，应测定有害毛细水上升的高度。

4）应根据盐渍土的岩性特征，选用载荷试验等适宜的原位测试方法，对于溶陷性盐渍土尚应进行浸水载荷试验确定其溶陷性。

5）对盐胀性盐渍土宜现场测定有效盐胀厚度和总盐胀量，当土中硫酸钠含量不超过 1% 时，可不考虑盐胀性。

6）除进行常规室内试验外，尚应进行溶陷性试验和化学成分分析，必要时可对岩土的结构进行显微结构鉴定。

7）溶陷性指标的测定可按湿陷性土的湿陷试验方法进行。

（3）盐渍土的岩土工程评价

1）岩土中含盐类型、含盐量及主要含盐矿物对岩土工程特性的影响。

2）岩土的溶陷性、盐胀性、腐蚀性和场地工程建设的适宜性。

3）盐渍土地基的承载力宜采用载荷试验确定，当采用其他原位测试方法时，应与载荷试验结果进行对比。

16.7 填土

由于人类活动所堆积的土，称为人工填土，简称为填土。由于填土的堆填时间不同，组成物质复杂，所以填土的工程地质性质相差甚大。作为建筑物地基来说，其研究方法和处理方法亦不同于一般土，故将填土划分为特殊类土。

根据填土的成因和物质组成的不同，又可分为素填土、杂填土、冲填土和压实填土等类型。

16.7.1 素填土的工程地质特征

素填土是指天然结构被破坏后又重新堆填在一起的土，其成分主要为黏性土、砂土或碎石土，夹有少量的碎砖、瓦片等杂物，有机质含量不超过10%。按土的类别可分为黏性素填土、砂性素填土、碎石素填土；按堆积年限又分为新素填土和老素填土两类。

素填土的工程地质特征：

1）老素填土由于堆积时间较长，土质紧密、孔隙比较小，特别是颗粒较粗的老素填土仍可作为较好的地基土。当堆填年限不易确定时可根据其孔隙比判定新、老素填土的类别。黏性老素填土：堆积年限在10年以上或孔隙比小于1.10；非黏性老素填土：堆积年限在5年以上或孔隙比小于1.00。

2）新素填土：堆积年限少于上述规定者或孔隙比指标不满足上列数值的为新素填土。

3）素填土的承载力取决于它的均匀性和密实度。一般讲，物质组成越均匀、颗粒越粗、堆积时间越长，土的密实度越好，作为良好地基的可能性越大。

16.7.2 杂填土的工程地质特征

杂填土是指含有大量建筑垃圾、工业废料或生活垃圾等杂物的填土。按物质组成和特征可分为：

1）建筑垃圾土，主要由碎砖、瓦砾、朽木等杂物混合组成，有机物含量较少。

2）工业废料土，因为工业生产活动所形成的矿渣、煤渣、电石渣以及其他工业废料等杂物混合组成的土。

3）生活垃圾土，主要由炉灰、菜皮、陶瓷片等杂物组成，其内含有机质和未分解的腐殖质较多。

杂填土的工程地质特征：

1）性质不均，厚度变化大。由于杂填土的堆积条件、堆积时间，特别是物质来源和组成成分等的复杂性，造成杂填土的性质很不均匀，分布范围及厚度的变化均缺乏规律性。

2）变形大并具有湿陷性。就其变形特性而言，杂填土是一种欠压密土，具有较高的压缩性。新的杂填土，除正常荷载作用下的沉降外，还有自重压力下的沉降及湿陷变形的特点。

3）压缩性大，强度低。杂填土的物质成分异常复杂，直接影响土的性质。建筑垃圾土和工业废料土比生活垃圾土的强度高。因生活垃圾土物质成分杂乱，含大量有机质和未分解的植物，具有较大的压缩性。

16.7.3 冲填土的工程地质特征

冲填土是由水力冲填泥沙形成的填土。上海的黄浦江、天津的塘沽、广州的珠江两岸及郑州附近的黄河南岸都不同程度地分布有冲填土。

冲填土的含水量较大，土层多呈透镜体，压缩性较大，具有软土性质。这种土的工程地质性质主要取决于土的颗粒组成、均匀性和排水固结情况。当冲填土的颗粒较粗，排水条件较好时，其工程地质性质就好些。当土颗粒较细，透水性差，排水困难时，土体经常处于软塑或流塑状态，压缩性大，承载力低，一般不能满足地基设计要求。

16.7.4　压实填土的质量控制

经分层压实的填土称为压实填土。压实填土的压实质量可以人工控制，主要是从填土物质、填土含水量、压实方法等方面进行控制。

压实填土的质量控制：

1）填土物质应选用性质较好的土，不能使用淤泥、耕土、膨胀土和有机物含量大于 8% 的土。

2）填土的含水量应控制在最适于压实的最优含水量。

在工地现场要判别土料是否在最优含水量附近时，可按下述方法：用手抓起一把土，握紧后松开，如土成团，一点都不散开，说明土太潮湿；如土完全散开，说明土太干燥；如土外部散开，中间部分成团，说明土料含水量在最优含水量附近。

3）填土的干密度是检验填土压实质量的指标，同一种土压实后干密度越大，压实质量越高。

4）填土的压实系数是检验填土压实质量的指标，其值为控制的干密度与土的最大干密度之比。

16.7.5　填土地基的岩土工程勘察

（1）填土地基岩土工程勘察的内容

1）搜集资料，调查地形和地物的变迁，填土的来源、堆积年限和堆积方式。

2）查明填土的分布、厚度、物质成分、颗粒级配、均匀性、密实性、压缩性和湿陷性。

3）判定地下水对建筑材料的腐蚀性。

4）填土勘察应在一般勘察的基础上加密勘探点，确定暗埋的塘、浜、坑的范围。勘探孔的深度应穿透填土层。勘探方法应根据填土性质确定。对由粉土或黏性土组成的素填土，可采用钻探取样、轻型钻具与原位测试相结合的方法；对含较多粗粒成分的素填土和杂填土宜采用动力触探、钻探，并应有一定数量的探井。

（2）填土的工程特性指标测试

1）填土的均匀性和密实度宜采用触探法，并辅以室内试验。

2）填土的压缩性、湿陷性宜采用室内固结试验或现场载荷试验。

3）杂填土的密度试验宜采用大容积法。

4）对压实填土，在压实前应测定填料的最优含水量和最大干密度，压实后应测定其干密度，计算压实系数。

（3）填土的岩土工程评价要求

1）阐明填土的成分、分布和堆积年代，判定地基的均匀性、压缩性和密实度；必要时应按厚度、强度和变形特性分层或分区评价。

2）对堆积年限较长的素填土、冲填土和由建筑垃圾或性能稳定的工业废料组成的杂填土，当较均匀和较密实时可作为天然地基；由有机质含量较高的生活垃圾和对基础有腐蚀性的工业废料组成的杂填土，不宜作为天然地基。

3）当填土底面的天然坡度大于 20% 时，应验算其稳定性。

4）填土地基基坑开挖后应进行施工验槽。处理后的填土地基应进行质量检验。对复合地基，宜进行大面积载荷试验。

思 考 题

16.1 膨胀土地基处理方法有哪些？处理原则是什么？

16.2 湿陷性黄土地基有哪些处理方法？

16.3 液化地基有哪些处理措施？

第17章　既有建筑地基基础加固

【本章导读】 主要介绍了加固要求与加固技术的分类。掌握基础加宽技术、墩式托换技术、桩式托换技术、注浆加固技术、建筑物纠倾与移位技术等适用范围和主要特点；了解既有建筑地基基础加固技术应用与发展情况。

17.1　概述

17.1.1　加固要求

要保证建筑物的安全、正常使用，除了在设计、施工阶段为建筑物提供良好的先天条件外，在使用阶段也需要对建筑物进行长期的维护。当已建成的建筑物（包括构筑物）出现下述情况时，需要对建筑物的地基基础进行加固。

1）建（构）筑物沉降或沉降差超过有关规定，建（构）筑物出现裂缝、倾斜，影响正常使用，甚至危及安全。

2）既有建（构）筑物需要增层改造，或其使用功能发生改变，或因增加荷载，原地基承载力和变形不能满足要求。

3）因周围环境改变而需要进行地基基础加固，在既有建筑物或相邻地基中修建地下工程，如修建地下铁道、地下车库，或临近深基坑开挖等。

4）古建构筑物加固工程，地基或基础需要补强加固。

既有建筑地基和基础加固前，应先对地基和基础进行鉴定，根据鉴定结论，对加固的必要性、可行性等进行充分论证。根据加固的目的，结合地基基础和上部结构的现状，并考虑上部结构、基础和地基的共同作用，初步选择采用加固地基、加固基础或加强上部结构刚度和加固地基基础相结合的方案。对初步选定的各种加固方案，分别从预期效果、施工难易程度、材料来源和运输条件、施工安全性、对邻近建筑和环境的影响、机具条件、施工工期和造价等方面进行技术经济分析和比选，确定最佳的加固方法。

既有建（构）筑物地基加固与基础托换主要从以下三个方面考虑：

1）通过将原基础加宽，减小作用在地基土上的接触压力和地基土中附加应力，可使原地基满足建筑物对地基承载力和变形的要求；或者通过基础加深，使基础置入较深的好土层，同时地基承载力通过深度修正也有所增加。

2）通过地基处理改良地基土体或改良部分地基土体，提高地基土体抗剪强度、改善压缩性，以满足建筑物对地基承载力和变形的要求，常用如高压喷射注浆、压力注浆以及化学加固、排水固结、压密、挤密等技术。

3）在地基中设置墩基础或桩基础等竖向增强体，通过复合地基作用来满足建筑物对地基承载力和变形的要求，常用锚杆静压桩、树根桩或高压旋喷注浆等加固技术。

对地基基础加固的建筑，应在施工期间进行沉降观测，对沉降有严格限制的建筑，尚应在加固后继续进行沉降观测，直至沉降稳定为止。对邻近建筑和地下管线应同时进行监测。

17.1.2 加固技术分类

既有建筑地基基础加固技术也称为托换技术。托换技术可分为基础加宽技术、墩式托换技术、桩式托换技术、地基加固技术和综合加固技术等五大类。其中，桩式托换技术又分为树根桩托换技术、锚杆静压桩托换技术、梁式静压桩托换技术及灌注桩托换技术；地基加固技术分为灌浆加固技术、高压喷射注浆加固技术、石灰桩和灰土桩加固技术等。

既有建筑地基基础加固也可以采用综合的加固方法，如注浆法与高压喷射注浆法组合加固方案，基础减压和加强刚度托换相组合的加固方案等，以获得更好的加固效果。

17.1.3 加固技术应用与发展

托换技术的起源可追溯到古代，但是托换技术直到20世纪30年代兴建美国纽约市的地下铁道时才得以迅速发展。近几年来，世界上大型和深埋的结构物和地下铁道的大量施工，特别是古建筑的基础加固数量不断增多；有时对既有建筑物还需要进行改建、加层和加大使用荷载，都需要使用托换技术。德国在第二次世界大战以后，在许多城市的扩建和改造工程，以及在修建地铁工程中，大量采用了综合式托换技术，积累了很多成功的经验。

我国自改革开放以来，托换技术的应用数量和规模不断扩大，如锚桩加压纠偏、锚杆静压桩、基础减压和加强刚度法、碱液加固、浸水纠偏、掏土纠偏、千斤顶整体顶升等多种托换方法都取得了成功的应用和发展。如对苏州虎丘塔采用了“加固地基、补作基础，修缮塔体、恢复台基”的整修方案，采取了“围、灌、盖、调、换”五项加固措施，取得了较好效果。

17.2 基础加宽技术

在许多既有建筑物或改造增层工程中，常因基底底面积不足而使地基承载力和变形不满足要求，导致建筑物开裂或倾斜，这时，可采用基础加宽的托换技术。基础加宽是通过增加基础底面积，减小作用在地基上的接触压力，降低地基土中的附加应力，以减小沉降量或满足承载力和变形的要求。一般这种托换方法施工简单、造价低廉、效果明显、质量容易保证、工期较短，有条件时应优先考虑。但有时基础加宽也会遇到困难，如周围场地是否允许基础加宽，若基础埋置深度，则对周围环境影响更大，且要开挖较大量的土方，直接导致加固费用增加。基础加宽还可能增加荷载作用影响深度，对软土地基应详细分析基础加宽对减小总沉降的效用。

在实际应用中，通常用钢筋锚杆作为连接，在连接前要做好原有基础的处理工作，对原有基础进行凿毛、刷洗，铺一层高强度等级水泥浆层，使加宽部分与原有的混凝土能较好地成为一体。注意对锚固钢筋的刚性基础和柔性基础做好计算，施工时可以针对刚性和柔性基础做好相应的措施。

加宽连接时，若有条件也可以把锚固钢筋与原有的钢筋基础焊牢，增加其稳固性。加宽时应根据基底不同使用不同的方式，如承受偏心荷载的条形基础可用单面加宽，承受中心荷载的为双面加宽；还有整版加宽、周边加宽等。

17.2.1 采用钢筋混凝土套加大基础底面积

加大基础底面积法适用于当既有建筑的地基承载力或基础底面积尺寸不满足设计要求时的加固。可采用混凝土套或钢筋混凝土套加大基础底面积。

当原基础中心受压时，可采用对称加宽。如对于条形基础，可采用双面加宽的方法，如图

17.1 所示；对于单独柱基础，可沿基础底面四边加宽，如图 17.2 所示。

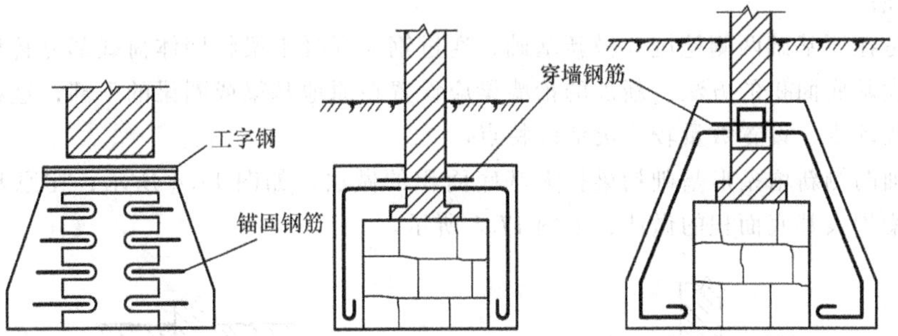

图 17.1　条形基础的双面加宽

以下几种情况可采用单面加宽（即不对称加宽）基础的方法：①当原基础承受偏心荷载时；②受相邻建筑物基础条件限制时；③沉降缝处的基础；④不影响室内正常使用时。对于条形基础的单面加宽，如图 17.3 所示。

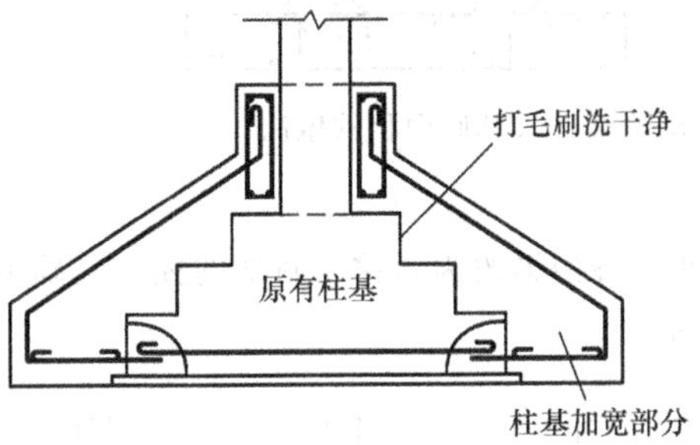

图 17.2　柱基的四边加宽

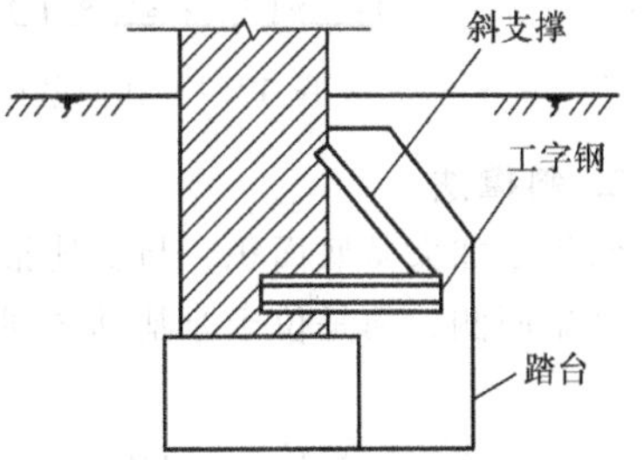

图 17.3　条形基础的单面加宽

加大基础底面积的设计和施工应符合下列规定：

1）为使新旧基础牢固联结，在浇筑混凝土前应将原基础凿毛并刷洗干净，再涂一层高强度等级水泥砂浆，沿基础高度每隔一定距离设置锚固钢筋；也可在墙脚或圈梁钻孔穿钢筋，再用环氧树脂填满，穿孔钢筋须与加固筋焊牢。

2）对于加套的混凝土或钢筋混凝土的加宽部分，其地基上铺设的垫料及其厚度，应与原基础垫层的材料及厚度相同，使加套后的基础与原基础的基底标高和应力扩散条件相同和变形协调。

3）对于加套的混凝土或钢筋混凝土应按长度 1.5 ~ 2.0m 划分成许多单独区段，进行分批、分段、间隔施工，决不能在基础全长范围挖成连续的坑槽和使全长范围地基土暴露过久，以免导致地基土软化，使加固的基础产生很大的不均匀沉降。

4）当采用混凝土套加固，将柔性基础加宽改为刚性基础时，加套后的混凝土基础台阶宽高比（或刚性角）的允许值，应符合 GB 50007—2011《建筑地基基础设计规范》的有关规定。当采用钢筋混凝土套加固时，加宽部分的主筋应与原基础内主筋相焊接。

17.2.2　改变浅基础形式，加大基础底面积

当不宜采用混凝土套或钢筋混凝土套加大基础底面积时，可将原独立基础改成条形基础；将原条形基础改成十字交叉条形基础或筏形基础；将原筏形基础改成箱形基础；也可将柔性基础改为刚性基础。这样不但能扩大基础底面积，用以满足地基承载力和变形的设计要求，另外由于加

强了基础的刚度也可借以减少地基的不均匀沉降。以下对常用的抬梁法和斜撑法应用加以介绍。

1. 抬梁法

抬梁法是在原基础两侧挖坑并做新基础，通过钢筋混凝土梁将墙体荷载部分转移到新做基础上的一种加大基底面积的方法。新加的抬墙梁应设置在原地基梁或圈梁的下部，这种加固方法具有对原基础扰动少、设置数量较为灵活的特点。

在原基础两侧新增条形基础抬梁扩大基底面积的做法，如图 17.4 所示；在原基础两侧新增独立基础抬梁扩大基底面积的做法，如图 17.5 所示。

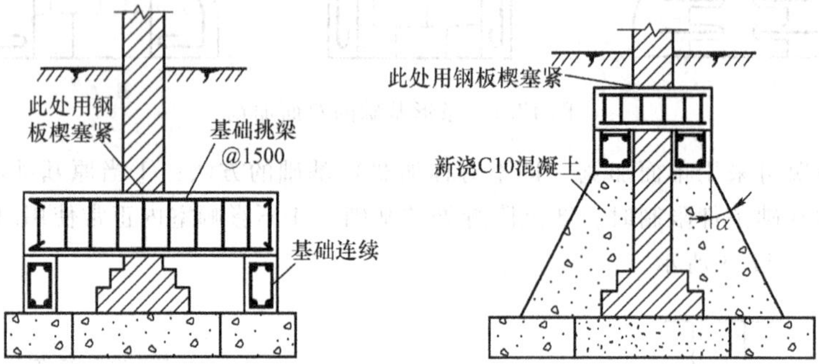

图 17.4 在原基础两侧新增条形基础抬梁扩大基底面积的做法

2. 斜撑法

斜撑法加大基底面积，与上述抬梁法的不同之处是将抬梁改为斜撑，新加的独立基础不是位于原基础两侧，而是位于原基础之间，如图 17.6 所示。

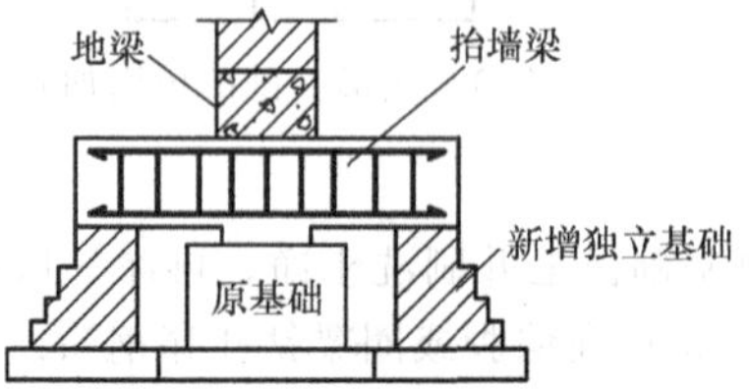

图 17.5 新增独立基础抬梁扩大基底面积

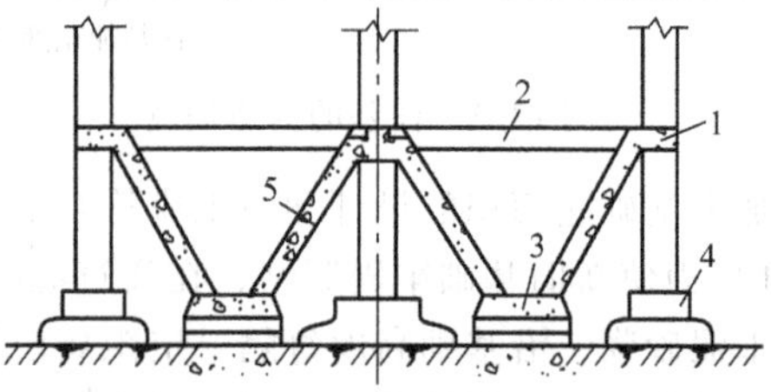

图 17.6 斜撑法加大基底面积

1—整体圈梁或框架 2—楼板整体区段
3—附加基础 4—原有基础 5—斜支柱

当工业厂房接长扩建时，可按以下步骤将原厂房端部钢筋混凝土单杯形基础扩大为双柱形基础：

1）扩建部分荷载（屋面、起重机、风、地震和墙体等）和地基土情况与原厂房一致时，扩大后双柱杯形基础的底面积、有关构造尺寸以及配筋等，均可参照原厂房温度缝处双柱杯形基础的设计资料选用，如荷载或地基土情况有变化，则应重新设计。

2）以原颈部外侧为界，将旧基础靠接长一边的原混凝土凿除，露出其底部钢筋，扩大部分基底纵向钢筋与旧基础内相应的钢筋定位焊连接。

3）新基础的颈部加大并跨越旧基础，形成一个新旧连接套座，以保证新旧两部分结合为一体，连接套座按构造配筋，并与扩大部分的混凝土一次浇捣完成。

当墙体下钢筋混凝土柔性条形基础宽度不需要扩大，而原有板厚及配筋不能满足强度要求时，适当加大旧基础肋宽进行基础加固。这样由于减小肋悬臂板的挑出长度，而相应的减小了肋边处的弯矩和剪力值，使原基础端面和配筋能满足加层改造后的强度要求。肋宽加大部分的厚度，可根据基底净反力及加大后肋边的板厚的配筋量应满足抗弯、抗剪的要求进行验算后确定，但新加部分的净厚度不宜小于 100mm。

17.3 墩式托换技术

17.3.1 墩式托换适用范围及特点

墩式托换也称为加深基础法，可使建筑物既能够增大埋置深度，也能增加基础的支承力，墩式托换适用于地基浅层有较好的土层可作为持力层且地下水位较低的情况。实际操作中，应根据被托换建筑物的自身荷载和地下基础承载力进行开挖，在局部基础下临时无支撑也是可行的。

墩式托换适用于地下水位低、基础为条形的情况，水位低可以有效防止施工时邻近水土的流失，基础为条形便于调整荷载。该法可将原基础埋置深度加深，使基础支承在较好的持力层上，以满足设计对地基承载力和变形的要求。当地下水位较高时，应采取相应的降水或排水措施。

墩式托换对于软弱地基，特别是膨胀土地基的处理是较为有效的。墩体可以是间断的，也可以是连续的，主要取决于原基础的荷载和地基上的承载力。

墩式托换的优点是费用低、施工方便。因托换工作大部分在建筑物的外部进行，这样在托换工程施工期间仍然可使用原建筑物。墩式托换的缺点是工期较长。因托换之后建筑物的荷重被置换到新的地基土上，会使其产生一定的附加沉降。

17.3.2 墩式托换的设计要点

1）采用间断式或连续式的坑式托换要根据被托换加固结构的荷载和坑下地基土的承载力大小确定，在设计上优先考虑间断坑式托换，当间断墩的底面积不能对建（构）筑物荷载提供足够支承时，则可设置连续式基础（相当于基础加深技术）。施工时应首先设置间断墩以提供临时支承，再开挖间断墩间的土，将坑的侧板拆除，在坑内浇筑混凝土，这样就形成了连续的混凝土墩或基础。

2）坑式托换技术的坑井间距最好不小于坑井宽度的三倍。

3）如基础墙为承重的砖砌体，钢筋混凝土基础梁，对于间断的墩式基础，该墙可以从一墩跨越到另一墩。如发现原有基础的结构构件的强度不足以在间断墩间跨越，则有必要在坑间设置过梁以支承基础，此时，在间隔墩的坑边制作一凹槽，作为钢筋混凝土梁、钢梁的支座，并在原来的基础底向下进行干填。

17.3.3 墩式托换施工步骤

墩式托换加深基础开挖情况如图 17.7 所示，其主要施工步骤如下：

1）在贴近被托换的基础侧面，由人工开挖一个长 × 宽为 1.2m × 0.9m 的竖向导坑，对坑壁不能直立的砂土或软弱地基要进行坑壁支护，竖坑底面可比原基础底面深 1.5m。

2）在原基础底面下沿横向开挖与基础同宽，深度达到设计持力层的基坑。

3）用微膨胀混凝土浇筑基础下的坑体（或砌砖墩），注意振捣密实并顶紧原基础底面。若没有膨胀剂时，则应在离原基础底面 80mm 处停止浇筑，待养护 1d 后，再用 1:1 水泥砂浆填实这 80mm 的空隙，再用铁锤敲击木条，挤实所填砂浆，成为填充层。

4）用同样的步骤，再分段、分批地挖坑和修筑混凝土墩，直至全部托换基础的工作完成

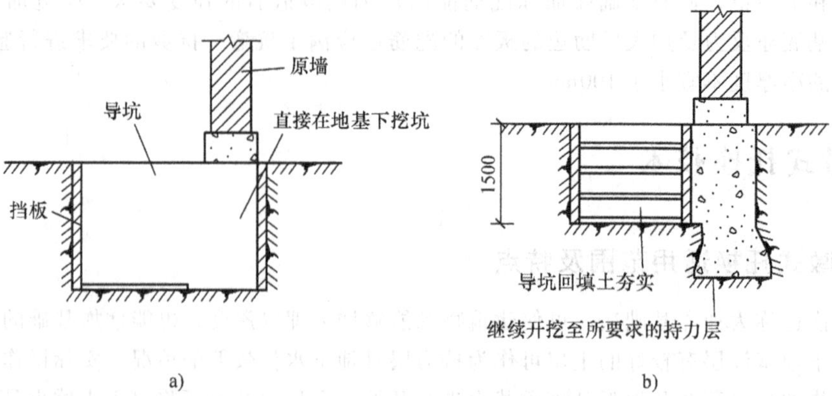

图 17.7　墩式托换加深基础开挖示意图
a）导坑开挖剖面图　b）浇筑混凝土墩

为止。

17.4　桩式托换技术

17.4.1　桩式托换的概念与分类

在既有建筑物基础下设置桩基础以达到地基加固的目的称为桩式托换。桩式托换技术是既有建筑地基基础加固最常用的方法。若原有建筑基础是浅基础，通过桩式托换形成桩基础或桩体复合地基，达到提高地基承载力，减小沉降的目的；若原基础是桩基础，通过桩式托换可使桩的数量增加，或通过增加部分长桩，实现提高桩基础承载力的目的；若原基础是复合地基，通过桩式托换可用桩基础取代复合地基，或使原复合地基得到加强。

桩式托换的形式很多，工程中常用的有以下三种：①锚杆静压桩托换技术；②树根桩托换技术；③坑式静压桩托换技术。

17.4.2　锚杆静压桩托换技术

1. 锚杆静压桩概念

锚杆静压桩是由锚杆和静力压桩两项技术巧妙结合而形成的一种桩基施工新工艺，它是在需进行地基基础加固的既有建筑物基础上按设计开凿压桩孔和锚杆孔，用粘结剂埋好锚杆，然后安装压桩架，用锚杆作媒介把压桩架与建筑物基础连为一体，并利用既有建筑物自重作反力，用千斤顶将预制桩段压入土中，桩段间用硫黄胶泥或焊接连接。当压桩力或压入深度达到设计要求后，将桩与基础用微膨胀混凝土浇筑在一起，桩即可受力，从而达到提高地基承载力和控制沉降的目的。锚杆静压桩装置如图 17.8 所示。

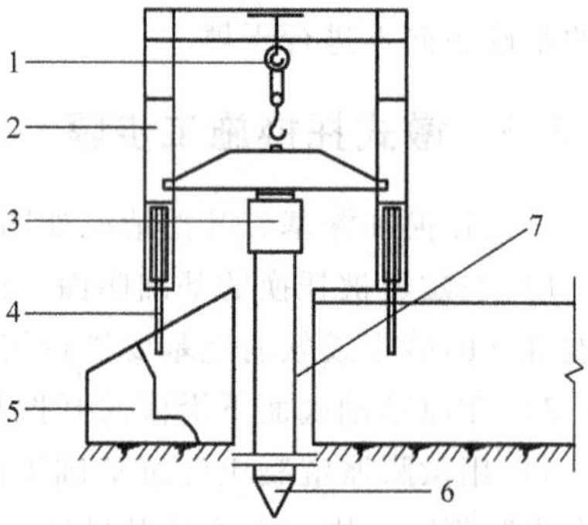

图 17.8　锚杆静压桩装置示意图
1—天车　2—反力架　3—液压缸　4—锚杆
5—基础　6—桩　7—压桩孔

2. 锚杆静压桩应用范围及特点

锚杆静压桩法适用于淤泥、淤泥质土、黏性土、粉土和人工填土等地基土。

锚杆静压桩技术除应用于既有建筑物地基基础加固外，也应用于新建建筑物基础工程。在旧城区改造或打桩设备短缺地区，可用锚杆静压桩技术进行桩基施工。对于新建建筑物，在基础施工时可按设计预留压桩孔和预埋锚杆，待上部结构施工至 3～4 层时，再利用建筑物自重作为压桩反力开始压桩。

锚杆静压桩施工时无振动、无噪声、无污染；施工机具简单、施工作业面小、施工方便灵活，可在场地和空间狭窄条件下施工；可应用于新旧建筑物的地基加固和基础托换；对原有建筑物里生活或生产秩序影响小，可在不搬迁和不停产的情况下进行工程处理。

3. 锚杆静压桩的加固设计

（1）单桩竖向承载力确定　锚杆静压桩的单桩竖向承载力可通过单桩荷载试验确定；当无试验资料时，也可按 GB 50007—2011《建筑地基基础设计规范》有关规定估算。当进行单桩载荷试验时，可采用下式估算单桩承载力

$$P=\frac{P_{压}}{K} \tag{17.1}$$

式中　P——单桩竖向承载力特征值（kN）；

$P_{压}$——达到最终入土深度时的压桩力（kN）；

K——压桩力系数，与地基土性质、压桩速度、桩材及截面形状有关，黏性土地基中桩长小于 20m 时，K 值可取 1.5，黄土和填土中，K 值可取 2.0。

（2）桩位布置及桩数确定　桩位布置时应靠近墙体或柱子。设计桩数应由上部结构荷载及单桩竖向承载力计算确定；必须控制压桩力不得大于该加固部分的结构自重。压桩孔宜为上小下大的正方棱台状，其孔口每边宜比桩截面边长大 50～100mm。确定桩数时，可考虑桩土共同作用，一般建议桩土按 7:3 分担荷载，即 70% 荷载由桩承担，30% 荷载由土承担。当既有建筑基础承载力不满足压桩要求时，应对基础进行加固补强；也可采用新浇筑钢筋混凝土挑梁或抬梁作为压桩的承台。

（3）桩身材料及桩节构造设计

1）可采用钢筋混凝土预制方桩或钢管桩。

2）对钢筋混凝土桩宜采用方形，其边长为 200～350mm。

3）每段桩节长度应根据施工净空高度及机具条件确定，宜为 1.0～2.5m。

4）桩内主筋应按计算确定。当方桩截面边长为 200mm 时，配筋不宜少于 4ϕ10mm；当边长为 250mm 时，配筋不宜少于 4ϕ12mm；当边长为 300mm 时，配筋不宜少于 4ϕ16mm。

5）桩身混凝土强度等级不应低于 C30。

6）当桩身承受拉应力时，应采用焊接接头。其他情况可采用硫黄胶泥接头连接。当采用硫黄胶泥接头时，其桩节两端应设置焊接钢筋网片，一端应预埋插筋，另一端应预留插筋孔和吊装孔。当采用焊接接头时，桩节的两端均应设置预埋连接件。

（4）锚杆及锚固深度确定　锚杆可用光面直杆粗螺栓或焊箍螺栓，并应符合下列要求：

1）当压桩力小于 400kN 时，可采用 M24 锚杆；当压桩力为 400～500kN 时，可采用 M27 锚杆；当压桩力大于 500kN 时，可采用 M30 锚杆。

2）锚杆螺栓的锚固深度可采用 10～12 倍螺栓直径，并不应小于 300mm，锚杆露出承台顶面长度应满足压桩机具要求，一般不应小于 120mm。

3）锚杆螺栓在锚杆孔内的黏结剂可采用环氧砂浆或硫黄胶泥。

4）锚杆与压桩孔、周围结构及承台边缘的距离不应小于 200mm。

（5）下卧层地基强度及桩基沉降验算　当持力层下不太深处存在较厚的软弱土层时，需进

行下卧层地基强度及桩基沉降验算。为简化计算，可按新建桩基建筑物考虑。当验算地基强度不能满足要求或桩基沉降超出允许值时，需修改静压桩的设计参数。

(6) 承台设计要求　原基础承台除应满足抗冲切、抗弯和抗剪承载力要求外，尚应符合下列规定：

1) 承台周边至边桩的净距不宜小于200mm；承台厚度不宜小于350mm。

2) 桩顶嵌入承台内长度应为50~100mm；当桩承受拉力或有特殊要求时，应在桩顶四角增设锚固筋，伸入承台内的锚固长度应满足钢筋锚固要求。

3) 压桩孔应采用C30微膨胀早强混凝土浇筑密实。

4) 当原基础厚度小于350mm时，封桩孔应用2ϕ16mm钢筋交叉焊接于锚杆上，并应在浇筑压桩孔混凝土的同时，在桩孔顶面以上浇筑桩帽，厚度不得小于150mm。

4. 锚杆静压桩施工技术

(1) 做好施工前各项准备工作

1) 在被托换的基础上标出压桩孔的锚杆孔的位置，清理压桩孔和锚杆孔施工工作面。压桩孔及锚杆布置形式如图17.9所示。

2) 采用风动凿岩机或大直径钻孔机开凿压桩孔，并应将孔壁凿毛，清理干净压桩孔。

3) 采用风动凿岩机开凿锚杆孔，待锚杆孔内清洁、干燥后再埋设锚杆，并用黏结剂封固。

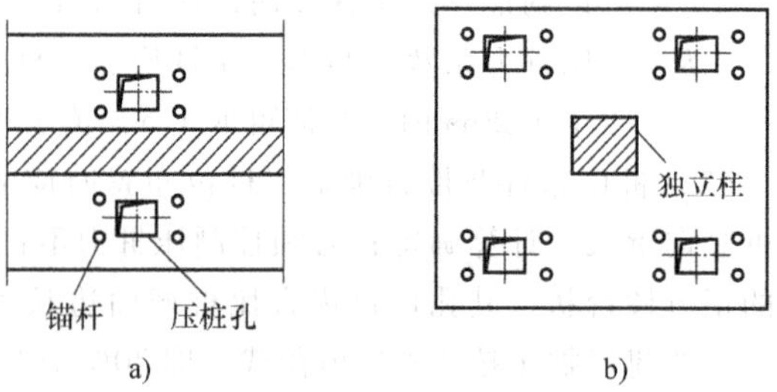

图17.9　压桩孔及锚杆布置图

a) 墙下条形基础承台　b) 独立柱基础承台

(2) 压桩施工

1) 根据压桩力大小选定压桩设备，对触变性土（黏性土），压桩力可取1.3~1.5倍的单桩允许承载力，对非触变性土（砂土），压桩力可取2倍的单桩允许承载力。

2) 压桩架应保持竖直，锚固螺栓的螺母或锚具应均衡紧固，应随时拧紧松动的螺母。

3) 就位的桩节应保持竖直，使千斤顶、桩节及压桩孔轴线重合，不得偏心加压，压桩时应垫钢板或麻袋，套上钢桩帽后再进行压桩。桩位平面偏差不得超过±20mm，桩节垂直度偏差不得大于1%的桩节长。

4) 整根桩应一次连续压到设计标高，当必须中途停压时，桩端应停留在软弱土层中，且停压的间隔时间不宜超过24h。

5) 压桩施工应对称进行，不应数台压桩机在一个独立基础上同时加压。

6) 焊接桩前应对准上、下节桩的垂直轴线，清除焊面铁锈后进行满焊。

7) 采用硫黄胶泥接桩时，上节桩就位后应将插筋插入插筋孔内，检查重合度及间隙均匀性后，将上节桩吊起10cm，装上硫黄胶泥夹箍，浇注硫黄胶泥，并立即将上节桩保持垂直放下，接头侧面应平整光滑，上下桩面应充分黏结，待接桩中的硫黄胶泥固化后（一般固化时间为5min），才能开始继续压桩施工。当环境温度低于5℃时，应对插筋和插筋孔作表面加温处理。熬制硫黄胶泥的温度应严格控制在140~145℃，浇注时温度不得低于140℃。

8) 桩尖应到达设计持力层深度，压桩力应达到单桩竖向承载力标准值的1.5倍，且持续时间不应少于5min。

(3) 封桩　压桩至设计要求，可进行封桩，封桩前应凿毛和刷洗干净桩顶侧表面后再涂混凝土界面剂，封桩可分不施加预应力法和预应力法的两种。

1）当封桩不施加预应力时，在桩端达到设计压桩力和设计深度后，即可使千斤顶卸载，拆除压桩架，焊接锚杆交叉钢筋，清除压桩孔内杂物、积水及浮浆，然后与桩帽梁一起浇筑 C30 微膨胀早强混凝土。

2）当施加预应力时，应在千斤顶不卸载条件下，采用型钢托换支架，清理干净压桩孔后立即将桩与压桩孔锚固，当封桩混凝土达到设计强度后，方可卸载。

5. 锚杆静压桩质量检验

锚杆静压桩最终压桩力与桩压入深度应符合设计要求。桩身试块强度和封桩混凝土试块强度应符合设计要求，硫黄胶泥性能应符合 GB 50202—2002《建筑地基基础工程施工质量验收规范》的有关规定。

17.4.3　树根桩托换技术

1. 树根桩的概念与应用

树根桩用压浆方法成桩，是一种小直径钻孔灌注桩，其直径通常为 100 ~ 250mm，有时也采用 300mm。先利用钻机钻孔，满足设计要求后，放入钢筋或钢筋笼，同时放入注浆管，用压力注入水泥浆或水泥砂浆而成桩，也可放入钢筋笼后再灌入碎石，然后注入水泥浆或水泥砂浆而成桩。当布置成三维结构的网状体系时，称为网状结构树根桩。

树根桩法适用于淤泥、淤泥质土、黏性土、粉土、砂土、碎石、湿陷性黄土、膨胀土及人工填土等地基土上既有建筑的修复和增层、古建筑的整修、地下铁道的穿越等加固工程；也可用于岩土边坡稳定加固及桥梁工程的地基加固等工程，树根桩受地下水深度限制。采用树根桩加固的工程如图 17.10 所示。

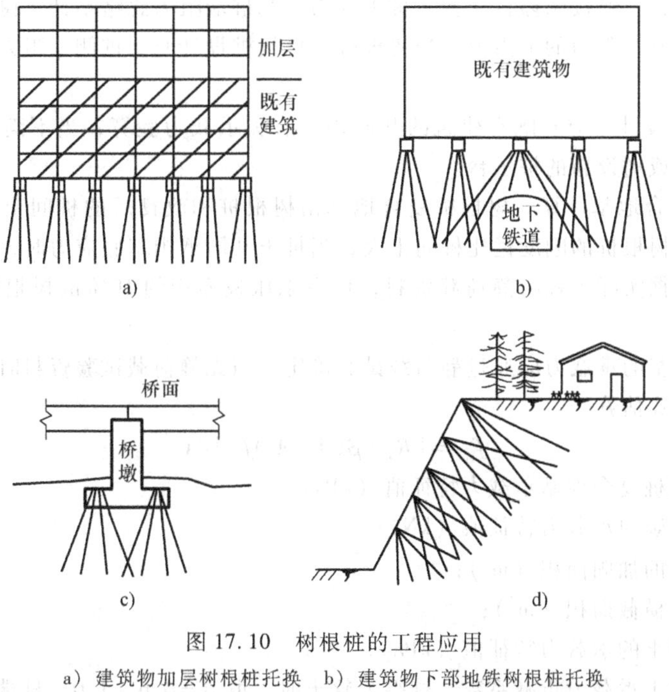

图 17.10　树根桩的工程应用

a）建筑物加层树根桩托换　b）建筑物下部地铁树根桩托换

c）桥墩基础树根桩托换　d）树根桩用于稳定土坡

2. 树根桩托换优点

1）所需施工场地较小，一般平面尺寸为 0.6m × 1.8m，净空高度 2.2m 就能施工。

2）施工时噪声小，机具简单，振动小，对已损坏需托换的建筑物比较安全。

3）所有操作都可以在平面上进行，比较方便。

4）压力灌浆使树根桩与地基紧密结合，桩和承台连接成一整体。

5）桩径很小，因而施工对承台和地基几乎不产生扰动。

6）可在各种类型的土中制作树根桩。

7）施工时因桩孔很小，故而对墙身和地基都不产生任何次应力，所以托换加固时对墙身无危险，也不扰动地基土和干扰建筑物的正常工作情况。

3. 树根桩的作用机理

树根桩一般为摩擦桩，与地基土共同承担荷载，组成刚性桩复合地基。对于网状树根桩，可视为修筑在土体中的三维结构，设计时以桩和土间相互作用为基础，由桩和土组成复合土体的共同作用，将桩与土围起来的部分视为一个整体结构。

4. 树根桩设计要点

（1）桩的几何尺寸　树根桩的直径宜为150～300mm，桩长不宜超过30m，桩的布置可采用直桩型或网状结构斜桩型。

（2）桩身设计　桩身混凝土强度等级应不小于C20，钢筋笼外径宜小于设计桩径40～60mm。主筋不宜少于3根。对软弱地基，主要承受竖向荷载时的钢筋长度不得小于1/2桩长；主要承受水平荷载时应全长配筋。

（3）单桩竖向承载力　树根桩的单桩竖向承载力可通过单桩载荷试验确定，当无试验资料时，也可按GB 50007—2011《建筑地基基础设计规范》有关规定估算。树根桩的单桩竖向承载力的确定，尚应考虑既有建筑的地基变形条件的限制和桩身材料的强度要求。上海市应用树根桩具有较成功的经验，一般按摩擦桩计算单桩承载力，其桩端阻力忽略不计。树根桩受压时，其桩侧摩阻力取灌注桩侧摩阻力的上限值；当树根桩按抗拔桩设计时，桩侧摩阻力则取灌注桩侧摩阻力的下限值。

（4）桩顶承台设计　应对既有建筑的基础进行有关承载力验算，当不满足计算要求时，应对原基础进行加固或增设新的桩承台。

（5）树根桩复合地基计算　树根桩复合地基由树根桩和改良后的桩间土共同构成，属刚性桩复合地基。由于树根桩的刚度远比桩间土大，当桩土共同承担基底应力时，会产生应力向树根桩集中的现象，根据实际工程的静荷载资料，仅占承压板面积约10%的树根桩承担了总荷载的50%～60%。

树根桩复合地基的承载力应通过静荷载试验确定。当无静荷载试验资料时，也可参照类似工程实践经验，按下式估算

$$f_{spk}=[R_a+\beta(A-A_p)f_{sk}]/A \tag{17.2}$$

式中　f_{spk}——树根桩复合地基承载力特征值（kPa）；

R_a——单桩竖向承载力特征值（kN）；

A——单桩的加固面积（m^2）；

A_p——单桩横截面积（m^2）；

f_{sk}——桩间土的承载力特征值（kPa）；

β——桩间土承载力折减系数，桩端为软土时，取$\beta=0.6\sim1.0$，桩端为硬土时，取$\beta=0.1\sim0.5$，若不考虑桩间土的作用，取$\beta=0$。

对桩间土承载力f_{sk}，由于施工压力注浆影响，其值实际上高于天然土的承载力，有经验的地区可根据土质不同提高10%～30%，也可作为安全储备。

5. 树根桩施工步骤

(1) 定位和校正垂直度　桩位平面允许偏差 ±20mm；直桩垂直度和斜桩倾斜度偏差均应按设计要求，不得大于1%。

(2) 成孔　可采用钻机成孔，穿过原基础混凝土。在土层中钻孔时宜采用清水或天然泥浆护壁，也可用套管。钻进斜孔时，套管应随钻跟进。

(3) 吊放钢筋笼和下注浆管　钢筋笼宜整根吊放。当分节吊放时，节间钢筋搭接焊缝长度，双面焊不得小于5倍钢筋直径，单面焊不得小于10倍钢筋直径。注浆管应直插到孔底。需二次注浆的树根桩应插两根注浆管，施工时应缩短吊放和焊接时间。注浆管可采用1~2根外径20~25cm的钢管。注浆管最下端一节可在管底1m范围内加工成花管状，以利注浆。

(4) 填灌碎石　石粒径宜在10~25mm范围内，用水冲洗后定量投放。填入量应不低于计算空间体积的0.8~0.9倍。当填料量过小时，应分析原因，采取相应的措施。在投放碎石过程中，应利用注浆管继续冲水清孔。

(5) 注浆

1) 注浆材料可采用水泥浆液、水泥砂浆或细石混凝土，当采用碎石填灌时，所注浆液应采用水泥浆。

2) 当采用一次注浆时，泵的最大工作压力不应低于1.5MPa，开始注浆时，需要1MPa的起始压力，将浆液经注浆管从孔底压出，接着注浆压力宜为0.1~0.3MPa，使浆液逐渐上冒，直至浆液泛出孔口停止注浆。

3) 采用二次注浆时，泵的最大工作压力不应低于4MPa。待第一次注浆的浆液初凝时方可进行第二次注浆，浆液的初凝时间根据水泥品种和外加剂掺量确定，可控制在45~60min范围。第二次注浆压力宜为2~4MPa，二次注浆不宜采用水泥砂浆和细石混凝土。

4) 注浆施工时应采取间隔施工、间歇施工或增加速凝剂掺量等措施，以防止出现相邻桩冒浆和串孔现象。树根桩施工不应出现缩颈和塌孔。

5) 拔管后应立即在桩顶填充碎石，并在1~2m范围内补充注浆。

6. 树根桩质量检验规定

1) 一般每3~6根桩应留一组试块，测定抗压强度，桩身强度应符合设计要求。

2) 应采用载荷试验检验树根桩的竖向承载力，有经验时也可采用动测法检验桩身质量。两者均应符合设计要求。

17.4.4 坑式静压桩托换技术

1. 坑式静压桩的概念与应用

坑式静压桩（也称为压入桩或顶承静压桩）是在已开挖的基础下托换坑内，利用建筑物上部结构自重作支承反力，用千斤顶将预制好的钢管桩或钢筋混凝土桩段接长后逐段压入土中的托换方法。坑式静压桩是将千斤顶的顶升原理和静压桩技术融为一体的一种托换方法。

坑式静压桩适用于淤泥、淤泥质土、黏性土、粉土、湿陷性土和人工填土，且有埋深较浅的硬持力层。当地基土中含有较多的大块石、坚硬黏性土或密实的砂土夹层时，由于桩压入时难度较大，则应根据现场试验确定其适用与否。

2. 坑式静压桩设计要点

1) 坑式静压桩的单桩承载力按 GB 50007—2011《建筑地基基础设计规范》有关规定估算。

2) 桩身可采用直径为150~300mm的开口钢管或边长为150~250mm的预制钢筋混凝土方桩，每节桩长可按既有建筑基础下坑的净空高度和千斤顶的行程确定。

3）桩的平面布置应根据既有建筑的墙体和基础形式及荷载大小确定。应避开门窗等墙体薄弱部位，设置在结构受力节点位置。

4）当既有建筑基础结构的强度不能满足压桩反力时，应在原基础的加固部位加设钢筋混凝土地梁或型钢梁，以加强基础结构的强度和刚度，确保工程安全。

3. 坑式静压桩的施工步骤

1）先在基础外侧挖导坑，导坑比原基础深 1.5m 左右，挖坑前验算是否需要预先进行临时支护；再将导坑横向扩展至原基础下面，形成压桩作业空间。导坑开挖如图 17.11 所示。

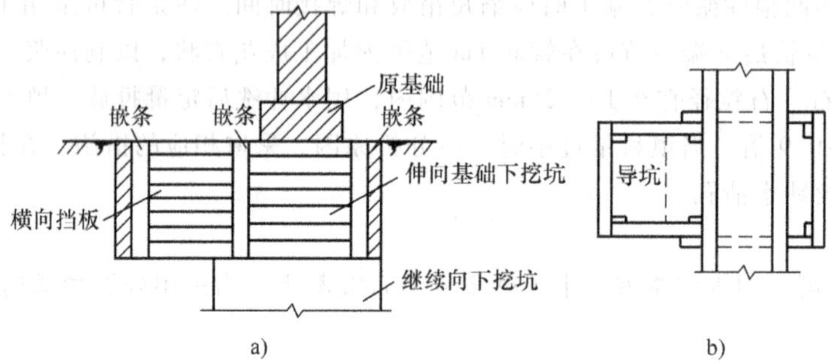

图 17.11　坑式静压桩施工导坑开挖示意图
a）剖面图　b）平面图

2）利用千斤顶压预制桩段，逐段把桩压至地基中，压桩时应以压桩力控制为主。对钢管桩，其各节的连接处可采用套管接头。当钢管桩很长或土中有障碍物时需采用焊接接头。对预制钢筋混凝土方桩，桩尖可将主筋合拢焊在桩尖辅助钢筋上，在密实砂和碎石类土中，可在桩尖处包以钢板桩靴。桩与桩间接头可采用焊接或硫黄胶泥接头。

3）桩位平面偏差不得大于 ±20mm；桩节垂直度偏差应小于 1% 的桩节长。

4）桩尖到达设计深度，压桩力达到单桩竖向承载力特征值 1.5 倍，持续时间不少于 5min。

5）封桩可根据要求采用预应力法或非预应力法施工。对钢筋混凝土方桩，顶进至设计深度后即可取出千斤顶，再用 C30 微膨胀早强混凝土将桩与原基础浇筑成整体。当施加预应力封桩时，可采用型钢支架，而后浇筑混凝土。

对钢管桩，应根据工程要求，在钢管内浇筑 C20 微膨胀早强混凝土，最后用 C30 混凝土将桩与原基础浇筑成整体。桩材试块强度应符合设计要求。

17.4.5　灌浆托换技术

灌浆法是指利用液压、气压或电化学原理，通过注浆管把浆液均匀地注入地层中，浆液以填充、渗透和挤密等方式，将土颗粒或岩石裂隙中的水分和空气排出后占据其位置，经一定时间后，浆液将原来松散的土粒或裂隙胶结成整体，形成一个结构新、强度大、防水性能高和化学性能稳定的“结石体”。

灌浆加固法适用于砂土、粉土、黏性土和人工填土等地基加固，一般用于防渗堵漏、提高地基土的强度和变形模量以及控制地层沉降等。

灌浆托换也是国外引进的技术之一，在国外的地基土加固中属于常用方法，填充材料有化学浆材、水泥和水玻璃浆材、其中化学浆材由于其具有毒性而使用较少，无毒的水泥和水玻璃浆材普遍较受欢迎。按照加固原理可分为渗透灌浆、劈裂灌浆和压密灌浆；按照浆材的品种可分为硅化灌浆托换、水泥灌浆托换、碱液灌浆托换和高压喷射灌浆托换。

(1) 渗透灌浆法　渗透灌浆法是指在压力作用下使浆液充填土的空隙和岩石的裂隙，排挤出空隙中存在的自由水和空气，基本上不改变原状土体的结构和体积，所用灌浆压力相对较小。渗透灌浆法主要应用于砂土、粉土、黏性土或人工填土等地基加固，一般用于防渗堵漏，提高地基土的强度和变形模量以及控制地层沉降等。按注浆材料进行分类，浆液可分为颗粒状浆液（以水泥为主剂的浆液）和化学浆液两种，与颗粒状浆液相比，化学浆液的优点是能灌入较小的空隙，稠度较小，能较好地控制凝固时间，但工艺复杂、成本高。

(2) 劈裂灌浆法　劈裂灌浆法是指在压力作用下，浆液克服地层的初始应力和抗拉强度，引起岩体或土体结构的破坏和扰动，沿垂直于最小主应力的平面发生劈裂，或原有的裂隙或空隙张开，形成新的裂隙或空隙，浆液的可灌性和扩散距离增大而所用的灌浆压力相对较高。

(3) 高压喷射注浆法　高压旋喷注浆法是在化学注浆法的基础上，采用高压水射流切割技术发展起来的。高压喷射注浆就是利用钻机钻孔，把带有喷嘴的注浆管插至土层的预定位置后，以高压设备使浆液成为20MPa以上的高压射流，从喷嘴中喷射出来冲击破坏土体。部分细小的土料随着浆液冒出水面，其余土粒在喷射流的冲击力、离心力和重力等作用下，与浆液搅拌混合，并按一定的浆土比例有规律地重新排列。浆液凝固后，便在土中形成一个固结体与桩间土一起构成复合地基，从而提高地基承载力，减少地基的变形，达到地基加固的目的。

(4) 石灰桩托换　石灰桩法是指桩体材料由生石灰和掺合料等组成。它可在既有建筑物基础边缘开挖桩孔，夯填桩料，借以加固地基，最后拓宽条基改为筏基，由此达到托换加固目的。石灰桩法适用于处理地下水位以下的黏性土、粉土、松散粉细砂、淤泥、淤泥质土、杂填土或饱和黄土等地基及基础周围土体的加固。

(5) 挤密灌浆法　挤密灌浆法是指通过钻孔在土中灌入极浓的浆液，在注浆点使土体挤密，在注浆管端部附近形成浆泡。当浆泡的直径较大时，灌浆压力基本上沿钻孔的径向扩展。随着浆泡尺寸的逐渐增大，便产生较大的上抬力而使地面抬动。实践证明，向外扩张的浆泡将在土体中引起复杂的径向和切向应力体系，紧靠浆泡处的土体将遭受严重的破坏和剪切，并形成塑性变形区，在此区内土体的密度可能因扰动而减小；离浆泡较远的土则基本上发生弹性变形，土的密度有明显增加。

挤密灌浆法常用于中砂地基，黏土地基中若有适宜的排水条件也可采用。如遇排水困难而可能在土体中引起高孔隙水压力时，就必须采用很低的注浆速率。挤密灌浆法可用于非饱和的土体，以调整不均匀沉降进行托换技术施工，以及在大开挖或隧道开挖时对邻近土体进行加固。

(6) 电动化学灌浆法　电动化学灌浆法是在电渗排水和灌浆法的基础上发展起来的一种加固方法，是指在施工时将带孔的注浆管作为阳极，将滤水管作为阴极，将溶液由阳极压入土中，并通以直流电（两电极间电压梯度一般采用0.3～1.0 V/cm）。在电渗作用下，孔隙水由阳极流向阴极，促使通电区域中土的含水率降低，并形成渗浆通路，化学浆液也随之流入土的空隙中，并在土中硬结。

17.5 增层改造

当既有建筑直接增层时，应先对既有建筑结构进行鉴定。确定增层方案并按有关规定确定地基承载力，当采用外套结构增层时，应按新建工程的要求确定地基承载力。

17.5.1 直接增层

1. 地基承载力确定

对沉降稳定的建筑物直接增层时，其地基承载力特征值，可根据增层工程的要求选用试验法

（载荷试验、室内土工试验等）和经验法综合确定。

（1）既有建筑基础下地基土载荷试验要点

1）本试验要点适用于地下水位以上既有建筑地基承载力和地基变形模量的测定。

2）试验压板面积宜取 0.25～0.50m^2，基坑宽度不应小于压板宽度或压板直径的三倍。试验时应保持试验土层的原状结构和天然湿度。在试压土层的表面，宜铺 20mm 厚中、粗砂层。

3）试验位置应在承重墙的基础下，加载反力可利用建筑物的自重，使千斤顶上的测力计直接与基础下钢板接触，载荷试验装置如图 17.12 所示。钢板大小和厚度可根据基础材料强度和加载大小确定。

4）在含水量较大或松散的地基土中挖试验坑时，应采取坑壁支护措施。

5）加载分级、稳定标准、终止加载条件和承载力取值应按 GB 50007—2011《建筑地基基础设计规范》有关规定执行。

6）在挖试验坑时，可同时取土样检验其物理力学性质。

7）当既有建筑基础下有垫层时，试验压板应埋置在垫层下的原土层上面。

8）试验结束后应及时用低强度等级混凝土将基坑回填密实。

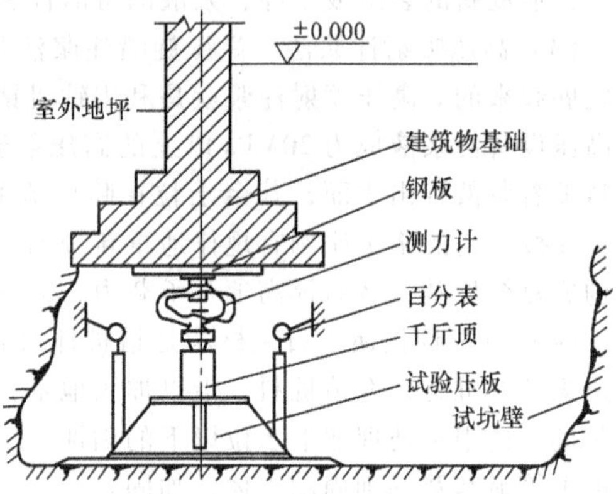

图 17.12　载荷试验示意图

（2）室内土工试验　建筑物增层前，可在原建筑物基础下 0.5～1.5 倍基础底面宽度的深度范围内取原状土，进行室内土工试验。根据试验结果按现行规范确定地基承载力特征值。

（3）经验法　建筑物增层时，其地基承载力特征值可考虑地基土的压密效应而予提高，提高的幅度应根据既有建筑基底平均压力值、建成年限、地基土类别和当地成熟经验确定。

2. 新基础宽度计算

直接增层需新设承重墙基础，确定新基础宽度时，应以新旧纵横墙基础能均匀下沉为前提，按以下经验公式确定新基础宽度

$$b' = K\frac{F+G}{f_k} \tag{17.3}$$

式中　b'——新基础宽度（m）；

$F+G$——单位基础长度上的线荷载（kN/m）；

f_k——地基承载力特征值（kPa）；

K——增大系数，建议按 $K=E_{s2}/E_{s1}\geqslant 1$ 取值，E_{s1}、E_{s2} 为新旧基础下地基土的压缩模量。

直接增层需新设承重墙时，可采用调整新旧基础底面积、桩基础或地基处理等措施保证新旧承重体系的均匀下沉。

3. 地基基础的加固方法选用

1）当既有建筑地基土质良好，承载力高时，可加大基础底面积，加大后基础的面积宜比计算值提高 10%。当验算原基础强度时，应根据实际情况进行强度折减。

2）地基土较软弱、承载力较低时，可采用桩基础承受增层荷载，在桩体强度达到设计要求后，再在其上施工新加大的基础承台，按规定将桩与基础连接，根据情况验算基础沉降。

3）当既有建筑为钢筋混凝土条形基础时，根据增层荷载要求，可采用锚杆静压桩加固，当原钢筋混凝土条形基础的宽度或厚度不能满足压桩要求时，压桩前先加宽或加厚基础，再进行压桩施工，也可采用树根桩、旋喷桩等方法加固。

4）当原基础刚度和整体性较好或有钢筋混凝土地梁时，可采用抬梁或挑梁承受新增层结构荷载，不需对原基础进行加固。

5）当上部结构和基础刚度较好、持力层埋置较浅、地下水位较低、施工开挖对原结构不会产生附加下沉和开裂时，可采用墩式基础或在原基础下采用坑式静压桩加固。

6）采用注浆法加固既有建筑地基时，对湿陷性黄土地基和填土地基或其他由于注浆加固易引起附加变形的地基，均应添加膨胀剂、速凝剂等，以防止对增层建筑物产生不利影响。

7）当既有建筑为桩基础时，应检查原桩体质量及状况，实测土的物理力学性质指标，以确定桩间土的压密状况，按桩土共同工作条件，提高原桩基础的承载能力。对于承台与土脱空情况，不得考虑桩土共同工作。当桩数不足时应适当补桩，混凝土桩破损时应加固修复。

8）当采用扶壁柱式结构直接增层时，柱体应落在新设置的基础上，新旧基础应连成整体，新基础下如为土质地基时，应先夯入碎石或采用其他方法加固后方可进行基础施工。

17.5.2　外套结构增层

1）当采用外套结构增层时，可根据土质、地下水位、新增结构类型及荷载大小选用合理的基础形式，当地质勘察资料不足时，应重新进行岩土工程勘察。

2）位于岩层上的外套增层工程，其基础类型与埋深可与原基础不同，新旧基础可连在一起，也可分开单设。

3）当天然地基上采用外套结构增层时，应考虑新设基础对原基础的影响，并按规范要求与邻近建筑保持一定距离；对于软弱地基，严禁新旧建筑相距过小及基底应力叠加。

4）当外套结构增层采用天然地基或由旋喷桩、搅拌桩、石灰桩等构成的复合地基时，应考虑地基受荷后的变形，避免增层后新旧结构产生标高差异。

5）当既有建筑有地下室，外套增层结构采用桩基础时，桩位布置应避开原地下室挑出的底板襟边；如不能避开，而需凿除部分底板襟边时，应通过验算确定。新旧基础不得相连。

17.6　纠倾加固和移位

17.6.1　倾斜原因分析

建筑物倾斜原因较多，有时是多种原因作用的结果，实质上都能归结到强度和变形上来。如果地基土强度低、压缩性大，很容易在外部使用条件改变时出现不均匀沉降，进而发生倾斜。大致有以下原因：

1）高压缩性地基厚薄不均，建筑物向高压缩土层分布厚的方向倾斜。

2）软土上相邻建筑物净距太小，地基中附加应力扩散叠加，出现相向倾斜。

3）在既有建筑物附近开挖基坑，缺乏有效支撑，或降低地下水后，形成排水固结，引起倾斜。

4）由于勘察原因，未能查明饱和软黏土的分布。

5）由于设计原因，未能采取合理的地基加固方案。

6）改变建（构）筑物的使用功能，如对地基未加处理，就进行增层、增加荷载等活动。

17.6.2 纠倾加固原则

建筑物纠倾是指既有建筑物偏离垂直位置发生倾斜而影响正常使用时所采取的托换措施。造成建筑物整体倾斜的主要因素是地基的不均匀沉降这个主要矛盾，而纠倾是利用地基的新不均匀沉降来调整建筑物已存在的不均匀沉降，用以达到新的平衡和矫正建筑物的倾斜。

建筑物的倾斜多数是由于地基基础原因造成的，或是浅基础的变形控制欠佳，或是桩基和地基处理设计和施工质量问题等。因此，应在分析清楚产生倾斜的原因之后，推测纠倾之后是否有再次发生倾斜的可能性，是否应采取必要的地基基础加固措施以控制建筑物沉降。

进行建筑物纠偏时，应遵循下列原则：

1）制定纠偏方案前，应对纠偏工程的沉降、倾斜、开裂、结构、地基基础、周围环境等情况进行详细调查。

2）应结合原始资料，配合补勘、补查、补测，搞清地基基础和上部结构的实际情况及状态，分析倾斜原因；确定合适的纠倾方法和纠倾目标。

3）拟纠偏建筑物的整体刚度要好。如果刚度不满足纠偏要求，应对其作临时加固。加固重点应放在底层，加固措施有增设拉杆、砌筑横墙、砌实门窗洞口、增设圈梁和构造柱等。

4）加强观测是做好纠偏的重要环节，应在建筑物上多设测点。在纠偏过程中，要做到勤观测，多分析，及时调整纠偏方案，并用垂球、经纬仪、水准仪、倾角仪等进行观测。

5）若地基土尚未完全稳定，应在纠偏的另一侧采用锚杆静压桩加固，防止建筑物进一步沉降。

6）应充分考虑地基土的剩余变形，以及因纠偏致使不同形式的基础对沉降的影响。

17.6.3 纠倾加固方法分类

既有建筑物的纠倾方法分为顶升纠倾、迫降纠倾及综合纠倾，如图 17.13 所示。常用的纠倾加固方法分类见表 17.1。

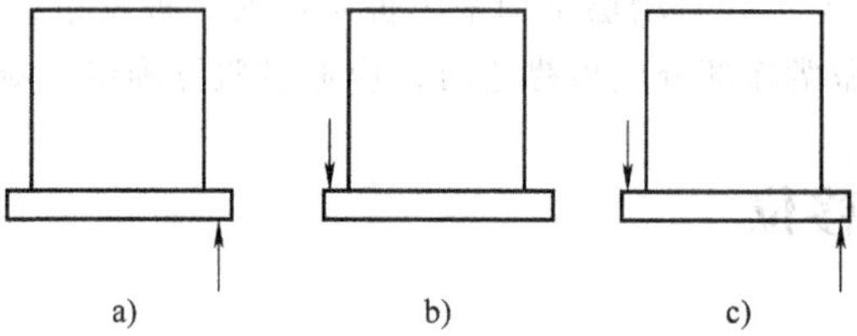

图 17.13 既有建筑物的纠倾方法

a）顶升纠倾 b）迫降纠倾 c）综合纠倾

表 17.1 既有建筑物常用的纠倾加固方法分类

类别	方法名称	基本原理	使用范围
迫降纠倾	人工降水纠倾法	利用地下水位降低出现水力坡降所产生的附加应力差异对地基变形进行调整	不均匀沉降量较小，地基土具有较好渗透性，且降水不影响邻近建筑物
	堆载纠倾法	增加沉降小的一侧的地基附加应力，加剧其变形	适用于基底附加应力较小即小型建筑物的迫降纠倾
	地基部分加固纠倾法	通过沉降大的一侧地基的加固，减少该侧沉降，另一侧继续下沉	适用于沉降尚未稳定，且倾斜率不大的建筑纠倾
	浸水纠倾法	通过土体内成孔或成槽，在孔或槽内浸水，使地基土沉陷，迫使建筑物下沉	适用于湿陷性黄土地基

（续）

类别	方法名称	基本原理	使用范围
迫降纠倾	钻孔取土纠倾法	采用钻机钻取基础底下或侧面的地基土，使地基土产生侧向挤压变形	适用于软黏土地基
	水冲掏土纠倾法	利用压力水冲刷，使地基土局部掏空，增加地基土的附加应力，加剧变形	适用于砂性土地基或具有砂垫层的基础
	人工掏土纠倾法	进行局部取土，或挖井、孔取土，迫使土中附加应力局部增加，加剧土体侧向变形	适用于软黏土地基
顶升纠倾	砌体结构顶升纠倾法	通过结构墙体的托换梁进行抬升	适用于各种地基土、标高过低而需要整体抬升的砌体建筑
	框架结构顶升纠倾法	在框架结构中设托换牛腿进行抬升	适用于各种地基土、标高过低而需要整体抬升的框架建筑
	其他结构顶升纠倾法	利用结构的基础作反力，对上部结构进行托换抬升	适用于各种地基土、标高过低而需要整体抬升的建筑
	压桩反力顶升纠倾法	先在基础中压足够的桩，利用桩竖向力作为反力，将建筑物抬升	适用于较小型的建筑物
	高压注浆顶升纠倾法	利用压力注浆在地基土中产生的顶托力将建筑物顶托升高	适用于较小型的建筑物和筏板基础
综合纠倾法		采用多种方法纠倾	兼有各种方法的特点，适用范围广

17.6.4　迫降纠倾

迫降纠倾是指在反向倾斜一侧（沉降小的一侧）的地基土内，采用钻孔取土、深层冲水排土等手段，人为促使该侧建筑物在较短时间内下沉到设计标准。其原理是在沉降量较小的基础下排除部分土后，集中在空穴周围的应力促使土体向空穴内压缩转移。另外，饱和软黏土产生塑形流动，使地基土向临空面移动，从而加速建（构）筑物的下沉，达到纠倾目的。

迫降纠倾可根据地质条件、工程对象及当地经验选用基底掏土纠倾法、井式纠倾法、钻孔取土纠倾法、堆载纠倾法、人工降水纠倾法、地基部分加固纠倾法和浸水纠倾法等方法。

1. 迫降纠倾的设计内容

1）确定各点的迫降量。

2）安排迫降的顺序、位置和范围，制订实施计划，编制迫降操作规程及安全措施。

3）设置迫降的监控系统。沉降观测点纵向布置每边不应少于 4 点，横向每边不应少于 2 点，对框架结构应适当增加。

4）迫降的沉降速率应根据建筑物的结构类型和刚度确定。一般情况下沉降速率宜控制在 5～10mm/d 范围内。纠倾开始及接近设计迫降量时应选择低值，迫降接近终止时应预留一定的沉降量，以防发生过纠现象。

迫降纠倾应做到设计施工紧密配合，施工中应严格监测，根据监测结果调整迫降量及施工顺序。迫降过程中应每天进行沉降观测，并应监测既有建筑裂损情况。

2. 基底掏土纠倾法

基底掏土纠倾法是在基础底面以下掏挖土体，削弱基础下土体的承载面积，借以迫使沉降，其特点是在浅部进行处理，机具简单，操作方便。根据基础偏斜情况，也可采用压桩掏土纠偏法，即将锚杆静压桩和掏土技术有机地结合。

基底掏土纠倾法适用于均质黏性土和砂土上的浅埋建筑物的纠倾，基底掏土纠倾法分为人工掏土法和水冲掏土法两种。

3. 井式纠倾法

井式纠倾法适用于黏性土、粉土、砂土、淤泥、淤泥质土或填土等地基上建筑物的纠倾。该法是利用井（孔）在基础下一定深度范围内进行排土、冲土，一般包括人工挖孔桩与沉井两种，井壁有钢筋混凝土壁、混凝土孔壁，为确保施工安全，对于软土或砂土地基应先挖成井，方可大面积开挖井（孔）施工。

井式纠倾法可分为两种：①通过挖井（孔）排土、抽水直接迫降，该法在沿海软土地区比较适用；②通过井内布置辅射孔进行射水掏冲土迫降，其工作原理如图 17.14 所示。

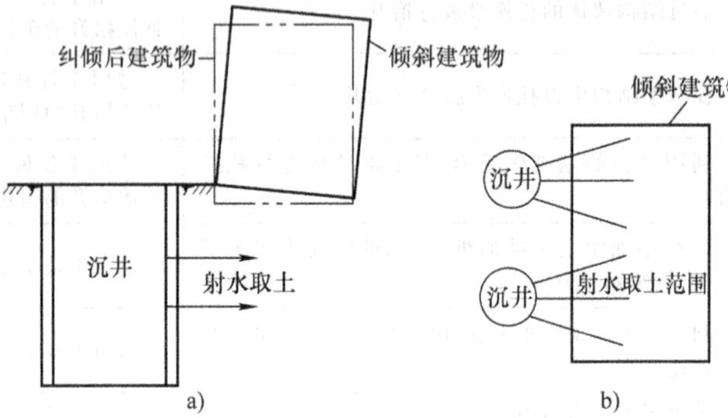

图 17.14　射水井式纠倾法工作原理

a）剖面图　b）平面图

井位应设置在建筑物沉降较小的一侧，其数量、深度和间距应根据建筑物的倾斜情况、基础类型、场地环境和土层性质等综合确定。为保证迫降的均匀性，井位可布置在室内。

当采用射水施工时，应在井壁上设置射水孔与回水孔，射水孔孔径宜为 150～200mm，回水孔孔径宜为 60mm，射水孔位置应根据地基土质情况及纠倾量进行布置，回水孔宜在射水孔下方交错布置，井底深度应比射水孔位置约低 1.2m。

纠倾达到设计要求后，工作井及射水孔均应回填，射水孔可采用生石灰和粉煤灰拌合料回填。工作井可用砂土或砂石混合料分层夯实回填，也可用灰土比为 2:8 的灰土分层夯实回填。

4. 钻孔取土纠倾法

钻孔取土纠倾法是通过机械取土成孔，依靠钻孔所形成的临空面，使土体产生侧向变形形成淤孔，反复钻孔取土使建筑物下沉。一般在建筑物基础底板上钻孔，埋设套管取土，如图 17.15 所示，也可采用基础外侧斜孔掏土纠倾法，如图 17.16 所示。

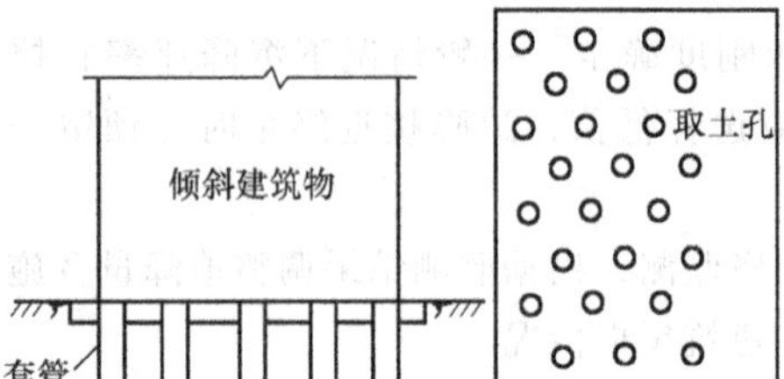

图 17.15　基底钻孔掏土纠倾法

a）剖面图　b）平面图

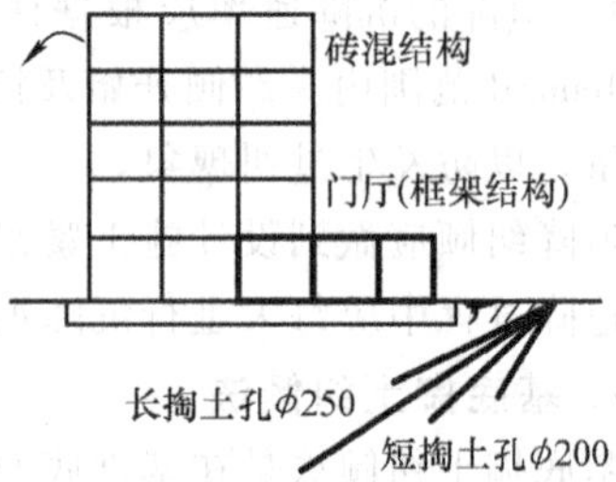

图 17.16　基础外侧斜孔掏土纠倾法

钻孔取土纠倾法适用于淤泥、淤泥质土等软弱地基，钻孔取土应符合下列规定：

1）钻孔位置应根据建筑物不均匀沉降情况和土质布置，并确定钻孔取土的先后顺序。

2）钻孔直径及深度应根据建筑物的底面尺寸和附加应力的影响范围选择，取土深度应大于 3m，钻孔直径不应小于 300mm。

3）钻孔顶部 3m 深度范围内应设置套管或套筒，以保护浅层土体不受扰动，防止出现局部变形过大而影响结构安全。

5. 堆载纠倾法

堆载（加压）纠倾法适用于淤泥、淤泥质土和松散填土等软弱地基上体量较小且纠倾量不大的浅基建筑物的纠倾。堆载纠倾应根据工程规模、基底附加压力的大小及土质条件，确定施加的荷载量、荷载分布位置和分级加载速率。

一般在倾斜较少一侧堆放重物，如钢锭、砂石等进行堆载纠倾，如图 17.17 所示。也可采用锚桩加压进行纠倾，即在倾斜建筑物沉降较小一侧地基中设置锚桩，如图 17.18 所示。堆载纠倾法设计时应考虑地基土的整体稳定，控制加载速率，施工过程应严密进行沉降观测，及时绘制荷载-沉降-时间关系曲线，以确保施工安全。

图 17.17 堆载（加压）纠倾示意图

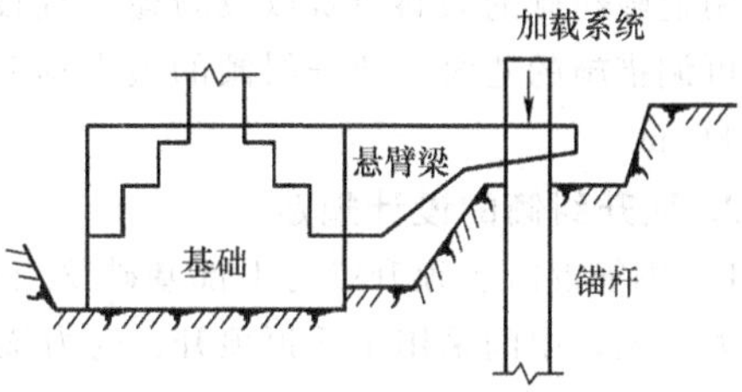

图 17.18 锚桩加压纠倾示意图

6. 人工降水纠倾法

人工降水纠倾法适用于地基土的渗透系数大于 10^{-4}cm/s 的浅埋基础，同时应防止纠倾时对邻近建筑产生影响。纠倾时应根据建筑物的纠倾量来确定抽水量大小及水位下降深度。并应设置若干水位观测孔，随时记录所产生的水力坡降，与沉降实测值比较，以便调整水位。

人工降水如对邻近建筑可能造成影响时，应在邻近建筑附近设置水位观测井和回灌井，必要时可设置地下隔水墙等，以确保邻近建筑的安全。

7. 地基部分加固纠倾法

地基部分加固纠倾法适用于淤泥、淤泥质土等软弱地基上沉降尚未稳定、整体刚度较好，且倾斜量不大的既有建筑的纠倾。纠倾设计时可在建筑物沉降较大一侧采用加固地基的方法使该侧的建筑物沉降稳定，而原沉降较小一侧继续下沉，当建筑物倾斜纠正后，若另一侧沉降尚未稳定，可采用同样的方法加固地基。

8. 浸水纠倾法

浸水纠倾法适用于湿陷性黄土地基上整体刚度较大的建筑物的纠倾。该法是利用湿陷性黄土遇水湿陷的特性对建筑物进行纠倾的。一般应通过现场试验，确定浸水纠倾法的适用性。浸水纠倾应符合下列规定：

1）根据建筑结构类型和场地条件，可选用注水孔、坑或槽等注水。注水孔、坑或槽应布置在建筑物沉降较小的一侧。

2）当采用注水孔（坑）浸水时，应确定注水孔（坑）布置、孔径或坑的平面尺寸、孔（坑）深度、孔（坑）间距及注水量；当采用注水槽浸水时，应确定槽宽、槽深及分隔段的注水量。

3）注水时严禁水流入沉降较大一侧的地基中。

4）浸水纠倾前，应设置严密的监测系统及必要的防护措施。有条件时可设置限位桩。

5）当浸水纠倾的速率过快时，应立即停止注水，并回填生石灰料或采取其他有效的措施；当浸水纠倾速率较慢时，可与其他纠倾方法联合使用。

6）浸水纠倾结束后，应及时用不渗水材料夯填注水孔、坑或槽，修复原地面和室外散水。

17.6.5 顶升纠倾

1. 顶升纠倾的概念与适用范围

顶升纠倾是将既有建筑物上部结构和它的基础沿某一特定位置进行分离，在分离区设置若干个支承点，通过安装在支承点上的顶升设备，使建筑物沿某一直线或某点作平面转动，达到对建筑物进行纠倾的目的，其工作原理如图 17.19 所示。为确保上部结构分离体的整体性和刚度要求，可实施分级托换，在支承点上形成全封闭顶升纠倾支承梁体系。

顶升纠倾适用于建筑物的整体沉降及不均匀沉降较大，造成标高过低；倾斜建筑物基础为桩基；不适合采用迫降纠倾的倾斜建筑以及新建工程设计时预先设置可调措施的建筑。顶升纠倾的最大顶升高度不宜超过 80cm。

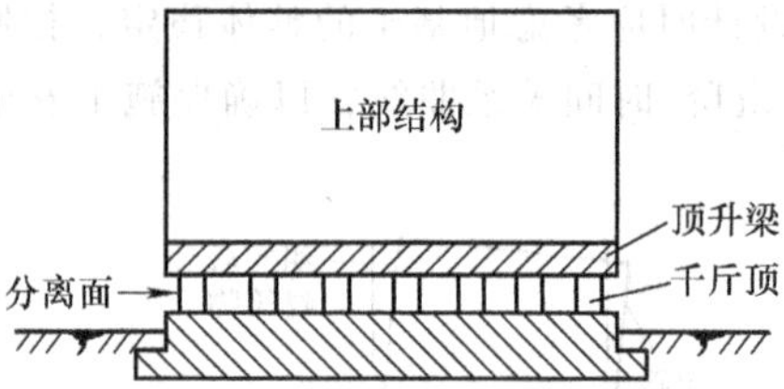

图 17.19 顶升纠倾工作原理示意图

2. 顶升纠倾的设计规定

1）钢筋混凝土顶升梁与下部基础梁组成一对上、下受力梁系，中间采用千斤顶顶升，受力梁系平面上应连续闭合且应通过承载力及变形等验算。千斤顶平面位置如图 17.20 所示。

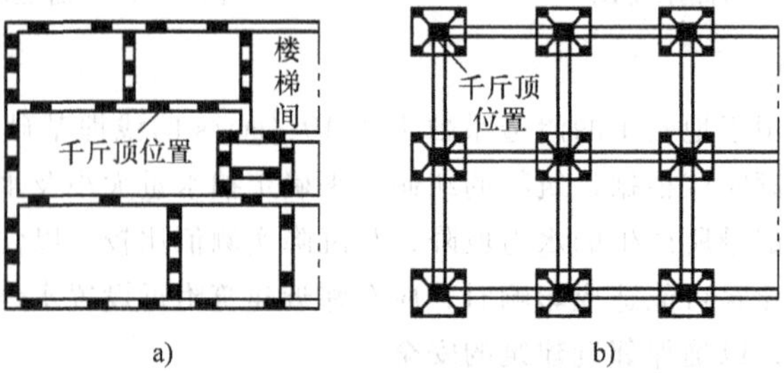

图 17.20 顶升纠倾千斤顶平面位置

a）砌体结构建筑 b）框架结构建筑

2）顶升梁应通过托换形成，顶升托换梁应设置在地面以上约 50cm 的位置，当基础梁埋深较大时，可在基础梁上增设钢筋混凝土千斤顶底座，并与基础连成整体。顶升梁、千斤顶、底座应形成稳固的整体，其位置如图 17.21 所示。

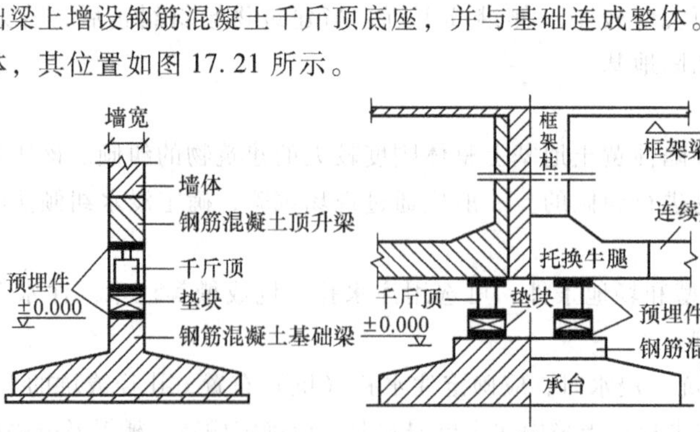

图 17.21 顶升梁、千斤顶、底座位置

a）砌体结构建筑 b）框架结构建筑

3）对砌体结构建筑可根据线荷载分布布置顶升点，顶升点间距不宜大于1.5m，应避开门窗洞及薄弱承重构件位置；对框架结构建筑应根据柱荷载大小布置。顶升点数量可按下式进行估算

$$n \geqslant K \frac{Q}{N_a} \tag{17.4}$$

式中　n——顶升点数（个）；

Q——建筑物总荷载设计值（kN）；

N_a——顶升支承点的荷载设计值（kN），可取千斤顶额定工作荷载的0.8倍，千斤顶额定工作荷载可选300kN或500kN；

K——安全系数，可取1.5。

4）顶升量可根据建筑物的倾斜率、使用要求以及必要的过纠量确定。

5）砌体结构建筑的顶升梁可按倒置弹性地基上的墙梁设计，并应符合下列规定：①进行顶升梁的承载力及配筋设计时，计算跨度应取相邻三个支承点去掉中间支点后，两边缘支点间的距离；②当既有建筑的墙体承载力不能满足要求时，应调整支承点的跨度或对砌体进行加固补强。

6）框架结构建筑的顶升梁（柱）的设置，应是能支承框架柱的结构荷载的体系，顶升梁（柱）体系应按后设置牛腿设计，同时增加连系梁约束框架柱间的变位及调整差异顶升量，并应符合下列规定：①应验算断柱前、后既有建筑的框架结构柱端在轴力、弯矩和剪力作用下的承载力；②后设置牛腿应考虑新旧混凝土的协调工作，设计时钢筋的布置、锚固或焊接长度应符合GB 50010—2010《混凝土结构设计规范》的规定要求；③应验算牛腿的正截面受弯承载力、局部受压承载力及斜截面的受剪承载力。

3. 顶升纠倾的施工工艺

顶升纠倾的施工可按下列步骤进行：①钢筋混凝土顶升梁（柱）的托换施工；②设置千斤顶底座及安放千斤顶；③设置顶升标尺；④顶升梁（柱）及顶升机具的试验检验；⑤在顶升前一天凿除框架结构柱或砌体结构构造柱的混凝土，顶升时切断钢筋；⑥统一指挥顶升施工，当顶升量达到100～150mm时，开始千斤顶倒程；⑦顶升到位后进行结构连接和回填。

顶升纠倾的施工应符合下列规定：

1）砌体结构建筑的顶升梁应分段施工，施工前应在各分段设置钢筋混凝土支承芯垫，间距0.5m。梁分段长度不应大于1.5m，且不应大于开间墙段的1/3，并应间隔进行，待该段达到强度后方可进行邻段施工。

2）框架结构建筑的顶升梁（柱）施工宜间隔进行，必要时应设置辅助措施（如支撑等），当原混凝土柱保护层凿除后应立即进行外包钢筋混凝土的施工。

3）顶升千斤顶上下应设置应力扩散的钢垫块，以防顶升时结构构件的局部破坏。顶升全过程中有不少于30%的千斤顶保持与顶升梁垫块、基础梁连成一体，具有抗拉能力。

4）顶升前应对顶升点进行承载力试验抽检，试验荷载应为设计荷载的1.5倍，试验数量不应少于总数的20%，试验合格后方可正式顶升。

5）顶升时应设置水准仪和经纬仪观测站，以观测建筑物顶升纠倾全过程。顶升标尺应设置在每个支承点上，每次顶升量不宜超过10mm。各点顶升量偏差应小于结构的允许变形。

6）顶升应设统一的指挥系统，并应保证千斤顶同步按设计要求顶升和稳固。

7）千斤顶倒程时，相邻千斤顶不得同时进行，倒程前应先用楔形垫块进行保护，并保证千斤顶底座平稳。楔形垫块及千斤顶底座垫块均应采用可连接、具有抵抗水平力的外包钢板的混凝土垫块或钢垫块。垫块应进行强度检验。

8）顶升到达设计高度后，应立即在墙体交叉点或主要受力部位用垫块稳住，并迅速进行结

构连接。顶升高度较大时应边顶升边砌筑墙体。千斤顶应待结构连接完毕，并达到设计强度后方可分批分期拆除。

9）结构连接处应达到或大于原结构的强度，若纠倾施工时受到削弱，应进行加固补强。

17.6.6 移位

1. 移位的概念及应用

移位包括平移和转动。由于市政道路扩建、场地的用途改变和兴建地下建筑需要建筑物搬迁移位或转动一定角度。为了减少拆除重建或保护文物古迹及既有建筑的原貌，均可采用移位技术。目前，移位技术可用于一般多层建筑同一水平位置的搬迁，对大幅度改变其标高（如上坡或下坡）等不宜采用。

2. 移位前准备工作

移位所涉及的建筑结构及地基基础问题比其他专业技术重要得多，因此要求在移位方案制定前先通过搜集资料、补充计算验算、补充勘察等来取得有关资料。

在制定移位方案前应具备以下资料：①场地及移位路线的岩土工程勘察资料；②既有建筑的设计图、计算书和施工资料；③既有建筑的结构、构造、受力特性和现状分析；④既有建筑地基基础重新验算书；⑤移位施工可能对邻近建筑及管线的影响分析。

当既有建筑的地基承载力及变形不满足移位要求时，应根据具体情况对地基基础进行加固，加固方法见前述。

3. 移位设计的内容

（1）结构设计　结构设计主要是指承托既有建筑移位的整体结构的托换梁系，包括移位建筑的上轨道梁系及承担整体结构行走过程中的基础，即下轨道梁系，如图 17.22 所示。

1）计算砌体结构的线荷载或框架结构的轴力、弯矩和剪力。

2）结构托换梁系截面及配筋设计。

3）移位过程中基础的受力验算及补强设计。

4）新旧基础的承载力和变形验算及补强设计。

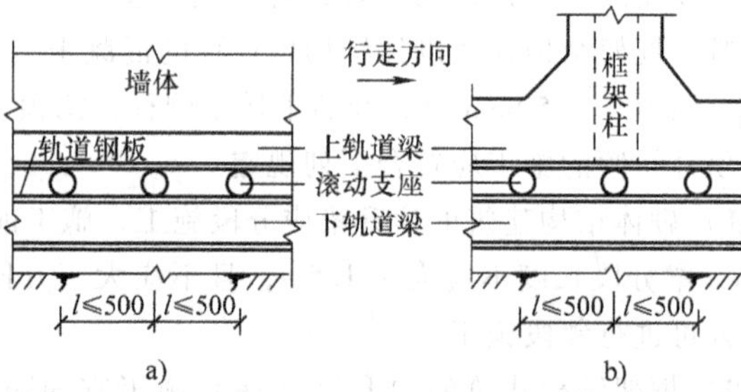

图 17.22　上、下轨道及滚动装置示意图

a）砌体结构　b）框架结构

（2）地基设计

1）移位路线的地基按永久性工程进行设计，地基承载力设计值可提高 1.25 倍。

2）移位后的地基基础设计，若出现新旧基础的交错，应考虑既有建筑地基压密效应造成新旧基础间地基变形的差异，必要时应进行地基基础加固。

（3）滚动支座的设计

1）滚动支座可采用不小于 ϕ60mm 的实心钢棒或 ϕ100 ~ ϕ150mm 的钢管混凝土，并应通过试压确定，支座上下采用 20mm 厚的钢板作为上下轨道面，或采用工具式轨道梁，以利应力扩散及减少滚动摩擦力。

2）滚动支座的间距及数量应根据支承力的大小设计。

（4）移动装置的设计

1）移动装置有牵引式及推顶式两种，牵引式宜用于荷载较小的小型建筑物，推顶式宜用于较大型的建筑物，必要时可两种方式并用。移位时应控制滚动速率不大于 50mm/min。

2）托换梁系作为移动的上轨道梁，基础作为下轨道梁，移位前下轨道梁应进行验算、加固、修整和找平。

3）上下轨道梁系的设计应同时考虑移位荷载的移动及滚动过程中局部压力的位置改变。

17.7　工程应用实例

【例 17.1】　意大利比萨斜塔纠倾工程

1. 工程简介

意大利比萨斜塔是中世纪欧洲最重要的遗迹之一，塔的垂直剖面如图 17.23 所示。1990 年，因担心其安全性，塔对公众关闭。斜塔地面以上 8 层，高 53.3m，重 1.45×10^5kN。塔的砖石地基的直径为 19.6m，最大深度为 5.5m。塔基向南倾斜，与地面成 5.5°，第七层南面凸出 4.5m。该塔采用柱廊围成一个空心圆柱体的形式建成，圆柱体内表面和外表面用密缝的白色大理石覆面，但覆面嵌缝的材料由灰浆和石头构成，发现其中有大量空隙。在塔的墙内盘绕着螺旋形的楼梯。第二层南边砖石结构的稳定性是问题的关键。

铺底部分由三个独立层构成。A 层厚约 10m，由 10000 年前的浅水区（环礁湖、河流和港湾）沉积的各种软质粉土沉淀物构成。B 层由 30000 年前沉积的非常软的灵敏海相黏土组成，厚度达 40m。此断层横向非常均匀。C 层是很深的密实砂石。A 层的地下水位深在 1～2m 之间。塔四周勘察钻孔显示，由于塔的自重作用，B 层的表面是盆形的。推断出塔的平均沉降为 2.5～3.0m，铺底的土壤是高压缩性黏土。

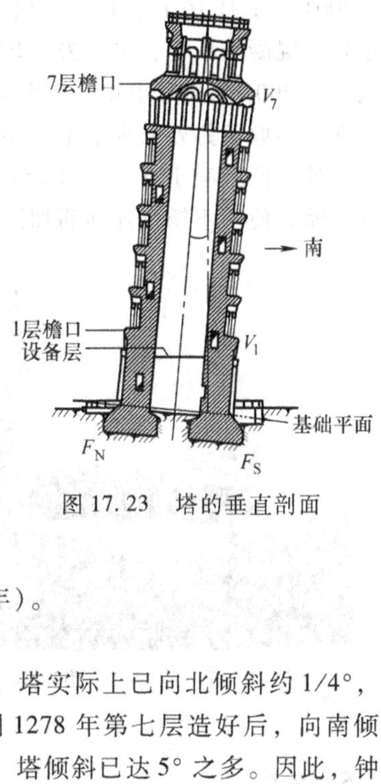

图 17.23　塔的垂直剖面

2. 建筑历史

塔的建造始于 1137 年 8 月，到 1178 年工程停止时，已造了四层，完成了 1/4。再继续建造下去，B 层的土壤难以承重，塔可能会倒塌。在 1272 年，建议继续建造。那时，黏土在塔的重压下发生固结沉降。在 1278 年，再次停止建造，建筑已造了七层。在 1360 年，铺底的黏土再次固结时，开始钟房的建造。到 1370 年该塔才全部建成（建设期约 233 年）。

3. 倾斜历史

因塔的中心线不是直的（向北弯曲）。在第一阶段结束时，塔实际上已向北倾斜约 1/4°，然后随着第四层以上的楼层的建造，开始向南移并慢慢增加，到 1278 年第七层造好后，向南倾斜了约 0.6°。1360 年开始建造钟房时，增加到了 1.6°。1817 年，塔倾斜已达 5° 之多。因此，钟房的建造引起了倾斜的增加显著。

从 1911 年开始的测量结果显示，在 20 世纪期间，塔的倾斜每年都在增加。从 1930 年中期开始，倾斜率成倍增长。1990 年，倾斜率相当于每年顶部水平移动约 1.5mm，加上一些对塔的干扰也导致了倾斜的明显增加。如 1934 年用灌浆方法来加固地基，结果塔突然向南移动了约 10mm；1970 年从低处的砂石中抽地下水，结果使移动增加了约 12mm。

4. 纠偏设计与施工（采取堆载与抽土联合纠偏）

（1）堆载　1993 年下半年，通过浇筑在塔基周围可移动的后应力式混凝土环将 6000kN 的铅锭放在地基的北边使地基暂时稳定。这使倾斜减小了 1′，更重要的是减小了约 10% 的倾覆力矩。

1995 年 9 月，为了控制塔的移动，负载增加到了 900t。

（2）建筑物的加固　1992 年，在塔的周围设置了一些轻微预应力钢索。

（3）抽土　首先进行抽土试验。抽土钻进系统为带套筒的螺旋钻。当螺旋钻杆退出时，空心钻杆处的测量探针留在孔内适当位置以测量孔洞的密合性。

2000 年 2 月 21 日开始全面抽土，其施工现场如图 17.24 所示，共设置了间隔为 0.5m 的 41 个抽土孔，每个孔装有专用的引钻器和套筒。每天抽土约 $0.12m^3$，使塔中心线平均每天发生约 6″转动。塔有向东移动的趋势，为控制这个趋势就从西边抽取比东边多 20% 的土。让人满意的是地基的南边发生了明显的上升。

图 17.24　全面抽土施工现场

到 2000 年 5 月底，开始逐渐地移走铅锭。开始是每星期 2 块（约 180kN），2000 年 9 月增加到每星期 3 块，2000 年 10 月是每星期 4 块。取走铅锭，倾覆显著增加，但抽土继续有效地进行。

2001 年 1 月 16 日，最后一块铅锭从后应力混凝土环中取出，如图 17.25 所示。在 2001 年 2 月中旬，混凝土块本身也移去。2001 年 3 月初，开始逐步移走引钻器和套筒，孔用膨润土泥浆填满。在 2001 年 5 月中旬，从塔上拆除防护钢索，产生了几秒（角度）的向南移动。为反制这个倾向，抽取了另外的少量土。2001 年 6 月 6 日除去引钻器。

为使塔倾斜减小 0.5°，在砖石地基的最高压应力部位进行了局部加固，包括在大石块的空隙处灌浆，使用不锈钢加强筋加固覆盖砖面外覆层有向外弯曲危险的地方，如图 17.26 所示。

图 17.25　最后一个铅锭取走

图 17.26　走道钻孔插入加强筋紧系砖石地基和老的混凝土环

5. 结论

实践证明，抽土是一个增加塔稳定性的极为柔和的方法，又完全符合建筑保护要求。抽土实施时要借助先进的计算机模型、大量的试验等。

2001 年 12 月 15 日，塔正式向公众开放。通过监测分析，该塔将在保持一段时间的相对稳定之后，还会以一个较小速率继续向南转动。对此，专家推测，再过 300 年左右时间，比萨塔地基将面临再次加固问题。

【例 17.2】　苏州虎丘塔纠偏工程

1. 建筑简介

虎丘塔位于苏州市虎丘公园山顶，落成于宋太祖建隆二年（公元 961 年）。虎丘塔现状如图

17.27 所示，该塔为七层楼阁式砖塔，平面呈八角形。塔身净高 47.17m。底层对边南北长 131.8m，东西长 131.6m。采用套筒式回廊结构，砖墙体由黏土砌筑，每层设塔心室。塔重 61000kN，由 12 个塔墩（8 个外墩、4 个内墩）支承，塔墩直接砌筑在地基上，地基由人工夯实的夹石土形成，地基下为风化岩石。

据考证，虎丘塔自建造时，塔基即产生不均匀沉降并导致塔身向北倾斜。历史上虎丘塔曾七次遭受兵火等破坏，多次维修，但未能控制不均匀沉降和倾斜的发展。公元 1638 年（明崇祯十一年），因塔身倾斜加剧且损坏严重，重建了第七层并砌向南面以调整重心，致使塔身成抛物线形。到新中国成立初期，虎丘塔已残破不堪，岌岌可危。

图 17.27　虎丘塔现状

1956～1957 年，对虎丘塔进行围箍喷浆和铺设楼面加固，未能取得稳定效果。随着塔身倾斜的发展，塔体于 1965 年复现裂缝；至 1980 年，塔顶已向北东偏移 2.325m，倾斜角达 2°48′，底层塔身出现不少裂缝，险情发展加剧。1981～1986 年，国家文物局和苏州市政府组织力量，对这座千年古塔进行了全面加固，基本控制了塔基沉降，稳定了塔身倾斜。

2. 虎丘塔发生不均匀沉降的原因分析

虎丘塔发生不均匀沉降的主要原因是：①塔无基础，塔墩直接砌筑在人工填土地基上，基底应力过大；②塔建于南高北低的岩坡土层上，地基土持力层北厚南薄，产生了不均匀的压缩变形，导致了塔身倾斜；③塔基及其周围地面未作妥善处理，因地表水渗入地基、由南向北潜流侵蚀等因素，使塔北人工填土层产生较多孔隙，造成不均匀沉降的发展；④塔体由黏性黄土砌筑，灰缝较宽，塔身倾斜后形成偏心压力，加剧了不均匀压缩变形。

3. 虎丘塔的倾斜控制和加固技术

按照文物工程的维修原则和对虎丘塔产生倾斜裂缝等原因的分析，虎丘塔加固工程采用了“加固地基、补作基础，修缮塔体、恢复台基”的整修方案。并确定了保持塔身倾斜原貌的控制原则。加固方案具体分为“围”“灌”“盖”“调”“换”五项工程。

（1）围桩工程　围桩是对地基加固的第一项工程，在塔基应力扩散范围内建造一圈密集的钢筋混凝土灌注桩，以控制地基加固范围、隔断地下水流、防止土壤流失和稳定地基。工程中共布桩 44 根，桩中心距离塔底形心 10.45m，距离塔外壁 2.9m，单桩直径为 1.4m（包括护壁厚 15cm），桩净直径为 1.1m，桩底穿过风化岩插入基岩，然后在桩顶浇筑高 40cm 的钢筋混凝土圈梁，围桩工程布置如图 17.28 所示。

（2）灌浆工程　灌浆是对地基加固的第二项工程，在围桩范围内，钻直径为 9cm 的灌浆孔 161 个，进行压力注浆填充地基内因水流冲刷等原因造成的孔隙，以增加地基的密实度、提高地基承载力。钻孔灌浆工程在围桩完成后进行。

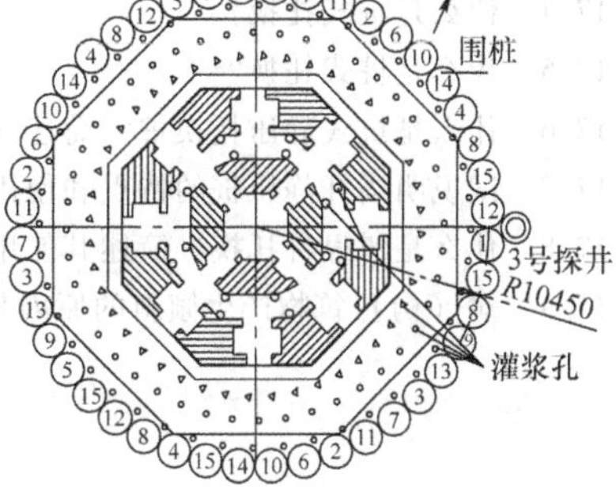

图 17.28　围桩、灌浆布置及施工顺序编号

灌浆工程施工工艺如下：

1）采用防振干钻工艺，用 XJ100-1 型工程地质钻机。

2）以风冷却钻具、提钻出土及空气压缩吸排岩屑等方法，尽量疏通地层中细小孔隙，以求灌浆填充密实。

3）采用全孔一次注浆法，根据地层情况分别采用压浆机和气压注浆，塔内注浆压力控制在150kPa，塔外注浆压力控制在200～300kPa。

4）注浆从围桩内边沿向中心推进，先塔外，后塔内；先东北面，后南面；先垂直孔，后斜孔。

5）灌浆材料以水泥为主，并掺入占水泥质量2.5%的膨润土，以提高渗透性，可灌性较好的孔隙还掺加少量黄沙。

（3）盖板工程　盖板工程是塔基加固和地基防水相结合的工程，将防水板和塔基结合成整体，在塔下形成一个钢筋混凝土壳体基础。壳体基础是一个直径为19.5m、厚度为45～65cm的"覆盆式"构件，由塔内走道板、上环梁、下环梁和壳板几部分组成。下环梁与围桩相连接，以围桩为边缘构件；上环梁和塔内走道板则与各个塔墩下部相交接，交接部位都伸进塔墩周围25～30cm，托换其四周已经被压碎压酥的砖砌体，代之以混凝土。

（4）调倾工程　调整塔体倾斜度，是在归纳前期施工过程中塔体变形规律的基础上进行的尝试。调倾工程施工要求如下：

1）结合南半部壳体工程施工，适当扩大地基土方作业面，延长开挖暴露时间，并采用水平钻孔浅层掏土等技术措施，增大塔基南部土的压缩量。

2）北半部壳体工程采用小面积快速施工，开挖土方与灌注钢筋混凝土紧密衔接，以减少塔基北部土沉降量。

塔身在盖板工程施工阶段采取了纠偏措施后，总体向西南返回26mm。这一纠偏量，只占虎丘塔总侧移值2.325m的1.1%。

（5）换砖工程　换砖是对塔体的加固工程，通过对塔墩局部更换砌体，并作配筋加固，以提高塔身的承载力。塔墩换砖在盖板工程后进行。

4. 结论

根据苏州市文管会多年的观测记录，自工程完成的1986年8月至2000年8月的14年间，虎丘塔的基底沉降的变动值不超过1.25mm。实践证明对虎丘塔采取"围、灌、盖、调、换"五项加固工程是成功的，达到了预期的效果。该加固方案也符合文物古迹维修原则。各项加固工程既有各自的功能，又体现了相互联系，在共同作用下发挥了总体纠倾效果。

思考题

17.1　什么是托换技术？托换技术包括哪三种类型？托换技术的特点是什么？

17.2　工程托换之前的调查研究包含什么？

17.3　在什么情况下采用基础加宽托换？基础加宽托换有哪些方法？

17.4　什么是坑式托换？

17.5　什么是桩式托换？

17.6　什么是坑式静压托换桩？简述其使用条件。

17.7　试说明锚杆静压桩的特点和使用条件。

17.8　什么是树根桩托换？简述其使用条件。

17.9　建（构）筑物产生倾斜的原因是什么？建（构）筑物纠偏应具备哪些条件？

参考文献

[1] 中国建筑科学研究院 . JGJ 79—2012 建筑地基处理技术规范 [S]. 北京：中国建筑工业出版社，2012.

[2] 中国建筑科学研究院. GB 50007—2011 建筑地基基础设计规范 [S]. 北京：中国建筑工业出版社，2011.

[3] 中国建筑科学研究院. GB 50011—2010 建筑抗震设计规范 [S]. 北京：中国建筑工业出版社，2010.

[4] 上海市基础工程公司. GB 50202—2002 建筑地基基础工程施工质量验收规范 [S]. 北京：中国计划出版社，2002.

[5] 广东省建筑科学研究院. JGJ 106—2003 建筑基桩检测技术规范 [S]. 北京：中国建筑工业出版社，2003.

[6] 吴修锋. 锚杆静压桩在房屋加固工程中的应用 [J]. 西部探矿工程，2004 (6).

[7] 韩应军. 房屋加固改造中地基基础应注意的问题及加固方法 [J]. 煤炭技术，2004 (9).

[8] 黄强. 桩基工程若干热点技术问题 [M]. 北京：中国建材工业出版社，1996.

[9] 孙静. 地基处理 [M]. 北京：中国质检出版社，2012.

[10] 林彤. 地基处理 [M]. 2 版. 武汉：中国地质大学出版社，2012.

[11] 魏新江. 地基处理 [M]. 杭州：浙江大学出版社，2007.

[12] 郑俊杰. 地基处理技术 [M]. 武汉：华中科技大学出版社，2009.

[13] 刘起霞. 地基处理 [M]. 北京：北京大学出版社，2013.

[14] 龚晓南. 地基处理新技术 [M]. 西安：陕西科学技术出版社，1997.

[15] 龚晓南. 复合地基理论及工程应用 [M]. 杭州：浙江大学出版社，2002.

[16] 陈跃进. 地基基础工程施工技术 [M]. 北京：机械工业出版社，2003.

[17] 左名麒，刘永超，孟庆文，等. 地基处理实用技术 [M]. 北京：中国铁道出版社，2005.

[18] 徐至均，张亦农. 强夯和强夯置换法加固地基 [M]. 北京：机械工业出版社，2004.

[19] 王钊，王正宏. 土工合成材料 [M]. 北京：机械工业出版社，2005.

[20] 华南理工大学，东南大学，浙江大学，等. 地基及基础 [M]. 3 版. 北京：中国建筑工业出版社，1998.

[21] 地基处理手册编委会. 地基处理手册 [M]. 3 版. 北京：中国建筑工业出版社，2008.

[22] 国振喜，曲昭嘉. 建筑地基基础设计手册 [M]. 北京：机械工业出版社，2008.

[23] 阎明礼. 地基处理技术 [M]. 北京：中国环境科学出版社，1996.

[24] 阎明礼. CFG 桩复合地基技术及工程实践 [M]. 北京：中国水利水电出版社，2001.

[25] 龚晓南. 地基处理技术发展与展望 [M]. 北京：中国水利水电出版社，知识产权出版社，2004.

[26] 张振栓. 夯实水泥土桩复合地基技术新展望 [M]. 北京：中国建材工业出版社，2007.

[27] 刘景政. 地基处理与实例分析 [M]. 北京：中国建筑工业出版社，1997.

[28] 代国忠. 土力学与基础工程 [M]. 北京：机械工业出版社，2008.

[29] 叶书麟. 地基处理与托换技术 [M]. 北京：中国建筑工业出版社，2005.

[30] 江正荣. 建筑地基与基础施工手册 [M]. 北京：中国建筑工业出版社，2003.

[31] 林宗元. 简明岩土工程勘察设计手册 [M]. 沈阳：辽宁科学技术出版社，1996.

[32] 张明义. 基础工程 [M]. 北京：中国建筑工业出版社，2003.

[33] 张季超. 地基处理 [M]. 北京：高等教育出版社，2009.

[34] 巩天真，邱晨曦. 地基处理 [M]. 北京：科学出版社，2008.

[35] 刘起霞. 特种基础工程 [M]. 北京：机械工业出版社，2008.
[36] 龚晓南. 复合地基设计和施工指南 [M]. 北京：人民交通出版社，2003.
[37] 折学森. 软土地基沉降计算 [M]. 北京：人民交通出版社，1998.
[38] 熊厚金. 国际岩土锚固与灌浆新进展 [M]. 北京：中国建筑工业出版社，1996.
[39] 刘松玉，钱国超，章定文. 粉喷桩复合地基理论与工程应用 [M]. 北京：中国建筑工业出版社，2006.
[40] 钱家欢，殷宗泽. 土工原理与计算 [M]. 北京：中国水利水电出版社，2003.
[41] 杨位. 地基与基础 [M]. 北京：中国建筑工业出版社，1998.
[42] 白永年，等. 中国堤坝防渗加固新技术 [M]. 北京：中国水利水电出版社，2001.
[43] 牛志荣. 地基处理技术及工程应用 [M]. 北京：中国建材工业出版社，2004.
[44] 陈文化. 地基处理 [M]. 北京：人民交通出版社，2011.
[45] 肖昭然. 地基处理 [M]. 郑州：黄河水利出版社，2012.
[46] 李彰明. 软土地基加固的理论、设计与施工 [M]. 北京：中国电力出版社，2006.
[47] 王赫. 建筑工程事故处理手册 [M]. 北京：中国建筑工业出版社，1994.
[48] 罗福午. 建筑工程质量缺陷事故分析及处理 [M]. 武汉：武汉工业大学出版社，1999.
[49] 叶观宝，高彦斌. 地基处理 [M]. 北京：中国建筑工业出版社，2009.
[50] Lukas R G. Delayed soil improvement after dynamic compaction [J]. Ground improvement, ground reinforcement, ground treatment, 1997, 409-420.
[51] 王铁宏，水伟厚，高广运，等. Non-perfect elastic collision & impact stress analysis during dynamic compaction [C] //Geotechnical engineering in urban construction. 北京：清华大学出版社，2003, 115-120.
[52] Moseley M P. Ground Improvement [M]. London: CRC Press, 1993, 20-39.
[53] Bevan D J. The use of dynamic compaction to remove/reduce risks due to collapse compression and seism city in silty fine sand at smelter in Iran [M] //Ground improvement geo-systems. London: Thomas Telford, 1997, 45-53.
[54] Scott R, Mullin Mc. Evaluation of dynamic compaction of low level waste burial trenches containing B-25 boxes [J]. In-situ deep soil improvement, 1994, 44-54.
[55] Hendy M S, Muir I C. Experience of dynamic replacement on a 40m deep reclamation in HongKong [M] //Ground improvement geo-systems. London: Thomas Telford, 1997, 75-81.
[56] Albert A, Bayuk, Andrew D, Walker. Dynamic compaction: two case histories utilizing innovative techniques [J]. In-situ deep soil improvement, 1994, 55-67.
[57] Nakaoka T, Mochizuki A, Sakaguchi O, Shiraishi K. Field compacting test at a fill of weathered granite by dynamic compacting method [M] //Ground improvement geo-systems. London: Thomas Telford, 1997, 82-88.